U0228064

献给我的亲人、挚友和学生们

本丛书名由中国科学院院士母国光先生题写

光学与光子学丛书

《光学与光子学丛书》编委会

国家科学技术学术著作出版基金资助项目

光学与光子学丛书

飞秒激光技术

（第二版）

张志刚　编著

科学出版社

北　京

内 容 简 介

本书介绍飞秒激光原理、技术和应用. 全书共分为 14 章,第 1 章和第 2 章是飞秒光学的基本内容; 第 3~6 章介绍飞秒固体激光器和光纤激光器的原理和设计; 第 7 章介绍飞秒激光脉冲放大技术; 第 8 章介绍飞秒激光脉冲特性测量技术; 第 9 章和第 10 章介绍飞秒激光脉冲频率变换技术和腔外脉冲压缩与整形技术; 第 11 章介绍脉冲的相干控制和频率合成技术; 第 12 章介绍高次谐波与阿秒脉冲产生技术; 第 13 章介绍飞秒激光太赫兹波技术; 第 14 章介绍飞秒激光微加工技术.

本书可作为从事相关专业教学和研究工作的教师以及科研人员的参考书, 也可作为研究生教材.

图书在版编目 (CIP) 数据

飞秒激光技术/张志刚编著. —2 版. —北京: 科学出版社, 2017.6
(光学与光子学丛书)
ISBN 978-7-03-053140-7

Ⅰ.①飞⋯ Ⅱ.①张⋯ Ⅲ.①飞秒激光 Ⅳ.①TN24

中国版本图书馆 CIP 数据核字(2017) 第 125105 号

责任编辑: 刘凤娟 / 责任校对: 邹慧卿
责任印制: 吴兆东 / 封面设计: 耕 者

科学出版社 出版
北京东黄城根北街 16 号
邮政编码: 100717
http://www.sciencep.com

北京厚诚则铭印刷科技有限公司印刷
科学出版社发行 各地新华书店经销
*

2011 年 3 月第 一 版 开本: 720 × 1000 B5
2017 年 6 月第 二 版 印张: 30 1/4
2024 年 8 月第七次印刷 字数: 600 000
定价: 199.00 元
(如有印装质量问题, 我社负责调换)

序　言

超短脉冲激光的持续创新发展与应用开拓, 是当前国际上激光高技术乃至现代科学技术中一个非常重要的前沿领域, 也是我国已具有较好基础并可望取得重大突破, 将在国家战略高技术与众多学科领域中起到重要推动作用的科学技术领域.

近 20 年来飞秒激光技术发展非常快, 已经从单纯的对强度和脉宽的控制过渡到对振幅、相位、频率和偏振的控制, 从超短、超强过渡到超宽带、超稳定; 从对原子的控制过渡到对电子运动的控制.

飞秒激光的应用涉及很多重大科学的前沿课题, 如超快乃至极端超快非线性光学前沿、强场与超强场科学技术、相对论性非线性物理与光学、强场核物理与天体物理等. 同时, 在相关战略高技术方面涉及的课题有: 激光核聚变 "快点火" 等新概念、小型化超高梯度粒子加速器新原理、突破飞秒 (10^{-15}s) 级壁垒的阿秒 (10^{-18}s) 科学新原理、超短波长超快台式相干辐射源新机制等. 此外, 在信息、生命和材料科学等交叉学科前沿领域也有重要应用, 如超快乃至极端超快信息光子技术、微纳米尺度三维微结构制备及其应用、超快生物信息光子技术、超快 X 射线衍射及其应用开拓等.

我国许多知名大学和研究所都有和飞秒激光相关的研究, 并取得了一些世界瞩目的研究成果. 无论是飞秒激光技术的研究人员, 还是飞秒激光器的使用人员, 都需要一本系统讲解飞秒激光技术的参考书.《飞秒激光技术》一书的出版正顺应了这种需求.

该书涵盖了飞秒激光的基础理论和大部分技术, 自 2011 年出版以来受到读者的欢迎. 此次再版, 我高兴地看到著者改进了基础理论的描述, 增加了很多飞秒激光技术领域的新技术和新成果, 包括高次谐波和阿秒脉冲产生、超稳定飞秒光纤激光技术; 著者有突出进展的飞秒光纤激光频率梳、天文光学频率梳等, 使该书具有重要的参考价值.

希望该书的再版, 为更多的读者了解飞秒激光技术的基本知识和前沿课题、为我国飞秒激光科学与技术的发展起到积极的作用.

徐至展

中国科学院院士

2016 年 4 月 22 日

第二版前言

作为 20 世纪最伟大的发明之一, 激光器已经走过了 50 多个年头. 锁模方式产生的超短脉冲出现在 1964 年. 飞秒量级的激光脉冲 20 世纪 70 年代首先在染料激光器中实现; 90 年代初克尔透镜锁模飞秒钛宝石激光器的出现, 推动了飞秒激光技术的飞跃发展, 主要表现为脉宽急剧缩小和峰值功率的大幅提高. 按照峰值功率和平均功率的划分, 飞秒激光技术经历了三代的发展.

第一代是 20 世纪 70 年代发明的染料激光器, 其脉宽可缩短到几十飞秒. 由于储能能力的限制, 脉冲能量只有微焦, 峰值功率只有兆瓦. 就是这一点点脉冲能量和功率, 给研究分子反应动力学提供了最初的手段.

80 年代出现的宽带固体激光介质, 特别是钛宝石激光介质, 把飞秒激光技术推进第二代. 得益于啁啾反射镜技术, 小于 5fs 的脉冲可以常规地得到. 利用啁啾脉冲放大技术, 脉冲的峰值功率达拍瓦 ($1PW=10^{15}W$), 平均功率也可到瓦级. 这种脉冲电场推动了阿秒脉冲的产生, 甚至驱动电子加速.

第三代飞秒激光技术, 以高峰值功率和高平均功率为目标. 前沿技术是所谓光参量啁啾脉冲放大 (OPCPA) 技术. 激光介质由倍频的钒酸钇激光泵浦的钛宝石晶体, 转换为可用半导体激光器直接泵浦的掺镱薄片晶体. 大功率连续光泵浦, 可使 10kHz、数焦耳能量的脉冲成为可能. 通过 OPCPA 技术和光谱相干合成, 超过几个倍频程 (450~2500nm) 的光谱, 小于 5fs 的脉冲也唾手可得.

伴随飞秒激光理论和应用的扩展, 一本系统讲述基本原理和技术的参考书是必要的. 然而, 市面上的飞秒激光技术书籍多是论文集, 缺乏系统性; 或受限于著者的研究范围, 内容有限. 这就是编写本书的最初动机.

本书的编写始于 1996 年, 当时我在日本通产省工业技术院电子技术综合研究所工作. 得益于赶上飞秒激光飞速发展的大好时光, 博士毕业后就一直从事飞秒激光技术的研究工作, 积累了一些心得体会, 又受到一些国际大家的言传, 总想整理出来与大家分享. 从那时起, 到 2010 年正式列入出版计划, 断断续续地写了 14 年. 期间, 2000 年回国到天津大学任教, 2005 年转入北京大学工作.

本书第一次出版是在 2011 年, 从那时起又过了 5 年, 这期间我一直致力于对本书的修改和完善. 目前为止修改的主要部分如下.

基础部分, 对非线性超快光学内容做了重新安排, 力求系统化. 例如, 缓变包络近似和非线性薛定谔方程的导出, 各种非线性光学效应的引入.

技术部分, 鉴于可饱和吸收体的种类逐渐丰富, 不局限于半导体, 因此第 4 章的标题去掉了"半导体"三个字. 内容上, 半导体可饱和吸收镜部分增加了高破坏阈值设计, 还增加了石墨烯的内容. 在放大技术上, 增加了时域分割放大、板条放大器和微片放大器的内容. 对光纤激光技术一章进行了大幅修改, 以新的视角写出了我对飞秒光纤激光技术的认识. 在测量技术一章中, 增加了简化的频率分辨光学开关 (FROG) 技术. 在频率变换一章, 增加了薄片组光谱展宽和频域参量放大 (FOPA) 技术. 在相干控制和频率合成一章, 对光频梳技术做了大量补充, 包括新型载波包络相位控制技术和天文频率梳技术. 还增加了一章: 高次谐波和阿秒脉冲产生技术.

应用部分, 主要是太赫兹部分, 增加了高能量太赫兹产生, 以及可调谐单频太赫兹波产生的内容.

本书的初版和再版, 都离不开海内外老师和朋友们的指导和帮助. 日本东海大学的八木隆志教授、经济产业省产业技术综合研究所鸟塚健二研究员、北海道大学山下干雄教授为我提供了在飞秒激光技术领域发展和成长的平台. 在和瑞士联邦工业大学 U. Keller 教授、麻省理工学院 F. X. Kaertner 教授、加利福尼亚大学圣克鲁兹分校林潮教授、挪威科技大学 I. Sorokina 教授、日本电气通信大学美浓岛熏教授、日本国立分子研究所平等拓范准教授的长期交往中, 我受益匪浅. 还有中川格、板谷太郎、高田英树、欠端雅之、菅谷武芳、小仓睦郎、小林洋平、山根启作、Y. Pang、蒋捷等, 在技术和器件上提供过无私的帮助. 回国工作后, 受到张杰院士、徐至展院士、姚建铨院士、李天初院士、李儒新研究员、魏志义研究员、钱列加教授、朱晓农教授、周国生教授、杨昌喜教授、李艳秋教授、宋晏蓉教授、孔繁鳌研究员、江德生研究员、徐军研究员、方占军研究员、高克林研究员、陈国夫研究员、赵刚研究员、夏安东研究员、樊仲维研究员、周维虎研究员等众多人士的大力支持和帮助. 我对他们感激不尽.

离开天津大学 11 年了, 天津大学各级领导的厚爱以及教育部光电信息重点实验室的同事们的关心和帮助我一直难以忘怀. 没有王清月教授的提携, 邢岐荣教授、柴路教授、章若冰教授的大力支持, 就没有我回国最初阶段开展飞秒激光技术研究的基础. 到北京大学工作以来, 信息科学技术学院和电子学系的领导和同事们的巨大支持使我能继续进行飞秒激光技术的研究. 这些年从量子电子学研究所前辈王义遒教授、董太乾教授、杨东海教授和同事陈徐宗教授、郭弘教授、陈景标教授、王爱民副教授那里学到了很多知识, 弥补了我在原子频标和光子晶体光纤方面的缺陷. 还要追溯到母校北京工业大学, 在那里我学习了现代科学基础知识. 有些章节包含其他老师及我在天津大学和北京大学的研究生和本科生的贡献, 初版前言中已有详述. 此处追述马丁、杨弘宇、李辰和马宇轩在高重复频率光纤激光技术上的贡献.

感谢徐至展院士、周炳琨院士、方占军研究员对本书申请"国家科学技术学术著作出版基金"的大力推荐, 特别感谢徐至展院士再次作序.

感谢国家科学技术学术著作出版基金、国家自然科学基金重大研究项目、仪器专项及教育部"长江学者奖励计划"和李嘉诚基金会的资助.

父母和家人默默的支持是我持续进行科研工作的动力. 女儿凡凡很小就离开家在海外单独生活和学习, 我常常为此深感内疚. 本书的出版和再版也是告诉孩子她的父亲这些年做了些什么.

《飞秒激光技术》的第二版, 虽然丰富并更新了很多内容, 但受著者水平和编写时间所限, 很多重要内容未能包括在内, 期待今后再版时补充. 也恳请读者对新版内容提出宝贵意见, 以便再版时修正.

张志刚

2016 年 4 月于北京大学逸夫苑

第一版前言

作为 20 世纪最伟大的发明之一, 激光器已经走过了 50 个年头. 锁模方式产生的超短脉冲激光器出现在 1964 年. 80 年代飞秒量级 (10^{-15}s) 的激光脉冲首先在染料激光器中实现, 90 年代初克尔透镜锁模飞秒钛宝石激光器的出现, 推动了飞秒激光技术的飞跃发展, 主要表现为脉宽急剧缩小和峰值功率的大幅提高. 脉宽由最初的 100 fs 左右到今天的接近单周期的小于 3 fs. 通过高次谐波产生, 脉冲宽度已经缩短到惊人的阿秒 (attosecond, 1as=10^{-18}s) 量级. 同时, 脉冲峰值功率由最初的兆瓦 (10^6W) 提高到了超过拍瓦 (PetaWatt, 1PW=10^{15}W). 美国科学家 A. H. Zewail 由于其在发展飞秒光谱技术和并应用在研究化学反应动力学方面的成就, 被授予 1999 年度诺贝尔化学奖. 美国科学家 J. L. Hall 和德国科学家 T. W. Hänsch 因其在精密光谱学, 特别是基于飞秒激光的光学频率梳技术的开拓性工作被授予 2005 年度诺贝尔物理学奖. 诺贝尔奖两度授予与飞秒激光研究相关的科学家, 显示出飞秒激光技术对基础科学的重要意义.

本书的编写始于 1996 年, 当时我在日本通产省工业技术院电子技术综合研究所工作. 得益于赶上飞秒激光飞速发展的大好时光, 博士毕业后我一直从事飞秒激光技术的研究工作, 积累了一些个人心得体会, 又在与一些国际知名同行学者的讨论、交流中受到很多启发, 总想整理出来与大家分享. 从那时起到 2010 年正式列入出版计划, 断断续续写了 14 年. 2010 年是激光器诞生 50 周年. 本书的出版既可看做是我对自己十几年来从事科研和教学工作的小结, 也算是我对这个特殊年份献上的一份心意, 更希望对相关研究人员、教师、学生起到参考作用.

本书写作时参考和引述了若干专业书籍和大量文献, 例如《超高速光エレクトロニクス》(末田正, 神谷武志, 1991), Compact Sources of Ultrashort Pulses (Irl Duling III, 1995), Ultrafast Optical Pulse Phenomena (Jean Diels and Wolfgang Rudolph, 1996), 以及 Nonlinear Fiber Optics (Govind Agrawal, 2002). 相关参考文献索引附在各章之后.

在本书的写作中, 张存林和沈京玲教授主笔了第 12 章, 宋晏蓉教授对第 3 章和第 5 章有贡献. 对本书的写作有贡献或提出修改建议、意见的人员还有: 胡明列、庞冬青、倪晓昌、邓玉强、宋振明、周春、王专、王子涵等. 游小丽、吴祖斌、李建萍、戚红霞等同学协助录入和修改大部分插图和格式. 杨頔、戚红霞和蒋凌君同学参加了本书最后的校对和文字修改. 对他们的慷慨贡献, 表示诚挚的感谢.

衷心感谢日本东海大学八木隆志教授、经济产业省产业技术综合研究所鸟塚健二教授、北海道大学山下幹雄教授的引导和教诲, 是他们为我提供了在飞秒激光技术领域发展的平台. 感谢密西根大学 G. Mourou 教授 (现职单位法国巴黎高等工科学校)、瑞士联邦工业大学 U. Keller 教授、麻省理工学院 F. Kärtner 教授、Clark-MXR 公司 Y. Pang 博士 (现职单位 Lighthouse Photonics 公司), 我在与之讨论中深受启发. 还要向对我在技术和器件上提供过无私帮助的中川格、板谷太郎、高田英树、欠端雅之、菅谷武芳、小仓睦郎、小林洋平、森田隆二和山根啓作先生致谢!

由衷感谢范滇元院士、张杰院士、林礼煌研究员对本书申请出版基金的大力推荐, 感谢给予我支持和鼓励的徐至展院士、姚建铨院士、陈国夫研究员、魏志义研究员、李儒新研究员、钱列加教授、朱晓农教授、周国生教授、江德生研究员、徐军研究员、李天初研究员、方占军研究员、夏安东研究员. 特别感谢为本书作序的徐至展院士和山下幹雄教授.

感谢天津大学各级领导的厚爱及教育部光电信息技术科学重点实验室的同事们, 特别是王清月教授的教导和支持, 邢歧荣教授、柴路教授和章若冰教授在工作上的大力协助; 感谢北京大学各级领导的关心和支持, 量子电子学研究所的王义道教授、董太乾教授、杨东海教授、陈徐宗教授、郭弘教授、陈景标教授对我在原子钟和光学频率标准方面的启蒙和指导. 感谢母校北京工业大学的培养. 也感谢我在天津大学和北京大学的学生们所做的大量工作.

感谢中国科学院科学出版基金和国家自然科学基金重大研究项目以及教育部"长江学者奖励计划"和李嘉诚基金会的资助.

多年来, 我的父母和家人默默的支持和鼓励令我感激、感恩不尽, 这里也将本书作为对他们微不足道的回报.

飞秒激光技术所涉及的内容极其丰富, 发展也极为迅速, 远不是本书所能涵盖的. 由于水平、编写时间和篇幅的限制, 直到本书付梓时回过头来再看, 仍发现有些地方欠妥或不够准确. 恳请各位读者提出宝贵意见, 以便再版时修正.

张志刚

2010 年 6 月于北京大学逸夫苑

目 录

第 1 章　超快光学基础

超短光脉冲在介质中的传播是飞秒激光技术的基础, 其中包括线性传播和非线性传播. 本章从 Maxwell 方程组出发, 简要介绍平面波脉冲在色散介质中的传播特性, 引出啁啾、啁啾补偿和傅里叶变换受限脉冲的概念. 随后介绍脉冲在介质中的非线性传播, 包括自相位调制、互相位调制、自陡峭、可饱和吸收介质的传播中获得的啁啾. 更多的线性和非线性啁啾机制留待第 9 章描述.

1.1　光与物质相互作用

光学脉冲脉宽短到与它的频率的倒数接近时, 它的光谱迅速变宽. 一般来说, 物质的折射率依频率而改变. 如果超短脉冲通过这样的介质, 各波长的传播速度不一样, 就会造成脉冲在时域的形变. 这与讨论准单色光时根本不考虑折射率随波长的改变的情况不同. 本节从 Maxwell 方程组出发, 导出缓变包络近似下的波动方程.

1.1.1　Maxwell 方程组

同所有的电磁现象一样, 光脉冲在透明介质中的传播满足 Maxwell 方程组

$$\left. \begin{array}{ll} \nabla \times \boldsymbol{E} = -\dfrac{\partial \boldsymbol{B}}{\partial t}, & \nabla \times \boldsymbol{H} = \boldsymbol{J} + \dfrac{\partial \boldsymbol{D}}{\partial t} \\[2mm] \nabla \cdot \boldsymbol{D} = \rho_{\mathrm{f}}, & \nabla \cdot \boldsymbol{B} = 0 \end{array} \right\} \tag{1.1-1}$$

以及物质方程

$$\left. \begin{array}{l} \boldsymbol{D} = \varepsilon_0 \boldsymbol{E} + \boldsymbol{P} \\[2mm] \boldsymbol{H} = \dfrac{1}{\mu_0} \boldsymbol{B} - \boldsymbol{M} \end{array} \right\} \tag{1.1-2}$$

其中, $\boldsymbol{E}$ 和 $\boldsymbol{H}$ 分别为电场强度矢量和磁场强度矢量; $\boldsymbol{D}$ 和 $\boldsymbol{B}$ 分别为电位移矢量和磁感应强度矢量; 电流密度矢量 $\boldsymbol{J}$ 和电荷密度 ρ_{f} 表示电场的源, $\boldsymbol{P}$、$\boldsymbol{M}$ 分别为感应电极化强度和磁极化强度. ε_0 为真空中介电常数; μ_0 为真空中的磁导率. 在各向同性固体透明介质中, $\boldsymbol{J} = 0$, $\rho_{\mathrm{f}} = 0$, $\boldsymbol{M} = 0$.

利用

$$\nabla \times (\nabla \times \boldsymbol{E}) = \nabla (\nabla \cdot \boldsymbol{E}) - \nabla^2 \boldsymbol{E} \tag{1.1-3}$$

并把物质方程代入 Maxwell 方程组, 则可以得到

$$\nabla^2 \boldsymbol{E} - \mu_0 \frac{\partial}{\partial t} \left(\boldsymbol{J} + \varepsilon_0 \frac{\partial \boldsymbol{E}}{\partial t} + \frac{\partial \boldsymbol{P}}{\partial t} \right) = \frac{\partial}{\partial t} \nabla \times \boldsymbol{M} + \nabla (\nabla \cdot \boldsymbol{E}) \tag{1.1-4}$$

整理上式, 得到

$$\left(\nabla^2 - \frac{1}{c_0^2}\frac{\partial^2}{\partial t^2}\right)\boldsymbol{E} = \mu_0\left(\frac{\partial \boldsymbol{J}}{\partial t} + \frac{\partial^2 \boldsymbol{P}}{\partial t^2}\right) + \frac{\partial}{\partial t}\nabla \times \boldsymbol{M} + \nabla(\nabla \cdot \boldsymbol{E}) \tag{1.1-5}$$

其中, $c_0 = 1/\sqrt{\mu_0\varepsilon_0}$, 为真空中的光速.

$$\nabla \times \nabla \times \boldsymbol{E} = -\frac{1}{c_0^2}\frac{\partial^2 \boldsymbol{E}}{\partial t^2} - \mu_0\frac{\partial^2 \boldsymbol{P}}{\partial t^2} \tag{1.1-6}$$

通过简化, 式 (1.1-6) 可以改写为如下形式:

$$\nabla^2 \boldsymbol{E} = \frac{1}{c_0^2}\frac{\partial^2 \boldsymbol{E}}{\partial t^2} + \mu_0\frac{\partial^2 \boldsymbol{P}}{\partial t^2} \tag{1.1-7}$$

1.1.2　平面波的波动方程

光在各向同性固体透明介质中 ($\boldsymbol{J} = 0$, $\rho_f = 0$, $\boldsymbol{M} = 0$) 传输时, 为了简化, 我们采取标量形式的 Maxwell 方程, 式 (1.1-7) 将简化为如下形式:

$$\left(\nabla^2 - \frac{1}{c_0^2}\frac{\partial^2}{\partial t^2}\right)\boldsymbol{E} = \mu_0\frac{\partial^2}{\partial t^2}\boldsymbol{P} \tag{1.1-8}$$

在真空中, $\boldsymbol{P} = 0$, 可以得到

$$\left(\nabla^2 - \frac{1}{c_0^2}\frac{\partial^2}{\partial t^2}\right)\boldsymbol{E} = 0 \tag{1.1-9}$$

即真空中的波动方程.

这个方程有如下形式的解:

$$E(\boldsymbol{r}, t) = E_0(\boldsymbol{r}, t)\cos(\omega t - \boldsymbol{k} \cdot \boldsymbol{r}) \tag{1.1-10}$$

可写成复数形式

$$E(\boldsymbol{r}, t) = \mathrm{Re}\{E_0\mathrm{e}^{\mathrm{i}\omega t - \mathrm{i}\boldsymbol{k}\cdot\boldsymbol{r}}\} \tag{1.1-11}$$

或写成

$$E(\boldsymbol{r}, t) = \frac{1}{2}(E_0\mathrm{e}^{\mathrm{i}\omega t - \mathrm{i}\boldsymbol{k}\cdot\boldsymbol{r}} + \mathrm{c.c.}) \tag{1.1-12}$$

其中, c.c. 表示复数共轭. 以下表示中, 为了简便, 可直接取以下形式:

$$E(\boldsymbol{r}, t) = E_0\mathrm{e}^{\mathrm{i}\omega t - \mathrm{i}\boldsymbol{k}\cdot\boldsymbol{r}} \tag{1.1-13}$$

为了完整表达光波传播, 还需要找到极化强度矢量 $\boldsymbol{P}$ 和电场强度 $\boldsymbol{E}$ 的关系. 当光频与介质共振频率接近时, $\boldsymbol{P}$ 的计算必须用量子力学方法. 但在远离介质的共振频率处, 在各向同性的透明介质中, $\boldsymbol{P}$ 和 $\boldsymbol{E}$ 的关系式可以唯象地写成

$$\boldsymbol{P}(\omega) = \varepsilon_0\left[\chi^{(1)}\boldsymbol{E}(\omega) + \chi^{(2)}\boldsymbol{E}^2(\omega) + \chi^{(3)}\boldsymbol{E}^3(\omega) + \cdots\right]$$

$$
\begin{aligned}
&=\varepsilon_0\chi^{(1)}\boldsymbol{E}(\omega) + \left[\chi^{(2)}\boldsymbol{E}^2(\omega) + \chi^{(3)}\boldsymbol{E}^3(\omega) + \cdots\right] \\
&=\varepsilon_0\chi\boldsymbol{E}(\omega) + [\chi^{(2)}\boldsymbol{E}(\omega) + \chi^{(3)}\boldsymbol{E}^2(\omega) + \cdots]\boldsymbol{E}(\omega) \\
&=\boldsymbol{P}_{\mathrm{L}} + \boldsymbol{P}_{\mathrm{NL}}
\end{aligned}
\tag{1.1-14}
$$

其中

$$
\begin{aligned}
\boldsymbol{P}_{\mathrm{L}} &=\varepsilon_0\chi\boldsymbol{E}(\omega) \\
\boldsymbol{P}_{\mathrm{NL}} &=[\chi^{(2)}\boldsymbol{E}(\omega) + \chi^{(3)}\boldsymbol{E}(\omega)^2 + \cdots]\boldsymbol{E}(\omega)
\end{aligned}
\tag{1.1-15}
$$

利用式 (1.1-10), 波动方程 (1.1-8) 可以写成如下形式

$$
\nabla^2\boldsymbol{E} - \frac{1}{c_0^2}\frac{\partial^2\boldsymbol{E}}{\partial t^2} = \mu_0\frac{\partial^2\boldsymbol{P}_{\mathrm{L}}}{\partial t^2} + \mu_0\frac{\partial^2\boldsymbol{P}_{\mathrm{NL}}}{\partial t^2}
\tag{1.1-16}
$$

$$
\nabla^2\boldsymbol{E} - \frac{1}{c^2}\frac{\partial^2\boldsymbol{E}}{\partial t^2} = \mu_0\frac{\partial^2\boldsymbol{P}_{\mathrm{NL}}}{\partial t^2}
\tag{1.1-17}
$$

其中, 用到了 $n = \sqrt{1+\chi}$ 和 $c = c_0/n$, 同时假设了 χ_{NL} 不随时间变化. 在不考虑非线性极化强度时, 式 (1.1-17) 成为

$$
\left(\nabla^2 - \frac{1}{c^2}\frac{\partial^2}{\partial t^2}\right)\boldsymbol{E} = 0
\tag{1.1-18}
$$

比较式 (1.1-9) 和 (1.1-18), 可以看到, 光传播在介质中和在真空中具有相同形式的波动方程.

1.1.3 缓变包络近似

在处理超短脉冲与物质相互作用时, 为了简化波动方程, 我们常常引入一个所谓 "缓变包络近似"(slowly varying envelope approximation, SVEA). 这个假定分别包含空间域和时间域的假设, 以将方程 (1.1-7) 中对空间和时间的二阶导数简化为一阶导数. 我们将光的传播确定为沿 z 轴方向, 电场强度和极化强度矢量分别写为

$$
E(\boldsymbol{z}, t) = E_0(z, t)\mathrm{e}^{\mathrm{i}\omega t - \mathrm{i}k\cdot z}
\tag{1.1-19}
$$

$$
P(\boldsymbol{z}, t) = P_0(z, t)\mathrm{e}^{\mathrm{i}\omega t - \mathrm{i}k\cdot z}
\tag{1.1-20}
$$

(1) 空间近似. 如果光在脉冲宽度的时间尺度下所走的距离 d 远远小于波长, 即 $d \ll \lambda$, 则缓变包络近似告诉我们, 电场对传播方向 z 的一阶导数远远小于其波数乘以电场强度

$$
\left|\frac{\partial E}{\partial z}\right| \sim \left|\frac{E}{d}\right| \ll \left|2\pi\frac{E}{\lambda}\right| = |kE|
\tag{1.1-21}
$$

同理, 二阶导数满足

$$\left| \frac{\partial^2 E}{\partial z^2} \right| \sim \left| \frac{\partial E / \partial z}{d} \right| \ll \left| 2\pi \frac{\partial E / \partial z}{\lambda} \right| = \left| k \frac{\partial E}{\partial z} \right| \qquad (1.1\text{-}22)$$

联系式 (1.1-21), 式 (1.1-22) 可以写为

$$\left| \frac{\partial^2 E}{\partial z^2} \right| \ll \left| k \frac{\partial E}{\partial z} \right| \ll |kE| \qquad (1.1\text{-}23)$$

(2) 时间近似. 如果脉宽 (包络) 远远大于载波周期, 即 $\tau \gg T$, 其中 $T = 2\pi / \omega$. 则缓变包络近似是说, 电场对时间 t 的一阶导数远远小于其频率与电场强度的乘积

$$\left| \frac{\partial E}{\partial t} \right| \sim \left| \frac{E}{\tau} \right| \ll \left| 2\pi \frac{E}{T} \right| = |\omega E| \qquad (1.1\text{-}24)$$

应用于对时间的二阶导数

$$\left| \frac{\partial^2 E}{\partial t^2} \right| \sim \left| \frac{\partial E / \partial z}{\tau} \right| \ll \left| 2\pi \frac{\partial E / \partial t}{T} \right| = \left| \omega \frac{\partial E}{\partial t} \right| \qquad (1.1\text{-}25)$$

或

$$\left| \frac{\partial^2 E}{\partial t^2} \right| \ll \left| \omega \frac{\partial E}{\partial t} \right| \ll |\omega^2 E| \qquad (1.1\text{-}26)$$

对于极化强度矢量, 我们可以做同样的近似

$$\left| \frac{\partial^2 P}{\partial t^2} \right| \ll \left| \omega \frac{\partial P}{\partial t} \right| \ll |\omega^2 P| \qquad (1.1\text{-}27)$$

将式 (1.1-19) 和 (1.1-20) 中的电场强度和极化强度矢量分别对 z 和 t 求导

$$\frac{\partial E}{\partial z} = \left(\frac{\partial E_0}{\partial z} - \mathrm{i}k E_0 \right) \mathrm{e}^{\mathrm{i}(\omega t - kz)} \qquad (1.1\text{-}28)$$

$$\frac{\partial^2 E}{\partial z^2} = \left(\frac{\partial^2 E_0}{\partial z^2} - 2\mathrm{i}k \frac{\partial E_0}{\partial z} - k^2 E_0 \right) \mathrm{e}^{\mathrm{i}(\omega t - kz)} \qquad (1.1\text{-}29)$$

$$\frac{\partial^2 E}{\partial t^2} = \left(\frac{\partial^2 E_0}{\partial t^2} + 2\mathrm{i}\omega \frac{\partial E_0}{\partial t} - \omega^2 E_0 \right) \mathrm{e}^{\mathrm{i}(\omega t - kz)} \qquad (1.1\text{-}30)$$

$$\frac{\partial^2 P}{\partial t^2} = \left(\frac{\partial^2 P_0}{\partial t^2} + 2\mathrm{i}\omega \frac{\partial P_0}{\partial t} - \omega^2 P_0 \right) \mathrm{e}^{\mathrm{i}(\omega t - kz)} \qquad (1.1\text{-}31)$$

根据缓变包络近似, 式 (1.1-29)~(1.1-31) 中对距离和时间的二阶导数都远小于括号中的第二项和第三项, 因此可将其忽略. 这样以上三式简化为

$$\frac{\partial^2 E}{\partial z^2} = \left(-2\mathrm{i}k \frac{\partial E_0}{\partial z} - k^2 E_0 \right) \mathrm{e}^{\mathrm{i}(\omega t - kz)} \qquad (1.1\text{-}32)$$

$$\frac{\partial^2 E}{\partial t^2} = \left(2\mathrm{i}\omega\frac{\partial E_0}{\partial t} - \omega^2 E_0\right)\mathrm{e}^{\mathrm{i}(\omega t - kz)} \tag{1.1-33}$$

$$\frac{\partial^2 P}{\partial t^2} = \left(2\mathrm{i}\omega\frac{\partial P_0}{\partial t} - \omega^2 P_0\right)\mathrm{e}^{\mathrm{i}(\omega t - kz)} \tag{1.1-34}$$

将式 (1.1-32)~(1.1-34) 代入式 (1.1-8),

$$\left[-2\mathrm{i}k\frac{\partial E_0}{\partial z} - k^2 E_0 - \frac{1}{c^2}\left(2\mathrm{i}\omega\frac{\partial E_0}{\partial t} - \omega^2 E_0\right)\right]\mathrm{e}^{\mathrm{i}(\omega t - kz)}$$

$$= \mu_0\left(2\mathrm{i}\omega\frac{\partial P_0}{\partial t} - \omega^2 P_0\right)\mathrm{e}^{\mathrm{i}(\omega t - kz)} \tag{1.1-35}$$

消去相同项, 式 (1.1-35) 整理简化为

$$\frac{\partial E_0}{\partial z} + \frac{1}{c}\frac{\partial E_0}{\partial t} = -\mu_0 c\frac{\partial P_0}{\partial t} - \mathrm{i}\frac{\mu_0\omega^2}{2k}P_0 \tag{1.1-36}$$

这就是缓变振幅下的 Maxwell 方程.

考虑到介质色散, 式 (1.1-36) 中的电场复振幅可以表示为其频域电场的傅里叶变换

$$E(z,t) = \frac{1}{2\pi}\int_{-\infty}^{+\infty} E(\omega)\mathrm{e}^{\mathrm{i}\omega t - \mathrm{i}kz}\mathrm{e}^{-\mathrm{i}\omega' t}\mathrm{d}\omega' \tag{1.1-37}$$

$$\frac{\partial}{\partial z}E(z,t) = -\mathrm{i}k\frac{1}{2\pi}\int_{-\infty}^{+\infty} E(\omega)\mathrm{e}^{\mathrm{i}\omega t - \mathrm{i}kz}\mathrm{d}\omega = -\mathrm{i}kE(z,t) \tag{1.1-38}$$

将 k 在频域展开, 方程中介质中光速 c 换成群速度 v_g, 若展开到二阶项, 电场强度对 z 的一阶导数就可以写为

$$\begin{aligned}
\frac{\partial E}{\partial z} &= -\mathrm{i}\left[k_0 + \frac{\partial k}{\partial\omega}(\omega-\omega) + \frac{1}{2}\frac{\partial^2 k}{\partial\omega^2}(\omega-\omega)\right]E \\
&= -\mathrm{i}k_0 E - \mathrm{i}\frac{\partial k}{\partial\omega}(\omega-\omega)E - \mathrm{i}\frac{1}{2}\frac{\partial^2 k}{\partial\omega^2}(\omega-\omega)E \\
&= -\mathrm{i}k_0 E + \frac{1}{v_\mathrm{g}}\frac{\partial}{\partial t}E - \mathrm{i}\frac{1}{2}\frac{\partial^2 k}{\partial\omega^2}\frac{\partial^2}{\partial t^2}E
\end{aligned} \tag{1.1-39}$$

将式 (1.1-39) 代入式 (1.1-36), 整理得

$$\frac{\partial E_0}{\partial z} + \frac{1}{v_\mathrm{g}}\frac{\partial E_0}{\partial t} - \frac{\mathrm{i}}{2}\frac{\partial k}{\partial\omega}\frac{\partial^2 E_0}{\partial t^2} = -\mathrm{i}\frac{\mu_0\omega^2}{2k}P_0 \tag{1.1-40}$$

如果引入运动坐标系 $z_\mathrm{v} = z$, $t_\mathrm{v} = t - z/v_\mathrm{g}$, 并进行复合函数对空间和时间坐标的求导

$$\frac{\partial E}{\partial z} = \frac{\partial E_0}{\partial z_\mathrm{v}}\frac{\partial z_\mathrm{v}}{\partial z} + \frac{\partial E_0}{\partial t_\mathrm{v}}\frac{\partial t_\mathrm{v}}{\partial z} = \frac{\partial E_0}{\partial z_\mathrm{v}} - \frac{1}{v_\mathrm{g}}\frac{\partial E_0}{\partial t_\mathrm{v}} \tag{1.1-41}$$

$$\frac{\partial E}{\partial t} = \frac{\partial E_0}{\partial z_{\mathrm v}}\frac{\partial z_{\mathrm v}}{\partial t} + \frac{\partial E_0}{\partial t_{\mathrm v}}\frac{\partial t_{\mathrm v}}{\partial t} = 0 + \frac{\partial E_0}{\partial t_{\mathrm v}} \tag{1.1-42}$$

缓变包络近似下的波动方程简化为

$$\frac{\partial E_0}{\partial z_{\mathrm v}} = -\mathrm{i}\frac{\mu_0\omega^2}{2k}P_0 \tag{1.1-43}$$

1.2　超短光脉冲在各向同性介质中的线性传播

1.2.1　平面波啁啾脉冲的传播

1. 波形的描述

超短脉冲一般指小于纳秒的脉冲, 包括皮秒和飞秒. 脉冲越短, 定义它的特性就越困难. 在飞秒范围, 即使 "脉宽" 这样一个简单的概念都很难确定, 部分原因是很难界定脉冲的形状. 对于单个脉冲, 典型且容易衡量的量就是自相关函数. 事实上, 自相关函数总是对称的, 不管是条纹分辨的自相关, 还是强度自相关, 其傅里叶变换总是实数, 意味着很难从自相关函数抽取脉冲形状的信息. 为了简化讨论, 我们常常把脉冲形状近似为几种常见的比较典型的而又容易在数学上处理的函数 (高斯型、双曲正割型、洛伦兹型和非对称双曲正割型). 例如, 由于孤子脉冲形成的机制, 我们常把振荡器内和输出的脉冲近似为双曲正割型. 对于放大器出来的脉冲, 由于增益窄化等效应, 脉冲形状近似为高斯型.

另外一个与脉冲形状相关的而又容易测量的量是脉冲的光谱, 光谱和脉冲形状是傅里叶变换关系 (当然还需要相位信息). 光谱很容易从光谱仪读出 (注意是功率谱). 假定光谱相位是常数, 把光谱作傅里叶变换就可以得出脉冲的时域形状. 常数相位下脉冲时域形状与光谱的对应关系列于表 1.2-1, 其中脉宽 $\tau_{\mathrm p}$ 均定义为 "半高全宽"(full-width half-maximum, FWHM). 时间带宽积的讨论见 1.2.2 节. 关于脉冲形状和相位测量的详细讨论将在第 8 章进行.

表 1.2-1　典型的脉冲及光谱形状

脉冲类型	强度形状	光谱形状	带宽 (FWHM)	时间带宽积
双曲正割型	$\mathrm{sech}^2[1.763(t/\tau_{\mathrm p})]$	$\mathrm{sech}^2[(\pi\omega\tau_{\mathrm p})/3.526]$	$1.947/\tau_{\mathrm p}$	0.315
高斯型	$\exp[-1.385(t/\tau_{\mathrm p})^2]$	$\exp[-(\omega\tau_{\mathrm p})^2/4\ln 2]$	$2.355\sqrt{2\ln 2}/\tau_{\mathrm p}$	0.441
洛伦兹型	$[1+1.656(t/\tau_{\mathrm p})^2]^{-2}$	$\exp(-2|\omega|\tau_{\mathrm p})$	$0.891/\tau_{\mathrm p}$	0.142
非对称双曲正割型	$[\exp(t/\tau_{\mathrm p})+\exp(-3t/\tau_{\mathrm p})]^{-2}$	$\mathrm{sech}[(\pi\omega\tau_{\mathrm p})/2]$	$1.749/\tau_{\mathrm p}$	0.278

2. 载波包络与载波包络相位

载波包络相位的变化表现为载波在包络下的滑移. 对于周期量级的脉冲, 由于脉冲的包络下的光学周期非常少, 载波和包络之间的相位就显得十分重要. 将电场最强的峰相对于脉冲包络峰值的相位定义为载波包络相位 (carrier envelope phase, CEP)[1]. 这个相位为零意味着如图 1.2-1 所示. 包络的峰值与载波的峰值重合, 此时 $t = 0$ 处实时电场强度最大. 当这个相位为 π 时, 反向电场强度最大. 这个相位对于其他的场合, 电场的即时强度都没有载波包络相位为零时大. 这个现象对于强场物理中电磁场与物质相互作用的意义非常大. 特别是在阿秒脉冲产生中, 只有载波包络相位为零时才能产生单一阿秒脉冲. 载波包络相位的变化是相速度和群速度的差造成的. 载波的传播速度是相速度 v_p, 而包络的传播速度是群速度 v_g. 以下着重讲解相速度和群速度对脉冲的影响.

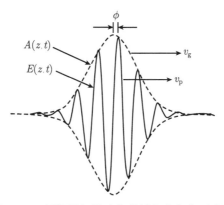

图 1.2-1　周期量级脉冲与载波包络相位示意图

脉冲强度包络 $A(z,t)$ 用虚线表示, 载波电场 $E(z,t)$ 用实线表示, ϕ 是电场峰值与脉冲包络峰值之间的相位

3. 群速色散与啁啾

在飞秒脉冲的电磁场描述中, 相位是极为重要的量. 为了防止混淆, 本书约定相位表示符号如下: 时域的相位用 $\phi = \phi(t)$ 表示, 频域的相位用 $\varphi = \varphi(\omega)$ 表示; 时域相位对时间 t 的导数用 $\dot{\phi} = \mathrm{d}\phi(t)/\mathrm{d}t$ 表示、频域相位对圆频率 ω 的导数用 $\varphi' = \mathrm{d}\varphi(\omega)/\mathrm{d}\omega$ 表示; 其高阶导数分别用 $\ddot{\phi}, \dddot{\phi}, \cdots; \varphi'', \varphi''', \cdots$ 表示.

假设角频率为 ω 的光脉冲沿 z 方向传播, 用标量复平面波形式表示就是 [2]

$$E(z,t) = A(z,t) \exp\{\mathrm{i}[\omega_0 t - kz + \phi_0(z,t)]\} \tag{1.2-1}$$

$A(z,t)$ 一般也是复数. 在缓变振幅近似条件下, 可以把它看作常数. 此时的光强为 $I(t) = |A(z,t)|^2$.

将式 (1.2-1) 作傅里叶变换, 得到复平面波的频域表达式

$$
\begin{aligned}
E(z,\omega) &= \mathrm{FT}\{A(z,t)\exp[\mathrm{i}\phi_0(z,t)]\exp[\mathrm{i}(\omega_0 t - kz)]\} \\
&= \tilde{A}(z,\omega)\exp\{-\mathrm{i}[\varphi_0 + \varphi(\omega)]\}
\end{aligned} \tag{1.2-2}
$$

其中, $\varphi(\omega) = k(\omega)z$. $k(\omega)$ 是含有介质折射率的波矢

$$k(\omega) = \omega n(\omega)/c = \omega\sqrt{\varepsilon(\omega)\mu(\omega)} = \omega\sqrt{\varepsilon_0\mu_0}\sqrt{1+\chi_{\mathrm{e}}(\omega)}\sqrt{1+\chi_{\mathrm{m}}(\omega)} \qquad (1.2\text{-}3)$$

$k(\omega)$ 可以展开成 Taylor 级数

$$k(\omega) = k_0(\omega) + k'(\omega) + \frac{1}{2!}k''(\omega) + \cdots \qquad (1.2\text{-}4)$$

其展开式的一阶系数 $\partial k(\omega)/\partial\omega = k'(\omega) = 1/v_{\mathrm{g}}$ 通常定义为群延迟, 二阶系数 $\partial^2 k(\omega)/\partial\omega^2 = k''(\omega)$ 定义为众所周知的群速度色散.

由于群速度的定义不包含长度, 在对光栅对等空间色散元件进行评价时很不方便, 于是人们倾向于对相位的整体 $\varphi(\omega)$ 的关注. $\varphi(\omega)$ 也可以展开成 Taylor 级数

$$\begin{aligned}\varphi(\omega) =& \varphi(\omega_0) + \varphi'|_{\omega_0}(\omega-\omega_0) + \frac{1}{2!}\varphi''|_{\omega_0}(\omega-\omega_0)^2 \\ &+ \frac{1}{3!}\varphi'''|_{\omega_0}(\omega-\omega_0)^3 + \cdots \end{aligned} \qquad (1.2\text{-}5)$$

$\varphi'|_{\omega_0} = \varphi'(\omega_0), \varphi''|_{\omega_0} = \varphi''(\omega_0)$ 和 $\varphi'''|_{\omega_0} = \varphi'''(\omega_0)$ 分别被称为群延迟 (group delay), 群延迟色散 (group delay dispersion, GDD) 和三阶色散 (third order dispersion, TOD). 对于块状介质, 有的书定义为 $\varphi'(\omega_0) = -k'(\omega_0)z$, $\varphi''(\omega_0) = -k''(\omega_0)z$, $\varphi'''(\omega_0) = -k'''(\omega_0)z$ 等, 即有关群延迟的量和群速度的量不仅相差一个长度量, 还差一个符号. 不过, 这个符号的差异与定义有关. 例如, 在光纤光学中, 常用 β_2 代表 k'', β_3 代表 k'''. 虽然 β_2 的原始定义仍然是对 ω 的二阶导数, 其测量单位却是 ps/(km·nm). 在光纤中, 这是为了计算方便. 这是由于这个单位不是只对 ω 的二阶导数, 而是对 ω 和 λ 的混合导数, 因此不但相差一个符号, 还差了一个系数. β_2 和 k'' 的互换可以通过复合求导公式

$$\frac{\partial}{\partial\lambda} = \frac{\partial}{\partial\omega}\frac{\partial\omega}{\partial\lambda} = \frac{\partial}{\partial\omega}\frac{\partial}{\partial\lambda}\left(\frac{2\pi c}{\lambda}\right) = -\frac{2\pi c}{\lambda^2}\frac{\partial}{\partial\omega} \qquad (1.2\text{-}6)$$

取得,

$$\beta_2 = \frac{\partial}{\partial\omega}\left(\frac{\partial k}{\partial\lambda}\right) = -\frac{2\pi c}{\lambda^2}k'' \qquad (1.2\text{-}7)$$

或

$$k'' = -\frac{\lambda^2}{2\pi c}\beta_2 \qquad (1.2\text{-}8)$$

其单位可因此转换为超快光学中的 $\mathrm{ps}^2/\mathrm{km}$ 或 $\mathrm{fs}^2/\mathrm{mm}$.

为了避免定义上的不同导致的混淆, 也常常用正常色散 (normal dispersion) 代替 "正" 色散, 反常色散 (anomalous dispersion) 代替 "负" 色散. 对于光在介质中的传播, $\varphi(\omega)$ 可以简单地写成 $\varphi(\omega) = \omega n l/c$. 因为 n 一般是 ω 的函数, 求群延迟色散以及高阶色散都变成了对折射率求导数. 而对于光栅对这样的空间色散元件, 求群延迟色散以及高阶色散是对空间路径求导数. 棱镜对的色散计算就更复杂, 详见第 2 章.

1.2.2 波形的变化

光脉冲在无源线性光学元件 (如透镜、棱镜等) 中传播, 出射脉冲的场强是入射场强与光学元件的传输函数 $h(t)$ 的卷积

$$E_{\mathrm{out}}(z,t) = \frac{1}{2\pi} \int_{-\infty}^{\infty} E_{\mathrm{in}}(0,t') h(t-t') \mathrm{d}t' \tag{1.2-9}$$

根据卷积定理, 可将光场进行傅里叶变换到频域, 其频域场强为脉冲的光谱与频域传输函数的乘积

$$E_{\mathrm{out}}(\omega) = H(\omega) E_{\mathrm{in}}(\omega) \tag{1.2-10}$$

其中, 传输函数

$$H(\omega) = B(\omega) \exp\{-\mathrm{i}\varphi_{\mathrm{H}}(\omega)\} = \mathrm{FT}\{h(t)\} \tag{1.2-11}$$

在有吸收的介质中

$$B(\omega) = \exp\{-\alpha(\omega)z/2\} \tag{1.2-12}$$

其中, $\alpha(\omega)$ 是吸收系数. 因为光场场强可以由振幅和辐角表示

$$E(\omega) = \sqrt{S(\omega)} \exp\{-\mathrm{i}\varphi(\omega)\} \tag{1.2-13}$$

出射光的光谱相位就可以写作

$$\varphi_{\mathrm{out}}(\omega) = \varphi_{\mathrm{H}}(\omega) + \varphi_{\mathrm{in}}(\omega) \tag{1.2-14}$$

$$E_{\mathrm{out}}(z,t) = \frac{1}{2\pi} \int_{-\infty}^{\infty} H(\omega) E_{\mathrm{in}}(\omega) \mathrm{e}^{\mathrm{i}\omega t} \mathrm{d}\omega \tag{1.2-15}$$

需要注意的是, 相位不能在时域直接相加

$$\phi_{\mathrm{out}}(t) \neq \phi_{\mathrm{H}}(t) + \phi_{\mathrm{in}}(t) \tag{1.2-16}$$

对于色散均匀分布的介质, 可以不用解方程的形式, 直接借用电子学中的方式, 把光学元件看作一个整体的相位响应函数 $h(t)$, 用卷积定理求得输出脉冲的波形.

为了简单起见, 忽略偏振的变化, 只考虑的二阶色散, 即群延迟色散, 则从式 (1.2-3) 可求出传播后的波形 [3]. 设 $z=0$ 处入射脉冲的振幅为 $A(t)$, 相位因子为 $\phi(t)$

$$E(z=0,t) = E_0(t)\mathrm{e}^{\mathrm{i}\phi(t)}\mathrm{e}^{\mathrm{i}\omega_0 t} \tag{1.2-17}$$

电场的傅里叶变换是

$$E(\omega) = \frac{1}{2\pi} \int_{-\infty}^{\infty} E_0(t')\mathrm{e}^{\mathrm{i}\phi(t')}\mathrm{e}^{\mathrm{i}\omega_0 t'}\mathrm{e}^{-\mathrm{i}\omega t'} \mathrm{d}t' \tag{1.2-18}$$

根据上述卷积定理, 在式 (1.2-5) 中光学元件的相位函数只考虑到二阶, 通过色散元件后的场强 $E(z,t)$ 是

$$
\begin{aligned}
E(z,t) &= \frac{1}{2\pi} \int_{-\infty}^{\infty} \mathrm{e}^{\mathrm{i}\varphi(\omega)} E(\omega) \mathrm{e}^{\mathrm{i}\omega t} \mathrm{d}\omega \\
&= \frac{1}{2\pi} \int_{-\infty}^{\infty} \mathrm{e}^{\mathrm{i}[\varphi_0 + \varphi'(\omega-\omega_0) + \varphi''(\omega-\omega_0)^2/2]} \\
&\quad \times \left[\int_{-\infty}^{\infty} E_0(t') \mathrm{e}^{\mathrm{i}\phi(t')} \mathrm{e}^{\mathrm{i}\omega_0 t'} \mathrm{e}^{-\mathrm{i}\omega t'} \mathrm{d}t' \right] \mathrm{e}^{\mathrm{i}\omega t} \mathrm{d}\omega \\
&= \mathrm{e}^{\mathrm{i}(\omega_0 t + \varphi_0)} \bigg(\int_{-\infty}^{\infty} \bigg\{ \frac{1}{2\pi} \int_{-\infty}^{\infty} \mathrm{e}^{\mathrm{i}(t+\varphi'-t')(\omega-\omega_0)} \\
&\quad \times \mathrm{e}^{\mathrm{i}(\omega-\omega_0)^2 \varphi''/2} \mathrm{d}\omega \bigg\} E_0(t') \mathrm{e}^{\mathrm{i}\phi(t')} \mathrm{d}t' \bigg)
\end{aligned}
\tag{1.2-19}
$$

利用 $\Omega = \omega - \omega_0, T = t + \varphi' - t'$, 同时将 $\varphi(\omega_0), \varphi'(\omega_0), \varphi''(\omega_0)$ 简化为 $\varphi_0, \varphi', \varphi''$ 代入式 (1.2-15), {} 内的项可以看成是对 $F(\Omega) = \exp\{\mathrm{i}\varphi''\Omega^2/2\}$ 的傅里叶逆变换积分, 这个积分的结果是

$$
F(T) = \frac{1}{\sqrt{2\pi\varphi''}} \exp\{\mathrm{i}\pi/4\} \exp\{-\mathrm{i}T^2/(2\varphi'')\}
\tag{1.2-20}
$$

由此, 式 (1.2-19) 的最后形式为

$$
E(z,t) = \frac{1}{\sqrt{2\pi\varphi''}} \mathrm{e}^{\mathrm{i}[\omega_0(t-\varphi') + \varphi_0 + \pi/4]} \int_{-\infty}^{\infty} E_0(t') \mathrm{e}^{\mathrm{i}\phi(t')} \mathrm{e}^{-\mathrm{i}(t'-t)^2/(2\varphi'')} \mathrm{d}t'
\tag{1.2-21}
$$

其中用到了 $t'' = t + \varphi'$, 并且最后令 $t'' = t$. 从式 (1.2-21) 看出, 如果入射的脉冲电场振幅是 $\delta(t_0 - t')$ 函数, 即 $E_0(t') = \delta(t_0 - t')$, 且 $\varphi(t') = 0$, 则在介质中传播后的脉冲除了附加了 $1/\sqrt{2\pi\varphi''}$ 和 $\varphi_0 + \pi/4$ 的相移, 还加了一项相位调制因子 $\exp\{-\mathrm{i}(t'-t)^2/(2\varphi'')\}$, 在时域上表现为扫频或啁啾.

1. 傅里叶变换受限脉冲

这里引入一个理想脉冲的概念, 即傅里叶变换受限脉冲 (transform limited pulse, TLP). 一个脉冲的包络 $E(z,t)$ 的强度 $I(z,t) \propto |E(z,t)|^2$ 的半高宽 τ_p, 与它的傅里叶变换光谱的半高宽 $\Delta\nu(= \Delta\omega/2\pi)$ 的乘积 (时间带宽积) 必须大于等于一个常数 κ, 即

$$
\tau_\mathrm{p}\Delta\nu \geqslant \kappa
\tag{1.2-22}
$$

κ 依脉冲波形而异, 但总是 1 左右的常数. 例如, 对于高斯波形脉冲, $\kappa = 2\ln 2/\pi = 0.441$, 而对于双曲正割 $(\mathrm{sech}^2(t))$ 波形脉冲, $\kappa = 0.315$ (见表 1.2-1). 这就是说, 一定的脉冲时域波形, 它的光谱分布不一定相同. 或者说, 相同 $I(t)$ 的脉冲, 并不一定有相同的 $I(\omega)$, 这取决于脉冲的相位因子 $\phi(t)$. 当这个相位因子 $\phi(t)$ 是个常数时, τ_p

与 $\Delta\nu$ 的乘积最小, 我们称这样的脉冲为傅里叶变换受限脉冲. 换句话说, 对于同样的谱宽 $\Delta\nu$, 当 $\varphi(\omega) =$ 常数时傅里叶变换获得的脉冲最短.

2. 非傅里叶变换受限脉冲

但是当脉冲本身含有相位调制或通过含有二阶以上的色散介质时, 时间带宽积大于常数 κ. 以高斯波形入射脉冲为例, 正啁啾脉冲入射到负群延色散介质中, 正啁啾有可能与负色散相互抵消; 反过来, 负啁啾脉冲入射到正群延色散介质中, 情况比较复杂. 详见 1.4.3 节.

3. 傅里叶变换受限高斯波形脉冲在色散介质中的传播

在式 (1.2-21) 中代入高斯型脉冲振幅

$$E(t)\exp\{i\phi(t)\} = E_0\exp\{-4\ln 2(t/\tau_p)^2/2\}$$

式中, τ_p 是高斯型脉冲的半高宽, $\phi(t') = 0$, 则传播后的脉冲是

$$E(z,t-\varphi') = \frac{1}{\sqrt{2\pi\varphi''}}e^{i[\omega_0(t-\varphi')+\varphi_0+\pi/4]}\int_{-\infty}^{\infty}E_0e^{-\alpha t'^2}e^{-i\beta(t-t')^2}dt' \tag{1.2-23}$$

其中, $\alpha = (2\sqrt{\ln 2}/\tau_{p,in})^2/2$, $\beta = 1/(2\varphi'')$. 这个积分可以运用卷积定理求出, 即先分别求 $\exp\{-\alpha t^2\}$ 和 $\exp\{-i\beta t^2\}$ 的傅里叶变换, 再对它们的乘积作傅里叶逆变换. $\exp\{-\alpha t^2\}$ 和 $\exp\{-i\beta t^2\}$ 的傅里叶变换分别是

$$\sqrt{\pi/\alpha}\exp\{-\omega^2/(4\alpha)\} \tag{1.2-24}$$

$$\sqrt{\pi/\beta}\exp\{i\omega^2/(4\beta)\}\exp\{-i\pi/4\} \tag{1.2-25}$$

因此它们的乘积为

$$s(\omega) = \pi\sqrt{1/(\alpha\beta)}\exp\{-i\pi/4\}\exp\{-(1/\alpha - i/\beta)\omega^2/4\} \tag{1.2-26}$$

$s(\omega)$ 的逆傅里叶变换 $s(t)$ 就是

$$s(t) = \sqrt{\pi}(\alpha^2+\beta^2)^{-1/4}\exp\{-i(\theta/2-\pi/4)\}\exp\{-\alpha\beta(\beta+i\alpha)(\alpha^2+\beta^2)^{-1}t^2\} \tag{1.2-27}$$

其中, 用了 $\theta = \tan^{-1}(\beta/\alpha)$. 于是一个高斯波形脉冲在色散介质中传播后的场强是

$$E(z,t-\varphi') = A_0(2\varphi'')^{-1/2}(\alpha^2+\beta^2)^{-1/4}\exp\{-i[\omega_0(t-\varphi')+\varphi_0+\theta/2]\}$$
$$\times\exp\{-\alpha\beta^2(\alpha^2+\beta^2)^{-1}t^2\}\exp\{-i\alpha^2\beta(\alpha^2+\beta^2)^{-1}t^2\} \tag{1.2-28}$$

此时, 利用 $4\ln 2/\tau_{p,out}^2 = 2\alpha\beta^2(\alpha^2+\beta^2)^{-1}$, 得到传播后的脉宽 $\tau_{p,out}$

$$\tau_{p,out} = [1 + a_0\varphi''^2/(\tau_p)^4]^{1/2}\cdot\tau_{p,in} \tag{1.2-29}$$

其中, $a_0 = 16(\ln 2)^2$. 此式说明, 没有相位调制的高斯脉冲通过含有二阶色散的介质后, 不论色散的符号如何, 脉宽随 φ''^2 而迅速展宽. 但是波数 $k(\omega_0) = -\varphi_0/z$ 及群延迟 $t_{\mathrm{g}} = -\varphi'$ 则对脉宽没有影响. 也就是说, 在色散介质内, 脉冲光谱范围内依波长不同而产生了速度差. 速度大的部分比速度小的部分领先, 因而脉冲被展宽了; 而且, 出射脉冲的相位

$$\phi_{\mathrm{out}}(t) = -\{(\varphi''/2)(\varphi''^2 + \tau_{\mathrm{p,in}}^4/a_0)^{-1}\}t^2 - \omega_0\varphi' + \varphi_0 + \theta/2 \qquad (1.2\text{-}30)$$

含有与二阶色散有关的相位调制项, 即由 $\omega(t) = \mathrm{d}\phi_{\mathrm{out}}/\mathrm{d}t$ 导出一个按时间一次函数增加 $(\varphi'' < 0)$ 的频率扫描. 这种现象称为线性上啁啾 (linear up-chirp), 脉冲前沿的频率比脉冲后沿的频率低 (图 1.2-2(a)). 相反, 脉冲通过 $\varphi'' > 0$ 的介质后, 频率随时间而减少, 称为线性下啁啾 (linear down-chirp) (图 1.2-2(b)). 即使入射脉冲没有啁啾, 通过色散介质后, 也会产生啁啾.

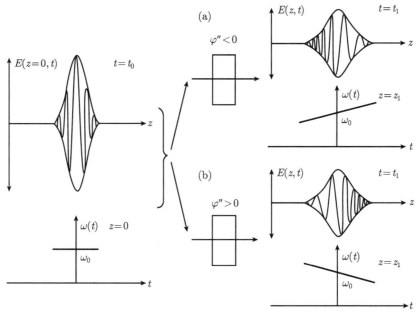

图 1.2-2　傅里叶变换受限脉冲通过正常和反常色散介质后脉冲波形的变化 [3]

另一方面, 此时的谱宽, 正如以下证明的那样不变. 如果把出射脉冲再作一次傅里叶变换, 由式 (1.2-23) 和 (1.2-26) 可得

$$E(z,\omega) = \sqrt{\pi/(2\varphi''\alpha\beta)}\,\exp\{-(\omega - \omega_0)^2/(4\alpha)\}\exp\{+\mathrm{i}(\omega - \omega_0)^2/(4\beta)\}$$
$$\times \exp\{-\mathrm{i}(\varphi_0 - \omega\varphi')\} \qquad (1.2\text{-}31)$$

由 $(2\sqrt{\ln 2}/\Delta\omega_{\mathrm{out}})^2/2 = 1/(4\alpha)$ 和 $\Delta\nu_{\mathrm{out}} = \Delta\omega_{\mathrm{out}}/2\pi$, 得出 $|E(z,\omega)|^2$ 的半高宽,

$\Delta\nu_{\text{out}} = (2\ln 2/\pi)/\tau_{\text{p,in}} = 0.441/\tau_{\text{p,in}}$, 与入射脉冲谱宽相等. 这就是傅里叶变换受限脉冲的来历.

4. 傅里叶变换受限高斯波形脉冲只受相位调制的情况

现在来看上述的高斯波形脉冲如果只受调制而没有色散作用时, 它的波形及光谱如何变化. 假设脉冲所受的调制是

$$C(t) = \frac{\mathrm{d}^2\phi(t)}{\mathrm{d}t^2} = \frac{2\delta\omega}{\tau_{\text{p,in}}} \tag{1.2-32}$$

那么一个入射的高斯波形脉冲

$$E(t) = A_0 \exp\{-4\ln 2(t/\tau_{\text{p,in}})^2/2\} \exp\{\mathrm{i}\omega_0 t\} \tag{1.2-33}$$

被调制后变为

$$E_{\text{out}}(t) = A_0 \exp\{-4\ln 2(t/\tau_{\text{p,in}})^2/2\} \exp\{-\mathrm{i}(\delta\omega/\tau_{\text{p,in}})t^2\} \exp\{\mathrm{i}\omega_0 t\} \tag{1.2-34}$$

$\delta\omega > 0$ 为线性下啁啾. 令 $\alpha = 4\ln 2/(2\tau_{\text{p,in}}^2), \beta = \delta\omega/\tau_{\text{p,in}}$, 这个电场在谱域则是

$$
\begin{aligned}
E_{\text{out}}(\omega) &= \int_{-\infty}^{\infty} A_0 \exp\{-\alpha' t^2\} \exp\{-\mathrm{i}\beta' t^2\} \exp\{\mathrm{i}\omega_0 t\} \exp\{-\mathrm{i}\omega t\}\mathrm{d}t \\
&= A_0\sqrt{\pi}(\alpha'^2 + \beta'^2)^{-1/4} \exp\{-\theta'/2\} \exp\{-\alpha'(\omega - \omega_0)^2/[2(\alpha'^2 + \beta'^2)]^2 \\
&\quad \times \exp\{\mathrm{i}\beta'(\omega - \omega_0)^2/[2(\alpha'^2 + \beta'^2)]^2\}
\end{aligned} \tag{1.2-35}
$$

因此调制后的光谱的半高宽为

$$\Delta\nu_{\text{out}} = [(2\ln 2/\pi)/\tau_{\text{p,in}}]\{1 + 4(\delta\omega/\tau_{\text{p,in}})^2[\tau_{\text{p,in}}/(2\sqrt{\ln 2})]^4\}^{1/2} \tag{1.2-36}$$

与入射脉冲的光谱 $\Delta\nu = [(2\ln 2/\pi)/\tau_{\text{p,in}}]$ 比较, 出射光谱不管调制的方向如何, 都会被展宽, 但是出射光的脉宽不变.

5. 含有啁啾的高斯波形脉冲在色散介质中的传播

若在式 (1.2-23) 中代入一个含有啁啾的高斯型脉冲 (图 1.2-3(a))

$$
\begin{aligned}
A(t)\exp\{\mathrm{i}\phi(t)\}\exp\{\mathrm{i}\omega_0 t\} &= A_0 \exp\{-4\ln 2(t/\tau_{\text{p,in}})^2/2\} \\
&\quad \times \exp\{-\mathrm{i}(\delta\omega/\tau_{\text{p,in}})t^2\} \exp\{\mathrm{i}\omega_0 t\}
\end{aligned} \tag{1.2-37}
$$

在色散介质中传播后的脉冲为

$$E(z, t - \varphi') = \frac{1}{\sqrt{2\pi\varphi''}} \mathrm{e}^{\mathrm{i}[\omega_0(t-\varphi')+\varphi_0+\pi/4]} A_0 \int_{-\infty}^{\infty} \mathrm{e}^{-(a+\mathrm{i}b)t'^2} \mathrm{e}^{-\mathrm{i}\beta(t'-t)^2}\mathrm{d}t' \tag{1.2-38}$$

其中, $a = 4\ln 2/(2\tau_{p,in}^2), b = \delta\omega/\tau_{p,in}, \beta = 1/\varphi''$. 同样, 应用卷积定理, 可以求出传播后的脉冲场强

$$E(z, t - \varphi') = A_0(2\varphi'')^{-1/2}[a^2 + (b + \beta)^2]^{-1/4}\exp\{-i[\omega_0(t - \varphi') + \varphi_0 + \theta''/2 - \theta/2]\}$$
$$\times \exp\{-a\beta^2 t^2/[a^2 + (b + \beta)^2]\}$$
$$\times \exp\{-i\beta[a^2 + b(b + \beta)][a^2 + (b + \beta)^2]^{-1}t^2\} \tag{1.2-39}$$

其中, $\theta' = \arctan(b/a)$, $\theta'' = \arctan\{[(a^2 + b^2) + b\beta]/(\alpha\beta)\}$. 传播后的脉宽是

$$\tau_{p,out} = [(1 + 2\varphi''\delta\omega/\tau_{p,in})^2 + a_0\varphi''^2\big/(\tau_{p,in})^4]^{1/2}\cdot\tau_{p,in} \tag{1.2-40}$$

同样, 相位调制是

$$\phi_{p,out}(t) = -\{[(1 + 2\varphi''\delta\omega/\tau_{p,in})(\delta\omega/\tau_{p,in}) + a_0\varphi''^2/2(\tau_{p,in})^4]/[(1 + 2\varphi''\delta\omega/\tau_{p,in})^2$$
$$+ a_0\varphi''^2/(\tau_{p,in})^4]\}t^2 - \omega_0\varphi'' + \varphi_0 + \theta''/2 - \theta/2 \tag{1.2-41}$$

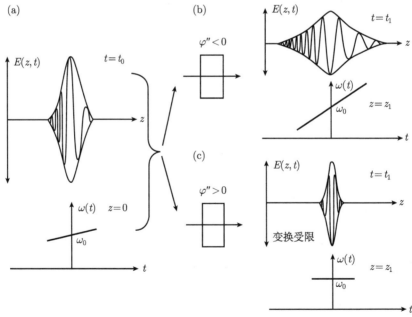

图 1.2-3   线性啁啾脉冲在负和正的群延迟色散介质中传播后脉冲波形的变化 [3]

对出射脉冲作傅里叶变换, 可得传播后的脉冲光谱

$$\Delta\nu_{p,out} = [(2\ln 2/\pi)/\tau_{p,in}]\{1 + 4(\delta\omega/\tau_{p,in})^2[\tau_{p,in}\big/(2\sqrt{\ln 2})]^4\}^{1/2} \tag{1.2-42}$$

这与式 (1.2-36) 是一样的, 说明二阶色散对光谱宽度没有影响. 另外, 二阶色散对于脉宽和啁啾的影响是非常大的. 由式 (1.2-39) 可知, 二阶色散与入射脉冲的啁啾符号一致, 例如, 介质具有正的群速色散 (负群延迟色散 $\varphi'' < 0$), 而脉冲具有正的啁啾 ($\delta\omega < 0$), 则两者互相增强, 脉冲变得更宽 (图 1.2-3(b)). 这个现象可以这样理解. 所谓正群速色散, 如前所述, 就是频率高的光谱分量的传播被延迟, 逐渐被推移到脉冲的后部, 因此脉冲被展宽了. 在此之上, 如果脉冲本来就是上啁啾, 也就是脉冲的频率随时间而增加, 因此高频分量本来就集中在脉冲的后部. 那么通过正色散介质后, 高频分量被延迟得更多, 脉冲变得更宽. 但是如果色散与啁啾的符号相反, 则两者可以互相抵消 (图 1.2-3(b)); 而且, 如果对入射的傅里叶变换受限脉冲像第 4 小节所述的那样作相位调制, 让调制后的光谱比脉宽的倒数大大增宽, 这样的脉冲通过符号与啁啾相反的色散介质后, 脉宽会被压缩得很窄. 为了得到补偿啁啾的最佳色散 φ'', 求式 (1.2-40) 中 $\tau_{\mathrm{p,out}}$ 对 φ'' 的极值, 即令 $\dfrac{\mathrm{d}\tau_{\mathrm{p,out}}}{\mathrm{d}\varphi''} = 0$, 得到最佳色散

$$\varphi''_m = -\tau_{\mathrm{p,in}}/\{2\delta\omega\left[1 + a_0/(2\delta\omega \cdot \tau_{\mathrm{p,in}})^2\right]\} \tag{1.2-43}$$

此时的脉宽

$$\tau_{\mathrm{p,out}}^m = \tau_{\mathrm{p,in}}/[1 + (2\delta\omega \cdot \tau_{\mathrm{p,in}})^2/a_0]^{1/2} \tag{1.2-44}$$

最小. 从式 (1.2-41) 可知, 此时的相位 $\phi(t)_{\mathrm{out}} =$ 常数, 因此脉冲是没有啁啾的变换受限脉冲. 换言之, 入射脉冲的啁啾, 如果通过一个具有与啁啾相反符号的色散介质, 不但可以防止由色散产生的相位调制, 而且还可以把脉冲压缩到最短. 需要指出, 这种色散与啁啾补偿使脉冲压缩的情况多数适用于正啁啾和负色散的情况. 当负啁啾脉冲入射到正色散介质中, 光谱带宽可能会被压缩, 导致最终的脉宽被展宽, 详见 1.4.3 节.

对于具有三次以上高阶色散和啁啾的情况, 原则上仍然可以按照以上方法求解, 但一般不可能得到解析解. 必须像 1.5 节介绍的那样, 用计算机快速傅里叶变换求解.

表 1.2-2 总结了各种入射脉冲参数在不同介质中传播后的脉冲特性.

表 1.2-2   超短脉冲在色散介质及调制器件中的传播 [3]

入射脉冲状态		出射脉冲状态		
入射脉冲	介质或相位调制器	啁啾	脉宽	谱宽
变换受限 (无啁啾)	正或负群延色散	上或下啁啾	变宽	不变
变换受限 (无啁啾)	二阶相位调制器	上或下啁啾	不变	变宽
线性上啁啾 (或下啁啾)	正 (负) 群延色散	上 (或下) 啁啾	变宽	不变
线性上啁啾	负群延色散	可能无啁啾	变窄	不变
线性下啁啾	正群延色散	可能无啁啾	可能变宽	可能变窄

1.3   二阶非线性效应

超短光脉冲除了脉冲短和光谱宽, 另一个特性是峰值功率高. 而高峰值功率在介质中产生的非线性效应, 会显著影响脉冲的频率、相位、谱宽和脉冲形状等. 前两节我们只考虑了极化矢量的线性项. 本节将按二阶和三阶非线性光学效应, 分别介绍超短光脉冲在介质中传播时的频率变换、自相位调制、互相位调制、自陡峭、可饱和吸收等效应. 更多的线性和非线性啁啾机制留待第 9 章描述. 在非中心对称的晶体中, 偶数阶电极化张量有不为零项, 因此和电场平方成正比的极化矢量也不为零. 只考虑到二阶电场, 并设入射电场有两种频率分量

$$E(t) \propto E_1 \exp(\mathrm{i}\omega_1 t) + E_1^* \exp(-\mathrm{i}\omega_1 t) + E_2 \exp(\mathrm{i}\omega_2 t) + E_2^* \exp(-\mathrm{i}\omega_2 t) \tag{1.3-1}$$

通过这种非线性介质, 电极化矢量正比于

$$
\begin{aligned}
E(t)^2 \propto & E_1^2 \exp(2\mathrm{i}\omega_1 t) + E_1^{*2} \exp(-2\mathrm{i}\omega_1 t) \\
& + E_2^2 \exp(2\mathrm{i}\omega_2 t) + E_2^{*2} \exp(-2\mathrm{i}\omega_2 t) \\
& + 2E_1 E_2 \exp\left[\mathrm{i}(\omega_1 + \omega_2)t\right] + 2E_1^* E_2^* \exp\left[-\mathrm{i}(\omega_1 + \omega_2)t\right] \\
& + 2E_1 E_2^* \exp\left[\mathrm{i}(\omega_1 - \omega_2)t\right] + 2E_1^* E_2 \exp\left[-\mathrm{i}(\omega_1 - \omega_2)t\right] \\
& + 2|E_1|^2 + 2|E_2|^2
\end{aligned}
\tag{1.3-2}
$$

其中, 第一行和第二行对应的是倍频, 第三行对应的是和频, 第四行对应的是差频, 第五行对应的是直流分量. 注意凡是指数中频率 ω_i 为负的地方, 前面的系数都有星号, 代表复数共轭.

1.3.1   三波相互作用——倍频

在缓变振幅近似和运动坐标系下, 取式 (1.3-2) 中的倍频项

$$P(z,t) = P_{2\omega}(z,t)\mathrm{e}^{\mathrm{i}(2\omega t - k_2 z)} = \varepsilon_0 \chi^{(2)} E_1^2 \mathrm{e}^{\mathrm{i}(2\omega t - k_2 z)} \tag{1.3-3}$$

式 (1.1-43) 中含二阶极化矢量的 Maxwell 方程可以简化为基频和倍频的振幅耦合方程

$$\frac{\partial E_1}{\partial z_v} = -\mathrm{i}\chi^{(2)} \frac{\omega_1^2}{2c^2 k_1} E_1^* E_2 \mathrm{e}^{\mathrm{i}\Delta k z} \tag{1.3-4}$$

$$\frac{\partial E_2}{\partial z_v} = -\mathrm{i}\chi^{(2)} \frac{\omega_2^2}{2c^2 k_2} E_1^2 \mathrm{e}^{-\mathrm{i}\Delta k z} \tag{1.3-5}$$

其中, $\Delta k = 2k_1 - k_2$ 是波矢的失配量. 在小信号下 $(E_1(z) = 常数)$, 式 (1.3-4) 的解可直接积分获得

$$E_2(z,t) = -\mathrm{i}\chi^{(2)}\frac{\omega_2^2}{2c^2k_2}E_1^2\left.\frac{\mathrm{e}^{-\mathrm{i}\Delta kz}}{\mathrm{i}\Delta k}\right|_0^L = -\mathrm{i}\chi^{(2)}\frac{\omega_2^2}{2c^2k_2}E_1^2\mathrm{e}^{-\mathrm{i}\Delta kL/2}L\frac{\sin(\Delta kL/2)}{\Delta kL/2}$$

$$= -\mathrm{i}\chi^{(2)}\frac{\omega_2^2}{2c^2k_2}E_1^2\mathrm{e}^{-\mathrm{i}\Delta kL/2}L\mathrm{sinc}(\Delta kL/2) \tag{1.3-6}$$

光强的表达式是

$$I_2^2(L,t) = |E_2|^2 \propto I_1^2 L^2 \mathrm{sinc}^2(\Delta kL/2) \tag{1.3-7}$$

根据式 (1.3-7), 为了得到最大倍频效率, 应该有 $\Delta k = 0$, 即所谓相位匹配. 由于波矢是矢量, 这个条件可以写为 $\boldsymbol{k}_2 = \boldsymbol{k}_1 + \boldsymbol{k}_1$, 式中两个 $\boldsymbol{k}_1$ 偏振方向不一定相同, $k_i = \omega_i/c = \omega_i n(\omega_i)/c_0$. 对于倍频晶体, 相位匹配条件就变成

$$\omega_2 n(\omega_2) = 2\omega_1 n(\omega_1) \tag{1.3-8}$$

因为 $\omega_2 = 2\omega_1$, 就要求折射率 $n(\omega_2) = n(\omega_1)$, 由于两个波长相差一个倍频程, 折射率在中心对称晶体或介质中不可能相等. 在非对称晶体中, 可利用寻常光的折射率球和非寻常光折射率椭球, 找到一个角度, 使 $n_{\mathrm{e}}(\omega_2) = n_0(\omega_1)$, 达到相位匹配条件. 其他方式还有温度匹配等.

对于超短脉冲来说, 相位匹配仅对于脉冲频带中的某一个频率成立. 对于脉冲中的其他波长, $\Delta k \neq 0$. 特别是飞秒脉冲光谱很宽, 不可能所有波长都同时达到相位匹配, 因此就有倍频的带宽限制问题. 这个话题留待第 9 章讨论.

1.3.2 三波相互作用——和频和差频

与倍频一样, 和频和差频过程也可用运动坐标系中的三波振幅耦合方程描述

$$\frac{\partial E_1}{\partial z_v} = -\mathrm{i}\chi^{(2)}\frac{\omega_1^2}{2c^2k_1}E_3^*E_2\mathrm{e}^{\mathrm{i}\Delta kz} \tag{1.3-9}$$

$$\frac{\partial E_2}{\partial z_v} = -\mathrm{i}\chi^{(2)}\frac{\omega_2^2}{2c^2k_2}E_1^*E_3\mathrm{e}^{\mathrm{i}\Delta kz} \tag{1.3-10}$$

$$\frac{\partial E_3}{\partial z_v} = -\mathrm{i}\chi^{(2)}\frac{\omega_3^2}{2c^2k_3}E_1E_2\mathrm{e}^{-\mathrm{i}\Delta kz} \tag{1.3-11}$$

其中, $\Delta k = k_3 - k_1 \pm k_2$.

1.4　三阶非线性效应

具有空间中心对称的气体和固体介质以及光纤 (它们的偶数阶电极化张量均为零) 的最低阶非线性效应起源于三阶电极化率$\chi^{(3)}$, 它是引起诸如三次谐波产生、

四波混频, 以及非线性折射等现象的主要原因 [3,4]. 然而, 除非采取特别的措施实现相位匹配, 牵涉到新频率产生的 (三次谐波产生, 四波混频) 非线性过程是不易发生的. 因而, 大部分非线性效应起源于非线性折射率, 而折射率与光强有关的现象是由 $\chi^{(3)}$ 引起的, 在激光的强度不是太高的情况下 ($10^{12} \sim 10^{13}$ W/cm²), 电极化矢量 $\boldsymbol{P}$ 可以写成如下形式:

$$\boldsymbol{P} = (\varepsilon_0\chi^{(1)} + \varepsilon_0\varepsilon_{\mathrm{NL}})\boldsymbol{E} \tag{1.4-1}$$

其中, $\varepsilon_{\mathrm{NL}}$ 为介电常数 ε 的非线性部分. ε 可以表示成如下形式:

$$\varepsilon = \varepsilon_{\mathrm{L}} + \varepsilon_{\mathrm{NL}} = (1 + \chi^{(1)}) + \frac{3}{4}\chi^{(3)}|E|^2 \tag{1.4-2}$$

又有

$$\varepsilon = n^2 = (n_0 + \Delta n)^2 \approx n_0^2 + 2n_0\Delta n = n_0^2 + 2n_0\left(n_2|E|^2 + \frac{\mathrm{i}\tilde{\alpha}}{2k_0}\right) \tag{1.4-3}$$

式中, $\tilde{\alpha}$ 为吸收系数, 这一项比前一项要小几个数量级, 可以忽略, 所以, 折射率 n 可以写成如下形式:

$$n = n_0 + n_2|E|^2 = n_0 + n_2 I \tag{1.4-4}$$

其中, n_0 为线性折射率, n_2 为非线性折射率, I 为光场强度. 上述各项如下:

$$n_0 = \sqrt{1 + \chi^{(1)}} \tag{1.4-5}$$

$$n_2 = 3\chi^{(3)}/4\varepsilon_0 c n_0^2 \tag{1.4-6}$$

$$I = \frac{1}{2}\varepsilon_0 c n_0|E|^2 \tag{1.4-7}$$

折射率还可表示成如下形式:

$$n(\omega, |E|^2) = n(\omega) + n_2|E|^2 \tag{1.4-8}$$

$$\frac{\partial E_0}{\partial z} + \frac{1}{c}\frac{\partial E_0}{\partial t} = -\frac{n_2}{c}\frac{\partial}{\partial t}\left(|E_0|^2 E_0\right) + \mathrm{i}n_2 k|E_0|^2 E_0 \tag{1.4-9}$$

等号右侧第一项是所谓 "自陡峭" 效应, 第二项是 "自相位调制". 这个方程也习惯地写成

$$\frac{\partial E_0}{\partial z} + \frac{1}{c}\frac{\partial E_0}{\partial t} = -\alpha_1\frac{\partial}{\partial t}\left(|E_0|^2 E_0\right) + \mathrm{i}\gamma|E_0|^2 E_0 \tag{1.4-10}$$

其中, 非线性系数 $\gamma = n_2 k$, $\alpha_1 = \gamma/\omega$.

$$\frac{\partial E}{\partial z} = -\mathrm{i}\frac{\mu_0\varepsilon_0\omega^2}{2k}(n_0^2 + 2n_0 n_2|E|^2)E$$

$$= - \mathrm{i}\frac{(1/c^2)\omega^2}{2n_0 k}(n_0^2 + 2n_0 n_2 |E|^2)E \tag{1.4-11}$$

$$= - \mathrm{i}\frac{k^2}{k}\left(\frac{n_0}{2} + n_2 |E|^2\right)E$$

$$= - \mathrm{i}k\left(\frac{n_0}{2} + n_2 |E|^2\right)E$$

1.4.1 克尔透镜效应

下面讨论高斯型脉冲通过三阶极化率为 $\chi^{(3)}$ 的介质. 高斯型脉冲引起的空间非线性折射率分布可以写成

$$n(r) = n_0 + n_2 I(r) = n_0 + n_2 I_0 \mathrm{e}^{-r^2/w_0^2} \tag{1.4-12}$$

图 1.4-1(a) 显示了高斯型脉冲的空间强度分布, 如果这样的一个脉冲通过一个具有三阶极化率 $\chi^{(3)}$ 的薄片, 如图 1.4-1(b) 所示, 那么它的折射率强度分布和高斯型脉冲的强度分布是一致的. 如果 n_2 为正, 那么中间的折射率大于两端的折射率. 在几何光学中, 有意义的物理量是光程, 即折射率和传输距离的乘积: $L(r) = n(r)l$. 光程可写成如下形式:

$$L_k(r) = nl = (n_0 + n_2 I_0 \mathrm{e}^{-r^2/w_0^2})l \tag{1.4-13}$$

所导致的非线性相移是

$$\phi = kL_k = k(n_0 + n_2 I_0 \mathrm{e}^{-r^2/w_0^2})l = \phi_0 + \phi_{\mathrm{NL}}(-r^2/w_0^2) \tag{1.4-14}$$

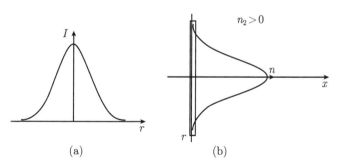

图 1.4-1 空间高斯型脉冲的强度分布 (a), 高斯型脉冲引起的克尔效应 (b)

在一般光学固体介质中, $n_2 > 0$, 非线性相移在 $r = 0$ 处最大, 其他位置按高斯函数递减. 这相当于用一个高斯透镜, 可聚焦光束. 如果脉冲通过一个比较厚的介质, 这种作用在传输过程中将被加强, 因为光束的聚焦加强了透镜的聚焦作用, 这个过程称作自聚焦 (图 1.4-2). 这种聚焦会一直持续到光束非常小以致衍射的作用足以平衡克尔透镜作用为止.

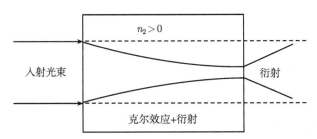

图 1.4-2　衍射和克尔效应引起的自聚焦成丝

1.4.2　自相位调制

非线性光学介质中, 介质的折射率与入射光的光强有关. 这一现象除在空间内体现为自聚焦外, 还在频域内通过自相位调制 (self phase modulation, SPM) 来体现, 它将导致光脉冲的频谱展宽.

自相位调制指光场在介质中传输时光场本身引起的相移, 它的大小可以通过记录光场相位的变化得到.

在时间上, 非线性折射率依赖于脉冲的时域包络形状. 和式 (1.4-4) 相似, 时域内高斯型脉冲折射率分布可以表示为

$$n(t) = n_0 + n_2 I(t) = n_0 + n_2 e^{-t^2/\tau^2} \tag{1.4-15}$$

脉冲时域内折射率的变化对脉冲的频率有什么影响呢? 为了简化分析, 考虑一个平面波在非线性介质中的传输, 其脉冲获得的相移是

$$\phi = k(n_0 + n_2 I_0 e^{-t^2/\tau_\mathrm{p}^2})l = \phi_0 + \phi_\mathrm{NL}(-t^2/\tau_\mathrm{p}^2) \tag{1.4-16}$$

其瞬时频率为相位对时间的导数, 可以写成

$$\omega(t) = \omega_0 - \frac{\partial}{\partial t}\phi(t) = \omega_0 - \frac{\omega_0 n_2}{c}l\frac{\partial I(t)}{\partial t} \tag{1.4-17}$$

频率的变化率, 即频率的瞬时增量为

$$\delta\omega(t) = -\frac{\omega_0 n_2}{c}l\frac{\partial I(t)}{\partial t} \tag{1.4-18}$$

由时域和频域的傅里叶变换的二元性, 我们可以看到在时域内振幅(图1.4-3(a))或相位 (图 1.4-3(b)) 的周期性调制, 都会引起频域内的新的频率的产生(图1.4-3(c)). $n_2 > 0$ 时, 在脉冲的前沿会产生新的低频成分, 在脉冲后沿会产生新的高频成分. 这些新的频率成分并不同步, 但仍在原有的脉冲包络内.

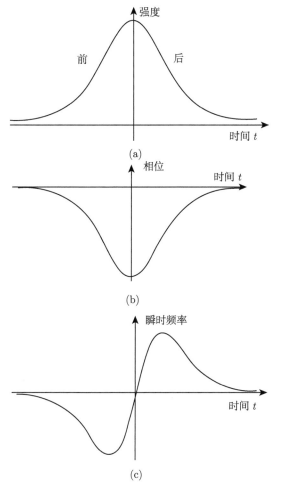

图 1.4-3 自相位调制

(a) 入射脉冲波形；(b) 入射脉冲在介质中的相位；(c) 由光强依赖的相位导出的瞬时频率

如果只有自相位调制作用, 缓变包络近似下的光场演化 (1.1-36) 可以写为

$$\frac{\partial E_0}{\partial z} + \frac{1}{c}\frac{\partial E_0}{\partial t} = \mathrm{i}\gamma|E_0|^2 E_0 \tag{1.4-19}$$

仿照导出式 (1.1-43), 在运动坐标下, 式 (1.4-19) 可写成如下形式:

$$\frac{\partial E_0}{\partial z} = \mathrm{i}\gamma|E_0|^2 E_0 \tag{1.4-20}$$

引入归一化振幅 $a(z,t)$ 和峰值功率 P_0

$$E(z,t) = \sqrt{P_{\mathrm{pk}}}\,a(z,t) \tag{1.4-21}$$

式 (1.4-20) 可写为

$$\frac{\partial a(z,t)}{\partial z} = -\mathrm{i}kP_0|a(z,t)|^2 a(z,t) = -\frac{\mathrm{i}}{L_{\mathrm{NL}}}|a(z,t)|^2 a(z,t) \tag{1.4-22}$$

式中

$$L_{\mathrm{NL}} = \frac{1}{\gamma P_{\mathrm{pk}}} \tag{1.4-23}$$

解这个方程的时候, 假设其中 $|a(z,t)|^2$ 其随 z 变化很小, 即 $|a(0,t)|^2$, 此时这个方程的解是

$$a(z,t) = a(0,t)\exp[\mathrm{i}\phi_{\mathrm{NL}}(z,t)] \tag{1.4-24}$$

其中, 非线性相位表示为

$$\phi_{\mathrm{NL}}(z,t) = |a(0,t)|^2 z/L_{\mathrm{NL}} = \gamma|a(z,t)|^2 P_{\mathrm{pk}}z \tag{1.4-25}$$

因为 $|a(0,t)|^2$ 是归一化的, 因此其最大值为 $|a(0,t)|^2 = 1$, 相移的最大值就是

$$\phi_{\mathrm{max}}(z,t) = z/L_{\mathrm{NL}} = \gamma P_{\mathrm{pk}}z \tag{1.4-26}$$

据此可看出非线性长度 L_{NL} 的意义是非线性相移为 1(弧度) 时的距离, $z = L_{\mathrm{NL}}$. 下面来计算一下自相位调制导致的频率展宽. 按瞬时频率公式

$$\delta\omega(t) = -\frac{\partial \phi_{\mathrm{NL}}}{\partial t} = -\frac{\partial}{\partial t}|a(0,t)|^2\frac{z}{L_{\mathrm{NL}}} \tag{1.4-27}$$

若入射脉冲是超高斯型

$$|a(0,t)|^2 = \exp\left\{-\left[\frac{t}{\tau_{\mathrm{p0}}}\right]^{2m}\right\}, \quad m = 1\text{对应高斯型} \tag{1.4-28}$$

其中, τ_{p0} 是脉冲功率 $1/\mathrm{e}$ 处的脉宽, 则瞬时频率为

$$\delta\omega(t) = -\frac{2m}{\tau_{\mathrm{p0}}}\frac{z}{L_{\mathrm{NL}}}\left[\frac{t}{\tau_{\mathrm{p0}}}\right]^{2m-1}\exp\left\{-\left[\frac{t}{\tau_{\mathrm{p0}}}\right]^{2m}\right\} \tag{1.4-29}$$

对应最大相移的最大频移为

$$\delta\omega_{\mathrm{max}} = \frac{m\,f_m}{\tau_{\mathrm{p0}}}\phi_{\mathrm{max}} \tag{1.4-30}$$

其中

$$f_m = 2\left[1 - \frac{1}{2m}\right]^{1-1/2m}\exp\left\{-\left[1 - \frac{1}{2m}\right]\right\} \tag{1.4-31}$$

当 $m = 1$ 时, $f_m = 0.86$; 对于 $m > 1$, $f_m \to 0.74$

$$\phi_{\max} \approx (M - 1/2)\pi \tag{1.4-32}$$

$$\delta\omega_{\max} = 0.86\Delta\omega_0\phi_{\max} \tag{1.4-33}$$

其中, $\Delta\omega_0 = 1/\tau_{p0}$, 是幅度降到 $1/e$ 处的光谱半宽度 [5]. 需要注意的是, 应用这个公式的条件是: 入射脉冲是傅里叶变换受限脉冲.

图 1.4-4 是模拟的自相位调制展宽频谱的例子, 图中最大相移依次为 $\phi_{\max} = \pi, 1.5\pi, 2.5\pi, 3.5\pi$. 例如, 对于相移为 3.5π 的展宽光谱, $M = 3.5 + 1/2 = 4$, 从图中可以看出, 正好对应 4 个峰.

自相位调制是展宽光谱, 获得新的频率成分进而压缩脉冲获得更窄脉冲的一种基本、常用和有效的方法.

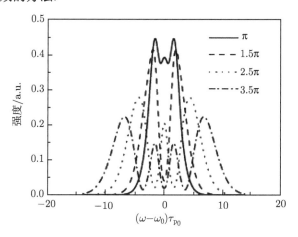

图 1.4-4　无啁啾高斯型脉冲的 SPM 展宽频谱

1.4.3　光谱压缩效应

1.4.2 节我们了解到, 通过介质的自相位调制可以将脉冲光谱扩展, 并可通过色散补偿来获得最短脉冲. 但是入射到介质负啁啾的脉冲在正色散介质中, 脉冲的负啁啾会与脉冲在介质中的自相位调制产生的频率分量相互抵消, 结果是, 光谱分量的重新分布 [6]. 例如, 在脉冲前沿发生的自相位调制, 是将光谱波长向长波长展宽, 而此时处于脉冲前沿的波长分量是短波长 (负啁啾), 因此脉冲光谱的短波长分量将向长波长方向移动; 相反, 在脉冲的后沿发生的自相位调制, 产生的是短波长分量, 而此时, 脉冲的后沿是长波长分量, 因此, 光谱向长波长方向移动. 这样的重新分布趋向于中间部分的光谱被放大, 而边缘的光谱分量受到压缩, 导致光谱变窄的压缩效果, 同时时域由于光谱变窄脉冲展宽 [7]. 如果用所谓色散增加光纤 (dispersion increasing fiber, DIF), 光谱宽度的压缩甚至可以达到 20 倍以上 [8]. 这种光谱压缩可以用来将飞秒脉冲通过光谱压缩变成皮秒脉冲而不损失能量 (图 1.4-5).

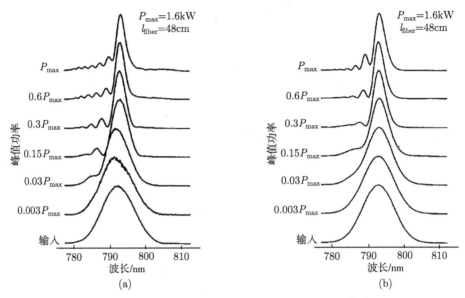

图 1.4-5   实验 (a) 和模拟 (b) 的光谱压缩结果 [6,8]

1.4.4   互相位调制

互相位调制, 也叫交叉相位调制 (cross phase modulation, XPM), 指的是光场在传输中由另一个不同波长、方向或者偏振态的场所引起的非线性相移. 可以把光场写成两个不同入射场的叠加来理解互相位调制. 设入射的总光场为

$$E(z,t) = \frac{1}{2}(E_1 e^{-i\omega_1 t} + E_2 e^{-i\omega_2 t} + \text{c.c.}) \tag{1.4-34}$$

表示入射场由两个频率分别为 ω_1 和 ω_2 的场叠加而成. 经过传输距离 L 后, 频率为 ω_1 的场产生的总的非线性相移不但有自身产生的非线性相移, 还受到频率为 ω_2 的场的作用.

$$\phi_{\text{NL}} = n_2 kL(|E_1|^2 + 2|E_2|^2) \tag{1.4-35}$$

其中, 第一项为 SPM, 而第二项为 XPM. 同理, 频率为 ω_2 的场的相移也受到频率为 ω_2 的场的作用

$$\phi_{\text{NL}} = n_2 kL(|E_2|^2 + 2|E_1|^2) \tag{1.4-36}$$

说明如果入射的光场为频率不同、场强相同的两个场, XPM 效应是 SPM 效应的两倍. XPM 效应是在共同传播的光场中, 产生频谱非对称性展宽的一个主要原因.

1.4.5 自陡峭效应

光脉冲的自陡峭 (self steepening) 是群速度对光强的依赖关系造成的. 由于脉冲的光强分布, 导致脉冲的峰值和两翼的折射率不同, 在折射率 n 随光强正向变化 ($n_2 > 0$) 的情况下, 脉冲中心的速度较两翼慢, 结果脉冲峰值不断向后沿移动, 从而使脉冲的时域形状出现了不对称, 后沿变得陡峭, 称为自陡峭. 这个效应导致了 SPM 展宽频谱的不对称性, 其作用是红移峰与蓝移峰相比较有较大的峰幅; 光谱高频一端较低频一端有更大的 SPM 致频谱展宽. 自陡峭效应可用缓变包络近似的波动方程来描述.

将式 (1.1-36) 转换到运动坐标系, 成为

$$\frac{\partial E_0}{\partial z} + s\frac{\partial}{\partial \tau}(|E_0|^2 E_0) = \mathrm{i}|E_0|^2 E_0 \tag{1.4-37}$$

其中, $s = 1/\omega_0$. 将试探解 $E_0 = \sqrt{I}\exp(\mathrm{i}\phi)$ 代入式 (1.4-37), 并将实部和虚部分开, 得到两个分立的方程

$$\frac{\partial I}{\partial z} + 3s\frac{\partial I}{\partial \tau} = 0 \tag{1.4-38}$$

$$\frac{\partial \phi}{\partial z} + sI\frac{\partial \phi}{\partial \tau} = I \tag{1.4-39}$$

如果入射的是高斯型脉冲, $I(0,\tau) = f(\tau) = \exp(-\tau^2)$, 则积分后的解是

$$I(z,\tau) = f(\tau) = \exp[-(\tau - 3sIz)^2] \tag{1.4-40}$$

即脉冲的时间中心向后移动了 $3sIz$. 图 1.4-6 给出了 $sZ = 0, 0.1, 0.2$, 同时 $s = 0.01$ 的时域脉冲形状. 其中 $Z = z/L_{\mathrm{NL}}$. 图 1.4-7 给出了 $sZ = 0.2$ 时的频谱. 在自陡峭情况下, 光谱经历了一个调制.

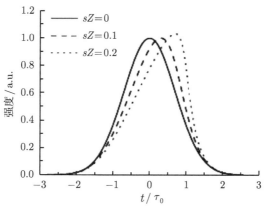

图 1.4-6 无色散情况下高斯型脉冲的自陡峭效应

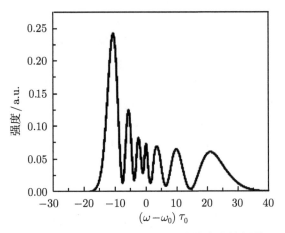

图 1.4-7   无色散情况下高斯型脉冲的自陡峭频谱

1.4.6   拉曼效应

拉曼效应是光子的非弹性散射, 也是一种四波混频效应, 可以在自发和受激的情况下发生. 受激拉曼散射 (stimulated Raman scattering, SRS) 是非线性光学中一个很重要的非线性过程: 在任何分子介质中, 自发拉曼散射将一小部分入射功率由一光束转移到另一频率下移的光束中, 频率下移量由介质的振动模量 ν_v 决定, 此过程称为拉曼效应. 图 1.4-8 显示了泵浦光两侧的斯托克斯和反斯托克斯光谱, 其与泵浦光的频率差是 $\pm\nu_v$. 注意斯托克斯光的强度一般大于反斯托克斯光的强度.

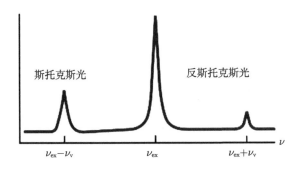

图 1.4-8   斯托克斯和反斯托克斯光谱

图 1.4-9 描述了拉曼散射中斯托克斯和反斯托克斯散射的原理. 分子吸收激发光跃迁到一个虚能级. 因为在热平衡状态下, 多数分子将处于基态能级 1 和 2 上, 更多的光会跃迁到 2 而散射向较低的频率 (斯托克斯); 少部分光会通过跃迁到能级 1 而散射为高频率分量 (反斯托克斯).

拉曼散射是一种三阶非线性效应, 因此其极化矢量

$$P_{\mathrm{R}} = \varepsilon_0 \varepsilon_{\mathrm{NL}} E = \varepsilon_0 \chi^{(3)} E_{\mathrm{p}}^2 E_{\mathrm{R}} \tag{1.4-41}$$

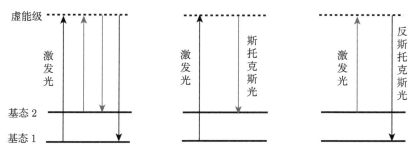

图 1.4-9 受激拉曼散射原理图

设分子的拉曼非线性响应是即时的, 在缓变包络近似和运动坐标下, 式 (1.4-11) 可分别写成泵浦光和拉曼光的光强耦合方程

$$\frac{\mathrm{d}I_{\mathrm{s}}}{\mathrm{d}z} = g_{\mathrm{R}} I_{\mathrm{p}} I_{\mathrm{s}} - \alpha I_{\mathrm{s}} \tag{1.4-42}$$

$$\frac{\mathrm{d}I_{\mathrm{p}}}{\mathrm{d}z} = -\frac{\omega_{\mathrm{s}}}{\omega_{\mathrm{p}}} g_{\mathrm{R}} I_{\mathrm{p}} I_{\mathrm{s}} - \alpha I_{\mathrm{p}} \tag{1.4-43}$$

式中, 下标 "s" 表示斯托克斯分量, α 为吸收系数, g_{R} 为拉曼增益

$$g_{\mathrm{R}} = \frac{4\pi n_2}{\lambda} \tag{1.4-44}$$

忽略吸收, 式 (1.4-42) 和 (1.4-43) 可合成一个能量守恒方程

$$\frac{\mathrm{d}}{\mathrm{d}z}\left(I_{\mathrm{s}} + \frac{\omega_{\mathrm{s}}}{\omega_{\mathrm{p}}} g_{\mathrm{R}} I_{\mathrm{p}}\right) = 0 \tag{1.4-45}$$

小信号下, 在 $z = L$ 处斯托克斯分量的解是

$$I_{\mathrm{s}}(L) = I_{\mathrm{s}}(0) \exp(g_{\mathrm{R}} I_{\mathrm{p}} L_{\mathrm{eff}} - \alpha_{\mathrm{s}} L) \tag{1.4-46}$$

其中

$$L_{\mathrm{eff}}(L) = \frac{1}{\alpha_{\mathrm{p}}}[1 - \exp(-\alpha_{\mathrm{p}} L)] \tag{1.4-47}$$

是有效长度. 光谱有一定分布的斯托克斯分量的功率可写为对式 (1.4-46) 的积分

$$P_{\mathrm{s}}(L) = \int_{-\infty}^{+\infty} \hbar\omega \exp(g_{\mathrm{R}}(\omega) I_{\mathrm{p}} L_{\mathrm{eff}} - \alpha_{\mathrm{s}} L) \mathrm{d}\omega \tag{1.4-48}$$

在介质内同时发生的自相位调制和其他非线性效应, 如受激拉曼散射、四波混频等, 可将超短脉冲的谱展宽至倍频程或更宽, 这种极端的频谱展宽现象称作超连续谱产生.

1.4.7 可饱和吸收

可饱和吸收体是指具有光的透射率随着入射光强增加而增加性质的材料. 为使问题简化, 采用二能级系统来描述可饱和吸收过程, 而且假设材料对入射光的吸收满足如下关系:

$$\alpha(I) = \alpha_0(1 + I/I_{\mathrm{sat}})^{-1} \tag{1.4-49}$$

其中, α_0 为在低入射光强情况下的吸收系数, 也叫线性吸收系数; I_{sat} 是饱和光强, 为线性吸收系数减小到一半时的入射光强. 可以看到, 随着入射光强的增加, 吸收系数变小, 入射光强为 I_{i} 的光经过长度为 L 的可饱和吸收体后, 光强的透射率为

$$T(I_{\mathrm{i}}) = \frac{I_{\mathrm{t}}}{I_{\mathrm{i}}} = \exp\left[-\frac{\alpha_0 L}{(1 + I_{\mathrm{i}}/I_{\mathrm{sat}})}\right] \tag{1.4-50}$$

可饱和吸收体分为快可饱和吸收体和慢可饱和吸收体两类. 快可饱和吸收体指对光的入射产生瞬时吸收效应的材料. 图 1.4-10 示意了入射脉冲在快可饱和吸收条件下的透射情况. 在光的两翼, 由于产生吸收而变小, 在光的峰值处, 几乎不产生吸收, 因而保持不变. 可以看到, 在快可饱和吸收条件下, 脉冲变窄. 慢可饱和吸收体指对入射光产生时间累积吸收效应的材料, 其对入射脉冲的吸收过程如图 1.4-11 所示. 脉冲的前沿被强烈地吸收, 当达到饱和吸收以后, 对光吸收的饱和按照一定的时间常数衰减 (有一定的弛豫时间). 而脉冲的后延在这时候几乎没有受到任何吸收而保持不变. 可以看到, 慢可饱和吸收对入射光产生非对称性的形变.

值得一提的是, 可饱和吸收体的快和慢是和入射脉冲宽度相比较而言的, 一般说来, 对于宽度小于几个皮秒的脉冲, 所有的可饱和吸收体都是慢可饱和吸收体.

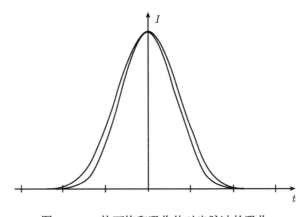

图 1.4-10　快可饱和吸收体对光脉冲的吸收

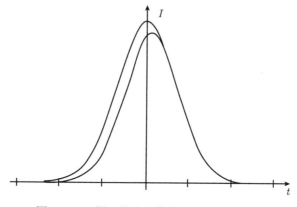

图 1.4-11 慢可饱和吸收体对光脉冲的吸收

1.5 非线性薛定谔方程

综合色散和非线性效应, 可以合成出一个所谓非线性薛定谔方程来描述脉冲的以上线性和非线性传输效应 [9]

$$\frac{\partial E}{\partial z} + \frac{\alpha}{2}E + \frac{\mathrm{i}}{2}k''\frac{\partial^2 E}{\partial t^2} + \frac{1}{6}k'''\frac{\partial^3 E}{\partial t^3} = \mathrm{i}\gamma\left[|E|^2 E + \frac{\mathrm{i}}{\omega_0}\frac{\partial}{\partial t}(|E|^2 E) - T_\mathrm{R}E\frac{\partial |E|^2}{\partial t}\right]$$

$$(1.5\text{-}1)$$

方程左边第二项为损耗, 第三项和第四项为二阶、三阶色散项; 右边则为非线性效应项, 依次代表自相位调制、自陡峭和拉曼效应.

1.5.1 非线性薛定谔方程的解法

广义非线性薛定谔方程一般采用分步傅里叶法来解. 在运动坐标系中, 方程 (1.5-1) 常常分解为如下形式:

$$\frac{\partial E}{\partial z} = (\hat{D} + \hat{N})E \tag{1.5-2}$$

$$\hat{D} = -\frac{\alpha}{2} - \frac{\mathrm{i}}{2}k''\frac{\partial^2}{\partial t^2} + \frac{1}{6}k'''\frac{\partial^3}{\partial t^3} \tag{1.5-3}$$

$$\hat{N} = \mathrm{i}\gamma\left[|E|^2 + \frac{\mathrm{i}}{\omega_0}\frac{1}{A}\frac{\partial}{\partial t}(|E|^2 E) - T_\mathrm{R}\frac{\partial |E|^2}{\partial t}\right] \tag{1.5-4}$$

其中,$\hat{D}$ 是微分算符, 表示线性介质的色散和吸收; $\hat{N}$ 是非线性算符, 决定了脉冲传输过程中的非线性效应.

一般说来, 沿光脉冲传播方向, 色散和非线性是同步作用的. 分步傅里叶法通过假定在传输过程中, 光场每通过一小段距离 h, 色散和非线性效应可以分别作用,得到近似结果, 即从 z 到 $z+h$ 的传输过程分两步进行. 第一步, 仅有非线性作用, 方程中 $\hat{D}=0$; 第二步, 仅有色散作用, 方程中 $\hat{N}=0$. 其数学表示为

$$A(z+h,T) \approx \exp(h\hat{D})\exp(h\hat{N})A(z,T) \tag{1.5-5}$$

指数操作 $\exp(h\hat{D})$ 在傅里叶谱域内进行

$$\exp(h\hat{D})A(z,T) = \mathrm{FT}^{-1}\left[\exp[h\hat{D}(\mathrm{i}\omega)]F_{\mathrm{T}}A(z,T)\right] \tag{1.5-6}$$

其中, FT 表示傅里叶变换, FT^{-1} 为傅里叶逆变换.

1.5.2　孤子传输过程

孤子传输是色散和自相位调制共同作用下脉冲传输的一个特例, 也是非线性薛定谔方程一个特殊解. 在某个光谱区域中, 非线性效应和色散具有相反的符号, 脉冲的传播具有与通常状态下完全不同的性质. 此时描述脉冲传播的非线性薛定谔方程的解预言, 脉冲在传播过程中保持波形不变, 或周期性重复. 这就是所谓的光学孤子. 它的存在可以解释如下: 非线性折射率造成光谱展宽及上啁啾, 因为 $k''<0$, 在脉冲尾部产生的高频分量比在脉冲前沿产生的低频分量传播得快, 啁啾与色散相互抵消. 当然, 只有对特定脉冲才能完全抵消.

下面通过非线性薛定谔方程来研究孤子传播. 假设孤子脉冲包络的振幅为 $E(z, T)$, 并且作如下变换:

$$U = \frac{E}{\sqrt{P_0}}, \quad \xi = \frac{z}{L_{\mathrm{D}}}, \quad \tau = \frac{t}{T_0} \tag{1.5-7}$$

则描述孤子传输的非线性薛定谔方程可以化简为

$$\mathrm{i}\frac{\partial U}{\partial \xi} = \mathrm{sgn}k''\frac{1}{2}\frac{\partial^2 U}{\partial \tau^2} - N^2|U|^2 U \tag{1.5-8}$$

其中, N 为孤子阶数, 在反常色散情况下, $\mathrm{sgn}k'' = -1$. 孤子传输具有周期性, 其周期为

$$z_0 = \frac{\pi}{2}L_{\mathrm{D}} = \frac{\pi}{2}\frac{T_0^2}{|k''|} \tag{1.5-9}$$

基态光孤子具有标准形式

$$U(\xi,\tau) = \mathrm{sech}(\tau)\exp(\mathrm{i}\xi/2) \tag{1.5-10}$$

图 1.5-1~图 1.5-3 分别描述了一阶、二阶、三阶孤子在时域和频域内的传输 (通过分步傅里叶法解孤子传输非线性薛定谔方程 (1.5-8) 所得模拟结果), 各图中所示在传播方向上的间距由前至后均为 $0.1z_0$, 最前面的为输入脉冲, 最后的为一个周期后的输出脉冲, 和输入脉冲形状相同. 可以看出, 一阶孤子在传播过程中保持

不变. 对于二阶孤子, 当传输至半周期奇数倍时, 脉冲压缩得最短. 对于三阶孤子, 当传输至半周期奇数倍时, 脉冲完全分裂成双峰.

在含自相位调制以外的其他非线性效应, 非线性薛定谔方程不一定有解析解, 需要用数值解法, 在第 8 章中有更详细的处理.

在激光器中因为有增益、增益带宽限制和增益色散等因素, 方程被扩展为主方程 (master equation)[10], 有时也称为 Ginzburg-Landau 方程 [11], 处理激光脉冲在含增益、损耗、非线性效应的光纤中的传播, 详见第 3 章和第 6 章.

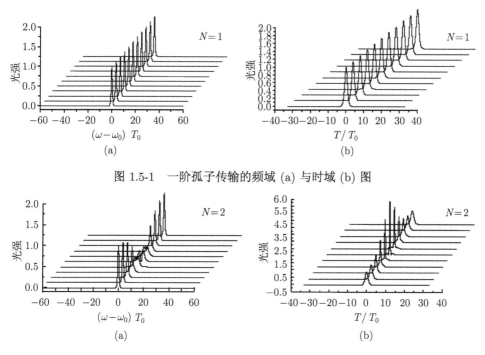

图 1.5-1   一阶孤子传输的频域 (a) 与时域 (b) 图

图 1.5-2   二阶孤子传输的频域 (a) 与时域 (b) 图

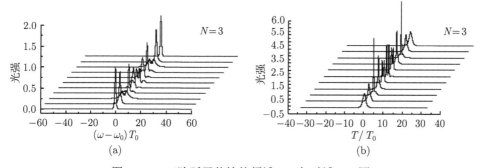

图 1.5-3   三阶孤子传输的频域 (a) 与时域 (b) 图

参 考 文 献

[1] Baltuška A, Uiberacker M, Goulielmakis E, et al. Phase-controlled amplification of few-cycle laser pulses. IEEE J. Sel. Top. Quantum Electron, 2003, 9: 972-989.

[2] Haus H A. Waves and Fields in Optoelectronic . New Jersey: Prentice-Hall, 1984.

[3] 山下幹雄. レーザーパルス圧縮 (激光脉冲的压缩——色散及啁啾效应)// 末田正, 神谷武志编超高速光エレクトロニクス (超高速光电子学). 東京: 培風館, 1991.

[4] Rullière C. Femtosecond Laser Pulses Principles and Experiments. 2rd ed. Heidelberg: Springer: 2004.

[5] Cubeddu R, Polloni R, Sacchi C A, et al. Self-phase modulation and "Rocking" of molecules in trapped filaments of light with picosecond pulses. Phys. Rev. A, 1970, 2(2): 1955-1963.

[6] Oberthaler M, Hopfel R A. Special narrowing of ultrashort laser pulses by self-phase modulation in optical fibers. Appl. Phys. Lett., 1993, 63(8): 1017-1019.

[7] Limpert J, Deguil-Robin N, Manek-Hönninger I, et al. High-power picosecond fiber ampifier based on nonlinear spectral compression. Opt. Lett., 2005, 30(7): 714-176.

[8] Chao W T, Lin Y Y, Peng J L, Huang C B. Adiabatic pulse propagation in a dispersion-increasing fiber for spectral compression exceeding the fiber dispersion ratio limitation. Opt. Lett., 2014, 39 (4): 853-856.

[9] Agrawal G P. Nonlinear Fiber Optics. 3rd ed. New York: Academic Press, 2002.

[10] Haus H A. Short pulse generation//Compact Sources of Ultrashort Pulses. Duling INI Cambridge: University Press, 1995.

[11] Haus H A, Fujimoto J G, Ippen E P. Structure for additive pulse mode locking. J. Opt. Soc. Amer. B., 1991, 8(10): 2068-2076.

第 2 章　色散元器件的原理与计算

从第 1 章我们知道, 飞秒激光脉冲在色散介质中传播时, 介质中的群延迟色散可能导致脉冲变宽或变窄, 这取决于啁啾与色散的符号. 除了固体介质, 膜系以及分立的色散元件的组合 (如光栅对和棱镜对) 也能提供色散, 还有更加灵活的可编程色散器件. 严格的色散补偿依赖于精密的色散计算. 本章给出固体介质、介质膜系、棱镜对、光栅对、可编程系统等的色散计算公式, 帮助读者了解并掌握色散的计算和补偿方法; 最后还将介绍色散的测量技术.

2.1　透 明 介 质

透明介质的色散本质上和极化强度矢量相关. 在 Maxwell 方程中, 极化强度矢量可用经典理论的偶极子在外场 $E(\omega)$ 下受迫振动描述 [1].

2.1.1　极化强度矢量: 阻尼振子模型

为了简便, 以下均用标量表示. 设介质中分子的振动是偶极子 p, 在外场作用下, 带单位电量 e_0 的振子以外场的频率 ω 作受迫振动,

$$p = e_0 x(t) = p_0 \mathrm{e}^{\mathrm{i}\omega t} \tag{2.1-1}$$

其位移 $x(t)$ 满足以下阻尼振动方程

$$m\frac{\mathrm{d}^2 x}{\mathrm{d}t^2} + 2\frac{\omega_0}{Q}m\frac{\mathrm{d}x}{\mathrm{d}t} + m\omega_0^2 x = e_0 E(t) \tag{2.1-2}$$

其中, m 是振子质量, ω_0 是谐振子的本征频率, Q 是阻尼系数. 解方程 (2.1-2) 得出 $x(t)$, 并求得单个振子的极化矢量

$$p_0 = \frac{me_0^2}{(\omega_0^2 - \omega^2) + 2\mathrm{i}\dfrac{\omega_0}{Q}\omega} \tag{2.1-3}$$

介质的宏观极化强度矢量是振子的极化矢量的平均值

$$P(\omega) = N\langle p_0(\omega)\rangle = \varepsilon_0 \chi(\omega)E(\omega) \tag{2.1-4}$$

其中, N 是振子密度. 将分母实数化, 可得出极化系数的实部 χ_r 和虚部 χ_i 两个部分

$$\chi_r = \frac{\omega_p(\omega_0^2 - \omega^2)}{(\omega_0^2 - \omega^2)^2 + 4\left(\dfrac{\omega\omega_0}{Q}\right)^2} \tag{2.1-5}$$

$$\chi_i = \frac{2\omega_p^2\dfrac{\omega\omega_0}{Q}}{(\omega_0^2 - \omega^2)^2 + 4\left(\dfrac{\omega\omega_0}{Q}\right)^2} \tag{2.1-6}$$

其中, $\omega_p^2 = Ne_0^2/m\varepsilon_0$, 称为等离子体频率 (plasma frequency)[2]. 由极化率与折射率的关系 $n = 1 + \chi_r(\omega)/2$ 可知, 折射率的实部为色散, 描述光在介质中传输时相位延迟的频率依赖特性; 在接近谐振的时候, 折射率的变化非常大, 有可能小于 1, 导致超光速现象. 而虚部 $\chi_i(\omega) > 0$ 为增益, $\chi_i(\omega) < 0$ 为衰减或损耗. 以上经典受迫振子模型同样可以用半经典理论描述, 请参见量子力学书籍, 本书不在赘述.

极化率的实部和虚部与频率的关系如图 2.1-1 所示, 可以看到, 虚部 χ_i 在中心频率处有极大值, 具有洛伦兹线形, 其半极大全宽度为 $2/Q$. 实部 χ_r 峰值处频率与中心频率之差为 $1/Q$. 当频率远离中心频率时, 虚部 χ_i 可以忽略不计, 即可以认为光在介质中无吸收地传输.

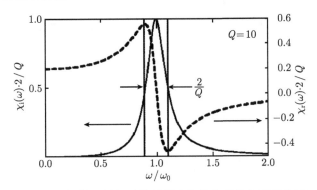

图 2.1-1   经典阻尼振子模型得出的极化率的实部和虚部

2.1.2   Kramers-Kronig 关系

线性极化率对外加电场的响应是频率 Ω 的函数, 且其实部和虚部满足 Kramers-Kronig 关系 [3]

$$\chi_i(\Omega) = -\frac{2}{\pi}\int_0^\infty \frac{\omega\chi_r(\omega)}{\omega^2 - \Omega^2}\mathrm{d}\omega \tag{2.1-7}$$

$$\chi_r(\Omega) = \frac{2}{\pi}\int_0^\infty \frac{\omega\chi_i(\omega)}{\omega^2 - \Omega^2}\mathrm{d}\omega = n^2(\Omega) - 1 \tag{2.1-8}$$

在有吸收的介质中, 可以通过测量介质的吸收谱计算出介质极化率的实部和虚部 [4]. 在透明介质中, 由于远离谐振频率, 极化率的虚部可以近似为

$$\chi_{\mathrm{i}}(\varOmega) = \sum_i A_i \delta(\omega - \omega_i) \tag{2.1-9}$$

由 Kramers-Kronig 关系可导出极化率的实部, 进而导出折射率的塞尔麦耶 (Sellmeier) 公式

$$n^2(\varOmega) = 1 + \sum_i A_i \frac{\omega_i}{\omega_i^2 - \varOmega^2} \tag{2.1-10}$$

或更为常见的作为波长的函数的 Sellmeier 公式

$$n^2(\lambda) = 1 + \sum_i B_i \frac{\lambda}{\lambda^2 - \lambda_i^2} \tag{2.1-11}$$

有了 Sellmeier 公式, 就可以计算透明介质的色散 $\mathrm{d}n/\mathrm{d}\lambda, \mathrm{d}^2 n/\mathrm{d}\lambda^2$. 透明介质的 Sellmeier 系数 B_i 可以在各光学公司提供的资料中查到, 例如, Schott Glass 公司提供的光学玻璃系类.

和超短脉冲有关的介质, 如制作光学元件 (如透镜、棱镜、介质膜等) 的光学玻璃 BK7(我国称 K9), 石英玻璃, 用于测量脉宽的某些晶体 (KDP, BBO, LBO), 用于染料激光器的染料溶液、水及空气等的折射率, 均可用 Sellmeier 公式

$$n^2 - 1 = \sum_{i=1}^{m} \frac{B_i \lambda^2}{\lambda^2 - C_i} \tag{2.1-12}$$

来表示, 其中的 B_i 和 C_i 依构成物质而异, 由实验求得. m 是整数, 一般取 3. 表 2.1-1 列出了几种常见色散材料的 Sellmeier 系数. 例如, 在常温下 (18℃) 石英玻璃 (熔融石英) 的各系数为: $m = 3, B_1 = 0.6961663, B_2 = 0.4079426, B_3 = 0.8974794, C_1 = 0.0046791483, C_2 = 0.013512063, C_3 = 97.934003$. 此时波长单位为微米. 折射率在可见光范围内随波长的减少而增加, 因此它的二阶色散 $\varphi'' > 0$. 图 2.1-2 所示为 1mm 长石英玻璃的二阶及三阶色散随波长的变化趋势. 注意, 二阶色散在 1.3μm 处是零, 随后变为负值.

表 2.1-1 常见色散材料的 Sellmeier 系数

	蓝宝石 (n_o)	蓝宝石 (n_e)	熔融石英	BK7(K9)	SF10
B_1	1.5039759×10^0	1.4313493×10^0	6.9616630×10^{-1}	1.0396121×10^0	1.6162598×10^0
B_2	5.5069141×10^{-1}	6.5054713×10^{-1}	4.0794260×10^{-1}	2.3179234×10^{-1}	2.5922933×10^{-1}
B_3	6.5927379×10^0	5.3414021×10^0	8.9747940×10^{-1}	1.0104695×10^0	1.1749087×10^0
C_1	5.4804113×10^{-3}	5.2799261×10^{-3}	4.6791483×10^{-3}	6.0006987×10^{-3}	1.3606860×10^{-2}
C_2	1.4799428×10^{-2}	1.4238265×10^{-2}	1.3512063×10^{-2}	2.0017914×10^{-2}	6.1596046×10^{-2}
C_3	4.0289514×10^2	3.2501783×10^2	9.7934003×10^1	1.0356065×10^2	1.2192271×10^2

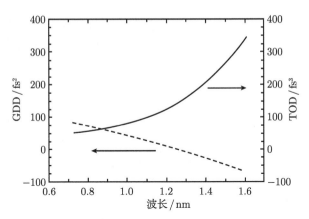

图 2.1-2   1mm 长的熔融石英作为波长的函数的双程二阶色散和三阶色散, 二阶色散在
1.3μm 处为零

也有的材料用柯西 (Cauchy) 公式表示

$$n^2 = A_0 + A_1\lambda^2 + \frac{A_2}{\lambda^2} + \frac{A_3}{\lambda^4} + \frac{A_4}{\lambda^6} + \frac{A_5}{\lambda^8} \tag{2.1-13}$$

2.1.3   临界脉宽和脉冲展宽

一般来说, 折射率大的介质, 二阶及三阶色散也大, 零色散点的波长越长. 一个高斯型波形变换极限脉冲通过这样一个介质时, 脉宽会被展宽. 例如, 入射脉宽是 100fs, 通过一个二阶色散为 $\varphi'' = \pm 9500 \mathrm{fs}^2$ 的介质, 脉宽变为 282fs. 但是, 如果介质的色散是 1/10 (或 1/10 长度), 则脉宽为 103fs. 一个 8fs 的脉冲, 通过 1mm 的 BK7 玻璃或 3m 长的空气后, 脉宽变为原来的两倍. 表 2.1-2 给出若干脉冲通过色散介质展宽的例子. 根据第 1 章式 (1.2-44), 假设为高斯型脉冲, 这里引入一个评价介质或介质长度对脉宽影响非常方便的量——临界脉宽 T_c:

$$T_c = 2\sqrt{\ln 2 \times |\varphi''|} \tag{2.1-14}$$

表 2.1-2   通过色散介质后高斯型脉冲宽度的变化

入射脉冲宽度/fs	介质的群延色散/fs²	通过介质后的脉冲宽度/fs
100	9500	282
100	950	103
50	950	72.6
50	95	50.3

代入式 (1.2-29), 则有

$$\tau_{\mathrm{p,out}} = [1 + (T_c/\tau_{\mathrm{p,in}})^4]^{1/2} \cdot \tau_{\mathrm{p,in}} \tag{2.1-15}$$

这个公式告诉我们, 如果入射脉宽等于临界脉宽, 那么通过介质后, 出射脉宽是入射脉宽的 $\sqrt{2}$ 倍. 例如, 1mm 长的 BK7 玻璃的临界脉宽是 11fs, 就是说 11fs 的脉冲通过 1mm 的玻璃后变为约 15.6fs. 临界脉宽给了这样一个概念, 即如果介质的临界脉宽接近入射脉宽, 则必须考虑色散的作用. 但是如果入射脉宽远远大于临界脉宽, 则可不必考虑色散. 注意, 这里所说的入射脉冲须是变换极限脉冲. 表 2.1-3 给出不同厚度的 KDP 晶体和 BK7 玻璃的临界脉宽. 当然三阶色散也会影响脉宽. 这个公式不仅适合固体材料, 也适合任何色散元件, 包括下面讲的棱镜对、光栅对等分立元件构成的色散补偿元件.

表 2.1-3 玻璃和 KDP 非线性晶体在波长 800nm 处的群延色散和临界脉冲宽度

长度/mm	BK7 (K9) 玻璃		KDP 晶体	
	群延色散值/fs^2	临界脉宽/fs	群延色散值/fs^2	临界脉宽/fs
0.1	4.5	3.6	3.4	3.1
0.5	23	7.9	17	6.9
1	45	11	34	9.8
10	450	36	340	31
100	4500	112	3400	98

2.2 多层膜结构

2.2.1 多层介质反射膜

激光谐振腔一般是由多层介质膜反射镜构成. 反射镜是由光学厚度为四分之一波长 ($\lambda_0/4 = n_H d_H = n_L d_L$) 的高–低折射率相间的 ($2N$ 或 $2N+1$ 层) 介质膜依次蒸镀在基片上构成. 高折射率介质常用二氧化钛 (TiO_2, $n_H \approx 2.25$), 或五氧化二钽 (Ta_2O_5, $n_H \approx 2.20$); 低折射率介质有二氧化硅 (SiO_2, $n_L \approx 1.46$). 基板可以是玻璃 (BK7, $n_s \approx 1.52$). 需要说明的是, 镀膜产生的膜层的折射率不是常数, 取决于镀膜方法和条件, 例如, 离子溅射法所镀的膜层质地比较密, 因此折射率较高; 电子束蒸发法所生长的膜层相对疏松, 折射率较低. 折射率与温度、气压、生长速率的关系很大.

各膜层之间的反射光相互干涉, 随着膜层的增加高反射率从中心波长向两侧扩展, 反射镜的反射率 $R(\omega) = |r(\omega)|^2$ ($r(\omega)$ 是复振幅反射系数) 以及入射波的相移 $\varphi(\omega)$ 可由以下方法描述 [5].

对于单一 $\lambda/4$ 高低折射率材料膜系 (single-stacking) 构成的 q 层介质膜 (图 2.2-1), 反射系数 $r(\omega)$ 和相位 $\varphi(\omega)$ 可用矩阵方法求出. 根据电磁场理论, 在最上层界面上的电磁场分量 E_q、H_q 与在衬底与离衬底最近的膜层界面电磁场分

量 E_s、H_s 的关系可以用矩阵形式表示为

$$\begin{pmatrix} E_q \\ H_q \end{pmatrix} = \left(\prod_{i=1}^{q} \begin{bmatrix} \cos\delta_i & \mathrm{i}\sin\delta_i/\eta_i \\ \mathrm{i}\eta_i\sin\delta_i & \cos\delta_i \end{bmatrix} \right) \begin{pmatrix} E_s \\ H_s \end{pmatrix} \tag{2.2-1}$$

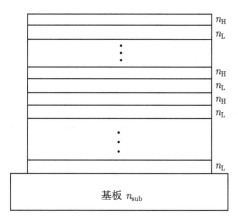

图 2.2-1　单一 $\lambda/4$ 高低折射率材料构成的 $2N$ 层介质膜

其中，$\delta_i = n_i d_i \cos\theta_i \times 2\pi/\lambda$，$\eta_i = n_i/\cos\theta_i$ (入射光是 s 偏光时 $\eta_i = n_i\cos\theta_i$)，$\cos\theta_i = \sqrt{1 - [(n_0\sin\theta_0)/n_i]^2}$ $(i = 0, 1, 2, \cdots; n_0$ 是空气的折射率). 这里，$n_1 = n_{\mathrm{H}}$(或 $= n_{\mathrm{L}}$)，$n_2 = n_{\mathrm{L}}$(或 $= n_{\mathrm{H}}$)，n_s 是玻璃基板的折射率. 考虑到膜厚度根据入射角 θ_0 不同而改变 (即 $\lambda_0/4 = n_1 d_1 \cos\theta_1 = n_2 d_2 \cos\theta_2$)，可以得到 δ_i，$\delta_1 = n_1 d_1 \cos\theta_1 \times 2\pi/\lambda = \delta_2 = \pi\lambda_0/(2\lambda) = \pi\omega/\omega_0$.

如果我们定义此膜系的光学导纳 (admittance) 为

$$Y = H_q/E_q \tag{2.2-2}$$

膜系在入射介质中的反射系数以及反射率就分别为

$$r = \frac{\eta_0 - Y}{\eta_0 + Y} \tag{2.2-3}$$

$$R = \left(\frac{\eta_0 - Y}{\eta_0 + Y} \right) \left(\frac{\eta_0 - Y}{\eta_0 + Y} \right)^* = \left| \frac{\eta_0 - Y}{\eta_0 + Y} \right|^2 \tag{2.2-4}$$

式 (2.2-1) 也可以写成另外一种形式

$$E_q \begin{pmatrix} 1 \\ Y \end{pmatrix} = \left(\prod_{i=1}^{q} \begin{bmatrix} \cos\delta_i & \mathrm{i}\sin\delta_i/\eta_i \\ \mathrm{i}\eta_i\sin\delta_i & \cos\delta_i \end{bmatrix} \right) \begin{pmatrix} 1 \\ Y_s \end{pmatrix} E_s \tag{2.2-5}$$

通常我们只对等式右边的乘积感兴趣, 因此重新定义右边的矩阵为

$$\begin{pmatrix} B \\ C \end{pmatrix} \tag{2.2-6}$$

显然 $Y = C/B$.

若膜系仅由两种介质膜组成, 特征矩阵可写为

$$\begin{pmatrix} E_{2N} \\ H_{2N} \end{pmatrix} = \left(\begin{bmatrix} \cos\delta_1 & \mathrm{i}\sin\delta_1/\eta_1 \\ \mathrm{i}\eta_1\sin\delta_1 & \cos\delta_1 \end{bmatrix} \begin{bmatrix} \cos\delta_2 & \mathrm{i}\sin\delta_2/\eta_2 \\ \mathrm{i}\eta_2\sin\delta_2 & \cos\delta_2 \end{bmatrix} \right)^N \begin{pmatrix} E_s \\ H_s \end{pmatrix} \tag{2.2-7}$$

或

$$\begin{pmatrix} B \\ C \end{pmatrix} = \left(\begin{bmatrix} \cos\delta_1 & \mathrm{i}\sin\delta_1/\eta_1 \\ \mathrm{i}\eta_1\sin\delta_1 & \cos\delta_1 \end{bmatrix} \begin{bmatrix} \cos\delta_2 & \mathrm{i}\sin\delta_2/\eta_2 \\ \mathrm{i}\eta_2\sin\delta_2 & \cos\delta_2 \end{bmatrix} \right)^N \begin{pmatrix} 1 \\ Y_s \end{pmatrix} \tag{2.2-8}$$

以玻璃基板上只有两层介质膜的膜系为例, 初始膜系导纳 Y 的虚部是 0, 高折射率膜层从玻璃基板的折射率 $Y = n = 1.52$ 开始, 经过四分之一波长厚的膜, 最终的导纳落在实数轴上的位置 $Y_{\mathrm{H}} = 2.35^2/1.52 = 3.633$; 加上第二层四分之一波长厚的膜, 膜系的导纳是 $Y_{\mathrm{HL}} = 1.35^2/3.633 = 0.5016$. 每个导纳的轨迹以连接两个导纳的半圆表示. 图 2.2-2 是这个膜系的导纳轨迹图. 更多的膜层可依照此方法画出其导纳轨迹.

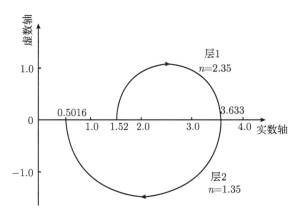

图 2.2-2　玻璃基板上两层介质膜 ($N = 1$) 的膜系导纳轨迹图 [6]

层 1 为高折射率膜 ($n = 2.35$), 层 2 为低折射率膜 ($n = 1.35$), 基板的折射率为 1.52. 可以看出, 随着膜系层数的增加, 系统的导纳 Y 循环增大或减小

若忽略介质材料本身的吸收、散射和色散, 可得到膜系在空气中的反射系数及相位

$$r_{2N}(\omega) = \frac{1-Y}{1+Y} \qquad (2.2\text{-}9)$$

$$\varphi_{2N}(\omega) = \arg(r_{2N}(\omega)) \qquad (2.2\text{-}10)$$

式 (2.2-10) 中, $\varphi(\omega)$ 通过 $\eta_i(\omega)$ 而成为 ω 的函数. 对 $\varphi(\omega)$ 作计算机数值微分, 可求出 $\varphi''(\omega)$ 和 $\varphi'''(\omega)$ 等色散参数.

作为一个例子, 图 2.2-3 中两条曲线分别给出了根据式 (2.2-9) 和 (2.2-10) 用计算机算出的反射镜的反射率 $R(\omega)$、群延色散 $\varphi''(\omega)$ 对波长的依赖关系. 从图 2.2-3 可以看出, 对小于中心波长的入射光反射镜给予正的群延色散, 而对大于中心波长的入射光则给予负的群延色散, 而且离中心波长越远, 色散越大, 同时反射率也随之迅速减少.

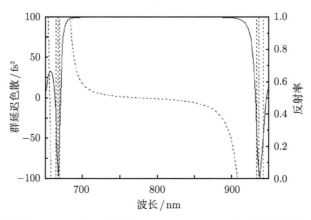

图 2.2-3 中心波长为 800nm 的 24 层单一 $\lambda/4\mathrm{TiO}_2/\mathrm{SiO}_2$ 介质膜系的群延色散和反射率

但是如若在此膜之上再加上一层另一中心波长的介质反射膜, 构成所谓双膜系 (double-stacking) 反射镜[7], 则不但可以在非常宽的波长范围内保持很高的反射率, 也可得到任意群延色散. 图 2.2-4 是正入射时双膜系反射镜的群延色散与波长的关系. 设计的两种膜的中心波长分别为 560nm 和 800nm. 可以看出, 它确实可以在 820nm 附近提供约 $-100\mathrm{fs}^2$ 的群延迟色散, 只是在很窄的范围内. 由此, 可以联想到如果做成多膜系反射镜 (multiple-stacking), 即把更多不同中心波长的反射膜叠加在一起, 是不是可以扩展负色散的范围呢? 这就是所谓啁啾反射镜 (chirped mirror) 概念的雏形.

从式 (2.2-5) 还可以看出, 随入射角的变化, 膜层间的共振波长也可改变, 由此改变入射角可起到微调群延色散的作用. 更进一步, 如果根据需要适当设计反射膜, 则可利用反射镜作为色散补偿元件, 代表性的有啁啾 (负色散) 反射镜和 Gires-Tournois 反射镜.

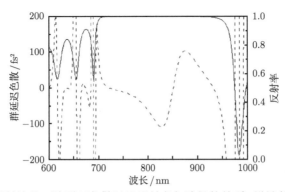

图 2.2-4 双膜系反射镜的二阶群延色散以及反射率与波长的关系, 设计的两种膜的中心波长分别为 560nm(上膜系) 和 800nm(下膜系)

2.2.2 啁啾反射镜

啁啾反射镜, 实际上是双膜系反射镜和多膜系反射镜的延伸. 简单地说, 就是连续地改变膜层的共振波长, 使整个反射镜在保持高反射率的同时, 给予不同波长以不同的延迟 (图 2.2-5). 但是这只是一般而言, 如果把膜层按照线性四分之一波长厚度设计, 就会发现群延迟曲线不是光滑的, 而是在长波长部分有许多振荡. 这是因为深入到底层的长波长分量也会被表层的膜反射, 因而使得长波长分量在上下膜层间形成振荡, 从而在色散曲线上形成振荡. 这个振荡会使色散补偿不充分, 甚至使脉冲分裂. 因此啁啾反射镜的设计方法就归结于消除振荡, 也就是使膜的厚度偏离相应的四分之一波长. 从导纳轨迹图可以看出, 为了得到高反射率膜层, 不一定非要使每个膜层的厚度都等于四分之一波长, 而只要它们的综合效果. 偏离四分之一波长带来的结果就是反射率不变, 而相位发生变化. 有许多方法有助于设计非四分之一膜系以消除振荡. 目前为止, 有以下几种啁啾反射镜的设计方法.

(1) 傅里叶变换法;

(2) 阻抗匹配法 (双啁啾);

(3) 窄带滤波器法.

以下逐一介绍这三种方法.

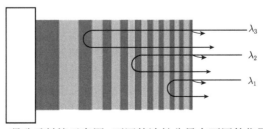

图 2.2-5 啁啾反射镜示意图, 不同的波长分量在不同的位置获得反射

1. 傅里叶变换法

根据傅里叶变换关系, 只要指定了频率域的相位, 它在空间域的折射率分布可以从相位函数傅里叶变换得到. 但是这样得到的函数是渐变折射率函数.

Szipocs 等 [8,9] 提出的啁啾反射镜的设计思想是图 2.2-6 所示意的那样, 通过色散介质的啁啾脉冲与从一个相反方向入射的变换极限脉冲相干, 强度在脉冲传播方向以折射率变化的形式记录为体全息图. 当具有啁啾的脉冲射入这样的体光栅时, 就会读出一个变换极限脉冲, 即脉冲的啁啾得到完全的补偿. 这个体全息图就是一个啁啾反射镜. 当然, 现实的问题是, 怎样制备一个无啁啾的变换极限脉冲, 去和有啁啾的脉冲相干.

$$\frac{1}{2}\int_{-\infty}^{\infty}\frac{\mathrm{d}\ln n(x)}{\mathrm{d}x}\exp(\mathrm{i}kx)\mathrm{d}x = Q(k)\exp[\mathrm{i}\phi(k)] \tag{2.2-11}$$

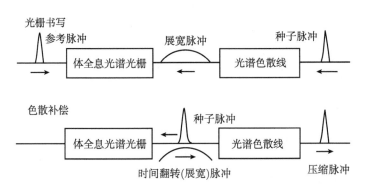

图 2.2-6   用于补偿色散的体全息图的书写和读出 [9]

实际的设计是由渐变折射率结构开始的, 假设膜层的折射率可以在最高 n_H 和最低 n_L 之间任意变化, 在只考虑二阶色散 (线性啁啾) 的情况下, 一个色散镜的膜层的折射率分布应该是

$$n(x) = \sqrt{n_H n_L}\exp\{\ln\sqrt{n_H/n_L}\exp(-x^2/2\sigma^2)\sin[x(k_0 + c_1 k_0 x)]\} \tag{2.2-12}$$

其中, σ 和 c_1 是设计参数. 此时, 折射率变化的周期 k_0 由实际中心波长的布拉格反射条件决定, 这个波数是 $k_0/2$. σ 是反射带宽决定的参数; c_1 是啁啾参数, 这个参数可以是正或负. 实际上, 渐变折射率只是理想构造, 为了使它的构造与通常的反射镜相近且能够实际制造, 上式中的正弦函数只用相应的正负符号来代替 (即 sign(sin)), 而且可以证明, 各个不同折射率的层可分别用接近四分之一波长的高低折射率层对来代替. 如果我们不限制膜层的最小厚度, 由最高 n_H 和最低 n_L 折射

率材料构成的近四分之一波长膜的等效折射率可以表示为 [10]

$$n_i^2 = \frac{n_H^2 d_H + n_L^2 d_L}{d_H + d_L} \tag{2.2-13}$$

而总的厚度为

$$d_i = d_L + d_H \tag{2.2-14}$$

由式 (2.2-13) 和 (2.2-14), 我们可以把 N 层不同折射率膜层转换成 $2N$ 层高低折射率构成的膜层, 其中第 i 层的厚度 $d_{i,H}$ 和 $d_{i,L}$ 分别为

$$d_{i,H} = \frac{n_i^2 - n_L^2}{n_H^2 - n_L^2} \tag{2.2-15}$$

$$d_{i,L} = d_i - d_{i,H} \tag{2.2-16}$$

下面介绍基于这种考虑而设计的色散镜的例子. 为了同时补偿 600~1200nm 范围内的二阶及三阶色散, 除了要保证这个范围内的反射率 100%, 折射率的截面分布应为

$$n(x) = \sqrt{n_H n_L} \exp\{2a \ln \sqrt{n_H/n_L}$$
$$\times \exp(-x^4/2\sigma^4) \sin[x(k_0 + c_1 k_0 x + c_2 k_0 x^2)]\} \tag{2.2-17}$$

其中, $n_H = 2.135, n_L = 1.45, k_0 = 2 \times 2\pi/0.8\mu m^{-1}, \sigma = 5.149\mu m, c_1 = 0.05, c_2 = -0.002, a = 1.35$. 图 2.2-7(a) 是式 (2.2-17) 的折射率分布, 图 2.2-7(b) 是正弦函数符号化后的折射率, 图 (c) 是用高低折射率层对取代渐变折射率后的层厚. 这样一系列变换后的结果如图 2.2-7(d) 和 (e) 所示. 比较可知, 以高低折射率层对获得的群速延迟与代替渐变折射率的群速延迟在趋势上拟合, 且反射率与带宽也很一致. 美中不足的是, 群速延迟曲线还有一些振荡.

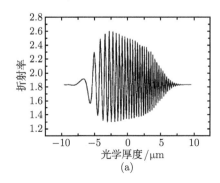

(a)

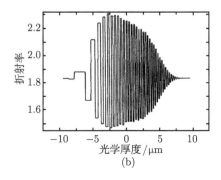

(b)

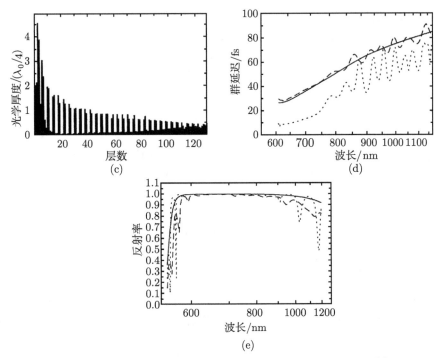

图 2.2-7　(a) 渐变折射率型超宽带啁啾反射镜的折射率与光学距离的关系 [9]; (b) 阶梯型超宽带啁啾反射镜的折射率与光学距离的关系; (c) 阶梯型超宽带啁啾反射镜的折射率的两段化后的光学厚度; (d) 群速延迟的计算值 (实线, 长虚线, 短虚线分别与图 (a), (b), (c) 所示的折射率分布相对应); (e) 反射率的计算值 (实线, 长虚线, 短虚线分别与图 (a), (b), (c) 所示的折射率分布相对应)

2. 阻抗匹配法 (双啁啾)

为了消除这些振荡, Kaertner 等提出了双啁啾 (double chirp) 反射镜的概念 [11], 即不但膜层的厚度非线性变化, 而且高折射率层的膜层厚度也呈非线性变化, 而且最上面一层还须镀减反膜. 具体结构是, 设高低折射率膜层对的数目为 N, 低折射率层的厚度是线性排列的, 则高折射率层的厚度由式 (2.2-18) 给出

$$d_{H,i}(x) = \frac{\lambda_{max}}{4n_H}\left(\frac{N+1-i}{N}\right)^{\eta}, \quad \eta = 1, 2; i = 1, 2, \cdots, N+1 \qquad (2.2\text{-}18)$$

其中, $\eta = 1$ 是线性啁啾, $\eta = 2$ 是二次啁啾. 图 2.2-8 是 $N = 12$ 时的反射率与群延迟曲线的计算图. 当没有高折射率层的啁啾时, 群延迟曲线的振荡是很明显的. 当高折射率层线性啁啾 ($\eta = 1$) 的时候, 振荡就明显减少; 如果令 $\eta = 2$(二次啁啾), 群延迟曲线就更加光滑了.

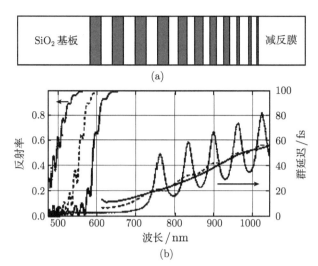

图 2.2-8 双啁啾反射镜的结构 (a) 和色散 (b), 膜层结构中深颜色代表高折射率层 [11]

3. 窄带滤波器法

我们已经知道, 傅里叶变换方法可以用来合成渐变折射率啁啾镜, 然后把渐变折射率变成分立多层膜, 或直接合成多层膜. 但是所有以上方法都导致复杂的多层膜, 且依赖于很多不同的折射率. 而且, 以上两种方法都比较复杂, 至少需要理解很多基础知识才可以开始设计. 有没有一种比较简单的方法呢? 我们知道, 延迟曲线上出现若干振荡也可以用计算机优化法来消除. 计算机优化就是使相位的变化朝我们所希望的方向发展. 一般来说, 用线性啁啾的方法设计的膜层, 需要几千次的叠加, 才能找到比较合适的膜层, 得到比较光滑的延迟曲线. 因为延迟曲线的优化相比反射率的优化更为复杂, 要耗费大量的计算机时间, 而且优化的结果与初始设计关系非常密切, 不合适的初始设计可能优化不出有意义的结果. 如果能找到一种方法使初始设计接近优化设计, 就可以节约大量的计算机时间, 这里所介绍的方法是在线性啁啾的膜层上叠加一种准周期性调制, 在这个基础上再进行优化设计, 可以很快地找到最适合的膜层结构.

人们意识到两元结构中的调制层厚度对反射镜的特性的影响与调制折射率是同样的, 于是这个特点被用来求得一个半经验算法, 从而合成两元结构 [12]. 图 2.2-9 画出了多层膜厚度正弦调制的反射镜与反射率, 它表现出了多个反射带 (抛射带), 其抛射强度取决于调制幅度. 如果调制幅度减少, 相应波长的抛射带变强, 而其他带的反射率则变小. 抛射带的位置完全取决于调制周期, 假如调制周期内的层数是固定的 (当周期发生变化时), 也就是说, 调制周期与调谐波长的比是固定的. 如果在调制周期内的层数足够多 (> 5), 这些分立的两元结构近似于渐变折射率结构的特性, 除去单一抛射带的情况. 已知在连续折射率反射镜的情况下, 在空间折射率截面和复振幅反射率之间可以导出一个傅里叶变换关系. 出现若干个间隔相等的高反射率带也许表明, 一个在调制层厚度的分立的函数与光谱幅度反射率之间存在一个分立的傅里叶变换. 其实在固定层厚和任意折射率的特定情况下, 分立的傅里叶变换公式早就确定了. 尽管推广并不很直接, 但以上考虑成为进一步摸索两元结构多层膜傅里叶合成法的动机.

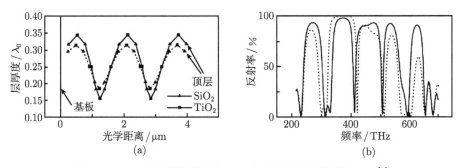

图 2.2-9   正弦调制的膜厚度 (a) 和由此产生的抛射带 (b)[7]

啁啾反射镜的特性严格依赖于实际可以达到的对于不同波长分量的穿透深度的控制精度. 对于线性啁啾反射镜, 穿透深度的控制精度被不充分的界面反射率所困扰, 这些反射导致很多具有相当强度的部分反射/透过光. 这些部分反射/透过光的谐振相干扰乱镜的色散曲线. 这个问题可以用一些中心波长逐渐变化的窄带滤波器来克服, 每个滤波器都由多于两层膜来构成高反射层. 这样一个多带滤波器可以用啁啾正弦调制函数的周期来构成. 这样就导致了图 2.2-9 中抛射带的合并, 从而形成一个连续宽带反射镜. 层厚度的变化可以用一个一般表达式来描述

$$t(x) = t_0(x) + A(x)\sin\left(2\pi\frac{x}{\Lambda(x)}\right) \tag{2.2-19}$$

其中, x 是从衬底到该层的距离, 而在一个周期 $\Lambda(x)$ 内的层数必须是一个固定的数, 即

$$\Lambda(x) = \alpha t_0(x) \tag{2.2-20}$$

参数 α 决定一个周期内的层数, 一般定为 5, 即最小允许值. 这些参数取决于要求的反射带宽, 以及相对于频率的群延迟

$$t_0(x) = \frac{1}{4}\left(\frac{\lambda_{\min} - \lambda_{\max}}{d}x + \lambda_{\max}\right) \tag{2.2-21}$$

其中, d 是膜层总厚度, $d \geqslant d_\tau = |\tau(\nu_{\max}) - \tau(\nu_{\min})|c/2$, 而且 $|\tau(\nu_{\max}) - \tau(\nu_{\min})| = 2\pi|D|(\nu_{\max} - \nu_{\min})$. 但是这样设计中一个严重的问题是如何让最短的波长获得负

色散. 这是因为最短的波长的穿透深度最小, 容易导致一个固定的延迟. 这个问题可以用以下方法解决, 即让调制深度随距离逐渐加大.

$$A(x) = \frac{A_2 - A_1}{d}x + A_1 \tag{2.2-22}$$

以上式 (2.2-19)~(2.2-22) 就是设计一个啁啾镜的全部菜单, 当然需要加上一些计算机修正, 如图 2.2-10 所示.

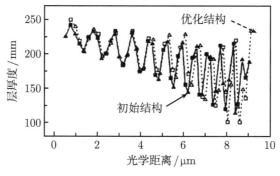

图 2.2-10　啁啾镜的膜层结构

优化前 (实线) 和优化后 (点线)[7]

　　以上方法的效率已经被设计和制造一个啁啾反射镜的实例所证实. 反射镜的结构如图 2.2-11 所示, 中心波长为 780nm, 最短波长为 650nm, 最长波长设计为 950nm, 二阶 $D = -60\text{fs}^2$, $A_1 = 12.5\text{nm}$, $A_2 = 62.5\text{nm}$, $d = 10.5\mu\text{m}$, $n(\text{TiO}_2) = 2.35$, $n(\text{SiO}_2) = 1.45$, 模拟证明, $R > 99\%$ 的区间大于 350nm (170THz), 但是群延色散曲线显示出一些振荡. 不管怎样, 现在这些不需要的振荡已经可以被极为有效的计算机优化程序去掉. 如果采用一种叫 TFCalc(薄膜计算) 的商业软件, 仅用 15 次迭代就可以基本消除在 655~950nm 的振荡; 再经过 80 次左右的迭代, 也就是十几分钟的时间, 就可以得到完全优化. 而用线性的初始设计, 用同样的优化程序, 需要数千次迭代, 才能得到消除振荡的结果.

　　采用啁啾反射镜的好处除了可以获得小于 10fs 的超短脉冲, 还因为取消了棱镜, 可以使整个激光器做得更小型化. 另外, 啁啾反射镜还可以用在飞秒脉冲传播或放大后的压缩上. Szipocs 的啁啾反射镜一次反射的群速色散是 -40fs^{-2} 左右. 在其钛宝石激光器中, 2.1mm 长的钛宝石的群速色散约为 $+280\text{fs}^{-2}$, 因此需要 7 次反射才能补偿. 对于稍长一些的晶体, 例如 5mm, 需要的反射次数高达 16~17 次. 这样高的次数不要说反射镜的枚数, 就是累积的反射损耗也可达百分之几. 因此对于晶体长 10mm, 脉冲宽度为 100fs 左右的激光器来说, 很少用啁啾反射镜补偿色散.

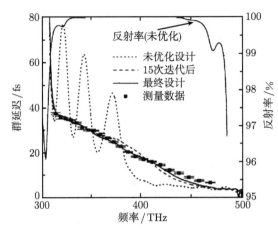

图 2.2-11　优化前后啁啾镜的反射率和群延迟相对于光学频率的曲线 [7]

2.2.3　超宽带配对啁啾镜

对于覆盖更宽带宽的啁啾镜, 无论如何优化都不能消除 GDD 的振荡. 因此, 最好是让振荡配对, 即一个反射镜的振荡方向与另一个相反, 则合成的 GDD 是平坦的. 图 2.2-12 显示了作者研究组设计的啁啾镜 CM1 和 CM2 的 GDD. 每个啁啾镜的振荡都有 $\pm 100 \text{fs}^2$ 以上的振幅, 但是合成的 GDD 的振荡的振幅只有 $\pm 10 \text{fs}^2$.

配对啁啾镜设计可以用两种软件设计. 一种是仍然用 TFCalc, 另一种是用 Optilayer. TFC 软件包中没有配对设计的程序, 只能一次设计一个. 作者研究组采用先优化一个啁啾镜, 然后将这个啁啾镜的 GDD 作为另外一个啁啾镜的优化目标 [13] 并反复迭代的方法, 设计出了如图 2.2-12 所示的宽带啁啾镜. Optilayer 是最近推出的新的高速优化软件包, 其功能齐全, 其中包括两个啁啾镜同时优化的功能, 并设计了不同的反射率.

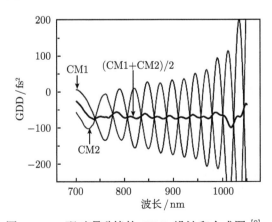

图 2.2-12　配对啁啾镜的 GDD 设计和合成图 [8]

即使啁啾镜是配对的, 飞秒激光器一般也有四个啁啾镜. 如果两两配对, 就没有了输出镜的位置. 因此作者研究组提出了三个啁啾镜配对的方案 [14]. 图 2.2-13 是三个反射镜分别的群延迟和合成的群延迟. 可以看出, 三个反射镜的群延迟的振荡可以互相补偿, 最终合成一个平滑的群延迟. 但是, 这种方案需要三次镀膜. 而啁啾镜的镀膜精度要求很高. 配对镀膜已经很困难了, 三次镀膜难度就更大. 作者研究组试图这样做, 结果与设计不太吻合.

为了减少镀膜次数, 作者研究组又提出了设计两个啁啾镜, 一个啁啾比较大, 与其配对不是一个啁啾镜, 而是相同的两个啁啾镜, 两个相加的 GDD 与第一个配对 (图 2.2-14), 这样就可以只镀两次膜, 而避免第三次镀膜. 由图可以看出, 两个 CM2 的 GDD 的振荡与 CM1 相反而幅度近似, 合成后的 GDD 有一定振荡, 在 50fs^2 以内.

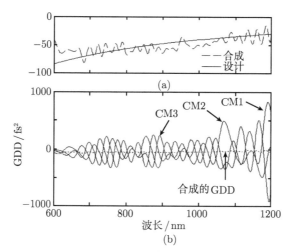

图 2.2-13 三个啁啾镜配对的群延迟振荡补偿示意图 [9]

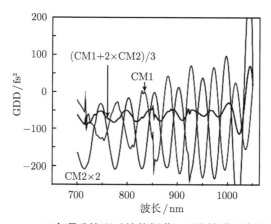

图 2.2-14 三个啁啾镜配对补偿振荡、两次镀膜示意图 [8]

2.2.4　Gires-Tournois 反射镜

Gires-Tournois(G-T) 反射镜是一种很早就发明了的色散补偿镜 (图 2.2-15). 它是在标准的四分之一膜系中, 插入一个二分之一波长的奇数倍的低折射率层, 因此可以看成一个反射式干涉计 [15]. 与法布里–珀罗 (FP) 干涉计不同的是, 它有一面的反射率是 100%. 设反射率为 $R = |r(\omega)|^2$, $r(\omega)$ 是复反射系数. 入射脉冲在上下两个反射镜间每反射一次, 就受到一次相移

$$\delta = 4\pi nd \cos\theta/\lambda \qquad (\theta\text{是折射角})$$

我们本可以根据 2.2.1 节提供的矩阵方法计算整体膜系的反射系数, 但为了简化, 暂且把它作为 FP 干涉仪来看待, 并认为两个镜面的反射率和反射系数是常数, 这样, 作为多次反射光干涉的结果的反射系数可以算出

$$r(\omega) = \frac{-|r| + \exp\{-\mathrm{i}\delta\}}{1 - |r|\exp\{-\mathrm{i}\delta\}} = X + \mathrm{i}Y \tag{2.2-23}$$

因此反射光所受到的相移是

$$\varphi(\omega) = \arctan(Y/X) = \arctan\frac{-(1 - |r|^2)\sin\delta}{2|r| - (1 + |r|^2)\cos\delta} \tag{2.2-24}$$

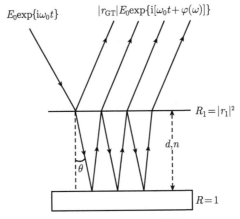

图 2.2-15　G-T 反射镜

G-T 反射镜在使用时, 入射角都很小, 因此可以忽略折射角以及介质折射率对于 ω 的依赖关系 (即 $\partial n/\partial\omega \approx 0$ 和 $\partial\theta/\partial\omega \approx 0$). 对式 (2.2-24) 求导可得出二阶及三阶色散

$$\frac{\mathrm{d}\varphi}{\mathrm{d}\omega} = -\frac{t_0(1 + |r|)/(1 - |r|)}{1 + \dfrac{4|r|}{(1 - |r|^2)}\sin\delta} = -\frac{t_0(1 - |r|^2)}{1 + |r|^2 - 2|r|\cos\delta} \tag{2.2-25}$$

$$\frac{\mathrm{d}^2\varphi}{\mathrm{d}\omega^2} = -\frac{2t_0{}^2(1-|r|^2)\sin\delta}{(1+|r|^2-2|r|\cos\delta)^2} \tag{2.2-26}$$

$$\frac{\mathrm{d}^3\varphi}{\mathrm{d}\omega^3} = -\frac{2t_0{}^3|r|(1-|r|^2)\times[2|r|\cos^2\delta+(1+|r|^2)\cos\delta-4|r|]}{(1+|r|^2-2|r|\cos\delta)^3} \tag{2.2-27}$$

从式 (2.2-26) 看出, 群延色散随入射角或是镜间隔的变化可以发生从正到负非常大的变化, 而且与波长呈非线性关系. 因此可用调节入射角或是镜间隔的方法来调节色散. G-T 反射镜的原理与前述的双膜系反射镜是一样的, G-T 反射镜随波长的变化量可以很小, 而且相对啁啾镜价格低廉. 图 2.2-16 描绘了当 $nd = 5\lambda_0/2$, 中心波长 $\lambda_0 = 800\mathrm{nm}$, 折射角 $\theta=0°$, 反射系数 $R = |r(\omega)|^2=0.32$ 时, 波长在 600~1000nm 范围内的群延色散曲线. 可以看出, G-T 反射镜可以给出很高的负群延迟色散, 但是难以在宽带范围内获得均匀的色散特性. 为了获得较宽的色散, 人们往往用几个 G-T 反射镜组合起来, 并调整入射角度 [16]. 针对这个问题, 有人提出了改进的 G-T 反射镜, 即多腔和优化 G-T 反射镜.

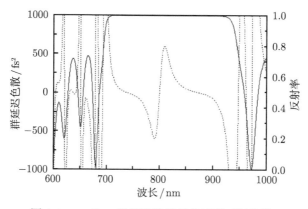

图 2.2-16　G-T 反射镜的反射率及群延迟色散

2.2.5　多腔和优化 Gires-Tournois 反射镜

2.2.4 节介绍了 G-T 反射镜, 它反射损耗小, 色散量大, 设计简单, 但是带宽较窄而不平坦. 而啁啾反射镜可以具有宽带特性, 但是其反射损耗也比较大. 能不能改进 G-T 反射镜的带宽呢? Golubovic[17] 和 Szipocs[18] 等分别提出了优化 G-T 反射镜的概念, 其要点是增加腔的个数, 然后优化膜系. 区别是, Golubovic 只优化上面的几层, 而 Szipocs 是对所有膜层优化. 多腔优化 G-T 反射镜的优点是: ①高反射率 (> 99.99%); ②低精度要求 (5% 膜层精度). 缺点是色散带宽最终取决于反射镜的带宽. 因此这样的反射镜只能用在发生几十飞秒脉冲的激光器上. 图 2.2-17 是作者研究组设计的一个以 800nm 为中心波长的多腔 G-T 反射镜的例子 [19]. 总层数为 40, 在上面 10 层中第 32 层和第 38 层设计为厚度为 2λ 和 λ 的腔, 然后仅对上面 10 层进行优化. 优化后的结果是二阶色散曲线在 750~850 nm 范围内平滑, 满足所要求的二阶和三阶色散, 同时也能保持很高的反射率. 应该指出, 和啁啾镜一样, 在反射带宽范围内, 要求的色散量与带宽是矛盾的. 如果要求宽带的平滑色散, 就要牺牲一定的色散量. 由于这样做成的多腔 G-T 反射率比一般啁啾镜高, 单次反射的色散量的减少可以用增加反射次数来补偿, 这样还可以减小激光器的体积. 例如, 有的市售的激光器中光束在此类 G-T 反射镜上的反射次数高达 32 次, 仍然得到比较高的输出功率. 作者研究组利用自制的多腔 G-T 反射镜在钛宝石激光器中获得了 90nm 带宽、15fs 的脉冲 [20].

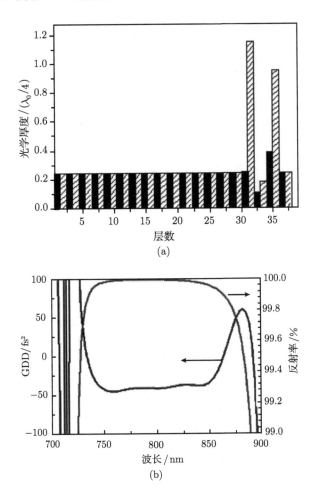

图 2.2-17　以 800nm 波长为中心的多腔 G-T 反射镜的膜层结构 (a); 反射率和 GDD(b). 第 32 层和第 36 层系 G-T 腔, 第 32 层的腔比第 38 层的腔长, 表示长波长分量在离表层更深的腔中振荡, 所以有更大的延迟

2.2.6 啁啾光纤光栅

光纤光栅是利用光纤材料的光敏性 (外界入射光子和纤芯内锗离子相互作用引起的折射率永久性变化), 用紫外曝光的方法在纤芯内形成空间周期性结构. 这种周期性结构如同多层反射膜, 光折变造成的折射率变化非常小 ($\sim 10^{-2}$), 因此反射带宽也非常窄, 特别适合构成窄带滤光器或反射镜, 在光通信中应用广泛.

啁啾光纤光栅, 和啁啾镜相似, 是在光纤中写入周期线性或非线性变化的光栅, 使不同波长经历不同的光程. 根据 2.2.2 节可知, 低折射率差做啁啾光栅的理想材料, 反而可以防止色散曲线的振荡. 另外, 其优点是可以写很长的光栅, 提供比啁啾镜大很多的色散, 可用在光纤激光器中做色散补偿元件. 常规的啁啾光纤光栅提供线性啁啾, 不能单独补偿高阶色散. 在补偿高阶色散的情况下, 需要单独设计. 另外, 为了防止光学破坏, 光纤光栅也不适合做高功率脉冲压缩器.

2.2.7 啁啾体光栅

体光栅和光纤布拉格光栅或啁啾反射镜类似. 通过光折变效应, 将啁啾干涉条纹刻在光折变晶体上. 看使用方向, 可以用作脉冲展宽或者脉冲压缩. 如图 2.4-18 所示的入射方向, 长波长分量在接近入射表面处, 光栅密度较小, 对应于长波长的布拉格光栅周期, 因此长波长分量最先被反射出体光栅; 光栅深处的密度较大, 光栅周期较小, 对应着短波长分量. 短波长分量需要经过更长的距离才能被反射, 因此与长波长分量产生了时间延迟.

这样的体光栅只有 32mm 长, 2mm 厚, 装在不锈钢的夹具上. 由于光栅的深度不均匀, 光栅反射出的光的光斑不太圆, 专门拧上一个螺丝, 让光折变晶体有一点应变, 使光斑变圆 (图 2.2-18). 这种小巧的光栅不但衍射效率高 (> 90%), 而且脉冲展宽效果非常大. 例如, Ondax 公司给出的参数是 50ps/nm, 即 1nm 光谱宽度的脉冲, 可以展宽到 50ps, 这相当于普通的 1200line/mm 光栅相距 500mm 的距离所获得的展宽.

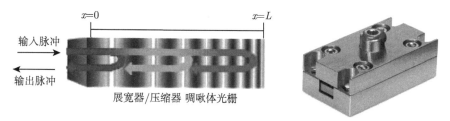

图 2.2-18　啁啾体光栅的工作原理和实物图 [21]

这种小巧的光栅特别适合做小型化的皮秒激光放大器的展宽器和压缩器, 图 2.2-19 是这种应用的典型光路. 入射光通过偏振棱镜提高偏振度, 经过四分之一波片后变为圆偏光, 经过体光栅的色散后, 再通过四分之一波片还原为线偏光, 但偏振方向旋转了 90°, 被偏振棱镜导出到另外的方向, 起到与入射光隔离的作用. 同样, 经过放大后, 可以从另外一端入射, 完全补偿经过脉冲展宽器的啁啾.

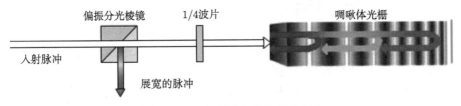

图 2.2-19　体啁啾光栅的使用方法

需要指出的是, 如果反过来做压缩器的话, 只能补偿展宽器的色散, 不能补偿放大器中材料的色散, 因此只适合固体激光器、皮秒量级脉冲的放大. 对于附加色散比较大的放大器, 还需要其他色散补偿元件做补充压缩.

2.3　基于角色散的色散元件

有一种结构, 无论怎样都能提供负色散, 这种结构就是角色散. 如图 2.3-1 所示, 假定这个光学元件能产生角色散, 经过这个元件后, 光会发生弯折, 并按频率在空间以不同角度分布.

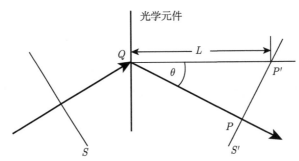

图 2.3-1　角色散引起的负色散

当光束在透过此元件后在自由空间传播到 S' 平面的 P 点, 此光束经历的光程是 $L\cos\theta$, 因此其经历的相移或相位延迟 $\varphi(\omega)$ 是

$$\varphi(\omega) = \frac{\omega}{c}L\cos\theta \tag{2.3-1}$$

这里, θ 是光相对于参考线 QP 的角度; L 是固定的参考距离 QP', 不随波长改变. 假设这个角度很小, 忽略其对频率的二阶导数, 计算这个相位延迟对频率的二阶导

数, 得到

$$\frac{\mathrm{d}^2\varphi}{\mathrm{d}\omega^2} \approx -\frac{\omega L}{c}\left(\frac{\mathrm{d}\theta}{\mathrm{d}\omega}\right)^2 \tag{2.3-2}$$

即群延色散永远为负! 引入角色散的元件典型的有棱镜和光栅. 以下分别介绍由棱镜和光栅引入的角色散导致的负群延色散.

2.3.1 棱镜对

事实上, 光斜入射到一块玻璃上, 也能产生啁啾. 因为玻璃的折射率是频率的函数, 不同的波长的光折射不同的角度, 这个角度在空间形成角色散. 在另一个平行界面, 根据折射定律, 光会被重新准直. 出射光不但有空间啁啾, 也有频率啁啾. 这种啁啾在通常情况下很难看到, 这是因为不同颜色的折射角差太小, 或者玻璃足够厚时才能看到 (图 2.3-2).

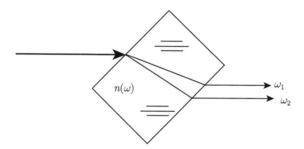

图 2.3-2 厚玻璃也可以引入色散

如果再增加一个界面, 角色散可能会进一步放大. 这个元件就是棱镜. 光束经过棱镜的两个非平行的界面, 角色散得到放大. 如果采用两个棱镜, 让其对应面平行, 那么出射光仍然是平行光. 随着这两个棱镜的间隔的延长, 群延色散可以从正到负, 从小到大变化; 而且, 如果再加上一对与之对称的棱镜, 则出射光的光束大小与棱镜间隔无关, 并总是收敛的, 这在实际中很有意义. 当然, 这第二对棱镜可用一个反射镜来代替. 又如把棱镜设计成布儒斯特 (Brewster) 角入射和出射, 则界面损耗可以大大减少, 放在谐振腔中, 可用来补偿腔内色散.

我们要解决的是如何求出光程和相移的表达式, 以计算群延色散. 这个计算并不是那么一目了然. Fork 等在 1984 年巧妙地定义了棱镜对的光程和相移, 推导出了棱镜对色散的计算方法[22].

为了把光程 P 具体化, 在图 2.3-3 中两个棱镜的顶角之间作一直线, 其长度为 L. 考虑准单色光, 因为 $S'S$ 与 GH 同为脉冲的波阵面, 所以光程 $S'AG$ 与 $SBCEH$ 相等. 因为 AC 也是脉冲的波阵面, 这就要求 $S'A = SBC$ 和 $AG = CEH$. 由以上

理由判断, $SBC = SD = L\cos\beta$, 参照式 (2.3-1), 可以定义某个频率的光程可用

$$P(\omega) = l = L\cos\beta \tag{2.3-3}$$

来表示. 而相移则可表示为

$$\varphi(\omega) = kP = \frac{\omega}{c}P \tag{2.3-4}$$

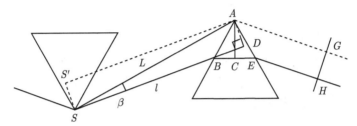

图 2.3-3　棱镜对的光程计算方法示意图

棱镜材料色散通常写成波长的函数, 因此, 相位对圆频率的微分, 转换成对波长的微分更加方便. 利用 $\mathrm{d}\lambda/\mathrm{d}\omega = -\lambda^2/2\pi c$, 即得各阶色散如下:

$$\left.\begin{aligned}
\frac{\mathrm{d}\varphi(\omega)}{\mathrm{d}\omega} &= \frac{\mathrm{d}\varphi(\omega)}{\mathrm{d}\lambda}\frac{\mathrm{d}\lambda}{\mathrm{d}\omega} = \frac{1}{c}\left(P - \lambda\frac{\mathrm{d}P}{\mathrm{d}\lambda}\right) \\
\frac{\mathrm{d}^2\varphi(\omega)}{\mathrm{d}\omega^2} &= \frac{\lambda^3}{2\pi c^2}\frac{\mathrm{d}^2 P}{\mathrm{d}\lambda^2} \\
\frac{\mathrm{d}^3\varphi(\omega)}{\mathrm{d}\omega^3} &= -\frac{\lambda^4}{4\pi^2 c^3}\left(3\frac{\mathrm{d}^2 P}{\mathrm{d}\lambda^2} + \lambda\frac{\mathrm{d}^3 P}{\mathrm{d}\lambda^3}\right)
\end{aligned}\right\} \tag{2.3-5}$$

光程 P 仍然是个复合函数. 为了计算方便, 我们需要把对 P 的微分分解为对偏向角, 偏向角对折射率, 折射率对波长的微分, 于是有

$$\left.\begin{aligned}
\frac{\mathrm{d}P}{\mathrm{d}\lambda} &= \frac{\mathrm{d}n}{\mathrm{d}\lambda}\frac{\mathrm{d}\beta}{\mathrm{d}n}\frac{\mathrm{d}P}{\mathrm{d}\beta} \\
\frac{\mathrm{d}^2 P}{\mathrm{d}\lambda^2} &= \frac{\mathrm{d}P}{\mathrm{d}\beta}N_1 + \frac{\mathrm{d}^2 P}{\mathrm{d}\beta^2}N_2 \\
\frac{\mathrm{d}^3 P}{\mathrm{d}\lambda^3} &= \frac{\mathrm{d}P}{\mathrm{d}\beta}M_1 + 3\frac{\mathrm{d}^2 P}{\mathrm{d}\beta^2}M_2 + \frac{\mathrm{d}^3 P}{\mathrm{d}\beta^3}M_3
\end{aligned}\right\} \tag{2.3-6}$$

其中

$$\left.\begin{aligned}
N_1 &= \frac{\mathrm{d}^2\beta}{\mathrm{d}n^2}\left(\frac{\mathrm{d}n}{\mathrm{d}\lambda}\right)^2 + \frac{\mathrm{d}\beta}{\mathrm{d}n}\frac{\mathrm{d}^2 n}{\mathrm{d}\lambda^2} \\
N_2 &= \left(\frac{\mathrm{d}\beta}{\mathrm{d}n}\frac{\mathrm{d}n}{\mathrm{d}\lambda}\right)^2
\end{aligned}\right\} \tag{2.3-7}$$

$$\left.\begin{aligned}
M_1 &= \frac{\mathrm{d}^3\beta}{\mathrm{d}n^3}\left(\frac{\mathrm{d}n}{\mathrm{d}\lambda}\right)^3 + 3\frac{\mathrm{d}^2\beta}{\mathrm{d}n^2}\frac{\mathrm{d}n}{\mathrm{d}\lambda}\frac{\mathrm{d}^2n}{\mathrm{d}\lambda^2} + \frac{\mathrm{d}\beta}{\mathrm{d}n}\frac{\mathrm{d}^3n}{\mathrm{d}\lambda^3} \\
M_2 &= \frac{\mathrm{d}\beta}{\mathrm{d}n}\frac{\mathrm{d}^2\beta}{\mathrm{d}n^2}\left(\frac{\mathrm{d}n}{\mathrm{d}\lambda}\right)^3 + \left(\frac{\mathrm{d}\beta}{\mathrm{d}n}\right)^2\frac{\mathrm{d}n}{\mathrm{d}\lambda}\frac{\mathrm{d}^2n}{\mathrm{d}\lambda^2} \\
M_3 &= \left(\frac{\mathrm{d}\beta}{\mathrm{d}n}\frac{\mathrm{d}n}{\mathrm{d}\lambda}\right)^3
\end{aligned}\right\} \tag{2.3-8}$$

下一步要计算的是 $\mathrm{d}P/\mathrm{d}\beta$ 和 $\mathrm{d}\beta/\mathrm{d}n$. 根据式 (2.3-3), $\mathrm{d}P/\mathrm{d}\beta$ 及各阶导数可很容易地得出

$$\left.\begin{aligned}
\mathrm{d}P/\mathrm{d}\beta &= -L\sin\beta \\
\mathrm{d}^2P/\mathrm{d}\beta^2 &= -L\cos\beta \\
\mathrm{d}^3P/\mathrm{d}\beta^3 &= L\sin\beta
\end{aligned}\right\} \tag{2.3-9}$$

最后的任务就是计算 $\mathrm{d}\phi_2/\mathrm{d}n$. 根据图 2.3-4 中棱镜的各个角度之间的关系, 可以判断, $\mathrm{d}\beta/\mathrm{d}n = -\mathrm{d}\phi_2/\mathrm{d}n$, 其余各阶导数依次相等.

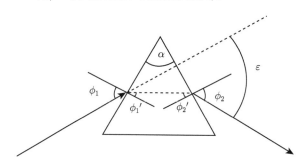

图 2.3-4 棱镜中各角度的定义

图 2.3-4 的定义了棱镜的顶角 α、光线的偏转角 ε、入射角 ϕ_1 和出射角 ϕ_2, 与之对应的两个内折射角 ϕ_1' 和 ϕ_2'. 这些角度之间的关系是

$$\phi_1 + \phi_2 = \varepsilon + \alpha \tag{2.3-10}$$

$$\phi_1' + \phi_2' = \alpha \tag{2.3-11}$$

微分可得

$$\mathrm{d}\phi_1'/\mathrm{d}n + \mathrm{d}\phi_2'/\mathrm{d}n = 0 \tag{2.3-12}$$

又根据斯涅耳 (Snell) 定律, 有

$$\sin\phi_1 = n\sin\phi_1' \tag{2.3-13}$$

$$\sin\phi_2 = n\sin\phi_2' \tag{2.3-14}$$

因为入射角 ϕ_1 是一定的, 微分式 (2.3-13) 和 (2.3-14) 得到

$$0 = \sin\phi_1' + n\cos\phi_1'\frac{\mathrm{d}\phi_1'}{\mathrm{d}n} \tag{2.3-15}$$

$$\cos\phi_2\frac{\mathrm{d}\phi_2}{\mathrm{d}n} = \sin\phi_2' + n\cos\phi_2'\frac{\mathrm{d}\phi_2'}{\mathrm{d}n} \tag{2.3-16}$$

由式 (2.3-12)、(2.3-15) 和 (2.3-16) 消去 $\mathrm{d}\phi_2'/\mathrm{d}n$, 得到

$$\frac{\mathrm{d}\phi_2}{\mathrm{d}n} = \frac{1}{\cos\phi_2}[\sin\phi_2' + \cos\phi_2'\tan\phi_1'] \tag{2.3-17}$$

再次微分得

$$\begin{aligned}
\frac{\mathrm{d}^2\phi_2}{\mathrm{d}n^2} =& \frac{\sin\phi_2}{\cos^2\phi_2}\frac{\mathrm{d}\phi_2}{\mathrm{d}n}[\sin\phi_2' + \cos\phi_2'\tan\phi_1'] \\
&+ \frac{1}{\cos\phi_2}\left[\cos\phi_2'\frac{\mathrm{d}\phi_2'}{\mathrm{d}n} - \sin\phi_2'\frac{\mathrm{d}\phi_2'}{\mathrm{d}n}\tan\phi_1' + \frac{\cos\phi_2'}{\cos^2\phi_1'}\frac{\mathrm{d}\phi_1'}{\mathrm{d}n}\right]
\end{aligned} \tag{2.3-18}$$

利用 $\cos^2\phi_1' = 1 - \sin^2\phi_1'$, 式 (2.3-12) 即 $\mathrm{d}\phi_2'/\mathrm{d}n = -\mathrm{d}\phi_1'/\mathrm{d}n = \tan\phi_1'/n$, 式 (2.3-18) 中的第二项简化为

$$\begin{aligned}
&\frac{1}{\cos\phi_2} \times \left[\cos\phi_2' - \sin\phi_2'\tan\phi_1' - \frac{\cos\phi_2'}{\cos^2\phi_1'}\right]\frac{\mathrm{d}\phi_2'}{\mathrm{d}n} \\
=& \frac{1}{\cos\phi_2\cos^2\phi_1'}[(1 - \sin^2\phi_1')\cos\phi_2' - \cos^2\phi_1'\sin\phi_2' \times \tan\phi_1' - \cos\phi_2']\frac{\mathrm{d}\phi_2'}{\mathrm{d}n} \\
=& \frac{1}{\cos\phi_2\cos^2\phi_1'}[-\sin^2\phi_1'\cos\phi_2' - \cos^2\phi_1'\sin\phi_2' \times \tan\phi_1']\frac{\mathrm{d}\phi_2'}{\mathrm{d}n} \\
=& -\frac{\tan\phi_1'}{\cos\phi_2}[\tan\phi_1'\cos\phi_2' + \sin\phi_2']\frac{\mathrm{d}\phi_2'}{\mathrm{d}n} \\
=& -\frac{\tan^2\phi_1'}{n}\frac{\mathrm{d}\phi_2}{\mathrm{d}n}
\end{aligned} \tag{2.3-19}$$

于是得到二阶微分式

$$\frac{\mathrm{d}^2\phi_2}{\mathrm{d}n^2} = \tan\phi_2\left(\frac{\mathrm{d}\phi_2}{\mathrm{d}n}\right)^2 - \frac{\tan^2\phi_1'}{n}\frac{\mathrm{d}\phi_2}{\mathrm{d}n} \tag{2.3-20}$$

和三阶微分式

$$\frac{\mathrm{d}^3\phi_2}{\mathrm{d}n^3} = \frac{1}{\cos^2\phi_2}\left(\frac{\mathrm{d}\phi_2}{\mathrm{d}n}\right)^3 + \frac{\tan\phi_1'}{n^2}\left[\frac{2}{n}\frac{1}{\cos^2\phi_1'} + 1\right] \cdot \frac{\mathrm{d}\phi_2}{\mathrm{d}n} - \frac{\tan^2\phi_1'}{n}\frac{\mathrm{d}^2\phi_2}{\mathrm{d}n^2} \tag{2.3-21}$$

为了使反射面的损耗最小, 入射光以布儒斯特角入射, 即 $\tan\phi_1 = n$, 此时入射角等于出射角 ($\phi_1 = \phi_2$), 且偏向角最小, 则式 (2.3-17)、(2.3-20) 和 (2.3-21) 简化为

$$\frac{\mathrm{d}\phi_2}{\mathrm{d}n} = -\frac{\mathrm{d}\beta}{\mathrm{d}n} = 2 \tag{2.3-22}$$

$$\frac{\mathrm{d}^2\phi_2}{\mathrm{d}n^2} = -\frac{\mathrm{d}^2\beta}{\mathrm{d}n^2} = 4n - \frac{2}{n^3} \tag{2.3-23}$$

$$\frac{\mathrm{d}^3\phi_2}{\mathrm{d}n^3} = -\frac{\mathrm{d}^3\beta}{\mathrm{d}n^3} = 8(1+n^2) + \frac{6}{n^4} + \left(4n - \frac{1}{n^3}\right)\left(4n - \frac{2}{n^3}\right) \tag{2.3-24}$$

将式 (2.3-22)~(2.3-24) 代入式 (2.3-6)~(2.3-8), 并忽略小于 $1/n^3$ 的高次项, 可得

$$\frac{\mathrm{d}^2P}{\mathrm{d}\lambda^2} = 2L\left\{\left[\frac{\mathrm{d}^2n}{\mathrm{d}\lambda^2} + \left(2n - \frac{1}{n^3}\right)\left(\frac{\mathrm{d}n}{\mathrm{d}\lambda}\right)^2\right]\sin\beta - 2\left(\frac{\mathrm{d}n}{\mathrm{d}\lambda}\right)^2\cos\beta\right\} \tag{2.3-25}$$

$$\frac{\mathrm{d}^3P}{\mathrm{d}\lambda^3} \approx 2L\left\{\frac{\mathrm{d}^3n}{\mathrm{d}\lambda^3}\sin\beta - 6\frac{\mathrm{d}n}{\mathrm{d}\lambda}\frac{\mathrm{d}^2n}{\mathrm{d}\lambda^2}\cos\beta\right\} \tag{2.3-26}$$

以上公式是由福克 (R. L. Fork) 等 [23] 于 1987 年推出的. 将式 (2.3-24) 和 (2.3-25) 代入式 (2.3-17)~(2.3-19), 就得出棱镜对的二阶和三阶色散计算公式. 但在实际应用中, 很难确定角度 β. 福克等的方法是先假设 $L\sin\beta$ 是一个相当于光束插入到棱镜中的固定的量, 如 3~5mm, 另外因 β 很小而令 $\cos\beta \approx 1$.

日本电报电话公司 (NTT) 基础研究所的长沼和则 [24] 引入一个可变的棱镜插入量而改写了此式, 使得这些公式更具有可测量性. 如图 2.3-5 所示, 设 x 为光束在棱镜中的插入量, 即将棱镜的顶角 A' 向上移到 A 点, $L\cos\beta$ 和 $L\sin\beta$ 就分别成为 l 和 x 的函数 [25]

$$L\cos\beta = l + A'D = l + x\tan\left(\frac{\alpha}{2}\right)\tan\left(\frac{\varepsilon}{2}\right) \tag{2.3-27}$$

$$L\sin\beta = x\tan(\alpha/2) \tag{2.3-28}$$

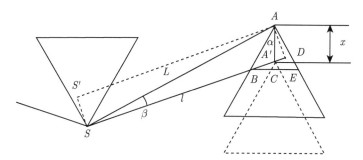

图 2.3-5 棱镜对插入量的计算示意图

此处 l 是棱镜移动前棱镜顶角之间的距离 SA'. 使用同时满足 Brewster 角入射和出射条件的棱镜 (称 Brewster 棱镜) 并在最小偏向角入射的条件下, $\tan(\alpha/2) = 1/n$, $\tan(\varepsilon/2) = (n - 1/n)/2$, 二阶及三阶色散便成为独立变量 l 和 x 的函数

$$\frac{\mathrm{d}^2\varphi}{\mathrm{d}\omega^2} = D_{2L}l + D_{2x}x \tag{2.3-29}$$

$$\frac{\mathrm{d}^3\varphi}{\mathrm{d}\omega^3} = D_{3L}l + D_{3x}x \tag{2.3-30}$$

其中

$$\left.\begin{array}{l} D_{2L} = -\dfrac{2\lambda}{\pi c^2}\lambda\left(\dfrac{\mathrm{d}n}{\mathrm{d}\lambda}\right)^2 \\[3mm] D_{2x} = \dfrac{2\lambda}{\pi\,c^2}\lambda^2\dfrac{\mathrm{d}^2 n}{\mathrm{d}\lambda^2}\dfrac{1}{n} \end{array}\right\} \tag{2.3-31}$$

$$\left.\begin{array}{l} D_{3L} = \dfrac{3\lambda^2}{\pi^2 c^3}\left(\lambda\dfrac{\mathrm{d}n}{\mathrm{d}\lambda}\right)\left(\lambda\dfrac{\mathrm{d}n}{\mathrm{d}\lambda}+\lambda^2\dfrac{\mathrm{d}^2 n}{\mathrm{d}\lambda^2}\right) \\[3mm] D_{3x} = -\dfrac{3\lambda^2}{2\pi^2 c^3}\left(\lambda^2\dfrac{\mathrm{d}^2 n}{\mathrm{d}\lambda^2}+\dfrac{\lambda^3}{3}\dfrac{\mathrm{d}^3 n}{\mathrm{d}\lambda^3}\right)\dfrac{1}{n} \end{array}\right\} \tag{2.3-32}$$

这样表示的棱镜色散有以下几个好处: ①l 和 x 很容易在实验中测量; ②由于引入了 x, 棱镜便可以移动, 而且 x 是独立变量, 色散可以只由这个移动量来调节; ③ 这样表示的色散可以很方便地标在下面介绍的矢量色散图上, 以确定色散补偿的方法.

棱镜对输出光是空间啁啾的. 为了补偿这个空间啁啾, 可用两个棱镜对对称使用. 更多的是在图 2.3-3 所示的 GH 平面放一平面反射镜, 将光路原路返回. 这种结构特别适合腔内色散补偿. 在腔外使用时, 为了将返回的光与入射光在空间分开, GH 平面的反射镜可用空心棱镜代替. 无论哪种情况, 以上公式所提供的各阶色散都需要加倍.

棱镜对构成简单、使用灵活、损耗小、色散可调节, 而且在调节棱镜插入量时, 光束无横向移动, 因此得到广泛的应用.

2.3.2　光栅对

1. 负色散光栅对

另一种利用角色散做色散补偿的元件是光栅对. 当准单色光以一定角度入射到光栅上时, 光受到衍射而偏折. 衍射光的衍射角依波长而改变. 设入射角为 γ, 衍射角为 $\gamma - \theta$, 它们之间的关系遵从光栅公式

$$\sin\gamma + \sin(\gamma - \theta) = m\lambda/d \tag{2.3-33}$$

式中, m 为衍射的级次. 如图 2.3-6 所示平行放置两个光栅, 其垂直间隔为 G , 那么在 S 平面的出射光仍然是平行光, 但其光谱是空间分布的. 例如, 图示的一级衍射光, 因为短波长分量 λ_S 的衍射角度小, 在经过第二个光栅后超前于长波长的分量 λ_L, 形成所谓负啁啾. 因此用它可以补偿正群延迟色散. 直观看来, 从入射点 O 到出射平面 S 的光程 $P = OB + BS$. 这个色散可以依据算出来. 如图所示的光栅

对, 光线 ABS 的几何路径长度 P 可以写为

$$P = b(1 + \cos\theta) = \frac{G}{\cos(\gamma - \theta)}(1 + \cos\theta) \tag{2.3-34}$$

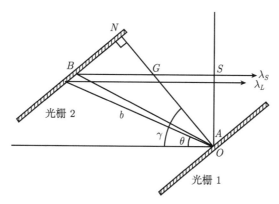

图 2.3-6 光栅对色散示意图

$ON = G$ 是光栅直接的垂直距离, $OB = b$ 是斜线距离, AS 是测量脉冲波面的起点和终点

实际的相移除了 $\varphi = \omega P/c$, 还必须考虑一个相位修正因子, 因为第一个光栅的衍射光在被第二个光栅准直时不是简单的反射, 而是衍射. 所以不同的波长分量之间除了几何路径长度差, 还有一个由于衍射位置不同产生的相位差, 即光束不遵从菲涅耳定律在各个不同的刻痕上产生的衍射增强的结果. 所以, 光通过光栅对所获得的相位, 应该是几何路径造成的相移, 减去衍射造成的相移. 假如以垂点 N 作为参考点, 则任何一个波长分量的相位修正因子可以写为 BN 之间的刻痕数乘以 2π, 即

$$2\pi \times \frac{G\tan(\gamma - \theta)}{d} \tag{2.3-35}$$

那么总的相移就是

$$\varphi(\omega) = \frac{\omega}{c}b(1 + \cos\theta) - \frac{2\pi G}{d}\tan(\gamma - \theta) \tag{2.3-36}$$

接下去, 群延时间是相位对频率的导数. 注意到第一项中对路径的导数恰与第二项的导数相消, 即

$$\frac{\omega}{c}\frac{\mathrm{d}}{\mathrm{d}\omega}[b(1 + \cos\theta)] = \frac{\mathrm{d}}{\mathrm{d}\omega}\left[\frac{2\pi G}{d}\tan(\gamma - \theta)\right] \tag{2.3-37}$$

我们得到一个简洁的群延迟时间公式 [26]

$$\tau = \frac{\mathrm{d}\varphi}{\mathrm{d}\omega} = \frac{b(1 + \cos\theta)}{c} \tag{2.3-38}$$

这个公式表示, 脉冲在光栅对中获得的时间延迟与几何路径造成的时间延迟相等. 有了这个公式, 二阶及三阶色散均可依次求出. 作为参考, 以下列出二阶色散和三阶色散的表达式 [27]

$$\text{GDD} = \frac{\mathrm{d}^2\varphi}{\mathrm{d}\omega^2} = \frac{-\lambda^3 b}{2\pi c^2 d^2 \cos^3(\gamma - \theta)} \tag{2.3-39}$$

$$\text{TOD} = \frac{\mathrm{d}^3\varphi}{\mathrm{d}\omega^3} = \frac{3\lambda^4 b}{4\pi^2 c^3 d^2 \cos^2(\gamma - \theta)} \left(1 + \frac{\lambda}{d} \frac{\sin(\gamma - \theta)}{\cos^2(\gamma - \theta)}\right) \tag{2.3-40}$$

由于这个光栅对提供负的群延色散, 经常被用来补偿脉冲中来自材料的正啁啾, 从而把脉冲压缩. 因此, 这样的光栅对被称为脉冲压缩器 (pulse compressor).

光栅对压缩器有一个特点, 就是在可见光和近红外波段, 无论什么角度入射, 二阶色散总是负的, 三阶色散总是正的. 这就给补偿透明介质的色散带来了困难, 因为透明介质在同样波段, 三阶色散也是正的. 因此这两个量的比值总是负的

$$\frac{\text{TOD}}{\text{GDD}} = \frac{-3\lambda \cos(\gamma - \theta)}{2\pi c} \left(1 + \frac{\lambda}{d} \frac{\sin(\gamma - \theta)}{\cos^2(\gamma - \theta)}\right) \tag{2.3-41}$$

在式 (2.3-41) 中, 括号前面的分子中, 余弦中的宗量不可能大于 180°, 因此就不可能是负的. 括号中第二项中, 分母不可能为负; 分子中, $\gamma - \theta$ 是衍射角, 在图 2.3-6 中是正值, 即使将入射角和衍射角对调, 根据光栅公式, 衍射角也不是负值, 而且此时图 2.3-6 的结构将不成立, 需要重构 (有兴趣的读者可自己试画一下), 衍射角将变为 $\gamma + \theta$. 总之, 括号中的两项之和不可能是负号, 因此这个比值永远是负的. 在下面介绍的正色散光栅对中, 这个比值仍然是负值, 只不过二阶色散总是正的, 三阶色散总是负的.

2. 正色散光栅对

在红外光谱域, 特别是在重要的光通信波长 1.3μm 及 1.5μm, 传输材料如石英光纤的群延色散往往是负的. 要压缩脉宽, 需要具有正群延色散的压缩器; 而且, 在啁啾脉冲放大器中, 需要一对大小相等、符号相反的色散元件, 作为与光栅压缩器对应的脉冲展宽器 (pulse stretcher). 有没有类似的光栅对提供正的群延色散呢? 1987 年, 贝尔实验室的 Martinez 提出, 如果把一个望远系统放在两个光栅之间, 尽管从理论上讲望远系统并非必要, 如图 2.3-7 所示, 这个系统可提供正的群延色散 [28]. 但是 Martinez 的证明方法并不那么一目了然. 他先假定了光栅的角色散, 然后用了两次傅里叶变换来改变这个角色散的符号, 并求出了一个等效光栅间距 $2f - s_1 - s_2$. 这个结论是在假定望远镜系统没有色差、球差等像差, 并且不考虑透镜材料本身的色散的情况下导出的. 这当然与实际情况有很大区别. 虽然如此, 他提出的等效光栅间距仍然是正确的. 对于不是很窄 (> 100 fs) 的脉冲, 它可以补偿光栅对至二阶色散. 飞秒激光振荡器得到的脉冲不断变窄, 激励着人们设法继续缩短放大后的脉

冲. 然而, 展宽器由于像差、材料色散等因素, 压缩器不能完全消除放大器后脉冲的三阶相位, 阻止了人们得到与种子脉冲相等的脉宽. 要得到更窄的脉冲, Martinez 的模型显得过于粗糙. 理想的方法是采用 "光线追迹"(ray-tracing) 法来求望远系统的色散, 即用几何光学的方法, 追踪每一条光线在光学系统中的踪迹, 计算它所走过的路程长度, 从而计算相位和色散. 下面就是用 "光线追迹" 法求解正色散光栅对的色散的过程[29].

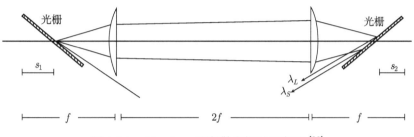

图 2.3-7 Martinez 正色散光栅对示意图[28]

若在前面所讲的光栅对以外再加一个半径是 R 的球面镜, 且球面镜的球心与第一个光栅的入射点重合, 如图 2.3-8 所示. 在不考虑光束大小和发散角的情况下, 设想衍射光的一个波长分量越过 (不是穿过) 第二个光栅而到达镜面, 然后沿原路返回, 第二个光栅的面向球面镜的一面被收敛为与入射光平行的光束. 这样, 光路径 $PACBQ$ 的长度为

$$P = 4R - b \times (1 + \cos\theta) \tag{2.3-42}$$

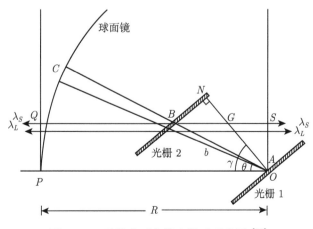

图 2.3-8 反射式正色散光栅对示意图[29]

很明显, 这里的色散因子前面多了一个负号. 依照导出光栅对压缩器的程序, 这个系统的相移和群延时间分别是

$$\varphi(\omega) = \frac{\omega}{c}[4R - b \times (1 + \cos\theta)] + \frac{2\pi G}{d}\tan(\gamma - \theta) \tag{2.3-43}$$

$$\tau = \frac{1}{c}[4R - b \times (1 + \cos\theta)] \tag{2.3-44}$$

与负色散光栅对的公式比较可知, 它们的群延时间仅相差一个常数和一个符号, 因而它们的二阶及三阶色散也都只差一个符号. 这说明它们恰好是一对共轭.

　　然而, 这个正色散装置是不可能实现的. 因为实际的光束总有一定的大小. 有一定大小的平行光通过单一反射镜时光束会聚焦进而发散. 为了保持光束的收敛性, 最好是用望远系统取代单一反射镜; 而且为了避免透镜介质本身的色散, 更应该采用反射式望远系统. 即使如此, 同时调整两个光栅并保持其平行也不容易, 于是折叠式望远镜系统便应运而生 (图 2.3-9). 这样的系统只有一个球面镜和一个光栅, 经济实用, 调整起来也简单. 那么这样的系统是如何产生正色散的呢? 我们必须像分析单反射镜系统一样, 把它放在图示的坐标中. 虽然这个系统是折叠系统, 实际上仍然有两个球面镜. 因此, 必须有一个轴 OC. 这两个球面镜的间距是 R. 设入射光与轴 OC 的角度是 θ_0, 则光栅的衍射角是

$$\gamma - \theta = \gamma - (\theta_0 + \theta_1) \tag{2.3-45}$$

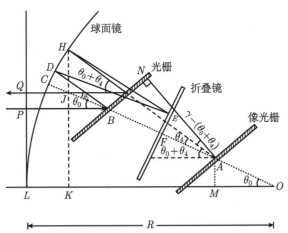

图 2.3-9　光线追迹法计算正色散光栅对示意图 $(s_4 = AC, s_c = s_1 = CB)$[29]

而光线经过两次球面镜的反射之后, 再次射到光栅上的入射角是

$$\gamma - (\theta_0 + \theta_4) \tag{2.3-46}$$

光从 P 出发到 Q 所通过的路径长度是

$$P = C + A - D \tag{2.3-47}$$

其中

$$C = 2R - (R - s_1)\cos\theta_0 \tag{2.3-48}$$

$$
\begin{aligned}
A =& R\bigg\{ \sin(\theta_1 - \phi_1)\left(\frac{1}{\sin\theta_1} + \frac{1}{\sin\theta_2}\right) \\
& + \sin(\theta_3 - \phi_4)\left(\frac{1}{\sin\theta_3} + \frac{1}{\sin\theta_4}\right)\bigg\} - R\frac{\sin\phi_4}{\sin\theta_4}\cos\theta_0
\end{aligned} \tag{2.3-49}
$$

$$D = (s_4 - s_c)\frac{\cos(\gamma - \theta_0)}{\cos(\gamma - \theta_0 - \theta_4)} \times [1 + \cos(\theta_0 + \theta_4)] = b \times [1 + \cos(\theta_0 + \theta_4)] \tag{2.3-50}$$

以及

$$b = (s_4 - s_c)\frac{\cos(\gamma - \theta_0)}{\cos(\gamma - \theta_0 - \theta_4)} = \frac{G}{\cos(\gamma - \theta_0 - \theta_4)} \tag{2.3-51}$$

是第一个光栅和第二个光栅 (指像光栅) 之间的斜线距离 $(AC - CB)$. 所以从式 (2.3-46)~(2.3-50) 可以看出, 全反射型望远镜系统的路径长度仍然可以用光栅对的公式来表达, 只不过多了许多和从光线追迹得出的角度相关的项. 这些项里隐含着像差 (aberration). 光经过这个系统的总相移就是 [30]

$$\varphi(\omega) = \frac{\omega}{c}(C + A - D) + \frac{2\pi G}{d}\tan(\gamma - \theta_0 - \theta_4) + \frac{2\pi}{d}(G_0 - G)\tan(\gamma - \theta_0) \tag{2.3-52}$$

式中, 最后一项是考虑到像光栅的像差而增加的相位修正因子. 知道了相位, 也就可以求出各阶色散. 当然, 也可以直接用这个相位作傅里叶变换来求出出射脉冲的宽度. 因为这个系统的色散与前述压缩器符号相反, 且大小在一定范围内相等, 可作为与压缩器对应的展宽器, 因此在啁啾脉冲放大器中是必不可少的元件. 我们将在第 7 章详细介绍.

3. 无像差正色散光栅对

第 2 小节介绍的正色散光栅对, 因为有像差, 不能与负色散光栅对严格共轭. 这个像差是怎么来的呢? 在近轴光学系统中, 球面镜的焦距近似为 $R/2$. 然而对于离轴光线来说, $R/2$ 不是焦距的精确值, 即焦面并不是一个平面. 如果把图 2.3-9 中的平面折叠镜换成一个半径为 $R/2$ 的球面镜 (图 2.3-10), 且与另一球面镜同心, 则对于半径为 R 的球面镜来说, 半径为 $R/2$ 的球面实际上是一个焦面, 从这个焦面反射回半径为 R 的球面镜, 所以从球心发出的光线经过这三个球面镜的反射, 会精确地会聚到球心. 把一个光栅放在球心, 另一个光栅平行地放在从球心至大球面镜中间的任何一点, 可以构成无像差的正色散元件 [31]. 这种结构称为 Offner 型无像差正色散. 它的原理与单球面镜构成的简单的正色散光栅对完全相同, 只不过对于有一定大小的实际光束来说, 其出射光是平行光. 它的相移可以写为 [32]

$$\varphi(\omega) = \frac{\omega}{c} \left[5R - b \times (1 + \cos\theta) \right] + \frac{2\pi G}{d} \tan(\gamma - \theta) \tag{2.3-53}$$

与式 (2.3-36) 相比, 只多了一个常数 $5R$.

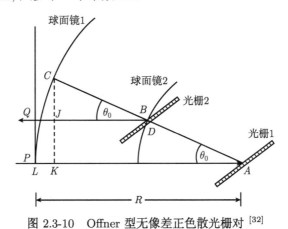

图 2.3-10　Offner 型无像差正色散光栅对 [32]

　　两个光栅在实际中总是不太方便, 如果把第一个光栅移动到从球心至大球面镜中间的任何一点, 则可只用一个光栅, 如上一小节介绍的折叠式. 利用同样的光线追迹法, 可以把它的相移写为

$$\varphi(\omega) = \frac{\omega}{c}(C + A - D) + \frac{2\pi G}{d} \tan(\gamma - \theta_0 - \theta_6) + \frac{2\pi}{d}(G_0 - G)\tan(\gamma - \theta_0) \tag{2.3-54}$$

其中

$$C = 2R - (R - s_1)\cos\theta_0 \tag{2.3-55}$$

$$\begin{aligned} A =& R\left\{ \sin(\theta_1 - \phi_1)\left(\frac{1}{\sin\theta_1} + \frac{1}{\sin\theta_2}\right) + \sin(\theta_5 - \phi_6)\left(\frac{1}{\sin\theta_5} + \frac{1}{\sin\theta_6}\right) \right\} \\ & - \frac{R}{2}\sin(\theta_3 - \phi_4)\left(\frac{1}{\sin\theta_3} + \frac{1}{\sin\theta_4}\right) - R\frac{\sin\phi_6}{\sin\theta_6}\cos\theta_0 \end{aligned} \tag{2.3-56}$$

$$\begin{aligned} D =& (s_6 - s_c)\frac{\cos(\gamma - \theta_0)}{\cos(\gamma - \theta_0 - \theta_6)} \times [1 + \cos(\theta_0 + \theta_6)] \\ =& b \times [1 + \cos(\theta_0 + \theta_6)] \end{aligned} \tag{2.3-57}$$

以及

$$b = (s_6 - s_c)\frac{\cos(\gamma - \theta_0)}{\cos(\gamma - \theta_0 - \theta_6)} = \frac{G}{\cos(\gamma - \theta_0 - \theta_6)} \tag{2.3-58}$$

可见, 它的相移与通常的折叠式正色散光栅对的基本相同, 只是最后表达式的角度编号由 4 变为 6. 这样一来, 它已经不是无像差正色散光栅对了, 而是有一定像差 (图 2.3-11). 图 2.3-12 是这样的光栅对与通常的折叠式有像差的标准正色散光栅对的群延时间对于理想的展宽器的误差比较. 可以看出, 两者在带宽上有很大区别, Offner 型正色散光栅对在较宽的波长范围内具有较小的像差色散. 因此可以称其为低像差正色散光栅对.

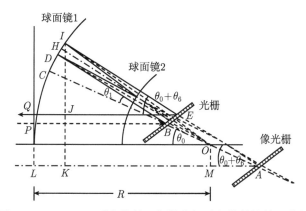

图 2.3-11 Offner 型有像差正色散光栅对色散的计算示意图

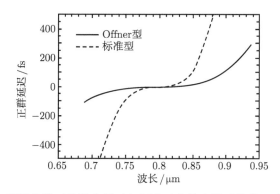

图 2.3-12 Offner 型低像差正色散光栅对与标准正色散光栅对的群延时间误差的比较 [32]

2.3.3 光栅对与棱镜对的组合

仔细计算和分析光栅对和棱镜对的二阶和三阶色散可知, 在可见光和近红外域, 光栅对的二级色散是正的, 三阶色散是负的; 而棱镜对, 在棱镜间距比较大的时候, 二级色散和三阶色散都是负的. 这对于色散补偿的应用是有区别的. 一般来说, 在可见光域, 透明介质的二阶和三阶色散都是正的, 用棱镜对就比较合适; 但是棱镜对的缺点是, 它提供的色散太小. 例如, 对于 1040nm 的光, SF10 玻璃棱镜对提供的二阶和三阶色散分别是 $-10\text{fs}^2/\text{mm}$ 和 $-22\text{fs}^3/\text{mm}$; 而光栅密度为 600mm^{-1}

的光栅对提供的色散分别是 $-1400\mathrm{fs}^2/\mathrm{mm}$ 和 $+2100\ \mathrm{fs}^3/\mathrm{mm}$. 普通透明介质, 如光纤的这个波段的色散是 $23\mathrm{fs}^2/\mathrm{mm}$ 和 $70\mathrm{fs}^3/\mathrm{mm}$. 光栅对提供的色散只能补偿二阶色散, 而三阶色散是叠加的. 因此, 为了补偿三阶色散, 可把光栅对和棱镜对一起使用 [33].

光栅对可和棱镜对集成起来. Kane 和 Squier 提出, 将光栅刻划在棱镜的表面, 就可以集合光栅对和棱镜对的优点, 既可以补偿二阶色散, 也可以补偿三阶色散. 这个新的器件称为 "grism" [33].

2.3.4   与光栅对压缩器配对的光纤展宽器

长光纤的色散作为脉冲展宽器, 在可见光和近红外区的最大问题是, 其三阶色散符号与光栅对压缩器一致, 因此用光栅对压缩后, 脉冲的三阶相位反而增加了.

OFS 公司提出了一种方案, 就是利用光子晶体光纤的近零色散点的巨大三阶色散, 与普通单模光纤的二阶色散相结合, 构成一种二阶色散和三阶色散正好与光栅对压缩器匹配的脉冲展宽器. 这种光纤包括很长的光子晶体光纤, 因此也非常昂贵. 图 2.3-13 是这种光纤展宽器的群延色散与目标函数 (光栅对压缩器的群延色散) 的对比. 图中显示了光栅压缩器的参数. 这个目标函数中, 还包含了放大器中的材料色散. 对不同的放大器 (即放大器中的材料色散), 这种光纤展宽器需要个别设计.

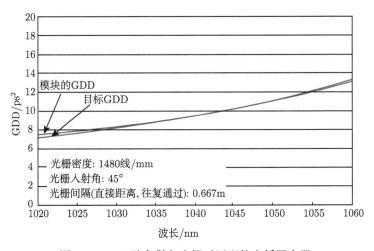

图 2.3-13   三阶色散与光栅对匹配的光纤展宽器

2.4   可编程相位补偿系统

运用一般的被动啁啾补偿法很难压缩带宽超过一个倍频程的宽带光脉冲, 这主要是因为上述方法中, 棱镜–光栅的不同组合、啁啾镜等装置的带宽局限和它们所带来的高阶色散. 带有空间光调制器 (掩模, mask) 的 $4f$ 脉冲整形器具有灵活性, 并且可用于宽频带相位补偿. 所有空间光调制脉冲整形器都会使脉冲在时空域内发生失真, 该失真与脉冲的整形量成比例. 图 2.4-1 是一个典型的零色散脉冲压缩器, 空间相位调制器放在傅里叶平面上. 一个光栅将入射光衍射展开, 使入射脉冲的各个频率成分分散在调制器上, 另一个光栅将分散的频率成分会聚. 如果没有相位调制, 其出射脉冲应与入射脉冲是一样的. 调制器包含液晶型空间光调制器 (SLM)、声光调制器 (AOM) 和可变形反射镜 (DM).

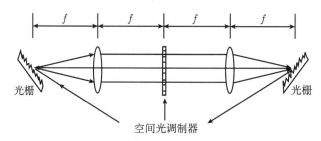

图 2.4-1 带有空间光调制器的 $4f$ 系统

2.4.1 液晶相位调制器

要对超过一个倍频程的脉冲进行可编程相位补偿, 运用液晶型 SLM 是一种最佳的方法. 液晶型 SLM 拥有 300~1500nm 的透光光谱带, 此装置首先由 Froehly 等 [34] 使用固定的 SLM 来进行脉冲整形. 后来, Weiner 等 [35,36] 将固定的 SLM 换为可编程的液晶 SLM, Yelin 等 [37] 首先把这个整形系统应用到脉冲压缩上. 通过改变加在每个像素上的电压, 可以形成任意的相位掩模, 使得脉冲整形更加容易、灵活. 但同时, 它有无信号区, 这些像素形成光栅 (图 2.4-2), 将使输出信号衍射出一系列光斑 (类似多缝光栅衍射), 造成附加损耗.

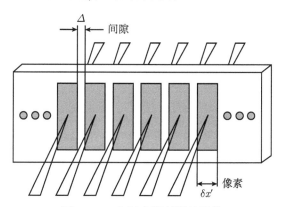

图 2.4-2 空间光调制器的结构

　　调整中心波长的衍射光线垂直于 SLM 表面, 并且使其在 SLM 的中心, 其衍射位置设为 $x = 0$. 其他波长在 SLM 上的位置 x 可以由图 2.4-3 得出 [38]

$$x = f \tan \Omega, \quad \Omega = \theta_{\mathrm{d}}(\lambda) - \theta_{\mathrm{d}0}(\lambda_0) \tag{2.4-1}$$

其中, θ_{i} 是入射角, θ_{d} 是衍射角, d 是光栅常数, 由光栅方程可以得到

$$d(\sin \theta_{\mathrm{i}} + \sin \theta_{\mathrm{d}}) = \lambda = \frac{2\pi c}{\omega} \tag{2.4-2}$$

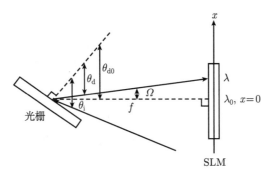

图 2.4-3　角频率在 SLM 上的位置分布

将式 (2.4-2) 式代入公式 (2.4-1), 可得

$$x = f \tan \left[\arcsin \left(\frac{2\pi c}{\omega d} - \sin \theta_{\mathrm{i}} \right) - \theta_{\mathrm{d}0}(\lambda_0) \right] \tag{2.4-3}$$

所以, 角频率 $\omega(x)$ 在 SLM 的上分布

$$\omega(x) = \frac{2\pi c}{d} \left\{ \sin \theta_{\mathrm{i}} + \sin \left[\arctan \left(\frac{x}{f} \right) + \theta_{\mathrm{d}0}(\lambda_0) \right] \right\}^{-1} \tag{2.4-4}$$

由式 (2.4-3) 可得

$$x_{\min} = f \tan \left[\arcsin \left(\frac{2\pi c}{\omega_{\min} d} - \sin \theta_i \right) - \theta_{\mathrm{d}0}(\lambda_0) \right] \tag{2.4-5}$$

　　设 $\delta x = \delta x' + \Delta$, 其中 $\delta x'$ 是每个像素的幅度, Δ 是像素间的间隙幅度, 如图 2.4-3 所示, 则每个像素中心的位置可以求得

$$x_j = \delta x \times j + x_{\min} - \frac{x}{2} \tag{2.4-6}$$

其中, $j = \left[\frac{1}{\delta x}(x - x_{\min}) \right] + 1, [\,]$ 表示取整数 $\tag{2.4-7}$

每个像素中心对应的角频率为

$$\omega(x_j) = \frac{2\pi c}{d}\left\{\sin\theta_{\mathrm{i}} + \sin\left[\arctan\left(\frac{x_j}{f}\right) + \theta_{\mathrm{d0}}(\lambda_0)\right]\right\}^{-1} \tag{2.4-8}$$

所以, 每个像素上的二次相位调制为

$$M_{\mathrm{eff}}[\omega(x_j) - \omega_0] = \begin{cases} \frac{1}{2}\varphi''[\omega(x_j) - \omega_0]^2, & |x - x_{\mathrm{i}}| \leqslant \frac{1}{2}\delta x' \\ 0, & |x - x_{\mathrm{i}}| > \frac{1}{2}\delta x' \end{cases} \tag{2.4-9}$$

同样可以写出三次、四次相位补偿的表达式, N 个像素组成的相位掩模为

$$M_N[\omega(x)] = \left\{M\left[\omega(x)\sum_{n=-N/2}^{(N/2)-1}\delta(x - n\delta x)\right]\right\} \otimes \mathrm{rect}\left(\frac{x}{\delta' x}\right) \tag{2.4-10}$$

其中, δ 函数为冲击函数, $\otimes$ 号表示卷积

$$\mathrm{rect}\left\{\frac{x}{\delta x'}\right\} = \begin{cases} 1, & |x - x_i| \leqslant \frac{1}{2}\delta x' \\ 0, & |x - x_i| > \frac{1}{2}\delta x' \end{cases} \tag{2.4-11}$$

因此, 可以利用控制加在 SLM 各个像素上的电压, 产生不同的相位改变, 从而形成不同的相位掩模, 而且可以单独补偿某一阶色散, 使色散补偿变得灵活, 易于操作.

2.4.2 声光可编程色散滤波器

声光可编程色散滤波器 (acousto-optic programmable dispersive filter, AOPDF) 是利用不同波长、不同模式的激光在介质中传播速度不同而产生所需要的群速度延迟, 其最主要的理论依据是同向耦合模理论[39]. 由于光弹效应, 有声波传播的媒质可以近似看成周期性媒质, 在这样的媒质中同时有光波传播时, 光波的能量会在几个传播模式之间来回转换. 但当满足布拉格条件时, 只有一对模式之间能发生强烈的耦合, 光能量能够由一个模式完全转换成另一个模式. 利用这一原理可制成光波模式转换器, 可以使入射光由模式 1 转换成与之正交的模式 2 出射, 即由 o 光变成 e 光 (图 2.4-4). 于是 Tounois 等提出用其制成色散控制和补偿器件[40].

假设某时刻入射光波频率为 ω_1, 波矢为 k_1, 通过声光耦合后的衍射光波频率为 ω_2, 波矢为 k_2, 其参与作用的声波频率为 Ω, 波矢为 K.

介质中的弹性波引起折射率的变化为

$$\Delta n(z,t) = \Delta n\cos(\Omega t - \kappa z) \tag{2.4-12}$$

这种变化与光场发生作用时, 在介质中引起附加的电极化

$$\Delta P(z,t) = 2\sqrt{\varepsilon\varepsilon_0}\Delta n(z,t)E(z,t) \tag{2.4-13}$$

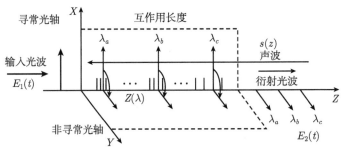

图 2.4-4   AOPDF 工作原理 [40]

其中

$$E(z,t) = \frac{1}{2}E_1(z_1,t)\exp[\mathrm{i}(\omega_1 t - k_1 z)] + \frac{1}{2}E_2(z_2,t)\exp[\mathrm{i}(\omega_2 t - k_2 z)] + \mathrm{c.c.} \quad (2.4\text{-}14)$$

由 Maxwell 方程组推导出光波在折射率变化的介质中传播的波动方程为

$$\nabla^2 \boldsymbol{E} = \mu\varepsilon\frac{\partial^2 \boldsymbol{E}}{\partial t^2} + \mu\frac{\partial^2}{\partial t^2}(\Delta \boldsymbol{P}) \quad (2.4\text{-}15)$$

类似于参量互作用的基本方程, 对于频率为 ω_1, ω_2 的光场都是满足式 (2.4-15) 的. 将式 (2.4-14) 两次微分, 忽略二次导数项, 联立方程 (2.4-15), 经过整理, 得到声光互作用耦合波方程

$$\frac{\mathrm{d}E_1}{\mathrm{d}z_1} = -\mathrm{i}\eta_1 E_2 \exp[-\mathrm{i}(k_1 - k_2 - \kappa)z] \quad (2.4\text{-}16)$$

$$\frac{\mathrm{d}E_2}{\mathrm{d}z_2} = -\mathrm{i}\eta_2 E_1 \exp[-\mathrm{i}(k_1 - k_2 - \kappa)z] \quad (2.4\text{-}17)$$

式中, $\eta_{1,2} = \frac{1}{2}\omega_{1,2}\sqrt{\mu\varepsilon_0}\Delta n = \frac{\pi n^3}{2\lambda}PS$, 称为耦合系数. 式 (2.4-16) 和 (2.4-17) 表明了入射光场 E_1 和衍射光场 E_2 之间的最大能量耦合的布拉格相位匹配条件为

$$k_1 = k_2 + \kappa \quad (2.4\text{-}18)$$

若此匹配条件满足, 且为共线声光作用 (沿 z 轴), 由于 $\omega_1 \gg \Omega$, 故 $\omega_1 = \omega_2 = \omega$, 可认为声光栅相对光脉冲是静止的, 即忽略了多普勒频移. 由耦合系数定义知 $\eta_1 = \eta_2 = \eta$, 则式 (2.4-16) 和 (2.4-17) 变成

$$\frac{\mathrm{d}E_1}{\mathrm{d}z} = -\mathrm{i}\eta E_2, \quad \frac{\mathrm{d}E_2}{\mathrm{d}z} = -\mathrm{i}\eta E_1 \quad (2.4\text{-}19)$$

解方程组 (2.4-19), 得

$$E_1(z) = E_1(0)\cos(\eta z), \quad E_2(z) = -\mathrm{i}E_1(0)\sin(\eta z) \quad (2.4\text{-}20)$$

其中, $E_1(0)$ 为入射光的振幅, 衍射光初始振幅 $E_2(0) = 0$.

由式 (2.4-20) 可推导声光衍射效率

$$\eta_{\mathrm{ao}} = \frac{E_2{}^2(L)}{E_1{}^2(0)} = \sin^2 \left[\frac{\pi}{\sqrt{2}\lambda} \sqrt{\left(\frac{L}{H}\right) M_2 P_{\mathrm{ac}}} \right] \qquad (2.4\text{-}21)$$

式中, 声光晶体的品质因数 $M_2 = n^6 P^2 / \rho v_{\mathrm{ac}}^2$, P 为介质的弹光系数, ρ 为介质密度, v_{ac} 为介质中的声速, L、H 分别为换能器的长和宽, P_{ac} 为声波功率. 当声波功率较小时, 衍射效率随声波功率呈线性变化, 即可通过加在电声换能器上的电功率来控制衍射光强, 实现强度调制.

式 (2.4-18) 的相位匹配条件可写成

$$\kappa(\omega) = |k_2(\omega) - k_1(\omega)| = \omega |n_1(\omega) - n_2(\omega)| / c \qquad (2.4\text{-}22)$$

或者写成

$$\Delta n_{12} = |n_1(\omega) - n_2(\omega)| = \lambda / \lambda_{\mathrm{a}} \qquad (2.4\text{-}23)$$

其中, Δn_{12} 为两种光波模式的折射率差, λ 为真空中的光波波长, λ_{a} 为媒质中的声波波长. 令 $\alpha = \Omega/\omega = \Delta n_{12}(V/c)$, 对于 LiNbO$_3$ 晶体, 媒质中的声速 V=3670m/s, α 约为 10^{-6}, 即对于光谱宽度内的每一个频率 ω, 都对应一个声波频率 Ω 来满足相位匹配条件, 使该频率光模式改变 (特殊情况下 o 光变成 e 光). 钛宝石飞秒激光器的中心波长 800nm(中心频率 375 THz) 对应声波中心频率 364MHz, 若钛宝石飞秒脉冲激光光谱宽 200nm, 即频宽 95THz, 对应声波频宽 100MHz. 由于声波信号是带啁啾的脉冲, 即沿声光作用方向的声波频率分布 $\Omega(z)$ 可以控制, 这样对不同频率 ω 的光, 模式变换的位置 $z(\omega)$(即相位匹配点) 也是可控制的. 所以用带宽较窄的啁啾射频脉冲可以控制带宽非常宽的光脉冲, 使其各频谱成分在需要的位置改变模式, 从而获得需要的群延迟, 实现频域相位调制 [41].

2.4.3 可变形反射镜

可变形反射镜 (deformable mirror, DM) 是一个仅对相位作用的调制器. 它有很大的像素, 没有无信号区, 而且效率较高. 因为变形镜是不透明的, $4f$ 系统就需要采用折叠式, 反射镜的形变提供所需要的光程差, 如图 2.4-5 所示. 第一个变形镜的报道是利用其进行三阶光谱调制, 来补偿三阶色散. 最近的变形镜是利用电致伸缩效应, 而不是机械力工作的. 器件由伸缩阵列支撑的镀金的氮化硅膜构成. 目前的器件有 26mm 宽的主动调制面积, 由 13 条 2mm 宽的伸缩器所控制. 最大位移和最小响应时间分别是 4μm(20π, 对应 800nm 波长) 和 1ms. 由于调制单元数目相对少, 在膜面上会产生弯曲, 而且有一个最小的曲率半径. 因此这个器件对于提供非常光滑的相位是非常有用的. 密西根大学 Mourou 研究组报道了用变形镜对放大后的脉冲进行压缩的实验[42]. 图 2.4-6 显示对数坐标下用变形镜补偿前后的脉冲形状. 可见压缩后的脉宽没有多大改变, 半高宽仅从 37fs 压缩到 35fs. 而脉冲的对比度却有 100 倍以上的改善.

虽然, 变形镜对改善对比度有一定效果, 但也存在笨重, 相位标定、空间分辨率和相位分辨率低, 光的偏转损耗高的缺点. 目前, 还没有报道表明, 用带有可变形反射镜和声光调制器的脉冲整形器可以得到 10fs 以下的脉冲.

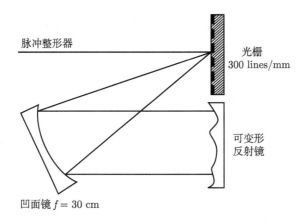

图 2.4-5　可变形反射镜构成的色散补偿和脉冲整形器

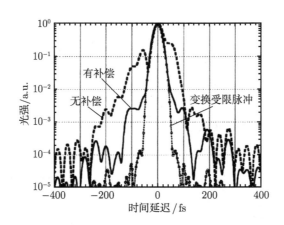

图 2.4-6　通过变形镜补偿的脉冲的对比度变化

2.5　矢量色散图与矢量色散补偿法

无论是对振荡器还是放大系统, 在脉冲不太窄 (⩾100fs) 的情况下, 一般只考虑到三阶色散就够了. 不管是何种色散元件或介质, 只要可以分解为二阶和三阶色散,就可以用一个矢量色散图很方便地表示出来. 这个方法最先是由日本电子技术综合研究所 (ETL) 的山下幹雄等提出 [43]. 在一个二维坐标系中, 令横轴 x 轴表示二阶色散, 纵轴 y 轴表示三阶色散. 假如一个色散元件含有二阶和三阶色散, 这个色散就可以在这个色散坐标系中用一个点表示, 也可以考虑把这个色散定义为从原点出发的矢量. 如果系统含有几个分立的色散元件, 可以用矢量相加的方法把它们加起来. 最后得到的从原点算起的矢量就是这个系统的总的色散. 因此所谓色散补偿, 就是使最后得到的色散为零, 即色散矢量回到原点. 须知, 二阶和三阶色散都有正有负, 而且并不是任何色散都可以得到完全补偿. 例如, 我们考虑一个飞秒激光器谐振腔内的色散. 假定只考虑激光增益介质的色散和棱镜对的色散, 可以分别将它们的二阶和三阶色散分量相加并令它们为零, 可列出下列等式 [44]:

$$D_2 = D_{2\mathrm{L}}l + D_{2\mathrm{x}}x + D_{2\mathrm{g}} = 0 \tag{2.5-1}$$

$$D_3 = D_{3\mathrm{L}}l + D_{3\mathrm{x}}x + D_{3\mathrm{g}} = 0 \tag{2.5-2}$$

设增益介质的二阶及三阶色散是已知的, 棱镜的参数可由式 (2.3-32) 算出. 这个线性方程组有正的有限解的条件是

$$R_{\mathrm{L}} > R_{\mathrm{g}}, \quad R_{\mathrm{x}} > R_{\mathrm{L}} \tag{2.5-3}$$

或

$$R_{\mathrm{L}} < R_{\mathrm{g}}, \quad R_{\mathrm{x}} < R_{\mathrm{L}} \tag{2.5-4}$$

其中, $R_i = D_{3i}/D_{2i}$ 是矢量的斜率. 当这些条件不满足时, 总色散不可能是零, 即这个系统的色散不能被这些元件所完全补偿. 使用棱镜对的钛宝石激光器就属于这种情况. 设钛宝石晶体的色散可以表示为 OA_1(图 2.5-1), 一种高折射率材料制成的棱

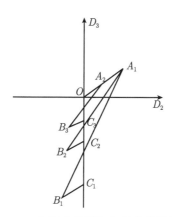

图 2.5-1　矢量色散图与矢量色散补偿法

镜产生的色散可用 A_1B_1 和 B_1C_1 表示. 其中 A_1B_1 和棱镜直接的距离 L 成正比, B_1C_1 和光束在棱镜中的插入量成正比. 可以看出, 棱镜对虽然可以补偿二阶色散, 但是由于 $R_x < R_L$, 不能将腔内色散补偿至零, 只能留下较大的负三阶色散. 若采用折射率较小即色散较小的材料, 如石英, 则在图上表示为 A_1B_2 和 B_2C_3, 显示可以获得较小的残存的三阶色散. 需要注意的是, 材料色散过小, 导致需要的棱镜距离增加, 以致超过谐振腔的长度, 无法容纳在腔内. 解决的办法是缩短激光晶体.

2.6　白光干涉与色散测量

测量某种介质或者某个色散元器件的色散最直接的方法就是干涉法. 利用干涉仪并以非相干作为光源, 通过介质, 与未通过介质和元器件的光干涉, 通过傅里叶变换获得相位的差值, 利用相位展开式确定各阶系数. 这些系数就是介质的色散. 间接方法是让一个已知的宽带飞秒脉冲通过介质或者元器件, 由已知脉冲通过介质前后相位的变化测得介质产生的相位. 后一种方法是用脉冲特性测量的方法, 如 SPIDER 或者 FROG 等, 详见第 8 章.

干涉测量方法基本上分为两种, 即时域法和频域法, 以下分别介绍.

2.6.1　时域法

下面考虑一个基本的迈克耳孙干涉仪 (图 2.6-1). 入射光被分为两束, E_1 和 E_2, 分别经过样品臂和参考臂, 其中参考臂的反射镜 M1 连接到一个可变延迟器上. 参考臂中的光场 E_1 经过一个时间延迟 τ, 到达光探测器的信号是 $E = E_1(t-\tau) + E_2(t)$. 因为探测器没有光频那样高的响应速度, 实际上输出的信号是光场强度在特定时间 T 内的平均值, 即场强的平方在区间 T 对时间的积分[45]

$$
\begin{aligned}
I(t,\tau) =& \varepsilon_0 cn \frac{1}{T} \int_{t-T/2}^{t+T/2} \mathrm{d}t [E_1(t-\tau) + E_2(t)]^2 \\
=& \frac{1}{2}\varepsilon_0 cn [A_1^2(t-\tau) + A_2^2(t) \\
& + A_1^*(t-\tau)A_2(t)\mathrm{e}^{\mathrm{i}\omega\tau} + A_1(t-\tau)A_2^*(t)\mathrm{e}^{-\mathrm{i}\omega\tau}]
\end{aligned}
\tag{2.6-1}
$$

这里我们利用了

$$
E(t) = A(t)\mathrm{e}^{\mathrm{i}\omega t - \mathrm{i}\phi(t)}
$$

如果光源是脉宽为 τ_p 的短脉冲, 满足 $\tau_\mathrm{res} \gg \tau_\mathrm{p}$, 积分时间 T 可以认为是 $\pm\infty$; 若光源是连续白光, 则积分区间 T 是光源的平均起伏时间或探测器的响应时间. 我们用 ⟨⟩ 号表示其中任意一种平均. 因此探测器输出的信号强度可以表示为

$$I(\tau) = \frac{\varepsilon_0 cn}{4} \left[\langle A_1^2 \rangle + \langle A_2^2 \rangle + \langle A_1^*(t-\tau)A_2(t)\mathrm{e}^{\mathrm{i}\omega\tau} \rangle + \langle A_1(t-\tau)A_2^*(t)\mathrm{e}^{-\mathrm{i}\omega\tau} \rangle \right]$$

$$= \varepsilon_0 cn[A_{11}(0) + A_{22}(0) + A_{12}^+(\tau) + A_{12}^-(\tau)] \tag{2.6-2}$$

式 (2.6-2) 第二行的最后两项分别代表相关函数 $A_{12}(\tau) = A_{12}^+(\tau) + A_{12}^-(\tau)$ 的正和负频谱分量, $A_{12}^-(\tau)$ 是 $A_{12}^+(\tau)$ 的共轭复数. 相应地, 相关函数是一个相对与 $\tau = 0$ 的对称函数. 当然 $\tau = 0$ 并不重要. 实际上测量的是对于任意 τ 的相对值. 考察其中的正频谱分量:

$$A_{12}^+(\tau) = \frac{1}{4} \langle A_1^*(t-\tau)A_2(t)\mathrm{e}^{\mathrm{i}\omega\tau} \rangle$$

$$= \frac{1}{2} \tilde{A}_{12}(\tau)\mathrm{e}^{\mathrm{i}\omega\tau} \tag{2.6-3}$$

根据卷积定理, 相关函数 $A_{12}^+(\tau)$ 的傅里叶变换是两个函数的傅里叶变换的乘积

$$\tilde{A}_{12}^+(\omega) = \int_{-\infty}^{+\infty} \tilde{A}_{12}(\tau)\mathrm{e}^{-\mathrm{i}\omega\tau}\,\mathrm{d}\tau$$

$$= \frac{1}{4} \tilde{A}_1^*(\omega - \omega_0)\tilde{A}_2(\omega - \omega_0)$$

$$= \tilde{E}_1^*(\omega)\tilde{E}_2(\omega) \tag{2.6-4}$$

在分束比为 50:50 情况下, $\tilde{E}_1 = \tilde{E}_2 = \tilde{E}_0$, 结合式 (2.6-4), 时域干涉条纹 (式 (2.6-2)) 的傅里叶变换可以写为

$$I(\omega) = I_1(\omega) + I_2(\omega) + \sqrt{I_1 I_2}\cos[\varphi_2(\omega) - \varphi_1(\omega)]$$

$$= I_0(\omega)\{1 + \cos[\varphi_2(\omega) - \varphi_1(\omega)]\} \tag{2.6-5}$$

其中, φ_1 和 φ_2 分别代表两臂的光谱相移. 对理想的两臂平衡的情况, $\varphi_1 = \varphi_2$, 式 (2.6-5) 就是光谱强度. 此时图 2.6-1 所示的迈克耳孙干涉仪是一个傅里叶变换光谱仪.

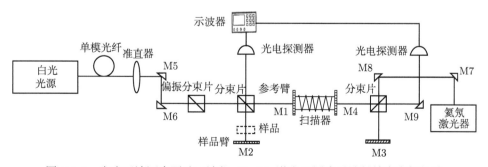

图 2.6-1　白光干涉迈克耳孙干涉仪, He-Ne 激光器用来以波长精度定标位移

事实上, 即使不插入样品, 两臂的相位也不一定是相等的. 例如, 分束片有一定厚度, 而分束膜只会镀在一面, 导致两臂的光程相位不平衡. 将两臂的光谱相移分别记为 $\varphi_{10}(\omega)$ 和 $\varphi_{20}(\omega)$, 式 (2.6-4) 就变为

$$I(\omega) = I_1 + I_2 + \sqrt{I_1 I_2}\cos(\varphi_{20} - \varphi_{10}) \qquad (2.6\text{-}6)$$

这个相移差 $\varphi_{20}(\omega) - \varphi_{10}(\omega)$ 可以从时域干涉条纹的傅里叶变换解出来, 作为背景光谱相位. 图 2.6-2(a) 是无样品时测量的白光干涉条纹. 因为是白光, 干涉条纹数目非常少, 反映其相干长度或相干时间非常短.

再考察一臂插入待测样品的情况. 如图 2.6-1 所示, 如果将待测样品插入样品臂, 其光谱相位为 $\varphi_s(\omega)$, 式 (2.6-5) 就变为

$$I(\omega) = I_1 + I_2 + \sqrt{I_1 I_2}\cos(\varphi_s + \varphi_{20} - \varphi_{10}) \qquad (2.6\text{-}7)$$

示波器上观察到的相关信号被拉长了 (图 2.6-2(b)), 反映的是不同波长在样品中受到了不同的时间延迟, 因此干涉条纹有了一定的时间分布, 干涉条纹的周期也随时间变化, 提供了光通过的介质的色散信息.

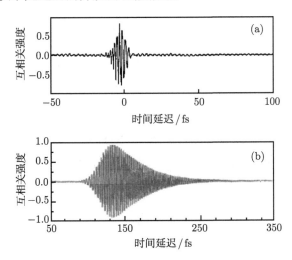

图 2.6-2   没有样品时的相关信号 (a); 插入样品时的相关信号 (b)

从干涉条纹的傅里叶变换的相位中, 减去无样品时测得的相移 $\varphi_{20} - \varphi_{10}$, 就得到样品的相位 $\varphi_s(\omega)$. 取这个相位对频率的导数, 就可以求出群延迟 τ 和群延迟色散 D_2

$$\tau = \frac{\mathrm{d}\varphi_s(\omega)}{\mathrm{d}\omega} \qquad (2.6\text{-}8)$$

$$D_2 = \frac{\mathrm{d}^2 \varphi_{\mathrm{s}}(\omega)}{\mathrm{d}\omega^2} \qquad (2.6\text{-}9)$$

若待测样品是啁啾镜, 同样可以用这种方法测出. 因此迈克尔逊干涉仪是测量透明介质或反射镜色散的有力工具. 现在这样的装置已经被制作成专门测量介质色散的仪器.

测量中需要注意的是, 由于相位的变化反映在条纹间隔上, 条纹间隔的准确性是精确测量色散的关键. 而条纹的间距是由扫描仪决定的. 为了保证扫描仪的对于时间的线性度, 图 2.6-1 中的装置在扫描仪的另一侧安排了一个干涉仪, 用氦氖激光器做光源. 当扫描仪移动时, 光电二极管同时记录下氦氖激光的干涉条纹. 由于氦氖激光的单色性, 条纹间距应该是均匀的. 如果不均匀, 则将其均匀化后作为时间定标. 作者研究组自制了图 2.6-1 所示的白光干涉仪, 并用其测量诸如新型固体激光介质 [46,47]、啁啾镜等.

2.6.2 频域法

注意到式 (2.6-9) 中, 要求出群延迟色散, 需要对测量抽取的相位求两次导数, 这在实际操作中会带来数字噪声. 而且, 扫描器也会有线性度的问题, 不得不像图 2.6-1 那样加另外的定标装置. 最好能减少求导次数, 至少一步求出群延迟, 再做一次求导就可以了. 这种方法就是频域法.

如果将图 2.6-1 扫描器静止, 将图中的示波器换成光谱仪, 根据式 (2.6-7), 就可在光谱仪上看到一系列干涉条纹. 干涉条纹的密度取决于光经过干涉仪两臂的相移. 这个干涉仪不局限于迈克耳孙干涉仪, 也可以用马赫–曾德尔干涉仪.

干涉仪中, 各个波长光经过参考臂和样品臂之后产生了不同的相移, 当它们在干涉仪出射端相遇时, 根据相移的不同, 在光谱仪上产生干涉图样, 干涉图形的形状和两臂的相对光学长度有关. 假定两路光的光强相等, 式 (2.6-5) 中两臂的相位差写为

$$\Delta\varphi(\omega) = \varphi_2 - \varphi_1 = k_{\mathrm{s}} L_{\mathrm{s}} - k_{\mathrm{r}} L_{\mathrm{r}} = \frac{n_{\mathrm{s}}(\omega)\omega}{c} L_{\mathrm{s}} - \frac{n_{\mathrm{r}}(\omega)\omega}{c} L_{\mathrm{r}} \qquad (2.6\text{-}10)$$

其中, L_{s} 和 L_{r} 分别代表样品臂和参考臂的长度, $n_{\mathrm{s}}(\omega)$ 和 $n_{\mathrm{r}}(\omega)$ 分别是样品臂和参考臂所含介质的折射率. 为了直接得到群延迟时间, 对式 (2.6-10) 求导, 得到

$$\tau(\omega) = \frac{\mathrm{d}\Delta\varphi(\omega)}{\mathrm{d}\omega} = \frac{1}{c}[n_{\mathrm{s}}(\omega)L_{\mathrm{s}} - n_{\mathrm{r}}(\omega)L_{\mathrm{r}}] + \frac{\omega}{c}\left(\frac{\mathrm{d}n_{\mathrm{s}}(\omega)}{\mathrm{d}\omega}L_{\mathrm{s}}\right) \qquad (2.6\text{-}11)$$

由于测量用的是非相干光光源, 具有较低的相干性, 只有在两臂相移基本相等的时候才能够观测到干涉现象. 设 L_{s} 是固定值, 且参考臂的折射率不随波长变化, 移动 L_{r}, 总会对应某个频率或波长使 $\Delta\varphi(\omega) = 0$, 在光谱仪上显示某个波长对应最大值, 且附近的光谱相干条纹密度最小, 如图 2.6-3 所示. 此时式 (2.6-11) 中的第一

项为零, 因此得到群延迟 $\tau(\omega)$:

$$\tau(\omega) = \frac{\omega}{c}\frac{\mathrm{d}n_{\mathrm{s}}(\omega)}{\mathrm{d}\omega}L_{\mathrm{s}} \tag{2.6-12}$$

图 2.6-4 是根据式 (2.6-10) 计算的以熔融石英为样品的干涉条纹分布[48]. 当两臂平衡时, 干涉图样呈对称分布, 条纹密度最小的波长对应两臂平衡时光程相等的波长, 越往两边密度越大. 调整参考臂长度, 整个条纹分布根据光程的变化平移, 如图 2.6-4 所示. 但测量结果与两臂的平衡点对应哪个波长无关.

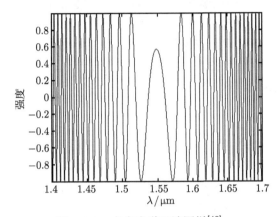

图 2.6-3　白光光谱干涉图样[48]

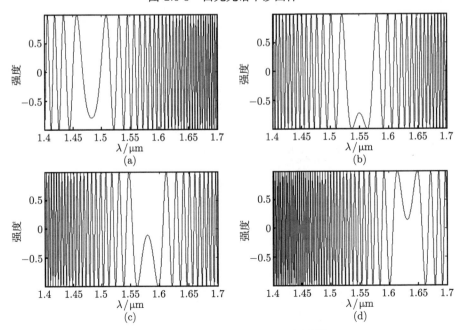

图 2.6-4　不同位移对应的干涉图[48]

具体测量方法是, 改变参考臂的长度, 逐点记录每一个臂长的平衡点波长, 可以画出一个位移对时间的关系图 (图 2.6-5).

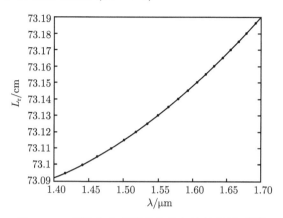

图 2.6-5 干涉仪参考臂的位移与波长的关系[48]

由于臂长的变化可以转化为时间, 此图可改为时间对频率的关系图, 即群延迟 $\tau(\omega)$. 因此只要再继续求导数, 就可以得到群延迟色散和更高阶相位. 为了避免数值求导带来的噪声, 也可以用曲线拟合的方法获得解析式再求导.

2.6.3 频域小波变换法

上述用光谱相干方法提取的群延迟的精度取决于参考臂位移读取的精度. 事实上, 可以不用这样麻烦. 直接对干涉图样做傅里叶变换或小波变换[49] 都可以直接得出相位 $\varphi(\omega)$ 或者群延迟时间 $\tau(\omega)$.

从光谱干涉中求解相位信息 $\varphi(\omega)$ 是成熟的技术, 可以采用传统的傅里叶变换、滤波、反变换的方法 [50]. 如上所述, 二次求导会带来数字噪声, 因此我们研究组提出用对光谱干涉作小波变换, 从小波变换的脊处提取群延迟的方法 [51].

图 2.6-6(a) 是实测的一个白光光谱干涉图. 与图 2.6-3 不同的是, 这个图虽然也应该是对称的密度逐渐变化的条纹, 但这里只取了向一个方向变化的; 图 2.6-6(b) 是用小波变换得到的干涉的频域相位; 图 2.6-6(c) 是对干涉相位求一次导数得到的群延迟, 可以看出数值求导产生了很大的噪声, 只有对群延迟经过曲线拟合或滤波等处理才能得到群延迟色散; 图 2.6-6(d) 是对群延迟多次光滑处理后求导得到的群延迟色散结果.

可以看出, 传统的相位微分方法测量求解色散时, 对噪声比较敏感, 微分时需要用曲线拟合或其他滤波方法对测量结果光滑处理, 对于群延迟色散变化有规律的光学元件, 如石英玻璃等, 可以通过曲线拟合减小微分噪声. 而对于色散复杂的光学元件, 如啁啾镜、光纤等, 其相位变化没有规律, 任何阶次的多项式曲线拟合都将产生错误甚至背离真实值的结果. 因此, 需要一种直接测量高阶相位的方法, 如直接测量群延迟或直接测量群延迟色散, 从而减小微分次数以降低群延迟色散的数字误差.

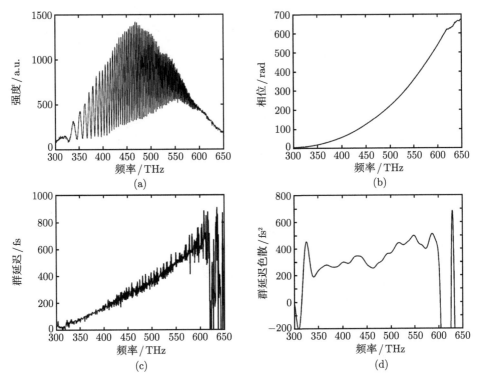

(a)　　　　　　　　　　　　　　　　　　(b)

(c)　　　　　　　　　　　　　　　　　　(d)

图 2.6-6　傅里叶变换法从光谱干涉中提取相位信息

(a) 光谱干涉图; (b) 从干涉抽取的相位; (c) 群延迟; (d) 群延迟色散 [51]

如果将光谱干涉的相位 $\varphi(\omega)$ 写为

$$\varphi(\omega) = \omega \cdot t(\omega) \tag{2.6-12}$$

这里, $t(\omega)$ 是光谱干涉在角频率 ω 处的局域干涉周期. 而群延迟 τ 是光谱相位 $\varphi(\omega)$ 对角频率 ω 的一次微分, 因此有

$$\tau = \frac{\mathrm{d}\varphi(\omega)}{\mathrm{d}\omega} = t(\omega) \tag{2.6-13}$$

由式 (2.6-13) 可知, 光学器件的群延迟就是光谱干涉在角频率 ω 处的局域干涉周期. 因此, 可以通过直接测量光谱干涉的局域干涉周期而直接得到群延迟.

小波变换作为时间频率分析的工具, 可以对干涉信号作联合时间频率分析, 得到频域干涉信号每一频率位置处的局域周期信息. 光谱干涉的局域周期反映在小波变换的波脊处, 因此光谱干涉的小波变换波脊的位置反映了群延迟和频率的对应关系, 可以通过提取小波变换的波脊而直接得到群延迟.

图 2.6-7(a) 是对图 2.6-6(a) 的频域干涉作小波变换的结果, 从小波变换图中直接提取每一频率列的极大值, 得到的小波变换的波脊位置就是群延迟, 可以看出直接提取的群延迟是一条光滑的曲线, 如图 2.6-7(b) 所示, 可以经过简单的平滑处理而微分运算得到群延迟色散, 对图 2.6-7(b) 的群延迟微分得到的群延迟色散如图 2.6-7(c) 所示.

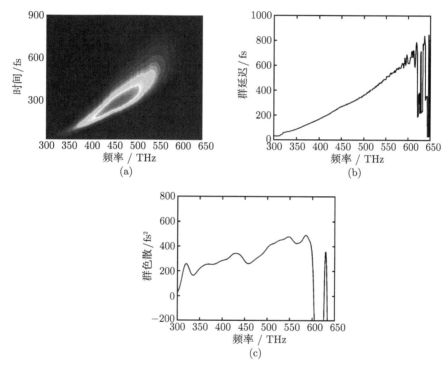

图 2.6-7 用小波变换法直接提取群延迟

(a) 小波变换图; (b) 群延迟; (c) 群延迟色散 [51]

直接提取群延迟的方法不仅简单、直接、快速, 而且结果准确, 特别适合于具有复杂色散的光学元件色散特性的测量和评价. 图 2.6-8(a) 是测量的啁啾镜的白光频域光谱干涉. 图 2.6-8 (b) 是图 2.6-8(a) 的白光光谱干涉作小波变换的结果, 图中的曲线也标示出了小波变换脊的位置, 即测量的啁啾镜群延迟曲线. 图 2.6-8(c) 画出了直接提取小波脊得到的群延迟和传统相位微分产生的群延迟的比较. 从图 2.6-8(c) 中可以看出, 提取波脊得到了光滑的群延迟曲线, 而相位微分得到的群延迟则包含较大的噪声. 图 2.6-8(d) 画出了对图 2.6-8(c) 得出的群延迟作微分得到的群延迟色散. 可以看出, 相位微分得到的色散因为作了二次微分使色散结果产生过多的噪声而不能分辨色散的真实情况, 而直接提取小波脊得到色散因为只作了一次微分所以光滑得多, 可以得到啁啾镜的色散信息. 图 2.6-8(d) 也给出了与图 2.6-8(a) 配对的另一个啁啾镜的群延迟色散测量结果. 从小波脊得到的群延迟色散可以明显看出该啁啾镜对的色散匹配关系, 而由相位二次微分得到的群延迟色散包含大量杂乱的噪声, 难以判断出两个啁啾镜的色散配对关系.

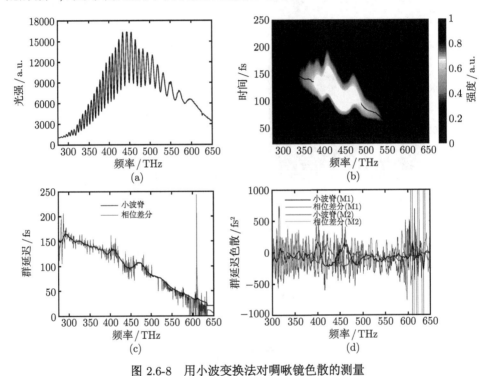

图 2.6-8　用小波变换法对啁啾镜色散的测量

(a) 啁啾镜的白光光谱干涉; (b) 光谱干涉的小波变换; (c) 群延迟时间; (d) 群延迟色散 [49]

参 考 文 献

[1] 石顺祥, 等, 非线性光学. 西安: 西安电子科技大学出版社, 2007.

[2] Feynman R. Feynman Lectures on Physics. New York: Addison Wesley Longman, 1970.

[3] Maitland A, Dumn M H. *Laser Physics*. Amsterdam: North-Holland Publishing Company, 1969.

[4] 沈学础. 半导体光谱和光学性质. 2 版. 北京: 科学出版社, 2002.

[5] Knittl Z. Optics of Thin Films. London: John Wiley & Sons, 1976.

[6] Macleod H A. Thin Film Optical Filters. Bristol: Institute of Physics Pub., 2001.

[7]　Yamashita M, Ishikawa M, Torizuka K, et al. Femtosecond-pulse laser chirp compensated by cavity-mirror dispersion. Opt. Lett., 1986, 11(8): 504-506.

[8]　Szipocs R, Ferencz K, Spielmann Ch, et al, Chirped multilayer coatings for broadband dispersion control in femtosecond lasers. Opt. Lett., 1994, 19(3): 201-203.

[9]　Szipocs R, Kohazi-Kis A. Theory and design of chirped dielectric laser mirrors. Appl. Phys. B, 1997 65(2): 115-135.

[10]　Southwell W H. Coating design using very thin high- and low-index layers. Appl. Opt., 1985, 24(4): 457-459.

[11]　Kaertner F X, Matuschek N, Schibli T, et al. Design and fabrication of double-chirped mirrors. Opt. Lett., 1997, 22(11): 831-833.

[12]　Tempea G, Krausz F, Spielman Ch, et al. Selec. Dispersion control over 150 THz with chirped dielectric mirrors. Topics in Quan. Electron., 1998, 4(2): 193-196.

[13]　王希, 陈玲玲, 杨暐健, 等. 飞秒激光脉冲压缩用啁啾镜新设计方法. 光学学报, 2008, 28(s1): 89-91.

[14]　Chen L, Yang W, Wang X, et al. Integrative optimization of chirped mirrors for intracavity dispersion compensation. Opt. Commun., 2009, 282(4): 617-620.

[15]　Duguay M A, Hansen J W. Compression of pulses from a mode-locHed He-Ne laser. Appl. Phys. Lett., 1969, 24(1): 14-15.

[16]　Kuhl J, Heooner J. Compression of femtosecond optical pulses with dielectric multilayer interferometers. IEEE J. Quantum Electron., 1986, QE-22(1), 182-185.

[17]　Golubovic B, Austin R R, Steiner-Shepard M K, et al, Double Gires-Tournois interferometer negative-dispersion mirrors for use in tunable mode-locked lasers. Opt. Lett., 2000, 25(4): 275-277.

[18]　Szipocs R, DeBell G, Tikhonravov A V, et al, Negative dispersion mirrors for dispersion control in femtosecond lasers: chirped dielectric mirrors and multi-cavity Gires-Tournois interferometers. Appl. Phys. B, 2000 70(7): S55-S57.

[19]　孙虹, 张志刚, 柴路, 等. 用于飞秒脉冲锁模激光器中的优化 Gires-Tournois 反射镜. 光学学报, 2001, 21(11): 1384-1387.

[20]　吴祖斌, 王专, 廖春艳, 等. 钛宝石激光器中用优化 Gires-Tournois 镜产生 15 fs 脉冲. 光学学报, 2005, 25(2): 216-219.

[21]　http://www.ondax.com/products/vhg-products#.

[22]　Fork R L, Martinez O E, Gordon J P. Negative dispersion using pairs of prisms. Opt. Lett., 1984, 9(2):150-152.

[23]　Fork R L, Brito Cruz C H, Becker P C, et al, Compression of optical pulses to six femtoseconds by using cubic phase compensation. Opt. Lett., 1987, 12(7): 483-485.

[24]　Naganuma K, Mogi K. 50-fs pulse generation directly from a colliding-pulse mode-locked Ti:sapphire laser using an antiresonant ring mirror. Opt. Lett., 1991, 16(10): 738-740.

[25] Zhang Z, Yagi T, Observation of the dispersion as a function of the pulse width in a mode locked Ti:sapphire laser. Appl. Phys. Lett., 1993, 63(22): 2993-1995.

[26] Treacy E B. Optical pulse compression with diffraction gratings. IEEE J. Quantum Electron., 1969, QE-5(9): 454-458.

[27] Stern M, Heritage J P, Chase E W. Grating compensation of third-order fiber dispersion. IEEE J. Quantum Electron., 1992, 28(12): 2742-2748.

[28] Martinez O E. 3000 times grating compressor with positive group velocity dispersion: Application to Fiber Compensation in 1.3-1.6 μm region. Quan. Electron., 1987, QE-23(1): 59-64.

[29] Zhang Z, Yagi T, Arisawa T. Ray-tracing model for stretcher dispersion calculation. Appl. Opt., 1997, 36(15): 3393-3399.

[30] 张志刚, 孙虹. 飞秒脉冲放大器中色散的计算和评价方法. 物理学报, 2001, 50(6): 1080-1087.

[31] Cheriaux G, Rousseau P, Salin F, et al. Aberration-free stretcher design for ultrashort-pulse amplification. Opt. Lett., 1996, 21(6): 414-416.

[32] Jiang J, Zhang Z, Hasama T. Evaluation of chirped-pulse-amplification systems with Offner triplet telescope stretchers. Opt. Soc. Am, B, 2002, 19(4): 678-683

[33] Kane S, Squier J. Grism-pair stretcher-compressor system for simultaneous second- and third-order dispersion compensation in chirped-pulse amplification. Opt. Soc. Am. B, 1997, 14(3), 661-665.

[34] Froehly C, Colombeau B, Vampouille M. Highly simplified device for ultrashort-pulses measurement. //Wolf E. Progress in Optics. Amsterdam: North-Holland, 1983: 65-153.

[35] Weiner A M, Leaird D E, Patel J S, et al. Programmable femtosecond pulse shaping by use of a multielement liquid-crystal phase modulator. Opt. Lett., 1990, 15(6): 326-328.

[36] Weiner A M, Leaird D E, Patel J S, et al, Programmable shaping of femtosecond optical pulses by use of 128-element liquid crystal phase modulator. IEEE J. Quantum Electron., 1992, 28(4): 908-920.

[37] Yelin D, Meshulach D, Silberberg Y. Adaptive femtosecond pulse compression. Opt. Lett., 1997, 22(23): 1793-1995.

[38] Karasawa N, Li L, Suguro A, Shigekawa H, et al, Optical pulse compression to 5.0fs by use of only a spatial light modulator for phase compensation. J. Opt. Soc. Am. B, 2001, 18: 1742-1746.

[39] Yariv A, Yeb P. Optical Waves in Crystals. New York: John Wiley and Sons, 1983.

[40] Falcoz F, Table F, Tournois P. Phase compensation using acousto-optic programmable dispersive filter. Conference on Lasers and Electro-Optics, 1997.

[41] Verluise F, Laude V, Cheng Z, et al, Amplitude and phase control of ultrashort pulses by use of an acousto-optic programmable dispersive filter: pulse compression and shaping. Opt. Lett., 2000, 25(8): 575-577.

[42] Chériaux G, Albert O, Wänman V, et al. Temporal control of amplified femtosecond pulses with a deformable mirror in a stretcher. Opt. Lett., 2001, 26: 169-171.

[43] Yamashita M, Kaga S, Torizuka K. Chirp-compensation cavity-mirrors with minimal third-order dispersion for use in a femtosecond pulse laser. Opt. Commun., 1990, 76(5-6): 363-368.

[44] Zhang Z, Torizuka K, Itatani T, et al, Femtosecond Cr:forsterite laser with mode locking initiated by a quantum-well saturable absorber. IEEE J. Quantum Electron., 1997, QE-33(11): 1975-1981.

[45] Naganuma K, Mogi K, Yamada H. Group-delay measurement using the Fourier transform of an interferometric cross correlation generated by white light. Opt. Lett., 1990, 15(7): 393-395.

[46] Yang W J, Li J, Zhang F, et al. Group delay dispersion measurement of Yb:Gd$_2$SiO$_5$, Yb:GdYSiO$_5$ and Yb:LuYSiO$_5$ crystal with white-light interferometry. Opt. Express, 2007, 15, 8486-8491.

[47] Yang W J, Li J, Zhang F, et al, Group delay dispersion measurement of Yb: YAB crystal with white-light interferometry. Opt. Commun, 2008, 281: 679-682.

[48] 刘洁. 光子晶体光纤的色散测量. 北京: 清华大学硕士论文, 2008.

[49] Deng Y, Yang W, Zhou C, et al, Direct measurement of group delay with joint time-frequency analysis of white light spectral interferogram. Opt. Lett., 2008, 33(23): 2855-2857.

[50] Takeda M, Ina H, Kobayashi S. Fourier-transform method of fringe-pattern analysis for computer-based topography and interferometry. J. Opt. Soc. Am., 1982, 72(1): 156-160.

[51] Deng Y Q, Wu Z B, Chai L, et al Wavelet-transform analysis of spectral shearing interferometry for phase reconstruction of femtosecond optical pulses. Opt. Express, 2005, 13(6): 2120-2126.

第3章　固体激光器锁模启动及脉冲形成机制

最早的飞秒激光脉冲是用碰撞锁模方法在染料激光器中产生的. 这种激光器利用有机染料的快速吸收和增益饱和来产生数十飞秒的激光脉冲. 但是染料激光器结构复杂, 调整困难, 染料需要循环, 还有毒性, 很难普及. 人们发现, 近年来出现的过渡元素掺杂的激光晶体具有非常宽的荧光光谱, 能够支持飞秒脉冲的产生. 为了充分利用这个带宽产生飞秒脉冲, 必须开发新的锁模技术. 传统锁模方法, 如有机染料慢饱和吸收器要求谐振腔的往复时间与受激辐射物质的上能级寿命相比拟. 然而, 固体材料的数微秒长的上能级的寿命不能满足这个条件, 因此不能在固体激光器中产生 100fs 以下的脉冲. 研究中一个显著进展是在腔外增加一个人为的非线性反馈, 把一个相干的弱脉冲返回到主腔, 以此启动锁模, 并产生亚皮秒脉冲. 这种锁模方法称为累加脉冲锁模 (additive pulse mode locking, APM). 然而, 真正的突破还是 Spence 等 [1] 的钛宝石 (Ti:Sapphire) 激光器锁模技术的发明. Spence 在做光纤累加脉冲锁模实验时偶然发现, 即使没有光纤反馈, 锁模仍然可以启动, 即靠轻微的振动就可以使这种激光器从连续振荡模式过渡到锁模模式, 并不需要所谓累加脉冲锁模. 因为没有附加的锁模机制, 当时就称这种锁模方式为自锁模 (self-mode-locking). 进一步的研究发现, 自锁模是一种与光强有关的脉冲选择机制, 这种机制可能与增益介质的高次非线性效应, 即克尔 (Kerr) 效应有关. 于是, 自锁模便被称为克尔透镜锁模 (Kerr lens mode-locking, KLM). 除了脉冲选择机制, 克尔非线性效应还给予脉冲很强的自相位调制. 这种调制作用来自于强度相关的增益介质的非线性折射率的变化. 如第 2 章所述, 自相位调制与腔内负群延色散结合在一起, 形成很强的脉冲窄化作用, 即孤子脉冲的形成. 然而, 分立的自相位调制与腔内负群延色散会使脉冲难以稳定, 于是克尔透镜锁模提供的自振幅 (SAM) 调制起到稳定脉冲的作用. 这一章着重介绍克尔透镜锁模固体激光器的启动机制和脉冲形成理论.

3.1　克尔透镜锁模原理

如前所述, 克尔透镜锁模 [2] 是一种简单方便的产生超短脉冲的方法, 它不需要复杂的调制器. 克尔透镜锁模是实验发现的, 其原理是后来才弄清楚的. 克尔透镜只是提供了一个非线性自强度调制机制. 克尔透镜锁模激光器属于含有快饱和吸收元件的锁模激光器. 图 3.1-1 为克尔透镜锁模示意图. 它的机理是, 由于激光增益介质的非线性克尔效应使得激光腔中的光束产生自聚焦, 脉冲中高功率密度部分被聚焦成光斑较小的光束, 而低功率密度部分聚焦成的光斑半径较大, 当在腔中放置一个光阑时, 高功率密度部分由于光斑较小, 通过了小孔光阑; 而低功率密度部分由于光斑较大, 部分光被小孔挡住而损失掉. 当脉冲在腔内来回往返多次时, 低功率密度部分不断被损失, 而高功率密度部分由于穿过增益介质不断被放大, 因而使时域中脉冲不断被窄化, 由此产生脉宽很窄的锁模脉冲. 由于克尔效应是由激光介质中产生的电极化引起的, 它的响应时间在飞秒量级, 因此, 克尔介质相当于一个快饱和吸收体.

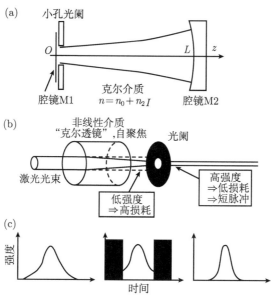

图 3.1-1 克尔透镜锁模示意图 [2]

克尔效应是非线性效应, 使介质的折射率和入射的光强成正比, 第 1 章中式 (1.4-4) 将线性折射率表示为

$$n = n_0 + n_2 I \tag{3.1-1}$$

其中, n_0 是与光强无关的折射率; n_2 是非线性折射系数, 与三阶非线性极化率 $\chi^{(3)}$ 有关; I 是脉冲光强. 设腔内光束具有高斯分布截面, 它在距离 Δz 内产生的相移 φ 为

$$\varphi = \frac{2\pi n \Delta z}{\lambda} = \frac{2\pi \Delta z}{\lambda}(n_0 + n_2 I) \tag{3.1-2}$$

其中, $I = A_0^2 \exp(-2r^2/w^2)$, 则非线性相移 $\Delta\varphi$ 就是

$$\Delta\varphi = \frac{2\pi \Delta z}{\lambda} n_2 I = \frac{2\pi}{\lambda} n_2 {A_0}^2 \exp(-2r^2/w^2)\Delta z \approx \frac{2\pi}{\lambda} n_2 {A_0}^2 \left(1 - \frac{2r^2}{w^2}\right)\Delta z \tag{3.1-3}$$

式中已对高斯函数展开至一阶级数. 这个抛物线型的相位因子与腔内高斯光束保

持一致. 因为相位因子修正光的传播, 在抛物线型的相位因子假定下, 可以导出 q 参数的解析解 [3]. 归一化的 q 参数经过在自由空间传播后变为 q'(参见附录 A)

$$\frac{1}{q'} = \text{Re}\frac{1}{q} + \text{iIm}\frac{1}{q}\sqrt{1-2K} \tag{3.1-4}$$

其中

$$2K = \frac{8P}{\pi}\left(\frac{\pi}{\lambda}\right)^2 n_2 \tag{3.1-5}$$

P 是脉冲功率. 在一个长 L_k、折射率为 n 的克尔介质中, q' 参数转换为

$$q_2' = q_1' + \frac{L_k}{n} \tag{3.1-6}$$

在图 3.1-1(a) 所示的单一谐振腔中, q 参数 $z=0$ 处是个纯虚数

$$q_1 = iy_1 \tag{3.1-7}$$

其中

$$y_1 = \frac{\pi w_1^2}{\lambda} \tag{3.1-8}$$

重新归一化的 q 参数就是

$$q_1' = \frac{iy_1}{\sqrt{1-2K}} \approx iy_1(1+K) \tag{3.1-9}$$

式 (3.1-6) 所给出的 q 参数变换 q' 在 $z=L$ 平面则是

$$\frac{1}{q_2'} = \frac{1}{L_k/n + iy_1(1+K)} = \frac{L_k/n - iy_1(1+K)}{(L_k/n)^2 + y_1^2(1+K)^2} \tag{3.1-10}$$

式中, $1/q_2'$ 的实部, 即相位波阵面曲率的倒数应该等于 $1/q_1'$ 的实部. 在以 R 为曲率半径的反射镜面上, 相位波阵面的曲率不应随强度而变化. 相位波阵面的曲率的变化是被 δy_1 的变化制约的, 即 $\delta[1/q_2'] = 0$. 对于 K 的一级近似, 有

$$\delta\left[\frac{L_k/n}{(L_k/n)^2 + y_1^2}\right] + \frac{2K(L_k/n)y_1^2}{[(L_k/n)^2 + y_1^2]^2} = 0 \tag{3.1-11}$$

第一项随 y_1 的变化而改变, 可以估算出

$$\frac{\delta y_1}{y_1} = -K \tag{3.1-12}$$

由此得出高斯光束半径随 K 的增加而减小, K 与功率成正比, 这正是我们想得到的结果. 如果在腔内加一个光阑, 光束半径减小直接导致损耗的减少. 假设光阑半径为 R_0, 高斯光束通过这个光阑时遭到了 2ℓ 倍的损耗, 可以估算出

$$2\ell P = \int_{R_0}^{\infty} 4\pi r A_0^2 e^{-2r^2/w_a^2} dr = e^{-2R_0^2/w_a^2} P \tag{3.1-13}$$

也就是说

$$2\ell = \mathrm{e}^{-2R_0{}^2/w_\mathrm{a}{}^2} = \mathrm{e}^{-2\Re/y_1} \tag{3.1-14}$$

其中

$$\Re \equiv \frac{\pi R_0{}^2}{\lambda} \tag{3.1-15}$$

定义自幅度调制参数为 δ, 求出

$$\delta|a|^2 = -P\frac{\mathrm{d}\ell}{\mathrm{d}P} = -P\frac{\mathrm{d}\ell}{\mathrm{d}y_1}\frac{\mathrm{d}y_1}{\mathrm{d}P} = P\frac{\Re}{y_1}\mathrm{e}^{-2\Re/y_1}\frac{K}{P} \tag{3.1-16}$$

因为 $|a|^2$ 等于功率 P, 并代入式 (3.1-9) 中定义的 K 值

$$\delta = \frac{\Re}{y_1}\ell\frac{8\pi}{\lambda^2}n_2 \tag{3.1-17}$$

因子 $\Re/y_1$ 的数量级是 1. 假如代入玻璃的数据, $n_2 = 3.2 \times 10^{-16}\mathrm{cm}^2/\mathrm{W}$, 并设激光波长为 $\lambda = 1.06\mu\mathrm{m}$, 我们得出 $\delta/\ell = 178.8\mathrm{GW}^{-1}$. 这个数值说明在简单的谐振腔中, 克尔效应需要非常高的整体功率. 但若使用复合腔, 即克尔介质部分腔的光束截面减小, 则总体功率可减小.

3.2 谐振腔与稳定区

图 3.1-1 只是显示克尔透镜和光阑组合如何形成选模机制. 实际的固体激光器谐振腔一般是复合腔, 而克尔透镜锁模需要谐振腔工作在所谓 "稳定区边缘". 本节讲解复合谐振腔的设计和稳定区间.

锁模激光器谐振腔一般由共焦腔和平行平面腔复合而成. 为了避免腔内色散, 以及利于泵浦激光的导入, 谐振腔一般采用折叠共焦腔. 设计主要是选择聚焦腔反射镜的曲率半径、两反射镜的间隔及折叠角, 以及长、短两臂的长度. 这些参数决定以后, 可以算出腔内模式的参数和稳定区间.

3.2.1 像散补偿谐振腔

聚焦腔的作用是在增益介质中实现紧聚焦 (tight focus), 以获得高增益、低阈值和克尔效应. 另外, 还需要两个准直臂, 使腔内有足够的空间容纳调制器、波长调谐器或色散补偿器. 这里有两个问题, 一是为组成这样一个四镜腔, 两个球面镜必须偏离轴线, 如图 3.2-1 所示, 这样一来, 必然引入像散 (stigmatism); 二是为降低损耗, 晶体往往做成布儒斯特角, 高斯光束以布儒斯特角射入晶体也会造成像散. 这里所谓像散, 是指会聚光在水平面和铅直面的焦点不在一起. 如果不采取补偿措施, 这个像散轻则影响输出光斑质量, 重则激光器不能起振, 或不稳定. Kogelnik 等证明 [4], 这两种像散在一定条件下可以互相补偿.

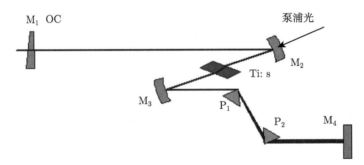

图 3.2-1　典型的棱镜对补偿色散的钛宝石激光器谐振腔

如果我们选择图 3.2-2 中 y 为水平面的坐标, x 为铅直面的坐标, 光的入射角为 θ, 则球面镜在这两个平面内的焦距分别是

$$f_x = f / \cos\theta \tag{3.2-1}$$

$$f_y = f \cos\theta \tag{3.2-2}$$

其中, $f = R/2$ 是球面镜的焦距.

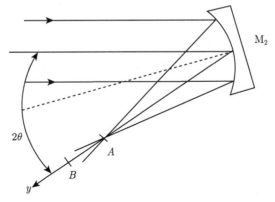

图 3.2-2　高斯光束的离轴聚焦导致的像散

设球面镜的曲率半径是 R, 在与纸面平行的平面上的焦距是 $(R/2)\cos\theta$ (点 A), 在与纸面垂直的平面上的焦距是 $(R/2)\cos\theta$(点 B)

再来看高斯光束以布儒斯特角通过一个厚度为 d 的薄板的情况, 如图 3.2-3. 当光束刚刚进入介质时, 光束束腰的大小在 x、y 两个平面分别是

$$w_{0x} = w_0 \tag{3.2-3}$$

$$w_{0y} = w_0 \frac{\cos\theta_r}{\cos\theta_B} = w_0 \frac{\sin\theta_B}{\cos\theta_B} n \tag{3.2-4}$$

其中, $\theta_{\mathrm{B}} = \arctan(n)$ 是布儒斯特角, θ_{r} 是折射角. 光束在厚度为 d 的薄板中的实际传播距离是

$$\chi = \frac{\mathrm{d}}{\cos\theta_{\mathrm{r}}} = d\frac{\sqrt{1+n^2}}{n} \tag{3.2-5}$$

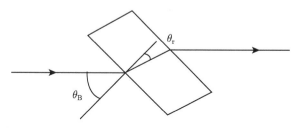

图 3.2-3　高斯光束以布儒斯特角入射到平板上导致的像散, 设平板的折射率为 n, 厚度为 d

运用高斯光束传播定律, 光束在两个平面上的束腰在通过了距离 d 之后分别变为

$$w_x = w_0\sqrt{1+\left(\frac{\lambda\chi}{n\pi w_0^2}\right)^2} = w_0\sqrt{1+\left(\frac{\lambda}{\pi w_0^2}\frac{\mathrm{d}\sqrt{1+n^2}}{n^2}\right)^2} \tag{3.2-6}$$

$$w_y = nw_0\sqrt{1+\left(\frac{\lambda\chi}{n^3\pi w_0^2}\right)^2} = nw_0\sqrt{1+\left(\frac{\lambda}{\pi w_0^2}\frac{\mathrm{d}\sqrt{1+n^2}}{n^4}\right)^2} \tag{3.2-7}$$

比较两式可知, 高斯光束在两平面的有效传播距离分别是

$$d_x = \frac{\mathrm{d}\sqrt{1+n^2}}{n^2} \tag{3.2-8}$$

$$d_y = \frac{\mathrm{d}\sqrt{1+n^2}}{n^4} \tag{3.2-9}$$

因此通过两聚焦镜的离轴光束的像散与布儒斯特角入射的光束的像散互相补偿的条件是

$$f_x - f_y = d_x - d_y \tag{3.2-10}$$

于是得到

$$f\left(\frac{1}{\cos\theta} - \cos\theta\right) = d\frac{\sqrt{1+n^2}}{n^2}\left(1 - \frac{1}{n^2}\right) \tag{3.2-11}$$

如果晶体的厚度已定, 可调节离轴角度来补偿像散. 此式可改写为以下形式

$$\frac{2d}{R}\frac{\sqrt{n^4-1}\sqrt{n^2-1}}{n^4} = \frac{\sin^2\theta}{\cos\theta} \tag{3.2-12}$$

注意钛宝石激光器采用典型的 Z 型或者 X 型腔谐振腔中, 有两枚凹面反射镜, 式 (3.2-10) 应该写为

$$2(f_x - f_y) = d_x - d_y \tag{3.2-13}$$

若晶体长度为 9mm, 球面镜的曲率半径为 10cm, 离轴角应为 $9.5°$.

3.2.2   无增益介质时的 $ABCD$ 矩阵

在假定像散已经补偿的条件下, 可以把上述 X 型谐振腔理想化为图 3.2-4 所示的线性谐振腔, 其中以透镜代替球面反射镜, 并以此计算谐振腔的模式及稳定区间 [5].

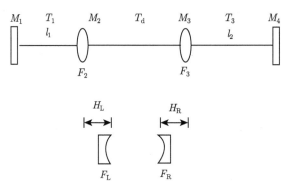

图 3.2-4   线性谐振腔模型, 凹面镜用同样焦距的透镜替代 [5]

众所周知, 稳定腔高斯光束的基模参数可以由标准的 $ABCD$ 矩阵来决定. A、B、C、D 四个元素表示腔内所有光学元件的矩阵的乘积元素

$$M = \begin{bmatrix} A & B \\ C & D \end{bmatrix} = M_N M_{N-1} M_{N-2} \cdots M_1 \qquad (3.2\text{-}14)$$

P 点的高斯光束的复传播常数是

$$\frac{1}{\tilde{q}} = -\frac{A-D}{2B} - \mathrm{i}\frac{\sqrt{1 - \left(\frac{A+D}{2}\right)^2}}{B} = \frac{1}{R} - \mathrm{i}\frac{\lambda}{\pi w^2} \qquad (3.2\text{-}15)$$

由此可知在 P 点的光束等效曲率半径为

$$R = -\frac{2B}{A-D} \qquad (3.2\text{-}16)$$

光束的腰斑大小可由下式求出

$$\frac{\pi w^2}{\lambda} = \frac{|B|}{\sqrt{1 - \left(\frac{A+D}{2}\right)^2}} \qquad (3.2\text{-}17)$$

在图 3.2-4 所示的谐振腔结构中, 只有透镜和平面反射镜及空间传输距离. 透镜等聚焦元件的变换矩阵为

$$M_i = \begin{bmatrix} 1 & 0 \\ -1/f_i & 1 \end{bmatrix} \qquad (3.2\text{-}18)$$

空间变换矩阵为

$$T_i = \begin{bmatrix} 1 & l_i \\ 0 & 1 \end{bmatrix} \tag{3.2-19}$$

那么这个腔的总的变换矩阵就是 (从 M_1 出发)

$$M = M_1 T_1 M_2 T_\mathrm{d} M_3 T_3 M_4 T_3 M_3 T_\mathrm{d} M_2 T_1 \tag{3.2-20}$$

其中, T_d 是 M_2 至 M_3 之间的变换矩阵.

事实上, 这只是求 M_1 点的参数时用的计算公式. 通常人们是把这个腔分解为两部分, 即把 M_1 和 M_2 等效为一个腔镜, M_3 和 M_4 等效为另一个腔镜, 然后计算这两个等效腔镜构成的谐振腔, 如图 3.2-4 下面的两镜腔所示. 这样, 左右两部分的等效腔镜的变换矩阵分别为

$$M_\mathrm{L} = M_2 T_1 M_1 T_1 M_2 \tag{3.2-21}$$

$$M_\mathrm{R} = M_3 T_2 M_4 T_2 M_3 \tag{3.2-22}$$

对于常用的四镜腔, 两端的反射镜是平面镜, 即 $f_1 = f_4 = \infty$, 则等效腔镜的焦距分别为

$$F_\mathrm{L} = \frac{f_2^2}{f_2 - l_1}, \quad F_\mathrm{R} = \frac{f_3^2}{f_3 - l_2} \tag{3.2-23}$$

等效腔镜与原球面镜的距离分别为

$$H_\mathrm{L} = \frac{f_2 l_1}{l_1 - f_2}, \quad H_\mathrm{R} = \frac{f_3 l_2}{l_2 - f_3} \tag{3.2-24}$$

注意到, 因为 $f_2 < l_1$, $f_3 < l_2$, F_L 和 F_R 都是负数, 即它们的焦距都是负的, 且等效位置都比原来位置更互相靠近. 根据谐振腔理论, 以两个球面镜的半径为直径画两个圆, 并且这两个圆分别与两个球面镜相切, 当这两个圆有交点时, 谐振腔才是稳定的. 设两个等效球面镜的间隔为 z

$$z = 2F_\mathrm{L} + 2F_\mathrm{R} + \Delta z \tag{3.2-25}$$

其中, Δz 是一个可变参数, 由于 F_L 和 F_R 均为负值, Δz 的变化范围从 0 到 $|2F_\mathrm{L} + 2F_\mathrm{R}|$. 对应此传输距离, 建立一个新的变换矩阵

$$T_z = \begin{bmatrix} 1 & z \\ 0 & 1 \end{bmatrix} \tag{3.2-26}$$

那么这个由两个等效球面镜构成的谐振腔的矩阵就是

$$M_c = T_z M_\mathrm{L} T_z M_\mathrm{R} \tag{3.2-27}$$

由稳定条件

$$\left| \frac{A+D}{2} \right| \leqslant 1 \tag{3.2-28}$$

可以求出腔的稳定区间, 并可求出其他参数. 然后再换算到原来的四镜腔的参数, 如光束大小、发散角等.

举一个典型的钛宝石锁模激光器四镜谐振腔的例子. 两镜的焦距 $f_2 = f_3 = 5$cm, 臂长 $l_1 = 60$cm, 臂长 $l_2 = 80$cm. 算出 F_L 和 F_R 分别为 -0.455cm 和 -0.333cm. 稳定区间是 $0 \leqslant z \leqslant |2F_L + 2F_R| = 1.576$cm. 在不考虑介质的情况下, 对于可变参数 Δz, 图 3.2-5 画出了光束在两个端镜上的半径随 Δz 的变化曲线. 对于 Δz 的变化, 该腔有两个稳区. 注意光斑尺寸在这两个区域内是不一样的, 因此很容易区分这两个稳区.

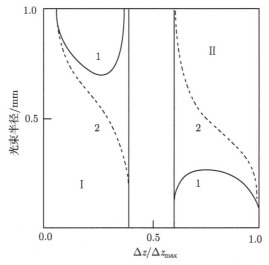

图 3.2-5　谐振腔长端和短端光束腰斑随 $\Delta z / \Delta z_{\max}$ 的变化

实线是端镜 1 上的光斑半径, 虚线是端镜 2 上的光斑半径[9]

3.2.3　含克尔透镜的 $ABCD$ 矩阵

$ABCD$ 矩阵一般是用来处理光束在线性谐振腔中的传输问题, 但它可推广到含有非线性元件的谐振腔中, 并用扩展的 $ABCD$ 定律来表述. 本节所用的非线性克尔介质 $ABCD$ 矩阵是在慢变包络近似下, 2+1 维 (X, Y 和 Z) 光束在传播中, 二阶矩满足抛物线规律这一严格结论而得出的. 因此它既可用于高斯光束, 也可用于任意轴对称光束, 而且可用于大的光功率情况, 具有普遍的使用价值.

1. 克尔介质中任意处的曲率半径及光斑大小

在 2+1 维的无损耗克尔介质中, 在傍轴光学具有旋转对称的近似下, 场强满足 [6]

$$\frac{1}{r}\frac{\partial}{\partial r}\left(r\frac{\partial u}{\partial r}\right) - 2\mathrm{i}k\frac{\partial u}{\partial z} + \gamma|u|^2 u = 0 \tag{3.2-29}$$

其中, k 是波矢; $\gamma = k^2 n_2/n_0$, 正比于非线性折射率 n_2; r 为柱坐标中半径.

由方程 (3.2-29) 乘以 u^*, 再减去该式的共轭式可得第一个不变量

$$I_0 = \int_0^\infty |u|^2 r\mathrm{d}r = \int_0^\infty |u_0|^2 r\mathrm{d}r \tag{3.2-30}$$

用类似方法可得第二个不变量

$$I_2 = \int_0^\infty \left[|\Delta u|^2 - \frac{\gamma}{2}(uu*)^2\right] r\mathrm{d}r = \int_0^\infty \left[|\Delta u_0|^2 - \frac{\gamma}{2}(u_0 u*)^2\right] r\mathrm{d}r \tag{3.2-31}$$

式中, u_0 表示 $z=0$ 处的场包络振幅, I_0 和 I_2 与功率有关, 在传输过程中功率 P 可表示为 $P = \varepsilon_0 c n_0 (2\pi I_0)$. 光束的光斑大小可以定义为强度分布的二阶矩的平均值, 它与 I_0 的关系为

$$w(z)^2 = \frac{2}{I_0}\int_0^\infty uu^* r^3 \mathrm{d}r \tag{3.2-32}$$

光束的有效曲率半径 $R(z)$ 定义为

$$\frac{1}{R(z)} = \frac{1}{2W(z)^2}\frac{\mathrm{d}W(z)^2}{\mathrm{d}z} = \frac{1}{W(z)}\frac{\mathrm{d}W(z)}{\mathrm{d}z} \tag{3.2-33}$$

这里, $R(z)$ 和 $W(z)$ 为克尔介质中距入射表面 z 处的曲率半径和光斑半径.

假定光场是高斯型的, 可表示为

$$u = A(z)\exp\left[-\frac{r^2}{w^2} + \frac{\mathrm{i}kr^2}{2R}\right] \tag{3.2-34}$$

则可得到 $W(z)^2 = w^2$, $R(z) = R$, 式 (3.2-30)~(3.2-33) 可写为

$$I_0 = \frac{A^2 w^2}{4} \tag{3.2-35}$$

$$I_2 = \frac{I_0}{2}\left(\frac{4}{w^2} + \frac{k^2 w^2}{R^2} - \frac{\gamma A^2}{2}\right) \tag{3.2-36}$$

$$w(z)^2 = \frac{2}{I_0}\int_0^\infty A(z)^2 \exp\left(-\frac{2r^2}{w^2}\right) r^3 \mathrm{d}r = \frac{2A(z)^2 w^4}{8I_0} = W^2 \tag{3.2-37}$$

$$\frac{1}{R(z)} = -\frac{2}{Kw^2 I_0} \int_0^\infty r^2 A(r,z)^2 \phi r \mathrm{d}r = \frac{2A(z)^2}{w^2 I_0 R} \frac{w^4}{8} = \frac{1}{R} \tag{3.2-38}$$

由文献 [7] 可知, 在非线性介质中, 二阶矩遵从传输的抛物线规律, 因此

$$w(z)^2 = w_0{}^2 [1 + (2z/R_0) + Hz^2] \tag{3.2-39}$$

式中, w_0 和 R_0 分别为在克尔介质输入面 ($z=0$) 处的二次矩与有效曲率半径, 其中 H 为

$$H = \frac{2I_2}{k^2 I_0 w_0{}^2} \tag{3.2-40}$$

对于高斯光束

$$H = \frac{1}{R_0{}^2} + \frac{\lambda^2}{\pi^2 n^2 w_0{}^4} \left(1 - \frac{rI_0}{2} \right) \tag{3.2-41}$$

由式 (3.2-39) 和 (3.2-41) 得

$$\frac{1}{R(z)} = \frac{1/R_0 + Hz}{1 + 2z/R_0 + Hz^2} \tag{3.2-42}$$

从式 (3.2-42) 可见, 当 $H < 0$ 时, 克尔介质长度必须满足

$$z < \frac{1}{R|H|} + \frac{1}{H} \left[\frac{1}{R_0{}^2} + |H| \right]^{1/2} \tag{3.2-43}$$

否则光束将聚焦到一点而崩塌.

至此, 我们就得到了克尔介质中任意点处的光斑大小和曲率半径, 如式 (3.1-39) 和 (3.1-42) 所示.

2. 克尔介质中 $ABCD$ 矩阵的推导

图 3.2-6 是含有克尔介质时激光腔的等效矩阵图, 图中将腔分成三部分: 克尔介质、介质左边的所有元件的等效矩阵 M_1 及介质右边的所有元件的等效矩阵 M_2. 其中 M_1、M_2 是线性的, 根据普通的变换矩阵公式即可得到, 主要解决的是克尔效应的计算问题. 由前面的理论可知, 克尔效应可等效为一个随功率变化的透镜, 现在我们按照 Magni 的方式来计算此透镜的表达式 [7].

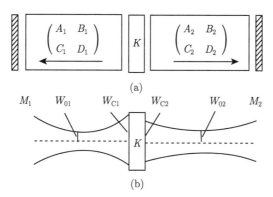

图 3.2-6 腔内等效矩阵 (a) 和高斯型光束截面分布 (b)[7]

腔中光束的复曲率半径定义为

$$\frac{1}{Q(z)} = \frac{1}{R(z)} - \frac{\mathrm{i}\lambda}{\pi n\omega(z)^2} \tag{3.2-44}$$

式中, $\omega(z)$ 和 $R(z)$ 由式 (3.2-39) 和 (3.2-42) 决定. 显然, Q 是通常的高斯光束的曲率半径的推广.

复曲率半径为 Q_0 的光束通过以 $ABCD$ 变换矩阵描述的光学系统, 其输出端的 Q 值为

$$\frac{1}{Q(z)} = \frac{C + D/Q_0}{A + B/Q_0} \tag{3.2-45}$$

将式 (3.2-39) 和 (3.2-42) 代入上式, 且将虚部和实部分开, 可得克尔介质任意处的曲率半径及光斑大小为

$$\frac{w(z)^2}{w_0{}^2} = \frac{A^2 + (2AB/R_0) + B^2(R_0{}^{-2} + z_0{}^{-2})}{AD - BC} \tag{3.2-46}$$

$$\frac{1}{R(z)} = \frac{AC + [(AD + BC)/R_0] + BD(R_0{}^{-2} + z_0{}^{-2})}{A^2 + 2(AB/R_0) + B^2(R_0{}^{-2} + z_0{}^{-2})} \tag{3.2-47}$$

其中, $z_0 = \pi n\omega_0^2\lambda$. $AD - BC = 1$, 令 $A = D$, 由以上方法经过计算化简 [8,9], 可得克尔介质中的光束变换矩阵

$$\begin{bmatrix} A & B \\ C & D \end{bmatrix} = \beta \begin{bmatrix} 1 & z \\ c_0 & 1 \end{bmatrix} \tag{3.2-48}$$

其中

$$\beta = (1 - c_0 z)^{-1/2} = (1 + 2z/R_0 + Hz^2)^{1/2}\left[1 + 2z/R_0 + (R_0{}^{-2} + z_0{}^{-2})z_0^2\right]^{-\frac{1}{2}} \tag{3.2-49}$$

$$c_0 = [H - (R_0^{-2} + z_0^{-2})]z/(1 + 2z/R_0 + Hz^2) \tag{3.2-50}$$

对于高斯光束

$$c_0 = -(zP_0/P_c)\left[z_0^2(1 + z/R_0)^2 + z^2(1 - P_0/P_c)\right]^{-1} \tag{3.2-51}$$

其中, $P_0 = \varepsilon_0 c n_0 2\pi I_0$, 为光束功率, $P_c = \varepsilon_0 c n_0(4\pi/\gamma)$ 为光束自陷临界功率, 在此功率下, 非线性自聚焦与光束的衍射相平衡, 光斑尺寸保持不变.

式 (3.2-48) 描述的矩阵依赖于克尔介质长度 z 以及介质表面的边界条件, 它等价于一个厚透镜, 其主面在输入、输出平面外的 $(1 - \beta)\beta_0 c_0$ 处, 焦距为

$$f = -1/\beta\, c_0 = -(1 - c_0 z)^{1/2}/c_0 \tag{3.2-52}$$

3. 克尔介质作为薄透镜时的 ABCD 矩阵形式

下面将矩阵 (3.2-48) 分解. 把克尔介质看作薄透镜夹在两个介质中间, 即克尔介质的非线性变换矩阵可等价为三个矩阵相乘

$$\begin{bmatrix} A & B \\ C & D \end{bmatrix} = \begin{bmatrix} 1 & l \\ 0 & 1 \end{bmatrix}\begin{bmatrix} A_0' & B_0' \\ C_0' & D_0' \end{bmatrix}\begin{bmatrix} 1 & l \\ 0 & 1 \end{bmatrix} \tag{3.5-53}$$

即

$$\beta\begin{bmatrix} 1 & z \\ c_0 & 1 \end{bmatrix} = \begin{bmatrix} A_0' + C_0'l & B_0' + (A_0' + D_0')l + C_0'l^2 \\ C_0' & D_0' + C_0'l \end{bmatrix} \tag{3.2-54}$$

式中, l 是两边介质的长度, 由上式可得以下方程组

$$\begin{cases} A_0' + C_0'l = \beta \\ B_0' + (A_0' + D_0')l + C_0'l^2 = \beta z \\ D_0' + C_0'l = \beta \\ C_0' = \beta c_0 \end{cases} \tag{3.2-55}$$

解以上方程组, 注意到中间是薄透镜, 取 B_0'=0, 得

$$l = \frac{1}{c_0} - \frac{1}{c_0}\sqrt{1 - c_0 Z}, \quad c_0 \neq 0 \tag{3.2-56}$$

则得出克尔介质作为薄透镜时的变换矩阵为

$$\begin{bmatrix} A & B \\ C & D \end{bmatrix} = \begin{bmatrix} 1 & l \\ 0 & 1 \end{bmatrix}\begin{bmatrix} 1 & 0 \\ c_0(1 - c_0 z)^{-1/2} & 1 \end{bmatrix}\begin{bmatrix} 1 & l \\ 0 & 1 \end{bmatrix} \tag{3.2-57}$$

式中, 矩阵乘积的中间矩阵是非线性的, 等价于焦距 $f = -(1 - c_0 z)^{1/2}/c_0$ 的薄透镜, 它两边的矩阵相当于一长为 l 的介质, 当 $c_0 < 0$ 时, $0 \leqslant l \leqslant z/2$, 由于自聚焦, 等价距离 l 自行缩短. 对于薄弱克尔介质, 有 $c_0 z \ll 1, l \approx z/2$, 则式 (3.2-57) 写成

$$\begin{bmatrix} A & B \\ C & D \end{bmatrix} = \begin{bmatrix} 1 & z/2 \\ 0 & 1 \end{bmatrix} \begin{bmatrix} 1 & 0 \\ c_0(1 - c_0 z)^{-1/2} & 1 \end{bmatrix} \begin{bmatrix} 1 & z/2 \\ 0 & 1 \end{bmatrix} \tag{3.2-58}$$

前面讨论的是光束在介质中传播的情况. 考虑到真空与克尔介质的界面, 可得到从真空进入克尔介质再至真空的矩阵为

$$\begin{bmatrix} A' & B' \\ C' & D' \end{bmatrix} = \beta \begin{bmatrix} 1 & z/n \\ nc_0 & 1 \end{bmatrix}$$

$$= \begin{bmatrix} 1 & l' \\ 0 & 1 \end{bmatrix} \begin{bmatrix} 1 & 0 \\ nc_0(1 - c_0 z)^{-1/2} & 1 \end{bmatrix} \begin{bmatrix} 1 & l' \\ 0 & 1 \end{bmatrix} \tag{3.2-59}$$

其中

$$l' = \begin{cases} (nc_0)^{-1}[1 - (1 - c_0 z)^{1/2}], & c_0 \neq 0 \\ z/2n, & c_0 = 0 \end{cases} \tag{3.2-60}$$

中间矩阵代表薄透镜, 其焦距为

$$f_{\mathrm{k}} = \frac{z_0^2(1 + z/p_0)^2 + z^2(1 - p_0/p_{\mathrm{c}}) + z^2 p_0/p_{\mathrm{c}}}{nzp_0/p_{\mathrm{c}}} \tag{3.2-61}$$

式 (3.2-61) 即为克尔介质作为薄透镜时的 $ABCD$ 矩阵, f_{k} 为等价透镜焦距.

4. 含克尔透镜的谐振腔分析

在分析和设计含克尔介质的谐振腔时, 引入一个重要的参数——克尔透镜灵敏度 δ_k 来表示小信号时光斑尺寸随腔内功率的变化情况

$$\delta_k = \left(\frac{1}{w}\frac{\mathrm{d}w}{\mathrm{d}p}\right)\Big|_{P=0}, \quad P = P_0/P_{\mathrm{c}} \tag{3.2-62}$$

其中, P 为归一化功率, P_0 为腔内功率, P_{c} 为光束自陷临界功率, $P_{\mathrm{c}} = \varepsilon_0 c n_0 (4\pi/\gamma)$. 由式 (3.2-62) 可见 δ 是光强趋于零时, 光腔中某一位置处光斑大小相对于瞬时光强度变化的斜率. $\delta < 0$ 且 $|\delta|$ 越大, 克尔非线性导致的自幅度调制越强, 激光器越易形成窄脉冲.

从大量的计算可得出, 激光腔中光斑半径 w 不仅与泵浦功率有关, 而且与激光腔中各元件的位置、特性参数有关. 大量实验表明, δ_k 对结构参数 z 和 x 的变化很敏感. 图 3.2-7 画出了不同聚焦腔长、克尔介质在同一个腔长的不同位置的 δ_k 的等高图 [10]. 从式 (3.2-62) 可知, 只有当 δ 是负值时才有可能产生自锁模现象, 且

δ_k 的绝对值越大, 自锁模效应越强. 另一方面看到在腔中有两个稳定区, 产生负 δ_k 的位置在稳定区边缘, 并且不在腔的中间位置, 因此锁模对腔的调节技术要求很高, 这也是为什么克尔透镜锁模不易获得的原因.

图 3.2-8 是用上述理论计算的 M_1 镜上的光斑尺寸随腔内归一化功率变化的曲线 [11]. 晶体的位置分别为 $x = 4.48\text{cm}$ 和 $x = 4.62\text{cm}$. 此曲线也可证明, 在不同位置, M_1 镜上的光斑尺寸随功率的变化趋势是不同的, 即克尔锁模与晶体在腔中的位置有关.

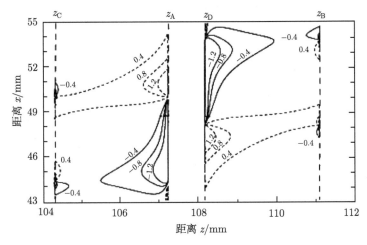

图 3.2-7 δ_k 随结构参数 z 和 x 变化的等值线分布图 [8]

实线和虚线分别对应负、正克尔灵敏度参数 δ_k, z_A 和 z_B 是两个稳区的长端,

z_C 和 z_D 是两个稳区的短端

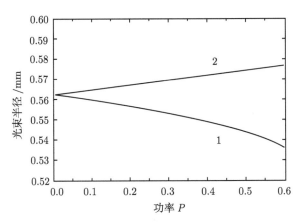

图 3.2-8   克尔透镜存在时 M1 镜上的光斑尺寸随功率变化的曲线 [8]

1. $x = 4.48\text{cm}$; 2. $x = 4.62\text{cm}$

3.3 脉冲形成阶段的分析

在连续泵浦的激光谐振腔中引入一个适当的非线性元件, 这个非线性可能把随机发生的强度和相位的变化转变为稳定的脉冲序列, 这个方法就叫锁模. 通常有两种锁模方法, 即主动锁模和被动锁模. 被动锁模所需要的相位或幅度调制是靠腔内非线性元件引发的. 对非线性元件的要求是, 它必须在开始产生一个强度的起伏, 以致强度高的起伏能获得较高的增益, 同时要求在时间上这个增益窗口越短越好. 如图 3.3-1 所示, 对于染料激光器来, 因为它的上能级寿命很短, 即使用慢饱和吸收器也能满足这个要求. 增益和可饱和吸收的综合作用形成一个很短的时间窗口, 可有效地压缩脉冲宽度, 如图 3.3-1(b) 所示. 对于固体激光器来说, 情况就不同了. 固体激光介质通常具有很长的上能级寿命, 它的饱和效应在飞秒时间内是微不足道的, 因此增益的时间窗口只好依赖快可饱和吸收介质. 然而可饱和吸收介质, 无论是染料还是半导体材料的恢复时间对于飞秒脉冲仍嫌太长, 只有克尔效应具有几乎瞬时的时间响应 (< 10fs), 并与波长无关. 因此对于长上能级寿命的固体增益介质来说, 采用克尔效应作可饱和吸收机制是最有效的锁模方法.

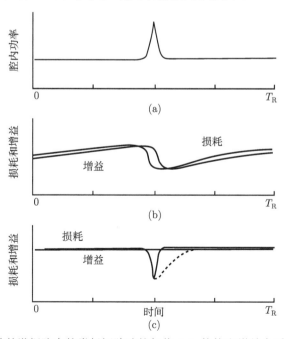

图 3.3-1 连续振荡的谐振腔中的类似短脉冲的起伏 (a); 快饱和增益介质和慢饱和吸收器的时间响应 (b); 长弛豫时间的增益介质与瞬时响应的可饱和吸收器 (c), 其中虚线表示具有有限的响应时间的可饱和吸收器 [12]

但是仅有克尔效应并不能保证激光器从连续振荡过渡到锁模状态, 这是因为由于噪声起伏造成的各个纵模之间的相干拍频 (mode-beating) 时间太短, 以致在这样短的时间内, 锁模无法建立起来.

下面来分析锁模能够建立起来的条件 [12]. 假定腔内某个时间的电场强度可以描述为

$$E_k(t) = a_k(t) \mathrm{e}^{\mathrm{i}\omega_0 t} \tag{3.3-1}$$

其中, $a_k(t)$ 的演变如下

$$|a_{k+1}|^2 - |a_k|^2 = (g - \ell + q)|a_k|^2 \tag{3.3-2}$$

$a_k = a_k(t)$ 是腔内某个位置在第 k 次腔内循环时的场强; t 的变化范围是一次腔内循环时间 T_R; g 和 ℓ 分别是小信号增益和损耗, 一般来说也可能依赖于 k 和 t; q 是描述非线性效应的参数, 在光强较小时, $q \ll \ell$, 可以忽略不计. 在一系列初始起伏中, 总有一个最大的起伏. 为处理方便, 我们把初始光强分为两部分, $|a_k|^2 = P_k + \Delta P_k(t)$. P_k 是缓慢变化的平均光强, $\Delta P_k(t)$ 是最大起伏的光强. 假定中等强度的腔内功率和非线性的瞬时响应关系为

$$q_k(t) = \gamma |a_k(t)|^2 \tag{3.3-3}$$

其中, γ 是非线性系数. 对于快饱和吸收器和长增益介质弛豫时间, 模之间的拍频的峰值功率 p_k 的微扰 $\Delta P_k(t)$ 的演变适用于以下方程

$$p_{k+1} - p_k = B_k p_k^2 - \frac{T_\mathrm{R}}{T_\mathrm{c}} p_k \tag{3.3-4}$$

其中

$$B_k = \gamma - \alpha_k \frac{g_{0,k}}{2P_\mathrm{s}} \frac{\tau_k}{T_\mathrm{g}} \tag{3.3-5}$$

T_R 是腔内往复时间; $\alpha_k = e_k/(p_k \tau_k)$ 是一个与脉冲形状有关的因子, 数量级为 1; e_k 是能量起伏; $g_{0,k}$ 是脉冲到来前的增益; τ_k 是起伏的时间宽度; T_g 是上能级寿命; 饱和能量由 $P_\mathrm{s} = \hbar \omega A_\mathrm{g}/(\sigma T_\mathrm{g})$ 决定, A_g 是增益介质内的光束平均截面. 式 (3.3-4) 的等号右边的最后一项是考虑到起伏的有限寿命 T_c. 在式 (3.3-5) 中, 利用了 $e_k \ll P_k T_\mathrm{r}$, 已经假定 $l - g_0 \approx 0$ 作为初始的过渡锁模过程. 在脉冲形成初期, 设 $k = 0$, 当 $B_{k=0} > 0$ 时, 从式 (3.3-5) 可知存在一个增益窗口, 即

$$\gamma > \alpha \frac{g_0}{2P_\mathrm{s}} \frac{\tau_0}{T_\mathrm{g}} \tag{3.3-6}$$

$\tau_0 = \tau_{k=0}$ 是初始起伏的脉宽. 因为饱和光强的变化很小, 对于连续泵浦的固体和染料激光器来说, P_s 的值在 1 W 左右一个数量级之内. 式 (3.3-6) 的右边主要取决于 τ_0/T_g, 其值在 $10^{-8} \sim 10^{-6} \mathrm{W}^{-1}$.

但是增益窗口的存在还不足以使最大的起伏脉冲成长起来. 要使最大的起伏脉冲成长起来, 还必须满足 $p_{k+1} > p_k$, 从式 (3.3-4) 可得以下条件

$$B_0 p_0 > \frac{T_{\mathrm{R}}}{T_{\mathrm{c}}} \tag{3.3-7}$$

对于增益饱和比较弱的固体激光器, 这个关系可以简化为

$$\gamma p_0 > \frac{1}{\ln N} \frac{T_{\mathrm{R}}}{T_{\mathrm{c}}} \tag{3.3-8}$$

N 是初始腔内振荡的纵模数, 且式中已经假定 $p_0 \approx P_0 \ln N$. 初始模拍起伏的寿命 T_{c} 可以设定为有效的模式相关时间, 它的定义为 3 dB 增益带宽的倒数,

$$T_{\mathrm{c}} = \frac{1}{\pi} \frac{1}{\Delta\nu_{\mathrm{3dB}}} \tag{3.3-9}$$

式 (3.3-6) 及 (3.3-8) 组合起来可得到一个连续泵浦的激光器中被动锁模自启动的条件

$$\gamma p_0 > \frac{\pi}{\ln N} \frac{\Delta\nu_{\mathrm{3dB}}}{\Delta\nu_{\mathrm{rep}}} \tag{3.3-10}$$

其中, $\Delta\nu_{\mathrm{rep}}$ 是纵模间隔. 固体激光器中拍的典型线宽是 2~10kHz, 即模的相关时间小于等于 100μs. 利用 $\Delta\nu_{\mathrm{rep}} \approx 100\mathrm{MHz}$, 代入式 (3.3-10) 得到锁模必要的双程增益是 10^{-4}.

3.4 主方程和微扰算符方程

1970 年, Kuizenga 和 Siegman 解出主动锁模在频域中的自洽解. 对于被动锁模, 通常会想到 1984 年 Mollenauer 和 Stolen 提出的用来描述孤子锁模现象的非线性薛定谔方程. 其实早在 1975 年, Haus 就提出了所谓时域主方程 (master equation)[3], 也称作 Ginzburg-Landau 方程, 而非线性薛定谔方程可以认为是主方程不含增益的特殊形式. 把主方程应用到主动锁模和被动锁模的各种形式, 包括染料激光器和光纤激光器, 能够给出各方程的解. 随着固体飞秒锁模激光器的出现, Haus 也尝试应用主方程来解释其特性, 在方程中增加了克尔效应引起的振幅调制和自相位调制项, 得到了类孤子解. 但在尝试解释高阶色散导致的脉宽展宽现象时遇到了困难.

Brebec 等指出 [14], 主方程的应用假设有一定的局限性. 主方程假设所有腔内元件是独立而与位置无关的, 因此可以认为是均匀分布的. 这对于染料激光器和光纤激光器是可以接受的, 因为其中脉冲形成机制是所谓的弱脉冲成形 (weak pulse shaping, WPS) 过程. 但是对于含有克尔介质的激光器来说, 飞秒脉冲的产生依赖于非常大的相移, 而自幅度调制太弱, 不足以支持脉冲形成. 含有克尔介质的激

光器脉冲形成机制是自相位调制和负群延迟色散的相互作用结果, 而不是独立的. Haus 的理论比较适合染料激光器, 而不适合固体锁模激光器. Brebec 等采用和位置有关的算符 (不可交换算符) 来描述锁模动力学. 在这一节, 我们先仿照 Haus 等的方法推出主方程, 然后介绍 Brebec 等的理论.

3.4.1 主方程的导出

为了全面了解锁模理论, 先简要介绍一下 Haus 的主方程的推导.

脉冲稳态方程实际上是以光纤中传播的光学孤子脉冲来模拟分立元件构成的固体锁模脉冲激光器方程的. 在光学孤子脉冲作为系统基本解的基础上, 考虑分立微扰的作用, 来解析锁模脉冲的特性.

当系统达到稳态时, 脉冲已经在腔内运行了相当长的时间, 因此可以按单一强脉冲来处理. 假定这个脉冲的场可以用一个连续函数来描述

$$E(z,t) = a(z,t)e^{i\omega_0 t} \tag{3.4-1}$$

其中, ω_0 是中心频率, $a(z,t)$ 是缓变振幅的包络, t 的变化范围是腔内往复时间, z 的范围是归一化的腔长. 设腔内存在着若干分立的脉冲成形元件, 用算符 $\hat{F}_i$ 表示. 脉冲每通过一个元件, 脉冲包络的变化可以用这个元件的算符作用于这个包络来描述

$$\frac{\partial a(z,t)}{\partial z} = \hat{F}_i a(z,t) \tag{3.4-2}$$

脉冲在激光腔内经过三个主要机制的作用, 即增益、色散和非线性, 分别用算符 $\hat{G}$、$\hat{D}$ 和 $\hat{N}$ 表示, 则脉冲经过这些作用后, 分别为

$$\frac{\partial a(z,t)}{\partial z} = \hat{G}a(z,t) \tag{3.4-3}$$

$$\frac{\partial a(z,t)}{\partial z} = \hat{D}a(z,t) \tag{3.4-4}$$

$$\frac{\partial a(z,t)}{\partial z} = \hat{N}a(z,t) \tag{3.4-5}$$

假定腔内各元件均匀分布, 不考虑各元件位置关系, 在弱脉冲成形时, 光场与位置无关, 式 (3.4-1) 简化为

$$E(z,t) = a(t)e^{i\omega_0 t} \tag{3.4-6}$$

在稳态情况下, 脉冲在腔内循环一次后, 在时域必须重复自己, 即经过一次腔内循环, 光场缓变振幅 $a(t)$ 应该满足

$$\hat{G}\hat{D}\hat{N}a(t) = a(t) \tag{3.4-7}$$

现在把这三个算符代表的物理效应 "线性化" 和时域化. 设增益介质的发射截面为 $\sigma_g(\omega)$, 且增益在频域内是高斯型的

$$\hat{G}(\omega) = e^{g/\{1+[(\omega-w_0)/\Omega_g]^2\}} \tag{3.4-8}$$

其中, g 是小信号增益系数, Ω_g 是增益带宽. 对于增益很小的情况, 增益在中心波长附近可以近似简化为抛物线型

$$\hat{G}(\omega) \approx 1 + g\left[1 - \left(\frac{\omega-\omega_0}{\Omega_g}\right)\right]^2 \tag{3.4-9}$$

我们的目的是把增益转换到时域对应的形式. 在只考虑增益作用的情况下, 先把光场 $a(t)$ 作傅里叶变换, 然后与频域的增益算符相互作用, 再作傅里叶逆变换

$$
\begin{aligned}
\hat{G}a(t) =& F^{-1}[\hat{G}(\omega)F[a(t)]] \\
=& F^{-1}\left[\left\{1 + g\left[1 - \left(\frac{\omega-\omega_0}{\Omega_g}\right)^2\right]\right\}a(\omega-\omega_0)\right] \\
=& F^{-1}[(1+g)a(\omega-\omega_0)] - F^{-1}\left[\frac{g}{\Omega_g{}^2}(\omega-\omega_0)^2 a(\omega-\omega_0)\right] \\
=& (1+g)a(t) - \frac{g}{\Omega_g^2}\int(\omega-\omega_0)^2 a(\omega-\omega_0)e^{i(\omega-\omega_0)t}d(\omega-\omega_0) \quad (3.4\text{-}10)
\end{aligned}
$$

在求解过程中用到公式

$$a(t) = \int a(\omega-\omega_0)e^{i(\omega-\omega_0)t}d(\omega-\omega_0) \tag{3.4-11}$$

将式 (3.4-11) 两边的 $a(t)$ 对时间求导, 得

$$\frac{\partial}{\partial t}a(t) = \int a(\omega-\omega_0)i(\omega-\omega_0)e^{i(\omega-\omega_0)t}d(\omega-\omega_0) \tag{3.4-12}$$

比较式 (3.4-11) 和 (3.4-12), 得

$$i(\omega-\omega_0) = \frac{\partial}{\partial t} \tag{3.4-13}$$

对式 (3.4-11) 中的 $a(t)$ 求时间的二阶导数, 得

$$\frac{\partial^2}{\partial t^2}a(t) = \int -a(\omega-\omega_0)(\omega-\omega_0)^2 e^{i(\omega-\omega_0)t}d(\omega-\omega_0) \tag{3.4-14}$$

即

$$(\omega-\omega_0)^2 = -\frac{\partial^2}{\partial t^2}a(t) \tag{3.4-15}$$

将式 (3.4-15) 代入式 (3.4-10)

$$\hat{G}a(t) = \left(1 + g + \frac{g}{\Omega_g^2}\frac{\partial^2}{\partial t^2}\right)a(t) \tag{3.4-16}$$

这样增益算符就可以写为

$$\hat{G} = 1 + g + \frac{g}{\Omega_g^2}\frac{\partial^2}{\partial t^2} \tag{3.4-17}$$

现在我们来看如何得出色散算符的时域表达式. 因为色散算符仅仅作用于相位, 它具有以下形式

$$\hat{D}(\omega) = e^{-i\varphi(\omega)} \tag{3.4-18}$$

其中, $\varphi(\omega)$ 是色散导致的相移, 可以展开为泰勒级数

$$\varphi(\omega) \approx \varphi(\omega_0) + \varphi'|_{\omega_0}(\omega - \omega_0) + \frac{1}{2}\varphi''|_{\omega_0}(\omega - \omega_0)^2 + O(\omega - \omega_0) \tag{3.4-19}$$

$O(\omega - \omega_0)$ 为高阶项. 再把色散算符 $e^{-i\varphi(\omega)}$ 展开至一次项 ($e^{-i\varphi(\omega)} \approx 1 - i\varphi(\omega)$), 即

$$\hat{D}(\omega) = 1 - i\varphi(\omega_0) - i\varphi'|_{\omega_0}(\omega - \omega_0) - i\frac{1}{2}\varphi''|_{\omega_0}(\omega - \omega_0)^2 + O(\omega - \omega_0) \tag{3.4-20}$$

利用式 (3.4-13) 和 (3.4-15), 可以导出色散算符在时域的表达式

$$\hat{D}(t) = 1 - i\phi(\omega_0) - \varphi'|_{\omega_0}\frac{\partial}{\partial t} + \frac{i}{2}\varphi''|_{\omega_0}\frac{\partial^2}{\partial t^2} + O(\omega - \omega_0) \tag{3.4-21}$$

最后我们研究一下非线性作用算符. 它本来就是时域表示, 并且依赖于场强 $|a(t)|^2$

$$\hat{N} = e^{f(|a|^2)|a|^2} \tag{3.4-22}$$

其合理的近似形式是

$$\hat{N} = 1 + (\delta - i\gamma)|a(t)|^2 \tag{3.4-23}$$

其中, $\delta|a(t)|^2$ 是饱和吸收项, 表示饱和吸收透射率随光强的变化. 通常情况下饱和吸收透过率随光强的增大而增大, 但通常变化不是线性的. 自振幅调制效应是吸收饱和效应的一种形式 (克尔效应也可以认为是一种快饱和吸收机制). $i\gamma|a(t)|^2$ 代表自相位调制带来的相移. 综合以上三项, 我们得出所谓 "主方程"

$$\left[1 + g\left(1 + \frac{1}{\Omega^2}\frac{\partial^2}{\partial t^2}\right)\right]\left[1 - i\varphi(\omega_0) - \varphi'|_{\omega_0}\frac{\partial}{\partial t} + \frac{i}{2}\varphi''|_{\omega_0}\frac{\partial^2}{\partial t^2}\right]$$
$$\times [1 + (\delta - i\gamma)|a|^2]a(t) = a(t) \tag{3.4-24}$$

把括号内各项相乘展开, 并只保留到二阶项, 得到

$$\left[-i\varphi(\omega_0) - 1 + g\left(1 + \frac{1}{\Omega^2}\frac{\partial^2}{\partial t^2}\right) + iD_2\frac{\partial^2}{\partial t^2} + (\delta - i\gamma)|a|^2\right]a = 0 \tag{3.4-25}$$

其中, 二阶色散简化为 $D_2 = \varphi''(\omega_0)/2$. 考虑到腔内的损耗, 引入线性损耗系数 ℓ, 主方程改写为

$$\left[-\mathrm{i}\varphi(\omega_0) - 1 + (g - \ell) + \frac{g}{\Omega^2}\frac{\partial^2}{\partial t^2} + \mathrm{i}D_2\frac{\partial^2}{\partial t^2} + (\delta - \mathrm{i}\gamma)|a|^2 \right] a = 0 \tag{3.4-26}$$

3.4.2 主方程的解

由于固体增益介质的饱和很慢, 可以忽略与增益带宽有关的项. 这个方程的稳态解是

$$a(T_{\mathrm{R}}, t) = A_0 \mathrm{sech}^{(1+\mathrm{i}b)}\left(\frac{t}{\tau_{\mathrm{p}}}\right) \tag{3.4-27}$$

其中, T_{R} 是腔内往复时间 $(0 \leqslant t \leqslant T_{\mathrm{R}})$, b 是啁啾系数, A_0 是电场振幅, τ_{p} 是脉宽.

以下考虑几种特殊情况.

(1) 孤子锁模.

假定腔内只有自相位调制和负的群延迟色散 (用 $-\mathrm{i}|D_2|$ 表示), 主方程就是所谓孤子锁模的非线性薛定谔方程

$$\left\{ g - \ell - \mathrm{i}|D_2|\frac{\partial^2}{\partial t^2} - \mathrm{i}\gamma|a|^2 \right\} a = 0 \tag{3.4-28}$$

其稳态解是典型的孤子脉冲解

$$a(T_{\mathrm{R}}, t) = A_0 \mathrm{sech}\left(\frac{t}{\tau_{\mathrm{p}}}\right) \tag{3.4-29}$$

其脉冲宽度 τ_{p} 是

$$\tau_{\mathrm{p}}^2 = \frac{2D_2}{\gamma|A_0|^2} \tag{3.4-30}$$

解此方程时, 用到了 $\mathrm{sech}'(x) = -\mathrm{sech}(x)\tanh(x)$ 和 $\tanh'(x) = \mathrm{sech}^2(x)$, 并比较 $\mathrm{sech}(x)$ 和 $\mathrm{sech}^3(x)$ 的系数.

(2) 纯被动锁模.

在纯被动锁模情况下, 假设腔内只有快增益饱和及吸收饱和效应, 不考虑非线性效应及色散补偿, 主方程就是

$$\left\{ g - \ell + \frac{g}{\Omega_{\mathrm{g}}^2}\frac{\partial^2}{\partial t^2} + \delta|a|^2 \right\} a = 0 \tag{3.4-31}$$

其稳态解是

$$a(T_{\mathrm{R}}, t) = A_0 \mathrm{sech}\left(\frac{t}{\tau_{\mathrm{p}}}\right) \tag{3.4-32}$$

$$\tau_{\mathrm{p}}^2 = \frac{2}{\Omega_{\mathrm{g}}^2\delta|A_0|^2} \tag{3.4-33}$$

如果考虑到三阶色散, 可以在主方程中增加一个微扰项

$$\left\{ g - \ell - \mathrm{i}\,|D_2|\,\frac{\partial^2}{\partial t^2} - \mathrm{i}D_3\frac{\partial^3}{\partial t^3} + (\delta - \mathrm{i}\gamma)|a|^2 \right\} a = 0 \tag{3.4-34}$$

式中, $D_3 = \varphi'''/3!$ 是三阶色散. 这个方程没有解析解, 数值解证明, 如果没有很强的增益带宽限制, 这个方程的解是不稳定的, 因此需要引进更高阶的自振幅调制效应项.

3.4.3　微扰算符理论

脉冲稳态解实际上是以光纤中传播的光学孤子脉冲来模拟分立元件构成的固体锁模脉冲激光器. Krausz 等的理论 [12,14], 是在光学孤子脉冲作为基本解的基础上, 考虑分立微扰的作用, 来解析锁模脉冲的特性的.

考虑到脉冲已经在腔内运行了相当长的时间, 因此可以按单一强脉冲来处理. 假定这个脉冲的场强可以用一个连续函数来描述.

$$E(z,t) = a(z,t)\mathrm{e}^{\mathrm{i}\omega_0 t} \tag{3.4-35}$$

设腔内存在着若干分立的脉冲成形元件, 脉冲每通过一个元件, 脉冲的包络的变化可以用这个元件的算符作用于这个包络来描述

$$\frac{\partial a(z,t)}{\partial z} = \hat{F}_i a(z,t) \tag{3.4-36}$$

$\hat{F}_i$ 是腔内第 i 个元件的算符. 重复以上运算, 可以得到脉冲通过所有腔内元件后的包络

$$a_{k+1}(z,t) = \prod_i \mathrm{e}^{\hat{F}_i} a_k(z,t) = \hat{T}(z)a_k(z,t) \tag{3.4-37}$$

这里我们用一个变换算符 $\hat{T}$ 来代表腔内所有元件的算符, k 代表往复次数的序数. 当算符 $\hat{F}_i$ 是纯相位算符时, 上式的指数形式是严格的; 当算符 $\hat{F}_i$ 是振幅算符时, 如果这个算符带来的变化很小, 上式可以看成是一级近似. 算符 $\hat{T}$ 还可以根据 Campbell-Baker-Hausdorff 关系改写为更一般的形式

$$\hat{T}(z) = \exp\left\{ \sum_i \hat{F}_i + \sum_{ij} c_{ij}(z)\left[\hat{F}_i,\hat{F}_j\right] + \sum_{ijk} c_{ijk}(z)\left[\hat{F}_i,\left[\hat{F}_j,\hat{F}_k\right]\right] + \cdots \right\} \tag{3.4-38}$$

式中, 指数项的第一个求和项表示腔内所有元件同时作用于脉冲, 第二个求和及高阶求和项表示每个算符独立作用于脉冲. 这个信息隐含在与 z 相关的求和系数及作用算符中.

现在我们可以把上式应用于稳态脉冲成形动力学中. 在稳态条件下, 脉冲的传

播必须满足稳态条件, 即脉冲的包络在相邻的腔内往复中保持不变, 但可相差一个固定的相位.

$$a_{k+1}(z,t) = e^{i\psi} a_k(z,t) \tag{3.4-39}$$

把此式代入到式 (3.4-31), 将得到稳态锁模方程. 一般情况下, 腔内各元件及其算符可以用图 3.4-1 表示.

图 3.4-1 克尔透镜锁模激光器谐振腔模型[12]

这里的算符与 Haus 的理论稍有区别. 色散算符只考虑负群延色散, $\hat{D} = -iD_2\partial^2/\partial t^2$; 振幅调制算符为 $\hat{A} = (g - \ell - \gamma|a|^2)$, 把增益、损耗及自振幅调制归在一起; 克尔非线性算符 $\hat{N} = -i\gamma|a|^2$ 只包含自相位调制. 如前一章所定义, D_2 为腔内的往复群延色散, δ 是单位功率腔内往复非线性相移 (量纲: W^{-1}). 可以用上述参数来定义一个光孤子系统存在的条件: $D_2/\gamma < 0$, 及 $\delta/\gamma \ll 1$. 其物理意义是: $D_2/\gamma < 0$ 隐含了负的群延色散和正的自相位调制, $\delta/\gamma \ll 1$ 意味着自振幅调制弱于自相位调制.

若脉冲在通过每个腔内元件后的变化很小, 这个激光器就可以被所谓 "弱脉冲成形" 模型来近似. 在这个条件下, 各算符间的耦合可以忽略不计. 此时, 变换算符 $\hat{T}$ 可以简化为

$$\hat{T}(z) = \exp\{\hat{A} + \hat{N} + \hat{D}\} \tag{3.4-40}$$

这个算符实际上假定了所有元件都均匀分布在腔内, 与 Haus 的主方程推导条件一致. 把此算符代入式 (3.4-37), 利用条件 $\gamma/\delta \to 0$, 即忽略自振幅调制的作用, 可得到稳态孤子解[12]

$$a(z,t) = \left(\frac{W}{2\tau_{\mathrm{p}}}\right)^{1/2} \mathrm{sech}\left(\frac{t}{\tau_{\mathrm{p}}}\right) e^{i\psi} \tag{3.4-41}$$

$$\psi = \frac{D_2}{2\tau_{\mathrm{p}}^2} \tag{3.4-42}$$

$$\tau_{\mathrm{p}} = \frac{2|D_2|}{W\gamma} \tag{3.4-43}$$

这里 W 是脉冲能量, $W = 2E^2\tau_{\mathrm{p}}$, E 是脉冲振幅, τ_{p} 是孤子脉宽, ψ 是每次腔内往复脉冲获得的相移. 式 (3.4-41)~(3.4-43) 与基孤子在非线性光纤中传播而不改变波形的解完全一样. 以上显然是一种理想化的描述, 也许可以作为连续锁模脉冲运转的一级近似. 然而, 在式 (3.4-30) 中, 当 $D_2 \to 0$ 时, $\tau_{\mathrm{p}} \to 0$, 显然与事实不符, 这是由于在实际激光器中, 还有其他因素的影响, 我们将在下部分讨论.

3.5   周期性和高阶色散的微扰

在激光器中, 有许多重要的效应影响脉冲成形动力学, 但从实际的角度来看, 这些因素都可以被看作是对以上描述的基本孤子脉冲的微扰. 这些微扰可以包括在变换算符中, 即 [4]

$$\hat{T}(z) = \exp\{\hat{A} + \hat{N} + \hat{D} + \hat{P}(z, \hat{N}, \hat{D}) + \hat{D}_{\mathrm{h}}\} \tag{3.5-1}$$

这里算符 $\hat{A}, \hat{N}$ 和 $\hat{D}$ 已经在 3.4 节定义过, 新的算符 $\hat{P}$ 和 $\hat{D}_{\mathrm{h}}$ 表示附加的复杂的物理过程, 这些过程干扰理想孤子的形成. 这些算符对于 100fs 以下的脉冲形成特别重要.

在 100fs 以下的脉冲形成过程中, 自相位调制和负群延色散的独立作用已经与它们之间的交叉相互作用不相上下. 这种情形由 $\hat{P}(z, \hat{N}, \hat{D})$ 来描述. 它是一个与位置有关的算符, 可以根据式 (3.5-1) 按 $\hat{N}$ 和 $\hat{D}$ 的交换算符展开. 这里引入一个衡量由自相位调制或负群延色散造成的脉冲包络变化的量 r [4]

$$r = \frac{L_{\mathrm{R}}}{L_{\mathrm{S}}} = \frac{1}{2\pi} \frac{(W\gamma)^2}{|D_2|} \tag{3.5-2}$$

其中, L_{R} 和 L_{S} 分别是腔长和孤子周期, 并且有 $L_{\mathrm{D}} = \tau^2/|k''| = \tau_{\mathrm{p}}^2/|D_2|L_{\mathrm{R}}$ 和 $L_{\mathrm{S}} = (\pi/2)(\tau^2/|k''|)$, $L_{\mathrm{N}} = 2\tau/\gamma W = (2\tau/\gamma_{\mathrm{L}} W)L_{\mathrm{R}}(\gamma_{\mathrm{L}} = \gamma/L_{\mathrm{R}})$. 对于基阶孤子 (或称一阶孤子), 有 $L_{\mathrm{D}} = L_{\mathrm{N}} = (2/\pi)L_{\mathrm{S}}$. 因此, 当 L_{S} 趋近 L_{R} 时, r 趋近于 1. 也就是说, 算符 $\hat{P}$ 的展开式中的前几项在数量级上接近主脉冲形成算符 $\hat{N}$ 和 $\hat{D}$. 因此, 非线性或是负群延色散对脉冲形成的分立作用或者非均匀性越发明显. 下面来估算一下这种微扰的数量级. 对于一个典型的钛宝石激光器, 假定脉宽是 10fs, $|D_2| \approx 80\mathrm{fs}^2$, $W \approx 40\mathrm{nJ}$, $\gamma \approx 1 \times 10^{-6}\mathrm{W}^{-1}$, 即 $\gamma W = 40\mathrm{fs}$, 我们得到 $r \approx 3$. 在高功率激光器中, 例如, 输出功率等于 1W, 脉宽等于 50fs, r 的值仍然超过 1. 可以预见, 算符 $\hat{P}$ 对脉冲形成的作用是很强烈的.

除了上述非均匀微扰的影响, 还有有限的增益带宽和高阶色散的影响. 这个效应可描述为

$$\hat{D}_{\mathrm{h}} = D_{\mathrm{g}} \frac{\partial^2}{\partial t^2} - D_3 \frac{\partial^3}{\partial t^3} + \cdots \tag{3.5-3}$$

式中, D_3 是腔内往复三阶色散; D_{g} 是增益色散, 定义为 $D_{\mathrm{g}} = g/\Omega_{\mathrm{g}}^2$, Ω_{g} 是与增益带宽及其他带宽限制有关的谱宽. 随着负群延色散的减少, 算符 $\hat{D}_{\mathrm{h}}$ 越来越影响稳态脉冲的形成. 为了估计 $\hat{D}_{\mathrm{h}}$ 的大小, 引入一个参数 ε_{g}, 其定义为 [4]

$$\varepsilon_{\mathrm{g}} = \frac{D_{\mathrm{g}}}{|D_2|} \tag{3.5-4}$$

固体激光介质的荧光带宽一般在 100THz 左右, 于是有 $D_{\rm g} < 5{\rm fs}$. 这个值意味着 $\varepsilon_{\rm g} \ll 1$. 因此, 如果 $|D_2| > 50{\rm fs}^2$, 即使脉宽短到 10fs, 锁模过程也基本上不受增益带宽的限制.

除了有限带宽外, 高阶色散也对 $\hat{D}_{\rm h}$ 有贡献, 特别是三阶色散 (TOD), 经常是 $\hat{D}_{\rm h}$ 的主要成分. 为了估算三阶色散造成的腔内群延色散的大小, 我们引入一个对于光谱的变化量 [4]

$$\varepsilon_{\rm t} = \frac{|D_3|\omega_{\rm s}}{|D_2|} \tag{3.5-5}$$

其中, $\omega_{\rm s} = 2\pi/\tau_{\rm p}$ 是锁模脉冲的带宽. 一个色散补偿得很好的系统中, 三阶色散可以很小, 典型值是 $500 \sim 1000{\rm fs}^3$. 仍然假定 $|D_2| > 50{\rm fs}^2$, 脉宽为 10fs, $\varepsilon_{\rm t} \approx 0.3$. 与 $\varepsilon_{\rm g}$ 比较可知, 三阶色散的影响更大. 很多实验报告都证实, 减少三阶色散确实可以缩短脉宽.

图 3.5-1 总结了影响脉冲产生和形成的主要物理过程. 对于足够大的负群延色散, 所有参数 r, $\varepsilon_{\rm g}$ 和 $\varepsilon_{\rm t}$ 的幅值都小于 1. 然而, 随着 GDD 的进一步减小, 高阶色散和分立的脉冲形成机制的影响明显起来. 如果 r, $\varepsilon_{\rm g}$ 或 $\varepsilon_{\rm t}$ 其中之一接近 1, 类孤子锁模脉冲就可能受到修正, 从而限制脉冲进一步缩短. 能够与这些不稳定因素抗衡的主要机制是自振幅调制, 它的存在对于抑制这些微扰起着极为关键的作用, 可以使脉冲缩短到 10fs 以下.

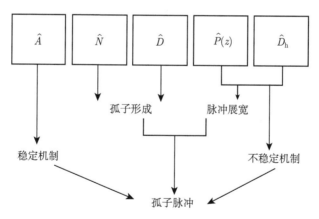

图 3.5-1 各种影响脉冲产生和形成的过程 [14]

3.5.1 稳态脉冲参数

上一节我们引入了参数 r, 这个参数提供了一个衡量锁模脉冲偏离理想的孤子脉冲传播的尺度. 当 r 接近或大于 1, 分立的类孤子脉冲成形过程就会显著地影响

锁模动力学, 在数学上表现为不可交换算符 $\hat{N}$ 和 $\hat{D}$, 即 [4]

$$\hat{P}(z,N,D) = \underbrace{c_1(z)\left[\hat{N},\hat{D}\right]}_{\hat{O}(r^2)} + \underbrace{c_2(z)\left[\hat{N},\left[\hat{N},\hat{D}\right]\right] + c_3(z)\left[\hat{D},\left[\hat{N},\hat{D}\right]\right]}_{\hat{O}(r^3)} + \cdots \quad (3.5\text{-}6)$$

或写成

$$\hat{P}(z,N,D) = \hat{O}(r^2) + \hat{O}(r^3) + \cdots$$

上式的展开式中 $\hat{O}(r^2)$ 包含着 r 的二次项, $\hat{O}(r^3)$ 则是 r 的三次函数. 按照这个说法, 前一节中可交换算符及其解应该精确到 r 的一次项. 根据式 (3.5-6), 并应用 Campbell-Baker-Hausdorff 关系, 应该较容易地得到腔内不同位置的 $\hat{O}(r^2)$ 和 $\hat{O}(r^3)$. 特别是 Krausz 等证明 [14], $\hat{O}(r^2)$ 在腔的两端 z_1 和 z_4 消失, 只剩下 $\hat{O}(r^3)$. 因为双交换算子 $\hat{O}(r^3)$ 是虚数, 它只影响振幅而不影响相位. 这就是说, 脉冲在腔的两端是带宽受限 (bandwidth limited) 脉冲.

　　下面考虑一下在假定腔内有足够的自振幅调制以保证稳定锁模的条件下飞秒宽带激光器稳定运转的情况. 图 3.5-2(a)~(c) 标志出周期性的脉冲成形机制, 其中实线和虚线分别表示类孤子和 $N=1$ 的严格孤子解. 正如上面讲过的, 脉冲在 z_1 和 z_4 的位置是接近带宽极限的; 而且, 这个带宽极限脉冲在从 z_1 向 z_4 传播的过程中,

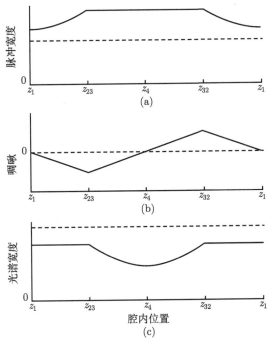

图 3.5-2　分立系统中飞秒脉冲的周期性成长 [6]

(a) 脉宽; (b) 啁啾; (c) 带宽 [4]

由于存在自相位调制和群延色散而被压缩; 相反, 在从 z_1 向 z_4 传播的过程中, 伴随着正的群延色散和非线性作用, 脉冲变宽 (图 3.5-2(a)). 显然, 当脉冲通过 z_{23} 和 z_{32} 时被强加于相反符号的啁啾 (图 3.5-2(b)). 这是由于 $\hat{O}(r^2)$ 在这些位置为零. 最后, 带宽极限脉冲在 z_1 和 z_4 有不同的脉宽也说明了与位置有关的脉冲光谱的作用. 图 3.5-3 显示了模拟的腔内不同位置的脉宽和谱宽. 脉冲在负色散区有较小的脉宽和较大的谱宽.

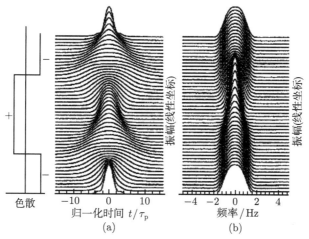

图 3.5-3　腔内时域 (a) 和频域脉冲的波形 (b)

负色散一端脉冲较短, 光谱较宽 [15]

　　这些定性的分析可以让我们预言孤子脉冲在腔内不同位置的脉宽. 假定类孤子脉冲宽度与基孤子宽度的比是 r 的函数, 写为 $f(r)$. 理论上讲, $r \to 0$ 时, $f(r) \to 1$. 因此我们可以把 $f(r)$ 展开到泰勒级数的一次项, 即 $f(r) \approx 1 + \alpha' r$. 利用式 (3.4-43) 和 (3.5-2), 我们得到脉冲的半高宽度为 [12]

$$\tau_{\mathrm{p}} = \frac{3.53|D_2|}{W\gamma} + \alpha W\gamma \tag{3.5-7}$$

其中, $\alpha = 0.56\alpha'$. 这第二项也就是微扰项与脉冲能量和光学克尔效应成正比. 计算机模拟证明了上式在很宽的参数范围内 ($r < 10, \delta/\gamma < 0.2$) 的实用性, 而且, α 仅是 z 的函数. 数值计算得出, $\alpha(z_1) = 0.10, \alpha(z_4) = 0.25$, 即 $\alpha(z_1) < \alpha(z_4)$. 就是说 z_1 处的脉宽短于 z_4 处的脉宽. 要注意的是, 虽说式 (3.5-7) 在 $r < 10$ 的范围内适用, 但变换极限脉冲对应于 $r = 1 \sim 3$.

　　式 (3.5-7) 的第一部分表示理想的孤子脉宽, 第二部分反映了自相位调制和负群延色散的分立作用. $W\gamma$ 实验值的典型范围是 $50 \sim 200$. 在式 (3.5-7) 中令 $D_2 \to 0$, 残留的脉宽是 $5 \sim 20$fs. 这说明 $\hat{N}$ 和 $\hat{D}$ 的分立作用限制了可获得的最短脉冲. 当然,这不是唯一的限制. 减少 D_2 还会导致 ε_t 和 r 的增加, 引起不稳定.

3.5.2　色散波及稳定性考虑

从前几节我们知道, 微扰算符 $\hat{P}$ 和 $\hat{D}_h$ 的展开项的前几项引入了理想孤子脉宽、能量及形状的畸变. 这一节将说明, 这些扰动将带来脉冲两翼能量的升高, 最终会导致锁模的不稳定甚至锁模中止. 不稳定的特征之一就是在脉冲的光谱上出现了一些分立的谱线, 亦即连续谱成分 (这里所说的连续谱是指在时间域的连续, 而在光谱域则表现为锐线). 这个特征可以和相位的不稳定联系起来. 不管实际的微扰源是什么, 我们可以给出如下直观的解释 [14]. 脉冲的畸变或是失衡一般总是伴随着一些能量从锁模脉冲分离出来变成弱辐射场, 这些弱辐射场经常是色散的并且与孤子的相位是不匹配的. 微扰的作用可以想象为提供了一种共振耦合机制, 使得孤子与弱辐射场之间出现能量交换并加强这种交换. 注意相位匹配只能发生在分立的频率之间, 而且这些频率的波数有瞬时相同的符号和振幅. 在飞秒脉冲固体激光器中, 有两种不同的物理机制可能导致孤子能量的流失. 首先是空间变化的自相位调制和群延色散引入的周期性的微扰, 会导致连续能量损失, 即在脉冲谱出现连续分量 (边带). 其次, 类孤子脉冲激光腔中总是存在一些三阶色散, 它也能诱发连续谱边带. 这两个情况很容易分辨出来. 图 3.5-4 对比了这两种情况. 周期性的微扰提供了一个附加的波矢, $k_p = 2\pi m (m$ 是正整数). 当 $k_d = k_s - k_p$ 满足时, 发生共振能量转移. 孤子和色散波的波矢分别是 $k_s = D_2/\tau^2$ 和 $k_d = D_2\Delta\omega^2$, 其中 $\Delta\omega$ 是从脉冲中心频率计算的谱间隔. 因为这里使用了一个归一化的传播参数 z, 腔长 L_R 并不出现. 从相位匹配条件出发, 并考虑到 $k_s \ll k_d$, 可能出现的共振频率为 [14]

$$\Delta\omega_{p,m} \approx \pm 2\sqrt{\frac{\pi m}{|D_2|}}, \quad n = 1, 2, \cdots \tag{3.5-8}$$

这个公式显示, 共振发生于固定的光谱位置. 这个定位性质已经被很多固体及光纤激光器实验证实. 有趣的是, 尽管边带的位置是由式 (3.5-8) 决定的, 但这个周期性边带特性可以产生于两种不同的机制, 其一是非常大的腔内增益和损耗, 它们导致脉冲能量在一个腔内往复中有较大的起伏; 其二是空间独立作用的自相位调制和负群延色散. 据此, 可以判别两种不同类型的孤子. 在掺铒光纤激光器中, 脉冲成形机制是连续分布的, 高增益是造成边带的主因; 相反, 在固体激光器中, 单程增益和损耗都很小, 共振边带来自分立的自相位调制和负群延色散.

对比以上周期性微扰的情况, 三阶色散的存在使色散特性中增加了与频率的三次方成正比的项 (图 3.5-4(b)). 因此孤子与色散辐射的相位匹配发生在具有正的群延色散的频率区间, 其 $k_s = k_d . k_d = D_2\Delta\omega^2 + D_3\Delta\omega^3$, 这意味着三阶色散导致的共振边带的位置是 [14]

$$\Delta\omega_t \approx -\frac{D_2}{D_3} \tag{3.5-9}$$

这里共振边带的位置与 D_2 成比例, 而不是周期性的微扰时的与 $1/\sqrt{|D_2|}$ 成比例.

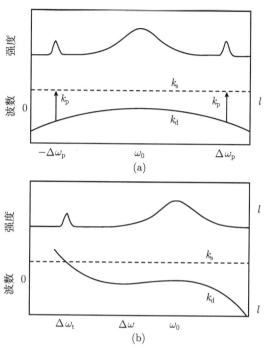

图 3.5-4 孤子脉冲的波数 k_s 和色散波 k_d 与中心角频率的关系 [14]

上部分的曲线定性地表示脉冲光谱, (a) 存在周期性微扰时的相位匹配, k_p 是周期性微扰的波数,

(b) 存在三阶色散时的相位匹配

实验中, 一个或是若干个共振峰出现严重干扰了锁模脉冲的稳定性. 要建立一个共振 $\Delta\omega_r(r = p, t)$ 与孤子激光器稳定性的关系, 我们必须估计一下从孤子中分出去的能量. 这个能量可以用逆散射变换 (inverse scattering transform) 的微扰展开求出. 这些计算的最重要的结果就是能量损耗 F 可以写成以下形式 [14]

$$-F = \frac{dW}{dz} \propto \operatorname{sech}^2\left(\frac{\Delta\omega_r}{\Delta\omega_s}\right) \tag{3.5-10}$$

式中, $\Delta\omega_s$ 是谱宽. 式 (3.5-10) 表明, 共振能量转移正比于孤子在共振频率处的光谱强度, 因此共振能量转移从脉冲光谱中心向两边随位置呈 e 的指数形式衰减. 可以预见, 随着边带移向中心频率, 散射过程会迅速扩大. 如果容许这个过程继续下去, 必然会引起锁模的不稳定, 所以必须想办法补偿这个能量损耗. 例如, 在腔内插入带宽控制元件或可饱和吸收器 (自振幅调制) 可以抑制边带能量损失. 这两个措施都有利于孤子脉冲而不利于散射. 假定自振幅调制可以补偿边带能量损失, 我们可以定性地做出以下分析.

因为自振幅调制依赖于脉冲强度, 必然存在一个微分增益, 其能够抑制色散 (低功率) 成分. 这可从锁模脉冲能量的速率方程看出来. 设锁模脉冲的能量是 W, 共振波能量是 W_r, 其速率方程分别是 [14]

$$\frac{dW}{dz} = (g - \ell)W + S - F \tag{3.5-11}$$

$$\frac{dW_r}{dz} = (g - \ell)W_r + F \tag{3.5-12}$$

其中, $S \propto \gamma W^2/\tau_\rho$ 是伴随自振幅调制的有效增益系数. 考虑到增益饱和, 即

$$g = \frac{g_0}{1 + W_0/(T_r P_s)} \tag{3.5-13}$$

其中, g_0 是小信号增益, W_0 是腔内总能量, P_s 和 T_r 分别是饱和功率和腔内往复时间. 假如微扰足够小, $W_0 = W(z) + W_r(z)$ 可以认为是常数, 解速率方程求出 [14]

$$\frac{W_r}{W_0} \propto \frac{\gamma}{\delta} \mathrm{sech}^2 \left(\frac{\omega_r}{\omega_s} \right) \tag{3.5-14}$$

图 3.5-5 是式 (3.5-14) 描述的 W_r/W_0 作为 $\Delta\omega_s/\Delta\omega_r$ 的函数, 以 $\delta/\gamma=5\times10^{-2}$ 和 $5.\times10^{-3}$ 作为参数的两条曲线. 这两个代表性的值对应着实验中的强和弱自振幅调制. 根据图 3.5-5, 类孤子激光器对共振的阈值样的响应, 可以分为三个区间: ① 阈值以下时, 自振幅调制起很大作用, 几乎腔内所有能量均集中在脉冲上 ($W_r/$

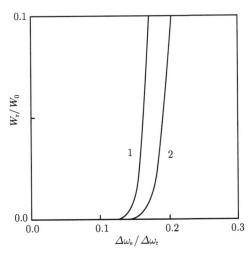

图 3.5-5　色散能量与腔内总能量的比值 W_r/W_0 作为光谱宽度 $\Delta\omega_s$
对共振频率位置$\Delta\omega_r$ 的比值 $\Delta\omega_s/\Delta\omega_r$ 的函数 [14]

曲线 1 和 2 分别对应 $\delta/\gamma= 5 \times 10^{-3}$ 和 $\delta/\gamma= 5 \times 10^{-2}$

$W_0 \approx 0$); ② 接近阈值时, 腔内大部分能量仍然在锁模脉冲上, 同时, 自振幅调制与共振能量损耗的能量平衡态对边带位置的微小变化非常敏感; ③ 阈值以上, 脉冲能量迅速扩散到色散波, 脉冲有可能消失. 以上类似阈值的特征与实验一致 [16,17]. 为了支持这个论据, 我们注意到, 式 (3.5-14) 描述的脉冲能量流失幅度是按 $\Delta\omega_s/\Delta\omega_r$ 比值的类似指数型增长. 换句话说, 共振位置波长相对于脉冲光谱中心波长的位置 $\Delta\omega_r$ 是脉冲稳定运转区间的决定性参数, 而不是自然原因, 例如三阶色散或周期微扰. 实验证明在存在三阶色散 [16] 或周期微扰 [17] 的情况下, 都有阈值 $\Delta\omega_r/\Delta\omega_s \approx 3$.

以上讨论指出, 第二区间给出了孤子锁模和飞秒激光脉冲产生的稳定性的上限. 实验中, 通常尽力减小群延色散 D_2, 以得到最短的脉冲. 在这种情况下, 式 (3.5-9) 指出, 三阶色散共振峰的位置随着 D_2 的减小成比例地向锁模光谱区内移动; 而在周期微扰的情况下, 式 (3.5-8) 显示, 当 D_2 减小时, 共振峰位置 $\Delta\omega_{p,m}$ 随 $1/\sqrt{|D_2|}$ 移离锁模脉冲的光谱区间. 这种差异说明, 三阶色散对于锁模稳定性, 例如在钛宝石激光器中 [16], 影响更大.

在强周期脉冲成形情况下, 考虑锁模的稳定区间必须包括孤子脉宽的修正. 对于自相位调制和负二阶色散分别作用的情况, 从修正的脉宽公式 (3.5-7) 看到, $D_2 \to 0$ 时可达到的最大脉冲谱宽受限于 $\omega_s \propto 1/(W\gamma)$. 用这个修正的脉冲谱宽来评价 $\Delta\omega_p/\Delta\omega_s$, 结合式 (3.2-25), 可画出共振峰位置与脉冲谱宽的比值与色散关系 (图 3.5-6 中的曲线 2). 曲线 2 有一个取决于 γW 的最小值, 说明自相位调制 γW 的大小强烈地影响脉冲的稳定性和可获得的最短脉宽. 数值模拟最早证明了这一点 [18].

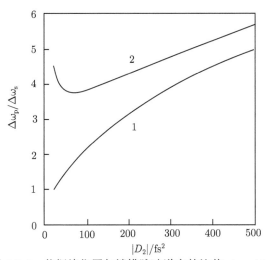

图 3.5-6 共振峰位置与锁模脉冲谱宽的比值 $\Delta\omega_p/\Delta\omega_s$
与负群延迟色散 D_2 的关系
图中曲线 1 和曲线 2 分别是脉冲谱宽用孤子脉宽 (3.4-43) 的倒数和
修正的孤子脉宽(3.5-7) 的倒数代入得到的

附录 A　克尔介质的 q 参数变换

考虑光束在包含一个具有微分光焦度 $\mathrm{d}(1/f)$ 的弱透镜的介质中传播一段很短的距离 $\mathrm{d}z$, 这个长度的介质的 $ABCD$ 矩阵可表示为

$$\begin{bmatrix} A & B \\ C & D \end{bmatrix} = \begin{bmatrix} 1 & \mathrm{d}z \\ -\mathrm{d}\left(\dfrac{1}{f}\right) & 1 \end{bmatrix} \tag{A-1}$$

根据高斯光束变换定理

$$\frac{1}{q} = \frac{C + D/q_0}{A + B/q_0} \tag{A-2}$$

高斯光束的初始参数 $1/q$ 经此介质的矩阵变换后得到 $1/(q+\mathrm{d}q)$

$$\frac{1}{q + \mathrm{d}q} = \frac{-\mathrm{d}(1/f) + 1/q}{1 + \mathrm{d}z/q} = \frac{1 - q\mathrm{d}(1/f)}{q + \mathrm{d}z} \tag{A-3}$$

把式 (A-3) 的分子和分母颠倒, 并认为 $\mathrm{d}(1/f)$ 是个微小量, 根据 $1/(1-x) \approx 1+x$,

$$q + \mathrm{d}q = \frac{q + \mathrm{d}z}{1 - \mathrm{d}\left(\dfrac{1}{f}\right)q} \approx (q + \mathrm{d}z)\left[1 + q\mathrm{d}\left(1/f\right)\right] \approx q + \mathrm{d}z + q^2\mathrm{d}\left(1/f\right) \tag{A-4}$$

这里, 已经忽略了 $\mathrm{d}zq\mathrm{d}(1/f)$. 等式两边同时除以 $q^2\mathrm{d}z$, 得到如下 $1/q$ 的微分方程

$$-\frac{\mathrm{d}}{\mathrm{d}z}\left(\frac{1}{q}\right) = \frac{1}{q^2} + \frac{\mathrm{d}}{\mathrm{d}z}\left(\frac{1}{f}\right) \tag{A-5}$$

式中, 利用了

$$\frac{\mathrm{d}q}{\mathrm{d}z}\left(\frac{1}{q^2}\right) = -\frac{\mathrm{d}}{\mathrm{d}z}\left(\frac{1}{q}\right) \tag{A-6}$$

现在我们可以引入克尔介质并计算长为 $\mathrm{d}z$ 的克尔介质的焦距. 设光束的强度分布为 $A_0^2\mathrm{e}^{-2r^2/w^2}$, 总脉冲功率 P 等于强度分布对面积的积分

$$P = \int A_0^2\mathrm{e}^{-2r^2/w^2}\mathrm{d}r = \frac{\pi w^2}{2}A_0^2 \tag{A-7}$$

其中, w 是腰斑半径. 同时, 克尔介质也通过非线性系数 n_2 产生一个和径向坐标有关的相位延迟

$$\varphi = \frac{2\pi}{\lambda}n_2 A_0^2\mathrm{e}^{-2r^2/w^2}\mathrm{d}z \approx \frac{2\pi}{\lambda}n_2 A_0^2\frac{2P}{\pi w^2}\left(1 - \frac{2r^2}{w^2}\right)\mathrm{d}z \tag{A-8}$$

去掉括号中的 1, 得到相对相位延迟

$$\Delta\varphi = \frac{2\pi}{\lambda}n_2A_0^2\frac{2P}{\pi}\frac{2r^2}{w^4}\mathrm{d}z = \frac{8P}{\lambda}n_2A_0^2\left(\frac{\pi}{\lambda}\right)^2\mathrm{d}z\left[\mathrm{Im}\left(\frac{1}{q}\right)\right]^2r^2 \tag{A-9}$$

这里我们利用了光束半径平方和 $\mathrm{Im}\,(1/q)$ 之间的关系

$$\mathrm{Im}\left(\frac{1}{q}\right) = \frac{\lambda}{\pi\,w^2} \tag{A-10}$$

因为相位波振面的曲率半径的倒数 $1/R$ 与相位的半径呈抛物线关系, 相位波振面的相位差近似为

$$\Delta\varphi = \frac{kr^2}{2R} \tag{A-11}$$

其中, $k = 2\pi/\lambda$. 令 (A-9) 与 (A-11) 相等, 我们找到长为 $\mathrm{d}z$ 的克尔介质的光焦度公式

$$\frac{kr^2}{2R} = \frac{8P}{\lambda}n_2A_0^2\left(\frac{\pi}{\lambda}\right)^2\mathrm{d}z\left[\mathrm{Im}\left(\frac{1}{q}\right)\right]^2r^2 \tag{A-12}$$

或写成如下形式

$$\frac{1}{R} = d\left(\frac{1}{f}\right) = \frac{8P}{\pi}n_2A_0^2\left(\frac{\pi}{\lambda}\right)^2\mathrm{d}z\left[\mathrm{Im}\left(\frac{1}{q}\right)\right]^2 \tag{A-13}$$

把 $\mathrm{d}(1/f)$ 与 q 的关系代入式 (A-5), 得到

$$-\frac{\mathrm{d}}{\mathrm{d}z}\left(\frac{1}{q}\right) = \frac{1}{q^2} + 2K\left[\mathrm{Im}\left(\frac{1}{q}\right)\right]^2 \tag{A-14}$$

这里我们已经定义

$$2K = \frac{8P}{\pi}\left(\frac{\pi}{\lambda}\right)^2 n_2 \tag{A-15}$$

把式 (A-14) 分解为虚部和实部,

$$-\frac{\mathrm{d}}{\mathrm{d}z}\mathrm{Re}\left(\frac{1}{q}\right) = \left[\mathrm{Re}\left(\frac{1}{q}\right)\right]^2 - \left[\mathrm{Im}\left(\frac{1}{q}\right)\right]^2(1 - 2K) \tag{A-16}$$

$$-\frac{\mathrm{d}}{\mathrm{d}z}\mathrm{Im}\left(\frac{1}{q}\right) = 2\mathrm{Re}\left(\frac{1}{q}\right)\mathrm{Im}\left(\frac{1}{q}\right) \tag{A-17}$$

引入复参数 q'

$$\frac{1}{q'} = \mathrm{Re}\left(\frac{1}{q}\right) + \mathrm{i}\mathrm{Im}\left(\frac{1}{q}\right)(1 - 2K)^{1/2} \tag{A-18}$$

再把式 (A-16) 和 (A-17) 重新合在一起, 得到简单的复数方程

$$-\frac{\mathrm{d}}{\mathrm{d}z}\left(\frac{1}{q'}\right) = \frac{1}{q'^2} \tag{A-19}$$

式 (A-19) 在形式上与自由空间传播的方程相同. 因此, 含有自聚焦的问题可以像在自由空间一样分析. 在输入和输出端再归一化后, 非线性效应是完全包含在内的.

参 考 文 献

[1]　Spence D E, Kean P N, Sibbett W. 60-fsec pulse generation from a self-mode-locked Ti:sapphire laser. Opt. Lett., 1991, 16(1): 42-44.

[2]　Haus H A. Short pulse generation. //Compact sources of ultrashort pulses. Duling III I N. Cambridge: University Press, 1995.

[3]　Haus H A. Theory of mode locking with a slow saturable absorber. IEEE J. Quantum Electron., 1975, QE-11(9): 736-746.

[4]　Kogelnik H W, Ippen E P, Dienes A, et al, A stigmatically comepnsated cavity for cw dye lasers. IEEE J. Quantum Electron, 1972, QE-8(3): 373-379.

[5]　Brabec T, Curley P F, Spielmann Ch, et al. Hard-aperture Kerr-lens mode locking.J. Opt. Soc. Am. B, 1993, 10(6): 1029-1034.

[6]　周国生, 李仲豪, 胡晓改, 等. 轴对称光束的克尔透镜矩阵及其在克尔透镜锁模中的应用. 光学学报,1996, 16(8): 1060-1065.

[7]　王勇, 胡晓改, 李仲豪, 等. 热透镜效应下的克尔透镜锁模. 光学学报,1996, 16(5): 746-750.

[8]　Pare C, Belanger P A. Beam propagation in a linear or non-linear medium with a parabolic index profile using ABCD ray matrices: the method of moments. Opt. & Quant. Electron., 1992, 24: S1051-S1070.

[9]　Magni V, Cerullo G, Silvestri S D. Closed form Gaussian beam analysis of resonators containing a Keer medium for femtosecond lasers. Opt. Commun., 1993, 96(4): 348-355.

[10]　Magni V, Cerullo G, Silvestri S D. Close form gaussian beam analysis of resonators containing a Kerr medium for femtosecond lasers. Opt. Commun., 1993, 101(5): 365-370.

[11]　宋晏蓉, 肖燕, 周国生. 热效应对克尔自锁模激光腔的影响. 光学学报, 1999, 19(3): 334-339.

[12]　Krausz F, Fermman M E, Brabec T, et al. Femtosecond solid-state lasers. IEEE J. Quantum Electron., 1992, QE-26(10): 2097-2121.

[13]　Haus H A. Parameter ranges for CW passive mode locking. IEEE J. Quantum Electron, 1976, QE-12(3), 169~176.

[14]　Brabec T, Kelly S M J, Krausz F, Passive mode locking in solid state lasers in Compact sources of ultrashort pulses. Duling III I N. Cambridge: University Press, 1995.

[15] Kaertner F X, Morgner U, Schibli T, et al. Few-cycle pulses directly from a laser. in Few-cycle laser pulse generation and its applications, volume 95 of the series Topics in Applied Physics: 73-136.

[16] Curley P F, Spielmann Ch, Brabec T, et al. Operation of a femtosecond Ti:sapphire solitary laser in the vicinity of zero group-delay dispersion. Opt. Lett., 1993, 18(1): 54-56.

[17] Michael L. Dennis M L, Duling III I N. Role of dispersion in limiting pulse width in fiber lasers. Appl. Phys. Lett., 1993, 62(23): 2911-2913.

[18] Brabec T, Spielmann Ch, Krausz F, Mode locking in solitary lasers. Opt. Lett. 1991, 16(24): 1961-1963.

第4章 可饱和吸收体锁模技术

在第 3 章中, 我们介绍了克尔透镜锁模的理论. 与传统的锁模方法不同, 它不需要复杂的调制器, 稍有激光技术基础的人都可以自己动手制作一台. 但是克尔透镜锁模的最大问题是, 锁模一般不能自动启动. 如第 3 章介绍的, 固体激光器锁模的启动有两个条件, 一是谐振腔必须调整到稳定区的边缘, 二是还需要一个外加的启动机制, 例如, 敲击腔镜、移动腔镜或棱镜等. 当然, 敲击可以启动锁模, 也可以中断锁模, 空气的流动也会干扰锁模. 因此提高这种激光器的可靠性就成为一个重要的课题. 此外, 半导体激光器泵浦的所谓 "全固态激光器" 中, 半导体激光器泵浦源模式通常不是单模, 聚焦不到衍射受限光斑, 克尔效应很弱, 也需要用可饱和吸收这种被动锁模机制.

开始人们用传统的喷液式染料可饱和吸收器作锁模启动器. 但是这种方式既不方便, 还有毒性. 另外, 半导体外延 (epitaxy), 包括分子束外延 (MBE) 和金属有机化学气相沉积 (MOCVD) 技术的发展以及半导体材料在很宽的范围内可变的吸收带, 使得半导体可饱和吸收体成为非常有潜力的锁模启动器. 自 20 世纪 90 年以来, Keller 等[1]开始尝试用含有可饱和吸收体的半导体薄膜来启动锁模. 这种半导体可饱和吸收体可以用外延法直接生长在半导体布拉格反射镜上, 因此被称为可饱和半导体布拉格反射镜 (saturable Bragg reflector, SBR) 或半导体可饱和吸收镜 (semiconductor saturable absorber mirror, SESAM). 近年来, 这种反射镜得到了非常迅速的发展和广泛的应用, 不仅用来做飞秒锁模器件, 也更容易用于皮秒锁模. 现在已经有公司规模生产 SESAM. 作者本人也在持续进行研究.

SESAM 应用在 Yb 等长上能级寿命的固体激光器锁模有两大问题: 一是容易出现调 Q 锁模, 而不是连续的稳定锁模脉冲列; 另一个就是光学破坏. 理论和实验表明, 只要合理设计 SESAM 的宏观参数 (饱和通量、调制深度和载流子寿命等), 上能级寿命长的固体激光器中仍然可能获得稳定的锁模脉冲列, 并且有较高的破坏阈值.

半导体可饱和吸收体发展的同时, 近年也出现了一些新的可饱和吸收体, 代表性的有碳纳米管和石墨烯. 本章简要介绍半导体可饱和吸收镜的基本原理和设计方法, 并介绍新的可饱和吸收体.

4.1 半导体可饱和吸收体

4.1.1 半导体可饱和吸收体的能带

和所有固体一样, 半导体对光也有吸收, 其吸收系数一般在 10^4cm^{-1} 左右. 吸收波长取决于能带间隙, 即禁带宽度. 以III-V族化合物半导体为例, 吸收带一般在可见光和近红外波段. 例如, 常用的砷化镓 (GaAs), 它的禁带宽度 E_g 是 1.423eV, 它的吸收边对应于 870 nm; 磷化铟 (InP) 也在这个吸收段, $E_g = 1.34\text{eV}$; 砷化铝 (AlAs) 更高, $E_g = 2.13\text{eV}$, 透明段波长可短至 570nm. 为了适应各种吸收波长的需要, 常常要用三元化合物半导体, 如砷化镓铝 (AlGaAs), 砷化铟镓 (InGaAs), 砷化铟铝 (InAlAs) 等. 因为 InAs 的禁带宽度只有 0.356eV, 所以常用它与 Ga 或 Al 来调节三元化合物半导体的禁带宽度. 因此这种化合物常常写成 $In_xGa_{1-x}As$, $In_xAl_{1-x}As$ 和 $Al_xGa_{1-x}As$ 等, x 表示该组分的含量.

三元化合物半导体的禁带宽度可用经验公式来计算. 例如, 对于没有应变的 $In_xGa_{1-x}As$, 其禁带宽度可以用二次曲线来拟合, 写成

$$E_g = 1.423 - 1.53x + 0.45x^2 (\text{eV}) \quad (300\text{K}) \tag{4.1-1}$$

可见改变 In 的含量就可以将 $In_xGa_{1-x}As$ 的禁带宽度在 0.356.~1.423eV 调节.

4.1.2 半导体的能带与晶格常数

由于半导体可饱和吸收体一般是用外延法生长在半导体衬底上的, 衬底的晶格常数与要生长的半导体化合物的晶格常数原则上应该相同. 晶格常数可以由 X 射线衍射法测得, 精确度可达 $\pm 0.001\text{Å}$, 组分的配比可由 X 射线荧光法测得, 精确度也可达 ± 0.005. 表 4.1-1 列出了几种常见的半导体基片的晶格常数及禁带宽度. 这些半导体晶格都是闪锌矿结构, 属于 $F\bar{4}3m$ 群. 由表可见, GaAs 与 AlAs 的晶格常数基本上是匹配的. 由于它们的折射率不同, 常用这两种晶体交替生长而形成所谓"布拉格反射镜".

表 4.1-1 几种常见半导体的禁带宽度和晶格常数

半导体材料	GaAs	AlAs	InAs	InP
禁带宽度/eV	1.423	2.13	0.356	1.34
晶格常数/Å	5.6533	5.661	6.058	5.868

如前所述, 改变三元化合物半导体中某两种组分的配比可以改变其能带宽度, 但这个改变不是任意的, 要受衬底晶格常数的制约. 图 4.1-1 画出了 (In, Ga, Al)As, P, Sb 等二元、三元和四元化合物半导体材料的晶格常数与禁带宽度的关系, 并标出了与之匹配的相应的衬底. 由图可见, 虽然这些化合物半导体材料的禁带宽度覆

盖了从可见光到近红外很宽的波长范围, 但实际上可供选择的与衬底的晶格常数相同的配比并不多. 晶格常数与衬底有一定差别也可能生长在衬底上. 例如, 三元化合物半导体 $In_xGa_{1-x}As$ 可以生长在 GaAs 上. 由于晶格常数不一致, 会在生长层上造成一定应变 (strain). 应变可分为压缩型和扩张型, 无论哪种类型的应变都会影响禁带宽度. 对于三元化合物半导体 $In_xGa_{1-x}As$, 晶格常数与铟的配比近似呈线性关系

$$a = 6.0583 - 0.4050(1-x) \tag{4.1-2}$$

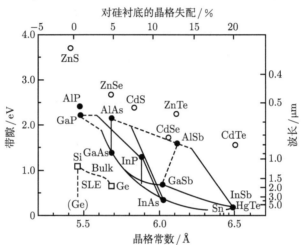

图 4.1-1　(In, Ga, Al)As, P, Sb 系材料的晶格常数与禁带宽度的关系[2]

对于生长在砷化镓面 (001) 上的 $In_xGa_{1-x}As$ 来说, 由上式可知, $In_xGa_{1-x}As$ 的晶格常数大于砷化镓的晶格常数, 因而存在压缩型应变, 禁带宽度对于同样的铟含量会升高. 禁带宽度的计算公式变为

$$E_g = 1.423 - 1.11x + 0.45x^2 (eV) \tag{4.1-3}$$

换言之, 若想得到同样的禁带宽度, 必须提高砷化铟的含量. 另外, 在存在应变的情况下, $In_xGa_{1-x}As$ 吸收层的厚度有一个限制, 即所谓临界厚度. 超过了这个厚度, 缺陷和位错就会产生, 从而增加非饱和吸收损耗. 这个厚度与铟的配比有关, 例如, 铟的配比 $x > 0.2$, 临界厚度在 10nm 左右.

由式 (4.1-3) 还可得到一个极其重要的配比 x, 即当铟的配比为 $x=0.53$, $In_xGa_{1-x}As$ 的晶格常数是与 InP 的晶格常数在温度等于 300K 时相等的. 此时 $In_{0.53}Ga_{0.47}As$ 可以完美地外延在 InP 衬底上, 而没有缺陷和位错. 而对于 $In_xAl_{1-x}As$, 当 $x=0.52$ 时, 其晶格与 InP 的晶格匹配. 当然, 这个配比很苛刻, 稍微偏离这个配比就会产生应变, 而应变不仅会改变半导体的禁带宽度, 还会因缺陷导致局部吸收, 烧毁器件. 在实际生长时严格控制配比也不容易, 需要摸索.

4.1.3 半导体的能带与量子阱

当吸收体薄到一定程度, 并被夹在高禁带宽度的材料中间, 就变成了所谓量子阱. 在设计半导体可饱和吸收体时, 根据吸收能量的大小, 可以采用体吸收, 也可以采用量子阱结构. 对于利用克尔效应锁模的激光器, 仅需要百分之零点几至百分之几的吸收, 所以可饱和吸收体的厚度只需要几个纳米到十几个纳米. 另外, 在波长大于 860nm 的吸收区, 需要加入铟来降低禁带宽度, 即必须采用三元化合物 $In_xGa_{1-x}As$. 如上一节所述, 这种三元化合物如果生长在 GaAs/AlAs 布拉格反射镜衬底上, 就会发生晶格不匹配的问题. 为了减少晶格不匹配造成的缺陷, $In_xGa_{1-x}As$ 的厚度必须控制在临界厚度以下, 自然形成量子阱. 量子阱的禁带宽度不仅取决于半导体材料本身的禁带宽度, 而且和量子阱的宽度有关, 例如, 前述的 $In_{0.53}Ga_{0.47}As$, 在铟的含量一定的情况下, 改变量子阱的厚度可以把吸收边在 $1.1\sim1.6\mu m$ 调节. 如果认为单个量子阱的吸收能量不够, 可以设计多个量子阱.

4.1.4 半导体可饱和吸收体的时间特性

半导体可饱和吸收体之所以可以启动锁模, 是因为它的高速时间特性. 一般来说半导体的吸收有两个特征弛豫时间, 如图 4.1-2 所示, 一是导带内子带之间的热平衡 (热化过程, intraband thermalization), 一是带间跃迁 (interband transition). 带内热化是被激发到导带的电子向子带跃迁的物理过程, 这个时间很短, 在 $100\sim200fs$; 而带间跃迁时间是电子从导带向价带的跃迁, 相对较长, 从几皮秒到几百皮秒. 锁模启动机制主要是响应时间很短的带内子带之间的热化过程, 同时也要求带间弛豫时间远小于谐振腔往复时间. 带内子带之间的热化过程时间基本上无法控制, 设计可饱和吸收体的时间特性主要是设法缩短带间弛豫时间. 这个时间主要取决于半导体生长时衬底的温度. 在低温生长时, 可能会产生一些缺陷. 这些缺陷会俘获电子, 因而加速弛豫时间. 一般来说, 生长时的温度越低, 带间跃迁时间越短, 但是低温生长也会带来非饱和损耗. 生长温度一般选择 $300\sim500°C$ 范围内.

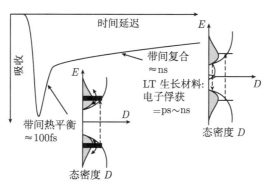

图 4.1-2 典型半导体可饱和吸收体的时间特性以及物理机制[3]

4.2   激光器参数与半导体可饱和吸收镜宏观特性的关系

4.2.1   半导体可饱和吸收镜的宏观特性

半导体可饱和吸收镜的基本结构如图 4.2-1 所示, 在半导体布拉格反射镜上生长一层吸收层 (薄膜), 这层薄膜之上还可能生长一个反射膜系. 即使不再镀膜, 半导体材料与空气界面本身也有很大的反射. 这两个反射镜就形成一个法布里–珀罗腔, 吸收层的作用不得不受到腔的影响.

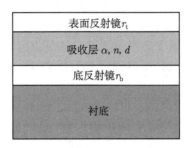

图 4.2-1   半导体可饱和吸收镜的基本结构

法布里–珀罗腔是经典的光学干涉元件. 通常的法布里–珀罗腔是透射式的, 利用的是其尖锐的透射谐振谱线 (resonance lines) 的高分辨率. 与之对应, 法布里–珀罗腔的反射光谱带宽非常宽, 几乎是除去透射谱线的整个消 (透射) 光谱区间 (free spectral range).

1. 反射率和非线性反射率

整个镜的反射率是由上下两个反射镜和中间夹的可饱和吸收体决定的. 为了保证最大反射率, 吸收层的厚度不能随意. 含损耗的法布里–珀罗腔的反射率计算公式为

$$R = \frac{\left(|r_{\mathrm{b}}| + |r_{\mathrm{t}}| \exp\{-2\alpha d\}\right)^2 - 4|r_{\mathrm{b}}||r_{\mathrm{t}}| \exp\{-2\alpha d\}\cos^2(\varphi_{\mathrm{r}}/2)}{\left(1 + |r_{\mathrm{b}}||r_{\mathrm{t}}| \exp\{-2\alpha d\}\right)^2 - 4|r_{\mathrm{b}}||r_{\mathrm{t}}| \exp\{-2\alpha d\}\cos^2(\varphi_{\mathrm{r}}/2)} \tag{4.2-1}$$

其中, $|r_{\mathrm{b}}|$ 和 $|r_{\mathrm{t}}|$ 分别是底面和顶面的反射系数的模, α 是吸收因子. 双程相位因子 φ_{rt} 定义为

$$\varphi_{\mathrm{rt}} = \varphi_{\mathrm{b}} + \varphi_{\mathrm{t}} + 2knd \tag{4.2-2}$$

式中, φ_{b} 和 φ_{t} 分别是底面和顶面的反射系数的相位, k 是波数, n 是中间夹层的折射率, d 是夹层厚度即两镜间隔. 若要得到高反射率的法布里–珀罗腔, 须令 $\cos(\varphi_{\mathrm{rt}}/2) = 0$, 即

$$\varphi_{rt} = \varphi_b + \varphi_t + 2knd = (2m-1)\pi, \quad m = 1, 2, 3, \cdots \tag{4.2-3}$$

此式是所谓法布里–珀罗腔的反谐振 (anti-resonant) 条件. 其实谐振与反谐振是对透射而言的, 即这个波长不是透射极大. 而对于反射, 这恰为谐振条件, 即反射极大. 为了保证最大的反射带宽, 应选择最薄的 d. 式 (4.2-3) 还指出, 两个反射面的相位 φ_b 和 φ_t 必须考虑进去. 特别是光场的相位在光从光疏到光密介质的界面反射时要经历一个 π 的突变, 即所谓半波损失. 例如, 一层厚度为 d 的 AlAs 长在 GaAs 基片上, 因为 AlAs 的折射率低于 GaAs 的折射率, 光在 AlAs/GaAs 界面的反射有 π 的相变, 即 $\varphi_b = \pi$. 而光在从空气到 AlAs 的反射也有半波损失, 即 $\varphi_t = \pi$, 这样这层反谐振法布里–珀罗的厚度就应是 $d = m\lambda/(4n)$. 另外还要注意, 在有吸收的介质界面上, 如介质与金属界面上, φ_b 或 φ_t 不一定是 0 或 π. 如果夹层的折射率高于底面反射镜的折射率, 就没有 π 相移, 夹层厚度就会是 $d = m\lambda/(2n)$. 从镀膜的观点看, 如果不考虑吸收, 半波长层本来就对中心波长的反射率没有影响. 还有, 纯吸收层不一定充满整个夹层, 很可能只是几纳米厚的薄层, 而其他部分是晶格匹配的透明缓冲层, 构成量子阱的势垒. 此时, 夹层的光程带来的相移就是各部分光程相加, 例如, $d_1 n_1 + d_2 n_2 + \cdots$.

对于可饱和吸收镜来说, 其宏观特性主要有调制深度 ΔR、非饱和损耗 ΔR_{ns}、饱和通量 $F_{sat,A}$、饱和光强 $I_{sat,A}$(图 4.2-2), 以及脉冲响应时间或饱和恢复时间 (图 4.1-2). 这些特性决定了被动锁模激光器的特性. 调制深度是指当脉冲通量远大于饱和吸收通量时反射率的变化, 吸收振幅损耗系数 q_0 定义为[5]

$$\Delta R = 1 - e^{-2q_0} \approx 2q_0, \quad q_0 \ll 1 \tag{4.2-4}$$

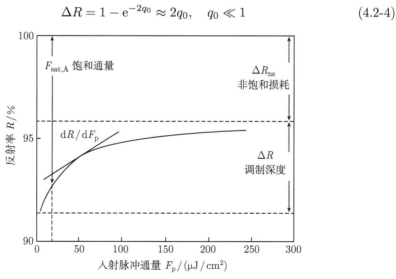

图 4.2-2　半导体可饱和吸收镜的宏观特性[4]

非饱和损耗是指在图 4.2-2 中, 当入射光通量趋于无穷时, 即吸收体饱和的情况下仍然存在的损耗, 其中包括底层反射镜反射率不足百分之百的部分, 表面粗糙造成的散射损耗, 缺陷和杂质的吸收损耗, 以及非线性吸收等. 饱和通量 $F_{\mathrm{sat,A}}$ 定义为

$$F_{\mathrm{sat,A}} = \frac{h\nu}{2\sigma_{\mathrm{A}}} \tag{4.2-5}$$

其中, $h\nu$ 是光子能量, σ_{A} 是吸收截面. 考虑到膜中的驻波效应, 增加了因子 2. 半导体材料的吸收系数是

$$\alpha = \sigma_{\mathrm{A}} N_{\mathrm{D}} \tag{4.2-6}$$

N_{D} 是吸收原子的密度, 例如, 半导体的态密度. 饱和光强 $I_{\mathrm{sat,A}}$ 是

$$I_{\mathrm{sat,A}} = \frac{h\nu}{2\sigma_{\mathrm{A}}\tau_{\mathrm{A}}} = \frac{F_{\mathrm{sat,A}}}{\tau_{\mathrm{A}}} \tag{4.2-7}$$

其中, τ_{A} 是吸收恢复时间. 无论 $F_{\mathrm{sat,A}}$ 还是 τ_{A} 均需由标准的泵浦–探针法实验测定. 知道了这两个参数, 饱和光强可由式 (4.2-7) 求出.

对于表面镀增透膜、底面有高反射镜的吸收体, 模仿参考文献[5], 将可饱和吸收反射看成一种增益, 而这个增益随入射光的强度增加, 并饱和. 定义未饱和时的反射率为 R_0, 当通量为 F_{p} 的脉冲入射到可饱和吸收镜以后, 由行波速率方程可求出其反射率与入射脉冲通量的关系[5]

$$R_{\mathrm{f}} = \frac{R_0}{R_0 - (R_0 - 1)\exp(-F_{\mathrm{p}}/F_{\mathrm{sat,A}})} \tag{4.2-8}$$

即当脉冲通量远大于饱和通量时, 反射率接近于 1. 而此时脉冲本身所经历的反射率为

$$R(F_{\mathrm{p}}) = \frac{F_{\mathrm{out}}}{F_{\mathrm{p}}} = R_{\mathrm{ns}} \frac{\ln(R_0 - 1) - \ln(R_{\mathrm{f}} - 1)}{\ln(R_0 - 1) - \ln(R_{\mathrm{f}} - 1) - \ln(R_0/R_{\mathrm{f}})} \tag{4.2-9}$$

其中, $R_{\mathrm{ns}} = 1 - \Delta R_{\mathrm{ns}}$. 从唯象的观点看, $F_{\mathrm{sat,A}}$, ΔR_{ns} 可以通过实验测得的反射率作为入射光通量 F_{p} 的函数去拟合 (4.2-8)、(4.2-9) 两式来确定.

可是, 测量可饱和吸收体参数 $F_{\mathrm{sat,A}}$, ΔR_{ns} 时, 由于上表面的反射, 进入到吸收体内的脉冲能量很小, 在入射光强不够强时, 反射率变化很小, 因此很难测量. 可以先将可饱和吸收体上面镀增透膜, 这样脉冲能量就容易达到可饱和吸收体上, 得到较大的反射率的变化, 然后再转换为有上表面反射膜的情况. 光强 I_{HR} 和镀增透膜的 I_{AR} 之间的关系可写为

$$I_{\mathrm{HR}} = \xi I_{\mathrm{AR}} \tag{4.2-10}$$

其中, ξ 是所谓 "增强因子"

$$\xi = \frac{1 - |r_{\mathrm{t}}|^2}{\left(1 + |r_{\mathrm{b}}||r_{\mathrm{t}}|\exp\{-2\alpha l\}\right)^2 - 4|r_{\mathrm{b}}||r_{\mathrm{t}}|\exp\{-2\alpha l\}\cos^2(\phi_{\mathrm{r}}/2)} \tag{4.2-11}$$

当表面反射率为零时, $\xi=1$, $I_{\mathrm{HR}} = I_{\mathrm{AR}}$. 而饱和脉冲通量之间的关系为

$$F_{\mathrm{sat}}^{\mathrm{eff}} = \frac{1}{\xi} F_{\mathrm{sat}}^0 \qquad (4.2\text{-}12)$$

根据以上推导, 可先测出镀增透膜情况下的饱和通量, 再根据以上公式转换为带表面高反膜情况下的饱和通量.

2. 饱和吸收恢复时间

前面讲过, 半导体可饱和吸收体有两个特征时间, 即带内子带之间的热平衡时间和带间跃迁时间. 带内热平衡时间为 100~200fs, 而带间跃迁时间约在数皮秒至数纳秒, 取决于半导体生长参数, 特别是温度. 在长脉冲 (皮秒) 应用中, 脉冲宽度取决于带间跃迁时间. 如果这个时间过长, 加上过长的增益介质上能级寿命, 很容易出现自调 Q(调 Q 包络下的锁模脉冲列, 图 4.2-3). 而在固体飞秒激光器中, 克尔效应对脉冲成形起主要作用, 可饱和吸收体只是锁模启动器. 所以我们只利用带内热平衡时间, 而且对它的饱和恢复时间的要求并不太苛刻. 在飞秒固体激光器中, 在克尔效应的作用下, 脉冲宽度可以小于半导体带内热平衡时间的 1/10 甚至 1/30.

3. 调制深度与非饱和损耗

根据所有的锁模理论, 脉冲宽度 τ_{p} 与可饱和吸收镜的调制深度成反比

$$\tau_{\mathrm{p}} \propto \frac{1}{q_0^{\beta}}, \quad \beta > 0 \qquad (4.2\text{-}13)$$

式中, 指数 β 因锁模理论而异. 深度调制可以获得更短的脉冲, 同时缓和对自启动的要求, 但是并不是越深越好. 调制深度的上限是自调 Q 现象的发生, 而且深度调制往往带来过大的非饱和损耗.

对于理想的可饱和吸收体, 在完全饱和的情况下, 可能得到的最短脉冲为 (参考纯被动锁模非线性薛定谔方程的解法)

$$\tau_{\mathrm{p}} = \frac{1.7627}{\Omega_{\mathrm{g}}} \sqrt{\frac{2g}{q_0}} \qquad (4.2\text{-}14)$$

其中, g 是腔内单程饱和振幅增益系数, Ω_{g} 是用弧度表示的激光介质的增益的半光谱宽度.

4. 锁模驱动力

从连续光到脉冲运转, 吸收体漂白程度是锁模建立阶段的驱动力. 简单的论证说明, 当可饱和吸收体处于弱饱和状态时, 脉冲可以受到较低损耗, 并产生近似或小

于吸收体恢复时间的脉冲宽度. 锁模驱动力的大小标志着锁模建立的难易程度, 如在图 4.2-2 中, 这个驱动力定义为反射率在弱入射通量下对光通量的变化率

$$F_{\mathrm{ml}} = \frac{\mathrm{d}R(I)}{\mathrm{d}I}\bigg|_{I=0} \tag{4.2-15}$$

为了求出这个驱动力, 首先要求出 $R(I)$. 式 (4.2-1) 给出了作为法布里–珀罗腔的反射率的计算公式. 为了求得更明显的关系, 我们先将可饱和吸收体与底面反射镜集成在一起计算, 然后再按照式 (4.2-1) 计算总体反射率. 设吸收系数为 α_0, 饱和吸收随长度的变化可写为

$$\frac{\mathrm{d}I}{\mathrm{d}z} = -\frac{2\alpha_0}{1 + I/I_{\mathrm{sat}}} I \tag{4.2-16}$$

其中, I_{sat} 为饱和光强

$$(1 + I/I_{\mathrm{sat}})\frac{\mathrm{d}I}{I} = -2\alpha_0 \mathrm{d}z \tag{4.2-17}$$

对这个式子积分

$$\int_{I_{\mathrm{in}}}^{I_{\mathrm{out}}} \frac{\mathrm{d}I}{I}(1 + I/I_{\mathrm{sat}}) = -\int_0^{2d} 2\alpha_0 \mathrm{d}z \tag{4.2-18}$$

得

$$\ln R + \frac{I_{\mathrm{in}}}{I_{\mathrm{sat}}}(R - 1) = -4\alpha_0 d \tag{4.2-19}$$

其中, $R = I_{\mathrm{in}}/I_{\mathrm{out}}$. 式 (4.2-19) 得不出反射率对光强的显式, 只能得数值解. 然而在初始时光强很低, 其中括号中的反射率 R 可以用比尔定律代替, 得到

$$\ln R + \frac{I_{\mathrm{in}}}{I_{\mathrm{sat}}}(\mathrm{e}^{-4\alpha_0 d} - 1) = -4\alpha_0 d \tag{4.2-20}$$

于是, 就可以写出反射率的近似解

$$R(I_{\mathrm{in}}) = R_{\mathrm{ns}} \exp\left[-\frac{I_{\mathrm{in}}}{I_{\mathrm{sat}}}(\mathrm{e}^{-4\alpha_0 d} - 1) - 4\alpha_0 d\right] \tag{4.2-21}$$

其中, $R_{\mathrm{ns}} = \mathrm{e}^{-4\alpha_{\mathrm{ns}} d}$ 是非饱和损耗. 将式 (4.2-21) 中的 $R = R(\xi I_{\mathrm{in}})$ 取代式 (4.2-1) 中的底层反射率 $|r_{\mathrm{b}}|\mathrm{e}^{-2\alpha d}$, 并对 I 求导, 得到在谐振条件下, $R_{\mathrm{b}} \approx R_{\mathrm{t}} \approx 1$ 时的锁模驱动力

$$\frac{\mathrm{d}R}{\mathrm{d}I}\bigg|_{I=0} = \frac{(R_{\mathrm{t}} - 1)^2}{I_{\mathrm{sat}}}\frac{[1 + \mathrm{e}^{-2\alpha_0 d}]\mathrm{e}^{-2\alpha_{\mathrm{ns}} d}}{[1 + \mathrm{e}^{-2\alpha_0 d}][1 + \mathrm{e}^{-2(\alpha_0 + \alpha_{\mathrm{ns}})d}]^2}$$

$$= \frac{(R_{\mathrm{t}} - 1)^2}{F_{\mathrm{sat}}/\tau_{\mathrm{A}}}\frac{[1 + \mathrm{e}^{-2\alpha_0 d}]\mathrm{e}^{-2\alpha_{\mathrm{ns}} d}}{[1 + \mathrm{e}^{-2\alpha_0 d}][1 + \mathrm{e}^{-2(\alpha_0 + \alpha_{\mathrm{ns}})d}]^2} \tag{4.2-22}$$

$$\frac{\mathrm{d}R}{\mathrm{d}I}\bigg|_{I=0} \propto \frac{\tau_{\mathrm{A}}(R_{\mathrm{t}} - 1)^2}{F_{\mathrm{sat}}} \tag{4.2-23}$$

近似式 (4.2-22) 与严格计算的锁模驱动力相比只有百分之几的误差. 从式 (4.2-22) 和式 (4.2-23) 可以看出, 吸收层越厚、饱和恢复时间越长、表面层反射率越低, 锁模驱动力越大; 而饱和能量越高, 锁模驱动力越小. 对于典型的半导体器件参数 ($d = 0.3\mu\mathrm{m}$, $E_{\mathrm{sat}} = 50\mu\mathrm{J/cm^2}$, $R_{\mathrm{t}} = 95\%$ 和 $\tau_{\mathrm{A}} = 20\mathrm{ps}$), 这个驱动力在 $10^{-10}\mathrm{cm^2/W}$ 量级. 与 Kerr 透镜锁模固体激光器如钛宝石激光器的典型数值相比, 半导体可饱和吸收镜锁模的锁模驱动力至少大 3 个数量级[5]. 这也说明了半导体可饱和吸收体锁模的优势.

5. 锁模建立时间

在锁模建立阶段, 小的噪声起伏经历较低损耗, 是因为它们开始使吸收体饱和. 所以, 锁模建立时间在弱饱和 ($I \ll I_{\mathrm{sat,A}}$ 或 $I \approx 0$) 情况下与反射率变化斜率 $\mathrm{d}R/\mathrm{d}I$ 成反比[5]

$$T_{\mathrm{MBT}} \propto \frac{1}{\mathrm{d}R/\mathrm{d}I|_{I=0}I} \tag{4.2-24}$$

从图 4.2-2 可以看出, 如果斜率 $\mathrm{d}R/\mathrm{d}I$(或者 $\mathrm{d}R/\mathrm{d}F_{\mathrm{p}}$) 很大, 小的强度起伏可以引起可饱和吸收体的反射率的很大变化. 因此, 锁模建立时间随饱和光强的减小而缩短. 然而, 饱和光强的下限是不能产生自调 Q 的.

快饱和吸收体的吸收饱和可以用一个非线性吸收系数来模拟. $q = q_0/(1 + r_{\mathrm{I}})$, 而 r_{I} 决定了吸收体的漂白程度. 为了使论证简便, 假定连续和锁模时的平均功率相等. 在连续运转情况下, r_{I} 定义为, $r_{\mathrm{I,cw}} = I/I_{\mathrm{sat,A}}$. 在锁模条件下, 在一个脉冲周期内, 吸收体漂白并且反射率增加. 对于快饱和吸收体, $\tau_{\mathrm{A}} \ll \tau_{\mathrm{p}}$, r_{I} 变为[5]

$$r_{\mathrm{p}} = \frac{I(t)}{I_{\mathrm{sat,A}}} \approx \frac{I}{I_{\mathrm{sat,A}}} \frac{T_{\mathrm{R}}}{\tau_{\mathrm{p}}} \gg r_{\mathrm{I,cw}} \tag{4.2-25}$$

在一般的锁模激光器中, τ_{p} 远远小于 T_{R}, 因此 r_{p} 远远大于 $r_{\mathrm{I,cw}}$. 式 (4.2-25) 也说明, 提高脉冲重复频率会减小非线性.

相邻纵模成长速率也可以用来精确描述锁模自启动阈值和锁模建立时间. 在理想的均匀增宽激光器中, 只有一个纵模在增益中心波长运转, 其使得增益饱和, 因此其他纵模都被抑制掉了. 但是可饱和吸收体产生的自相位调制把中心波长与邻近纵模耦合起来, 这两个纵模为其他纵模提供了附加增益使其达到阈值. 依次类推, 可以使增益曲线内所有纵模耦合起来. 这些模式的成长速率可以用来估计锁模建立时间. 对于饱和恢复时间短于腔内往复时间 $\tau_{\mathrm{A}} \ll T_{\mathrm{R}}$, 和激光上能级寿命远大于腔内往复时间 $\tau_{\mathrm{L}} \ll T_{\mathrm{R}}$ 的可饱和吸收体, 锁模建立时间可以表示为[5]

$$\frac{1}{T_{\mathrm{MBT}}} \approx \left(\frac{2q_0}{AF_{\mathrm{sat,A}}}\tau_{\mathrm{A}} - \frac{2g_0 T_{\mathrm{R}}^2}{(2m\pi)^2 \tau_{\mathrm{L}}^2 A_{\mathrm{L}} I_{\mathrm{sat,L}}} \right) P \approx \frac{2q_0}{AF_{\mathrm{sat,A}}}\tau_{\mathrm{A}}\frac{P}{A} \tag{4.2-26}$$

其中, P 是腔内激光功率, A 是激光入射到可饱和吸收体上的光斑面积, g_0 是小信号振幅增益系数, A_L 是增益介质中的光斑面积, $I_{\text{sat,L}} = h\nu/(2\sigma_L\tau_L)$ 是增益介质的饱和光强, σ_L 是增益介质的发射截面. $I_{\text{sat,L}}$ 内的因子 2 表示此强度是在驻波腔内. 等式右边的第二项决定了自启动锁模的阈值, 因为锁模建立时间必须大于或等于 0, 即 $T_{\text{MBT}} \geqslant 0$. 在腔内功率超过阈值很多的情况下, 第二项可以忽略不计, 即腔内功率很大和小信号增益很大时, 锁模建立时间比较短, 式 (4.2-26) 的左边第一项可以写为[5]

$$\left|\frac{\mathrm{d}R}{\mathrm{d}I}\right| I \approx 2\left|\frac{\mathrm{d}q}{\mathrm{d}I}\right| I \approx \frac{2q_0}{I_{\text{sat,A}}} = 2\gamma I = \frac{2q_0}{F_{\text{sat,A}}}\tau_A\frac{P}{A}, \quad I \ll I_{\text{sat,A}} \tag{4.2-27}$$

因此出于克尔透镜效应等人为的快速反应机制对于自启动是有害的, 所以 10fs 左右的脉冲的自启动是比较困难的, 除非采用其他的启动机制, 例如, 半导体可饱和吸收镜.

条件 $T_{\text{MBT}} \geqslant 0$ 决定了自启动锁模的阈值条件, 所以, 对于给定的激光器, 可饱和吸收体必须满足式 (4.2-25) 和 (4.2-26) 使得 $T_{\text{MBT}} \geqslant 0$, 即[5]

$$q_0 \gg \frac{g_0 T_R^2}{(2m\pi)^2 \tau_L \tau_A}\frac{\sigma_L}{\sigma_A}\frac{A}{A_L} \tag{4.2-28}$$

我们需要锁模在远远大于这个阈值上运转, 因为其他微扰会隐藏由纵模的拍引起的初始光强起伏的成长, 腔内反射与噪声脉冲竞争, 会提高这个阈值. 自启动锁模的条件提供了内反射的上限. 内反射的问题可以在单向激光器 (如环行激光器) 中得到抑制. 在线性腔的情况下, 人们总是试着用振动腔镜或棱镜的办法启动锁模. 这些快速变化的相移暂时破坏了内反射造成的干涉效应, 使噪声脉冲有机会成长起来并变得很短以至于它能自持. 更唯象的自启动阈值的准则要求初始噪声脉冲有一个相干时间, 初始脉冲必须在短于这个相干时间内迅速变窄. 这个相干时间可以由自由运转状态的两个相邻脉冲的拍频的 3dB 带宽决定. 然而还没有预测这个相干时间的数据发表. 通常我们可以用布儒斯特角切割晶体, 以及采用楔形输出耦合镜来减少内反射. 根据以上原则, 我们就可以通过调节激光器和可饱和吸收体参数, 把锁模建立时间控制在 1 ms 以内.

当然, 以上参数不是都能自由选择. 显然, 提高调制深度对缩短脉冲宽度并使其达到自启动阈值有帮助, 但是上限是不能因此产生调 Q 锁模现象的. 在皮秒运转区间, SESAM 只能把脉冲锁定在 1ps 左右. 而在飞秒脉冲区间, 长一点的 τ_A 没有太大关系, 因为飞秒脉冲的启动依赖于双时间特性中的快饱和部分. 于是调制深度的上限就是在低饱和通量时的自调 Q, 此时 $\mathrm{d}R/\mathrm{d}I$ 太大. 低腔内损耗和高小信号增益 g_0 有利于抑制自调 Q, 并且最后导致非常短的锁模建立时间. 高增益不会带来自调 Q, 因为通常 $\sigma_L/\sigma_A \ll 1$, 而且如果假设 T_R=1ns, τ_A=1ps, $\tau_L \geqslant 1\mu s$, 有

$T_R^2/(\tau_L\tau_A) \leqslant 1$, 加上半导体可饱和吸收体的饱和吸收截面 σ_A 通常在 $10^{-14}\mathrm{cm}^{-2}$, 而增益介质的发射截面 σ_L 则在 $10^{-19} \sim 10^{-22}\mathrm{cm}^{-2}$, 因此 $\sigma_L/\sigma_A = 10^{-5} \sim 10^{-8}$. 所以式 (4.2-28) 很容易满足.

6. 饱和通量

饱和通量的定义是反射率变化到饱和的 $1/e$ 时对应的光通量. 通常需要锁模激光器中入射到可饱和吸收镜上的光通量几倍于饱和通量, 才能超越调 Q 锁模而获得连续锁模. 因此饱和通量是半导体可饱和吸收镜的一个重要参数. 这个通量有两个限制, 上限是破坏阈值. 如果这个参数过高, 连续锁模所需要的脉冲通量就会高, 或要求聚焦光斑很小. 如这个通量接近破坏阈值, 在脉冲很短时, 就会发生光学破坏.

这个通量也有一个下限. 如果这个通量过低, 就容易在功率很低时发生多脉冲现象, 这是因为脉冲通量远超饱和通量时, 可饱和吸收体被过分饱和, 反射率就不再是脉冲能量的强依赖函数. 此外, 当短脉冲的光谱接近增益带宽时, 短脉冲经历较小的增益, 因为增益带宽起到了增益限制的作用, 而已经很小的可饱和吸收的变化不足以弥补这个损耗. 这样一来, 脉冲能量超过一定限度时, 激光器就倾向于工作在低能量, 长脉宽的双脉冲或者多脉冲状态, 因为两个低能量长脉冲会比单脉冲具有相对低的腔内损耗和较高的饱和增益. 这个现象也可以用类孤子脉冲理论来解释. 假设腔内运行的是类孤子, 如果脉冲分裂成两个脉冲, 每个脉冲就会具有 $1/2$ 的能量和 2 倍的脉宽. 这已经被 Nd:glass 激光器实验证实. 实验证明, 当脉冲通量是饱和通量的 3~5 倍时, 不会出现双脉冲. 调节入射到可饱和吸收体上的脉冲的模式面积可以调节这个通量.

因此选择和设计 SESAM 的饱和通量要特别注意. 市售的 SESAM 的饱和通量在 50~100μJ/cm².

4.2.2   自调 Q 的抑制

长饱和恢复时间和大吸收截面导致小的饱和光强, 正是锁模需要的. 但是, 激光器工作在过小的光强容易产生调 Q 锁模 (图 4.2-3). 调 Q 锁模是一种不稳定的锁模状态, 是应该极力避免的. 假设调制深度很小, 即 $\Delta R \approx 2q_0$, 不产生调 Q 的条件是[5]

$$\left|\frac{\mathrm{d}R}{\mathrm{d}I}\right| I < \frac{g_0 T_R}{l\tau_L} \approx \frac{T_R}{\tau_{\mathrm{stim}}} \tag{4.2-29}$$

其中, $g_0 = rl$, l 是腔内总损耗, r 是泵浦参数, 表示泵浦功率对于阈值的倍数; T_R 是腔内循环时间; τ_L 是激光介质的上能级寿命; 受激上能级寿命 τ_{stim} 定义为 $\tau_{\mathrm{stim}} = \tau_L/(r-1) \approx \tau_L/r$, 式中假设 $r \gg 1$. 式 (4.2-29) 表示, 抑制自调 Q 需要较小的 $\mathrm{d}R/\mathrm{d}I$(即工作在大的腔内光强)、大的小信号增益、小腔内损耗 (即大泵浦参数 r)、和长的腔内循环时间 T_R(即低重复率或者高脉冲能量). 该式还指出, 较长的 τ_L 也对满足这个不等式产生困难, 即固体激光介质的长上能级寿命也有增加自调 Q 的倾向.

式 (4.2-29) 的物理解释是: 式左边决定了可饱和吸收体的漂白引起的腔内损耗的减少, 这个减少增加了腔内脉冲强度. 右边决定了增益饱和的量, 以补偿损耗的减小. 如果增益饱和响应不够快, 不足以抵消损耗的减少, 腔内激光强度就会不断增加而导致自调 Q.

式 (4.2-28) 和式 (4.2-29) 给出了没有调 Q 而连续锁模的饱和光强的上限和下限. 当然, 我们反过来可以通过调整可饱和吸收, 使之具有较大的饱和光强, 或通过减小腔长等来获得调 Q.

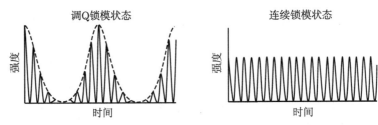

图 4.2-3   调 Q 锁模和连续锁模状态示意图

如果我们用快饱和吸收体, 使其恢复时间远小于腔内往复时间, 式 (4.2-29) 的条件是完全可以满足的. 但是, 附加条件是不能有自调 Q 的. 假设饱和吸收体是慢饱和的, 即稳态脉冲宽度 τ_p 小于可饱和吸收体的恢复时间 τ_A, $\tau_\mathrm{p} < \tau_\mathrm{A}$. 在这种情况下, 饱和取决于饱和器的饱和通量 $F_{\mathrm{sat,A}}$ 和入射的脉冲通量 F_p, 此时的损耗减少是由于短脉冲, 而不是连续功率. $\tau_\mathrm{A} \ll T_\mathrm{R}$ 时, 这个效应更大. 因此, 式 (4.2-29) 可以变形为[5]

$$\left|\frac{\mathrm{d}R}{\mathrm{d}F_\mathrm{p}}\right|F_\mathrm{p} < \frac{g_0 T_\mathrm{R}}{l\tau_\mathrm{L}} \approx \frac{T_\mathrm{R}}{\tau_\mathrm{stim}} \tag{4.2-30}$$

同样假定了小调制深度 $\Delta R \approx 2q_0$. 为了满足这个条件, 仍然可以选择 $F_\mathrm{p} \gg F_{\mathrm{sat,A}}$. 这样也优化了调制深度, 并且导致较小的脉冲宽度. 调节 F_p 的方法仍然可以是调节入射到可饱和吸收体上的光斑大小, 但是如第 6 小节所指出的, F_p 的上限是不能产生多脉冲. 对于具有长上能级寿命 ($>\sim 100\mu\mathrm{s}$) 的增益介质, 可以得到一个更为简化的公式[4]

$$F_\mathrm{p}^2 > F_{\mathrm{sat,L}}F_{\mathrm{sat,A}}\Delta R\frac{A_\mathrm{L}}{A} \tag{4.2-31}$$

其中, F_p 是脉冲的通量, $F_{\mathrm{sat,L}}$ 和 $F_{\mathrm{sat,A}}$ 分别是激光增益介质和可饱和吸收体的饱和通量, A_L 和 A 分别是激光介质和可饱和吸收体上的有效光斑面积. 这个公式清楚地表明, 为了不产生自调 Q, ΔR 不能太大 (一般应该在 1%~2%), 实验上, 我们

可以调节 $F_{\text{sat,L}}$, A_{L} 和 A 等参数. 选用饱和通量小的 SESAM, 同时减小激光在增益介质上的光斑面积, 以保持较低的激光阈值, 这与提高激光器稳定性的要求一致. 在皮秒运转时, 实验都验证了式 (4.2-27) 和 (4.2-28). 实验表明, 激光器在低功率运转时, 很容易工作在调 Q 模式. 随着泵浦功率的提高, 锁模会过渡到连续运转. 有趣的是, 飞秒运转时, 自调 Q 的趋势明显减小了. 原因大概是孤子脉冲形成机制在起作用.

4.3 半导体可饱和吸收镜的类型

半导体可饱和吸收镜的基本结构就是把反射镜与吸收体结合在一起. 最初的半导体可饱和吸收镜为了防止过多的非饱和吸收, 确实是在两面反射镜之间加了很多吸收层, 像一个反射式的法布里–珀罗腔. 上面的反射镜的反射率可以调节吸收体的调制深度及反射镜的带宽. 根据上下反射镜的不同反射率以及吸收层的厚度, 分为法布里–珀罗型[5]、布拉格型[6]、无谐振型[2], 以及超宽带型[7].

4.3.1 高精细度法布里–珀罗可饱和吸收镜

精细度是衡量法布里–珀罗干涉仪的分辨率的量. 两个镜面的反射率越高, 透射光谱的精细度就越高, 而反射的带宽也越宽、越平坦. 所谓高精细度反谐振法布里–珀罗可饱和吸收镜, 就是把可饱和吸收体夹在两个高反射镜之间. 例如, 表面反射镜的反射率是 96%, 底层反射镜的反射率是 98%. 中间夹有多层 (50~60 层) 可饱和吸收量子阱. 这样的反射镜的可饱和及非饱和反射率都很小, 分别为 $\Delta R = 0.5\%$, $\Delta R_{\text{ns}} = 0.2\%$.

4.3.2 低精细度法布里–珀罗可饱和吸收镜

与高精细度反谐振法布里–珀罗可饱和吸收镜相对的是低精细度反谐振法布里–珀罗可饱和吸收镜. 所谓低精细度 SESAM, 实际上是在半导体可饱和体上不做任何处理, 此时的反射面是半导体和空气的界面, 反射率一般为 30% 左右, 精细度当然会减少. 实际上, 精细度是在利用透射光的情况下考虑的量, 而我们只利用反射特性, 所以精细度对反射带宽并无太大影响, 只是在反射率边缘的波长有所降低. 这种情况下, 有更多的光可以进入可饱和吸收体, 调制深度比较大, 而且载流子寿命比高精细度的短. 因此, 也不需要多层量子阱. 通常 10~30nm 厚的吸收层可以满足调制深度的需要. 这种结构的可饱和及非饱和反射率都很大, 典型值分别为 $\Delta R = 3.7\%$, $\Delta R_{\text{ns}} = 4.9\%$.

4.3.3 无谐振型可饱和吸收镜

还有一种结构, 就是在半导体与空气界面上再加上一层减反膜 (增透膜). 这样法布里–珀罗效应就完全消失了, 可以获得最大的调制深度和最短的载流子寿命, 以及最低的饱和通量. 同时, 为了获得同样的调制深度, 吸收层可以做得更薄. 当然作为反射镜, 它的反射率较低, 非饱和损耗也有所增大.

4.3.4   可饱和布拉格反射镜

可饱和布拉格反射镜 (SBR) 是指包含吸收体的膜层的厚度不是半波长, 而是四分之一波长. 包含吸收体的膜层可以放在半导体布拉格反射镜的任何位置, 以调节调制深度等参数. 这种结构中的吸收层一般都很薄, 远小于四分之一波长层. 为了把吸收体放在最大电场位置, 膜厚也可用四分之一波长的奇数倍 (注意厚膜会导致带宽变窄). 有人把它归入低精细度反谐振法布里–珀罗可饱和吸收镜一类.

4.3.5   宽带可饱和吸收镜

即使是在所谓高精细度情况下, 由于半导体材料的折射率差较小, 半导体布拉格反射镜的反射带宽也比较窄, 这个带宽限制了可以得到的脉冲宽度. 例如, 要从钛宝石激光器中得到 10fs 以下的脉宽, 反射镜的带宽须在 200nm 以上. 而 InAlAs/InGaAs 布拉格反射镜的带宽通常只有几十纳米. 为克服这个缺点, Keller 等设法用金属反射镜代替半导体反射镜, 而吸收体还是半导体[7]. 具体制作方法是先在半导体基片上生长一层 $\lambda/2$ 厚包括吸收体的薄膜, 再在之上蒸镀一层银膜. 用环氧树脂把有银的一面粘到一个硅衬底上, 再把半导体基片刻蚀掉. 镀银镜的反射带宽远远大于半导体布拉格反射镜的带宽.

金属膜宽带可饱和吸收镜有很多优点.

(1) 可以大大节省半导体生长时间. 布拉格反射镜的生长时间非常之长, 需要十几甚至几十个小时. 而成本是按照生长时间来计算的, 且生长时间越长, 膜层厚度漂移的可能性就越大. 用金属膜做反射镜的可饱和吸收镜, 半导体本身的膜层厚度只有几百纳米, 生长时间包括准备时间只有几个小时. 这样可以大大减少器件成本.

(2) 对膜层厚度的要求不苛刻. 由于是宽带, 膜层厚度的漂移引起的反射带域的漂移不会对整体反射带有太大的影响.

但是镀银镜的反射率在 94% 左右, 远小于一般布拉格反射镜的反射率. 这对钛宝石激光器来说, 也许不太重要, 但是对于增益比较小的介质 (Cr:LiSAF, Cr:Forsterite, Cr:YAG 等), 这个插入损耗实在是太大了.

为什么反射率会这么低呢? 原因可能有两个, 一是金属本来就有吸收, 而且其反射率还取决于表面状态; 二是半导体与金银等金属的结合力很弱, 也影响反射率.

以上几种基本结构各有优缺点. 表 4.3-1 总结了各种类型可饱和吸收镜的调制深度、非饱和损耗、带内热平衡时间、带间跃迁时间及饱和通量等参数. 高精细度镜的反射率也很高, 反射带平坦, 但是因为耦合入射的能量低, 需要较强的光使其饱和; 低精细度镜的总反射率低一些, 但耦合到可饱和吸收体中的入射能量也很高, 易于饱和; 无谐振型完全除去了法布里–珀罗效应, 可以增加调制深度, 同时带来反射率的降低. 布拉格型反射镜与低精细度镜类似 (未列入表).

表 4.3-1　各种类型可饱和吸收镜的调制深度、非饱和损耗、带内热平衡时间、带间跃迁时间及饱和通量等参数的比较

可饱和吸收镜类型	ΔR	ΔR_{ns}	$\tau_{A,1}$/fs	$\tau_{A,2}$/ps	F_{sat}/(μJ/cm^2)
高精细度反谐振型	0.5%	0.2%	180	13	315
金属膜低精细度反谐振型	3.4%	4.8%	50	20	80
无谐振型	4.9%	3.7%	100	6	18
金属膜无谐振型	6.0%	7.7%	60	0.7	54

4.4　低损耗宽带可饱和吸收镜

随着对激光器带宽的要求越来越高, 对低损耗的宽带可饱和吸收镜的要求也越来越迫切. 研究者采用各种技术在提高带宽的同时降低其插入损耗, 主要技术有: 金属与介质混合膜系、半导体氧化膜系和氟化物与半导体混合膜系. 以下分别介绍.

4.4.1　金属膜与介质膜混合反射镜

有没有办法提高金属膜 SESAM 的反射率呢? 作者计算证明[8](图 4.4-1), 在金上镀一层四分之一波长厚膜只能使反射率降低; 若镀半波长厚的膜, 反射率最高也不会超过金的反射率; 若在金与半导体之间增加一层约 0.2 波长厚的低折射率膜, 整个膜系的反射率可以高于金属本身的反射率. 例如, 对于 1.3μm 波长的反射而言, 在金膜上先镀一层 SiO$_2$, 再长一层四分之一波长 InAlAs (暂不包括 In-GaAs 吸收体), 计算出的反射率可达 99.5%! 而清洁的金在空气中的反射率不超

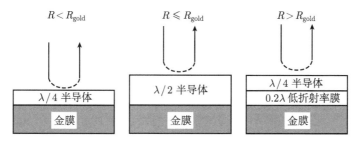

图 4.4-1　提高金膜反射率的方法示意图

在金上镀一层四分之一波长厚膜只能使反射率降低; 若镀半波长厚的膜, 反射率最高也不会超过金的反射率; 若在金与半导体之间增加一层约 0.2 波长厚的低折射率膜, 可以获得高过金的反射率

过 98%. 这是因为 SiO_2 隔离了金属与半导体, 同时 SiO_2 与砷化铟铝的折射率差很大, 形成了一个高反射膜, 真正到达金属膜的能量不超过 50%. 这样金属膜承担的反射率减少了[9,10].

反射率提高的原理可以用所谓导纳和导纳图来理解和计算. 第 2 章介绍了计算膜系的反射系数和反射率的方法之一, 即导纳法. 一个膜层的导纳 Y 可以用其折射率来表示. 设衬底的折射率为 η_s, 膜层的导纳为

$$Y = \frac{\eta_s \cos \delta_1 + i\eta_1 \sin \delta_1}{\cos \delta_1 + i\eta_s/\eta_1 \sin \delta_1} \tag{4.4-1}$$

其中, $\delta_1 = n_1 d_1 \cos \theta_1 \times 2\pi/\lambda$, $\eta_i = n_i/\cos \theta_i (i = 0, 1, 2, \text{sub})$ (入射光是 s 偏光时 $\eta_i = n_i \cos \theta_i$).

在正入射和四分之一波长厚度的情况下 $\sin \delta = 0$, $\cos \delta = 1$, 因而 $Y = n$. 此膜系在空气中的表面反射率为

$$R = \left| \frac{1-Y}{1+Y} \right|^2 = \left| \frac{1-\eta_s}{1+\eta_s} \right|^2 \tag{4.4-2}$$

其中, $Y = B/C$.

如果在衬底上镀一层折射率为 n_d 的介质膜, 则 $Y = n_d^2/n_s$, 反射率则为

$$R = \left| \frac{1-Y}{1+Y} \right|^2 = \left| \frac{1-n_d^2/n_s}{1+n_d^2/n_s} \right|^2 \tag{4.4-3}$$

对于金属膜来说, $Y = n_s = n_m - ik$ 是复数. 为了求得反射率的频率 (波长) 特性, 采用第 2 章介绍的矩阵法比较方便. 考虑两层膜的情况, 若有 $n_s = n_m - ik_m$

$$\left[\begin{array}{c} B \\ C \end{array} \right] = \left[\begin{array}{cc} \cos \delta_2 & i \sin \delta_2/n_2 \\ in_2 \sin \delta_2 & \cos \delta_2 \end{array} \right] \left[\begin{array}{cc} \cos \delta_1 & i \sin \delta_1/n_1 \\ in_1 \sin \delta_1 & \cos \delta_1 \end{array} \right]$$
$$\left[\begin{array}{c} 1 \\ n_m - ik_m \end{array} \right] \tag{4.4-4}$$

这里关键是设计 SiO_2 的膜厚, 因为金属的折射率是复数. 根据膜的理论, 令膜系导纳的虚部为零, 我们可以导出一个在膜系反射率最大时 SiO_2 膜厚的计算公式

$$d = \frac{\lambda}{2n_d} \left\{ \arctan \left[\frac{2n_m k}{n_m^2 - n_d^2 - k^2} \right] + m\frac{\pi}{2} \right\} \tag{4.4-5}$$

其中, n_m 是金属的折射率的实部, k 是金属折射率的虚部, n_d 是介质膜的折射率 (这里是二氧化硅). 但是 SiO_2 与金属的结合力很低, 很容易脱落. 有文献指出, Al_2O_3 与银的结合力相当强[11], 因此也可以用 Al_2O_3 代替 SiO_2. 虽然 Al_2O_3 的折

射率比 SiO_2 略高, 但并不影响器件的总体反射率. 图 4.4-2(a) 是这种反射镜结构的示意图, 图 4.4-2(b) 是这样制作的钛宝石激光器用半导体可饱和吸收镜的反射率曲线. 与单纯镀金的 SESAM 比, 反射率大大提高, 而且随着介质膜层的增加, 反射率还可以提高, 但是要牺牲一定带宽.

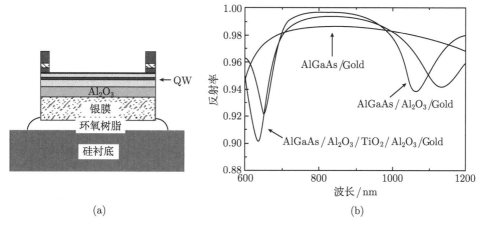

(a)　　　　　　　　　　　　　　　　　　　(b)

图 4.4-2　低损耗超宽带半导体可饱和吸收镜

(a) 半导体和银膜之间增加一层低折射率介质层提高了半导体可饱和吸收镜的反射率; (b) 钛宝石激光器用的宽带 SESAM 的反射率和带宽的对于底层附加膜层的比较, 增加底层膜层数目会增加总体反射率[10]

4.4.2　氧化 AlAs 布拉格反射镜

尽管金属膜宽带可饱和吸收镜已经在几种典型的激光器上获得了成功, 但仍然存在后处理工艺复杂、非饱和损耗高, 以及容易被光学损伤等缺点. Käertner 研究组提出了通过氧化 AlAs 为 $Al_xO_y(x, y$ 表示未知组分含量) 扩大 AlAs/GaAs 高低折射率差的方法来增加带宽[12]. AlAs 的折射率在 2.8, 与 GaAs 的折射率差一般只有 0.4 左右. 而 AlAs 是极易氧化为 Al_xO_y 的半导体化合物. 氧化后的折射率在 1.5μm 约为 1.61, 与 GaAs 在这一波长范围的 3.39 的差达 1.78, 因此大大扩展了反射带宽并减少了高反射率所需要的半导体层数目. 如果普通的半导体布拉格反射镜需要 25 对以上, Al_xO_y/GaAs 反射镜只需要 7 对. 图 4.4-3(a) 是这样的布拉格反射镜的纵向折射率分布. 在 1220~1740nm 光谱范围内, 计算的反射率为 99.9%; 而在 1300~1600nm 范围内, 反射率可达 99.99%! 具体做法是, 在正常生长 AlAs/GaAs 布拉格结构后, 用湿法从侧面氧化 AlAs. 由于氧化是从侧面进行的, 氧化 9.5h 后 Al_xO_y 可有 300μm 深. 图 4.4-3(b) 是测量的反射率曲线, 可以看出其反射率带宽超过 400nm.

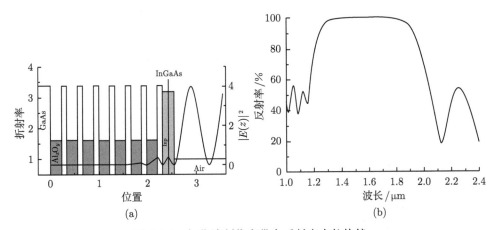

图 4.4-3　氧化法制作宽带高反射率布拉格镜

(a) Al_xO_y/GaAs 折射率和电场分布; (b) 用傅里叶光谱仪测量的

Al_xO_y/GaAs 布拉格镜的反射率[13]

　　由于氧化深度只有 $300\mu m$, 在激光器应用中, 如何把光束对准这样小的空间是个大问题. 另外对于钛宝石激光器的波长, 由于 GaAs 的吸收边在 860nm, 不能应用 Al_xO_y/GaAs 结构. 可能的方案是在 GaAs 中掺入 Al, 即 Al_xO_y/GaAlAs 布拉格结构. 但是 AlAs 的吸收边是 570nm, 为了保持在 600nm 以上无吸收, Al 的掺入量可能需要 90%. 而过多的 Al 增加了 GaAlAs 也被氧化的危险. 同时折射率差的减小会使反射带宽缩短, 目前已经得到了在 700～1000nm 范围的高反射率[13].

4.4.3　氟化物与半导体混合反射镜

　　另一种高反射率宽带设计是氟化物与半导体混合反射镜[14]. 金属氟化物, 如氟化钠氟化钙或氟化镁, 有着与半导体近似的晶格常数, 可以用分子束外延法与III-V族半导体混合生长. 由于氟化物有很低的折射率 (1.5 左右), 与半导体的折射率差很大, 所以带宽可以做得非常宽. 例如, 这种反射镜的反射率在 $1.1～1.7\mu m$ 区间内保持大于 99%. 对于以 800nm 为中心的波长域, 可采用 CaF_2/AlGaAs 构成反射镜. 它们均不需要刻蚀等后加工. 问题是 CaF_2 的热膨胀系数是 19.2×10^{-6} K^{-1}, 比 GaAs 的高 3 倍! 由于生长和冷却的温度差, 热应变附加的应变已经产生了 3.5% 的晶格失配, 导致生长层的破裂. 但是, 如果按 (111) 取向的 GaAs 生长, 就可以解决这个问题. 因为按这个取向生长, CaF_2 中的错位滑移舒缓了应变, 可以保持膜系至少两年内不会破裂.

　　图 4.4-4 是在 (111) 取向的 GaAs 上生长的两对 CaF_2/$Al_{0.77}Ga_{0.23}As$ 布拉格反射镜和 40nmGaAs 吸收层的设计和反射率曲线. 用这样的 SESAM 已经获得 9.5fs 的脉冲输出[14].

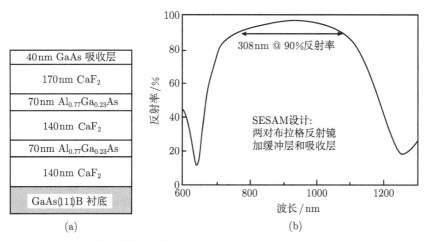

图 4.4-4 含 GaAs 吸收层的超宽带 CaF$_2$/AlGaAs SESAM 的设计 (a) 和反射率曲线 (b) 反射率以银作为标准参考反射面[14]

4.5 半导体可饱和吸收镜中吸收层的设计

半导体可饱和吸收镜设计时要考虑的参数是吸收边波长、调制深度 (量子阱厚度、个数与吸收系数)、衬底、破坏阈值等. 以下讨论以 Ti:Sapphire (钛宝石) 激光器用的 SESAM 为例.

(1) 吸收带：尽管钛宝石激光器的中心波长是 800nm, 吸收边应该在长波长一端, 并且尽量长一些, 但为了获得较宽的调谐范围, 一般选定 860nm 附近.

(2) 吸收系数：对于克尔透镜锁模, 10nm 以下的单量子阱的吸收应该是足够了. 如果希望调制深度大一些, 也可以选用多量子阱; 而且, 量子阱的位置也可以根据电场最大值的位置安排, 以获得均匀和有效的吸收. 但是对于 Yb 掺杂的晶体, 为了防止调 Q 现象, SESAM 的调制深度只能限制在 1% 左右.

(3) 量子阱：量子阱应该在反射带宽内是均匀吸收的. 为此目的, 应该考虑让子带之间的间隔宽一些, 例如, 在 750~860nm, 对应的能级宽度是 1653meV–1442meV=211meV. 因为第一子带与第二子带之间的能级差一般大于第一子带束缚能级的 3 倍, 所以束缚能级应该高于导带最低能级 70meV. 这样就导致对应的材料的禁带宽度应该是 1442meV–72meV=1370meV. 而 GaAs 材料的禁带宽度是 1423meV. 为了降低这个禁带宽度, 需要在 GaAs 中掺一些 InAs. 一般掺 1% 的 In 可以降低能量 11meV, 所以选择 5%~10% 的 In 的含量应该足够了. 同时吸收层的厚度选为 6nm. 因为有 In 掺入, InGaAs 与 GaAs 衬底晶格不匹配, 会发生应变. 但是应变的影响是对于 10nm 以上的层厚才会显著发生, 远大于这里的 6nm 情况.

(4) 饱和通量和调制深度：饱和通量和调制深度不仅取决于吸收层厚度, 还取决于吸收层所在位置的电场强度. 这个电场强度不仅由膜层结构决定, 还由表面反射率, 即所谓电场增强因子表示. 饱和通量对于锁模阈值的降低以及避免光学破坏至关重要, 一般希望做到低饱和通量. 这样不但容易锁模, 还避免了由于工作在高通量区而导致的光学破坏.

(5) 吸收材料和衬底: 除了吸收层, 其他层的介质应该保证在反射带内透明, 即 700 nm 以下要没有吸收. 这要求半导体材料的禁带宽度是 1.8eV 以上. 根据经验公式, 比较适合的材料是 AlGaAs, 而且 Al 的含量应该是 40%. 衬底只有选 GaAs.

(6) 破坏阈值的考虑: 半导体的破坏阈值比一般透明介质要低, 除了材料性质, 还取决于半导体材料生长质量的好坏. 高破坏阈值半导体可饱和吸收镜的设计见 4.7 节.

4.6   低饱和通量半导体可饱和吸收镜

在几百 MHz 以上的高重复频率激光器中, 单脉冲能量很低, 很难达到通常的饱和通量. 因此降低饱和通量就是一个需要研究的问题. 降低饱和通量最主要的方案就是增强在可饱和吸收体上的电场强度, 这可以用两种方法实现: 一是将可饱和吸收体 (量子阱) 设计在 SESAM 结构中电场强度最大处; 二是在 SESAM 表面镀增透膜, 让更多的光场克服半导体材料表面的高反射, 透射到饱和吸收体上. 作者所在的研究组设计了一种高调制深度、低饱和通量的 SESAM, 设计思想如下[15]:

线性腔光纤激光器需要较高的调制深度, 才能实现锁模; 较高的调制深度意味着较厚的吸收层; 电场在较厚的吸收层中分布不均匀, 导致更高的饱和通量; 吸收层的折射率都有虚部, 而虚部产生附加相移, 增加或者减少了有效层厚, 改变了电场分布, 使反射率曲线上出现凹陷. 作者研究组的方案是:

(1) 为了尽量让可饱和吸收层尽量包含在电场较强的部分下, 将吸收层分成两个部分, 分别覆盖场强最高部分;

(2) 吸收层分成两个部分也就减少了各层虚部的相移. 微调各层的膜厚度使其满足四分之一波长厚度的条件.

作者研究组的 SESAM 设计结构如 4.6-1 所示, 为了补偿厚量子阱带来的相移, 量子阱的厚度不是标准的 1/4 波长, 而是 0.26 波长. 计算和测量的反射率如图 4.6-2 所示, 可见, 反射率在布拉格反射带内反射率平坦, 低功率反射率显示调制深度约在 12%, 测量得到的饱和通量小于 $30\mu J/cm^2$. 为了进一步降低饱和通量, 可在 SESAM 表面增加增透膜.

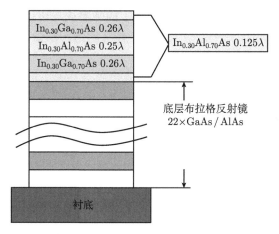

图 4.6-1　吸收层虚部补偿的低饱和通量 SESAM 设计结构

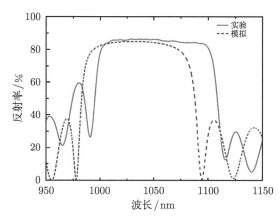

图 4.6-2　SESAM 结构的设计和测量的反射率图

反射率的横向偏移是由于半导体生长的膜厚误差

4.7　高破坏阈值半导体可饱和吸收镜

半导体可饱和吸收镜的最大缺点就是破坏阈值比较低, 即使是比较低功率的场合, 也很容易发生光学损伤. 首先是因为低温生长的半导体材料, 缺陷较多, 局部缺陷的光吸收会变成热量导致光损伤. 在高功率锁模激光器中, 光损伤不仅因为半导体可饱和吸收层量子阱的可饱和吸收, 而且在高功率脉冲入射时, 作为布拉格反射镜的透明半导体材料, 也会发生双光子吸收或多光子吸收, 导致反射率降低和光学破坏.

薄片激光器能提供非常好的散热条件. 这种激光器可直接输出几十甚至上百瓦

的平均功率. 此时, 在半导体可饱和吸收体上的脉冲通量可达每平方厘米毫焦耳量级, 远大于可饱和吸收镜每平方厘米几十微焦耳的饱和通量, 峰值功率密度可能达到数十 GW/cm^2.

Keller 等系统研究了半导体可饱和吸收镜的高功率下的特性[16]. 在考虑双光子吸收的情况下, 修正了式 (4.2-9), 给出了一个可饱和吸收镜反射率的拟合公式

$$R(F) = R_{ns} \frac{\ln[1 + (R_{lin}/R_{ns})(e^{F/F_{sat}} - 1)]}{F/F_{sat}} e^{-F/F_2} \tag{4.7-1}$$

将测量的反射率曲线与其拟合, 可得到一些参数: F_0 为反射率最大时的脉冲通量,

$$F_0 = \sqrt{F_2 F_{sat} \Delta R} \tag{4.7-2}$$

F_2 为双光子吸收发生时的通量

$$F_2 = \frac{\tau_p}{0.585 \int \beta_{TPA}(z) n^2(z) |\varepsilon(z)|^4 dz} \tag{4.7-3}$$

其中, β_{TPA} 是双光子吸收系数.

半导体可饱和吸收镜单位面积吸收的脉冲能量可以宏观地用以下式子表示

$$F_{abs} = F - R(F)F = F(1 - R(F)) \tag{4.7-4}$$

其中, R 由式 (4.7-1) 描述.

在充分饱和的情况下, $F \gg F_{sat}$, 远小于双光子吸收通量 F_2, 式 (4.7-1) 简化为

$$R(F) = R_{ns}(1 - F/F_2) \tag{4.7-5}$$

因此单位面积吸收的能量就是

$$F_{abs} = F(1 - R_{ns}(1 - F/F_2)) \tag{4.7-6}$$

当非饱和损耗 $1 - R_{ns}$ 可以忽略时, 单位面积吸收的脉冲能量表示为

$$F_{abs} = R_{ns} F^2 / F_2 \tag{4.7-7}$$

对于给定的吸收脉冲能量 $F_{abs} = F_d$, 即发生光学破坏时

$$F_{abs} = constant = R_{ns} F_d^2 / F_2 \tag{4.7-8}$$

可以推出

$$F_d \propto \sqrt{F_2} \tag{4.7-9}$$

即光学破坏正比于双光子吸收通量的平方根. 图 4.7-1 是某个半导体可饱和吸收镜的反射率曲线, 由图可以看出以上几个量的定义. 当脉冲通量增加时, 反射率逐渐

增加. 当脉冲通量超过饱和通量 F_{sat}, 反射率的增加逐渐平缓, 并在 $F = F_0$ 时达到顶点, 然后由于双光子吸收而下降.

Keller 等进行了一系列实验. 图 4.7-2 所示的是典型的半导体可饱和吸收镜结

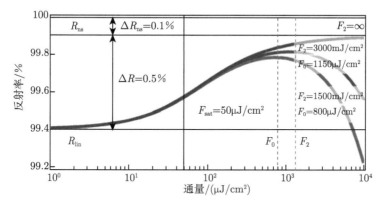

图 4.7-1 测量得到的某个 SESAM 不同双光子吸收通量反射率图

显示双光子吸收通量显著影响反射率

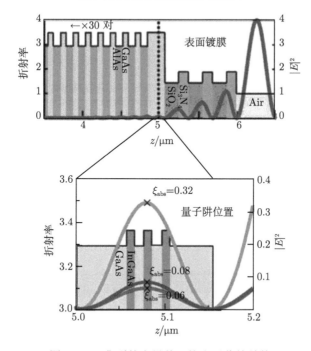

图 4.7-2 典型的半导体可饱和吸收镜结构

为了调节饱和通量和提高破坏阈值, 在表面镀各种膜系. 图中以介质膜为例, 是三对 SiO_2/Si_3N_4

高反膜, Si_3N_4 具有较高的破坏阈值构图. 在 30 对 GaAs/AlAs 布拉格反射镜上, 有一缓冲层, 其中有三个 InGaAs 量子阱, 放在驻波场最大的位置, 以降低饱和通量. 缓冲层上, 可镀膜或不镀膜. 在 Keller 的实验中, 测试了四种情况: 不镀膜、镀半导体膜、镀两对介质膜和镀三对介质膜. 图 4.7-2 对应的是镀三对介质膜的情况. 这四种情况的测试结果表示在图 4.7-3 和表 4.7-1 中. 可以看出, 镀膜比不镀膜好, 镀介质膜比镀半导体膜好, 镀三对介质膜比镀两对介质膜, 其 F_2 呈数量级地增加, 可以获得更高的破坏阈值 F_d.

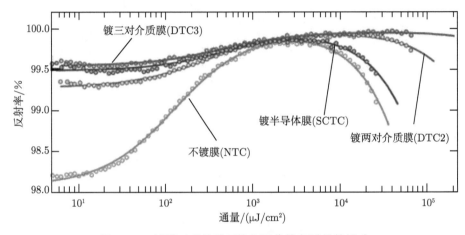

图 4.7-3　镀膜对半导体可饱和吸收镜各通量的影响

表 4.7-1　镀膜对半导体可饱和吸收镜各通量的影响

表面镀膜种类	$F_{sat}/$ $(\mu J/cm^2)$	$F_2/$ (mJ/cm^2)	$F_0/$ (mJ/cm^2)	$F_d/$ (mJ/cm^2)	F_d/F_{sat}
无镀膜	72	3200	3.1	32.6	452
四对 GaAs/AlAs 膜	279	5523	3.3	44.1	157
两对 SiO_2/Si_3N_4 介质膜	168	31700	8.7	122	726
三对 SiO_2/Si_3N_4 介质膜	247	346000	30.2	> 210	> 850

　　同时, 改变量子阱的个数的实验研究发现, 导致半导体可饱和吸收镜破坏的, 不是 InGaAs 量子阱的线性吸收, 而是 GaAs 的双光子吸收. 因此, 设计高破坏阈值半导体可饱和吸收镜的指导思想是:

　　(1) 为了提高破坏阈值, 应该选用低双光子吸收系数的材料做势垒和填充, 如 AlAs, 而尽量不用 GaAs.

　　(2) 表面增镀介质膜是提高破坏阈值的好方法. 介质膜可显著提高双光子吸收通量 F_2, 并因此提高破坏阈值.

4.8 量子点可饱和吸收镜

以上讲解的饱和吸收材料都是半导体量子阱或者体材料. 最近, 由于射频光子学、精密光学脉冲整形、激光频率梳等应用的需求, 超高重复频率锁模激光器逐渐成为热点. 超高重复频率锁模激光器, 无论是飞秒还是皮秒, 由于其单脉冲能量非常小, 很难达到量子阱 SESAM 的饱和通量. 因此, 需要更低饱和通量、更快的饱和吸收恢复时间的锁模器件. 量子点成为可饱和吸收体的新结构材料.

4.8.1 量子点的能级结构

量子点和量子阱不同, 由于其三维束缚的作用, 其量子态密度非常小, 因此极其容易饱和. 另外, 其生长也不太受晶格匹配的制约, 相对容易生长.

图 4.8-1 显示体状、量子阱、量子线和量子点的结构和态密度分布. 在量子阱中, 能态分布虽然有子带, 但子带中的电子分布仍然是连续的, 而二维约束的量子线就显示出一定的阶跃结构. 三维约束的量子点的态密度分布就是独立的线, 称为类原子结构, 或者人工原子.

自组织量子点是由于量子点材料与衬底之间的晶格失配造成的. 其大小和形状也有一定分布, 形成 "非均匀加宽" 结构, 使其吸收带宽很宽, 且比量子阱的均匀, 因此适合做宽带 SESAM. 同时, 由于其宽带特性, 量子点也适合做宽带、高重复频率飞秒量级锁模激光器[17,18].

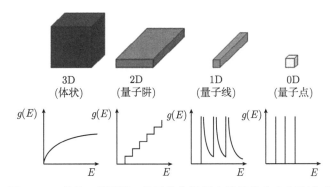

图 4.8-1　体状、量子阱、量子线和量子点的结构和态密度分布

4.8.2 量子点半导体可饱和吸收镜的结构

第一个量子点 SESAM 是 1999 年 Qasaimeh 等用于边发射半导体激光器的锁模[19]. 两年后被 Garnache 等用于面发射半导体激光器的锁模[20].

图 4.8-2 是量子点 SESAM 的设计图以及电场在 SESAM 内外的分布. InAs 量子点生长在 AlAs/GaAs 布拉格反射镜的最上层 GaAs 上时, 由于晶格不匹配, 生长

时不会形成成片的均匀薄膜, 而是形成一个个 "岛", 这些岛就是所谓量子点. 生长合适吸收谱的量子点的关键是控制量子点的大小和密度. 主要控制参数是: 衬底温度、生长速率 (每秒单原子层层数)、As 的气压和 In 的单层覆盖 (控制炉子盖板). 衬底温度一般在 400℃左右. 测量曲线表明, 量子点 SESAM 的饱和通量在 $1\mu J/cm^2$, 比普通量子阱 SESAM 小一个数量级以上.

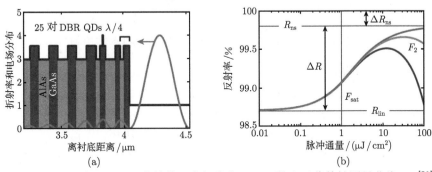

图 4.8-2　量子点 SESAM 的结构及电场分布 (a); 可饱和吸收特性测量曲线 (b)[21]

4.9　碳纳米管锁模器件

4.9.1　单壁碳纳米管作为可饱和吸收体

碳纳米管是一种碳纳米结构, 由饭岛澄男 (S. Iijima) 研究小组在 1991 年首次发现[22]. 根据卷曲层数的不同, 可以分为单壁和多壁两种. 多壁碳纳米管一般由几个到几十个单壁碳纳米管同轴构成, 管间距为 0.34nm 左右. 单壁碳纳米管侧面由碳原子六边形组成, 直径一般为 0.6~2nm, 长度一般为几十纳米到微米量级, 两端由碳原子的五边形封顶. 图 4.9-1 显示了单壁碳纳米管的卷曲形态.

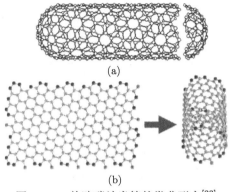

图 4.9-1　单壁碳纳米管的卷曲形态[23]

根据碳纳米管手性矢量 $\boldsymbol{C}_h = n\boldsymbol{a}_1 + m\boldsymbol{a}_2$ 中两个整数 m 和 n 之差的不同, 单壁碳纳米管可以分成金属型和半导体型两种. 当 m, n 之差为 3 的倍数的时候, 该碳纳米管属于金属型, 具有金属的性质; 当 m, n 之差不是 3 的倍数的时候, 该碳纳米管属于半导体型, 具有能带的结构, 如图 4.9-2(a) 所示, 其带隙与管的直径成反相关. 对应于 1.2nm 直径的碳纳米管的能带结构如图 4.9-2(b) 所示, 具有和量子线类似的结构, 每个能带的态密度都非常小, 因此很容易饱和, 即饱和通量小. 值得注意的是, 仅 S1 能带之间的跃迁才具有饱和吸收特性 (图 4.9-4). 研究表明, 半导体型单壁碳纳米管具有很快的恢复时间 (图 4.9-3)[24], 并且具有与半导体可饱和吸收体相似的特性. 通过控制单壁碳纳米管的直径大小, 可以调整带隙的宽度以适应不同的吸收波长. 2003 年, 东京大学薛世荣 (Set S. Y.) 等在国际上首次报道单壁碳纳米管作为可饱和吸收体在掺铒光纤激光器实现了锁模[25].

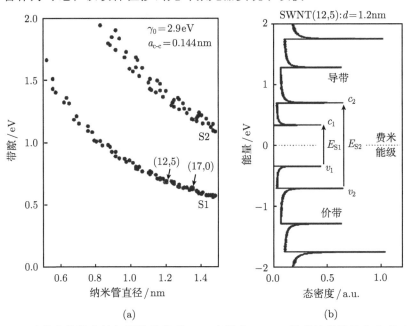

(a) (b)

图 4.9-2 碳纳米管的直径与带隙的关系 (a); 直径为 1.2nm 的碳纳米管的态密度 (b)[27]

相比半导体可饱和吸收体, 单壁碳纳米管制成的可饱和吸收体具有如下优点:

(1) 制备简单方便, 灵活多样, 成本低廉, 可以生长在多种基底材料上, 甚至可以直接生长在光纤头上面;

(2) 具有超短的恢复时间;

(3) 由于碳纳米管具有良好的导热性, 因此其损伤阈值比较高;

(4) 具有多种实现方式, 可以做成反射式, 也可以做成透射式的器件;

(5) 工作波长可以通过控制碳纳米管的直径去调整, 比较灵活.

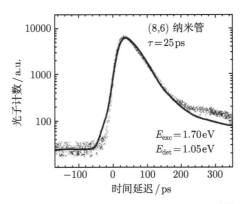

图 4.9-3　典型的碳纳米管饱和恢复时间[26]

　　碳纳米管吸收大小可用膜厚控制, 吸收峰的位置由纳米管的直径控制, 而吸收带宽取决于纳米管的直径分布. 正是因为单壁碳纳米管具有如此优良的特性, 作者研究组与北京大学化学学院、清华大学合作, 开展了对其作为可饱和吸收体的研究, 并将其成功应用于掺铒光纤激光器中.

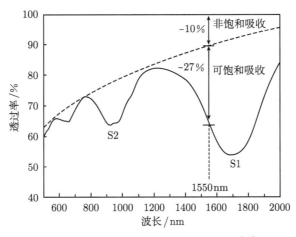

图 4.9-4　碳纳米管薄膜的透射率曲线[27]

4.9.2　单壁碳纳米管可饱和吸收镜的制备

　　单壁碳纳米管可饱和吸收体在制备方式上基本有三种：甩胶法和化学蒸镀法直接在反射镜上制作碳纳米管薄膜；光纤端面用光学梯度力吸附法；光纤侧面可用拉锥或者研磨法.

1. 直接涂覆法

　　图 4.9-5 是清华大学清华-富士康纳米科技研究中心的范首善院士和姜开利博

士提供的银镜上铺的碳纳米管, 作为可饱和吸收镜. 由于布状薄膜的层数可以任意设置, 因此调制深度可以灵活变化. 在本实验中, 作者研究组在高反射镜面上铺制了 3 层碳纳米管布状薄膜, 并在掺铒光纤激光器中得到了锁模脉冲.

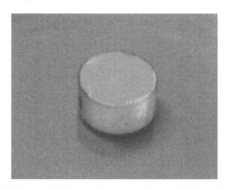

图 4.9-5　清华大学纳米中心用 CVD 法铺在银镜上的 CNT 薄膜

2. 利用光梯度力在光纤上吸附单壁碳纳米管

J.Nicholson 等在 2007 年提出利用光梯度力将单壁碳纳米管吸附在光纤上面, 以实现掺铒光纤激光器的锁模[28]. 单壁碳纳米管首先通过超声的方法分散在多聚物溶液当中, 然后将一截带有法兰盘的单模光纤放置溶液当中, 如图 4.9-6(a) 所示. 单模光纤的另一头接有泵浦光源. 开启光源 (几十毫瓦), 通过光的梯度力, 分散在溶液当中的单壁碳纳米管即可吸附到光纤头上 (图 4.9-6(b)).

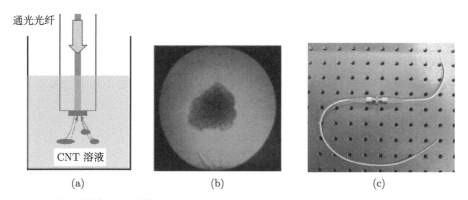

(a)　　　　　　　　(b)　　　　　　　　(c)

图 4.9-6　利用光梯度力在单模光纤上吸附单壁碳纳米管原理 (a); 光纤端面上吸附的碳纳米管显微照片 (b)[28]; 碳纳米管可饱和吸收体: 两段光纤通过法兰盘相连, 其中一段的光纤头中吸附有单壁碳纳米管 (c)

将此段光纤接入另外一段带有法兰盘的光纤, 即可做成一个可饱和吸收体 (图 4.9-6(c)). 将此可饱和吸收体连接进入光纤激光器中, 即可实现稳定锁模. 作者研究组采用北京大学化学学院制作的碳纳米管, 用此方法在光纤跳线的端面上吸附了碳纳米管, 制成可饱和吸收器件 (图 4.9-6(c)), 并成功实现了掺铒光纤激光器的锁模.

3. 光纤拉锥处涂覆碳纳米管

吸附法做在光纤端面上的碳纳米管虽然可以获得锁模, 但是长期开关后, 锁模特性逐渐劣化, 最后丧失锁模能力. 这个可能和直接接触光而受到光学破坏有关. 因此, 有人提出将光纤拉锥, 利用倏逝波与碳纳米管相互作用, 达到可饱和吸收的目的. 图 4.9-7 是这种方法的示意图. 倏逝波扩散到光纤的包层进而扩展到空气中, 将碳纳米管薄膜涂在锥形部分, 倏逝波就会在碳纳米管中获得饱和吸收, 影响光纤内的光强[29]. 将这样的光纤熔接入光纤激光器中作为光纤的一部分, 就可实现稳定的锁模. 这种器件的最大优点就是与光纤融为一体, 容易集成, 且抗光学损伤.

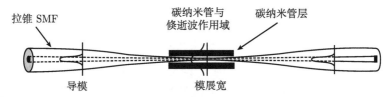

图 4.9-7　拉锥单模光纤上制备的碳纳米管膜

光场与碳纳米管在拉锥区域通过倏逝波相互作用达到可饱和吸收的作用[29]

4.10　石墨烯锁模器件

碳基吸收器件中还有一个引人注目的可饱和吸收器件 —— 石墨烯 (graphene). 石墨烯实际上是单层石墨, 是二维结构 (图 4.10-1). 碳纳米管可以看成是卷起来的石墨烯.

图 4.10-1　石墨烯的几何结构

4.10.1　石墨烯的能带结构

石墨烯的能带结构如图 4.10-2 所示, 像是两个对顶的漏斗, 中间没有禁带. 这种形式的态密度被称为线性色散. 电子被光子激发到导带后, 通过声子发射而弛豫到价带内复合.

4.10.2　石墨烯的吸收特性

1. 线性吸收

石墨看起来是黑色的, 说明其吸收可见光. 把石墨烯放在 Si/SiO_2 表面, 能清晰地看出石墨烯的存在. 颜色的对比度表明石墨烯的层数. 有意思的是, 单层石墨烯的透射率可以用普适光学电导率 $G_0 = e^2/4\hbar \approx 6.08 \times 10^{-5} \Omega^{-1}$, 从薄膜的 Fresnel 方程导出, 而与材料的性质无关[30].

$$T = (1 + 0.5\pi\alpha)^{-2} \approx 1 - \pi\alpha \approx 97.7\% \qquad (4.10\text{-}1)$$

其中, $\alpha = e^2/(4\pi\varepsilon_0\hbar c) = G_0/(\pi\varepsilon_0 c) \approx 1/137$ 是精细结构常数. 石墨烯仅反射可见光小于 0.1% 的光, 而 10 层才增加到 2%, 因此, 可以将吸收近似写为 $A \approx 1-T = \pi\alpha \approx 2.3\%$. 对于多层膜, 每层膜都可看成二维电子气, 几乎不受临近层的干扰, 在光学上可看成是几乎没有相互作用的单层石墨烯的叠加. 石墨烯的吸收, 从 300~2500nm 是非常平坦的, 只是在 270nm 有一个吸收峰.

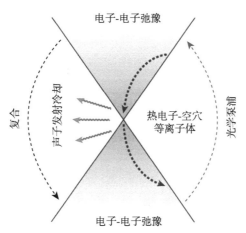

图 4.10-2　石墨烯的光子激发系统和电子动力学, 包括可能的弛豫机理和非平衡态电子数

以上结论是建立在非相互作用费米子而忽略库仑相互作用的假定上. Sheely 等[31] 计算了库仑相互作用, 结果发现, 库仑作用对石墨烯透明度的影响非常小, 只有 1%~2%, 即透射率 0.03%~0.04%. 这个有意思的结果告诉我们, 原子的精细结构常数是可以用裸眼 "看到" 的.

2. 非线性吸收

石墨烯中价带的电子吸收了超短光脉冲, 被激发到导带, 产生了非平衡态载流子. 和前面介绍的Ⅲ-Ⅴ族半导体一样, 这个吸收弛豫有两个时间常数, 一个是 100fs 左右的碰撞和声子发射带内弛豫时间, 一个是皮秒量级的声子冷却和带间跃迁时间[32,33].

狄拉克电子的线性色散隐含着, 对任何波长的激发, 总会有与谐振对应的电子–空穴对. 如果弛豫时间小于脉冲宽度, 在脉冲持续时间内, 电子达到稳态, 碰撞推动电子空穴达到某个温度的热平衡态. 激发的电子数目决定了电子–空穴对密度、饱和通量和每层石墨烯中对光子的吸收. 这个效应, 可以作为可饱和吸收体.

4.10.3　石墨烯锁模器件的制备

用石墨烯的可饱和吸收效应做的光纤激光器的锁模器件与碳纳米管类似, 可以贴在反射镜上做成反射式可饱和吸收器, 也可以做在透明片上成为透射式可饱和吸收器. 对光纤激光器来说, 比较简单的方法是做在光纤头上. 图 4.10-3(a) 是将石墨烯片转移到光纤头上的方法示意图[34]. 将含石墨烯的 PMMA 薄膜转帖在光纤头上, 然后再把 PMMA 溶解掉, 石墨烯就粘在了光纤头上, 如图 4.10-3(b) 所示. 法兰盘将两个光纤接头接在一起, 石墨烯作为其中的透射式器件起可饱和吸收的作用. 需要注意的是, 单层石墨烯的吸收有限. 光纤激光器需要 10% 以上的调制深度, 因此需要多层石墨烯.

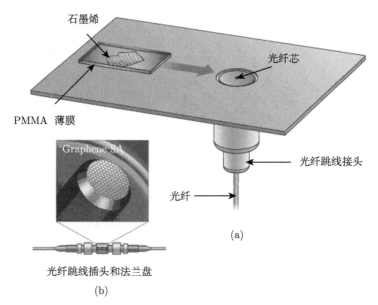

图 4.10-3　石墨烯片转移到光纤头上的方法示意图

　　总的来说, 半导体可饱和吸收镜仍然是最可靠的锁模器件, 其光学破坏也在可以限制在一定范围之内. 其他可饱和吸收体, 仍然停留在实验室测试阶段.

参 考 文 献

[1] Keller U, Knox W H, Roskos H. Coupled-cavity resonant passive modelocked (RPM) Ti:sapphire laser. Opt. Lett., 1990, 15(23):1377-1379.

[2] Campbell S A. The Science and Engineering of Microelectronic Fabrication. 2nd Edition. Oxford: Oxford University Press, 2001.

[3] Paschotta R, Keller U. Passive mode locking with slow saturable absorbers. Appl. Phys. B, 2001,73(7): 653-662.

[4] Brovelli L R, Keller U, Chiu T H. Design and operation of antiresonant Fabry-Perot semiconductor saturable absorbers for mode-locked solid-state lasers. J. Opt. Soc. Am. B., 1995, 12(2): 311-322.

[5] Jung I D, Kärther F K, Matuschek N, et al. Semiconductor saturable absorber mirrors supporting sub-10-fs pulses. Appl. Phys. B, 1997, 65(2): 137-150.

[6] Collings B C, Stark J B, Tsuda S, et al. Saturable Bragg reflector self-starting passive mode locking of a Cr^{4+}:YAG laser pumped with a diode-pumped Nd:YVO_4 laser. Opt. Lett., 1996, 2(15): 1171-1173.

[7] Fluck R, Jung I D, Zhang G, et al. Broadband saturable mirror for 10 fs pulse generation. Opt. Lett., 1996, 21(10): 743-745.

[8] Zhang Z, Torizuka K, Itatani T, et al. Broadband semiconductor saturable mirror for self-stating femtosecond Cr:forsterite laser. Opt. Lett., 1998, 23(18): 1465-1467.

[9] Zhang Z, Nakagawa T, Torizuka K, et al. Self-starting mode locked Cr:YAG laser with a broadband semiconductor saturable absorber mirror. Opt. Lett., 1999, 24(23): 1768-1770.

[10] Zhang Z, Nakagawa T, Takada H, et al. Low-loss broadband semiconductor semiconductor saturable absorber mirror for mode locked Ti:sapphire lasers. Opt. Commun., 2000, 176(1): 171-175.

[11] Hass G, Heaney J B, Triolo J J. Evaporated Ag coated with double layers of Al_2O_3 and silicon oxide to produce surface films with low solar absorptivity and high thermal emissivity. Opt. Commun., 1973, 8(3): 183-185.

[12] Ripin D J, Gopinath J T, Shen H M. Oxidized GaAs/AlAs mirror with a quantum-well saturable absorber for ultrashort-pulse Cr^{4+}:YAG laser. Opt. Commun., 2002, 214(1):285-289.

[13] Tandon S N, Gopinath J T, Shen H M, et al. Broadband saturable Bragg reflectors from the infrared to visible using oxidized AlAs// Digest of Conference of Lasers and Electro-optics. CLEO2004 (Optical Society of America, Washington DC, 2004), CThV5.

[14] Schön S, Haiml M, Gallmann L, Keller U. Fluoride semiconductor saturable-absorber mirror for ultrashort pulse generation. Opt. Lett., 2002, 27(20): 1845-1847.

[15] Chen L L, Zhang M, Zhang Z G. SESAM with uniform modulation depth for fiber lasers. Ultrafast Optics 2009, Arcachon, France.

[16] Saraceno C J, Schriber C, Mangold M, et al. SESAMs for high-power oscillators: design guidelines and damage thresholds. IEEE J. Selected Topics in Quantum Electronics (JSTQE), 2012, 18(1): 29-41.

[17] Lu Z G, Liu J R, Raymond S, et al. 312-fs pulse generation from a passive C-band InAs/InP quantum dot mode-locked laser. Opt. Express, 2008, 16(14): 10835-10840.

[18] Peng J L, Liu T A, Shu R H. The pump power was coupled spatially octave- spanning fiber laser comb with 300 MHz comb spacing for optical frequency metrology// Conference on Laser and Electro-optics (CLEO), Baltimore, Maryland, 6-11 May, 2009.

[19] Qasaimeh O, Zhou W D, Phillips J, et al. Bistability and selfpulsation in quantum-dot lasers with intracavity quantum-dot saturable absorbers. Appl. Phys. Lett., 1999, 74(12): 1654-1656.

[20] Garnache A, Hoogland S, Tropper A C, et al. Pico-second passively mode locked surface-emitting laser with self-assembled semiconductor quantum dot absorber// CLEO/ Europe-EQEC, post deadline paper, 2001.

[21] Maas D J H C, Bellancourt A R, Hoffmann M, et al. Growth parameter optimization for fast quantum dot SESAMs. Opt. Express, 2008, 16(23): 18646-18656.

[22] Iijima S. Synthesis of carbon nanotubes. Nature, 1991, 354: 56-58.

[23] Yamashita S, Set S, Goh C,et al. Ultrafast saturable absorbers based on carbon nanotubes and their applications to passively mode-locked fiber lasers. Electronics and Communications in Japan, Part 2, 2007, 90: 17-24.

[24] Chen Y, Raravikar N, Schadler L, et al. Ultrafast optical switching properties of single-wall carbon nanotube polymer composites at 1.55μm. Appl. Phys. Lett., 2002, 81(6): 975-977.

[25] Set S Y, Yaguchi H, Jablonski M. A noise suppressing saturable absorber at 1550nm based on carbon nanotube technology, OFC'2003, paper FL2.

[26] Reich S Thomsen C, Maultzsch J. Carbon Nanotubes. Berlin: Wiley-VCH, 2004.

[27] Set S Y. Alnair Labs, 2009, private presentations.

[28] Nicholson J, Windeler R. DiGiovanni D, Optically driven deposition of single-walled carbon-nanotube saturable absorbers on optical fiber end end-faces. Opt. Express, 2007, 15(15): 9176-9183.

[29] Kieu K, Mansuripur M. Femtosecond laser pulse generation with a fiber taper embedded in carbon nanotube/ polymer composite. Opt. Lett., 2007, 32(15):2242-2244.

[30] Nair R R, Blake P, Grigorenko A N, et al. Fine structure constant defi nes transparency of grapheme. Science, 2008, 320: 1308-1308.

[31] Sheehy D E, Schmalian J. Why is the optical transparency of graphene determined by the fine structure constant? 2010 APS March Meeting, 2010, Portland, Oregon.

[32] Kampfrath, T, Perfetti, L, Schapper F, et al. Strongly coupled optical phonons in the ultrafast dynamics of the electronic energy and current relaxation in graphite. Phys. Rev. Lett., 2005, 95(18): 187403-1-4.

[33] Ishida Y, Togashi T, Yamamoto K, et al. Ultrafast electroic-state dynamics of graphite probed by time-resolved photoemission spectroscopy. 2009 APS March Meeting, 2009, Pittsburgh, Pennsylvania.

[34] Bonaccorso F, Sun Z, Hasan T, et al. Graphene photonics and optoelectronics. Nat. Photon, 2010, 4(9): 611-622.

第5章 飞秒固体激光技术

第 3 章讲解了克尔透镜锁模和脉冲成形的基本原理. 根据原理实现飞秒激光器, 还需要解决一些具体的技术问题, 例如, 激光材料选择、泵浦方式、色散补偿、散热等. 本章介绍常见的固体激光介质和晶体飞秒固体激光器.

5.1 泵 浦 激 光

基于克尔透镜效应的固体飞秒激光器, 需要很高的光束质量, 以形成在固体激光介质中的软光阑.

常用固体激光器泵浦锁模激光器, 例如, 钛宝石激光器、镁橄榄石激光器、掺铬 YAG 激光器, 都可以用固体激光器泵浦. 常说的全固态激光器, 指半导体泵浦的固体激光器. 选固体还是选半导体激光器泵浦, 主要看有没有对应的吸收波长.

5.1.1 固体激光器

固体激光器光束质量好, 非常适合泵浦克尔透镜锁模固体激光器. 在选用固体激光器时, 需要考虑以下内容:

(1) 横模特性. 固体激光器特别是锁模需要单横模激光泵浦, 因为克尔效应需要在激光介质中有更小的光斑.

(2) 偏振特性. 激光晶体对偏振光的吸收系数和波长是不同的. 正确的偏振是保证激光器效率的关键步骤之一, 特别是布儒斯特角入射的时候.

(3) 光束指向性. 光束指向性非常影响锁模的稳定性甚至输出功率. 用氩离子泵浦钛宝石激光器的最大问题就是其指向性非常不稳定. 固体激光器要好些, 但是不同厂商的激光器也会有很大差异.

(4) 噪声特性. 固体激光器的噪声特性会影响到锁模的稳定性. 固体激光增益介质一般上能级寿命较长, 可以看成是滤波器. 但钛宝石中钛离子的上能级寿命只有 $3.2\mu s$, 相对于 1ms 的掺镱离子, 就显得太短了, 因此对泵浦噪声更加敏感. 在挑选泵浦激光器时, 可能要提出对噪声的特别指标.

加上以上条件, 固体激光器就相对昂贵了.

5.1.2 半导体激光器

半导体激光器严格地说, 并不是激光, 而是一种高亮度光源. 边发光激光器是最常见的激光器,做成阵列可发出上百瓦的功率,但是光斑很差,光束分快慢轴,需要整形. 单管 (100μm×1μm) 半导体激光器比较容易整形,高功率的则需要专门技术. 用于泵浦固体锁模激光器的半导体激光器,常用光纤耦合输出,光斑模式会比直接从半导体激光器整形后的光斑要好. 光纤芯径从 50~100μm 的低阶模式,到 400μm 的大芯径高功率,都很容易入手. 随着单模光纤耦合输出的单管半导体激光器的发展,直接输出 1W 功率的 980nm 泵浦光源也可以买到. 这种激光器非常适合用于泵浦克尔透镜锁模的固体激光器和光纤激光器.

面发光激光器 (VCSEL) 模式比边发光要好很多,或者就是基模. 但单个 VCSEL 发光功率很低,需要构成阵列才能提供高功率. 目前百瓦量级的 VCSEL 阵列已经很容易得到,数值孔径可低至 0.15,也可以做成光纤耦合输出,适合泵浦高功率固体激光器.

5.1.3 光纤激光器

连续光的光纤激光器可以代替固体激光器,例如,YAG 激光器. 但倍频的 532nm 或 515nm 光纤激光器就很少见,因为光纤激光器很难做成腔内倍频,而连续光高腔外倍频效率又很低. 另外,光纤激光器不是固体激光器,其荧光光谱比固体宽很多,需要限制. 所以很少有用光纤激光器泵浦钛宝石激光器的. 泵浦镁橄榄石激光器、掺铬 YAG 激光器、1μm 波长的光纤激光器是较好的选择. 需要注意的是,如果激光器用的不是保偏光纤,在泵浦布儒斯特角切割的晶体时,可能会在表面有较大损耗.

5.2 腔内色散补偿

在增益带宽限制之内,腔内色散补偿决定了最终输出的脉冲宽度. 第 2 章中介绍了多种色散补偿元件和技术. 由于固体激光介质一般都很短,增益较低,腔内损耗能够容忍的,只有与腔内色散相反的固体介质、棱镜对和啁啾镜. 受材料限制,不是所有的腔内色散都能完全补偿.

5.2.1 棱镜对色散补偿

腔内色散主要是增益材料的色散,具体地说,在钛宝石激光器中,主要是钛宝石本身的材料色散,以及少量的反射镜的色散. 如前所述,用棱镜对产生的负色散来补偿钛宝石的正色散是最简单最常用的方法. 在此我们忽略反射镜的色散以及可能的非线性效应,只考虑钛宝石的色散补偿方法. 粗略地说,色散补偿应是使总的二阶和三阶色散同时为零. 但是在第 2 章我们指出,并不是任何色散都可以得到完全补偿. 假定只考虑激光增益介质 (晶体) 的色散和棱镜对的色散,二阶和三阶色

散同时为零的条件是[1]

$$R_L > R_g, \quad R_x > R_L \tag{5.2-1}$$

或

$$R_L < R_g, \quad R_x < R_L (图 5.2\text{-}1(b)) \tag{5.2-2}$$

其中, $R_i = D_{3i}/D_{2i}$(角标 i 代表 g, L, x) 是矢量的斜率. 当这些条件不满足时, 总色散不可能是零, 即这个系统的色散不能被这些元件完全补偿. 从钛宝石的 Sellmeier 常数算出, 钛宝石的 $R_g= 0.72$fs (设中心波长为 800nm). 我们可以把钛宝石的色散在色散图上示意性地画出, 即图 5.2-1(a) 中的矢量 OA. 直观地说, 我们需要找到这样一种棱镜材料, 其色散矢量的斜率满足以上条件, 即综合色散矢量的 R 值等于或接近这个 0.72fs, 然后靠调节棱镜的距离来把钛宝石的色散矢量拉回到原点. 表 5.2-1 列出了几种光学玻璃制成的棱镜的色散 R_L 和 R_x 值. 从表中可看到, 几乎所有常用的光学材料均有 $R_L > R_g$, 但是却有 $R_x < R_L$, 即所有这些光学材料不可能与钛宝石的色散矢量构成封闭的三角形. 如果只让二阶色散为零, 则会留下很大的负的三阶色散. 为了减少三阶色散, 一是尽量选用 R_L 接近 R_g 的材料, 如 BK7、熔融石英等. 但是 R_L 小的材料色散也小, 因此必须拉长棱镜间距. 有时这样的间距会超过腔的容许长度, 所以必须同时采用第二个方法, 即缩短晶体长度, 这从色散图中可以很容易地看出来. 这里要指出的是, 要特别注意防止过长的棱镜间隔. 从图中可以看出, 如果拉大棱镜间隔, 虽然靠棱镜插入量也可以调节色散, 但将留下较大的三阶色散. 最好的方法是先设定一个合理的棱镜插入量 x, 如 5mm, 然后通过式 (2.3-31) 中第一式计算出棱镜间距 L. 将棱镜间距和棱镜插入量代入式 (2.3-32) 第二式, 可以估算所剩的三阶色散. 一个 10fs 钛宝石激光器的晶体长度一般是 2~4mm, 熔融石英棱镜的间隔为 50~60cm.

对应于更长的波长, 激光材料和棱镜的色散比率都发生变化. 例如, 在 1300nm 波长, 增益介质的色散斜率急剧增加, 而棱镜的材料色散斜率也随之增加, 使 $R_x > R_L$. 因此要寻找 $R_x < R_L$ 的材料, 以满足条件式 (5.2-2). 这样就能得到图 5.2-1(b) 示意的情况, 使二阶和三阶色散同时为零. 而这种棱镜材料是可以找到的. 当波长延长至 1550nm 时, 满足以上条件的棱镜材料又没有了.

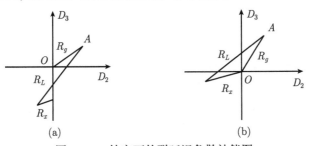

图 5.2-1　钛宝石的群延迟色散补偿图

表 5.2-1　几种常用棱镜材料的色散比率

	SF10	LaKL21	BK7	熔融石英
R_L	2.49	1.36	1.31	1.12
R_x	0.69	0.73	0.73	0.76

用棱镜补偿色散的方法虽然简便, 却有诸多缺点:

(1) 由于材料限制, 高阶色散在多数情况下不能得到完全补偿.

(2) 因为棱镜的色散取决于光束在棱镜中的位置即插入量, 脉冲的宽度极易受光束位置漂移的影响.

(3) 棱镜间隔很大, 限制了通过缩短腔长实现高重复频率激光器的可能性.

5.2.2　啁啾镜色散补偿

研究证明, 100fs 以下的钛宝石激光器的脉宽主要由高阶色散限制. 上一节讲到, 用棱镜不可能完全补偿钛宝石激光器中的高阶色散, 于是人们考虑用其他方法来补偿. 啁啾反射镜 (chirped mirror) 就是其中一种. 啁啾反射镜的基本原理已经在 2.2.2 节里介绍了. 对于特定的激光增益材料, 可以设计不同的啁啾反射镜, 即使膜层厚度线性或非线性变化, 来拟合介质材料的群延迟色散. 这种补偿方法的最大优点是可以控制膜层厚度, 完全补偿介质的色散, 从而获得最短的脉冲. 用此方法, 钛宝石激光器的输出脉冲宽度可达 4~5 fs. 使用啁啾反射镜的另一个优点是, 因为没有棱镜, 谐振腔可以做得更小. 最后, 因为啁啾反射镜的色散与光束的位置无关, 没有脉冲宽度漂移的问题. 缺点是在设计和制作宽带的啁啾镜时, 较难克服色散曲线上的振荡效应, 有时需要把啁啾镜配对使用, 以错位的方式消除或者互相补偿振荡. 另一个缺点是每个啁啾镜的色散是固定的, 不能像棱镜那样微调. 所以为了精确补偿色散, 有时不得不用薄型棱镜 (尖劈) 作为微调与啁啾镜共同使用.

对于含非均匀加宽增益介质的激光器, 如钕玻璃激光器, 不仅需要补偿材料色散, 还需要非常大的色散补偿, 如数千 fs^2, 才能得到飞秒脉冲. 这种情况也发生在掺镱固体激光器中. 此类固体激光器, 甚至薄片激光器, 都需要 G-T 镜提供如此之大的负色散.

5.3　钛宝石激光器

固体激光器可以按掺杂的离子元素分类. 第一类是过渡元素的离子 $(3d^n):(n-1)d^{1\sim8}ns^2$, 例如, Ti、Cr、Co、Ni、Fe, 其价电子层不受屏蔽, 晶场分裂能大于电子自旋-轨道耦合作用, 适合光谱宽、超短脉冲; 第二类是稀土离子 $(4f^n):(n-2)f^{1\sim14}(n-1)d^{0\sim2}ns^2$, 包括 Ce、Pr、Nd、Dy、Ho、Er、Tm、Yb, 其 4f 价电子受 5s5p 层电子屏蔽, 晶场分裂作用相对弱, 因此光谱较窄.

掺钛离子的蓝宝石 (钛宝石) 是目前为止发现的最好的飞秒激光晶体. 钛宝石是掺有三价钛离子 Ti^{3+} 的氧化铝单轴晶体, 其化学式表示为 Ti^{3+}:α-Al_2O_3, 属六角晶系. 在晶体中 Ti^{3+} 代替 Al^{3+} 进入晶格, 与周围 6 个最近邻的氧离子配位, 构成一个具有三角畸变的八面体, 如图 5.3-1 所示. 晶格中 Ti^{3+} 具有三角对称性, 其电子组态为 $1s^2 2s^2 2p^6 3s^2 3p^6 3d^1$, 仅有一个未配对的 3d 电子. Ti^{3+} 的吸收和发射光谱特性主要由 3d 轨道上唯一的价电子的行为决定.

Ti^{3+} 的能级多重简并, Ti^{3+} 电子能级与周围蓝宝石晶格振动能级之间的耦合使得基态和激发能级展开成分布很宽的能带, 因而 Ti^{3+} 的吸收跃迁谱带和荧光谱带都很宽. 图 5.3-2 是掺钛蓝宝石晶体能级跃迁图. 掺钛蓝宝石晶体的上能级寿命为 3.2μs 左右, 由于此最低能级 (相当于亚稳态) 的储存作用, 形成了与基态各振动能级间的集居数反转, 形成受激跃迁即激光辐射跃迁.

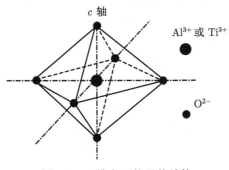

图 5.3-1   钛宝石的晶体结构

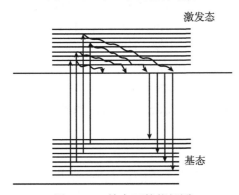

图 5.3-2   钛宝石的能级图

图 5.3-3 是钛宝石晶体在室温下的吸收谱和发射谱图. 晶体的主吸收峰在 490nm 左右, 吸收谱带较宽. 宽的吸收谱带对泵浦源的波长要求降低, 允许有多种激光器作泵浦源, 如氩离子激光器 (514.5nm, 488.0nm)、倍频 YAG 激光器 (532nm)、倍频 Nd:YVO$_4$(532nm) 激光器以及半导体激光器. 对于 650nm 以上特别是峰值增

益 800nm 处的吸收, 我们称之为残余吸收. 残余吸收的存在对激光器的运转极为不利. 由图可知, 晶体对 π 偏振 (与晶体 c 轴平行) 方向的光残余吸收小而主吸收较大, 因此选择泵浦光的偏振方向为 π 方向有利于激光运转.

同样荧光光谱也有很强的偏振特性, 可在 π 偏振方向获得最佳激光输出. 根据荧光强度与增益系数的关系, 可以得到相应的增益曲线, 增益峰值在 790~800nm 附近, 增益波长范围为 650~1200nm, FWHM 带宽约为 222nm. 较宽的调谐范围使得激光器可以实现宽带调谐, 为激光器应用于不同波长的提供了条件. 由于钛宝石晶体的荧光光谱很宽, 如果激光器的纵模全部被锁定, 理论上可以直接产生小于 3fs 的脉冲输出, 这是任何其他锁模激光介质无法比拟的.

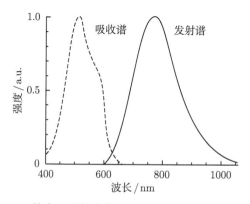

图 5.3-3 钛宝石晶体在室温下的吸收和发射荧光光谱[2]

目前用得最多的还是棱镜对补偿色散的钛宝石激光器, 因为其成本低, 棱镜材料很容易得到, 价格便宜等. 直接从棱镜补偿色散的激光器中得到的最短光脉冲是 ~8fs[3]. 而用啁啾镜 (包括所谓双啁啾镜) 补偿色散的钛宝石激光器中输出的最短脉冲是 4~5fs[4,5]. 除了常规的 80~100MHz 重复频率的钛宝石激光器, 其新的家族成员有超高重复频率激光器 (>5GHz) 和超低重复频率激光器 (<4MHz) 以及超宽带激光器 (大于 1 个倍频程).

随着高功率绿光半导体激光器越来越成熟, 直接泵浦的钛宝石激光器也越来越成为可能. 一支绿光半导体激光器只有几十美元, 昂贵的钛宝石激光器可能会从此放下身价, 得到更多的应用.

5.4 掺 Cr 离子晶族的飞秒脉冲激光器

过渡元素中发射谱宽与钛离子可比的是三价和四价离子 Cr^{3+} 和 Cr^{4+}, 非常适合做飞秒激光介质. 掺三价离子 Cr^{3+} 的有氟铝酸钙锂 (colquiriite) 晶体, 如 Cr^{3+}:LiSAF[6], Cr^{3+}:LiSGaF[7,8], Cr^{3+}:LiCAF[9]; 掺四价离子 Cr^{4+} 的有 Cr^{4+}:

Forsterite(镁橄榄石) 和 Cr^{4+}:YAG(表 5.4-1). 图 5.4-1 是这几种激光晶体的荧光发射谱[10]. 掺 Cr 离子氟铝酸钙锂晶体激光器与钛宝石激光器几乎同时诞生, 由于其可以用红光半导体激光器直接泵浦, 颇受人们的青睐. 然而, 由于泵浦用半导体激光器功率太小, 2000 年以来逐渐沉寂. 最近, 随着高功率和廉价的半导体红色激光器的发展 (例如, 一支单模输出、功率 250mW 的 670nm 的半导体激光器售价只有 150 美元), 这种激光器又有复活的势头[11]. 目前主要发展方向之一是高重复频率 (>1GHz)[12] 激光器, 以取代同类钛宝石激光器在光学频率梳方面的应用.

表 5.4-1　掺 Cr 离子介质的光谱特性

特征参数	Cr^{3+}:LiSAF	Cr^{3+}:LiSGaF	Cr^{3+}:LiCAF	Cr^{4+}:Forsterite	Cr^{4+}:YAG
荧光发射波长/nm	800~1000	835(peak)	763(peak)	1167~1345	1340~1580
发射截面/$10^{-20}cm^2$	4.8	3.3	1.3	14.4	45
泵浦波长/nm	670	670	670	800~1200	900~1150
荧光寿命/μs	67	88	170	2.7	3.6
热传导率/[W/(m·K)]	3.3	3.6	5.14	8.0	0.12
实验脉冲宽度/fs	10	45	44	14	20

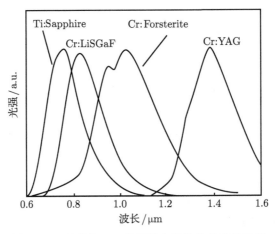

图 5.4-1　几种掺 Cr 离子激光晶体的荧光发射谱

钛宝石的荧光发射谱也列在其中作为参考[13]

5.4.1　Cr^{3+}:LiSAF, Cr^{3+}:LiSCAF

掺三价离子 Cr^{3+} 晶体有代表性的是 Cr^{3+}:LiSAF, 其振荡波长接近钛宝石, 短波长下限比钛宝石稍长, 是 850nm. 长波长上限可到 1μm 左右. 图 5.4-2 是 Cr:LiSAF 晶体的吸收和发射谱. 它的最大优点是吸收波长是红光的泵浦光, 可以用常规的半导体激光器 (波长 670nm) 做泵浦源[14]. 主要问题是目前 670nm 的半导体激光器输出功率不能做得很大 (目前最大约为 500mW). 为了增加泵浦功率, 有人采用 4 支这样的激光器从两面泵浦. Cr^{3+}:LiSAF 晶体长 2mm, 棱镜对用熔融石英做成, 输出最短为 10fs 的脉冲[15]. Cr^{3+}:LiSAF 激光器的最大缺点是增益低, 对损耗敏感, 输出功率也低.

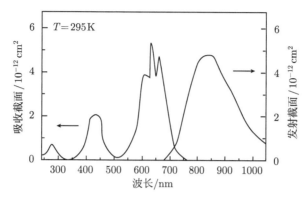

图 5.4-2　室温下 Cr^{3+}:LiSAF 晶体的吸收和发射谱 (截面)[16]

5.4.2　Cr^{4+}:Forsterite

另一个可在重要波长域 1.3μm 附近振荡的激光器是掺铬镁橄榄石 (Cr^{3+}:$Mg_2$$SiO_4$ 又称 Cr^{3+}:Forsterite). 它的发射谱从 1130~1367nm 波长 (图 5.4-1), 是通信研究领域的最小色散窗口, 也是三光子生物成像的理想光源之一. 镁橄榄石是唯一可在这一波段产生飞秒脉冲的固体增益介质[17], 因此这种激光器的研究具有重要意义, 作者早期在日本电子技术综合研究所做了一些研究. 镁橄榄石的泵浦光可以是 1μm 波长的 Nd:YAG 激光器, 也可以是红色半导体激光器. 因为连续光 Nd:YAG 激光器很容易找到, 所以用它做泵浦源的居多.

镁橄榄石激光器的谐振腔设计与钛宝石激光器相同. 其最大缺点是常温下的增益低, 热传导率也低, 并且上能级寿命强烈地依赖于温度. 要获得较高的增益, 必须降低晶体的温度. 实验表明, 晶体的温度保持在 5℃ 以下有较高的增益和输出功率. 低温使它与周围环境温度差增大, 这使其输出功率易于受到环境温度的影响, 不稳定.

同时, 这种激光器克尔透镜锁模不易启动, 因此, 板谷太郎、鸟冢健二等和作者专门研制了工作在这个波长范围的金属衬底的宽带 SESAM 辅助锁模[18]. 镁橄榄石激光器的另一个特点是色散补偿相对容易. 镁橄榄石的 R_g 非常高, 在 1.3μm 波长附近可达 4fs. 由色散图可知, SF58、SF59 之类的高折射率玻璃可以满足 $R_L < R_g$ 和 $R_x < R_L$ 的要求[4], 因此理论上可以得到非常短的脉冲. 作者利用 SFS01 玻璃材料的棱镜对在这种激光器中获得了 20fs 的脉冲. 然而, 高折射率玻璃往往伴随高吸收损耗, 因而降低激光器的效率. 利用啁啾镜补偿色散比用棱镜更有效率. 作者

用啁啾镜补偿色散在这种激光器中获得了最短 22fs 的脉冲[19], 但是由于需要 6 次反射才能达到需要的色散补偿, 反射带来的损耗也很大. Kaertner 小组设计和制作了更精密的双啁啾镜, 损耗也小, 在这种激光器中获得了 14fs 的最短脉宽, 输出功率在 100mW 以上[20].

5.4.3　Cr^{4+}:YAG

Cr^{4+}:YAG(Cr^{4+}:Y$_3$Al$_5$O$_{12}$) 激光器的振荡波长范围是 1.36~1.57μm. 其吸收带是 950~1100 nm, 最早作为可饱和吸收体广泛应用于掺钕介质调 Q 激光器中. 因此 Nd:YAG 激光器的基频光 (1064nm) 可以作为泵浦光源. Cr^{4+}:YAG 晶体也是低增益介质, 为了稳定工作和提高增益, 需要冷却到 5℃ 左右. 激光器的连续光输出功率可达 1 W 以上, 而锁模功率仅有几百毫瓦. 因为其可饱和吸收特性, 晶体的掺杂和长度一定时, 提高泵浦功率不会增加晶体的吸收, 因而对提高激光器的输出功率没有帮助.

要在这种激光器中产生飞秒脉冲的问题是, 没有合适的色散补偿材料. 长沼和则等用块状熔融石英直接做色散补偿[21], 但由于色散不可调谐, 只得到 60 fs 的脉冲. 作者用石英棱镜对作为可调谐色散补偿元件, 在这种激光器中获得了 44 fs 的脉冲[22]. 但是从色散图可知, 熔融石英虽可补偿二阶色散, 却加大了三阶色散. 有些高折射率材料似乎可以补偿三阶色散, 如 ZnS, 但因其吸收太大, 以致激光器无法振荡. 比较好的办法仍然是啁啾镜. Kaertner 小组用双啁啾镜补偿腔内色散, 得到最短 20fs 的脉冲[23], 脉冲光谱扩展到 190nm 宽, 激光中心波长是 1450nm.

5.5　半导体激光器泵浦的掺 Yb^{3+} 介质飞秒激光器

早在 20 世纪 60 年代就已有在硅玻璃中掺杂 Yb^{3+} 的报道[24], 但由于其三能级和准三能级特性导致的泵浦阈值高的特点, 一直得不到应有的重视. 近年来, 随着高功率半导体激光器的迅速发展, 以及 Yb^{3+} 能级结构简单、量子效率高、无激发态吸收、无浓度猝灭、增益带宽等优点, 其作为掺杂介质的激光材料引起了人们浓厚的兴趣.

5.5.1　Yb^{3+} 的能级结构和光谱特性

Yb^{3+} 自身的能级结构非常简单, 但 Yb^{3+} 在掺入石英等基质材料后, 其能级结构发生变化, 从而其吸收和发射光谱也要发生很大的变化. 图 5.5-1 为 Yb^{3+} 的精细能级结构图, 引起变化的原因来自两个方面 [25,26]: 一方面由于基质材料中电场的非均匀分布的影响引起 Yb^{3+} 能级的 Stark 分裂, 消除了原来存在的能级简并, 从而相应的吸收和发射光谱将出现精细结构. 另一方面就是 Yb^{3+} 能级加宽. 第一种是声子加宽, 当两个能级之间发生跃迁时将发生某种形式的能量交换, 包括声子的产生和湮灭. 在给定的温度下, 存在一个声子能量的分布, 从而将引起吸收和发射的波长扩展. 第二种加宽机制来源于基质电场对能级的微扰. 掺 Yb³⁺ 只包含有两个多重态, 基态 $^2F_{7/2}$(含有四个 Stark 能级) 和一个分离的激发多重态 $^2F_{5/2}$ (含有三个 Stark 能级), 在泵浦波长处和信号波长处都不存在激发态吸收 (由此引起泵浦效率降低); 大的能级间隔 ($^2F_{5/2}$ 和 $^2F_{7/2}$) 也阻碍了多光子非辐射弛豫及浓度猝灭现象的发生. 上面几种因素引起的泵浦转换效率的降低也会引起激光介质热效应增加的问题.

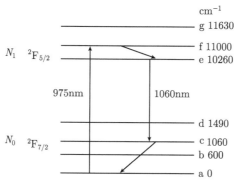

图 5.5-1 Yb³⁺ 的精细能级结构图[27]

对目前使用较为广泛的稀土离子介质 (包括 Er³⁺ 和 Nd³⁺) 而言, Yb³⁺ 具有以下几个方面的优势:

(1) 一般而言, 由于稀土离子中 5s 和 5p 外层电子对 4f 层电子良好的屏蔽作用, 晶格场对稀土离子影响较小, 不同介质中稀土离子光谱与自由离子的光谱较为近似. Yb³⁺ 仅在 980nm 附近有一较宽的吸收带, 这一吸收带与 InGaAs 制作 LD 的发射波长匹配, 因此可以用 InGaAs 制作的半导体激光器来泵浦, 从而实现半导体泵浦的全固化激光器.

(2) Yb³⁺ 发射波长一般在 1030∼1100nm, 在工业加工领域里有广泛的应用价值.

(3) 掺 Yb³⁺ 介质与掺 Nd³⁺ 介质相比具有更宽的发射谱线, 因此更适合实现宽调谐激光运转以及超短脉冲的产生.

(4) Yb³⁺ 的能级结构简单, 不存在相邻近的更高能级, 没有上转换或其他高激发态吸收, 泵浦和激光光子之间作用量子缺陷小 (仅是掺 Nd³⁺ 介质的 1/3∼1/2) 而热效应低, 量子效率高, 更适用产生高功率强激光脉冲.

因此 Yb³⁺ 近来成为一种备受重视的激活离子.

表 5.5-1 所列举的激光晶体中, 开发最早和最多的是 Yb:YAG. 从图 5.5-2 看出, Yb 离子在 YAG 中有两个主吸收峰, 中心波长分别位于 941nm 和 970nm. 其中 941nm 处的吸收带宽达 18nm, 所需的泵浦激光器不需要严格的温度和波长控制系统, 非常适合于半导体激光器做泵浦源. Yb:YAG 的发射谱峰值波长位于 1030nm 处, 具有潜在的 980~1160nm 激光发射谱段. 但由于吸收谱和发射谱在该波长处有较大重叠, 存在严重的自吸收效应, 不适宜做激光发射波长. 而在 1050nm 处, 虽然增益较低, 但自吸收效应也很微弱, 因此在 1050nm 处更易形成激光输出. 如图 5.5-2 所示, Yb:YAG 晶体的吸收谱和发射谱较宽, 使制作可调谐和锁模激光器成为可能. 但是由于上能级寿命为 1ms, 用 SESAM 锁模时很容易出现调 Q 锁模.

表 5.5-1   各种掺 Yb^{3+} 介质的光谱特性

特征参数	YAG	YCOB	KYW	KGW	YAB	GDCOB	BOYS
发射光谱带宽/nm	30	44	24	25	20	44	60
发射截面/$10^{-20}\,cm^2$	2.2	0.33	3	2.8	0.8	0.35	0.2
吸收光谱带宽/nm	18/3	3	3.5	3.5	22	3	6
泵浦波长/nm	941/970	976	981	981	976	976	975
荧光寿命/ms	0.95	2.28	0.7	0.75	0.68	2.6	1.1
热传导率/[W/(m·K)]	11	2.1	3.3	3.3	3	2.1	1.8
理论脉冲宽度/fs	—	—	50	47	—	27	19
实验脉冲宽度/fs	38	210	71	100	198	90	69

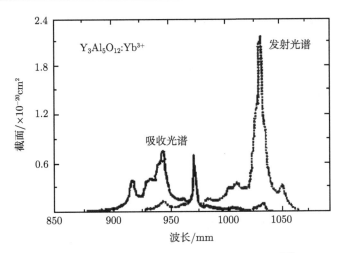

图 5.5-2   Yb :YAG 晶体的吸收和发射截面[28]

虽然新的晶体层出不穷, 应用最广泛的掺镱晶体仍然是 Yb:YAG, 特别是 5.5.2 节要讲解的薄片激光器. 原因是 Yb:YAG 晶体的发射截面、热传导率、吸收带宽等仍然优于其他新 Yb 掺杂材料, 且其宽带特性还没有充分发挥出来. 文献表明, Yb

晶体中产生的最短脉冲几乎没有在小于 1060nm 波长实现过. 从能级图可以看出, Yb 晶体对于大于 1060nm 的波长是四能级系统, 而对于小于 1060nm 的波长是三能级系统, 而且很有可能前者对应于均匀加宽, 而后者对应于非均匀加宽. 由于均匀加宽与非均匀加宽的性质不同, 非均匀加宽的介质需要更多的负色散才能实现宽带锁模[29]. 除了短脉冲, 高输出功率也是 Yb:YAG 激光器的优势之一.

　　我国科学家在掺镱激光晶体领域做出了突出贡献, 生长出了 Yb:YAB、Yb:FAP、Yb:GSO、Yb:GYSO 等新晶体, 尤其是 GSO、LSO 等正硅酸盐类晶体. 图 5.5-3(a) 显示掺镱 GSO, LSO, YSO 三种正硅酸盐晶体的发射谱. 以 Yb:GSO 能级为例 (图 5.5-3(b)), Yb^{3+} 在 GSO 晶体中具有 $1067cm^{-1}$ 的下能级 Stark 分裂[31], 远高于 Yb:YAG 的 $612cm^{-1}$. Yb:GSO 是迄今发现的具有最大 "5→4" 荧光分子比的唯一掺 Yb 激光材料[32]. 这种晶体可将 Yb 离子的基态 $^2F_{7/2}$ 向上移动, 形成类四能级系统, 发射谱向长波长移动, 因而吸收谱和发射谱之间重叠较少, 激光阈值降低, 效率提高[33].

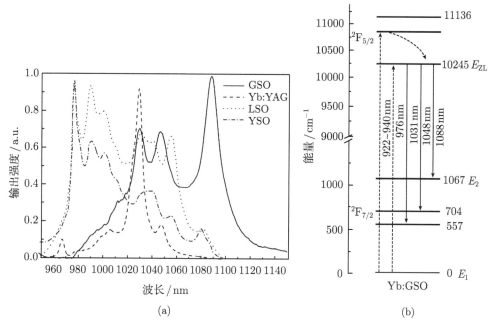

图 5.5-3　掺镱 GSO, LSO, YSO 三种正硅酸盐晶体与 Yb:YAG 晶体发射谱的比较 (a); Yb 离子在 GSO 晶体中的能级结构 (b)[30]

　　最近还发现, Yb:YSO 和 Yb:LSO 晶体具有更宽的调谐输出特性, 获得了 1030∼1111nm 的可调谐输出, 甚至在 Yb: LYSO 晶体中获得了 90% 的激光输出效率[34].

总之, 新型掺 Cr^{3+} 晶体与 Yb^{3+} 激光晶体还有许多有待开发研究的地方, 相信不久的将来, 会有更多的以掺 Cr^{3+} 晶体和掺 Yb^{3+} 激光晶体作为增益介质的激光源诞生.

5.5.2　薄片激光器

工业应用需要高功率飞秒激光器. 提高功率的问题一是热透镜效应, 二是泵浦光的光斑质量. 解决的方案有两个: 或者将激光介质拉长, 变成光纤; 或者将介质压薄, 成为 "薄片"(thin disk). 常用的薄片型固体激光器介质是 Yb:YAG、Yb:KYW等, 具有高掺杂和高热导率. 薄片激光器由于晶体很薄, 只有 $100\mu m$ 量级, 单次通过吸收过小, 因此, 通常做成多次反射式结构的模块.

图 5.5-4 是一种商业化的泵浦模块. 模块由激光晶体薄片和一个凹面镜构成, 间隔是凹面镜的焦距. 薄片底面镀对泵浦光和激光的高反射膜, 表面镀泵浦波长的增透膜. 泵浦光穿过底面的孔, 通过凹面镜聚焦到薄片晶体上, 被晶体下表面反射回凹面镜. 凹面镜将反射回的发散光准直, 反射到倾斜的平面镜上; 倾斜的平面镜将光束平移一个距离, 再反射到凹面镜上. 这样循环几个来回, 晶体基本上达到饱和状态. 图 5.5-5 是另外一种晶体模块, 晶体用锡–金合金粘接在热沉上. 冷却水从下面喷射到晶体的热沉上散热. 泵浦光从侧面进入晶体. 第一种薄片称碟片, 泵浦光多次多角度通过碟片, 光斑相对较匀. 第二种模块是侧面耦合泵浦光, 效率和光斑均匀程度都不如前一种. 这两种模块都能提供上百瓦的激光输出功率, 可以直接锁模, 或作为再生放大器.

为了增加吸收的泵浦功率, 泵浦光在增益介质上的光斑尺寸较大, 甚至是几个毫米直径. 在这种激光介质中, 很难用所谓克尔透镜效应锁模. 半导体可饱和器件特别是高破坏阈值的 SESAM 就成为核心锁模器件.

为了进一步提高单脉冲能量, 可用增加腔长的方法降低重复频率. 为了避免在长腔内光束发散, 多用一个望远镜腔让光在其内多次反射以增加腔长, 而不改变光束质量[35]. 目前由 SESAM 锁模的 Yb:YAG 薄片激光器可以提供平均功率 80W[36]和单脉冲能量 $20\mu J$ 的飞秒脉冲[35]. 这种激光器甚至可用于强场物理和高次谐波的产生[37].

为了保持输出变换受限脉冲, 腔内需要加色散补偿元件. 由于 Yb 离子增益谱在短波长部分是非均匀加宽, 需要远远大于介质色散的负色散, 才能达到非常短的脉冲. 为此, 需要在腔内加色散非常大的啁啾镜, 即 G-T 反射镜. 一次反射的负色散可达 $1000fs^2$, 累积腔内的负色散甚至需要高达 $10^4 fs^2$.

图 5.5-6 是一种高功率 Yb:YAG 薄片激光器[39]. 为了提高单脉冲能量, 用多通长腔 (MPC) 增加腔长, 降低重复频率. 用多个 G-T 反射镜作为色散补偿元件, 用 SESAM 锁模. 脉冲能量高达 $80\mu J$, 脉宽 1.07ps, 具有直接进行微加工的能力.

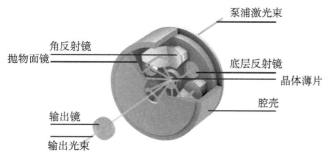

图 5.5-4 薄片激光晶体模块[38]

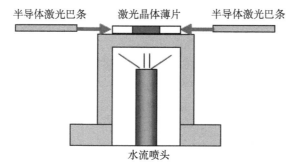

图 5.5-5 侧面激励的薄片激光晶体模块

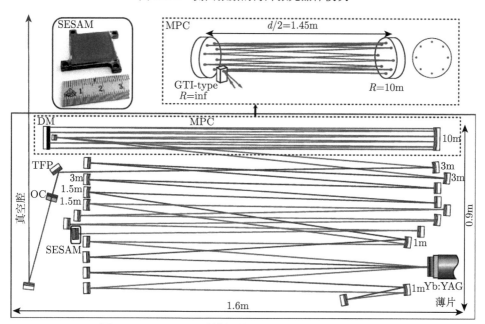

图 5.5-6 SESAM 锁模的薄片型 Yb:YAG 飞秒激光器

利用多通长腔 (MPC) 实现重复频率 3MHz，单脉冲能量 80μJ，平均功率大于 240W，中心波长 1.03μm，脉宽 1.07ps，其中 DM 是 G-T 反射镜[39]

5.6　中红外固体激光技术

随着红外光电对抗、激光制导、红外成像、红外遥感和环境监测、激光医疗等对 2~5μm 波长的需求增加, 飞秒激光器由可见光、近红外向中红外扩展是必然趋势. 阿秒脉冲的产生也对周期量级长波长激光脉冲提出要求. 中红外波长可以通过两种方式产生, 一种是通过非线性光学方法, 如差频频率变换、参量振荡、拉曼频移等, 另一种就是直接产生这个波长的激光器. 非线性光学方法受到非线性晶体效率和带宽的限制, 很难直接产生高功率周期量级脉冲. 固体激光器可提供更高的峰值功率和平均功率, 因此其重要性不可忽视. 2~3μm 波长的激光器还是产生更长波长激光器的泵浦源. 这一波段的发光离子, 除了过渡元素 Cr, 主要是稀土元素, 包括铥、铒、钬和镝, 其能级结构如图 5.6-1, 有很多跃迁都在 2~3μm. 基质晶体中, 石榴石系 (YAG) 和立方稀土倍半氧化物 ZeSe 和 ZnS 占了半壁江山. 在固体飞秒激光器中, 只有过渡元素 Cr 是最常见的, 而稀土离子掺杂多用光纤形式.

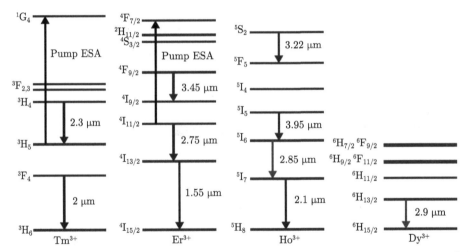

图 5.6-1　稀土离子 Tm^{3+}, Er^{3+}, Ho^{3+}, Dy^{3+} 的能级结构和大于 1.5 μm 的激光跃迁 [40]

5.6.1　掺 Cr 离子单晶激光器

超宽带 Cr^{2+} 掺杂的 II-VI 族活性介质 Cr:ZnSe 和 Cr:ZnS 应该是最具前途的 2~3μm 波长的固体激光介质. 因其高质量材料和单晶和陶瓷, 在任何掺杂率, 这些材料具有良好的热光学特性, 以及高温下最低的寿命淬灭, 可以工作在室温下. 这两种材料中, Cr:ZnSe 总是排在前面, 用于探测新的结构, 而 Cr:ZnS 则总是似乎晚上 1~2 年. 但是 Cr:ZnS 具有最好的热光系数和最低的非线性系数, 适合高平均功率和高能量器件. Cr 离子具有和钛离子相当的上能级寿命, 在室温下是 4~5μs, 因此不像掺镱离子固体激光器那样容易调 Q.

这种激光器锁模几乎和其他固体激光器一样, 多采用被动锁模, 包括克尔透镜锁模和半导体可饱和吸收锁模. 输出脉宽取决于色散补偿程度. 在掺杂不太大的情况下, 仍可以用 ZnSe 和 ZnS 单晶的色散公式近似. 以下分别是在 ZnSe 的 $0.54\sim18.2\mu m$ 区间和 ZnS 的 $0.4\sim13\mu m$ 区间的 Sellmeier 公式

$$n^2 - 1 = \frac{4.45813734\lambda^2}{\lambda^2 - 0.200859853^2} + \frac{0.467216334\lambda^2}{\lambda^2 - 0.391371166^2} + \frac{2.89566290\lambda^2}{\lambda^2 - 47.1362108^2} \quad (5.6\text{-}1)$$

$$n^2 = 8.393 + \frac{0.14383\lambda^2}{\lambda^2 - 0.2421^2} + \frac{4430.99}{\lambda^2 - 36.71^2} \quad (5.6\text{-}2)$$

在 $2\sim 3\mu m$ 波段, 这两种晶体的色散都是正的. 谐振腔和钛宝石激光器类似, 常用的色散补偿方式是块状介质, 如蓝宝石 (sapphire) 或棱镜对. 例如, 对于 4mm 长的 ZnS 晶体, 工作在 $2.5\mu m$ 波长, 需要 $-1000fs^2$ 的色散. 这就需要 4.6mm 长的 c 轴切割蓝宝石. 可转动蓝宝石晶体实现微调的目的[40].

克尔透镜锁模的 Cr:ZnS 激光器可提供 1W 的平均功率和 65fs 的脉宽 (8 个光学周期 @2400nm) 以及大于 8nJ 的脉冲能量[41]. Cr:ZnSe 和 Cr:ZnS 不太普遍是因为单晶难于获得, 只有少数单位能做出. 更精确的色散补偿, 加上石墨烯锁模, 在 Cr:ZnS 激光器中获得 41fs 的脉冲[42].

5.6.2 氟化物玻璃

单晶仍然是性能最好的激光介质, 但生长周期长、价格高、掺杂浓度受限. 最近这些年, 重金属元素氟化物玻璃 ZBLAN 成为热门的激光玻璃, 特别是红外激光玻璃材料. ZBLAN 是法国人 Poulain 和 Lucas 在 1975 年偶然发现的. ZBLAN 这个词是很多金属氟化物的集合, 包含 ZrF_4-BaF_2-LaF_3-AlF_3-NaF. ZBLAN 有非常宽的透明区间 ($0.3\sim7\mu m$), 低折射率 (1.50), 相对低的玻璃软化温度 ($T_g=260℃$), 低色散以及低和负的光热系数 (dn/dT). ZBLAN 是做光纤的好材料, 其损耗比硅基光纤还小, 缺点是生长均匀的材料比较难.

氟化物玻璃的折射率一般比较低, 其色散公式是[43]

$$n^2 - 1 = \frac{1.22514\lambda^2}{\lambda^2 - 0.08969^2} + \frac{1.52898\lambda^2}{\lambda^2 - 21.3825^2} \quad (5.6\text{-}3)$$

激光玻璃成本低、掺杂高、易实现大尺寸, 但热导率低. 透明陶瓷掺杂浓度高, 成本低、热导率高于玻璃. ZBLAN 玻璃用做固体飞秒激光器非常少见, 一般都是做成光纤式的.

参 考 文 献

[1] Zhang Z, Torizuka K, Itatani T, et al. Femtosecond Cr:forsterite laser with mode locking initiated by a quantum-well saturable absorber. IEEE J. Quantum Electron., 1997, QE-33(10): 1851-1858.

[2] Moulton P F. Spectroscopic and laser characteristics of Ti:Al$_2$O$_3$. J. Opt. Soc. Am. B, 1986, 3 (1): 125-133.

[3] Zhou J, Taft G, Huang Ch P, et al. Pulse evolution in a broad-bandwidth Ti:sapphire laser. Opt. Lett., 1994, 19(15): 1149-1151.

[4] Jung I D, Kärtner F X, Matuschek N, et al. Self-starting 6.5 fs pulses from a KLM Ti:Sapphire laser. Opt. Lett., 1997, 22(13): 1009-1011.

[5] Morgner U, Kärtner F X, Cho S H, et al. Sub-two cycle pulses from a Kerr-lens mode-locked Ti:Sapphire laser. Opt. Lett., 1999, 24(6): 411-413.

[6] Miller A, LiKamWa P, Chai B H T, et al. Generation of 150-fs tunable pulses in Cr:LiSrAlF. Opt. Lett., 1992, 17(3): 195-197.

[7] Yanovsky V P, Wise F W, et al. Operation of a Kerr-lens mode-locked Cr:LiSGaF laser. Opt. Lett., 1995, 20(11): 1304-1306.

[8] Dai J, Zhang W, Zhang L, et al. A diode-pumped, self-starting, all solid-state self-mode-locked Cr:LiSGAF laser. Opt. & Laser Techno., 2001, 33(1): 71-73.

[9] Wagenblast Ph, Ell R, Morgner U, et al. Diode-pumped 10-fs Cr^{3+}:LiCAF laser. Opt. Lett., 2003, 28(18): 1713-1715.

[10] Spielmann C, Curley P F, Brabec T, et al. Ultrabroadband femtosecond lasers. IEEE J. Quantum Electron., 1994, QE-30(4): 1100-1113.

[11] Demirbas U, Hong K H, Fujimoto J G, et al. Generation of sub-150-fs, 100 nJ pulses from a low-cost cavity-dumped Cr:LiSAF laser. Conference of lasers and Electro-optics 2010, paper CMNN2.

[12] Li D, Demirbas U, Birge J R, et al. Diode-pumped gigahertz repetition rate femtosecond Cr:LiSAF laser. Conference of Lasers and Electro-optics 2010, paper CTuK3.

[13] Spielmann Ch, Curley P F, Brabec T, et al. Generation of sub-20 fs mode-locked pulses from Ti:sapphire laser. IEEE J. Quantum Electron., 1992, QE-28(4):1532-1534.

[14] Sorokina I T, Sorokin E, Wintner E, et al. 14-fs pulse generation in Kerr-lens mode-locked prismless Cr:LiSGaF and Cr:LiSAF lasers: observation of pulse self-frequency shift. Opt. Lett., 1997, 22(22): 1716-1718.

[15] Uemura S, Torizuka K. Generation of 10 fs pulses from a diode-pumped Kerr-lens mode-locked Cr:LiSAF laser. Japn. J. Appl. Phys., 2000, 39(6A): 3472-3473.

[16] Smith L K, Payne S A, Kway W L, et al. Investigation of the laser properties of Cr^{3+}: LiSrGaF$_6$. IEEE J. of Quantum Electron., 1992, 28(11): 2612-2618.

[17] Sennaroglu A, Pollock C R, Nathel H. Generation of tunable femtosecond pulses in

1.21~1.27μm and 605~635nm wavelength region by using a regeneratively initiated Cr:forsterite laser. IEEE J. Quantum Electron., 1997, QE-30(11): 1975-1981.

[18] Zhang Z, Nakagawa T, Torizuka K, et al. Kobayashi K, Self-starting mode locked Cr:YAG laser with a broadband semiconductor saturable absorber mirror. Opt. Lett., 1999, 24(23): 1768-1770.

[19] Zhang Z, Torizuka K, Itatani T, et al. Self-starting mirror dispersion controlled mode locked Cr:forsterite laser// Conference on Lasers and Electro-Optics, Optical Society of America, San Francisco, 2000, paper CMW3.

[20] Chudoba C, Fujimoto J G, Ippen E P, et al. All-solid-state Cr:forsterite laser generating 14-fs pulses at 1.3μm. Opt. Lett., 2001, 26(5): 292-294.

[21] Ishita Y, Naganuma K. Characteristics of femtosecond pulses near 1.5μm in a self-mode-locked Cr^{4+}:YAG laser. Opt. Lett., 1994, 19(23): 2003-2005.

[22] Zhang Z, Nakagawa T, Torizuka K, et al. Gold reflector based semiconductor saturable absorber for femtosecond mode-locked Cr^{4+}:YAG lasers. Appl. Phys. B, 2000, 70: S59-S63.

[23] Ripin D J, Chudoba C, Gopinath J T, et al. Generation of 20-fs pulses by a prismless Cr^{4+}:YAG laser. Opt. Lett., 2002, 27(1): 61-63.

[24] Etzel H W, Gandy H W, Ginther R J. Stimulated emission of infrared radiation from ytterbium activated silicated silicate glass. Appl. Opt., 1962, 1(4): 534-536.

[25] Snitzer E, Po H, Hakimi F, et al. Double-clad offset corer fiber laser// Proceedings of Conf. Optical Fiber Sensors '88, 1988, paper PD5.

[26] Reichel V, Unger S, Hagemann V, et al. 8 W highly-efficient Yb-doped fiber-laser. SPIE, 2000, 3989:160-169.

[27] http://define.cnki.net/.

[28] 林洪沂, 檀慧明, 南楠, 等. LD 端面泵浦腔内倍频 Yb:YAG 绿光激光器. 光子学报, 2009, 37(1): 22-25.

[29] Yan L. Pulse coherence of actively mode-locked inhomogeneously broadened lasers. Opt. Commun., 1999, 162(1): 75-78.

[30] Li W, Hao Q, Zhai H, et al. Low-threshold and continuously tunable $Yb:Gd_2SiO_5$ laser. Appl. Phys. Lett., 2006, 89(10):101125-1128.

[31] Li W, Pan H, Ding L, et al. Efficient diode-pumped $Yb:Gd_2SiO_5$ laser. Appl. Phys. Lett., 2006, 88(22): 1117-1119.

[32] Zhao G, Su L, Xu J, et al. Efficient diode-pumped $Yb:Gd_2SiO_5$ laser. Appl. Phys. Lett., 2007, 90(6):066103.

[33] 徐军. 激光材料科学与技术前沿. 上海: 上海交通大学出版社, 2007.

[34] Du J, Liang X, Xu Y, et al. Tunable and efficient diode-pumped Yb^{3+}:GYSO laser. Opt. Express, 2006, 14(8): 3333-3338.

[35] Neuhaus, J Kleinbauer J, Killi J, et al. Passively mode-locked Yb:YAG thin-disk laser with pulse energies exceeding 13 μJ by use of an active multipass geometry. Opt. Lett., 2008, 33(7): 726-728.

[36] Brunner F, Innerhofer E, Marchese S V, et al. Powerful red-green-blue laser source pumped with a mode-locked thin disk laser. Opt. Lett., 2004, 29(16): 1921-1923.

[37] Südmeyer T, Marchese S V, Hashimoto S, et al. Femtosecond laser oscillators for high-field science. Nat. Photonics., 2008, 2(9): 599-604.

[38] Weiler S. Disk Lasers for the industry. Laser+Photonics, 2008, 5: 62-65.

[39] Saraceno C J, Emaury F, Schriber C, et al. Ultrafast thin disk laser with 80 μJ pulse energy and 242 W of average power. Opt. Lett., 2014, 39(1): 9-12.

[40] Sorokina I T, Sorokin E. Femtosecond Cr^{2+}-based lasers. IEEE J. Select. Top. Quantum Electron, 2015, 21(1): 1601519-1-19.

[41] Tolstik N, Sorokin E, Sorokina I T. Kerr-lens mode-locked Cr:ZnS laser. Opt. Lett., 2013, 38(3): 299-301.

[42] Tolstik N, Sorokin E, Sorokina I T. Graphene mode-locked Cr:ZnS laser with 41 fs pulse duration. Opt. Exp., 2014, 22(5): 5564-5571.

[43] Gan F. Optical properties of fluoride glasses: a review. J. Non-Cryst. Solids, 1995,184: 9-20.

第6章 飞秒光纤激光技术

稀土元素掺杂的单模光纤激光器诞生于 20 世纪 80 年代中期, 真正稳定的超短脉冲光纤激光器 (20ps) 出现在 1989 年[1]. 近年来随着固体飞秒激光器的发展, 飞秒量级的光纤激光器也已出现, 并成为飞秒固体激光器强有力的竞争对手. 飞秒光纤激光器的最大优点是小型化、高效率、省能源、稳定性好. 具有这些优点的最大原因是以稀土元素掺杂的光纤作为激光增益介质, 介质细长、易于散热, 相同体积下, 表面积比固体激光介质大 2~3 个数量级；另外, 光纤激光器的光束横模由光纤纤芯直径和数值孔径决定, 不会因热变形而变化, 因此易于保持单横模运转. 随着光纤技术的发展, 光纤有了双包层结构, 采用双包层结构, 可以大大提高泵浦激光的耦合效率和光纤激光器的输出功率；此外, 光泵浦功率在光纤内传输时, 截面积不变, 有利于保持高功率密度, 且有利于三能级系统达到高效率. 飞秒光纤激光器甚至可以做成手掌大小, 缺点是波长调谐范围比较窄.

光纤激光器中脉冲的产生和形成与固体激光器本质上都是非线性和色散相互作用. 但是由于光纤比介质长, 又是在波导中传播, 所以锁模脉冲的产生和形成机制也与固体锁模激光器中的有所不同.

光纤激光器的锁模启动机制, 经历了从光纤环路反射镜[2]到非线性偏振旋转[3]的发展过程. 光纤激光器内脉冲形成机制, 经历了从孤子型[4]、展宽–压缩型[5]、自相似型[6]到全正色散[7]或放大自相似[8]等几个阶段.

本章先简单回忆光纤 (包括传统光纤和新型光纤) 的基本特性, 然后讲解光纤激光器中的锁模原理及其脉冲形成机制, 最后介绍一下目前研究和应用广泛的几种锁模光纤激光器.

6.1 光 纤 简 介

光纤全称光导纤维, 简单的说它是由纤芯、包层和涂覆层构成. 光在光纤中的传播是靠全内反射原理, 即光纤纤芯的折射率要大于包层的折射率, 如图 6.1-1 所示. 根据光纤纤芯的折射率不同, 光纤又可以简单划分为两种结构：纤芯折射率一定的称为阶梯折射率分布光纤, 简称 SIF(step index fiber), 图 6.1-1 所示的就是这种光纤的折射率分布示意图；另一种是纤芯折射率随半径 r 变化的光纤, 称为渐变折射率光纤, 简称 GIF(graded index fiber). 常用光纤前一种居多. 下面分析一下单模光纤、大模场面积光纤及双包层光纤的具体特征.

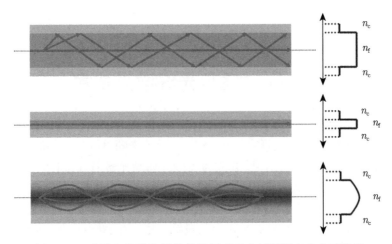

图 6.1-1　多模和单模光纤的传播原理及光纤折射率分布示意图

6.1.1　单模光纤与大模场面积光纤

根据柱坐标和柱面边界条件的 Maxwell 方程, 光在光纤中可以传播很多横模模式. 光在光纤中的传播特性可以从柱坐标的波动方程得到, 下面简单总结一下光纤的基本特性.

光纤的一个重要参数就是连接介质条件的归一化频率 V 参数, 定义为

$$V = \frac{2\pi}{\lambda} a \cdot \sqrt{n_f^2 - n_c^2} = \frac{2\pi a}{\lambda} \mathrm{NA}_0 \tag{6.1-1}$$

其中, a 是纤芯半径, n_f 是纤芯的折射率, n_c 是包层的折射率, $\mathrm{NA}_0 = \sqrt{n_f^2 - n_c^2} \approx 2n\Delta n$, 是光纤的数值孔径, Δn 是折射率差. V 是一个无量纲的量, 决定光纤可以支持多少个模式. 它的意义是, 除了 HE_{11} 模式, 每个模式超过一定的 V 值才能存在 (每个模式都对应一个极限值). 当 $\beta = n_c k$ 时, 这些模式都会截止, 这个值就是 $V \leqslant 2.405$. 当 V 很大时, V 值也可以用来表示存在的模式数目 M

$$M \approx \frac{1}{2} \left(\frac{2\pi a}{\lambda} \right)^2 (n_f^2 - n_c^2) = \frac{V^2}{2} \tag{6.1-2}$$

在波长确定的情况下, 光纤 V 参数取决于光纤的半径和折射率差. 为了实现单模工作, 要慎选光纤直径和折射率差. 通常的光纤芯径在 5~10μm. 如果加大折射率差, 单模工作时要求的芯径就会更小. 在极端情况下, 如空气包层, 光纤的直径就会缩小到 1~2μm. 这样细的纤芯是很难在空气中独立存在的. 事实上, 典型的空气包层是由在包层中 "打" 的无数有规则的孔来实现的, 这就是所谓的 "光子晶体光纤". 包层的折射率是由空气所占的面积的比例决定的. 大芯光纤可能工作在多模, 但是如果纤芯与包层之间有较小的折射率差, 满足式 (6.1-2), 较大芯径 (如 20~30μm) 的光纤也可以工作在单模. 这种光纤称为大 (单模) 模场面积 (large mode area, LMA)

光纤, 以区别于大芯多模光纤. 最近, 大模场面积光纤由于光子晶体光纤概念的提出而获得了极大的发展. 包层中较少的孔可以等效为较小的折射率差. 对于传统的单模光纤, 纤芯和包层的折射率差在 0.2%~0.1%. 纤芯直径应该选择为刚好在第一个高阶模的截止条件之下, 即使 V 稍稍小于 2.405. 例如, 对于 800nm 波长, 光纤应该有 6μm 的纤芯直径和 0.1 的数值孔径. 这样, $V = 2.356$, 满足单模运转条件.

6.1.2 双包层光纤与泵浦光的吸收效率

掺杂光纤作为光学谐振腔的主要组成部分, 其结构对于光纤激光器的运转起着很大作用. 早期的掺杂光纤采用普通的单层结构 (single-cladding). 为了维持单模运转, 光纤的芯径必须小于 5μm, 这就与泵浦用半导体激光器的大发散角和大聚焦面积之间发生矛盾, 泵浦光很难耦合入纤芯, 降低了泵浦效率. 于是 1988 年有人提出了泵浦光进入包层的概念, 即双包层结构光纤 (double-cladding fiber)[9].

双包层光纤由四部分组成, 其结构如图 6.1-2 所示, 中间一部分为内包层 (inner cladding), 也被称为泵浦芯 (pump core), 它是一根具有较大直径和较高数值孔径的多模光波波导; 第二部分——纤芯, 是泵浦芯中嵌入一根掺稀土元素的光纤芯 (fiber core), 纤芯的尺寸一般是泵浦芯的 1/20, 为几个或几十微米, 满足单模条件; 第三部分是外包层, 也称第一包层 (first cladding); 第四部分是光纤最外层的光固化涂覆层 (coating, 未画在图中). 对于这种双包层结构的光纤来说, 泵浦光不是直接进入到纤芯中, 而是先进入到包围在纤芯外部的泵浦芯中, 而后在整个光纤长度上传输的过程中, 泵浦光都是从多模的泵浦芯耦合到单模的纤芯中的, 从而延长了泵浦长度以使泵浦光被充分吸收. 内包层的作用有: ① 限制和保证振荡激光在纤芯中传播, 输出激光的光束质量高; ② 构成泵浦光的传播通道; ③ 内包层的横向尺寸和数值孔径均远大于纤芯, 内包层的尺寸一般大于 100μm, 使得聚焦后的泵浦光可以高效地耦合进内包层; ④ 普通单模光纤激光器要获得单模输出, 泵浦光也必须是单模的, 但单模泵浦光功率非常低; 双包层光纤激光器的输出模式是由其波导结构限制和决定的, 用高功率的多模半导体激光泵浦, 就可获得高功率单模激光输出.

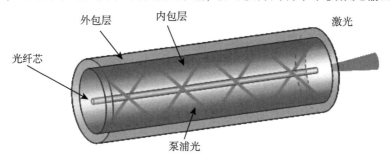

图 6.1-2 双包层光纤截面及泵浦光传播方式示意图

这种简单高效的耦合方式, 使高功率半导体激光器产生的多模状态的泵浦光,
有效地转化为具有很好光束质量的单模高亮度激光.

为了能够得到更高的转换效率, 半导体激光器输出的泵浦光必须以有效的方式
耦合到掺杂光纤中. 包层截面形状不仅决定了从半导体激光器到包层的耦合, 也决
定了从包层到纤芯的耦合效率. 所以掺杂光纤的泵浦芯采用何种横截面, 对于光纤
激光器的转换效率有着很重要的影响. 如果内包层的截面是圆形的, 光在包层中的
传播就会有很多螺旋光, 与纤芯没有交叉, 泵浦光就不能被吸收.

Reichel 等曾经计算得出光纤激光器的泵浦光转换效率随双层光纤长度的变化
曲线[10], 如图 6.1-3 所示, 其中每一条曲线对应着泵浦芯具有不同横截面形状的
光纤. 其中, 曲线由上到下按照泵浦芯的形状分为: 矩形 (rectangular)、D 形 (D-
shape)、椭圆形 (ellipse)、卵形 (kidney-like shape) 和圆形 (circular). 显然, 泵浦芯
具有矩形 (由-■-所示) 和 D 形 (由-▼-所示) 横截面形状的光纤, 其对应的光纤激
光器具有较高的泵浦光转换效率, 理论上可以达到 80%. 而泵浦芯为圆形的光纤,
其对应的光纤激光器的转换效率最低, 最大只能达到 20%. 因此, 如何选择泵浦芯
横截面的形状, 从而获得更高的转换效率成为光纤激光器的设计过程中比较重要的
环节.

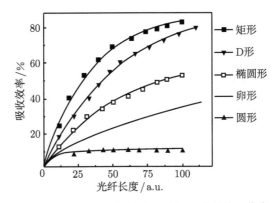

图 6.1-3　不同泵浦包层截面对于泵浦光的吸收率

由于半导体激光器输出的泵浦光具有矩形的横截面, 泵浦光不能有效地耦合到
泵浦芯横截面为圆形的光纤包层中, 端面直接耦合时, 长方形内包层截面的双包层
光纤也成为一个选项.

6.1.3　光子晶体光纤

光子晶体光纤[11] 或微结构光纤最初是作为通信元件发明的, 主要结构特征是
空气包层的细芯. 而空气包层是由规则的二维孔构成的, 类似晶体的晶格结构. 这
种结构的特点就是为了保持单模特性的超细纤芯和大数值孔径, 而超细纤芯会带来

高非线性系数及波导色散与介质色散的博弈. 随着纤芯的缩小, 波导色散的大小可以与介质色散相比拟. 通过控制纤芯直径和空气包层的占比, 就可以调整光纤的零色散点, 例如, 将介质的零色散点移到可见光域. 因其高非线性和色散可控特性, 很快在飞秒脉冲的扩谱方面得到应用, 并成为光学频率梳的关键器件. 这个特性在后面的章节中将有介绍.

掺杂的光子晶体光纤可作为光纤激光器的增益介质的特性与扩谱用的光子晶体光纤有所不同. 在掺杂的光子晶体光纤中, 为了高功率运转, 反而不希望超细的纤芯, 利用的是其可控的包层折射率特性. 在光子晶体光纤中, 包层的平均折射率取决于空气孔的大小和疏密程度, 稀疏的小孔导致与纤芯的折射率的差非常小. 图 6.1-4 所示结构的双包层大模场面积光纤比普通的双包层光纤能更好地保持单模特性, 模场面积甚至比普通的双包层还大. 这个特性特别适合高功率光纤激光器或放大器.

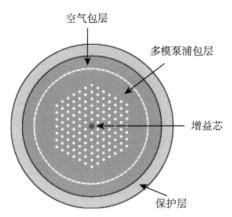

图 6.1-4　掺杂双包层光子晶体光纤截面图

大模场面积光子晶体光纤与调节色散的细纤芯是矛盾的. 因此不能指望大模场面积光子晶体光纤兼具大功率和负色散的功能. 在正色散条件下, 这种激光器的输出平均功率可达上百瓦.

但是光子晶体增益光纤特别是双包层大模场面积光子晶体光纤价格昂贵, 远远高于激光晶体和普通双包层光纤的价格; 而且泵浦光的耦合需要在空间进行, 不像普通单模光纤以及普通的双包层光纤那样有直接的光纤合束器; 尤其是大模场面积光子晶体光纤的可弯曲程度很差, 甚至变成了光纤 "棒"(rod-type), 丧失了光纤原有的柔韧特性, 反而使其体积大于同类固体激光放大器. 所以, 除了超大功率需求, 普通单模光纤飞秒激光器以及普通大模场面积光纤飞秒放大器依然是不可替代的.

6.1.4　3C 光纤

大模场面积光子晶体增益光纤的一个缺点是其棒形结构导致的柔韧性丧失. 为了解决这个问题, 密西根大学 Galvanauskas 教授提出了一种新的光纤结构: 螺旋耦合芯光纤 (chirally-coupled-core, CCC 光纤或 3C 光纤). 其原理如图 6.1-5 所示, 光纤芯被另一根细光纤缠绕, 将高阶模带走[12].

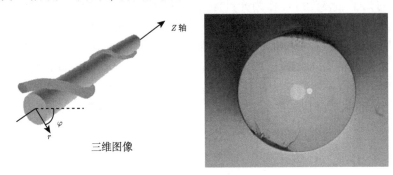

图 6.1-5　3C 光纤的结构与截面图[12]

图 6.1-6 是计算的 3C 光纤模式损耗. 对应于光纤芯径为 35μm, NA=0.07; 缠绕光纤的芯径为 12μm, NA=0.09. 缠绕光纤的螺距为 6.2mm, 两根光纤间距为 2μm. 图 6.1-6 中, 当波长分别为 1064nm 和 1550nm 时, 所有高阶模式具有高损耗 (> 130dB/m). 而导模 LP01 损耗预测只有 ~0.3dB/m, 因此只有低阶模可以传播, 高阶模都会损耗掉. 这种光纤也有局限性, 光纤芯径只有 35μm, 据说最高也只能做到 50μm, 因此能够容纳的脉冲能量有限.

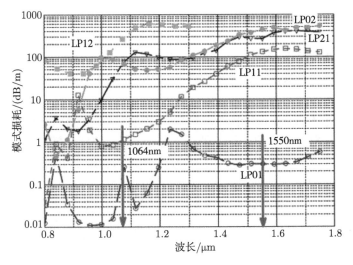

图 6.1-6　用光束传输法计算的 3C 光纤模式损耗[12]

6.1.5 掺杂类别

稀土掺杂光纤 (rare-earth doped fiber) 作为光学谐振腔的主要组成部分, 其掺杂离子类别和浓度对于光纤激光器的运转起着很大作用. 作为增益介质的稀土金属离子 (如 Er^{3+}、Nd^{3+} 等) 是以 $10\sim10^3$ppm(part per million) 的浓度和一定的分布掺杂于以 SiO_2 为主要成分的纤芯中. 掺杂的稀土元素有很多种, 表 6.1-1 列出了几种典型元素的吸收和发射波长.

表 6.1-1 掺杂光纤中稀土元素的光谱特征

掺杂元素	泵浦波长/nm	辐射波长/μm
铒 Er (Erbium)	980/1480	1.55
钕 Nd (Neodymium)	808	1.06
镱 Yb (Ytterbium)	910/974	1.03
铥 Tm (Thulium)	800/1600	1.92
钬 Ho (Holmium)	1150	2.1/2.84

另外, 还有双掺杂等其他一些掺杂形式的光纤. 由于这些稀土金属离子具有从紫外到红外很宽的荧光光谱范围, 光纤激光器的发射波长覆盖了更宽的波段.

6.1.6 泵浦方式

光纤激光器的常用泵浦耦合方式有以下几种:

(1) WDM 泵浦: 对于功率比较小的输入和输出功率, 特别是单模光纤锁模激光器, 常用商用的波分复用接插件作为泵浦光耦合方式.

(2) 端面直接耦合: 用传统光学方法, 将泵浦光聚焦, 从光纤端面输入光纤包层. 这种耦合方式适合于双包层光纤激光器.

(3) 光纤合束器: 将多束多模光纤通过拉锥方式耦合到一根双包层光纤中, 形成合束器 (图 6.1-7). 泵浦光从侧面进入内包层, 可以同时耦合几根泵浦光纤, 每根光纤的芯径为 $100\sim200$μm, 每根光纤的耦合功率可达几瓦. 这种方式结构紧凑、免调试, 利于集成化.

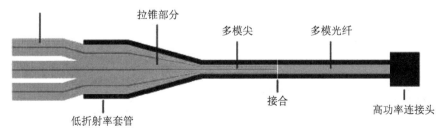

图 6.1-7 光纤合束器

6.2 光纤激光器的锁模启动机制

光纤激光器中锁模机制主要有三种：非线性光纤环路反射镜、非线性偏振旋转、可饱和吸收体被动锁模. 而前两种机制都与光克尔效应有关. 克尔型被动锁模的极大优点是它可以充分利用光纤介质的带宽, 因此可以产生最短的脉冲. 在大多数克尔型被动锁模过程中, 自相位调制在脉冲形成过程中起主要作用. 然而, 与主动锁模不同的是, 同时还伴随一个时间域内的幅度调制. 这个幅度调制保证了在非线性很强的谐振腔内脉冲的稳定性. 按照克尔介质几乎是即时响应的特性, 我们可以假定接近瞬时的幅度调制. 在脉冲功率不太大的情况下, 非线性光纤环路的透射率或反射率可以用一个非线性反射率来描述[13]

$$R_{\mathrm{NL}} = R_0 + \kappa P \tag{6.2-1}$$

式中, κ 是常数, P 是脉冲的峰值功率.

光纤中的克尔型锁模主要有两种腔的构造. 一种是所谓非线性环路反射镜 (nonlinear optics loop mirror, NOLM) 或非线性放大环路反射镜 (nonlinear amplifying loop mirror, NALM), 一般构成 8 字形锁模光纤激光器. 另一种是利用非线性偏振旋转 (nonlinear polarization evolution, NPE) 在弱线性双折射光纤中演化成的振幅调制进行锁模的环形腔. 以下分别介绍.

6.2.1 非线性环路反射镜

1. 线性光情况

光纤环路反射镜是把环形光纤作为一个非线性反射镜, 如图 6.2-1 所示. 这个光纤环路有一个接近 50:50 的分束器, 把输出分为两个出口. 这实际上可以看成一个 Sagnac 干涉仪. 入射光进入光纤后被分为两束等强度传播方向相反的光. 需要注意的是, 分束器的两个输出光, 一根是直通的光纤, 一根是通过拉锥和倏逝波耦合的光纤. 后者中的光与直通光纤中的光有一个 π 相移. 如果我们暂时忽略光的偏振的变化, 两束光将通过同样长度的光纤, 并在入射处相干并返回到入射端. 对于任何强度的入射光, 这个平衡的光纤环路都是完美的反射镜 (NOLM). 但是, 实际上分束器不可能是精确的 50:50, 因此干涉就不是 100%, 总有一些光漏到另一路光纤中. 定义输出端口的光强与入射端口光强之比为 "反射率", 这个光纤环路的反射率可以推导出来[14]. 设入射端口的光场为 E_{in}, 环路的功率分束比为 η, 则在端口 2 的输出光场 E_{O2} 为

$$E_{\mathrm{O2}} = \sqrt{\eta}E_3 + \mathrm{i}\sqrt{1-\eta}E_4 \tag{6.2-2}$$

其中, E_3 是分束器后顺时针方向传播的光场, E_4 是分束器后逆时针方向传播的光场.

$$E_3 = \sqrt{\eta}E_{\mathrm{in}}\mathrm{e}^{\mathrm{i}\eta\psi} \tag{6.2-3}$$

$$E_4 = \mathrm{i}\sqrt{1-\eta}E_{\mathrm{in}}\mathrm{e}^{\mathrm{i}(1-\eta)\psi} \tag{6.2-4}$$

其中, ψ 是两者在光纤中传输获得的附加相移. 这个相移可能是下一节中将介绍的线性相位偏置, 或非线性相移.

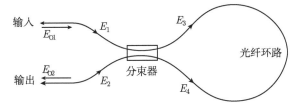

图 6.2-1　包含非 50:50 分束器的非线性光纤环路反射镜示意图[15]

将式 (6.2-3) 和 (6.2-4) 代入式 (6.2-2), 得到输出端的光场能量

$$|E_{\mathrm{O2}}|^2 = |E_{\mathrm{in}}|^2[\eta - (1-\eta)\mathrm{e}^{\mathrm{i}(1-2\eta)\psi}][\eta - (1-\eta)\mathrm{e}^{-\mathrm{i}(1-2\eta)\psi}]$$
$$= |E_{\mathrm{in}}|^2[1 - 2\eta(1-\eta)(1+\cos(1-2\eta))\psi)] \tag{6.2-5}$$

因此, 光纤环路在输出端口得到的透射率 T 是

$$T = \frac{|E_{\mathrm{O2}}|^2}{|E_{\mathrm{in}}|^2} = 1 - 2\eta(1-\eta)\{1 + \cos[(1-2\eta)\psi]\} \tag{6.2-6}$$

相应地, 输入端口看到的反射率 R 是

$$R = 2\eta(1-\eta)\{1 + \cos[(1-2\eta)\psi]\} \tag{6.2-7}$$

根据此式, 如果分束比严格为 $\eta = 0.5$, 则反射率 $R = 1$, 透射率 $T=0$, 即输入光全部被反射回来, 而在分束器的另一端则无光输出. 即使有附加相移, 也因为分束比严格等于 50% 而相消. 实际上, 光纤分束器的分束比很难严格做到 50%. 因此当 $\eta \neq 0.5$ 时, 光纤环路的反射或透射光的大小取决于相移和分束比. 图 6.2-2 是环路 2 口的透射率在不同分束比下与相移的关系. 可以看出, 在接近 50% 分束比下, 透射率需要非常大的相移才能达到 100%. 而当分束比降低为 10%时, 透射率的周期急剧变小, 即很小的非线性相移就能使透射率光纤环路的透射率提高到 100%. 这提示我们, 可以通过调谐分束比来控制环路反射镜的相移的周期和调制深度. 需要注意的是, η 定义的是顺时针方向的分束比, 而且如果 $\eta > 0.5$, 反射和透射就会反向.

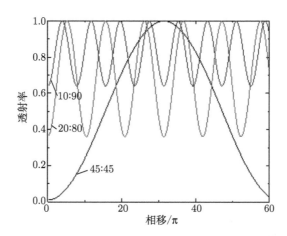

图 6.2-2   非线性光纤环路在不同分束比下的透射率与相移的关系

2. 线性相位偏置

以上推导中, 假设了光在顺时针和逆时针两个方向上的光程中有一定相位差或相位偏置 ψ. 实际上一般的光纤总有一些双折射, 这是由于光纤制造时产生的应力以及外部压力. 这个双折射可能导致两个方向的光程不相等, 即所谓相位 "偏置". 这个相位偏置可解释为, 光纤中的应力双折射可模拟为快慢两个轴[15], 如图 6.2-3 所示, 把光纤环路的总双折射综合模拟为 3 个线性元件, 元件 1 和 3 的快慢轴互相垂直, 夹在中间的元件 2 是一个半波片, 其轴与 1 和 3 成 45° 角. 相对传播的相同偏振方向的两束光会以相同的偏振方向出射. 仔细分析会发现, 从左面入射的光与从右面入射的光的光程不相等. 例如, 从左边射入的光总是沿快轴, 而从右边入射的光总是沿慢轴. 尽管它们在耦合器上再相遇时偏振方向是一致的, 却走了不同的光程, 即使各个元件都是各向同性的. 这个例子中的相位延迟的大小是由 1 和 2 的双折射量决定的. 这个光程的不同可以看成是环形光路的 "偏置". 在实际环路镜中的偏振控制器, 是为了减少环路的 "偏置". 为了以上推导成立, 形成环路反射镜, 这个偏置在决定 8 字形激光器的自启动方面起很重要的作用.

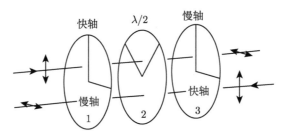

图 6.2-3   简单的三个双折射片表示沿相反方向传播的光线看到不同的光程

还有一种人工相位偏置非常有用, 可给两个相反方向传播的偏振光附加一个确定的相位偏置. 其结构如图 6.2-4 所示, 从相反两个方向入射到这个装置的相同偏振方向的偏振光, 分别经过两个法拉第旋转器, 使两个偏振光的偏振向相对的方向各旋转 45°, 此时两个方向的光的偏振变为垂直. 将置于两个法拉第旋转器中间的波片的快轴和慢轴分别与两个光的偏振方向平行, 波片的快轴和慢轴之间的光程差或相位差就会加载在相向传播的偏振光上. 波片可以是四分之一波片, 提供 $\pm\pi/2$ 的相位差, 也可以是其他波片, 提供不同的相位差. 通过第二个法拉第旋转器时, 相对传播的两个光各自恢复到其原来的偏振方向. 这个装置如要放在光纤环路中, 除了光纤需要保偏, 还要将光从光纤中导出, 变成空间光, 再进行以上操作. 为了使光纤的快慢轴对准, 在实际装置中, 至少还需要一个半波片调整出射光的偏振方向. 不同偏振方向对应快轴和慢轴, 决定了相位偏置的正和负.

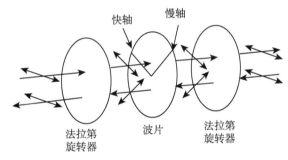

图 6.2-4　两个法拉第旋转器和一个波片构成的人工线性相位偏置装置

不同传播方向的光感受到的相移不一样

3. 非线性相移

在存在非线性折射率的情况下, 强光也会被分束比 η 分为强度不相等的两束光相向传播. 由于强度不同, 沿一个方向传播会比相反方向传播的光经历较高的非线性相移, 使两个相向传播的光之间产生非线性相位差

$$\Delta\psi = \frac{2\pi n_2 I L}{\lambda A_{\text{eff}}} \tag{6.2-8}$$

式中, I 是入射光在某传播方向上的峰值功率, L 是环路长度, n_2 是光纤的非线性折射率, A_{eff} 是光纤芯的有效截面面积. 透射率式 (6.2-6) 可写为

$$T = 1 - 2\eta(1-\eta)\{1 + \cos[(1-2\eta)(\psi+\Delta\psi)]\} \tag{6.2-9}$$

可判断这个相移导致激光输出进一步偏向另一路光纤, 而不是原路返回. 透射率对于光强的依赖关系式 (6.2-9) 也适用于连续光的情况. 把式 (6.2-9) 应用到有强度分布的脉冲情况, 如果脉冲的强度接近透射率最大值, 脉冲的两翼会更多地被反射,

而脉冲的尖峰部分则更多地被透过. 因此, 出射的脉冲会比入射的脉冲窄. 非线性环路反射镜相当于一个快可饱和吸收器.

4. 考虑色散情况

如果忽略光纤色散的影响, 以上模型是有效的. 但是随着脉冲变窄, 带宽变宽, 色散的作用会使脉冲展宽, 从而抵消掉非线性窄化的效果. 一个可能的保持脉冲宽度的办法也许是把脉冲强度升高直至稳定的孤子脉冲形成. 但是, 光纤回路对于孤子脉冲的响应和对于色散可以忽略的脉冲的反应是非常不同的. 根据孤子在光纤中传播的相移 ϕ_s [16]

$$\phi_s = 2(N-1/2)^2 z/z_0 \tag{6.2-10}$$

其中, N 是孤子阶数, z_0 是孤子长度, 此处定义为

$$z_0 = \frac{0.322\pi^2 c\tau^2}{\lambda|D|} \tag{6.2-11}$$

孤子在光纤传播中所累积的相位对于峰值和两翼是相等的, 因此环路不会像前面所讲的那样对孤子有窄化作用. 孤子会整个通过这个环路. 所以非线性光学环路反射镜也称为 "孤子滤波器"(soliton filter). 以上不过是简化的图像, 实际上应该回到数值法解非线性方程来得到更清晰的图像.

孤子在非线性环路镜中的透射率可以参照《非线性光纤光学》一书上的解法[17], 解非线性薛定谔方程获得. 如果入射脉冲用基所孤子能量来衡量

$$E_s = 1.135\tau_p P_1 \tag{6.2-12}$$

其中, 孤子峰值功率为

$$P_1 = 0.776\lambda^3 \frac{|D|A_{\text{eff}}}{\pi c n_2 \tau_p^2} \tag{6.2-13}$$

图 6.2-5 画出了环路反射镜的透射率作为输入功率的函数的关系, 以不同的环路长度作为参数. 我们清楚地看到, 对于每一个环路长度, 第一个透射率峰都没有达到 100%. 如果以环路长度为坐标, 反射率只在很窄的范围内有完全的透射率. 图 6.2-6 还给出了输出脉冲宽度对于输入脉冲的相对值. 输出脉冲可以是宽或窄于输入脉冲, 取决于环路长度. 这些结果都与所谓 "孤子滤波器" 的定义有区别. 孤子只在环路长度在 $4z_0 \sim 5z_0$, 输入能量约在 $2E_s$ 时才能穿过环路反射镜; 而且, 只有入射脉冲能量低于或者接近第一透射峰时, 才能使脉冲宽度保持不变.

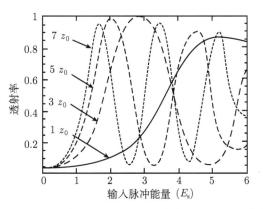

图 6.2-5　以孤子长度来衡量的环路反射镜的透射率与基阶孤子脉冲能量的关系[16]

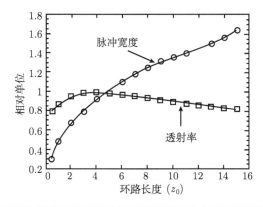

图 6.2-6　环路反射镜的相对脉冲宽度和透射率与环路反射镜长度的关系

但是, 以上环路反射镜只是对孤子成立. 对于正色散光纤环路, 脉冲在传播中会展宽, 因此环路的透射率就会很低. 因此, 符合逻辑的改善方法就是在环内加放大器, 就是增益光纤. 这样, 非线性环路反射镜就成为非线性放大环路反射镜.

5. 8 字形光纤激光器

根据以上原理, 可以构筑一个所谓 8 字形锁模光纤激光器 (figure 8 laser, 简写为 F8L, 图 6.2-7). 因为像一个横躺着的阿拉伯数字 8, 所以命名为 "8" 字形激光器. 右边的环是上述非线性光纤环路反射镜, 左边是一个反馈环路, 其中插入一个光学单向耦合器 (光学隔离器), 迫使右边的环路工作在透过模式, 即把 NALM 中由端口 2 输出的光经过一个带隔离器再送入端口 1, 并在放大光纤中耦合进泵浦光. 两个环中都加入偏振控制器控制光纤中的相位偏置, 并启动激光锁模.

这种 8 字形锁模光纤激光器最早是由 Richardson 等提出的[18], 他们利用 980nm 的光泵浦掺 Er 光纤, 得到了波长 1550nm、脉宽 320fs, 光谱带宽 9nm, 重复频率在

50MHz~10GHz 变化的脉冲. 一般情况下, 这种光纤激光器输出功率为 1~20mW, 脉冲宽度为 90fs~10ps.

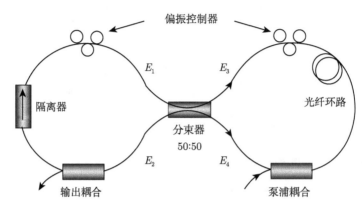

图 6.2-7　8 字形光纤激光器结构图

　　在 8 字形光纤激光器中, 锁模不依赖于脉冲的瞬时偏振旋转, 而依赖于光纤环路中的非线性相移和相向传播的光在分束器中的干涉效果, 锁模点只有一个, 是确定的.

　　8 字形致命的缺点是锁模自启动仍然很困难, 即使是在负色散光纤中. 早期的 8 字形激光器靠附加可饱和吸收体、振镜等协助启动锁模. 在非保偏光纤的 8 字形激光器中, 锁模和偏振控制器的调整有关. 奇怪的是, 如果把光纤全部换成保偏光纤, 锁模就更加困难了. 同时, 8 字形光纤激光器输出功率较低, 很长时间内不被重视, 下一节介绍的非线性偏振旋转锁模逐渐占了上风.

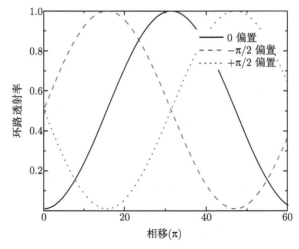

图 6.2-8　非线性光纤环路中加入 $+/-\pi/2$ 相位偏置后的透射率 (分束比为 45:55)

提高分束比固然可以降低锁模阈值, 但是也降低了环路的调制深度, 使激光器容易工作在多脉冲状态. 回顾非保偏光纤 8 字形锁模过程, 发现光纤偏振控制器对锁模起了重要作用. 这个作用, 与其说是为了保持光纤中的偏振使脉冲相干, 不如说是为了制造相位偏置. 光纤中的自然双折射引起非对易相位的原理在 6.2.1 节 2. 中已经介绍过. 偏振控制器实际上就是利用应变双折射来制造相位偏置. 只不过这个相位偏置不那么确定, 所以有时锁模容易启动, 有时锁模不容易启动.

如果在保偏光纤构成的环路内增加一个固定的相位偏置, 如图 6.2-4 示意的非互易装置, 可能比在非保偏光纤中调偏振控制器靠谱. 图 6.2-8 显示了环路中加入人工线性偏置后的透射率. 例如, 加了 $-\pi/2$ 线性相位偏置后, 初始透射率达到 50%, 同时, 调制斜率变大, 达到最大透射率所需的非线性相移也减少了约一半, 有利于锁模的启动.

需要注意的是, 线性相位偏置要正确; 如果四分之一波片的快慢轴的方向互换, 两个相向传播的光发生了 $+\pi/2$ 线性相位偏置, 则如图 6.2-8 所示, 透射率随非线性相移的增加而下降, 这是一个负反馈的效果, 是不能启动锁模的, 除非非线性相移超过 20π.

6. 9 字形光纤激光器

8 字形环形腔要用两个环路, 光纤长度比较长, 不利于工作在高重复频率. 根据 8 字形激光器的原理, 人们也可以利用环路的反射, 将两个环形腔改成一个环路反射镜和一个线性腔. 图 6.2-9 给出了环路反射率在不同相位偏置下随非线性相移的变化关系. 在没有相位偏置的情况下, 随着相移的增大, 反射率是下降的, 因此是一个负反馈, 不利于锁模; 随着入射脉冲功率的增加, 当非线性相移超过 30π 时, 反射率曲线才显示出上升. 这样, 锁模所需的功率就非常高[20,21].

若想降低这个 “阈值”, 可用 6.2.1 节 2. 中所述的在环路中加相位偏置的方法, 将反射率曲线移动. 例如, 图 6.2-9 所示, 在环路中加 $\pi/2$ 或 $\pi/3$ 线性相位偏置后, 反射率曲线向右平移, 反射率降低到 50% 以下, 同时斜率变为正的. 这样既能保证在连续激光器工作情况下, 有一定的反射率, 又能有较大功率的连续光. 而是在很小的非线性相移下, 达到正反馈, 即非线性相移增加, 反射率增加. 利用这个效果, 可以构成类似线性腔光纤激光器.

与 8 字形光纤激光器相比, 分束器的另外两端是开放式的. 把它重新摆放, 构成类似横躺的 “9” 字形. 图 6.2-10 是这种光纤激光器结构简图. 图中省去了泵浦耦合的 WDM、光谱滤波器和偏振元件. 环路和线性部分都可以加入增益光纤. 光纤腔可全用保偏光纤.

图 6.2-9 是在耦合器分束比接近 50% 的情况. 改变分束比会怎样呢? 参考图 6.2-2, 不管分束比是多少, 透射率总有一个位置是 100%, 而反射率就不会是

100%. 因此, 9 字形激光器与 8 字形相比, 不一定有很大优势, 所以 9 字形激光器很少用高分束比.

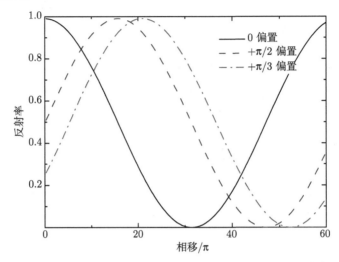

图 6.2-9　非线性光纤环路中加入 $-\pi/2$ 和 π 相位偏置后的反射率 (分束比 $\eta = 0.45$)

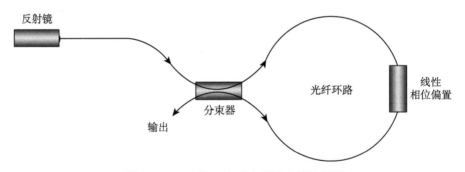

图 6.2-10　简化 9 字形光纤激光器结构图

6.2.2　非线性偏振旋转

　　另一种形式的锁模光纤激光器做成单环形式. 它的原理仍然是利用光纤中的双折射, 即对弱线性双折射光纤中的非线性偏振控制、演变作为幅度调制, 称为非线性偏振旋转 (nonlinear polarization rotation, NPR, 或 nonlinear polarization evolution, NPE)[22]. 假定入射光是线性偏振的低功率连续光, 或弱脉冲光, 其平行于光纤的某个轴. 由于光纤中的自然双折射, 从线性双折射光纤出射的光是可能是与光纤的 x 轴的夹角为 α 的椭圆偏振光, 如图 6.2-11 所示. 若入射光中含有很强的光脉冲, 由于光克尔效应, 强光的光场在 x-y 轴上的投影不同, 导致克尔效应产生的非线性相移不同, 合成的椭圆偏振光的光轴有可能发生偏转.

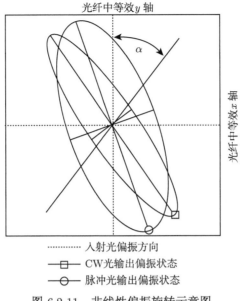

······ 入射光偏振方向
——□ CW光输出偏振状态
——○ 脉冲光输出偏振状态

图 6.2-11 非线性偏振旋转示意图

如果此时用一个偏振片, 其透光偏振方向与强光导致的偏转后的光轴一致, 就有可能只允许强光通过偏振片, 而给弱光和连续光更多的损耗. 这个效应也类似于可饱和吸收.

利用这个效应, 可搭建一个正反馈系统, 让脉冲光在腔内循环, 而让连续光和弱光消失. 在图 6.2-12 中, 光脉冲在光纤中经历了非线性偏振旋转, 经过四分之一波片, 将椭圆偏振光变成近似线偏振光; 为了让脉冲光能通过固定的偏振片, 加了一个半波片来旋转脉冲光的偏振方向; 从偏振片出射的脉冲再经过四分之一波片恢复椭圆偏振光, 重新入射到光纤中, 形成腔. 连续光或弱光由于偏振方向不与偏振片重合, 引入过大损耗而逐渐消失. 这种锁模就叫非线性偏转锁模.

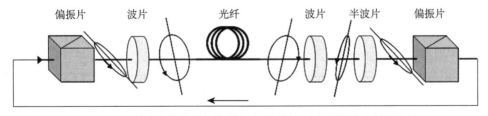

图 6.2-12 利用非线性偏振旋转机制锁模的环形腔锁模光纤激光器

即使经过四分之一波片, 因为脉冲的前沿和后沿强度不同, 所受到的偏振旋转也不同, 偏振也不是完全的线偏振, 所以, 这种锁模机制也同时具有在时域缩短脉冲的作用.

虽然 NPE 锁模和 8 字形锁模都利用了非线性相移的效应, 两个锁模机制仍有不同之处.

在 8 字形光纤激光器中, 脉冲的选出, 是靠在分束器处的非线性相移导致的干涉增强效应, 形成非线性环路反射镜, 和偏振旋转无关, 甚至不能有偏振旋转; 而在 NPE 锁模环形腔激光器中, 激光器被强迫沿单一方向循环, 没有 8 字形腔中的非线性环路中双向传输产生的干涉效应.

NPE 的锁模状态缺乏确定性. 在 NPE 锁模激光器中, 有 3 个波片需要调整, 形成若干种能形成锁模的波片状态组合. 每种组合虽然都能锁模, 锁模后的状态 (光谱形状、脉冲宽度) 却有所不同; 而且, 光纤受到外界压力和温度变化时, 产生的双折射也使偏振随之变化, 破坏了原有的偏振态而使锁模停止. 即使再次调波片使其锁模, 也不一定能恢复到原来的脉冲状态. 这种不确定性给使用者带来极大的不便.

由于 NPE 锁模对偏振的依赖程度高, 长期稳定性差, 人们就又怀念起 8 字形激光器. 原则上, 8 字形激光器不依赖于偏振, 旋转这一点让人不忍放弃. 8 字形为什么启动困难呢? 为什么有时候会容易自启动呢? 仔细查看图 6.2-2 就会发现, 光纤分束比接近 50:50 的结构, 在非锁模时, 环路透射率非常小, 因此激光器的功率也非常小. 后果就是, 激光器中的拍频脉冲的功率也很小, 不足以产生足够的非线性相移, 使其锁模. 能不能提高连续光时的透射率, 让激光器有一定的功率, 足以产生大的拍频脉冲使其锁模呢? 再看图 6.2-2 还会发现, 当光纤耦合器的分束比等于 20:80, 甚至 10:90 时, 环路的透射率大大增加, 这样就使激光器能够在连续光状态下有较高的功率, 增加了产生较高的拍频脉冲峰值的机会. 于是, 全保偏光纤 8 字形激光器就诞生了[19]. 不过此时的耦合器分束比都是接近 20:80, 而不是 50:50. 提高分束比的另外一个好处, 就是提高了非线性环路透射率对非线性相移的斜率. 这样, 只要有一点点拍频出现, 就能转换成透射率的变化, 这样也降低了锁模的阈值.

6.2.3 半导体可饱和吸收体

NPE 和 NALM, 本质上都是建立在克尔效应机制上的可饱和吸收体, 其响应速度在飞秒量级. 以上我们已经证明, 环形激光器是比较容易用 NPE 机制锁模的, 因为在偏振分光棱镜的两端均有偏振控制装置, 这样, 初始随机脉冲经过偏振调整即 NPE, 经过光纤后可与初始状态重合; 而在线性腔光纤激光器中, 只有一个偏振控制装置 (也可是波片的组合), 即只有一个自由度, 不能使返回的脉冲与初始脉冲的状态重合. 因此 NPE 锁模机制在线性腔中很难单独使锁模脉冲形成, 必须用更强的锁模机制, 例如, 振镜、声光调制器、半导体可饱和吸收体等. 由于半导体可饱和吸收镜的简单和易集成, 已经成为线性腔超短脉冲激光器中不可缺少的锁模器件. 与固体激光器需要的 ~1% 的调制深度形成对比的是, 线性腔锁模光纤激光器要求较高的调制深度, 如 10%~30%, 甚至 50%. 而在环形腔中, 对半导体可饱和吸收镜的调制深度要求不高, 仅仅是锁模启动器. 因此, 固体激光器锁模用的半导体可饱和吸收器也可以用. 如第 4 章中讲述, 高调制深度的可饱和吸收体的要求厚度要足够大, 因此导致折射率虚部带来相移. 作者所在研究组已经找出补偿相移的方案, 成功研制出应用于掺铒光纤和掺镱光纤激光器的半导体可饱和吸收镜.

半导体可饱和吸收镜在线性腔光纤激光器中, 可以直接与光纤端面接触, 或用透镜准直、聚焦在上面. 光纤端面接触虽然简单, 但是光斑大小不可调, 也容易损坏; 聚焦式接触可以调节半导体可饱和吸收镜上光斑大小, 并可做成集成化器件.

值得指出的是, 半导体可饱和吸收器, 无论是反射式还是透过式, 其饱和恢复时间都在皮秒量级. 受限于此, 仅用可饱和吸收镜锁模的光纤激光器, 特别是线性腔光纤激光器, 输出脉宽都较宽.

6.3　锁模启动机制: Jones 矩阵方法

非线性偏振旋转对脉冲的鉴别机制的分析需要用到 Jones 矩阵, 以及固定坐标与旋转坐标的变换, 过程比较复杂 (详见田村 Tamura 的博士论文[23], 这里只介绍要点).

在光纤激光器中, 激光脉冲通过的光学元件可能有起偏器 (检偏器)、四分之一波片、半波片、光纤 (克尔介质) 和法拉第旋转器等. 每个元件都可以用 2×2 的 Jones 矩阵表示. Jones 矩阵可以表示为基于 xy 正交坐标系的矩阵, 也可以表示为基于 $+/-$ 旋转坐标系的矩阵, 二者之间可以相互转换. 对于偏振片、波片等, 用正交坐标系表示比较方便; 而对于克尔介质中的光场, 由于自然双折射和非线性双折射作用, 最好用旋转坐标系.

6.3.1　矩阵定义

设在光纤中的光场沿 z 方向传播, 光场矢量在 xy 坐标系中可表示为

$$E = \begin{pmatrix} E_x \\ E_y \end{pmatrix} \tag{6.3-1}$$

如果将半波片 (HWP) 的快慢轴与 xy 坐标平行, 则光场通过半波片后, 获得一个 π 相移. 假定是 y 轴方向的光场分量获得了相移, Jones 矩阵就可表示为

$$\mathrm{HWP}_{x,y} = \begin{pmatrix} 1 & 0 \\ 0 & -1 \end{pmatrix} \tag{6.3-2}$$

同理, 对于一个四分之一波片 (QWP), 如果将波片的快慢轴与 xy 坐标平行, 光场获得一个 π/2 相移. 同样假定 y 轴方向光场分量获得了 π/2 相移, 其 Jones 矩阵

就可表示为

$$\mathrm{QWP}_{x,y} = \begin{pmatrix} 1 & 0 \\ 0 & \mathrm{i} \end{pmatrix} \tag{6.3-3}$$

一个偏振片 (POL), 如果透光方向与 x 轴平行, 其 Jones 矩阵就是

$$\mathrm{XPOL}_{x,y} = \begin{pmatrix} 1 & 0 \\ 0 & 0 \end{pmatrix} \tag{6.3-4}$$

如果波片或偏振片的轴相对于 x 轴有一个任意角度 θ, 这些矩阵可以变换为

$$\mathrm{HWP}_{x,y} = \begin{pmatrix} c_\theta & -s_\theta \\ s_\theta & c_\theta \end{pmatrix} \begin{pmatrix} 1 & 0 \\ 0 & -1 \end{pmatrix} \begin{pmatrix} c_\theta & s_\theta \\ -s_\theta & c_\theta \end{pmatrix} = \begin{pmatrix} c_{2\theta} & s_{2\theta} \\ s_{2\theta} & -c_{2\theta} \end{pmatrix} \tag{6.3-5}$$

$$\mathrm{QWP}_{x,y} = \begin{pmatrix} c_\theta & -s_\theta \\ s_\theta & c_\theta \end{pmatrix} \begin{pmatrix} 1 & 0 \\ 0 & \mathrm{i} \end{pmatrix} \begin{pmatrix} c_\theta & s_\theta \\ -s_\theta & c_\theta \end{pmatrix}$$

$$= \frac{1-\mathrm{i}}{2} \begin{pmatrix} \mathrm{i} + c_{2\theta} & s_{2\theta} \\ s_{2\theta} & \mathrm{i} - c_{2\theta} \end{pmatrix} \tag{6.3-6}$$

$$\mathrm{POL}_{x,y} = \begin{pmatrix} c_\theta & -s_\theta \\ s_\theta & c_\theta \end{pmatrix} \begin{pmatrix} 1 & 0 \\ 0 & 0 \end{pmatrix} \begin{pmatrix} c_\theta & s_\theta \\ -s_\theta & c_\theta \end{pmatrix}$$

$$= \frac{1}{2} \begin{pmatrix} 1 + c_{2\theta} & s_{2\theta} \\ s_{2\theta} & 1 - c_{2\theta} \end{pmatrix} \tag{6.3-7}$$

其中, $c_\theta = \cos\theta$, $s_\theta = \sin\theta$.

现在讨论将正交坐标系转换到旋转坐标系中表示的矩阵. 设这个变换矩阵为 U

$$U = \frac{1}{\sqrt{2}} \begin{pmatrix} 1 & \mathrm{i} \\ \mathrm{i} & 1 \end{pmatrix} \tag{6.3-8}$$

则矩阵在两种坐标系中的变换遵循如下公式

$$\begin{pmatrix} E_+ \\ E_- \end{pmatrix} = \frac{1}{\sqrt{2}} \begin{pmatrix} 1 & \mathrm{i} \\ \mathrm{i} & 1 \end{pmatrix} \begin{pmatrix} E_x \\ E_y \end{pmatrix} = U \begin{pmatrix} E_x \\ E_y \end{pmatrix} \tag{6.3-9}$$

$$\begin{pmatrix} E_x \\ E_y \end{pmatrix} = \frac{1}{\sqrt{2}} \begin{pmatrix} 1 & -\mathrm{i} \\ -\mathrm{i} & 1 \end{pmatrix} \begin{pmatrix} E_+ \\ E_- \end{pmatrix} = U^\dagger \begin{pmatrix} E_+ \\ E_- \end{pmatrix} \tag{6.3-10}$$

例如, 半波长片的 Jones 矩阵在旋转坐标系中是

$$\mathrm{HWP}_{+,-} = \frac{1}{2} \begin{pmatrix} 1 & \mathrm{i} \\ \mathrm{i} & 1 \end{pmatrix} \begin{pmatrix} c_\theta & s_\theta \\ s_\theta & -c_\theta \end{pmatrix} \begin{pmatrix} 1 & -\mathrm{i} \\ -\mathrm{i} & 1 \end{pmatrix}$$

$$= \begin{pmatrix} 0 & -\mathrm{i}\mathrm{e}^{+\mathrm{i}2\theta} \\ \mathrm{i}\mathrm{e}^{+\mathrm{i}2\theta} & 0 \end{pmatrix} \tag{6.3-11}$$

同理, 得出四分之一波长片和 x 偏振片在旋转坐标系中的 Jones 矩阵

$$\mathrm{QWP}_{+,-} = \frac{1+\mathrm{i}}{2} \begin{pmatrix} 0 & -\mathrm{i}\mathrm{e}^{+\mathrm{i}2\theta} \\ \mathrm{i}\mathrm{e}^{+\mathrm{i}2\theta} & 0 \end{pmatrix} \tag{6.3-12}$$

$$\mathrm{XPOL}_{+,-} = \frac{1}{2} \begin{pmatrix} 1 & -\mathrm{i} \\ -\mathrm{i} & 1 \end{pmatrix} \tag{6.3-13}$$

为了得到克尔矩阵, 需要先求出克尔效应导致的相移. 设沿 z 方向传播的光场在 xy 坐标系投影的非线性极化矢量分别为

$$\begin{aligned} P_x &= \chi^{(3)}(3|E_x|^2 E_x + 2|E_y|^2 E_x + E_y{}^2 E_x{}^*) \\ P_y &= \chi^{(3)}(3|E_y|^2 E_x + 2|E_x|^2 E_y + E_x{}^2 E_y{}^*) \end{aligned} \tag{6.3-14}$$

最后一项是相干交叉项. 如果光在 x,y 两个偏振方向的群速度不同, 则平均效果为零, 所以可以忽略不计; 而在光纤中, 多少都有双折射, 所以这个假设是合理的. 将 $E_{\pm} = E_x \pm \mathrm{i}E_y$ 代入式 (6.3-10) 和 (6.3-14), 得出在旋转坐标系下的极化矢量

$$\begin{aligned} P_+ &= 4\chi^{(3)}(|E_+|^2 + 2|E_-|^2)E_+ \\ P_- &= 4\chi^{(3)}(|E_-|^2 + 2|E_+|^2)E_- \end{aligned} \tag{6.3-15}$$

为了简化处理克尔效应, 这里也同样忽略了和相位相关的交叉项. 克尔介质导致的在+和−方向的相移分别表示为

$$\begin{aligned} \phi_+ &= \frac{1}{3}\kappa(|E_+|^2 + 2|E_-|^2) \\ \phi_- &= \frac{1}{3}\kappa(|E_-|^2 + 2|E_+|^2) \end{aligned} \tag{6.3-16}$$

其中, κ 正比于传播距离, 具体可以写为 $\kappa = \dfrac{4\pi n_2 d}{\lambda A_{\mathrm{eff}}} = \delta\gamma d$, 其中各个量的定义与第 3 章相同.

$$\begin{aligned} \frac{\mathrm{d}E_+}{\mathrm{d}z} &= \mathrm{i}\frac{2}{3}\eta(|E_+|^2 + 2|E_-|^2)E_+ \\ \frac{\mathrm{d}E_-}{\mathrm{d}z} &= \mathrm{i}\frac{2}{3}\eta(|E_-|^2 + 2|E_+|^2)E_- \end{aligned} \tag{6.3-17}$$

方程的解

$$\begin{aligned} E_+(z) &= E_+^0(z)\mathrm{e}^{\mathrm{i}\phi_+ + z/d} \\ E_-(z) &= E_-^0(z)\mathrm{e}^{\mathrm{i}\phi_- + z/d} \end{aligned} \tag{6.3-18}$$

如果定义一个共有相移 Φ 和一个微分相移 $\Delta\phi$

$$\Phi = \frac{\phi_+ + \phi_-}{2} = \frac{1}{2}\kappa(|E_+|^2 + |E_-|^2)$$

$$\Delta\phi = \frac{\phi_+ - \phi_-}{2} = \frac{1}{6}\kappa(|E_+|^2 - |E_-|^2) \tag{6.3-19}$$

$$\begin{aligned}\phi_+ &= \Phi + \Delta\phi \\ \phi_- &= \Phi - \Delta\phi\end{aligned} \tag{6.3-20}$$

将这两个相移引入克尔介质矩阵, 在旋转坐标系中的克尔矩阵就是

$$\text{KERR}_{+,-} = e^{i\Phi}\begin{pmatrix} e^{+i\Delta\phi} & 0 \\ 0 & e^{-i\Delta\phi} \end{pmatrix} \tag{6.3-21}$$

将其变换到正交坐标系

$$\begin{aligned}\text{KERR}_{x,y} &= \frac{e^{i\Delta\phi}}{2}\begin{pmatrix} 1 & -i \\ -i & 1 \end{pmatrix}\begin{pmatrix} e^{+i\Delta\phi} & 0 \\ 0 & e^{-i\Delta\phi} \end{pmatrix}\begin{pmatrix} 1 & i \\ i & 1 \end{pmatrix} \\ &= e^{i\Phi}\begin{pmatrix} c_{\Delta\phi} & -s_{\Delta\phi} \\ s_{\Delta\phi} & c_{\Delta\phi} \end{pmatrix}\end{aligned} \tag{6.3-22}$$

一个法拉第旋转器可以类比为克尔介质.

$$\text{FR}_{+,-} = \begin{pmatrix} e^{i\phi_B} & 0 \\ 0 & e^{-i\phi_B} \end{pmatrix} \tag{6.3-23}$$

$$\text{FR}_{x,y} = \begin{pmatrix} c_{\phi_B} & -s_{\phi_B} \\ s_{\phi_B} & c_{\phi_B} \end{pmatrix} \tag{6.3-24}$$

在 $\kappa_g \ll \kappa_0$ 情况下, ϕ_B 定义为 $\phi_B \approx \dfrac{\kappa_g \pi l}{\kappa_0 \lambda}$. 其中, κ_g 和 κ_0 为磁光介质的磁导率张量元.

6.3.2　基本环形腔

为了解出环形腔的透射率, 可考虑如图 6.3-1 所示的结构, 光先通过一个偏振片, 然后相继通过一个四分之一波片、克尔介质、半波片. 首先考虑四分之一波片加上克尔介质: QWP+Kerr. 为了适合在克尔介质的旋转坐标, 先将经过四分之一波片的光场变换到旋转坐标系

$$\begin{pmatrix} E_+ \\ E_- \end{pmatrix} = E_{+,-} = \frac{1}{\sqrt{2}}\begin{pmatrix} 1 & i \\ i & 1 \end{pmatrix}\begin{pmatrix} E_x \\ E_y \end{pmatrix} = U\begin{pmatrix} E_x \\ E_y \end{pmatrix} \tag{6.3-25}$$

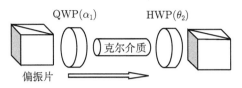

图 6.3-1 基本环形腔模型

然后通过一个四分之一波片

$$E_{+,-}^{(1)} = \text{QWP}_{x,y} \cdot U \cdot E_{x,y} = \frac{1}{\sqrt{2}} \begin{pmatrix} 1 & -e^{-i2\alpha_1} \\ e^{-i2\alpha_1} & 1 \end{pmatrix} \frac{1+i}{2} \begin{pmatrix} 1 & i \\ i & 1 \end{pmatrix} \begin{pmatrix} E_0 \\ 0 \end{pmatrix}$$

$$= \frac{E_0}{\sqrt{2}} \begin{pmatrix} (c_{\alpha_1} - s_{\alpha_1})e^{i2\alpha_1} \\ i(c_{\alpha_1} + s_{\alpha_1})e^{-i2\alpha_1} \end{pmatrix} \tag{6.3-26}$$

再通过克尔介质

$$E_{+,-} = \text{KERR}_{x,y} \cdot E_{+,-}^{(1)} = e^{i\Delta\phi} \begin{pmatrix} e^{+i\Delta\phi} & 0 \\ 0 & e^{-i\Delta\phi} \end{pmatrix} \cdot \frac{E_0}{\sqrt{2}} \begin{pmatrix} (c_{\alpha_1} - s_{\alpha_1})e^{i2\alpha_1} \\ i(c_{\alpha_1} + s_{\alpha_1})e^{-i2\alpha_1} \end{pmatrix}$$

$$= \frac{E_0}{\sqrt{2}} e^{i\Phi} \begin{pmatrix} (c_{\alpha_1} - s_{\alpha_1})e^{i(2\alpha_1 + \Delta\phi)} \\ i(c_{\alpha_1} + s_{\alpha_1})e^{-i(2\alpha_1 + \Delta\phi)} \end{pmatrix} \tag{6.3-27}$$

其中

$$\Phi = \frac{1}{2}\kappa E_0^{\,2}$$

$$\Delta\phi = -\frac{1}{6}\kappa s_{2\alpha_1} E_0^{\,2} \tag{6.3-28}$$

随后, 再经过一个半波片和一个偏振片

$$E_{+,-}^{(\text{out})} = \text{XPOL2}_{+,-} \cdot \text{HWP2}(\theta_2)_{+,-} \cdot E^{(1)}_{+,-}$$

$$= \frac{1}{2}e^{-i2\theta_2} \begin{pmatrix} 1 & 0 \\ 0 & 1 \end{pmatrix} \begin{pmatrix} 1 & -ie^{+i4\theta_2} \\ 1 & ie^{+i4\theta_2} \end{pmatrix} \frac{E_0}{\sqrt{2}} e^{i\Phi}$$

$$\times \begin{pmatrix} (c_{\alpha_1} - s_{\alpha_1})e^{i(2\alpha_1 + \Delta\phi)} \\ i(c_{\alpha_1} + s_{\alpha_1})e^{-i(2\alpha_1 + \Delta\phi)} \end{pmatrix} \tag{6.3-29}$$

再将 $E_{+,-}^{(\text{out})}$ 转换回到正交坐标系, 可得到在 x 方向的出射光场

$$E_x^{(\text{out})} = \frac{E_0}{2} e^{i\Phi}\{(c_{\alpha_1} - s_{\alpha_1})e^{i(\delta\theta_1 + \Delta\phi)} + (c_{\alpha_1} + s_{\alpha_1})e^{-i(\delta\theta_1 + \Delta\phi)}\} \tag{6.3-30}$$

其中, $\delta\theta_1 = \alpha_1 - 2\theta_2$. 因此, 归一化的出射光能量, 即光的透射率就成为

$$I_x^{(\text{out})} = \frac{|E_x^{\text{out}}|^2}{E_0^2} = \frac{1}{2}(1 + c_{2\alpha_1} c_{2(\delta\theta_1 + \Delta\phi)})$$

$$= \frac{1}{2} + \frac{1}{2}\cos 2\alpha_1 \cos[2(\delta\theta_1 + \Delta\phi)] \tag{6.3-31}$$

从中可以解出非线性薛定谔方程中的三个主要参数: 自相位调制系数 γ, 自振幅调制系数 δ 和单程损耗系数

$$l_{\mathrm{p}} = \sqrt{1 - T_{\mathrm{p}}}$$

作小非线性近似, 并保留到一次项, 可得到环形腔内的 γ, δ 和 l_{p} 如下

$$\gamma\left|E_x^{\mathrm{out}}\right|^2 = \frac{1}{2}\kappa\left|E_x^{\mathrm{out}}\right|^2 \left(\sqrt{T_{\mathrm{p}}} - \frac{1}{6}\frac{s_{2\alpha_1}^2}{\sqrt{T_{\mathrm{p}}}}\right) \tag{6.3-32}$$

$$\delta\left|E_x^{\mathrm{out}}\right|^2 = \frac{1}{24}\kappa\left|E_x^{\mathrm{out}}\right|^2 \frac{s_{4\alpha_1} s_{2\delta\theta_1}}{\sqrt{T_{\mathrm{p}}}} \tag{6.3-33}$$

$$T_{\mathrm{p}} = \frac{1}{2}(1 + C_{2\alpha_1} C_{2\delta\theta_1}) \tag{6.3-34}$$

Haus 等定义了一个参数, 即 SAM 与 SPM 的比值 ζ

$$\zeta = \frac{\delta}{\gamma} \tag{6.3-35}$$

稳定区间、脉宽和啁啾都可表示为 ζ 的函数[24]. 一般希望 SAM 大于 SPM, 以扩展稳定性区间, 以及具有较短的脉宽和较小的啁啾. 由图 6.3-2 可见, 好几个 α_1 和 $\delta\theta_1$ 值都对应 ζ 的最大值.

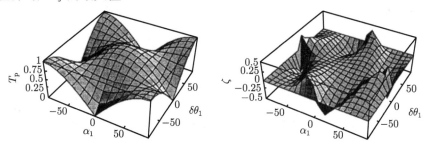

图 6.3-2　透射率 T_{p} 和 SAM 与 SPM 的比值 ζ 作为 α_1 和 $\delta\theta_1$ 的函数[18]

6.3.3　再线性偏振化的环形腔

上述环形腔中, 通过克尔介质后, 光有可能仍然是椭圆偏振光, 半波片会让光场损失很多能量. 为了解决这个问题, 可考虑在克尔介质后增加一个四分之一波片, 如图 6.3-3 所示的结构, 将椭圆偏振光还原成线偏振光. 克尔介质后的三个矩阵相乘

$$\mathrm{XPOL2}_{+,-} \cdot \mathrm{QWP2}(\alpha_2) \cdot \mathrm{HWP2}(\theta_2)_{+,-} = \frac{1}{\sqrt{2}}\begin{pmatrix} 1 & 0 \\ 0 & \mathrm{i} \end{pmatrix}\begin{pmatrix} s_{\alpha_2'}\mathrm{e}^{\mathrm{i}\delta\theta_2'} & c_{\alpha_2'}\mathrm{e}^{\mathrm{i}\delta\theta_2'} \\ s_{\alpha_2'}\mathrm{e}^{\mathrm{i}\delta\theta_2'} & s_{\alpha_2'}\mathrm{e}^{\mathrm{i}\delta\theta_2'} \end{pmatrix} \tag{6.3-36}$$

其中, $\alpha_2' = \alpha_2 + \pi/4$, $\delta\theta_2' = \alpha_2' - 2\theta_2$. 依照 6.3.1 节的方法, 很容易解出此结构下的输出光场

$$E_x^{(\text{out})} = \frac{E_0}{\sqrt{2}} \mathrm{e}^{\mathrm{i}\Phi} \{ (c_{\alpha_1} - s_{\alpha_1}) s_{\alpha_2'} \mathrm{e}^{\mathrm{i}(\sigma' + \Delta\phi)} + \mathrm{i}(c_{\alpha_1} + s_{\alpha_1}) c_{\alpha_2'} \mathrm{e}^{\mathrm{i}(\sigma' + \Delta\phi)} \} \qquad (6.3\text{-}37)$$

及其透射率

$$I_x^{(\text{out})} = T = \frac{1}{2} (1 - s_{2\alpha_1} s_{2\alpha_2 (\delta\theta_1 + \Delta\phi)} + c_{2\alpha_1} c_{2\alpha_2} c_{2(\sigma + \Delta\phi)}) \qquad (6.3\text{-}38)$$

其中, $\sigma' = \alpha_1 + \alpha_2' - 2\theta_2$, $\sigma = \alpha_1 + \alpha_2 - 2\theta_2$.

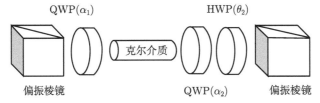

图 6.3-3 再线性偏振化环形腔模型[23]

同时, 得到非线性薛定谔方程所需参数

$$\gamma |E_x^{\text{out}}|^2 = \frac{1}{2}\kappa |E_x^{\text{out}}|^2 \left[\sqrt{T_{\mathrm{p}}} + \frac{1}{6} \frac{s_{2\alpha_1}(s_{2\alpha_1} - s_{2\alpha_2})}{\sqrt{T_{\mathrm{p}}}} \right] \qquad (6.3\text{-}39)$$

$$\delta |E_x^{\text{out}}|^2 = \frac{1}{24}\kappa |E_x^{\text{out}}|^2 \frac{s_{4\alpha_1} c_{2\delta\theta_1} s_{2\sigma}}{\sqrt{T_{\mathrm{p}}}} \qquad (6.3\text{-}40)$$

$$\sqrt{T_{\mathrm{p}}} = \frac{1}{\sqrt{2}} \sqrt{1 - s_{2\alpha_1} s_{2\alpha_2} + c_{2\alpha_1} c_{2\alpha_2} c_{2\sigma}} \qquad (6.3\text{-}41)$$

6.3.4 线性腔

考虑图 6.3-4(a) 所示线性腔, 图中有偏振片、法拉第旋转器、克尔介质 (光纤) 和反射镜. 如果把这个腔打开, 如图 6.3-4(b) 所示. 先不考虑偏振片, 系统的响应矩阵可以写为

$$\begin{aligned}
M_1 &= \frac{1}{2} \mathrm{e}^{\mathrm{i}2\Phi} \begin{pmatrix} \mathrm{i} + c_{2\alpha} & s_{2\alpha} \\ s_{2\alpha} & \mathrm{i} - c_{2\alpha} \end{pmatrix} \begin{pmatrix} c_{2(\Delta\phi + \phi_{\mathrm{B}})} & -s_{2(\Delta\phi + \phi_{\mathrm{B}})} \\ s_{2(\Delta\phi + \phi_{\mathrm{B}})} & c_{2(\Delta\phi + \phi_{\mathrm{B}})} \end{pmatrix} \begin{pmatrix} \mathrm{i} + c_{2\alpha} & s_{2\alpha} \\ s_{2\alpha} & \mathrm{i} - c_{2\alpha} \end{pmatrix} \\
&= \frac{1}{2} \mathrm{e}^{\mathrm{i}2\Phi} \begin{pmatrix} c_{2\alpha} c_{2(\Delta\phi + \phi_{\mathrm{B}})} & s_{2\alpha} c_{2(\Delta\phi + \phi_{\mathrm{B}})} - \mathrm{i}s_{2(\Delta\phi + \phi_{\mathrm{B}})} \\ s_{2\alpha} c_{2(\Delta\phi + \phi_{\mathrm{B}})} + \mathrm{i}s_{2(\Delta\phi + \phi_{\mathrm{B}})} & -c_{2\alpha} c_{2(\Delta\phi + \phi_{\mathrm{B}})} \end{pmatrix}
\end{aligned} \qquad (6.3\text{-}42)$$

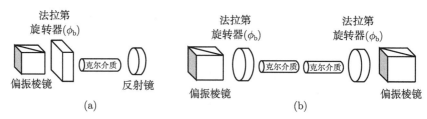

图 6.3-4　含法拉第旋转器的线性腔模型[23]

(a) 线性腔的基本结构；(b) 将线性腔打开的等效结构

其中, 共同的相位倍乘已经被忽略. α 是对于偏振片的夹角, ϕ_B 是法拉第旋转器的旋转角度, Φ 和 $\Delta\phi$ 是式 (6.3-28) 给出的非线性相移, 其中 α_2 被 α 取代. 打开的四个旋转矩阵可以很容易连成一个单个旋转矩阵. 如果输入的光是 x 偏振的, 那么在 x 方向输出的光场是

$$E_x^{(\mathrm{out})} = E_0 \mathrm{e}^{\mathrm{i}2\Phi} c_{2\alpha} c_{2(\Delta\phi+\phi_B)} \tag{6.3-43}$$

其归一化光强为

$$I_x^N = \frac{1}{2} c_{2\alpha}^2 (1 + c_{4(\Delta\phi+\phi_B)}) \tag{6.3-44}$$

系统其他参数为

$$\gamma|E|^2 = \kappa|E|^2 c_{2\alpha} c_{2\phi_B} \tag{6.3-45}$$

$$\delta|E|^2 = \frac{1}{6} \kappa|E|^2 s_{4\alpha} s_{2\phi_B} \tag{6.3-46}$$

$$T_{\mathrm{p}} = c_{2\alpha} c_{2\phi_B} \tag{6.3-47}$$

由图 6.3-5 可见, 当 $\phi_B = \pm 45°$, T_{p} 和 γ 变为零, δ 是最大值. 也就是说, 透过的光是纯非线性造成的, 系统给出最强的非线性快门动作.

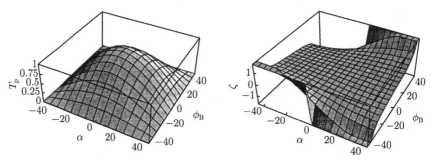

图 6.3-5　透射率 T_{p} 和 SAM 与 SPM 的比值 ζ 作为 α 和 ϕ_B 的函数[23]

如果在图 6.3-6 所示的线性腔激光器中将法拉第旋转器换为 HWP, 则这种线性腔不能自启动锁模. 这可以从以下计算看出, 如果从半波片出发, 经过克尔介质

(光纤) 和反射镜返回, 再经过半波片, 其响应矩阵可以写为

$$\mathrm{HWP}(\theta)_{x,y}\cdot\mathrm{KERR}_{x,y}\cdot\mathrm{HWP}(\theta)_{x,y}=\begin{pmatrix} c_{2\Delta\phi} & s_{2\Delta\phi} \\ s_{2\Delta\phi} & c_{2\Delta\phi} \end{pmatrix} \tag{6.3-48}$$

任意波片组合
克尔介质
偏振棱镜
反射镜

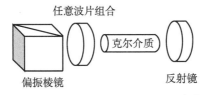

图 6.3-6 线性腔光纤激光器结构[23]

可以看出, 四个矩阵元都与非线性相移 $\Delta\phi$ 有关. 也就是说, 这个结构不能允许有线性偏振的偏置. 而一般的光纤都有些双折射, 所以这种线性腔不能实现用 NPE 方式锁模.

如果在光纤的两端都增加一个四分之一波片, 让光纤的两端都有独立可调谐的元件, 如图 6.3-7 所示, 是否可以达到 NPE 锁模的目的呢? 这个系统的响应矩阵为

$$M_2=\mathrm{QWP}\cdot\mathrm{KERR}\cdot\mathrm{QWP}\cdot\mathrm{QWP}\cdot\mathrm{KERR}\cdot\mathrm{QWP} \tag{6.3-49}$$

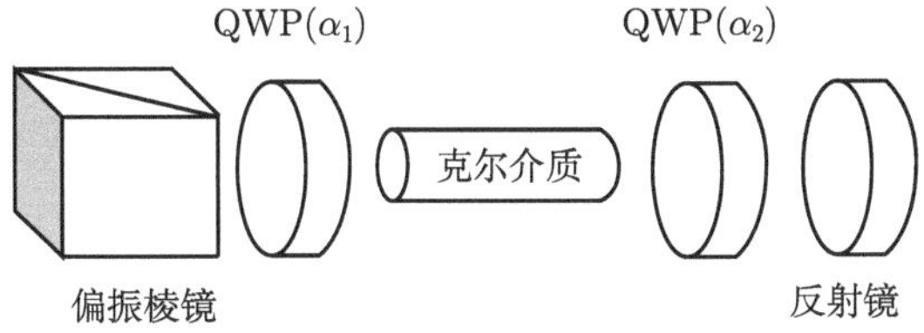

QWP(α_1)
QWP(α_2)
克尔介质
偏振棱镜
反射镜

图 6.3-7 含两个四分之一波片的线性腔

$$\begin{aligned} M_2=&\frac{1}{2}\mathrm{e}^{\mathrm{i}(\Phi_1+\Phi_2)}\begin{pmatrix} \mathrm{i}+c_{2\alpha_1} & s_{2\alpha_1} \\ s_{2\alpha_1} & \mathrm{i}-c_{2\alpha_1} \end{pmatrix}\begin{pmatrix} c_{\Delta\phi_2} & -s_{\Delta\phi_2} \\ s_{\Delta\phi_2} & c_{\Delta\phi_2} \end{pmatrix}\begin{pmatrix} c_{2\alpha_2} & s_{2\alpha_2} \\ s_{2\alpha_2} & -c_{2\alpha_2} \end{pmatrix} \\ &\begin{pmatrix} c_{\Delta\phi_1} & -s_{\Delta\phi 1} \\ s_{\Delta\phi_1} & c_{\Delta\phi_1} \end{pmatrix}\begin{pmatrix} \mathrm{i}+c_{2\alpha_1} & s_{2\alpha_1} \\ s_{2\alpha_1} & \mathrm{i}-c_{2\alpha_1} \end{pmatrix} \\ =&\frac{\mathrm{i}}{2}\mathrm{e}^{\mathrm{i}(\Phi_1+\Phi_2)} \\ &\begin{pmatrix} c_{2(\alpha_1+\beta)}-c_{2(\alpha_1-\beta)}+2\mathrm{i}c_{2\beta} & s_{2(\alpha_1+\beta)}-s_{2(\alpha_1-\beta)} \\ s_{2(\alpha_1+\beta)}-s_{2(\alpha_1-\beta)} & -c_{2(\alpha_1+\beta)}+c_{2(\alpha_1-\beta)}+2\mathrm{i}c_{2\beta} \end{pmatrix} \end{aligned} \tag{6.3-50}$$

其中, α_1 和 α_2 是对第一个和第二个 QWP 的夹角；$2\beta=2\delta\alpha+\Delta\phi_1-\Delta\phi_2$, $\delta\alpha=\alpha_1-\alpha_2$. 两个 QWP 已经合成一个 HWP 以角度 α_2. 非线性项 Φ_1、Φ_2、$\Delta\phi_1$ 和

$\Delta\phi_2$ 取决于入射到克尔介质时的偏振态. 我们可以设

$$\Phi_1 = \Phi_2 = \Phi \tag{6.3-51}$$

$$\Delta\phi_1 = -\Delta\phi_2 = \Delta\phi \tag{6.3-52}$$

最后一个式子仍然成立, 因为这个合成的 HWP 仅交换了正负两个圆偏振光模式的幅度而已. 因此, $\beta = \delta\alpha + \Delta\phi$, 于是出射电场可以写成

$$E_x^{(\text{out})} = \frac{E_0}{2}\mathrm{e}^{\mathrm{i}2\Phi}(c_{2(\alpha_1+\beta)} - s_{2(\alpha_1-\beta)} - 2\mathrm{i}c_{2\beta}) \tag{6.3-53}$$

其归一化光强为

$$I_x^N = \frac{1}{4}(3 - c_{4\alpha_1} + c_{4(\delta\alpha_1+\Delta\phi)} + c_{4\alpha_1}c_{4(\delta\alpha_1+\Delta\phi)}) \tag{6.3-54}$$

系统其他参数为

$$\gamma|E|^2 = \kappa|E|^2\left(T_\mathrm{p} - \frac{1}{3}\frac{s_{2\alpha_1}c_{4\delta\alpha_2}}{T_\mathrm{p}}\right) \tag{6.3-55}$$

$$\delta|E|^2 = \frac{1}{24}\kappa|E|^2\frac{c_{2\alpha_1}s_{4\alpha_1}s_{4\delta\alpha}}{T_\mathrm{p}} \tag{6.3-56}$$

$$T_\mathrm{p} = \frac{1}{2}\sqrt{3 - c_{4\alpha_1} + c_{4\delta\alpha} + c_{4\alpha_1}c_{4\delta\alpha}} \tag{6.3-57}$$

由图 6.3-8 可见, 与法拉第旋转器的情况不同, δ 总是远远小于 γ, 意味着非线性振幅调制远小于自相位调制. 因此, 找不到一个点使透射率仅是非线性的, 因此也不能自启动锁模.

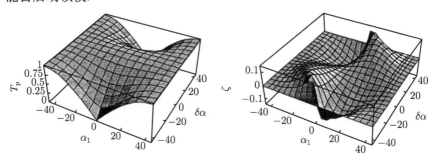

图 6.3-8 透射率 T_p 和 SAM 与 SPM 的比值 ζ 作为 α_1 和 $\delta\alpha$ 的函数 [18]

注意: $\zeta \ll 1$

6.3.5 环形腔

如前所述, 线性腔不能用 NPE 机制锁模, 因此只能用可饱和吸收体锁模. 除了半导体可饱和吸收体, 还有碳纳米管和石墨烯等. 这些锁模器件与 NPE 锁模的最大区别, 就是饱和恢复时间过长, 最短的也在皮秒量级. 而 NPE 的响应时间是 10^{-15}s 量级. 因此, 线性腔锁模输出脉冲宽, 光谱窄.

6.4 脉冲形成机制

脉冲形成机制的研究, 可以帮我们更好地理解脉冲如何形成, 各个参数如何控制输出脉冲的参数. 脉冲形成机制在光纤激光器中研究得相当透彻. 因为光纤激光器中, 光纤几乎充满了整个激光器, 一定程度上可以看成是连续分布的, 方程容易解.

本节的主要任务是在导出 Ginzburg-Landau 方程的基础上, 通过研究这个方程的稳态解和瞬态解, 理解各种锁模机制是如何运作的, 特别是全正色散锁模和放大相似子锁模.

6.4.1 Ginzburg-Landau 方程与解法

在光纤激光器中传播的光脉冲遵循含二阶和三阶色散的非线性薛定谔方程

$$\frac{\partial A}{\partial z} + \mathrm{i}\frac{1}{2}\beta_2\frac{\partial^2 A}{\partial T^2} - \frac{\beta_3}{6}\frac{\partial^3 A}{\partial T^3} = \mathrm{i}\gamma|A|^2 A - \frac{1}{2}\alpha A \tag{6.4-1}$$

其中, 普通光纤的折射率的变化可以看成微扰

$$\Delta n = n_2|E|^2 + \frac{\mathrm{i}\tilde{\alpha}}{2k_0} \tag{6.4-2}$$

而脉冲在稀土掺杂的增益光纤中传播时, 折射率的变化需要加上掺杂离子的电极化率 χ_d 的影响

$$\Delta n = n_2|E|^2 + \frac{\mathrm{i}\tilde{\alpha}}{2k_0} + \frac{\chi_\mathrm{d}}{2n} \tag{6.4-3}$$

其中, $\chi_\mathrm{d} = \dfrac{\sigma_\mathrm{s} W n_0 c/\omega_0}{(\omega - \omega_\mathrm{a})T_2 + \mathrm{i}}$. σ_s 为传输辐射截面; W 为粒子数反转密度; n_0 为背景线性折射率; T_2 为偶极子弛豫时间, $T_2 = \dfrac{2\pi}{ck^2\Delta\lambda_\mathrm{g}}$, $\Delta\lambda_\mathrm{g}$ 为增益带宽. 因此, 这个电极化率也对掺杂光纤的色散有贡献. 此外, 还需要考虑增益所引起的带宽限制. 因此, 增益光纤的群速色散 β_2^eff 可表示为

$$\beta_2{}^\mathrm{eff} = \beta_2 + \mathrm{i}g T_2^2 \tag{6.4-4}$$

β_2^eff 为复数变量, 虚部来自掺杂离子提供的增益, 称为增益色散, 来源于增益对频率的依赖性. 考虑到增益饱和效应, 增益系数可以表示为

$$g = \frac{g_0}{1 + E_\mathrm{p}/E_\mathrm{sat}} \tag{6.4-5}$$

式中, g_0 为小信号增益系数, E_p 为瞬时脉冲的能量, E_{sat} 为增益饱和能量. 因此, 脉冲在稀土掺杂的增益光纤中传播时, 增益色散和增益饱和效应, 遵循 Ginzburg-Landau 方程

$$\frac{\partial A}{\partial z} + i\frac{1}{2}(\beta_2 + igT_2{}^2)\frac{\partial^2 A}{\partial T^2} - \frac{\beta_3}{6}\frac{\partial^3 A}{\partial T^3} = i\gamma|A|^2A + \frac{1}{2}(g-\alpha)A \tag{6.4-6}$$

其中, $T = t - \beta_1^{eff}z$. 方程描述了脉冲在增益光纤中的放大和传播过程, 当增益项为零时, 可转化为普通光纤中遵循的非线性薛定谔方程.

Ginzburg-Landau方程的解法和非线性薛定谔方程的解法一致, 可采用分步傅里叶法, 计算每一段光纤的线性和非线性作用.

6.4.2　Ginzburg-Landau 方程的一般解

方程 (6.4-6) 一般取双曲正割解, 但是双曲正割解只是其中一个特例. 对于线性光学系统 $\gamma = \delta = 0$, 可以用复高斯函数拟合方程的解 [25]

$$A(z,\tau) = A_0\sqrt{p_1(\tau)}e^{i\beta_2\tau^2+i\phi} \tag{6.4-7}$$

$p_1(\tau) = e^{-\tau^2}$ 是方程的严格解, $\tau = t/T$ 是归一化时间, $T(z)$, $A(z)$, $\phi(z)$和 $\beta_2(z)$ 分别代表脉宽、振幅、相位和线性啁啾参数. 根据非线性的强弱, 方程的解有所不同. 对于中等强度的非线性, 高斯解仍然可以很好地描述腔内稳态脉冲形状. 反过来, 对于强非线性, 脉冲强度形状近似地用抛物线型描述. 当然严格的抛物线解仅是理想情况, 实际上是脉冲靠近中心的部分是抛物线型, 而远离中心的其他部分是近似超高斯型, 介于两者之间的情况, 脉冲形状自然综合了高斯脉冲和自相似脉冲. 为了反映这个特性, Ilday 等引入一个更一般的解

$$p_n(\tau) = e^{\left(-\sum\limits_{k=1}^{n}\tau^{2k}/k\right)} = 1 - \tau^2 + O(\tau^{2n+2}) \tag{6.4-8}$$

其中, $n=1$ 对应高斯脉冲, 而 $n \to \infty$ 对应抛物线型脉冲. 这个尝试函数证明对描述自相似脉冲非常有用; 缺点是不能连续地描述一个脉冲, 只能分段描述. 用高斯超几何函数 $_2F_1$ 来描述 (这个函数有成熟的子程序), 式 (6.4-8) 可以表示为另一种解析形式 [25]

$$p_n(\tau) = (1-\tau^2)e^{\frac{|\tau|^{2n}}{n}[_2F_1(1,n;1+n;\tau^2)-1]} \tag{6.4-9}$$

其中, n 不限制是否为整数, 因此这个函数可以有更多的自由度以描述更多不同类型的脉冲波形. 例如, $n \approx 0.5$ 可近似为双曲正割函数, 完美地描述孤子型脉冲; 而且, 与其先指定 n 为常数, 不如让 $n = n(z)$, 来描述脉冲在腔内不同位置的演化过程. 为了考察三阶色散或三次啁啾, 还可以在解中加上一个非线性相移 β_3.

$$A(z,\tau) = A_0\sqrt{p_n(\tau)}e^{(i\beta_2\tau^2+i\beta_3\tau^3+i\phi)} \tag{6.4-10}$$

6.4.3 Ginzburg-Landau 方程的稳态解特例——孤子脉冲

在上述 Ginzburg-Landau 方程中, 激光器稳态时增益等于损耗, 且暂不考虑增益带宽的作用, Ginzburg-Landau 方程就蜕变为非线性薛定谔方程

$$\frac{\partial A}{\partial z} + i\frac{1}{2}\beta_2\frac{\partial^2 A}{\partial T^2} = i\gamma|A|^2 A \tag{6.4-11}$$

在反常色散条件下, 色散长度和非线性长度相等时, 可以得到基阶孤子解, 其表达式为

$$A(z,t) = A_0 \operatorname{sec} h\left(\frac{T}{T_0}\right)\exp(i\beta_s z) \tag{6.4-12}$$

其中, A_0 是孤子振幅, T_0 是脉冲宽度, 孤子锁模的时域脉冲是典型的双曲正割线型, 其半高全宽度为

$$\tau_{\mathrm{p}} = 1.763 T_0 \tag{6.4-13}$$

β_s 是孤子波数, $\beta_s = \frac{\pi}{4z_0}$, 孤子长度 z_0 在此定义为

$$z_0 = \frac{\pi T_0^2}{2|\beta_2|} \tag{6.4-14}$$

由色散长度等于非线性长度, 可以得到孤子振幅与脉冲宽度满足的条件为

$$A_0 T_0 = \sqrt{\frac{|\beta_2|}{\gamma}} \tag{6.4-15}$$

而对于给定的光纤来讲, 色散与非线性系数是一定的, 也就是说孤子的振幅与脉宽是常数, 被称为孤子面积.

光纤中反常色散与自相位调制效应的平衡能够支持光孤子的产生, 这是研制孤子锁模机制的光纤激光器的基本思想. 但实际上光纤激光器中脉冲在传输过程是周期性放大, 损耗的, 这就使得非线性长度和色散长度不能时刻保持平衡. 非线性长度是脉冲峰值功率的函数, 所以它会随脉冲在光纤中的放大而周期性改变, 这就破坏了理想的孤子波包的稳定传输. 光纤激光器中的脉冲的周期性放大相当于对孤子的扰动, 孤子对外界扰动响应的尺度由色散长度或孤子长度决定 (孤子长度与色散长度满足的关系为: $z_0 = (\pi/2)L_D$), 孤子在一个与色散长度相比很小的距离内传输后, 几乎不发生变化. 因此在光纤激光器中, 只要满足孤子长度远大于放大周期, $z_0 \gg z_A$, 就可以认为放大过程是绝热的, 也就是说, 在一个放大周期内, 尽管孤子有能量变化, 孤子的稳定传输不会被破坏. 根据引导中心孤子或者路径平均孤子理论, 在一个孤子周期之内, 孤子的瞬时功率变化很快, 相当于它的作用是一个平均效果, 孤子的峰值功率的平均值与基态孤子的峰值功率相等 ($\langle P \rangle = P_{\mathrm{sol}}$). 而非线

性长度的平均值与色散长度应该是相等的, 即 $\langle L_{\mathrm{NL}}\rangle = L_{\mathrm{D}}$, 考虑到孤子稳定传输条件, $L_{\mathrm{D}} \gg z_{\mathrm{A}}$, 且光纤长度等于放大周期 ($L_{\mathrm{fiber}} = z_{\mathrm{A}}$), 所以光纤激光器中孤子的非线性相移满足的条件为

$$\psi_{\mathrm{NL}} = \left(\frac{L_{\mathrm{fiber}}}{\langle L_{\mathrm{NL}}\rangle}\right) \ll 1 \tag{6.4-16}$$

这个公式实际上也给出了光纤激光器中稳定传输的孤子的能量限制. 利用这种孤子成形机制产生的光纤激光器称为孤子锁模光纤激光器. 这个公式给出的是理想的孤子锁模的条件, 光纤激光器中的孤子不受外界扰动的影响, 就好像在一段无增益的光纤中传输一样.

但实际的孤子锁模光纤激光器往往突破这个限制, 支持更大的非线性相移, 获得更高的能量. 而解释这种现象的原因就是在光纤激光器的周期放大、损耗等扰动的影响下, 孤子在传输的过程中会通过辐射与自身同相位的宽带色散波的形式调整参数, 从而适应外界的扰动. 这类孤子锁模的光纤激光器的输出脉冲在光谱上就会有成对地边带出现, 其产生机制可理解为色散波与孤子波的共振增强.

光孤子受扰动辐射的色散波会一直伴随孤子传输, 只不过它不受光纤非线性的影响. 在谐振腔内传输一个周期后, 某些波长的色散波所积累的相移与孤子相移相差 2π 的整数倍, 这些色散波会与在新的腔循环周期内辐射的色散波发生共振增强, 把孤子波的能量源源不断地耦合至色散波. 由于色散波的传播常数为

$$\beta_{\mathrm{d}}(\omega) = \beta_0 + \beta_1 \Delta\omega + \frac{1}{2}\beta_2 \Delta\omega^2 + \cdots \tag{6.4-17}$$

而孤子波的传播常数为

$$\beta_{\mathrm{s}}(\omega) = \beta_0 + \beta_1 \Delta\omega - \frac{1}{2}\beta_2 T_0^{-2} \tag{6.4-18}$$

则孤子波与色散波的谐振条件可以表示为

$$2\pi N = \varphi_{\mathrm{s}} - \varphi_{\mathrm{d}} = L(\beta_{\mathrm{s}} - \beta_{\mathrm{d}}) = \frac{\pi L}{4z_0} - \frac{\beta_2}{2}\Delta\omega^2 \tag{6.4-19}$$

其中, N 为自然数. 由式 (6.4-19) 可以看出, 共振波长在中心波长两边成对出现, 就是实验中经常观测到的孤子边带, 我们也通过在实验中观察到这种孤子边带作为判断光纤激光器工作于孤子锁模状态的根据. 根据式 (6.4-19) 可以估算这些边带的频域间隔:

$$\Delta\omega_N = \pm\sqrt{\frac{\pi}{\beta_2}\left(\frac{L}{2z_0} - 4N\right)} \tag{6.4-20}$$

由式 (6.4-20) 可知, 如果光纤长度与孤子长度满足 $L = 8z_0$, $\Delta\omega_1 = 0$, 即第一阶孤子边带将出现在孤子光谱的中心频率处, 很多实验都证明此时的激光器将不能稳定锁模, 所以得到稳定的孤子锁模条件是

$$L < 8z_0 \tag{6.4-21}$$

代入孤子长度的表达式, 利用孤子面积理论, 可以知道如果想要得到稳定的孤子锁模, 脉冲的宽度及能量都要受到严格限制. 通常的文献报道的孤子锁模的光纤激光器都是能量小于 1nJ, 脉宽大于 100fs 的脉冲. 过大的能量必然会导致孤子的分裂, 不能稳定存在, 因此在高功率输出的要求下, 一般不采用孤子锁模.

模拟的孤子锁模光谱如图 6.4-1 所示, 虚线为线性坐标下的图形, 实线为对数坐标下的图形. 可以看到在光谱的主峰两侧对称分布了一系列的侧峰, 这被称为光谱共振 (spectral resonances), 又称为 Kelly 边带 [26], 这些边带侧峰是孤子锁模光谱的典型特征. 根据式 (6.4-20) 可以估算这些边带的频域间隔.

图 6.4-2 是作者研究组在重复频率 100MHz 的掺铒光纤激光器中得到的典型的孤子锁模的实验光谱, 光谱有接近对称的边峰, 即 Kelly 边带, 显示锁模是孤子类型.

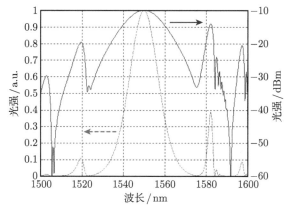

图 6.4-1 孤子型锁模的光谱

虚线对应线性坐标, 实线对应对数坐标

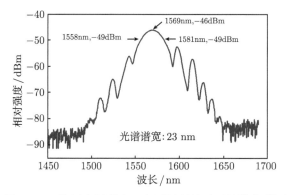

图 6.4-2 掺铒光纤激光器中测量到的孤子锁模光谱图

　　模拟还显示, 随着腔内色散变化锁模脉冲的特性演化. 当腔内提供负色散的单模光纤长度增加时, 腔内负色散值的绝对值在增大, 同时锁模脉冲重复频率逐渐变小, 光谱逐渐变窄, 光谱的半高全宽值在变小, 对应的傅里叶变换极限脉宽变大, 输出脉冲宽度也逐渐变大. 当腔内提供负色散的单模光纤的长度从小于 1m 增加到 5m, 对应的脉冲重复频率从接近 200MHz 降到 100MHz 再降到低于 50MHz, 光谱半高全宽从 16nm 下降到了 8nm, 而脉冲宽度从 150fs 增加到了 350fs.

　　在孤子锁模的情况下, 光谱半高全宽一般不会超过 30 nm, 直接输出脉冲宽度在几百飞秒. 基孤子输出的单脉冲能量一般在 100 pJ 以下, 过大的能量必然会导致孤子的分裂, 不能稳定存在. 输出脉冲过宽和能量过低, 这种飞秒光纤激光器虽然被人们最早认识和理解, 却在发明后相当一段时间内没有得到普遍应用的原因.

6.4.4　Ginzburg-Landau 方程的稳态渐近解 ——— 自相似与放大自相似

　　2000 年, Fermann[27] 指出, 在光纤放大器中, 线性啁啾的抛物线型脉冲是带有增益的非线性薛定谔方程的渐近近似解, 脉冲在传输过程不会出现类似孤子的脉冲分裂, 可顺利实现自相似型放大和获得高能量脉冲, 并在掺镱光纤放大器实验中观察到自相似脉冲的放大过程.

　　在忽略增益饱和、增益带宽的条件下, 光脉冲在放大器的传播过程可用简化的 Ginzburg-Landau 方程描述

$$\frac{\partial A}{\partial z} + \mathrm{i}\frac{1}{2}\beta_2\frac{\partial^2 A}{\partial T^2} = \mathrm{i}\gamma|A|^2 A + \frac{1}{2}gA \tag{6.4-22}$$

当传播距离 $z \to \infty$, 增益系数 g 不等于零, $\gamma\beta_2 > 0$, 方程 (6.4-22) 有如下的渐近解

$$A(z,T) = A_0(z)\{1 - [T/T_0(z)]^2\}^{1/2}\exp(\mathrm{i}\varphi(z,T)), \quad |T| \leqslant T_0(z)$$
$$A(z,T) = 0, \quad |T| > T_0(z) \tag{6.4-23}$$

相应的线性啁啾为

$$\delta\omega(T) = -\partial\varphi(z,T)/\partial T = g(3\beta_2)^{-1}T \tag{6.4-24}$$

式 (6.4-23) 中

$$A_0(z) = |A(z,0)| = 0.5(gE_{\mathrm{in}})^{1/3}(\gamma\beta_2/2)^{-1/6}\exp(gz/3)$$
$$T_0(z) = 3g^{-2/3}(\gamma\beta_2/2)^{1/3}E_{\mathrm{in}}^{1/3}\exp(gz/3) \tag{6.4-25}$$

其中, E_{in} 为入射脉冲能量. 可以看出, 仅仅是入射脉冲能量决定自相似演化之后的幅度和相位, 和入射脉冲的形状无关, 即不管入射脉冲形状如何, 如高斯型或者正割型, 通过自相似的演化之后, 最终都会变成抛物线型. 图 6.4-3 显示自相似脉冲在

频域和时域的数值模拟结果. 频域的数值模拟也验证了渐近解式 (6.4-8). 时域解显示脉冲是线性啁啾的, 说明脉冲可以在腔外被压缩.

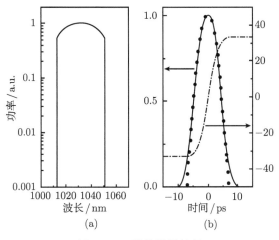

(a)　　(b)

图 6.4-3　数值模拟结果

输出光谱 (a) 和时域脉冲 (b, 实线)、瞬时频率 (b, 点划线)、抛物线型拟合 (b, 点线)[5]

6.5　Ginzburg-Landau 方程的瞬态解——腔内锁模动力学

锁模脉冲在光纤激光器中的演化过程取决于光纤中的增益、损耗、色散、可饱和吸收体、非线性等机制. 这些机制不是均匀分布在腔内, 有的集中几种机制, 有的是单一功能. 增益光纤、普通单模光纤、隔离器、波片、偏振片等都有色散, 脉冲在腔内传播时必然会展宽或缩短. 因此, 不能简单地用一个解析解描述腔内脉冲的演化. 另外, 腔内复杂的机制也限制解析解的解出. 因此, 计算机模拟方法就成为理解光纤激光器内锁模动力学的重要工具.

模拟的主要思路是在图 6.5-1 中的锁模光纤激光器腔中, 脉冲从一个起点出发, 循环一圈, 应该能自洽. 模拟通常从增益光纤开始, 如果增益光纤是正色散, 脉冲由

图 6.5-1　光纤激光器中元器件的构成

于色散而使脉宽逐渐增加. 如果腔内只有正色散光纤, 当脉冲返回到出发点, 脉宽和谱宽有了很大增加, 并继续增加, 形不成稳定的脉冲. 因此, 当脉冲返回到增益光纤入口时, 脉冲宽度应该缩短到出发时的大小, 这样才能维持脉冲的稳定循环.

脉冲缩短的过程最普通的就是色散延迟线 (DDL) 补偿色散, 压缩脉冲. 在 1.5μm 波长激光器中, 单模光纤本身就具有反常色散, 掺杂的增益光纤可以是正色散, 也可以是负色散, 取决于材料性质、掺杂浓度和光纤结构.

图 6.5-2 是在光纤激光器中四种主要脉冲的形成机制. 这四种脉冲形成机制由色散的分布决定. 在这四种激光器中, 锁模所需要的脉冲峰值功率或非线性相移也不同, 孤子最低, 全正色散最高.

在孤子脉冲激光器中, 脉宽和光谱宽度都不变. 在展宽-压缩脉冲中, 由于色散有正有负, 脉冲和光谱都有周期变化过程. 特别需要注意的是负啁啾脉冲在正色散和自相位调制的作用下, 有光谱压缩的过程; 同样, 正啁啾脉冲在负色散光纤中, 也有类似的光谱压缩. 自相似脉冲机制中, 正色散要远大于负色散, 而在全正色散光纤激光器中, 脉冲和光谱的压缩是靠光谱滤波器实现的.

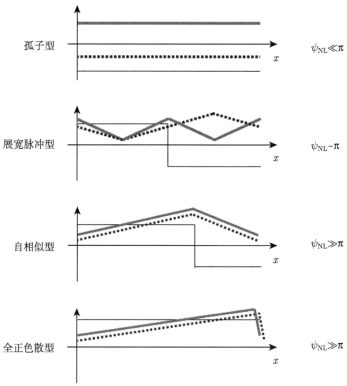

图 6.5-2　四种典型的光纤激光器中脉冲形成机制[28]
实细线: 二阶色散; 实粗线: 脉宽; 虚线: 脉冲谱宽

6.5.1 腔内色散控制: 展宽脉冲型

如第 1 章所述, 在孤子型光纤激光器中, 在高脉冲峰值功率下, 脉冲很容易分裂为高阶孤子. 因此纯孤子脉冲激光器不能运转在高脉冲功率下, 一旦脉冲的峰值功率和脉冲宽度确定, 脉冲的能量就由面积定理所决定. 增加泵浦功率, 或增加光纤长度而降低脉冲重复频率, 只能使脉冲分裂为多个孤子脉冲.

当然, 饱和能量也可以调节, 但可能因此失去锁模自启动特性. 根据孤子脉冲理论, 当腔内周期性微扰, 即腔长接近孤子长度的 $4\sim5$ 倍, 即 $L < 8z_0$ 时, 孤子脉冲最稳定. 实际上这个长度在 $1z_0$ 或 $2z_0$, 而 $z_0 < 25\mathrm{cm}$. 这样短的腔长, 考虑到增益光纤的长度和耦合元件, 实现起来有一定困难. 另一方面, 因为 $z_0 \propto 1/\beta_2$, 似乎可以用减少 β_2 来增加 z_0. 但是根据式 (6.4-14) 和 (6.4-15), 减少 β_2 显然会降低孤子基本能量. 所以获得高能量孤子脉冲是比较困难的. 联想到超短脉冲的啁啾放大, 能不能在光纤中把脉冲展宽, 再放大, 然后再压缩呢?

从脉冲演化动力学的观点看, 在腔内增益光纤色散为正色散, 单模光纤为负色散的情况下, 在增益光纤中, 脉冲不断展宽, 光谱宽度基本不变; 在 NPE 装置中, 在非线性偏振旋转和起偏器的作用下, 有一定的窄化效果, 同时大部分能量被输出到腔外; 接着在色散延迟线的作用下, 脉冲大幅压缩到一个平衡值. 如果脉冲压缩用的是负色散光纤, 由于此时脉冲能量已经很小, 不会产生高阶孤子或脉冲分裂. 压缩后的脉冲再进入增益光纤, 开始下一个循环. 最初称为展宽脉冲锁模 (stretched pulse mode locking), 能克服高阶孤子的限制, 而输出较高的脉冲能量.

在 $1\mu\mathrm{m}$ 波长范围, 没有负色散材料, 只能用自由空间元件或人工材料. 因为需要补偿的色散量很大, 采用光栅对比较普遍和经济. 光栅对是自由空间光路, 不会有脉冲分裂, 但是有两个问题需要考虑.

一是光栅对的损耗, 为了让通过光栅对的光束空间不被展宽, 通常采用双程通过光栅对. 光栅的衍射效率一般在 90% 多一点, 透射式光栅损耗更小. 4 次通过光栅, 总的效率将在 60% 多, 即接近 40% 的损耗. 幸运的是, 光纤激光器的增益非常高, 这个损耗还不至于让激光器振荡困难.

二是三阶色散. 2.3.2 节讲到, 光栅对的三阶色散, 无论以何种角度入射, 都与光纤的三阶色散同符号, 即都是正的. 这个色散确实会导致最终脉冲形状的畸变和脉宽的展宽. 从 2.3.3 节也知道, 光栅与棱镜对的组合可以消除三阶色散. 有文献将光栅对和棱镜对的组合加入掺镱光纤激光器中, 获得了短到 36fs 的脉冲[28].

其他可选择的色散补偿装置有: 光子晶体光纤、空心光子带隙光纤、实心光子带隙光纤和 G-T 反射镜等. 负色散光纤中必须考虑的问题是孤子效应带来的脉冲分裂. 为了防止脉冲分裂, 需要采取一些措施.

6.5.2　自相似子与放大自相似子

单脉冲能量是飞秒光纤激光器的重要性能指标. 对于前面介绍的孤子型激光器, 输出脉冲能量为皮焦量级; 用展宽–压缩型, 可提高单脉冲能量到纳焦量级. 要进一步提高单脉冲能量, 就需要克服腔内脉冲分裂.

比较可行的方法是将激光器工作在净色散设定为更加正一些的区域, 甚至无负色散补偿. 这种脉冲形成机制称为自相似或全正色散. 主方程理论上预言, 锁模激光器可以工作在正色散区, 且腔内脉冲可以是高度啁啾的[24], 并早就在正色散锁模钛宝石激光器中得到验证[30]. 在正色散光纤激光器中, 色散值比固体激光器中大得多, 脉冲会获得更大的啁啾, 脉冲宽度会持续变宽, 意味着脉冲峰值功率不断减小, 那么还能工作吗?

我们重新审视一下图 6.5-2, 可看到脉冲形成的最后一个过程中, 光谱和脉宽都应该减小, 这样才能保持光脉冲在腔内稳态循环. 如果不用色散补偿, 什么机制能够将光谱和脉冲同时压缩呢? Wise 研究组提出引入截断光谱同时缩短脉冲的机制, 即光谱滤波. 图 6.5-3 说明了这种光谱滤波缩短脉冲的机制. 在增益光纤和单模光纤中, 脉冲已经含有大量啁啾, 脉冲的前沿和后沿的波长不一样. 通过光谱滤波, 脉冲的短波长部分和长波长部分都被滤掉; 而在时域, 短波长和长波长都在脉冲的两翼. 滤掉这些波长, 也意味着将脉冲在时域斩短了.

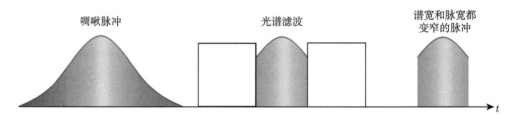

图 6.5-3　光谱滤波器的脉冲和光谱窄化作用示意图

这种脉冲压缩机制与色散补偿机制不同. 色散补偿后, 脉冲啁啾会减少或消失, 接近傅里叶变换受限脉冲; 而光谱滤波后, 脉冲仍然含有啁啾, 只不过因为光谱带宽的减少而缩短.

实际的光谱滤波器可以用干涉滤波片, 也可以由单个光栅的空间色散与准直器的有限口径构成. 光栅衍射与光纤准直器的有限口径导致的光谱滤波可在 2~4nm 量级, 能有效地截取较窄的光谱. 这种机制可将光纤腔内允许的单脉冲能量提高到 10nJ 量级以上[31].

如果腔内大部分是正色散增益光纤, 则更可以称为放大自相似子 (amplifier similariton) 锁模. 在这种光纤中, 脉冲的幅度和宽度都在同步放大, 而保持形状不变,

因此也称为 "自相似" 放大 (图 6.5-4). 与全正色散一样, 这种激光器中没有负色散, 脉冲始终处于啁啾状态, 因此可以容纳更多的脉冲能量.

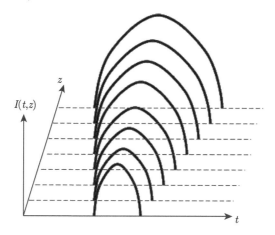

图 6.5-4   正色散增益光纤中脉冲的演化: 自相似放大[28]

如果腔内有色散补偿, 仍然可以用光谱滤波方式. 图 6.5-5 就是这种既有自相似过程, 又有孤子过程的激光器中的脉冲演化动力学图.

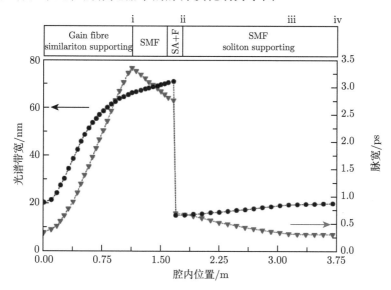

图 6.5-5   孤子-自相似子光纤激光器中脉冲的演化

光谱滤波前, 脉冲以自相似子成长; 滤波后, 脉冲以孤子方式传播

没有了色散的限制, 人们尝试超长光纤构成的超长腔光纤激光器. 这样做的动机是: 随着重复频率的降低, 单个脉冲能量增加; 省去了几级放大器; 输出脉冲伴

随着很大的啁啾, 因此在放大器之前省去了脉冲展宽器. 康奈尔大学的研究人员研制的全正色散光纤激光器, 重复频率为 3MHz 时, 直接输出脉冲为 150ps. 经过进一步放大和压缩之后, 获得的最佳参数为脉冲能量 1μJ、脉宽 670fs[32].

6.5.3　更长的腔——全正色散与耗散孤子

Renninger 等对全正色散锁模做了理论研究[33]. 他们指出, 全正色散锁模仍然可以由含三阶和五阶可饱和吸收项的 Ginzburg-Landau 方程描述

$$\frac{\partial A}{\partial z} = gA + \left(\frac{1}{\Omega} - i\frac{D}{2}\right)A + (\delta + i\gamma)|A|^2 A + \zeta|A|^4 A \tag{6.5-1}$$

式中, 参数的定义如下: A 是电场包络, z 是传播位置, D 是群速色散, g 是净增益或损耗, Ω 是限制带宽, δ 是三阶可饱和吸收 (振幅调制) 项, ζ 是五阶可饱和吸收项, γ 是介质的非线性系数.

这个方程的一般解是

$$A(t,z) = \sqrt{\frac{A_0}{\cosh(t/\tau) + B}} e^{-i\beta/2\ln[\cosh(t/\tau) + B] + i\theta z} \tag{6.5-2}$$

式 (6.5-2) 也被称为 "耗散" 孤子解, "耗散" 在这里的意思是在耗散介质中传播, 不是指孤子是耗散的.

$$\alpha = \frac{\gamma(3\Delta + 4)}{D\Omega} \tag{6.5-3}$$

式中, A_0, B, τ, β, θ 是实常数. 这个解有余维项; 将式 (6.5-2) 代入式 (6.5-1), 并将虚实部分离、对应相等, 可得到六个等式. 这系列等式可分为两部分解

$$A = -\frac{2(B^2 - 1)\gamma(\Delta + 2)}{BD\delta\Omega} \tag{6.5-4}$$

$$\tau^2 = -\frac{B^2\delta[D^2(\Delta - 8)\Omega^2 + 12(\Delta - 4)]}{24(B^2 - 1)\gamma^2\Omega(D^2\Omega^2 + 4)} \tag{6.5-5}$$

$$\beta = \frac{(\Delta - 4)}{D\Omega} \tag{6.5-6}$$

$$g = -\frac{6(B^2 - 1)\gamma^2(D^2\Omega^2 + 4)[-8(\Delta - 4)/D^2\Omega^2 - \Delta + 6]}{B^2\delta[D^2\Omega^2(\Delta - 8) + 12(\Delta - 4)]} \tag{6.5-7}$$

$$\theta = -\frac{2(B^2 - 1)\gamma^2(\Delta + 2)}{B^2D\delta\Omega} \tag{6.5-8}$$

$$\Delta = \sqrt{3D^2\Omega^2 + 16} \tag{6.5-9}$$

第一部分是正色散及较大的振幅, 此时 $g < 0$;

第二部分是负色散及很大的脉冲延迟, 此时 $g > 0$. 忽略负色散的解, 是因为 $g > 0$ 会带来相对连续波的不稳定性. 三阶可饱和吸收项 α 对于正啁啾解往往是正数. 对于固定能量, 短的脉冲会经历较少的损耗, 因此脉冲的宽度会缩短直到达到色散受限. 当净增益参数 g 为负数时, 这些脉冲会稳定存在.

这种长光纤中耗散孤子激光器不仅可以在 NPE 锁模光纤激光器中实现, 也可以在非线性光纤环路锁模的光纤激光器中实现, 而且可能更适合, 因为 8 字形激光器更需要长光纤, 如图 6.5-6 所示. 此例中, 光纤的长度达 100m, 脉冲重复频率为 1.7MHz, 脉冲能量为 16nJ. 这样长的光纤激光器中, 直接输出的脉宽不可能很窄. 此例中, 直接输出脉宽为 68ps, 但可压缩到 370fs.

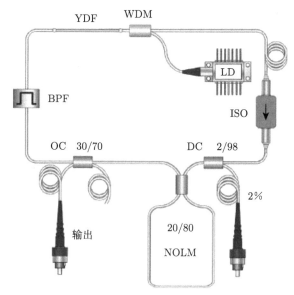

图 6.5-6 保偏光纤放大环路反射镜锁模的全正色散光纤激光器[20]

BPF 是滤波器, DC 是定向耦合器, OC 是输出耦合器, ISO 是隔离器, YDF 是掺镱光纤

6.6 超高重复频率光纤激光器

光纤激光器在某些方面赶不上固体激光器的特性是重复频率和平均功率. 由于光纤不可能太短, 加上光纤器件的尺度问题, 光纤激光器的重复频率一般在 50~100MHz. 这个范围内光纤激光器的锁模相对容易, 脉冲的能量也在 1nJ 左右, 能够适合一般的应用, 特别是作为放大器的种子源.

在一些需要高重复频率的场合, 如频率梳, 常规的光纤激光器显示出劣势. 受限于此, 商用的光纤激光频率梳的重复频率是 250MHz, 对应光纤长度在 700 mm

以上.

　　提高光纤激光器重复频率的腔型选择上, 线性腔和环形腔各有优劣. 线性腔中光需要来回各一次才能构成谐振腔, 客观上增加了腔的长度, 从而影响了重复频率的提高; 环形腔虽然是单次循环就可以构成谐振腔, 但是构成环路, 本身也相当于往返光路, 而且光纤的弯曲半径也不能太小. 总体上说, 线性腔似乎更有优势. 实际上, 对于频率梳来说, 不仅仅是重复频率问题, 还有脉冲的宽度和能量. 线性腔由于无法用快饱和机制锁模, 只能用半导体可饱和吸收镜或碳纳米管/石墨烯等慢饱和机制锁模, 脉冲宽、输出脉冲能量低, 对制成频率梳很不利 (第 11 章还要详细解释). 因此, 用 NPE 锁模的环形腔就显出了优势, 问题是如何缩短腔长.

6.6.1　超高重复频率下的脉冲演化

　　高重复频率光纤激光器首先遇到的是能不能锁模的问题. NPE 锁模依赖的是非线性偏振旋转. 在高重复频率下脉冲能量相应降低, 非线性是否同时降低? 作者研究组首先进行了模拟. 模拟结果证明 (图 6.6-1), 在高重复频率下, 无论何种锁模机制, 脉冲都显示为随着腔长的缩短而缩短的趋势, 即腔长越短, 脉冲经历的色散越小, 导致脉冲来不及被展得很宽就被缩短而进入下一个循环. 因此脉冲的峰值功率还可以维持, 脉冲导致的非线性相移仍然可以达到 π 以上. 这就给我们一个启示, 短腔长实际上是一个优势, 能输出啁啾最少和最短的脉冲.

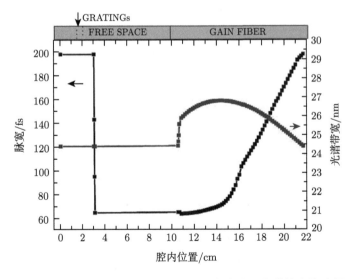

图 6.6-1　高重复频率、短光纤激光器中脉冲和光谱的演化过程

6.6.2　超高重复频率激光器器件和技术

　　在原理上证明了锁模的可行性后, 要实现超短腔, 还需要器件和技术上的配合.

首先是用于耦合入泵浦功率的波分复用器 (WDM). 这个器件本身的长度就有 40~90mm 长, 加上两边所用的引导光纤最短 50mm, 整体长度在 140mm 以上, 极大地妨碍了腔长的缩短.

作者研究组提出用集成化的准直器和波分复用器 (semi-WDM) 取代常规的 WDM. 这种器件是将反射式的 WDM 切掉一半, 只用其一半的功能. 这样输出仍然是空间和准直好的. 环形腔本来就需要一定的空间长度, 用来插入波片等元件.

除了 WDM, 光纤激光器中的另外一个占据空间距离比较大的元件是光栅对. 这个光栅对的间距, 伴随着光纤的缩短和需要补偿的色散的减少而减少, 但是, 双程通过光栅仍然使一些无效的空间光程过长. 作者研究组提出用单程、透过式光栅对代替双程、反射式光栅对的技术. 这种技术非常适合超短腔, 因为光栅对间距小, 所带来的空间色散也很小. 反过来说, 即使有空间色散也不是坏事. 空间色散和准直器的有限口径正好可以作为光谱滤波器, 帮助锁模. 图 6.6-2 是这样的激光器的主要结构图.

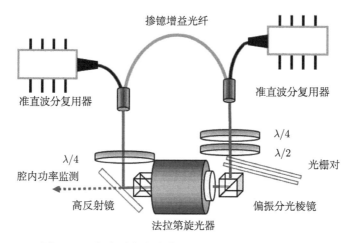

图 6.6-2 超高重复频率掺镱光纤激光器结构示意图

利用这种新的器件和技术, 作者研究组研制出的重复频率 500MHz 的掺铒激光器[34] 和 1GHz 的掺镱激光器[35], 都是当时最高水平.

6.6.3 谐波锁模

谐波锁模也是超高重复频率激光器的一种. 当腔长不能继续缩短时, 常用谐波锁模提高脉冲的重复频率. 根据孤子光脉冲的面积定理 (6.4-15), 当脉冲的能量超过基本孤子面积时, 就会分裂, 形成所谓高阶孤子. 这些孤子脉冲在时域可以看成是重复频率的倍增. 在锁模激光器中的高阶孤脉冲的重复频率是基频的倍数, 因此称为谐波锁模.

谐波锁模脉冲的重复频率虽然可以是基频的几倍几十倍, 但是脉冲之间的稳定性较差. 此外, 在频域上, 谐波锁模并没有扩大纵模间隔, 只不过是模式间相对相位发生变化, 互相抵消, 在时域形成高次谐波[36]. 图 6.6-3 指出, 如果腔内各个纵模之间相对相位差是零, 则输出的是基频波, 重复频率就等于纵模间隔; 如图示例中, 相邻的纵模之间如果有 $\pi/2$ 的相位差, 相间的模式之间的相位差就可能是 π, 在时域就可能生成重复频率倍增的情况, 即脉冲间隔是原来的一半. 需要注意的是, 此时相邻的纵模并没有消失, 只是相邻纵模之间有 $\pi/2$ 的相位差.

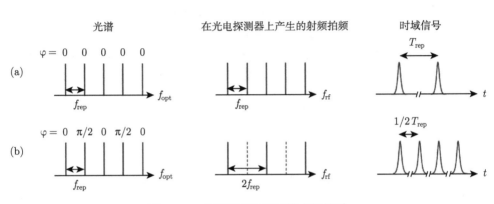

图 6.6-3   光频域和射频域模式的关系

纵模间隔的相位关系决定了时域脉冲的重复频率

6.6.4   FP 腔滤波和谐波光参量振荡器

用腔长是锁模光纤激光器分数倍的法布里–珀罗 (Fabry-Perot, FP 腔) 可以将原腔的纵模滤掉一部分, 实现重复频率的倍增. 这种方法不会有谐波锁模的时间抖动, 只不过脉冲列会根据腔的寿命而衰减. FP 腔滤波倍频有两个问题: 一是边模泄漏, 二是带宽. 边模泄漏是指 FP 腔的线宽如果过宽, 本该滤掉的临近的纵模会透过 FP 腔. 带宽问题是, FP 腔镜的膜系有色散, 色散使 FP 腔的纵模间隔不均匀, 该透过的模式可能就偏离 FP 腔的透过峰, 有的透过双峰, 有的无透过. 解决的办法就是设计零相位的反射镜. 宽带零相位 FP 腔镜是比较难做到的, 通常是两个反射镜配对形成零相位.

FP 腔内不一定是空的, 也可以加入非线性晶体, 基频的激光器脉冲透过 FP 腔泵浦非线性晶体, 腔内反射的脉冲多次通过非线性晶体, 每次都泵浦非线性晶体, 放大反射过来的光参量脉冲[37]. 这里比较难的是直接产生宽光谱的脉冲. 用低色散晶体, 并加入色散补偿元件, 可以得到重复频率 GHz 的长波长的宽带光谱, 支持大于 20fs 的脉冲[38].

6.7 中红外锁模光纤激光技术

中红外光纤激光器由于光谱学的需求而显得日益重要. 产生中红外波长的激光应用的主要是直接锁模和差频、参量振荡等非线性光学方法. 这里主要讨论光纤激光器直接锁模技术.

直接锁模需要有在这个波段发光的离子. 表 6.1-1 列出的稀土离子中, 铥 (Tm)、铒 (Er)、钬 (Ho) 都可以掺在光纤中, 得到 $2\sim3\mu m$ 波长的输出. 而在固体激光器中用的过渡元素铬离子 Cr^{2+} 却不能用在光纤激光器中, 因为过渡元素在非晶态中很难获得激光输出.

中红外锁模光纤激光器需要考虑两个因素, 一是光纤基质, 二是锁模机制. 和固体激光器一样, 硅基光纤在超过 $2\mu m$ 波长吸收变得明显, 只能适用于 Tm 和 Ho 光纤激光器. 而在大于 $2\mu m$ 的波长, 石英不适合做光纤基质.

混合氟化物 ZBLAN 这种新型光纤基质在 $2\sim3\mu m$ 波长的吸收损耗明显小于硅基光纤, 成为常用的红外光纤基质. 用 ZBLAN 光纤做中红外光纤激光器已经有很多例子, 难点在于, 这种光纤国内还不能拉制; 另外这种光纤比较脆, 无法熔接. 目前的 ZBLAN 光纤激光器大都是空间耦合的.

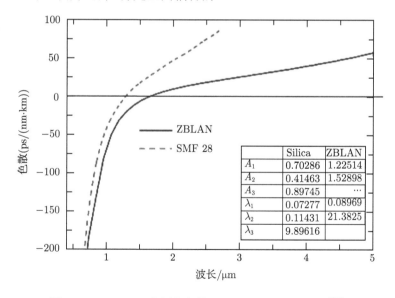

图 6.7-1 ZBLAN 光纤的色散与硅基光纤色散的比较[39]

图中的表是石英玻璃光纤 SMF28 和 ZBLAN 光纤材料色散的 Sellmeier 系数, 注意 ZBLAN 只有各两项

ZBLAN 光纤在 $2\mu m$ 波长以上色散与硅基光纤一样, 是反常色散, 但色散量

比硅基材料小. 用干福熹提供的 Sellmeier 系数[40], 可算出, 在 1.8~2.0μm 区间, ZBLAN 的单位长度色散是 $-16 \sim -5\text{fs}^2/\text{mm}$, 而同一个范围, 二氧化硅材料的色散是 $-100 \sim -45\text{fs}^2/\text{mm}$. 但是由于折射率高于硅基光纤, 单模光纤纤芯细而数值孔径大, 波导色散显著, 使综合色散稍正. 实验估计值为 $+11 \sim +12\text{fs}^2/\text{mm}$. 因此, 激光器腔内反而需要负色散来补偿. 文献[41]就是用光栅对来补偿色散的.

关于锁模机制. 常规的 NPE 锁模也可以用在红外光纤激光器中, 大分束比的 "9 字形" 腔型也有使用[21]. 半导体可饱和吸收体也有 InAs. 而与之晶格匹配的布拉格反射镜材料, 根据图 4.1-1, 应该是 GaSb 和 AsAlSb, 国内很少有生长. 另外, 直接做成透射式的可饱和吸收器, 可以避免做布拉格反射镜的麻烦. 图 6.7-2 就是这样一个例子[42].

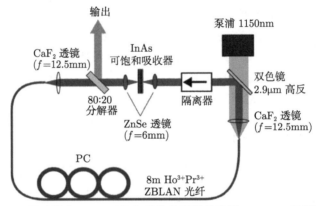

图 6.7-2　用透射式 InAs 可饱和吸收体锁模的掺钬 ZBLAN 光纤激光器

参 考 文 献

[1] Menyuk C R. Pulse propagation in an elliptically birefringent Kerr medium. IEEE J. Quantum Electron, 1989, QE-25(12): 2674-2682.

[2] Duling I N. All-fiber soliton laser mode locked with a nonlinear mirror. Opt. Lett., 1991 16(8): 539-541.

[3] Hofer M, Fermann M, Haberl F, et al. Mode locking with cross-phase and self-phase modulation. Opt. Lett., 1991, 16: 502-504.

[4] Mitschke F M, Mollenauer L F. Ultrashort pulses from the soliton laser. Opt. Lett., 1987, 12 (6), 407-409.

[5] Tamura K, Ippen E P, Haus H A, et al. 77-fs pulse generation from a stretched-pulse mode-locked all-fiber ring laser. Opt. Lett., 1993, 18(13): 1080-1082.

[6] Ilday F, Buckley J, Clark W G, et al. Self-similar evolution of parabolic pulses in a laser. Phys. Rev. Lett., 2004, 92(21): 213902.

[7] Chong A, Buckley J, Renninger W, et al. All-normal-dispersion femtosecond fiber laser. Opt. Express, 2006, 14(21): 10095-10100.

[8] Chong A, Renninger W H, Wise F. All-normal-dispersion femtosecond fiber laser with pulse energy above 20nJ. Opt. Lett., 2007, 32(16): 2408-2410.

[9] Snitzer E, Po H, Hakimi F, et al. Double-clad offset core Nd fiber laser // Proceedings of Conf. Optical Fiber Sensors '88, 1988, PD5, 41.

[10] Reichel V, Unger S, Hagemann V, et al. 8-W highly efficient Yb-doped fiber laser. SPIE, 2000, 3889: 160-169.

[11] Knight J C, Birks T A, Russell J, et al. All-silica single-mode optical fiber with photonic crystal cladding. Opt. Lett., 1996, 21(19): 1547-1549.

[12] Liu C H, Chang G, Litchinitser N, et al. Effectively single-mode chirally-coupled core fiber//Advanced Solid-State Photonics, OSA Technical Digest Series (CD), Optical Society of America, 2007, paper ME2.

[13] Doran N J, Wood D. Nonlinear-optical loop mirror. Opt. Lett., 1988, 13(1): 56-58.

[14] Fermann M E. Nonlinear polarization evolution in passively modelocked fiber lasers, in Compact sources of ultrashort pulses//Duling III I N, Cambridge: University Press, 1995.

[15] Mortimore D B J. Fiber loop reflectors. Lightwave Technol., 1988, 6(7): 1217-1224.

[16] Blow K J, Doran N J. Optical Solitons—Theory and Experiment. Taylor. Cambridge: Cambridge University Press, 1992.

[17] Agrawal G P. Nonlinear Fiber Optics. 3rd edition. NewYork: Academic Press, 2002.

[18] Richardson D J, Laming R I, Payne D N, et al. Self-starting, passively modelocked erbium fiber ring laser based on amplifying sagnac switch. Electron. Lett., 1991, 27(7): 542-544.

[19] Erkintalo M, Aguergaray C, Runge A, et al. Environmentally stable all-PM all-fiber giant chirp oscillator. Opt. Express, 2012, 20(22): 22669-22674.

[20] Honzatko P, Baravets Y, Todorov F. A mode-locked thulium-doped fiber laser based on a nonlinear loop mirror. Laser Phys. Lett., 2013, 10(7): 075103-1-3.

[21] Huang Y, Luo Z, Xiong F, et al. Direct generation of 2W average-power and 232nJ picosecond pulses from an ultra-simple Yb-doped double-clad fiber laser. Opt. Lett., 2015, 40(6): 1097- 1100.

[22] Hofer M, Ober M H, Haberl F, et al. Characterization of ultrashort pulse formation in passively mode locked fiber lasers. IEEE J. Quantum Electron, 1992, QE-28(3): 720-728.

[23] Tamura K R. Additive pulse mode-locked Erbium-doped fiber lasers. Ph. D thesis, Boston: MIT, 1995.

[24] Haus H A, Fujimoto J G, Ippen E P. Structure for additive pulse mode locking. J. Opt. Soc. Amer. B., 1991, 8(10): 2068-2076.

[25] Jirauschek C, Ilday F O. Semianalytic theory of self-similar optical propagation and mode locking using a shape-adaptive model pulse. Phy. Rev. A. 2011, 83(6): 063809-1-8.

[26] Kelly S M J. Characteristic sideband instability of periodically amplified average soliton. Electron. Lett., 1992, 28(8): 806-807.

[27] Fermann M E, Kruglov V I, Thomsen B C, et al. Self-similar propagation and amplification of parabolic pulses in optical fibers. Phys. Rev. Lett., 2000, 84(26): 6010-6013.

[28] Wise F W, Chong A, Renninger W H. High-energy femtosecond fiber lasers based on pulse propagation at normal dispersion. Laser and Photon. Rev., 2008, 2 (1-2): 58-73.

[29] Ilday F Ö, Buckley J, Kuznetsova L, et al. Generation of 36-femtosecond pulses from a ytterbium fiber laser. Opt. Express, 2003, 11(26): 3550-3554.

[30] Proctor B, Westwig E, Wise F. Characterization of a Kerr-lens mode-locked Ti:sapphire laser with positive group-velocity dispersion. Opt. Lett., 1993, 18(19): 1654-1656.

[31] Chong A, Renninger W H, Wise F W. All-normal-dispersion femtosecond fiber laser with pulse energy above 20nJ. Opt. Lett., 2007, 33(12): 2408-2410.

[32] Renninger W H, Chong A, Wise F W. Giant-chirp oscillators for short-pulse fiber amplifiers. Opt. Lett., 2008, 33(24), 3025-3027.

[33] Renninger W H, Chong A, Wise F W. Dissipative solitons in normal-dispersion fiber lasers. Phys. Rev. A, 2008, 77(2): 023814-4.

[34] Zhang J, Kong Z, Liu Y, et al. Compact 517MHz mode locked Er:fiber soliton ring fiber laser. Photon. Research, 2015, 4(1):27-29.

[35] Li C, Ma Y, Gao X, et al. 1GHz repetition rate femtosecond Yb:fiber laser for direct generation of carrier-envelope offset frequency. Appl. Opt., 2015, 54(28): 8350-8353.

[36] Herr S, Steinmetz T, Wilken T, et al. Optical mode structure of a harmonically mode-locked Yb femtosecond fiber laser. CLEO 2011, CMS3.

[37] McCracken R A, Balskus K, Zhang Z, et al. Atomically referenced 1-GHz optical parametric oscillator frequency comb. Opt. Express, 2015, 23(12): 16466-16472.

[38] Viano M, Hebling J, Bartels A, et al. Degenerate 1GHz repetition rate femtosecond optical parametric oscillator. Opt. Lett., 2012, 37 (21): 4561-4563.

[39] Hudson D D. Short pulse generation in mid-IR fiber lasers. Opt. Fiber Techno., 2014, 20(6): 631-641.

[40] Gan F. Optical properties of fluoride glasses: a review. J. Non. Cryst. Solids, 1995, 184: 9-20.

[41] Nomura Y, Fuji T. Sub-50-fs pulse generation from thulium-doped ZBLAN fiber laser oscillator. Opt. Express, 2014, 22(10):12461-12466.

[42] Hu T, Hudson D D, Jackson S D. Stable, self-starting, passively mode-locked fiber ring laser of the 3 μm class. Opt. Lett., 2014, 39(7): 2133-2136.

第7章 飞秒激光脉冲放大技术

飞秒激光振荡器输出功率多在几毫瓦至几百毫瓦, 重复频率在 80~100MHz. 单一脉冲能量因此在几纳焦量级. 为了适应各种应用, 往往需要把脉冲能量放大. 放大后的脉冲重复频率一般降至几千赫兹至几赫兹, 单一脉冲能量从几百微焦到数百毫焦. 一般来说, 重复频率与单一脉冲能量不是独立可调的, 因为高重复频率与高脉冲能量一般来说是有抵触的, 多由增益介质的热效应所制约. 因此这两个量的乘积, 即激光的平均功率被限制在几瓦左右. 尽管如此, 单个脉冲的峰值功率可达到几个至数百太瓦 (terawatt=10^{12} 瓦). 当然并不是所有的应用都需要这样高的功率的短脉冲, 很多应用只需要数百微焦至几毫焦的能量. 例如, 在光谱学实验中, 往往需要借用超短脉冲来产生白光, 典型的白光发生阈值是 10^{12}W/cm^2, 如果脉宽为 100fs, 聚焦直径为 100μm, 则需要脉冲能量为 10μJ, 这并不是十分难达到的数值.

设计纳秒及皮秒脉冲放大器的基本原则已经奠定. 但是飞秒脉冲的放大则需要新的设计方法, 其原因是既要保持脉冲短又不损坏增益介质是件不容易的事. 飞秒脉冲具有一定能量时会在介质中产生非线性效应, 这种效应甚至会导致增益介质和谐振腔的损坏. 标准的方法是啁啾脉冲放大 (chirped pulse amplification, CPA)[1-3]. 本章只限于介绍一般的毫焦量级放大器的设计和色散补偿等应该考虑的因素.

7.1 放大器中的脉冲成形

7.1.1 增益介质的饱和

增益饱和对脉冲成形有直接和间接的影响. 直接的影响是饱和导致依赖于时间的放大系数, 即脉冲的前沿和后沿接受的放大系数不同, 相当于对脉冲产生了相位调制. 相位调制并不直接改变脉冲的包络, 但是它改变了脉冲在介质中的传播过程. 增益饱和对脉冲的影响主要表现在脉冲宽度大于或者接近增益介质的上能级寿命, 例如, 在染料激光放大器中, 上能级寿命在纳秒量级, 而经过展宽的脉冲宽度在几百皮秒量级. 因此增益饱和会对脉冲成形产生作用[6]. 而固体增益介质的上能级寿命都比较长, 例如, 钛宝石激光器增益介质的上能级寿命是 3μs, 而掺镱离子介质中, 镱离子的上能级寿命是 1ms 量级, 远大于脉宽. 因此在放大过程中, 增益饱和对脉冲成形的作用不太明显. 本书不过多讨论增益介质饱和对脉冲成形的影响.

7.1.2   增益窄化

至此为止的讨论中, 我们还未涉及增益带宽问题. 但是一旦被放大的脉冲的频谱宽度超过一定限度, 具体地说, 是与增益饱和带宽相比拟时, 放大后的脉冲带宽是否保持得住原来的带宽则是个疑问. 因此我们必须考虑这样的事实, 即不同的光谱分量得到不同的增益. 因为每种增益介质都有有限的带宽, 放大就必然伴随一个光谱窄化过程. 也就是说, 一个非啁啾脉冲在放大过程中会被展宽. 这个现象很容易被证实.

假定一个入射脉冲具有高斯光谱形状

$$E(\omega) = A_0 \exp\{-(\omega - \omega_0)^2 \tau_\mathrm{p}^2/4\} \tag{7.1-1}$$

而增益介质的线性增益为

$$G(\omega) = \exp\{a_\mathrm{g}(\omega - \omega_0)\} \tag{7.1-2}$$

其中

$$a_\mathrm{g}(\omega - \omega_0) = \exp\{-(\omega - \omega_0)^2 T_\mathrm{g}^2/4\} \tag{7.1-3}$$

为了方便, 先把 a_g 简化为

$$a_\mathrm{g}(\omega - \omega_0) = \exp\{-(\omega - \omega_0)^2 T_\mathrm{g}^2/4\} \approx a_0\{1 - [(\omega - \omega_0)^2 T_\mathrm{g}^2/4]\} \tag{7.1-4}$$

那么在忽略饱和的情况下, 可以得到出射脉冲 (设 $\Omega = \omega - \omega_0$)

$$\begin{aligned} E(\Omega) &= A_0(\Omega) \exp\{a_\mathrm{g}(\Omega)/2\} \\ &= A_0 \mathrm{e}^{-(\Omega \tau_\mathrm{G}/2)^2} \mathrm{e}^{a_0[1-(\Omega T_\mathrm{g})^2]/2} \\ &= A_0 \mathrm{e}^{-a_0/2} \mathrm{e}^{-\Omega^2[(\tau_\mathrm{G} + a_0 T_\mathrm{g})^2]/4} \end{aligned} \tag{7.1-5}$$

其中, τ_G 是一个衡量入射脉冲宽度的量, $\tau_\mathrm{G} \approx 1.18\tau_\mathrm{p}$; 而 $\Delta\omega_\mathrm{g} \approx 2.36/T_\mathrm{g}$ 则是增益的半高宽. 从式 (7.1-5) 可以看出, 被放大的脉冲光谱变窄为

$$T_\mathrm{g}' = 2.36/\sqrt{\tau_\mathrm{G}^2 + a_0 T_\mathrm{g}^2} \tag{7.1-6}$$

因此相应的脉宽就变为

$$\tau_\mathrm{p} \approx \tau_\mathrm{p} \sqrt{\tau_\mathrm{G}^2 + a_0 (T_\mathrm{g}/\tau_\mathrm{p})^2} \tag{7.1-7}$$

但如果和增益饱和同时发生, 则必须用完整的 Maxwell 方程来解析.

对于非均匀增宽介质来说, 情况有所不同. 粗略地说, 在足够长的增益介质中, 光谱的两翼同样可以达到饱和, 从而使整个脉冲在谱线范围内均匀地得到放大. 如 Glownia 等曾在 XeCl 放大器中获得 150~200fs 的脉冲[4], 渡部俊太郎等则在 KrF 放大器中得到 240fs 的脉冲, 都是充分利用了非均匀加宽的增益带宽[5].

7.1.3 ASE 的影响

至此我们一直忽略在飞秒脉冲放大器中的一个非常重要的问题, 即放大的自发辐射 (amplified spontaneous emission, ASE). 在高增益介质中, 自发辐射可能会先于种子脉冲被放大, 形成伴随脉冲. 在某些情况下, ASE 的能量甚至远远超过被放大的脉冲的能量, 降低了飞秒激光放大效率, 同时也给某些实验带来不利影响.

一般的解决办法是把放大器截成若干段, 在放大器之间插入滤波器, 例如, 通过空间滤波器、可饱和吸收器等滤掉 ASE, 不让其继续放大.

7.2 放大器中非线性折射率的影响

7.2.1 自相位调制

如第 1 章所述, 强脉冲在传播和放大过程中会引起折射率的变化. 因此脉冲中各频谱分量通过介质的长度会不一样, 可能导致自相位调制和自透镜效应. 增益介质折射率变化的根源是: ① 饱和与吸收; ② 非谐振折射率效应.

自相位调制可能会改变脉冲的光谱, 而自透镜效应改变光束截面形状. 这两个效应都是由折射率的变化而产生的, 因此它们同时发生. 当然均匀光束截面或 "平顶" 光束情况除外. 这种 "平顶" 光束可用滤光方法来产生.

自相位调制在很多情况下是有用的, 而自透镜效应则应极力避免. 自相位调制有助于扩展脉冲频谱, 克服增益窄化效应, 因而有助于放大后的脉冲压缩. 而自透镜效应则可引发不稳定, 甚至造成放大器的损坏. 非线性非谐振折射率 n_2 导致的频率变化是

$$\delta\omega(t) = -kn_2 \int_0^z \frac{\partial}{\partial t} I(t, z) \mathrm{d}z \tag{7.2-1}$$

这个相位调制的主要作用与放大器腔内的啁啾相同. 非谐振折射率 n_2 总是在频率中心部分导致 "上啁啾", 如果脉冲的空间分布是高斯光束, 折射率的径向变化自然会引起自聚焦或自散焦.

尽管自相位调制可能带来新的频率分量, 但放大过程中的自相位调制很可能带来非线性啁啾, 而这个啁啾可能很难用常规的光栅对压缩器补偿. 因此在放大过程中, 仍然要尽量避免自相位调制的发生, 这就涉及以下要讲的啁啾脉冲放大技术.

7.2.2 自聚焦

如果考虑到自聚焦的话, 情况还要复杂. 本节我们来估计一下自聚焦的数量级, 其中要利用连续波时高斯光束的公式. 放大的脉冲的瞬时峰值功率超过临界值

$$P_{\mathrm{cr}} = \frac{(1.22\lambda)^2\pi}{32n_0n_2} \tag{7.2-2}$$

时, 特别要注意光束的截面分布. 非常微小的不均匀也会被强烈放大, 导致放大器的损坏. 这里我们来估计一下不均匀程度的允许度 w_{cr}, 即光束的起伏小于这个临界尺寸时, 放大器变得不稳定. 设

$$P_{\mathrm{cr}} = \frac{\pi w_{\mathrm{cr}}^2}{2} I \tag{7.2-3}$$

如果光束的横向分布是均匀的, 假定放大介质的长度不超过自聚焦长度 L_{SF}, 放大器也可以在临界功率之上工作, L_{SF} 定义为

$$L_{\mathrm{SF}}(t) = \frac{0.5\rho_0}{\sqrt{P(t)/P_{\mathrm{cr}} - 1}} \tag{7.2-4}$$

其中, $P(t)$ 是瞬时功率, $\rho_0 = \pi \alpha \, w_0^2 n_0 / \lambda$, 光束的截面直径 w_0 取高斯光束的束腰. 自聚焦对染料放大器基本上不成问题, 因为它的增益在 L_{SF} 达到放大器长度数量级之前就饱和了. 它的自聚焦长度 L_{SF} 可达 1m 左右. 但是固体激光器一般具有较高的饱和通量, 如钛宝石, 在光的能量达到饱和时, 它的 L_{SF} 只有几厘米. 最好的解决办法就是在脉冲放大之前把脉冲展宽, 即啁啾脉冲放大.

7.3　放大器中脉冲的演化过程

为了了解放大器中脉冲的能量成长过程, 我们引用简单的模型[6]. 这个模型不考虑脉冲的形状, 且假定脉冲宽度远远大于偏振相干时间, 但是远远小于下能级的弛豫时间. 同时假定脉冲每次往返所用时间远远大于下能级弛豫时间. 最后假定在脉冲放大期间没有泵浦. 计算第 k 次通过放大器的脉冲的通量的方程式, 即 Frantz-Nodvick 方程[7]

$$J_{\mathrm{out}}^k = \frac{J_{\mathrm{sat}}}{2} \ln \left[1 + G_0^k \left[\exp\left(\frac{2J_{\mathrm{in}}^k}{J_{\mathrm{sat}}} \right) - 1 \right] \right] \tag{7.3-1}$$

其中, 第 k 次放大时的小信号增益是

$$G_0^k = \exp\left(\frac{J_{\mathrm{sto}}^k}{J_{\mathrm{sat}}} \right) \tag{7.3-2}$$

增益介质中储存的总能量密度 J_{sto}^{k+1} 需要减掉被脉冲吸收的储能通量

$$J_{\mathrm{sto}}^{k+1} = J_{\mathrm{sto}}^k - J_{\mathrm{out}}^k + J_{\mathrm{in}}^k \tag{7.3-3}$$

下一次通过放大器的 J_{in}^{k+1} 就是

$$J_{\text{in}}^{k+1} = T J_{\text{out}}^{k} \tag{7.3-4}$$

其中, T 为传输系数, 包含了腔内损耗. 图 7.3-1 是根据式 (7.3-1)~(7.3-4) 画出的. 可见, 入射光的能量越高, 放大倍数越低, 而能量的抽取率越高. 这就告诉我们, 放大器应该是分段的. 在入射脉冲是纳焦量级 (低能量) 时, 应该采用高放大倍数, 低能量效率的放大器; 而在脉冲的能量经过预放大已经达到毫焦量级时, 应该采用能量效率高的放大器. 一个太瓦激光系统至少包含两级以上的放大.

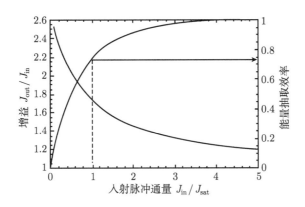

图 7.3-1 增益和能量抽取效率作为入射光通量的函数[6]

7.4 啁啾脉冲放大器

如前所述, 增益截面越小, 饱和通量就越大. 饱和通量是衡量可以从放大器抽取的最大能量的量. 因为最大的峰值功率是由自聚焦效应所限制的 (即放大器长度必须小于自聚焦长度), 合乎逻辑的结论就是用时域展宽脉冲的方法来限制脉冲的峰值功率. 用光栅对与透镜 (反射镜) 组成的展宽器 (见第 2 章) 可以提供足够大的时域色散延迟 (啁啾), 这样的展宽器通常可以把飞秒脉冲展宽至数百皮秒[7], 以保证脉冲在放大器中是 "线性" 放大的, 在这样的放大器中, 任何元件都不会改变脉冲的光谱. 为了保持放大的 "线性", 放大器必须满足以下两个条件:

(1) 放大器的带宽超过被放大脉冲的谱宽;

(2) 放大器工作在非饱和状态.

只有被工作在这样条件下的放大器放大后, 脉冲才能恢复原状. 例如, 饱和发生时, 就会发生增益窄化效应, 使得脉冲光谱变窄. 然而非饱和状态的放大不能有效地抽取脉冲的能量, 稳定性也会变差. 因此要求放大器工作在大于饱和通量的状态. 表 7.4-1 列出了主要激光增益介质的饱和通量、可支持的最短脉冲和最大功率密度.

表 7.4-1　各种增益介质的饱和通量、可支持的最短脉冲和最大功率密度

放大器介质	$J_{\text{sat}}/(\text{J/cm}^2)$	$\tau_{\text{p,min}}/\text{fs}$	$I_{\text{max}}/(\text{W/cm}^2)$
有机染料	0.002	20	10^{11}
Nd:Silicate	6	60	10^{14}
Yb:Silicate	32	20	1.6×10^{15}
Ti:Sapphire	1	3	3.4×10^{14}

啁啾脉冲放大过程中最常用的放大器就是再生放大器 (regenerative amplifier, Regen). 再生放大器是把种子脉冲吸入放大器腔内, 待种子脉冲在腔内多次往复被放大到最大能量时, 再将脉冲倒出腔外. 再生放大器本身也是一个调 Q 脉冲激光器 (图 7.4-1). 若没有种子脉冲输入, 再生放大器只输出一个纳秒级调 Q 脉冲. 再生放大器的优点是:

(1) 高效率. 因为再生放大器有一个谐振腔, 所以可以有最大的 Q 值. 其小信号能量放大倍数可达 $10^6 \sim 10^7$, 可把能量只有几十皮焦到几纳焦的种子脉冲放大到几毫焦至数十毫焦, 泵浦效率可达 20% 以上.

(2) 高光束质量. 由于再生放大器本身有一个谐振腔, 它的模式可以调到标准的 TEM_{00} 模. 如果入射的种子脉冲的模式与再生放大器的腔模相吻合, 则输出脉冲的模式也可以是很好的 TEM_{00} 模.

因此再生放大器适于做初级放大器.

另一种常用的放大器是多次往复式放大器 (多通放大器). 它没有谐振腔, 只是用几面反射镜让种子脉冲多次通过增益介质, 达到放大的目的. 它的结构简单, 不需要腔内的开关元件. 缺点是种子脉冲总是倾斜地射入到增益介质中, 而不能与泵浦光束重合, 因而光束质量受到影响, 而且放大倍数不高, 所以它一般只用于最后一级功率放大部分, 此时能量吸收效率却可达 50% 以上. 以下分别介绍这两种放大器.

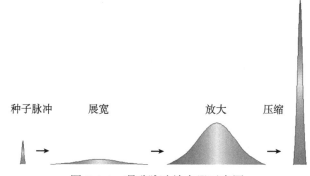

图 7.4-1　啁啾脉冲放大器示意图

种子脉冲经过展宽、放大和压缩过程, 以避免放大器中非线性效应的影响

7.4.1 再生放大器的构成

如上所述, 再生放大器有一个谐振腔, 并有调 Q 即开关元件. 谐振腔可由简单的两镜腔构成, 也可由多面镜构成复合腔. 谐振腔构成的原则是既要保持高能量效率, 又要不损坏腔内元器件. 因此在增益介质中要保持较小的光斑直径, 而在开关元件普克尔盒处要保持较大的光斑直径. 这是因为增益介质一般具有较高的损坏阈值 ($5\sim10\mathrm{GW/cm}^2$), 而普克尔盒 (Pockels cell, PC, 通常用 KD*P 晶体制成) 则具有较则低的损坏阈值 ($500\mathrm{MW/cm}^2$). 在要求输出能量不大的情况下, 如 1mJ, 则选择光束腰在腔内的谐振腔, 如图 7.4-2 所示的三镜腔. 若要求输出能量在 1.5mJ 以上至 10mJ, 则应选用光束腰在腔外的谐振腔, 如图 7.4-2 所示的两镜腔. 至于腔内的开关元件, 则因电压设置不同而分为半波长电压型和四分之一波长电压型.

1. 四分之一波电压再生放大器

图 7.4-2 所示为再生放大器. 我们先忽略放大器在腔设计上的区别, 只注意开关上的不同. 我们看到, 这里只用了一个薄膜偏振片 TFP(也可以是格兰棱镜, Glan-laser prism) 及一个四分之一波片 (四分之一波片可以不要, 事先把普克尔盒晶体调整为四分之一波片). 此时入射与出射的过程是:

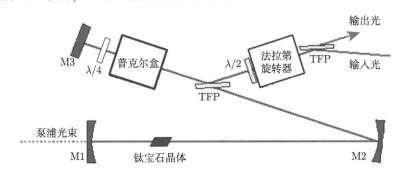

图 7.4-2 再生放大器谐振腔 1: 高重复频率低能量型

(1) 当普克尔盒上没有电压时, 入射的种子脉冲从薄膜偏振片 TFP 进入腔内, 经过两次四分之一波片变成水平偏振, 从而穿过 TFP, 飞向腔的另一端. 被反射回来的脉冲又两次经过四分之一波片被还原成垂直偏振, 因此被 TFP 反射出放大器. 脉冲只通过两次增益介质并得到微小的放大.

(2) 设当种子脉冲第二次通过普克尔盒的瞬间, 普克尔盒立即被施加于四分之一波长电压, 即普克尔盒变为四分之一波片, 并与另一四分之一波片构成半波片, 因脉冲总要通过两次, 则返回的脉冲偏振方向仍为水平偏振. 因此该种子脉冲被捕获于腔内, 反复经过放大介质而被放大. 而其他种子脉冲因入射时是垂直偏振, 只经历全波片而偏振方向不变, 随即被 TFP 逐出放大器而没有经过放大.

(3) 经过若干次往复 (十几次至几十次) 后, 腔内脉冲能量达到最大值, 将脉冲倒出腔时, 只需在脉冲刚刚穿过普克尔盒飞向增益介质时撤掉电压. 当这个脉冲再回到此地时, 它将只经历两个四分之一波片, 即一个半波片, 其偏振方向被转变为垂直方向, 从而被 TFP 反射至腔外.

这种腔, 因为普克尔盒是放在腔的一端, 所以要求电压的上升沿几乎等于整个腔内往复时间. 假定腔长仍为 1.5m, 此时要求电压的上升沿小于 8ns. 这个要求显然比半波电压型要宽松一些, 而且电压也只需半波电压的一半.

2. 半波电压再生放大器

先看图 7.4-3 所示的两镜腔再生放大器. M1 和 M2 是全反射镜, M1 具有负曲率半径, M2 具有正的曲率半径. 简单的计算可知, 高斯光束的腰在腔外 M1 侧. TFP1 和 TFP2 代表两个薄膜偏振片 (也可以是格兰棱镜), PC 是普克尔盒. 以下解说放大过程, 入射的种子脉冲设定为垂直偏振.

(1) 当普克尔盒上没有电压时, 入射的种子脉冲从偏振片 TFP1 进入放大器, 经过半波片变成水平偏振, 穿过 TFP2, 到达腔镜 M2 被反射回来, 又经过半波片被还原成垂直偏振, 因此被 TFP1 反射出放大器, 脉冲没有得到放大.

(2) 设当种子脉冲刚刚通过普克尔盒的瞬间, 普克尔盒立即被施加于半波电压, 即普克尔盒变为半波片, 并与另一个半波片构成全波片, 则返回的脉冲偏振方向不受影响, 仍保持水平偏振. 因此该种子脉冲被捕获于腔内, 反复经过放大介质而被放大. 而其他种子脉冲则只经历全波片而偏振方向不变, 随即被 TFP2 导出放大器而没有经过放大.

(3) 经过若干次往复 (十几次至几十次) 后, 腔内脉冲能量达到最大值, 将脉冲导出腔时, 只需在脉冲刚刚穿过普克尔盒飞向增益介质时撤掉电压. 当这个脉冲再回到此地时, 它将只经历一个半波片, 而将其偏振方向转变为垂直方向, 从而被 TFP2 反射至腔外.

可见, 脉冲的入射与出射完全取决于施加于普克尔盒电压的时间. 可以看出, 这个电压的上升沿至少要小于半个腔内的往复时间, 如果普克尔盒是放在腔的正中的话. 一个典型的腔长为 1.5m, 腔内往复时间就是 10ns, 因此要求电压的上升沿小于 5ns. 这个要求是很高的. 半波电压再生放大器的好处是它有两个出入口, 可以把入射光和出射光分开.

除了此种半波电压再生放大器, 还有另外一种半波电压再生放大器, 即双脉冲半波电压再生放大器. 这种放大器中没有半波片. 当需要把脉冲注入谐振腔时, 只需把一个半波电压加在普克尔盒上, 当它完成了把脉冲偏振方向旋转 90° 之后, 随即撤除. 同样, 当需要把放大后的脉冲导出放大器时, 再施加一个半波电压在普克尔盒上. 这两个半波电压实际上是两个高压脉冲. 脉冲的宽度应小于腔内往复时间,而脉冲的前后沿仍需小于 5ns. 这种放大器的好处是在脉冲放大过程中, 脉冲完全不受电压的影响, 从而可以防止半波电压带来的带宽限制以及附加色散的影响, 对于超宽带放大器有重要意义.

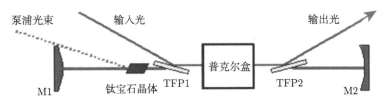

图 7.4-3 再生放大器谐振腔 2: 半波电压、出入口分开型
TPF: 薄膜偏振片

7.4.2 脉冲在再生放大器腔内的演化

以图 7.4-3 为例, 这是一个典型的四分之一波长电压钛宝石再生放大器, 泵浦光源是二倍频的 YAG 激光器, 波长为 532nm, 泵浦能量为每个脉冲 5mJ, 脉冲宽度为 150ns, 重复频率为 1000Hz. 种子脉冲能量为 2nJ, 100fs, 被展宽器展宽为 200ps, 放大后的脉冲能量为每脉冲 1mJ. 图 7.4-4 是脉冲在腔内成长的过程, 脉冲经过腔内 15 个循环放大达到饱和. 此时将脉冲导出腔外, 脉冲稳定性非常好.

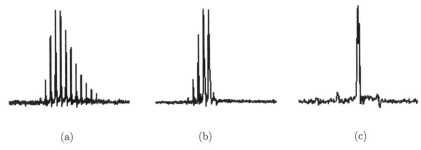

图 7.4-4 实验测得的脉冲在再生放大器中的演变 (a); 当脉冲在腔内达到最大值时, 将脉冲导出腔外, 为了保持输出脉冲的稳定性, 应该把第二个最大脉冲切掉 (b); 单脉冲输出 (c)

7.4.3 隔离器

无论是二分之一波长型还是四分之一波长型再生放大器, 都需要一个隔离器 (isolator), 把谐振腔与放大或被反射回的脉冲隔离. 如果不隔离的话, 反射回的脉冲, 无论是否被放大, 都会干扰振荡器的工作, 使锁模停止; 高功率脉冲的反射甚至可能损坏振荡器.

隔离器是由法拉第旋转器 (Faraday rotator) 和偏振器组成的. 法拉第旋转器把入射光的偏振方向旋转 45°, 如果这束光被反射回来, 又经过一次法拉第旋转器,

则这束光的偏振方向共被旋转了 90°, 这时放在光路上的偏振器就会把反射光反射到别处. 法拉第旋转器旋转的角度是

$$\Theta = V \int_0^l H_z \mathrm{d}z \qquad (7.4\text{-}1)$$

其中, Θ 为旋转的角度, H_z 为沿光波传播方向 z 的磁场强度. 但是第一次通过法拉第旋转器时的 45° 偏振方向很不方便, 于是就在法拉第旋转器的前或后加一个半波片, 如图 7.4-5 所示. 半波片的特点是, 光两次通过它则偏振方向不变. 例如, 把它加在法拉第旋转器的后面, 入射光的偏振方向已经被旋转了 45°, 再被半波片反方向旋转 45°, 则恢复到入射的偏振方向. 若此光被反射回来, 经过半波片时光的偏振方向回到 45° 状态. 如前所述, 再通过法拉第旋转器后, 偏振方向相对于入射光被旋转了 90°. 总的效果是, 入射光的偏振方向不变, 而反射光的偏振方向旋转了 90°, 因而被偏振器所隔离. 半波片也可以用旋光晶体来代替, 如石英. 通常偏振器前后各放一个, 除了增强隔离效果, 还有把展宽后、放大后的脉冲分离开的作用.

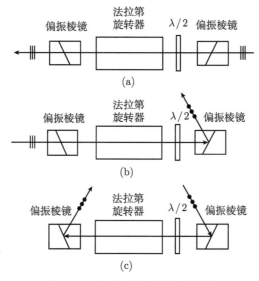

图 7.4-5　法拉第旋转器和隔离器

7.5　多通式放大器

如前所述, 再生放大器是一个高效高光束质量的放大器, 但腔内除了增益介质外, 还有普克尔盒和偏振器. 脉冲的每一次腔内往复都要两次通过增益介质——普克尔盒和偏振器, 这就增加了总的材料色散. 而根据色散分析 (见 7.7 节), 放

大器中总的介质色散越大, 放大系统的无色散窗口就越窄, 这就增加了压缩脉冲的难度.

多次往复通过式放大器, 简称多通或多程放大器, 作为初级放大器逐渐被用得多起来, 主要是为了减少材料色散, 以得到 20fs 以下的放大脉冲. 有两种高效的多通放大器, 一种是图 7.5-1 所示的多通式放大器[8], 它由两个凹面镜和一个平面镜组成三角形结构. 经过选单 (PC) 后的脉冲进入放大器, 光束在这样的结构中聚焦在钛宝石晶体中, 光束在每次反射后有一个附加的横向位移, 使光束在空间分开经过 7 次放大, 由反射镜反射出放大器. 这样的放大器结构简单, 易于调整, 但是要求M3 镜尺寸很大.

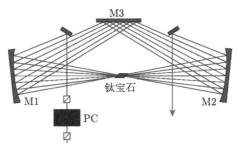

图 7.5-1 多通放大器示意图[8]

另一种高效率的多通放大器[9,10] 是由两个凹面镜和两个直角反射镜组成 (图 7.5-2). 曲率半径分别为 0.8m 和 0.7m. 选单脉冲在是种子光的前四次放大之后. 这样做至少有两点好处: ① 经过四次放大, 可以很容易地从放大的脉冲列中找到最高的脉冲选出来再放大; ② 起到隔离 ASE 的作用.

以上两种激光器结构中, 光束聚焦在增益介质里面, 因此单脉冲能量不宜过高 (1MJ). 这样的结构适合作初级放大器.

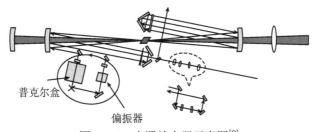

图 7.5-2 多通放大器示意图[9]

功率放大器也多用多通式放大器 (图 7.5-3). 该放大器由多个平面镜组成, 其中没有聚焦元件, 脉冲光束截面可以根据实际放大后的脉冲峰值功率用望远镜调整, 以防损坏放大器. 为了获得更高的能量, 可以加若干级这样的放大器. 为获得均匀的光束, 级与级之间还可以加上空间滤波器. 需要注意的是, 这些空间滤波器要放在真空中, 以防击穿空气. 在这样的放大器系列中, 光束直径需要逐渐加大, 可达 1cm 以上, 而泵浦脉冲能量则达 1J 以上. 放大后的脉冲能量在数百毫焦.

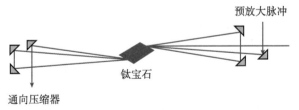

图 7.5-3   多通式功率放大器示意图

多通和再生放大器孰优孰劣视所放大和压缩后脉冲的要求而定. 一般说来, 在脉冲要求不太窄 (20fs 以上) 的情况下, 再生放大器有很大优势. 而在脉冲要求比较窄 (< 20fs) 时, 多通放大器比较常用. 在脉冲能量要求很高的情况下, 往往是两者混用, 即预放用再生, 功放用多通. 考虑到高重复频率的泵浦激光器的高稳定性, 也可在预放大时用高重复频率的再生放大器, 而在功率放大阶段用低重复频率的多通放大器. 中间经过普克尔盒选脉冲装置. 具体参数比较见表 7.5-1. 关于脉冲宽度的讨论见 7.7 节.

表 7.5-1   再生放大器与多通放大器的比较

	再生放大器	多通放大器
光束质量	因为再生放大器本身就是一个工作在 TEM$_{00}$ 模的激光器, 输出光束可以认为是高斯光束, 和入射脉冲的光束质量无关	多通放大器一直是在复制入射脉冲的光束, 而且由于非共线入射, 还会附加一些非均匀性
指向稳定性	再生放大器的指向稳定性完全取决于放大器腔的稳定性. 振荡器和展宽器的指向变化不会影响放大器的输出光束的指向	指向稳定性必然会追溯到振荡器的稳定性. 另外, 放大器泵浦光的能量变化会导致放大介质热透镜的微小变化, 同样会导致光束在空间的很大变化
能量稳定性	因为很容易靠增加种子光在腔内的往复次数以保证增益饱和, 再生放大器有很高的稳定性	必须增加泵浦能量以保证增益饱和, 但是要增加一个或更多的放大次数并不容易
可靠性	因为往返次数几乎可以无限制地调节, 晶体不需要非常高的泵浦能量, 也就不会有打坏晶体之虞	为了获得非常高增益, 以便在 8 次通过时间内将脉冲从纳焦放大到毫焦, 需要非常高的能量来泵浦, 极容易打坏晶体
适应性	因为展宽器可以设计得容纳很大的材料色散, 腔外再增加一点光学元件, 只需稍微调节一下压缩器即可	因为展宽器设计为只容纳很小的材料色散, 增加一个光学元件会引起脉冲宽度的很大变化
脉冲可压缩性	展宽器和压缩器可以设计得容纳再生放大器中的材料色散, 使得脉冲可以压缩到较小的水平	由于材料色散较小, 展宽器可以设计得有更大的带宽, 可以压缩更短的脉冲

续表

	再生放大器	多通放大器
能量效率	效率取决于再生放大器腔的效率, 一般可达 20%	因为是非共线放大, 效率较再生放大器低
复杂性	再生放大器的设计一般来说比较简单, 准直也不要很多时间	多通放大器需要更多的光学元件, 需要更多的空间, 也需要更多的准直时间

7.6 啁啾脉冲放大器中的带宽控制与波长调谐

7.6.1 超宽带放大器

如前所述, 增益饱和作用会使被放大的脉冲带宽减少而使脉宽增加, 对于再生放大器更是如此, 因为再生放大器本身就是一个振荡器, 极易受到饱和的影响. 多通式放大器在能量极高时也会受到饱和的作用. 对于钛宝石再生放大器而言, 放大后的带宽被限制在 40~50nm, 而 10fs 以下的脉冲带宽则在 60nm 以上. 因此要放大 10fs 脉冲, 必须解决放大器带宽问题. 很简单的构想就是抑制中心波长的增益, 这可由在再生放大器中加进波长控制元件达到.

Barty 等在再生放大器中加进了法布里–珀罗准具, 成功地抑制了中心波长, 使其带宽增加了近一倍, 如图 7.6-1 所示[11]. 放大并压缩后的脉冲宽度达 16fs. 在色散棱镜的端镜侧加一个掩模也可增加带宽. 但是由于掩模对于中心波长的抑制过于强烈, 往往在光谱中心造成一个凹陷, 或干脆使光谱分裂 (图 7.6-2). 双折射滤光片也会使光谱分裂.

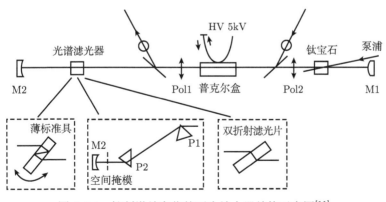

图 7.6-1 抑制增益窄化的再生放大器结构示意图[11]

多通式放大器中如何控制波长呢? 多通式放大器由于没有谐振腔, 光路分散, 再生放大器中使用的方法都不适用. 于是有人提出用特殊制作的反射镜来抑制中心波长的构想. 这就是反射镜在中心波长附近有较低的反射率, 而两翼则有较高的反射率. 这种多通式放大器正在试验中.

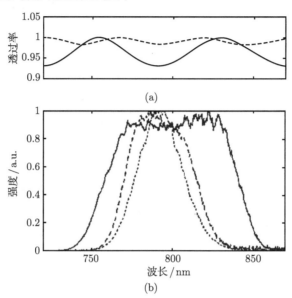

图 7.6-2　超宽带放大器腔内 FP 的光谱透射率特性 (a) 和激光脉冲的输出光谱 (b)[12]

在各种抑制中心波长的结构中需要注意的是, 根据 Kramer-Kronig 公式, 任何反射元件反射率的变化都会导致色散的发生. 因此, 过于剧烈的反射率或透射率的变化是应该避免的.

7.6.2　波长可调谐再生放大器

至此为止我们所介绍的放大器没有涉及波长控制问题. 事实上, 像在钛宝石这样的增益范围很宽的放大器中, 放大后的脉冲中心波长并不一定是入射脉冲的波长; 另外, 应用实验往往需要指定一个特定的中心波长, 不容许有波长漂移. 例如, 钛宝石放大器的增益中心波长是 790~800nm, 入射脉冲的中心波长在这个范围内以及偏离 20nm 以内的脉冲基本上保持其波长不变. 但是这个范围之外的脉冲波长则将或多或少受到漂移, 甚至得不到有效的放大. 例如, 氟化氪 (KrF) 准分子放大器只能放大波长等于 (248.3±1)nm 的脉冲. 这个种子脉冲可以由将波长等于 745nm 的脉冲的三倍频获得. 这个基波波长是 745nm 的脉冲, 其波长的精确度应保持在 ±0.75nm 范围以内. 实际上, 如果把一个从振荡器发出 745nm 的脉冲直接送入放大器, 尽管放大器的反射镜在 745nm 有最高的反射率, 放大器输出的脉冲仍然有两个波长分量, 一个是 745nm 的种子脉冲 (波长会有所漂移); 另一个则是增益峰值波长为 790~800nm 的 ASE. 后一个的能量可能超过应被放大的波长分量. 若要放大波长大于等于 850nm 的脉冲会遇到同样的问题. 多通式放大器中可能不会出现两个振荡波长的问题, 但会有频率漂移问题.

解决的办法显然是在腔内加入频率控制与调谐元件, 不外乎法布里–珀罗准具、双折射滤光片或棱镜对[12,13], 如图 7.6-1 中示意的那样. 其中, 双折射滤光片比较简单易行, 但其带宽与厚度有关, 需要谨慎选择厚度. 棱镜对后面加一个狭缝做波长调节也是很好的选择, 对带宽没有限制, 还可以提供一定程度的腔内色散补偿, 但需要一定腔内空间.

7.6.3　用飞秒脉冲做种子的皮秒脉冲再生放大器

再生放大器腔内加入频率控制与调谐元件的另一个用途就是产生放大的皮秒脉冲. 皮秒脉冲与飞秒脉冲在光谱上的区别首先是带宽窄. 支持一个中心波长800nm, 脉宽 100fs 的脉冲约需要 7nm 的带宽, 而支持一个同样中心波长, 脉宽 1ps 的脉冲只需 0.7nm 的带宽. 这里所指的脉冲均为近似傅里叶变换极限脉冲, 而不是指含有啁啾的脉冲. 如果迫使带宽变窄, 脉宽必然变宽. 在技术上, 飞秒脉冲振荡器比皮秒的更容易做, 因为皮秒脉冲振荡器很难实现克尔透镜锁模, 必须用调制器或可饱和吸收器. 采用以上技术, 可不改变振荡器, 直接用飞秒光源做种子脉冲. 以下以在腔内插入双折射滤光片为例, 来说明这一技术. 双折射滤光片对带宽的限制取决于它的厚度. 若想得到很窄的带宽, 当然需要很厚的双折射滤光片. 然而, 若只采用一片厚双折射滤光片, 则输出的光谱并不是一个, 而是若干个周期性光谱. 正确的做法显然是再加一片薄型双折射滤光片, 把光谱限制在一定范围之内. 这样可除去多余的光谱. 此外, 带宽限制元件并不一定要放在再生放大器腔内. 脉冲展宽器也提供了一个限制带宽的机会.

但是, 使用这种技术需注意, 窄化带宽是以牺牲展宽后的脉宽为代价的. 学过展宽器原理就知道, 展宽后的脉宽与脉冲本身的带宽成正比. 窄化带宽同时也窄化了脉宽, 从而增加了放大器损坏的可能性. 弥补的办法是在展宽器中使用高密度的光栅, 如 2000 线/mm 的光栅. 因为展宽后的脉宽与光栅密度成正比, 由于带宽不可能做得太窄, 这种技术得到的脉宽只可达几皮秒, 而不太可能获得几十皮秒的脉冲. 反过来说, 若种子脉冲已经是几十皮秒, 则大可不必用啁啾脉冲放大法, 直接放大更简单省事.

7.7　啁啾脉冲放大器中的脉冲展宽和压缩

7.7.1　标准脉冲展宽器 (Martinez 型)

啁啾放大器中最重要的是高阶色散的补偿, 以使脉冲复原. 在忽略了非线性及增益饱和效应的情况下, 影响脉宽的主要因素是展宽器、介质色散及压缩器之间的匹配. 如果不考虑放大器的增益窄化与非线性效应, 改变压缩器中光栅的角度及光栅之间的距离总可以补偿到三阶色散; 如果介质的长度, 或脉冲在放大器中的光程可以改变, 那么也有可能完全补偿或最大限度地减小四阶色散. 设计一个啁啾放大器主要是选择增益介质的长度、偏振器的种类 (棱镜型或薄膜型)、光栅的刻划密度、球面镜的曲率半径等. 这些参数确定以后, 可以模拟计算整个系统的群延迟时间. 根据模拟结果再调整以上参数. 模拟 (计算) 啁啾放大器的方法是利用第 2 章提供的公式[14], 先把展宽器的相位 φ_{str}, 放大器介质的相位 φ_{amp} 和压缩器的相位 φ_{comp} 加在一起, 合成总相位 φ_{tot}

$$\varphi_{tot} = \varphi_{str} + \varphi_{amp} + \varphi_{comp} \tag{7.7-1}$$

由总相位对圆频率求导, 依次得出群速延迟、群延色散、三阶色散等. 模拟的目标是尽量使各阶色散为零. 为了让二阶和三阶色散同时为零, 必须首先调节压缩器中光栅的入射角, 使得

$$\frac{\varphi_{comp}'''}{\varphi_{comp}''} = \frac{\varphi_{str}''' + \varphi_{amp}'''}{\varphi_{str}'' + \varphi_{amp}''} \tag{7.7-2}$$

然后调节压缩器中的光栅间隔, 使 $|\varphi_{comp}''| = \varphi_{str}'' + \varphi_{amp}''$. 这样也就会有 $|\varphi_{comp}'''| = \varphi_{str}''' + \varphi_{amp}'''$. 再反过来求总的群速延迟 φ_{tot}', 画出图形观测. 若群速延迟在所感兴趣的频率域范围内是一水平直线, 则说明四阶色散也很小. 若群速延迟是图 7.7-1 所示曲线形状, 说明介质材料的色散过少或过多, 不足以抵消展宽器中的像差.

　　以一个典型的啁啾钛宝石再生放大器为例[15]. 展宽器由一个曲率半径为 1m 的球面镜和一个密度为 1200 条的光栅组成. 为了减少调整的困难, 这里采用了折叠式结构. 光栅放在离球面镜四分之一曲率半径的位置. 光束以 40° 入射角入射到光栅上. 衍射光与入射光在同一水平面放射到球面镜上. 球面镜将该光束反射到离水平面约 4° 的斜上方, 越过光栅, 到达一个矩形折叠镜. 折叠镜以少许角度将光束反射回球面镜, 再被光栅收集, 以略低的位置反射到一矩形镜. 此镜将光束以原路返回, 被隔离器分开, 送入再生放大器. 再生放大器含有 10mm 长的钛宝石晶体, 20mm 长的 KD*P 晶体 (普克尔盒开关), 和一个 19mm 长的方解石晶体 (偏振器). 压缩器所用的光栅与展宽器的相同. 若种子脉冲不经过放大器, 脉冲并不能被压缩到原来的宽度. 这是因为展宽器有像差, 如图 7.7-2 所示, 群延迟和波长的关系并不是一条直线. 经过若干放大器腔内往复 (10 次), 群延迟曲线中心波长的部分渐渐变宽. 过多的腔内往复 (如 20 次), 群延迟曲线以中心波长为轴左右反转. 这说明必定有一个最佳腔内往复次数, 它使平坦部分最宽. 如图 7.7-1 所示, 腔内往复次数是 15 时, 群延迟在 750~850nm 范围内非常平坦 (< 10fs), 这个次数与实际的再生放大器腔内往复次数大体吻合. 模拟计算表明 (图 7.7-2), 20fs 的种子脉冲通过这样的系统后, 可能被压缩到 22fs. 当然, 实际情况要比以上分析复杂得多. 除了介质色

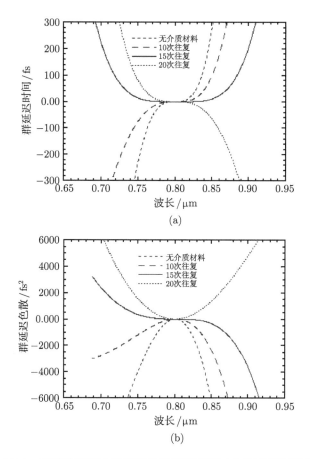

(a)

(b)

图 7.7-1 啁啾脉冲放大系统的总群延迟时间 (a) 和总群延迟色散
与腔内往复次数的关系 (b)[14]

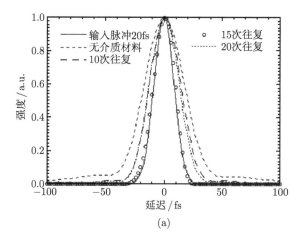

(a)

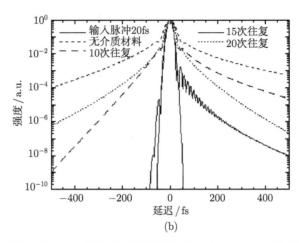

图 7.7-2　20fs 脉冲展宽到 400ps 经放大后压缩的脉冲宽度 (a), 15 次腔内往返给出最短脉冲和最佳对比度 (b)[15]

散, 还有反射镜的带宽的限制, 放大器中的增益窄化以及非线性效应等. 在实践中要得到小于 20fs 的压缩后的脉冲是很不容易的.

以上分析说明, 人们在考虑设计展宽器时, 并不一定要追求无像差系统. 在一定意义上说, 系统存在一定像差反而有助于消除放大器材料色散. 无像差系统意味着系统不允许材料色散. 当然, 若像差太大, 或材料色散太大, 系统所允许的带宽也会受到限制.

7.7.2　无像差脉冲展宽器 (Offner 型)

如第 2 章指出的那样, 无像差脉冲展宽器与脉冲压缩器可以是严格的共轭, 只要光栅的间隔和入射角相同, 就可以互相补偿, 因此在使用上带来方便. 但是为了补偿放大器中的材料色散, 压缩器中的光栅的入射角就需要变动, 展宽器与压缩器就不可能是严格的共轭, 结果是在压缩后的脉冲上留下高阶相位. 对于使用双光栅的无像差展宽器, 目前有两种方案来解决这个问题.

(1) 寻求另外的途径压缩材料色散, 即利用放大器内或外的棱镜对单独压缩材料色散. 把棱镜对放在再生放大器内至少有两个好处. 其一, 材料色散可以在放大的过程中补偿, 若把棱镜对放在放大器外, 棱镜对的间隔可能过大; 其二, 对于宽带放大, 在棱镜对的色散端可以加入辅助掩模, 抑制中心波长的增益, 即抑制增益窄化效应, 如 7.6.1 节介绍的超宽带放大器.

(2) 采用非匹配的光栅对压缩器, 即压缩器中的光栅的刻画密度略大于展宽器的光栅的刻画密度. 例如, 展宽器的光栅密度是 1200 线/mm, 压缩器的光栅密度是 1400 线/mm 或更高. 这样做比再生放大器内加入棱镜对简单, 但是其缺点是可能缩小整个系统的带宽.

事实上, 如同我们在第 3 章介绍的那样, 采用单光栅的展宽器并不是严格意义上的无像差展宽器, 而是有像差的, 而这个像差正好可以用来补偿材料色散. 但是对于一个具体的放大系统, 像差与材料色散应该匹配. 根据第 2 章的理论, 这可以用选择光栅的位置来解决[16,17]. 我们以一个典型的多通放大器为例, 脉冲通过一个隔离器 (40mm TGG), 选单器 (一次通过一个 20mm KD*P 普克尔盒, 两个 19mm 长方解石偏振器), 和 10mm 长钛宝石增益介质 (8 次通过). 我们把这样的介质色散代入模拟计算程序, 算出在光栅的位置 $s_1 = 0.55R$, $s_1 = 0.7R$ 和 $s_1 = 0.63R$ 时的系统的群延迟曲线 (图 7.7-3). 可以看出, 当 $s_1 = 0.55R$ 时, 曲线的取向显示材料色散的量不足以克服展宽器的像差; 而在 $s_1 = 0.7R$ 的曲线的取向又说明展宽器的像差过小, 或者说材料色散的量太大. 只有在 $s_1 = 0.63R$ 时, 群延曲线显示出一个 U 字形, 中间有一个平坦的 100nm 左右的无色散窗口.

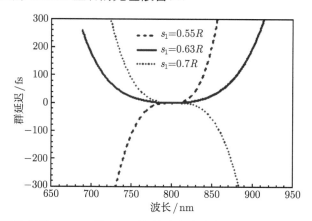

图 7.7-3 使用单光栅 Offner 型展宽器的啁啾脉冲放大系统的总群速延迟时间与光栅在展宽器中的位置的关系[17]

无像差脉冲展宽器的应用最近有扩大的趋势, 但是它的体积, 即光栅和凹面镜的尺寸比有像差的要大很多, 限制了它的商业化应用.

7.8 负啁啾脉冲放大器

光栅压缩器的效率比较低, 即使光栅的衍射效率高达 90% 以上, 经过在光栅上 4 次衍射之后, 压缩器的总效率也会降低到 65%, 且镀金膜光栅很容易被氧化, 衍射效率会逐渐降低. 而采用棱镜对作为压缩器, 虽然可以极大地降低损耗 (5% 左右), 但是棱镜提供的色散相对小, 因此要求的尺寸和距离庞大. 还有, 无论光栅对还是棱镜对, 不完美的准直导致的空间啁啾会使经过压缩器的脉冲光束质量变差, 所以商用 1mJ 飞秒啁啾脉冲放大器的输出光束的 M^2 因子约为 2.0, 光斑近似椭圆.

从 CPA 的原理可知, 只要提供色散展宽脉冲 (啁啾脉冲), 在放大后利用符号相反的色散压缩, 即可获得高能量飞秒脉冲输出. 虽然目前普通情况下光栅展宽器提供的为正色散, 而压缩器则是光栅对提供负色散, 但是色散的符号交换一下, 利用负色散展宽脉冲, 正色散压缩脉冲, 是完全可行的. 为了避免玻璃中的非线性效应, 最后的光斑可以做得大些. 选用高折射率玻璃介质作为压缩器, 其色散是固定不可调的, 因此这个设计的要点是展宽器部分.

玻璃材料具有大的正二阶和正三阶色散, 展宽器要预先提供大的负二阶和负三阶色散, 单一的光栅对仅仅提供负的二阶色散和正的三阶色散, 这与玻璃材料的正的三阶色散有叠加作用, 使脉冲质量变坏; 棱镜对可提供负的二阶色散和负的二阶色散, 但其提供的负三阶色散往往超大, 超过了玻璃材料的正三阶色散. 因此, 展宽器必须用光栅对和棱镜对混合形式. 通过设计和调整光栅对和棱镜对的间距和棱镜对的插入量, 总是可以得到符合要求的负二阶和负三阶色散.

2004 年, Gaudiosi 等实验证实了负啁啾 CPA 可以获得单脉冲能量 1mJ、脉冲宽度 28fs 的运转[18] (图 7.8-1), 而光谱对应的变换受限脉冲宽度为 25fs, 可见压缩质量相当高. 由于压缩器仅仅是透过玻璃介质, 放大后的光斑为圆形, M^2 因子只有 1.57, 比常见商业椭圆光斑的放大器的 M^2 因子 2.0 有显著降低, 对于很多要求良好聚焦的应用, 光束质量上的优势是显见的. 而压缩器的损耗则小于 10%(包含 5% 的空间滤波损耗), 压缩器无任何因调整造成空间畸变问题, 玻璃介质稳定的物理特性使得长期使用情况下压缩器没有性能上的降低.

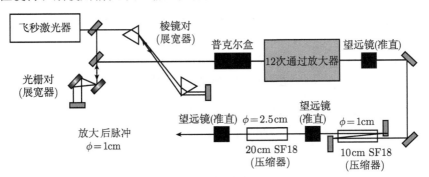

图 7.8-1　负啁啾放大器系统结构图

压缩器为 SF18 玻璃, 展宽器为光栅对和棱镜对组合[18]

当然, 利用玻璃介质做压缩器, 负啁啾飞秒放大器存在固有缺陷. 材料的非线性积累限制了脉冲能量的进一步提高, 负啁啾放大器只适合脉冲能量为 1mJ 左右的小能量飞秒放大器. 对于许多飞秒脉冲应用来说, 如泵浦–探针和飞秒加工领域, 1mJ 的脉冲能量已经足够了, 因此负啁啾飞秒放大器有其应用价值.

对于强场物理所需的高能量脉冲放大器来说, 光栅对压缩器仍然是唯一可选方案. 最近, 镀介质高反射膜的光栅已经可以达到实用水平, 我国已经有制作. 同时, 光栅的拼接技术也已经成熟, 使得大面积光栅压缩器成为可能. 另外, 透射式光栅对在抗光学破坏和高效率方面也比镀金膜的光栅好.

作者研究组将这种方法扩展到光纤激光器中. 目的之一是使放大器光纤终端, 脉冲接近最短, 以便与随后的高非线性光纤直接熔接, 避免压缩器损耗和空间耦合的不便.

7.9 薄片放大器

钛宝石激光放大器是最好的飞秒脉冲放大介质, 但因缺少高功率激光半导体激光器不能直接泵浦, 电光转换效率低, 此外, 高功率泵浦还有热透镜和热非线性问题限制了其在工业上的应用. 半导体激光器直接泵浦的固体激光放大器应该是工业应用飞秒激光器发展的方向.

如同半导体激光器直接泵浦固体激光器一样, 直接泵浦激光放大介质同样有不同于固体激光器泵浦固体放大介质的难点, 即半导体泵浦激光器光束质量很差, 如果要聚焦, 聚焦深度很小. 根据这一点, 似乎可以直接将激光介质做薄, 如几百微米既可克服焦深问题又可解决热透镜和热非线性问题. 而稀土掺杂的固体增益介质可以掺杂很高, 很薄的晶体就能吸收很多泵浦能量. 即使如此, 一次吸收可能还是不够的, 最好能多次吸收. 图 7.9-1 就是一个典型的薄片激光放大器的增益模块. 背面镀全反射膜的薄片激光介质被锡金合金焊在水冷装置上, 并放置在一个凹面反射镜的焦点上. 泵浦激光平行入射到凹面镜的边缘, 凹面镜将平行光束聚焦到薄片激光介质上, 获得部分吸收, 并由底面反射膜反射到凹面反射镜的另一侧, 被凹面镜转换为平行光束. 为了再次将泵浦光聚焦到激光增益介质上, 用一个 90° 角反射镜 (folding mirror) 将平行光束平移到凹面镜的另一个位置 (如 1/6 圆周), 使其再次聚焦, 并再

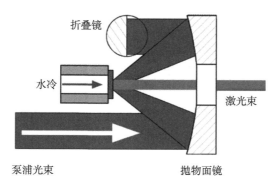

图 7.9-1　波片激光放大器模块截面 (根据文献[19] 改画)

次被反射到凹面镜的对面位置. 重复以上的过程, 可以使泵浦光斑占满整个圆周, 大部分泵浦能量被激光介质吸收. 这种装置已经被做成模块[19], 凹面镜中间部分可以透过激光波长, 这种模块可作为激光再生放大器腔的一部分.

7.10   板条型放大器

如果说薄片激光放大器适合再生放大器的话, 板条型激光放大器则兼顾了半导体激光器形状和多通放大器的特点. 随着需要的泵浦功率的提高, 半导体激光器 "巴条" 的长度也增加. 泵浦薄片激光器要将激光光束整形为方形光斑, 需要特殊的装置和技术. 如果直接用这种长型 "巴条" 泵浦一个扁平激光介质, 就只需要一个方向的整形. 利用非稳腔的概念, 在一个平面镜 (或凹面镜) 和凸面镜构成的非稳腔中放一个扁平的激光介质, 如 10mm 见方、1mm 厚的掺镱晶体, 泵浦光通过平面镜直接耦合到晶体中. 10mm 的长度足够泵浦光的吸收. 入射种子光是圆形截面的高斯光束, 在非稳腔中, 由于凸面镜的反射, 光束直径不断增加, 可减少高功率脉冲导致的非线性. 放大后的脉冲最终由一平面反射镜导出 (图 7.10-1). 因晶体只有 1mm 厚, 热量可以双侧面散发, 减少了热透镜效应.

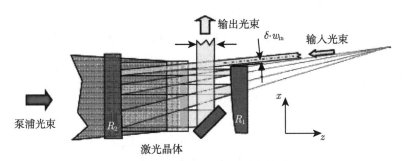

图 7.10-1   板条型激光放大器图解[20]

放射线表示共焦腔

由于非稳腔仍然是一个腔, 这种多通放大器的光束质量不一定差, 光束质量 M^2 仍然可以小于 1.5, 脉冲能量可达到毫焦以上, 峰值功率可达到 100MW. 在脉冲重复频率为 20MHz 时, 平均功率可达 400W[20].

7.11   光纤放大器

光纤放大器的最大优势是光纤的波导结构, 可以比固体激光介质长很多. 如此, 多通放大器就没有必要了. 但也正是由于波导结构, 光纤芯径不能太小, 在脉冲工作情况下, 容纳的脉冲峰值功率就会受到非线性和光学破坏的限制. 光纤放大器依然可以用固体激光放大的 CPA 的方式. 但是光纤本身很长, 是不是就不用展宽脉冲了? 不行, 因为光纤展宽器通常需要上千米才能把脉冲展宽到几百皮秒, 而光纤放大器通常只有几米长, 做展宽器显然不够. 所以免不了还要用专门的展宽器, 如传统的光栅对展宽器, 或者长光纤.

7.11.1 双包层光纤放大

光纤放大器的光纤可以用单包层, 或双包层, 或光子晶体光纤双包层. 单包层光纤的泵浦耦合, 和普通的光纤激光器一样, 可以用单模光纤耦合的半导体激光器. 双包层光纤的泵浦, 一般是多模光纤耦合的泵浦. 标准的泵浦半导体激光器一个单元是 8W, 也有几十瓦的.

双包层光纤的直径, 对于 1μm 波长, 多用 10nm 和 20nm 的纤芯. 增益的大小, 用对泵浦波长的吸收系数表示. 虽然单包层光纤的掺杂吸收很高, 如 1200dB/m, 双包层光纤的吸收系数却出奇地低, 如只有 6dB/m. 这是因为双包层中的单模光纤对泵浦光的吸收, 取决于包层中的泵浦光是否能有效穿过纤芯. 显然, 大模场面积光纤的吸收系数要高些.

7.11.2 三阶色散补偿

在近红外光纤 CPA 中, 由于光纤比固体增益介质长很多, 单纯用光纤做展宽器时, 未补偿的高阶色散就会在压缩后的脉冲中产生旁瓣.

当脉冲能量不是太高时, 可利用高非线性与色散的相互作用消除旁瓣. 具体技术是在光纤放大之前加一个预压缩光栅对, 在脉冲中引入负啁啾. 光栅对的选择是: 调节光栅对间距, 使零啁啾点发生在放大光纤中间的某个位置. 这样, 脉冲在光纤中会不断缩短, 并在光纤中有一个最短脉冲. 然后脉冲的啁啾反转, 脉宽又会变宽. 这种反转过程, 有可能补偿脉冲中的非线性啁啾, 如在 1.4.3 节讲解的, 负啁啾脉冲在正色散介质中与非线性自相位调制相互作用, 可能会导致光谱压缩. 因此最短脉冲也不可能是飞秒量级, 所以也不会在光纤中产生光学损伤.

这种光纤放大器已经有一些应用. 典型的例子如图 7.11-1 所示[21]. 掺镱光纤激光器出射的种子脉冲先经过一个光栅对预啁啾 (pre-chirp), 然后经历一级掺镱光纤放大器. 放大后的脉冲再经过一个光栅对压缩器. 通过预压缩和压缩之间的比例, 最终发现一个最佳预压缩和压缩器的光栅间距.

图 7.11-2 展示了三个预啁啾值下的脉冲形状, 同时显示的还有测量的脉宽与变换受限脉冲的比较. 在负的预啁啾下, 只有一个点比较接近变换受限脉冲, 而且旁瓣最小. 正啁啾时, 虽然脉冲也可以接近变换受限, 但是旁瓣比较显著. 实际操作中, 需要调节两个光栅对并优化, 同时, 泵浦功率也对脉冲形状有很大影响.

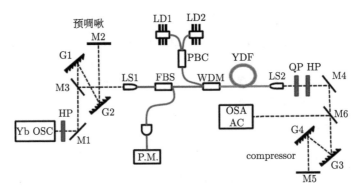

图 7.11-1   含预啁啾的光纤飞秒放大器装置示意图 (根据文献[21] 改画)

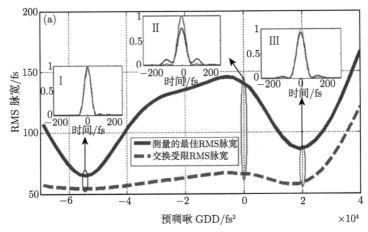

图 7.11-2   测量脉宽与变换受限脉冲的比较[21]

7.12   时间分割脉冲放大

皮秒脉冲激光的放大, 尤其是 10ps 以下的脉冲的放大比飞秒脉冲的放大反而困难. 这是因为变换受限脉冲的光谱带宽很窄 (< 1nm), 很难用啁啾展宽脉冲. 于是有人提出了时间分割脉冲放大, 即将脉冲分成在时域的脉冲序列, 相当于脉冲展宽. 放大时, 脉冲的能量分配给时分脉冲列, 可避免放大中的非线性效应. 放大后可通过同样的时分装置再压缩回到一个脉冲[22]. 时分脉冲的原理是利用晶体的双折射效应. 在图 7.12-1 中, 入射脉冲的偏振方向与双折射晶体的光轴成 45°. 经过晶体 L, o 光和 e 光的投影脉冲之间形成了光学延迟

$$\tau = \frac{(n_e - n_o)L}{c} \tag{7.12-1}$$

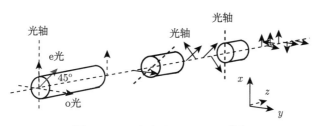

图 7.12-1　脉冲时分器原理图[22]

以 α 切的钒酸钇 YVO$_4$ 晶体为例, 这个时间延迟可达 0.8ps/mm. 经过这个延迟的脉冲再经过一个长度为前一个一半、光轴与前一个成 45° 的晶体, 脉冲在时域又被分裂成四个. 由此可再分下去.

图 7.12-2 是这种放大器的例子. 种子脉冲经过这种时间分割器, 分成 2^5=32 个脉冲. 经过第一次放大后, 经过两次法拉第旋转器, 偏振方向旋转了 90°. 第二次放大后, 脉冲经过同样的时间分割器, 时间反演补偿, 合成一个脉冲. 由于放大后的脉冲偏振方向与入射垂直, 被偏振分束器反射出放大器装置作为脉冲输出.

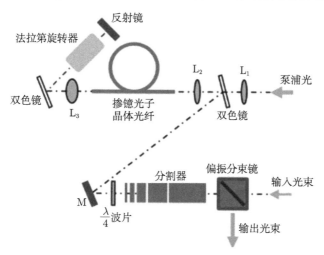

图 7.12-2　利用时分脉冲原理的皮秒光纤放大器[22]

在这个例子中, 10nJ 种子光的光谱带宽、脉宽分别是 0.95nm 和 1.8ps. 放大到 2.5μJ 后, 脉冲光谱带宽和脉宽分别变为 1.1nm 和 2.2ps, 峰值功率达 1MW. 可见通过这样的放大器, 脉宽和谱宽基本能保持.

参 考 文 献

[1]　Strickland D, Mourou G. Compression of amplified chirped optical pulses. Opt. Com-

mun., 1985, 56: 219-221.

[2] Maine P, Strickland D, Bado P, et al. Generation of ultrahigh peak power pulses by chirped pulse amplification. IEEE J. Quan. Electron, 1988, QE-24(2): 398-403.

[3] Pessot M, Maine P, Mourou G. 1000 times expansion/compression of optical pulses for chirped pulse amplification. Opt. Commun, 1987, 62: 419-421.

[4] Glownia J H, Misewich J, Sorokin P P. 160-fsec XeCl excimer amplifier system. J. Opt. Soc. Am. B, 1987, 4 (7): 1061-1065.

[5] Nabekawa Y, Sajiki K, Yoshitomi D, et al. High-repetition-rate high-avarage-power 300-fs KrF/Tisapphire hybrid laser r. Opt. Lett., 1996, 21(9): 647-649.

[6] 克希耐尔 W. 固体激光工程. 孙文, 等译. 北京: 科学出版社, 2002.

[7] Martinez O E. 3000 times grating compressor with positive group velocity dispersion: application to fiber compensation in the 1.3-1.6μm region. IEEE J. Quantum Electron., 1987, QE-23(1): 59-64.

[8] Zhou J, Huang C P, Murnane M M, et al. Amplification of 26-fs, 2-TW pulses near the gain-narrowing limit in Ti:sapphire Opt. Lett., 1995, 20(1): 64-66.

[9] Cheng Z, Krausz F, Spielmann Ch. Compression of 2 mJ kilohertz laser pulses to 17.5 fs by pairing double-prism compressor: analysis and performance. Opt. Commun., 2002, 201(1-3): 145-155.

[10] Sartania S, Cheng Z, Lenzner M, et al. Generation of 0.1-TW 5-fs optical pulses at a 1-kHz repetition rate. Opt. Lett., 1997, 22(20):1562-1564.

[11] Barty C P J, Korn G, Raksi F, et al. Regenerative pulse shaping and amplification of ultrashort optical pulses. Opt. Lett., 1996, 21(3): 219-221.

[12] Barty C P J, Guo T, Le Blanc C, et al. Generation of 18-fs, multiterawatt pulses by regenerative pulse shaping and chirped pulse amplification. Opt. Lett., 1996, 21(9): 668-670.

[13] Zhang Z, Yagi T. Regenerative amplification of femtosecond pulses at 745 nm in Ti: sapphire. Appl. Opt., 1996, 35(12): 2026-2029.

[14] Zhang Z, Yagi T, Arisawa T. Ray-tracing model for stretcher dispersion calculation. Appl. Opt., 1997, 36(15): 3393-3399.

[15] 张志刚, 孙虹. 飞秒脉冲放大器中色散的计算和评价方法. 物理学报, 2001, 50(6): 1080-1087.

[16] Jiang J, Zhang Z, Hasama F. Evaluation of chirped-pulse-amplification systems with Offner triplet telescope stretchers. J. Opt. Soc. Am. B, 2002, 19(4): 678-683.

[17] Zhang Z, Song Y, Sun H, et al. Compact and material- dispersion- compatible Offner stretcher for chirped pulse amplifications. Opt. Commun., 2002, 206(1-3): 7-10.

[18] Gaudiosi D M, Lytle A L, Kohl P, et al. 11-W average power Ti:sapphire amplifier system sing downchirped pulse amplification. Opt. Lett., 2004, 29(22): 2665-2667.

[19] http://www.dausinger-giesen.de/products/modules.

[20] Russbueldt P, Mans T, Rotarius G, et al. 400W Yb:YAG Innoslab fs-Amplifier. Opt. Express, 2009, 17(15): 12230-12245.

[21] Chen H W, Lim J, Huang S-W, et al. Optimization of femtosecond Yb-doped fiber amplifiers for high-quality pulse compression. Opt. Express., 2012, 20(27): 28672-28682.

[22] Kong L J, Zhao L M, Lefrancois S, et al. Generation of megawatt peak power picosecond pulses from a divided-pulse fiber amplifier. Opt. Lett., 2012, 37(2): 253-255.

第8章 飞秒激光脉冲特性测量技术

飞秒时间量级已经超出了电子响应速度的极限, 因此不可能应用快速响应的电子仪器直接测量飞秒脉冲时域特性, 而需要新的技术以确定其时间频率特性. 飞秒激光脉冲的特性主要是强度和相位随时间的变化规律. 对于某些应用, 强度的时间特性可以满足要求. 而对于另一些特殊应用, 需要精确掌握飞秒脉冲的相位信息. 本章介绍飞秒脉冲强度和相位的基本测量技术.

8.1 飞秒脉冲的时域测量

根据光速 $c = 3 \times 10^8 \mathrm{m/s}$ 可知, 1fs 的脉冲空间持续长度为 0.3μm, 这个距离可以通过精密的位移平台扫描而分辨, 因此可以将测量超短脉冲的时间宽度转变为空间长度而测量. 最常用的方法就是自相关法, 就是先把入射光分为两束, 让其中一束光通过一个延迟线, 然后再把这两束光合并. 通过一块倍频晶体, 或双光子吸收/发光介质, 改变延迟可得到一系列信号. 这个信号的强度对延迟的函数即为脉冲的自相关信号. 自相关法分为强度自相关和条纹分辨的自相关. 强度自相关法又分为有背景和无背景的自相关法.

8.1.1 线性自相关

自相关可以用一个如图 8.1-1 所示的迈克耳孙干涉仪实现[1]. 入射光被分束板分为强度相等的两束光, 再在分束板上合成. 设两束光的场强分别为 $A_1(t)$ 和 $A_2(t)$, 在同方向共线传播的情况下, 一束光对另一束光扫描时, 在接收器上可以显示干涉信号. 由于接收器相对于光频是缓慢的, 得到的信号 $V_{\mathrm{MI}}(\tau)$ 是一个平均值, 只和时间的慢变部分有关.

$$
\begin{aligned}
I(\tau) &= \int_{-\infty}^{\infty} [A_1(t-\tau) + A_2(t)]^2 \mathrm{d}t \\
&= \int_{-\infty}^{\infty} |A_1(t-\tau)|^2 + |A_2(t)|^2 + 2\mathrm{Re}\left[\int_{-\infty}^{\infty} [A_1(t-\tau)A_2(t)^*]\mathrm{d}t\right] \quad (8.1\text{-}1)
\end{aligned}
$$

这是电场线性相关信号, 第一项是常数, 对应脉冲的能量; 第二项是干涉项. 这个信号的傅里叶变换恰恰是这个脉冲的光谱, 这正是傅里叶变换光谱仪的原理, 不反映脉冲的时域宽度.

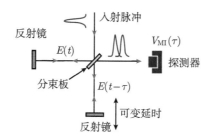

图 8.1-1 迈克耳孙干涉仪作为相关器[1]

$V_{\mathrm{MI}}(\tau)$ 为迈克耳孙干涉电压信号

8.1.2 非线性自相关

如果引入一个时间相关的快门, 或者用脉冲自己的非线性效应作这个快门, 就能得到脉冲的自相关. 具体做法, 就是在探测器前加一个非线性介质, 如倍频晶体, 作为光开关. 因为倍频信号的强度与基频光的光强的平方成正比, 接收器上得到的光强信号是

$$S_2(\tau) = \int_{-\infty}^{\infty} \{[A_1(t-\tau) + A_2(t)]^2\}^2 \mathrm{d}t \tag{8.1-2}$$

展开积分号内括号内的项, 倍频自相关信号可以改写为

$$S_2(\tau) = A(\tau) + \mathrm{Re}\{4B(\tau)\mathrm{e}^{\mathrm{i}\omega\tau}\} + \mathrm{Re}\{2C(\tau)\mathrm{e}^{\mathrm{i}2\omega\tau}\} \tag{8.1-3}$$

其中

$$A(\tau) = \int_{-\infty}^{\infty} \{A_1^4(t-\tau) + A_2^4(t) + 4A_1^2(t-\tau)A_2^2(t)\}\mathrm{d}t \tag{8.1-4}$$

$$B(\tau) = \int_{-\infty}^{\infty} \{A_1(t-\tau)A_1(t)[A_1^2(t-\tau) + A_2^2(t)]\mathrm{e}^{\mathrm{i}[\phi_1(t-\tau)-\phi_2(t)]}\}\mathrm{d}t \tag{8.1-5}$$

$$C(\tau) = \int_{-\infty}^{\infty} \{A_1^2(t-\tau)A_2^2(t)\mathrm{e}^{\mathrm{i}2[\phi_1(t-\tau)-\phi_2(t)]}\}\mathrm{d}t \tag{8.1-6}$$

式中, $A(\tau)$ 是个常数, $C(\tau)$ 实际上是脉冲的强度自相关

$$C(\tau) = A_I(\tau) = \int_{-\infty}^{\infty} \{I(t-\tau)I(t)\mathrm{e}^{\mathrm{i}2[\phi_1(t-\tau)-\phi_2(t)]}\}\mathrm{d}t \tag{8.1-7}$$

对于给定的脉冲波形, 这个积分可以作出来. 例如, 对于高斯型脉冲, 设两束光的强度相等, $I(t) = \exp\{-t^2\}$, 相位 $\phi_1(t) = \phi_2(t)$, 其自相关波形为

$$A_I(\tau) = \exp\{-\tau^2/2\} \tag{8.1-8}$$

由数学关系可以得出, 自相关波形的半高宽 (FWHM) 与脉冲宽度的比值为 $\sqrt{2} = 1.414$. 这个比值也称为反卷积因子 (deconvolution factor). 对于不同的脉冲波形, 这个因子不同. 对于双曲正割型脉冲 $I(t) = \mathrm{sech}^2(t)$, 其强度相关为

$$A_I(\tau) = \frac{3\left[\tau \mathrm{ch}(\tau) - \mathrm{sh}(\tau)\right]}{\mathrm{sh}^3(\tau)} \tag{8.1-9}$$

双曲正割型脉冲强度自相关波形的半高宽与脉冲宽度的比值为 1.543. 其他几个典型的波形的脉冲的强度相关和反卷积因子列在表 8.1-1 中.

表 8.1-1　典型的脉冲和光谱形状及其对应的强度和条纹可分辨的自相关函数[1]

时域场强	频域场强	时间带宽积	自相关函数	反卷积因子	包络函数
$\left\|A(t)\right\|^2$	$\left\|\tilde{A}(\omega)\right\|^2$	$\tau_\mathrm{p}\Delta\nu$	$A(\tau)$	$\tau_\mathrm{ac}/\tau_\mathrm{p}$	$S_2(\tau) - [1 + 3A(\tau)]$
e^{-t^2}	$\mathrm{e}^{-\omega^2}$	0.441	$\mathrm{e}^{-\tau^2/2}$	1.414	$\pm \mathrm{e}^{-(3/8)\tau^2}$
$\mathrm{sech}^2(t)$	$\mathrm{sech}^2(\pi\omega/2)$	0.315	$\dfrac{3(\tau\,\mathrm{ch}\tau - \mathrm{sh}\tau)}{\mathrm{sh}^3\tau}$	1.543	$\pm\dfrac{3(\mathrm{sh}\,2\tau - 2\tau)}{\mathrm{sh}^3\tau}$
$\left[\mathrm{e}^{-(t-A)} + \mathrm{e}^{+(t+A)}\right]^{-1}$ $A = 1/4$	$\dfrac{1 + 1/\sqrt{2}}{\mathrm{ch}(15\pi\omega/16) + 1/\sqrt{2}}$	0.306	$\dfrac{1}{\mathrm{ch}^3\dfrac{8}{15}\tau}$	1.544	$\pm 4\left(\dfrac{\mathrm{ch}4\tau/15}{\mathrm{ch}^3 8\tau/15}\right)^3$
$\left[\mathrm{e}^{-(t-A)} + \mathrm{e}^{+(t+A)}\right]^{-1}$ $A = 3/4$	$\mathrm{sech}\left(\dfrac{2\pi}{4}\omega\right)$	0.278	$\dfrac{3\mathrm{sh}4x - 8\tau}{4\mathrm{sh}^3\dfrac{4}{3}\tau}$	1.549	$\pm Q(\tau)$
$\left[\mathrm{e}^{-(t-A)} + \mathrm{e}^{+(t+A)}\right]^{-1}$ $A = 1/2$	$\dfrac{1 - 1/\sqrt{2}}{\mathrm{ch}(7\pi\omega/16) - 1/\sqrt{2}}$	0.221	$\dfrac{2\mathrm{ch}4y + 3}{5\mathrm{ch}^3 2y}$	1.570	$\pm 4\dfrac{\mathrm{ch}^3 y(6\mathrm{ch}2y - 1)}{5\mathrm{ch}^3 2y}$

注: 其中 τ_ac 是脉冲强度相关的半高宽, τ_p 是脉冲强度的半高宽, 表中 $x = 2\tau/3$, $y = 4\tau/7$, 最后一列中的 $Q = \pm 4\left[\tau\mathrm{ch}2\tau - \dfrac{3}{2}\mathrm{ch}^2 x\mathrm{sh}x(2 - \mathrm{ch}2x)\right] \Big/ [\mathrm{sh}^3 2x]$.

强度自相关图形只能得到脉冲波形的自相关宽度信息. 如果脉冲波未知, 相位不是常数, 难以从强度相关获得脉冲的波形和相位信息. 那么, 相干条纹分辨的脉冲是否能给出相位信息呢?

对于双曲正割型脉冲, 式 (8.1-3) 即倍频自相关信号 $S_2(\tau)$ 的积分可以解析地得出来

$$S_2(\tau) = 1 + 2A(\tau) + A(\tau)\cos 2\omega\tau + Q(\tau)\cos\omega\tau \tag{8.1-10}$$

$$A(\tau) = \frac{3\left[\tau\,\mathrm{ch}(\tau) - \mathrm{sh}(\tau)\right]}{\mathrm{sh}^3(\tau)} \tag{8.1-11}$$

$$Q(\tau) = \frac{3\left[\mathrm{sh}(2\tau) - 2\tau\right]}{\mathrm{sh}^3(\tau)} \tag{8.1-12}$$

$S_2(\tau)$ 就是条纹分辨的自相关波形.

自相关信号的包络线有上 $(+)$ 下 $(-)$ 两条, 可一并表示为

$$S_2(\tau) = 1 + 2A(\tau) + A(\tau) \pm Q(\tau) \qquad (8.1\text{-}13)$$

下面来看看自相关曲线有什么特征. 仍设 $A_1(t) = A_2(t) = A_0(t)$, 在相关图形的中心, 即当 $\tau = 0$ 时

$$A(0) = 6 \int_{-\infty}^{\infty} A_0^4(t)\mathrm{d}t \qquad (8.1\text{-}14)$$

而当 $\tau = \infty$, 即延迟远大于脉冲宽度时, 交叉项消失.

$$A(\infty) = 2 \int_{-\infty}^{\infty} A_0^4(t)\mathrm{d}t \qquad (8.1\text{-}15)$$

这是背景信号的强度. 事实上, $A(\tau)$ 正是强度相关信号, 具有信号强度与背景之比 $A(0)/A(\infty) = 3{:}1$, 所以称为有背景的强度自相关. 当所有项的信号都被记录下来时, 相干增强信号在延迟 $\tau = 0$ 时的最大值为

$$S(0) = 16 \int_{-\infty}^{\infty} A_0^4(t)\mathrm{d}t$$

即信号与背景之比 $A(0)/A(\infty) = 8{:}1$. 这就是干涉条纹可分辨的自相关图像的特征, 与脉冲的形状无关. 任何波形的自相关图形都是对称的, 处于中心的必然是一个最大值. 每个条纹对应的时间宽度为光脉冲中心波长的一个光学周期 $T = \lambda_c/c$. 对于中心波长为 800nm 的脉冲, 每个条纹的时间间隔是 2.67fs. 图 8.1-2 是脉宽为 10fs 的条纹分辨自相关图形. 需要注意的是, 其反卷积因子, 即相关条纹的半高宽与脉宽之比是 1.89, 不是强度相关的 1.54. 对于高斯型脉冲, 条纹分辨的相关曲线的反卷积因子是 1.7, 而不是强度相关的反卷积因子 1.41.

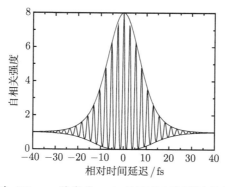

图 8.1-2 中心波长为 800nm、脉宽为 10fs 的双曲正割脉冲的条纹分辨自相关图形

相关宽度到脉冲宽度的反卷积因子是 1.89

在有啁啾的情况下, 设入射脉冲是单位光强的高斯型

$$A_1^2(t) = A_2^2(t) = \exp\{-2(1 + \mathrm{i}a)(t/\tau_\mathrm{p})^2\} \tag{8.1-16}$$

其中, a 是啁啾参数. 按照式 (8.1-6), 其自相关曲线中的各项是

$$A(\tau) = \exp\{-(\tau/\tau_\mathrm{p})^2/2\} \tag{8.1-17}$$

$$C(\tau) = \exp\left\{-(1 + a^2)\left(\frac{\tau}{\tau_\mathrm{p}}\right)^2\right\} \tag{8.1-18}$$

$$Q(\tau) = \exp\left\{-\frac{a^2 + 3}{8}\left(\frac{\tau}{\tau_\mathrm{p}}\right)^2\right\}\cos\left[\frac{a}{2}\left(\frac{\tau}{\tau_\mathrm{p}}\right)^2\right] \tag{8.1-19}$$

图 8.1-3 是一个高斯型脉冲对于不同的啁啾参数 a 所获得的相干自相关波形的包络. 显然, 对含有啁啾的脉冲, 相干自相关波形在靠近中心的两翼部分隆起, 偏离 8:1 的比例. 这是由于脉冲的线性啁啾导致脉冲前后沿的各个部分的瞬时频率不同, 在相关曲线的两翼, 即当一个脉冲前沿与另一个脉冲的后沿重合时, 两个脉冲不满足相干条件, 因此没有相干条纹, 极大值与两翼的比例偏离 8:1, 但是极大值与远端背景的比保持不变, 仍为 8:1. 图 8.1-3 还显示, 有啁啾的情况的相关图形比无啁啾的看起来还要窄些. 因此, 在有啁啾的情况下, 不能简单地从条纹分辨的相关图形推算脉冲宽度.

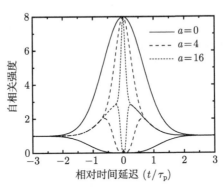

图 8.1-3   高斯型脉冲对于不同的啁啾参数 a 所获得的相干自相关波形的包络

一般来说, 脉冲的光谱或波形并不一定是高斯型或双曲正割型脉冲, 还有其他一些如非对称的但可以用函数描述的形状, 列在表 8.1-1 中.

以上分析表明, 条纹分辨的自相关可以揭示脉冲中相位的信息. 但是, 这个信息仍然不是唯一的, 不同的波形和不同的相位仍然可以给出系统的条纹相关图形, 说明一维的时间相关不能给出脉冲的全部信息. 对于非常宽的脉冲光谱往往非常不规则, 仅从脉冲自相关波形不能判断脉冲的宽度, 需要从测量的脉冲光谱乘以测得的相位函数作傅里叶变换, 得到脉冲的时域形式, 从而计算出脉冲的宽度.

8.1.3 三阶非线性非对称脉冲的测量

无论脉冲的形状如何, 二阶自相关只能测量出对称的曲线. 利用三阶非线性效应可以测量脉冲的非对称形状. 三阶非线性自相关采用非平衡的干涉仪获取脉冲的三阶自相关曲线, 可以利用衰减器或具有不同反射比的分束片改变干涉仪一臂的光强, 设 I_1 的光强衰减系数为 α, 则三阶自相关的公式可以用下式描述:

$$S_3(\tau) = \int_{-\infty}^{+\infty} [\alpha^3 I_1(t)^3 + 9\alpha^2 I_1(t)^2 I_2(t+\tau) + 9\alpha I_1(t) I_2(t+\tau)^2 + I_2(t+\tau)^3] \mathrm{d}t$$

(8.1-20)

当 $\alpha \ll 1$ 时, 式 (8.1-20) 积分中前两项可以忽略, 而第四项成为了背景项. 因此, 三阶相关主要由第三项决定, 第三项中 I_1、I_2 的非对称性决定了三阶相关可以反映脉冲的非对称性.

三阶相关的光路与二阶相关基本相同, 只是在干涉仪的一臂中增加了衰减器, 或者将分束器的分束比改变, 使干涉仪的两臂产生不等的光强. 对于中心波长为 $1.5\mu m$ 的超短脉冲的二阶相关测量可以使用硅光电二极管, 而三阶相关需要使用 GaAsP 光电二极管.

图 8.1-4 示出了 $\alpha = 0.04$ 的三阶相关和二阶相关的测量曲线. 从图中可以看出, 二阶自相关测量的结果是对称的, 不能区分出脉冲的对称性, 而三阶自相关得到了非对称的相关曲线, 可以清楚地判别出脉冲的非对称性.

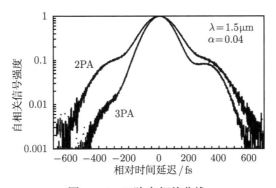

图 8.1-4 三阶自相关曲线

8.1.4 自相关仪

对于高重复频率的脉冲, 自相关信号可以很容易用自相关仪测得. 图 8.1-2 是一个典型的条纹分辨的自相关仪结构图. 与图 8.1-1 不同的是, 脉冲分光后, 不是被平面镜直接反射, 而是通过一个直角反射镜, 或角锥棱镜将光束位移后再会聚. 这样做的目的是防止光通过分束板直接返回激光器, 干扰激光器的锁模.

光束重合后的光被聚焦到倍频晶体上. 倍频信号被光电倍增管或带放大器的光二极管接收. 当光束的一臂扫描时, 示波器上可以看到与图 8.1-2 类似的相关曲线. 分束板一面镀半透半反膜, 一面镀增透膜. 为了保证干涉条纹可分辨的自相关图像对称性, 分束板的半透半反膜应该对来回的光线对称使用 (图 8.1-5), 以使两束光在分束板中走过的光程相等. 如果不能做到这点, 可在一臂加入补偿片, 否则, 自相关图形的干涉条纹将不是中间最大, 或不对称. 为了测量 10fs 量级的脉冲, 分束板应该越薄越好 (例如 500μm), 而且应该略有楔角, 防止法布里–珀罗效应. 为了保证足够多的取样数据和图形的质量, 扫描速率应该在 5~20Hz, 对于放大后的脉冲的测量, 如 1kHz 重复频率的放大脉冲, 由于单位时间内脉冲数目减少, 扫描速率应在 1Hz 以下, 并应有同步触发取样装置. 扫描器最好选用带位移传感器的压电陶瓷, 以保持较好的线性度. 为了节省成本, 可用低音喇叭代替. 压电陶瓷的行程一般只有几十微米. 低音喇叭的行程也在亚毫米量级, 不能测量几百飞秒至皮秒量级的脉冲. 可用长程步进电机作为扫描器, 但是对宽脉冲来说, 强度相关足以估计脉冲宽度, 获取条纹分辨相关曲线的意义不大.

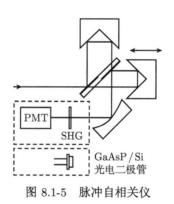

图 8.1-5   脉冲自相关仪

PMT 是光电倍增管, SHG 是倍频晶体. 相关信号可以通过倍频信号测量, 也可以用光电二极管中半导体的双光子吸收产生的光电流获得

相关信号的接收, 除了倍频晶体产生的倍频光, 可以利用双光子吸收效应, 直接用光电二极管接收而不通过倍频晶体. 例如, GaAsP 光电二极管对 600nm 以下的光比较灵敏, 而对 600nm 以上的光没有反应. 因此将波长为 800nm 的飞秒量级的脉冲入射到 GaAsP 光电二极管上, 足以导致其产生双光子吸收, 使其产生光电流. 把这个电流信号通过适当的电阻转换成电压信号, 可在示波器上看到相关条纹. 对于波长在 1~1.6μm 的飞秒脉冲, 可以用硅光电二极管作为非线性吸收元件. 如果以适当角度分开两束入射光, 并使它们相交于光电二极管上, 也可以获得强度相关信号. 这样的相关仪不用倍频晶体和光电倍增管, 也省去了倍频晶体角度调谐的麻

烦, 正越来越多地用在商品化的相关仪上.

8.1.5 单脉冲脉宽测量

并不是所有飞秒脉冲激光器都能提供高重复频率的脉冲列, 特别是放大后的脉冲, 重复频率可能是 1000Hz, 10Hz, 1Hz, 甚至更低. 记录这样的脉冲相关信号不仅费时, 而且随着重复频率降低, 脉冲之间的起伏会给相关图形的记录造成误差. 所以单脉冲自相关仪对于测量低重复频率的脉冲是非常必要的. 单脉冲自相关仪最早是为了测量皮秒脉冲而产生的. 两束脉冲相向射入染料盒中, 染料的双光子荧光效应在空间给出相关强度分布, 用摄像的方法记录并用灰度仪描述出这个分布. 由于飞秒脉冲的峰值功率较高而可以利用晶体的二阶非线性效应, 所以现在除了紫外飞秒脉冲的测量, 多用倍频晶体测量单脉冲的自相关.

图 8.1-6 所示是单脉冲相关器原理. 两束有一定宽度的光束在非线性晶体中以 2Φ 的角度相交, 沿角平分线方向出射的是倍频光. 假定倍频光的光束的空间宽度 w_0 远远大于脉冲宽度 $v_g\tau$, 其中 v_g 是光在晶体中的群速度, 则倍频光的空间分布与脉冲的强度相关函数成正比

$$\Delta w = \frac{\tau_p v_g}{\sin\Phi} \tag{8.1-21}$$

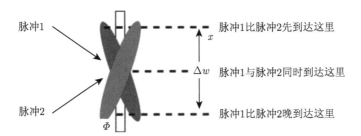

图 8.1-6 单脉冲相关器原理

为了得到较强的倍频信号, 还可以用柱面镜将光束在竖直方向压缩. 接收器可以是一个线性 CCD 器件. 设入射脉冲在时间域是高斯分布的, 则在倍频晶体后面的倍频光也是高斯型

$$A_{\mathrm{SHG}}(t) \propto \exp\left[-2\left(\frac{t^2}{\tau_p^2} + \frac{x^2\sin^2\Phi}{v_g\tau_p}\right)\right]\left(1 + \mathrm{i}\frac{a}{2}\right) \tag{8.1-22}$$

此式说明, 倍频光的空间分布确实是一个强度自相关函数. 在实践中确定相关宽度时, 由于角度 Φ 不容易精确测定, 常常用位移定标法测量脉宽, 即移动一臂一定距离 (如几十微米), 换算出时间延迟, 同时观察脉冲波形的某个特征点 (如峰值) 在接收器 (和示波器) 上的移动, 计算出示波器的刻度与时间延迟的关系.

虽然自相关测量已经成为广泛应用的脉冲测量的标准方法, 但在自制和使用中仍然需要注意以下问题:

(1) 晶体的色散必须小到可以忽略, 或者不致使待测脉冲畸变, 或者晶体中的相位匹配带宽必须足够充分. 因此, 必须使用非常薄的晶体 ($< 100\mu m$, 详见第 11 章).

(2) 必须保持较小的转换效率, 以防倍频效应的 "倒空" 使测量结果畸变.

(3) 在单脉冲测量中, 光束强度应该与横向尺度无关. 在共线的相关器中, 必须保证在扫描时光束的严格重合.

8.2　飞秒脉冲的相位测量: FROG 法

用自相关法, 我们已经可以获得脉冲的宽度, 以及若干相位调制或啁啾的信息; 用一个简单的光谱仪, 我们也可以知道脉冲的光谱形状和宽度. 至于这个脉冲是不是变换极限脉冲, 可以从它的时间带宽积来判断. 这对于一般的应用也就够了, 但是, 要深入全面了解脉冲的特征, 还应该知道脉冲的相位. 研究表明, 无论是强度自相关曲线, 还是条纹分辨的自相关曲线, 在电场中都没有唯一的对应性. 电场迥异的波形, 可能表现为相同的自相关曲线. 此外, 在由自相关的宽度反过来推算脉冲宽度时, 必须假定脉冲的形状, 或高斯型, 或双曲正割型. 而实际的脉冲形状要复杂得多. 例如, 双曲正割型脉冲的光谱也应该是双曲正割型, 而实验上测量得到的光谱, 特别是对 10fs 以下的脉冲, 光谱形状很难说是双曲正割型. 我们需要作傅里叶变换, 以得到它的脉冲电场波形, 并与测得的二阶相关波形做比较. 可是, 正如我们所知道的那样, 脉冲的宽度不仅取决于它的光谱, 而且取决于它的相位. 要作傅里叶变换, 就要知道脉冲电场的强度和相位, 或脉冲电场的实部和虚部. 若假设虚部为零或为常数, 显然已经假设了脉冲是变换受限脉冲, 常常与实际情况不符. 在一定要知道脉冲电场形状和相位的情况下, 单用自相关法是不可靠的, 必须用其他方法测量脉冲的相位. 测量脉冲相位的方法很多, 常用的有频率分辨光学开关 (FROG) 法和自参考光谱相干电场重建 (SPIDER) 法.

8.2.1　高阶非线性相关 FROG 法

如上所述, 利用二阶非线性效应所得到的自相关信号都是对称的, 不含有脉冲的相位信息. 而利用三阶非线性效应获得的自相关信号却正比于脉冲的波形[2,3]

$$A(t, \tau) \propto A_s(t) g(t - \tau) \tag{8.2-1}$$

其中, 在介质的非线性响应近似瞬时的情况下, $|A(t - \tau)|^2$ 可以看成一个开关信号

$$g(t - \tau) = |A(t - \tau)|^2 \tag{8.2-2}$$

例如, 利用克尔效应的克尔开关. 这样穿过克尔开关的信号就与脉冲本身的强度成正比. 石田垄三等证明[4], 利用串联在一起的相关器和光谱仪可以抽取脉冲波形以及相位信息. Trebino 提出的频率分辨光学开关[5] (frequency resolved optical gating, FROG) 法, 用克尔开关取代了二阶非线性自相关器. 它的装置如图 8.2-1 所示, 被测脉冲先被分成两束, 一束较强, 作为开关的泵浦光; 另一束较弱, 作为信号光. 泵浦光的偏振面被旋转了 45°. 两束光均应有一定空间宽度 (几毫米). 同时, 两束光之间成一定角度, 这个角度决定最后结果的时间分辨率 (见图 8.1-6). 信号光通过一个简单的偏振光检测器, 即两个偏振方向相互垂直的偏振片 (棱镜). 两个偏振片中间放有一个非线性介质和聚焦透镜 (柱面镜). 非线性介质可以是一个很薄的石英玻璃片. 泵浦光与信号光被聚焦后在石英玻璃片上, 并在时间和空间上重合. 当没有泵浦光时, 因为两个偏振片的偏振方向互相垂直, 透过第一个偏振片的信号光不能透过第二个偏振片. 而当泵浦光打开时, 泵浦光对于石英片的非线性作用调制了石英片的折射率, 从而使信号光的偏振发生偏转, 而有部分信号通过第二个偏振片. 透过克尔开关的信号光又被一个光栅衍射. 由于泵浦光与信号光之间成一个角度, 所以这个光快门对信号光在空间开启的时间是不一样的 (如图 8.1-6). 结果, 透射光经过光栅后的光向两个方向展开: 横向代表了时间, 纵向是光栅衍射形成的频率, 所以光栅衍射的一级信号是一个频率对于延迟时间的二维函数:

$$I_{\mathrm{FROG}}(\tau,\omega) = \left| \int_{-\infty}^{\infty} A(t)g(t-\tau)\mathrm{e}^{-\mathrm{i}\omega t}\mathrm{d}t \right|^2 \tag{8.2-3}$$

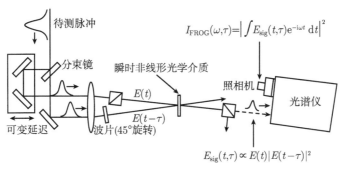

图 8.2-1　频率分辨光学开关法测量相位的装置[2]

图 8.2-2 展示了三种情况下的 FROG 行迹图, 即上啁啾、无啁啾, 以及下啁啾. 从 FROG 行迹图中可以看出它们的明显区别. 它们都是椭圆 (时间与频率的二阶函数), 只不过斜率不一样. 无啁啾的行迹是一条直线, 这些都是线性啁啾的例子. 非线性啁啾要复杂得多. 例如, 图 8.2-3 所示的 FROG 图, 被测脉冲含有很强自相位调制. 图的横坐标是时间, 纵坐标是以脉冲宽度的倒数为单位的扫描频率. 它可

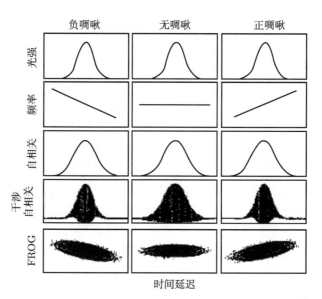

图 8.2-2　FROG 行迹图: 负啁啾、无啁啾, 以及正啁啾[2]

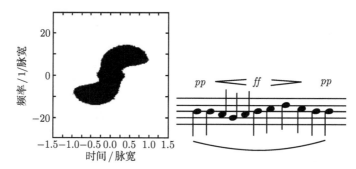

图 8.2-3　含有很强自相位调制的脉冲的 FROG 行迹与乐谱的相似性示意图[2]

以与乐谱来比较, 即频率对于时间延迟而高低跳跃. 只不过乐谱的频率是音频 (数千赫兹), 而 FROG 图则是亚 PHz. 但是, 如何从测量得出的信号获得脉冲电场和相位信息呢? 这就要采用一个所谓脉冲重建 (reconstruction) 程序. 对式 (8.2-1) 的积分正比于脉冲电场本身:

$$A(t) \propto \int_{-\infty}^{\infty} E_{\mathrm{s}}(t,\tau)g(t-\tau)\mathrm{d}\tau \tag{8.2-4}$$

如果定义 $A_{\mathrm{s}}(t,\tau)$ 的傅里叶变换为

$$A(t,\omega) = \frac{1}{2\pi}\int_{-\infty}^{\infty} A_{\mathrm{s}}(t,\tau)\mathrm{e}^{-\mathrm{i}\omega\tau}\mathrm{d}\tau \tag{8.2-5}$$

那么自相关信号可以重新定义为

$$I_{\mathrm{FROG}}(t,\omega) = \left| \int_{-\infty}^{\infty} \mathrm{d}t \int_{-\infty}^{\infty} \tilde{A}(t,\omega') \mathrm{e}^{-\mathrm{i}\omega' t + \mathrm{i}\omega t} \mathrm{d}\omega' \right|^2 \tag{8.2-6}$$

这样, 问题就变为从测量得的 $A_{\mathrm{FROG}}(t,\omega)$ 获取电场信号 $\tilde{A}(t,\omega)$ 的两维 (t,ω) 相位再建问题, 即假定一个电场波形与相位 $E(t,\tau)$, 作傅里叶变换得到 $\tilde{E}(t,\omega)$, 与测得的信号 $\sqrt{E_{\mathrm{FROG}}(t,\omega)}$ 比较, 如果不符合, 再修改电场函数, 再比较, 直到电场与信号足够接近为止. 这个程序流程可以参见图 8.2-4. 目前已有商品化计算程序销售.

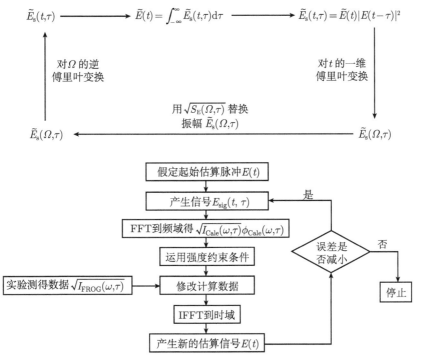

图 8.2-4　FROG 行迹计算程序示意图和流程图[2]

　　因为克尔开关是利用三阶非线性, 泵浦脉冲需要较高的能量和功率, 这就限制了它对于从谐振腔直接出来的光的测量; 另外, 计算复杂, 花费时间较多, 有时会导致计算结果不收敛, 难于作为实时测量工具. 由于计算机运算速度的提高, FROG 计算的相位显示速度已经提高到每秒 5 帧以上.

8.2.2　SHG-FROG 法

　　8.2.1 节介绍的 FROG 法是利用三阶非线性. 为了降低所需脉冲能量, 人们又开发出了利用二阶非线性效应的二倍频频率分辨光学开关法 (SHG-FROG 法)[6].

和三阶非线性 FROG 法一样, 入射光先被分为相等的两部分, 然后再射入倍频晶体. SHG-FROG 信号场的包络是

$$A_{\text{sig}}(t, \tau) \propto A(t)A(t - \tau) \tag{8.2-7}$$

这个信号再通过一个光谱仪被 CCD 所接收, 并由此得出一个 FROG 信号

$$I_{\text{FROG}}(\omega, \tau) = \left| \int_{-\infty}^{\infty} A_{\text{sig}}(t, \tau) e^{\mathrm{i}\omega t} \mathrm{d}t \right|^2 = |A_{\text{sig}}(\omega, \tau)|^2 \tag{8.2-8}$$

FROG 信号 $I_{\text{FROG}}(\omega, \tau)$ 是频率和延迟的正函数. 由实验获得的函数通过数值计算, 可以确定复电场的完整表达式, 即振幅和相位. 注意到式 (8.2-7) 对于时间延迟是一个不变量, 即 SHG-FROG 行迹是时间延迟的对称函数: $I_{\text{FROG}}(\omega, \tau) = I_{\text{FROG}}(\omega, -\tau)$. 这就导致了重建后的电场对于时间的两种可能的解释, 即分不清啁啾是正还是负. 这是 SHG-FROG 的主要缺点. 为了更清楚地了解这一点, 下面来看看含有啁啾的高斯型脉冲的 FROG 的行迹. 高斯型脉冲可以写为

$$A(t) = \exp\{-at^2 + \mathrm{i}bt\} \tag{8.2-9}$$

其 SHG-FROG 信号是

$$I_{\text{FROG}}(\omega, \tau) = \exp\left\{ \frac{-4(a^3 + ab^2)\tau^2 - a\omega^2}{4(a^2 + b^2)} \right\} \tag{8.2-10}$$

这样的一个 SHG-FROG 行迹是一个无倾斜的椭圆, 它不依赖于啁啾系数 b 的符号. 即 SHG-FROG 行迹对于正的和负的线性啁啾是一样的. 而在三阶 FROG 行迹中, 含有正和负的线性啁啾的脉冲分别给出正和负斜率的倾斜的椭圆, 它们非常容易辨别. 所以, SHG-FROG 一般不能分辨脉冲本身及其共轭, 人们必须用其他方法来确定啁啾的符号.

需要注意的是, 以上现象仅对对称的相位畸变函数起作用. 对于频率漂移 (时间域线性相位), 或时域的三阶相位畸变, 从 SHG-FROG 行迹是可以分辨出来的. 然而, 在频域, 所有阶的相位畸变都无法分辨它们的正负号. 实际上, 这个不确定性并不是那么严重. 我们大都事先知道脉冲啁啾的性质, 这可以帮助我们确定它的符号. 例如, 脉冲通过一块玻璃会获得正啁啾, 我们可以让脉冲通过一块已知的玻璃来确定相位畸变的方向. 或者反过来, 求得介质的色散, 测量精度可达 6%. FROG 对于啁啾脉冲放大的意义是, 它可以判断放大器的四阶色散, 因为二阶和三阶色散的补偿完全可以用自相关法来判断. FROG 图形也可以很清楚地显示二阶与三阶色散完全补偿的情况, 而无须计算. 四阶色散则不容易判断. 实际上, 把测量得出的 FROG 与图 8.2-5 比较, 至少可以从群延迟曲线的方向判断材料色散的多少, 以适当调整材料长度或腔内往返次数, 或者调整展宽器来消除四阶色散.

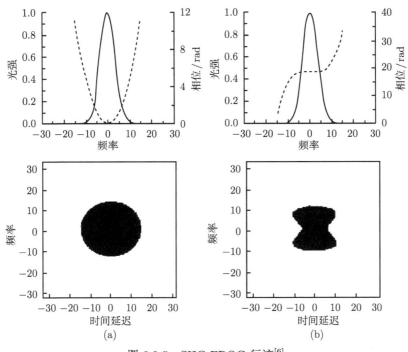

图 8.2-5 SHG-FROG 行迹[6]

(a) 仅有二阶啁啾; (b) 仅有三阶啁啾

8.2.3 低功率时 FROG 的应用

FROG 本来是用在单一脉冲测量的, 一般需要较强的光 (每个脉冲数微焦耳). 但是很多场合被测光很弱, 如直接从振荡器发出的光, 只有几个纳焦, 单次测量是不现实的. 在这种情况下, 可以用扫描法, 即对每个时间延迟, 测量记录光谱的分布, 从而合成一个矩阵, 也就是 FROG 图形, 这样就可以直接运用其算法了. 这样做比较麻烦, 花费时间很长, 但由于振荡器发出的光一般比较稳定, 误差不会很大.

8.2.4 简化版 FROG-GRENOUILLE

FROG 的要素是分束、延迟扫描装置和光谱仪. 分束和扫描使系统有些复杂, 光谱仪则相对更贵一些, 有没有办法更加简化一些, 大胆地去掉扫描和光谱仪呢? R. Trebino 发明了一种更加简化的 FROG, 命名为 GRENOUILLE: GRating-Eliminated No-nonsense Observation of Ultrafast Incident Laser Light E-fields, 即超快入射光场的无光栅、无无意义观测法 (图 8.2-6). 这个名字有点长, 是为了对应英语中 FROG——青蛙, 而取义法语 GRENOUILLE, 即 "青蛙".

首先考虑分束和扫描. 这里我们完全可以借鉴单次自相关的结构, 用 Fresnel 双棱镜的方法将脉冲的波面分割, 然后聚焦在非线性晶体上. 这样, 沿 x 轴就对应于时间延迟, 将时间延迟转换为空间分布, 如图 8.2-7 所示.

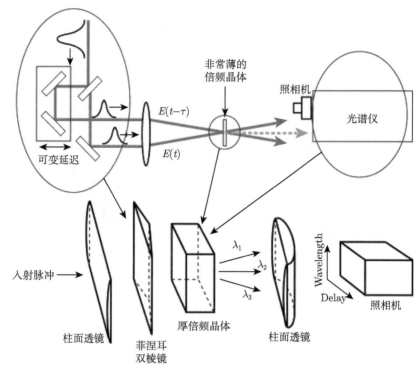

图 8.2-6 FROG 简化原理图

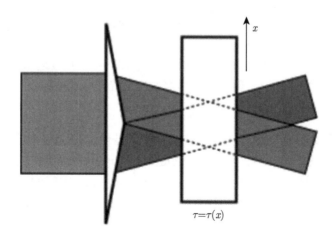

图 8.2-7 Fresnel 双棱镜分波面合束原理

其次, 考虑替代光谱仪的分光元件. 基频光在晶体中需要满足相位匹配条件才能产生较强的倍频光. 当宽带脉冲以大角分布入射到晶体上 (如短焦距透镜), 在 y 轴方向, 入射光中各个波长分量按不同角度满足相位匹配条件. 当晶体很薄 (数十微米) 时, 由于晶体厚度造成的群速失配较小, 不同波长在很大角度范围内都能满足相位匹配条件, 因此倍频中各个波长分量几乎重合; 而在较厚的晶体 (5mm 以上) 场合, 晶体厚度导致的群速色散变得非常严重, 每个光谱分量只有在非常小的角度内才能满足相位匹配条件, 因此倍频光中各波长分量只在一个确定的角度才能有倍频效应, 且倍频波长的带宽满足第 9 章中介绍的由群速失配导致的频率变换带宽. 于是倍频光就在空间按波长分开, 形成类似光栅的效应, 如图 8.2-8 所示. 因此, 我们就有机会将厚晶体当成分光光栅, 而用简单的 CCD 摄像机记录光谱的空间分布, 如同光谱仪.

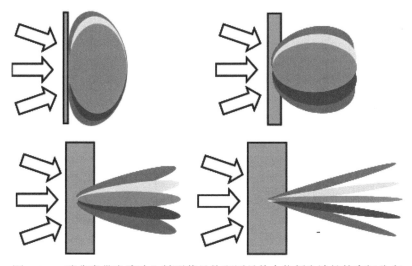

图 8.2-8　聚焦宽带光脉冲入射到薄晶体和厚晶体中倍频光波长的空间分布

这样, 分光扫描延迟和光谱仪就都可以用简单的 Fresnel 双棱镜和厚倍频晶体代替, 而形成非常小巧而功能强大的脉冲相位测量装置, 如图 8.2-9 所示.

关于晶体厚度的选择, 为了保证空间分光的实现, 晶体中倍频光与基频光之间的群延迟失配 GVM

$$\text{GVM} = \frac{1}{v_\text{g}(\lambda/2)} - \frac{1}{v_\text{g}(\lambda)}$$

必须足够大, 即晶体的长度要足够大

$$L \times \text{GVM} \gg \tau_\text{p}$$

另一方面, 为了使基频脉冲在晶体中传播时不至于因为晶体太厚而展宽太多, 晶体内传播的基频光的群速色散 GVD

$$\mathrm{GVD} = \frac{1}{v_{\mathrm{g}}(\lambda - \delta\lambda/2)} - \frac{1}{v_{\mathrm{g}}(\lambda + \delta\lambda/2)}$$

又必须足够小, 即晶体的长度必须足够小.

$$L \times \mathrm{GVD} \ll \tau_{\mathrm{p}}$$

这两个矛盾的条件其实也容易满足, 因为毕竟基频与倍频之间的群速失配要远大于脉冲所含的带宽 $\delta\lambda$. 即使如此, 晶体的长度仍然受到 $\delta\lambda$ 的限制. 图 8.2-10 显示了 BBO 晶体中不同中心波长的脉冲对于不同晶体长度允许的脉冲带宽.

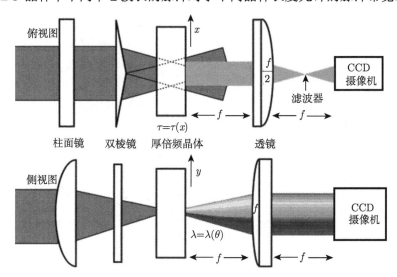

图 8.2-9　简化版 FROG 俯视图和侧视图

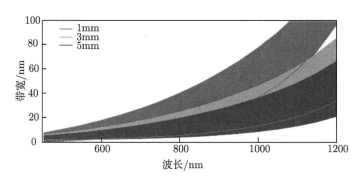

图 8.2-10　不同厚度的 BBO 晶体中带宽区间

8.3　飞秒脉冲相位的测量: SPIDER 法

FROG 法测量超短脉冲的相位已经被广泛采用和认可, 但 FROG 法也存在一些不足. 它是一种利用图形比较的算法, 需要多次叠代才可以找到与测量的图形相近的解. 也正是因为它是图形比较, 计算结果对待测光束的质量和散射光的噪声比较敏感. 最后, FROG 法只能测量 20fs 以上的脉冲.

为了避免 FROG 的缺点, 实现快速和对周期量级脉冲的测量, Walmsley 提出了一种直接测量脉冲位相的方法 —— 自参考相干电场重建法 (Self-referencing Spectral Phase Interferometry for Direct Electric Field Reconstruction: SPIDER)[10]. 因为是直接对光谱相干的干涉条纹做傅里叶变换, 不需要迭代, 可实现实时测量; 而且其灵敏度高, 可以直接测量未经放大的脉冲单脉冲, 所以一出现就引起了人们的重视.

8.3.1　空间相干与时间相干

测量相位的最简单的方法恐怕就是相干法. 条纹分辨的自相关是一种时域干涉法. 我们已经看到, 自相关法不能测量脉冲的相位, 因此这里引入光谱相干法.

在类似杨氏双缝干涉的装置中, 波长相同的两束单色光, 例如, k_1, k_2 在 xy 平面按不同的方向传播, 混合后在屏幕上产生简单的正弦调制的干涉条纹. 条纹的周期是 $\Delta = 2\pi/|k_1 \cdot x - k_2 \cdot x|$. 两束光之间相位差表现为干涉条纹沿 x 方向的移动, 而两束光的任何空间相位的偏移 (如双缝之间距离的变化) 反映为条纹间距的变化. 傍轴传播的光场的时间与空间的相似性提示我们, 是不是可以用干涉法测量脉冲的相位, 即用时间 t 来代替 k_x, ω 代替 x. 这样, 两个不同时间 t 和 $t+\tau$ 到达一点的脉冲会在合成的光谱上产生干涉条纹. 条纹的频率间隔与延迟 τ 成反比, 即 $2\pi/\tau$ (图 8.3-1). 两个脉冲间的任何光谱相位的变化将会表现为条纹间距的变化. 这个概念叫光谱相干 (spectral interferometry, SI), 由法国人 C. Froehly[7] 在 20 世纪 70 年代初提出.

8.3.2　参考光与信号光的相干

验证这一概念的实验是用一个未知脉冲, 与一已知的参考脉冲比较, 来测量未知脉冲的相位. 未知脉冲与参考脉冲通过分束器合成一束入射到光谱仪中, 并设法使它们之间有一个固定的时间差. 于是干涉条纹就是光谱调谐分量 ω 的函数, 写为

$$S(\omega,\tau) = |\tilde{A}_{\text{ref}}(\omega)|^2 + |\tilde{A}_{\text{test}}(\omega)|^2 + |\tilde{A}_{\text{ref}}(\omega)||\tilde{A}_{\text{test}}(\omega)| \cos[\varphi_{\text{ref}}(\omega) - \varphi_{\text{test}}(\omega) + \omega\tau]$$

$$(8.3\text{-}1)$$

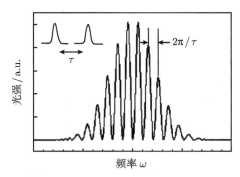

图 8.3-1　两个在时域具有时间延迟 τ 的脉冲在频域的相干图形

条纹的间隔与脉冲之间的时间延迟成反比[7]

其中, $\tilde{A}_{\text{test}}(\omega)$ 和 $\tilde{A}_{\text{ref}}(\omega)$ 分别是输入和参考光的光谱, τ 是两个脉冲之间的时间延迟. 式 (8.3-1) 也告诉我们, 如果两个相位相等, 则相位项消失, 条纹间隔只反映两个脉冲的时间差, 而不含有任何脉冲相位的信息.

接下来是记录光谱仪输出的相对于不同频率的 N 个数据. 为了保证分辨精度, 应满足奈奎斯特采样定律. 然后用两次傅里叶变换求出各个频率点两个脉冲之间的相位差 $\theta(\omega) = \varphi_{\text{ref}}(\omega) - \varphi_{\text{test}}(\omega)$. 如果时间延迟 τ 长于脉冲宽度, 则余弦函数在第一次变换后在时间域给出两个清楚的交流分量, 其与主脉冲之间的距离分别为 τ (图 8.3-1). 用数字滤波器只取某一个交流成分, 再作傅里叶变换, 则可求得两个脉冲之间的相位差. 这个运算过程在普通的计算机上只需要几毫秒时间. 最后还要把参考脉冲的相位减掉, 就得到要求的脉冲相位. 不足之处在于, 参考脉冲的相位还得用另外的方法求出.

8.3.3　信号光的自参考相干

如果不知道参考脉冲的相位, 能不能用光谱相干法呢? 因此提出所谓自参考相干法, 即用被测光自己的相位来标定相位. 这里有两种方法可以借鉴, 即快速检测器自参考相干法和慢速检测器自参考相干法.

快速检测器自参考相干法最早是 Rothenberg[8] 等提出的. 他们在干涉仪的其中一臂用法布里–珀罗干涉仪抽取一个近似单色光的脉冲, 实际上是人为合成一个已知脉冲, 然后与被测脉冲相干. 当然, 由于这样做成的参考光是单色光, 所以不能在光谱仪上得出相干条纹来抽取任何有用信息. 事实上, 这样的信息包含在当两个脉冲在时间上重合时的时间域内的干涉条纹中. 要记录这个信息, 需要快速反应的光探测器. 这样快的探测器当然在目前的技术下是难以找到的, 因此他们借用了交叉相关法, 即把两个脉冲通过非线性晶体作频率上转换并记录和分析频率上转换后的信号. 此时, 参考光起了快门的作用.

在时间域干涉谱中, 时域间隔一定的条纹是由频率间隔一定的脉冲产生的, 任何偏离这一间隔的条纹都表示两个脉冲之间存在着时间相关的相位差. 这个相位差可以用和光谱相干法类似的方法求得. 实际上, 并不需要一个高速探测器记录自参考相干图. 如让其中一个脉冲有一个微小频移, 然后与原脉冲相干, 会得到什么结果呢? 此时, 两个不同频率的输入光在光谱仪的输出端是同频率的. 这里没有时间域的拍, 因此不需要高速探测器. 这个概念产生于 20 世纪 90 年代初, 是由光学探测中的空间域侧切相干法改装而来的, 因此叫光谱侧切 (spectral shear) 相干法. 侧切的意思是两个光谱像剪刀一样分别向两个相反方向错开.

具体设想是将一个未知的入射脉冲分成两束, 每一束光路上都有一个移频器件, 给每个脉冲各施加一个已知的频移 Ω_1, Ω_2. 这两个脉冲再合在一起, 进入光谱仪. 光谱仪检测的信号是

$$S(\omega, \tau) = |\tilde{A}(\omega + \Omega_1)|^2 + |\tilde{A}(\omega + \Omega_2)|^2 + |\tilde{A}(\omega + \Omega_1)||\tilde{A}(\omega + \Omega_2)|$$
$$\times \cos[\varphi(\omega + \Omega_1) - \varphi(\omega + \Omega_2) + \omega\tau] \tag{8.3-2}$$

这里的相位差 $\theta(\omega) = \varphi(\omega + \Omega_1) - \varphi(\omega + \Omega_2)$, 因为对应不同的频率, 不会消掉, 可以容易地用傅里叶变换和滤波后反变换的方法求出.

关键是怎样做这样一个频移而不损害原来脉冲的相位. 早期有人提出用频率调制的方法, 但这个频移需要 THz 量级. 而现在的调制器的带宽还不足以产生 THz 的频移.

8.3.4　SPIDER 法

如果调制技术还不能制造出大到足以测量飞秒脉冲的频移, 可不可以用非线性方法制造出足够大的频移呢? 回答是肯定的. Walmsley 等[9] 提出并实验证明了一种用非线性介质可以做出能够产生足够大的频移的方法. 这种方法与光谱侧切相干法合在一起, 称为光谱相位相干电场重建法 (SPIDER).

Walmsley 等提出的产生这个光谱侧切脉冲对的方法如图 8.3-2(a) 所示, 入射脉冲被分束板分为两束, 较弱的一束通过一个相干仪分成具有时间间隔为 τ (皮秒量级) 的两个相同脉冲, 较强的一束则通过一个脉冲时域展宽器而变成啁啾脉冲. 两束脉冲合成后通过在非线性晶体中的和频过程而转换成两个短波长脉冲. 由于脉冲对的时间差, 两个信号脉冲对应的啁啾脉冲中的频率不同, 因而上转换后的频率就有了频差 Ω (图 8.3-2(b)). 这个频率差 Ω 和色散元件的群延迟色散和脉冲对时间间隔的关系是: $\Omega = \varphi''/\tau$. 这两束脉冲通过光谱仪记录下干涉条纹, 然后作傅里叶变换等计算, 最后得到所求的入射脉冲的相位.

光谱仪记录下的条纹具有式 (8.3-2) 的形式, 设侧切后脉冲的中心频率为 ω_c 和

$\omega_{\mathrm{c}} - \Omega$, 把干涉条纹式 (8.3-2) 重新写为

$$S(\omega, \tau) = D^{\mathrm{dc}}(\omega_{\mathrm{c}}) + D^{-\mathrm{ac}}(\omega_{\mathrm{c}}) \exp\{-\mathrm{i}\tau\omega_{\mathrm{c}}\} + D^{+\mathrm{ac}}(\omega_{\mathrm{c}}) \exp\{+\mathrm{i}\tau\omega_{\mathrm{c}}\} \tag{8.3-3}$$

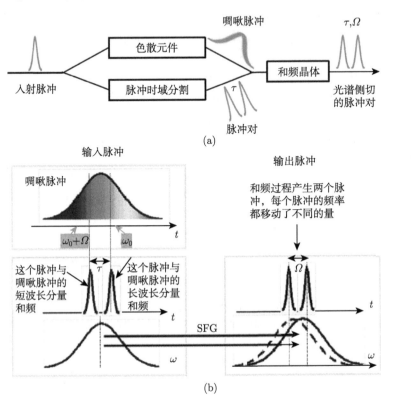

图 8.3-2   用啁啾脉冲与非线性效应产生 THz 量级频移的方法[9]

(a) 产生光谱侧切的脉冲对装置示意图; (b) 脉冲对在时域和频域的表现

其中

$$D^{\mathrm{dc}}(\omega_{\mathrm{c}}) = |\tilde{A}(\omega_{\mathrm{c}} - \Omega)|^2 + |\tilde{A}(\omega_{\mathrm{c}})|^2 \tag{8.3-4}$$

$$D^{-\mathrm{ac}} = |\tilde{A}(\omega_{\mathrm{c}} - \Omega)\tilde{A}(\omega)| \exp\{+\mathrm{i}[\varphi(\omega_{\mathrm{c}} - \Omega) - \varphi(\omega_{\mathrm{c}})]\} \tag{8.3-5}$$

$$D^{+\mathrm{ac}} = |\tilde{A}(\omega_{\mathrm{c}} - \Omega)\tilde{A}(\omega)| \exp\{-\mathrm{i}[\varphi(\omega_{\mathrm{c}} - \Omega) - \varphi(\omega_{\mathrm{c}})]\} \tag{8.3-6}$$

运用标准的光谱相干算法就可以抽取相位差 $\theta(\omega)$. 由此, 从 $\theta(\omega_{\mathrm{c}})$ 我们得到一组频率为 $\omega_n = \omega_{\mathrm{r}} + n\Omega$ 的相位差数据, 其中 ω_{r} 是任意参考频率分量, n 是整数.

具体地说, 还原相位需要三个步骤. 第一步, 用傅里叶变换和滤波技术把式 (8.3-2) 中的交流分量分离出来, 即 $\varphi(\omega + \Omega_1) - \varphi(\omega + \Omega_2) + \omega\tau$; 第二步, 把交流部分中的快速变化部分减掉; 第三步, 用联结相位差的方法还原相位.

为了把交流分量分离出来, 先作傅里叶变换如下

$$D(t) = \text{FT}\{D^{\text{dc}}(\omega_c);\ \omega_c \to t\} + \text{FT}\{D^{-\text{ac}}(\omega_c);\ \omega_c \to t + \tau\}$$
$$+ \text{FT}\{D^{+\text{ac}}(\omega_c);\ \omega_c \to t - \tau\} \tag{8.3-7}$$

这个时间系列函数除了有两个以 $t = \pm\tau$ 为中心的分量, 还有一个以 $t = 0$ 为中心的分量 (图 8.3-3). $t = 0$ 的分量是干涉条纹的直流成分, 不含相位信息; 而 $t = \pm\tau$ 分量是傅里叶变换的交流部分. 如果 τ 足够大, 以致这三个分量分得很开的话, 可以用滤波方式把不需要的直流分量和 $t = -\tau$ 分量除去, 例如, 用一个矩形窗口或高阶超高斯函数 $H(t - \tau)$ 作为滤波函数, 得到

$$D^{\text{filter}}(t) = H(t - \tau)D(t) = \text{FT}\{D^{+\text{ac}}(\omega_c);\ \omega_c \to t - \tau\} \tag{8.3-8}$$

其中, $H(t - \tau) = \exp\{-(t - \tau)^4\}$, 然后作逆傅里叶变换, 其相位部分正是

$$\varphi(\omega) - \varphi(\omega + \Omega) + \omega\tau$$
$$= \arg\{D^{+\text{ac}}(\omega_c);\ t \to \omega_c\}$$
$$= \arg\{\text{FT}^{-1}\{D^{\text{filter}}(t)\};\ t \to \omega_c\} \tag{8.3-9}$$

选择任意阶高斯函数作为滤波函数的目的是为了防止由滤波造成的交流分量的强度突变.

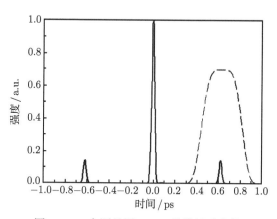

图 8.3-3 本图是图 8.3-2 的傅里叶变换

傅里叶变换是复数, 图中只显示了它的实部. 要求的相位可通过它在 $t = +\tau$ (0.6ps) 附近的 (实部和虚部) 分量的傅里叶变换得到[9]

第二步是从相位差中除去线性项 $\omega_c\tau$. 最可靠的方法就是直接测量 $\omega_c\tau$. 把没有经过频移的两个相同脉冲射入干涉仪, 得到的干涉条纹只与 $\omega_c\tau$ 有关, 线性项就可以用这样的定标而减去.

第三步是把相位差联结起来从而还原相位. 为了简化符号, 我们定义相位差为

$$\theta(\omega_c) = \varphi(\omega_c) - \varphi(\omega_c - \Omega) \tag{8.3-10}$$

$\varphi_{\text{test}}(\omega_c)$ 就可以从光谱相位差 $\theta(\omega_c)$ 的迭代中导出. 实际上, $\theta(\omega_c)$ 中总会有一个未知的相位常数 θ_0, 其对 $\theta(\omega_c)$ 仅仅是一个线性的贡献, 反映在时域上是一个时间延迟, 对波形没有影响. 这个时间延迟不重要, 我们最好在重建相位 $\varphi(\omega_c)$ 之前把所有的相位数据都减去 $-\theta(\omega_c)$, 使得线性相位的贡献最小.

迭代联结的结果是还原了一个在谱域内以 Ω 为间隔的取样相位. 令同样频率, 如 ω_0 的取样相位为零, 使得 $\varphi(\omega_0 - \Omega) = -\theta_0(\omega_0)$, 所有频率光谱的相位就是偏离 ω_0 的光谱频移的倍数, 也就是

$$
\begin{aligned}
&\vdots \\
\varphi(\omega_0 - 2\Omega) &= -\theta_0(\omega_0 - \Omega) - \theta_0(\omega_0) \\
\varphi(\omega_0 - \Omega) &= -\theta_0(\omega_0) \\
\varphi(\omega_0) &= 0 \\
\varphi(\omega_0 + \Omega) &= \theta_0(\omega_0 + \Omega) \\
\varphi(\omega_0 + 2\Omega) &= \theta_0(\omega_0 + 2\Omega) + \theta_0(\omega_0 + \Omega) \\
&\vdots
\end{aligned} \tag{8.3-11}
$$

注意在迭代中 $\theta(\omega_0 \pm n\Omega)$ 是已知量. ω_0 可以选脉冲光谱范围内的任何值, 不一定是中心波长. 简单地将这些相位差合起来, 我们就得到了重建的间隔为光谱侧切 Ω 的脉冲相位. 这个结果甚至对于复杂的脉冲形状也成立. 它使得我们可以从单一的光谱干涉条纹重建脉冲的相位 $\varphi(\omega_0 \pm n\Omega)$. 事实上, 它可以做到实时再现脉冲的相位, 便于啁啾脉冲放大器的优化.

如果 Ω 足够小, 式 (8.3-10) 也可写为

$$\theta(\omega_c) = \varphi(\omega_c)\Omega \tag{8.3-12}$$

因此相位可以用积分求得

$$\varphi(\omega) = \frac{1}{\Omega} \int \theta(\omega)\mathrm{d}\omega \tag{8.3-13}$$

图 8.3-4 是 SPIDER 记录的信号例, 依次为 (a) 相干光谱; (b) 无光谱侧切脉冲对的相干光谱 (用于测量 τ, 或者作为背景信号 $\omega\tau$); (c) 光谱侧切的脉冲对的光谱 (用于测量光谱侧切 Ω); (d) 待测脉冲的光谱. 有了这些信号, 就可以按照以上程序进行光谱相位还原.

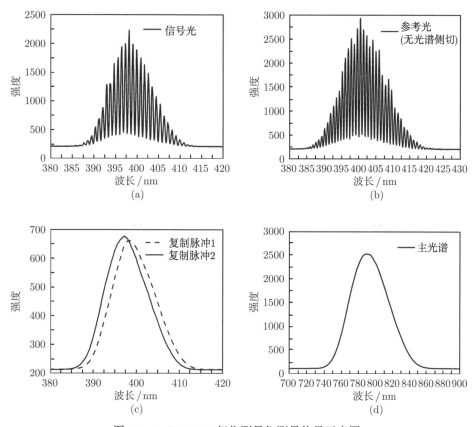

图 8.3-4 SPIDER 相位测量仪测量信号示意图

8.3.5 SPIDER 装置的参数选择

典型的 SPIDER 装置如图 8.3-5 所示. 啁啾部分是用一块长 10cm 的高折射率 (高色散) 玻璃 (如 SF10). 如果考虑到为了 II 类相位匹配而产生的偏振旋转, 这块玻璃最好不用布儒斯特角切割. 脉冲对的生成仍以迈克耳孙干涉仪为好. 用 F-P 干涉仪往往造成多个脉冲, 而且脉冲之间的延迟也无法调节. 根据作者的经验, 这样的装置, 可以测量短至 3fs 的脉冲的相位.

SPIDER 测量装置中的参数最主要的有两个: 脉冲间隔 τ 和频率侧切 Ω. 这两个参数的选择有一些限制, 而且如果脉冲展宽的啁啾是一定的, 脉冲间隔 τ 会影响频率侧切 Ω 的大小. 如果脉冲间隔 τ 过小, 在傅里叶变换后, 直流分量与交流分量可能较难分开, 同时引起频率侧切 Ω 过小. 如果脉冲间隔 τ 过大, 频谱相干条纹的密度就大, 在光谱仪分辨率确定的情况下, 每个条纹周期的取样点数就少, 影响周期测定的精度. 对于频率侧切 Ω 而言, 如果太小, 对于比较平坦的相位, 可能会导致噪声信号; 如果太大, 相位重建的时候会因取样点数过少造成误差. 一般取 τ 在 1ps 以下, 侧切 Ω 取 20~30Trad.

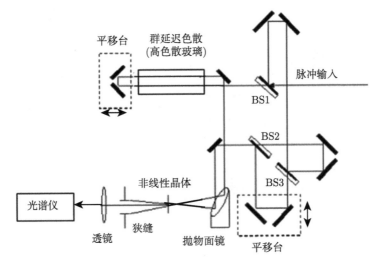

图 8.3-5　典型的 SPIDER 装置

BS1, BS2, BS3 是分束镜 (黑色部分表示镀膜面)

在硬件上, 为了减少测量误差, 除了分束板 BS 必须非常薄 (500μm), 光束的聚焦元件是抛物面反射镜. 由于脉冲的光谱很宽, 脉冲啁啾的产生部分只用一块 10cm 长的高色散玻璃 (SF10), 而不必用光栅或棱镜等高色散元件.

为了获得更短的激光脉冲, 常常需要通过各种方法把腔外光谱展开得足够宽, 例如, 用单模光纤、空心光纤或多孔光纤 (光子晶体光纤) 等. 因为非线性晶体的匹配角一般只对应一个波长, 对其他波长来说就是准相位匹配. 为了准确测量脉冲宽度, 需要考虑倍频滤波效应, 即减少非线性晶体的厚度. 这与在飞秒激光脉冲倍频中考虑的滤波效应是同样的. 具体计算等请参考第 10 章.

8.3.6　SPIDER 光谱相位的还原方法改进

SPIDER 光谱相位还原时, 由于噪声和光谱干涉条纹包络等因素的影响, 在傅里叶变换后的直流分量和交流分量之间, 往往很难清晰分开, 如图 8.3-6 所示. 这样导致了从不同宽度的滤波窗口中还原的脉冲光谱相位不一致, 产生了相位还原的不确定性.

为了克服傅里叶变换产生的相位还原不确定性, 邓玉强等提出了用小波变换还原飞秒脉冲光谱相位的方法[10,11]. 对测量的光谱干涉作小波变换, 选择复数小波, 将干涉信号的时间频率信息二维展开, 得到一个强度图, 一个相位图, 如图 8.3-7 所示. 从强度图中搜索每一频率列的极大值, 得到局域干涉的时间间隔构成的脊线.

在相位图中取出每一脊线点处的相位信息就得到了光谱干涉的相位.

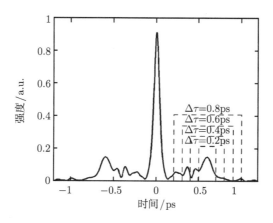

图 8.3-6 光谱干涉的傅里叶变换

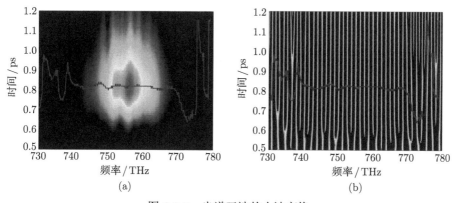

图 8.3-7 光谱干涉的小波变换

(a) 小波变换的强度; (b) 小波变换的相位; 图中曲线示出了小波变换的强度脊线[10,11]

用同样的方法也可以得到 $\omega_c\tau$ 部分的相位信息, 两个相位相减, 再经过相位级联过程, 就得到了脉冲的光谱相位.

用小波变换还原飞秒脉冲光谱相位不仅能得到准确的光谱相位, 还可以得到类似于 FROG 的直观图, 可以直接从小波变换图中判断脉冲的相位阶次和大小, 如图 8.3-8 所示. 该方法也特别适合于超短脉冲产生时相位补偿的自动反馈.

作者所在研究室已经将 SPIDER 制成仪器, 并配备了普通的傅里叶变换法和小波变换法的标准程序和界面.

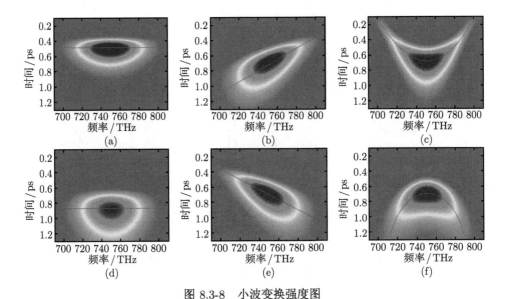

图 8.3-8   小波变换强度图

(a) 负二阶相位; (b) 负三阶相位; (c) 负四阶相位; (d) 正二阶相位; (e) 正三阶相位; (f) 正四阶相位;

图中曲线示出了小波变换的强度脊线

8.3.7 SPIDER 与 FROG 的测量精度比较

SPIDER 出现以后, 人们在青睐它的快速测量的同时, 把它的精确性与 FROG 做了比较. 有人分别用这两种方法测量了对相位最为敏感的 10fs 以下的脉冲的相位, 与脉冲的光谱相乘并作傅里叶变换, 得出电场的脉冲宽度.

测量结果的比较见图 8.3-9, 用简单的双曲正割假设算得的脉冲最窄, 是 4.5fs. 但是自相关曲线显示出两翼与测量曲线明显不符, 即忽略了一些隆起的干涉峰. 用 SPIDER 和 FROG 法算出的自相关曲线均与实验测得的接近, 但是脉冲宽度的结

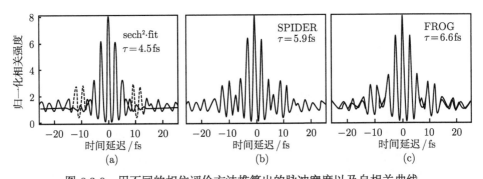

图 8.3-9   用不同的相位评价方法推算出的脉冲宽度以及自相关曲线

(a) 假定脉冲形状为双曲正割型; (b) 用脉冲光谱和 SPIDER 法测量出的相位通过傅里叶变换推算出的

脉冲自相关曲线; (c) 用脉冲光谱和 FROG 法测量出的相位通过傅里叶变换推算出的脉冲自相关曲线[12]

果分别是 5.9fs 和 6.6fs. 仔细辨认也许可以得出结论, SPIDER 法比 FROG 法的自相关曲线更为接近实验测量值, 特别是在两翼, 因此 5.9fs 是比较可信的. 同时也可以认为, 简单的双曲正割假设可能会过低地估计脉冲宽度, 从而说明脉冲相位的测量是多么重要. 应该指出, SPIDER 并不像 FROG 那样直观地给出脉冲宽度. 为了计算脉冲宽度, 还必须同时测量脉冲的光谱.

8.4 超宽带弱信号的相位测量: XFROG 与 XSPIDER

为了获得更短的激光脉冲, 常常需要通过各种方法把腔外光谱展开得足够宽, 例如, 用单模光纤、空心光纤或多孔光纤等. 这样的方法的输出光虽然光谱很宽, 但强度往往很弱. 这样再获得上转换信号就非常弱, 甚至难于检测到. 因此需要在常规的 FROG 和 SPIDER 的基础上做改进, 使之能够测量弱信号. 这个改进的关键就是尽量提高参加频率上转换的所谓泵浦光的强度.

在普通的 FROG 装置中, 入射光被分为两束, 然后再在非线性介质中相互作用, 用倍频, 或者四波混频过程产生信号光. 也就是说, 这两束光是一样的. 然而, 对于某些宽带光谱和高度啁啾的光脉冲, 同样的光被分为两束, 就大大降低了信号强度. 有人提出了互相关 FROG(cross-related FROG: XFROG) 的概念[13], 即在非线性介质中相互作用的不一定是一束光分出来的, 例如, 做开关用的光可以是非啁啾的、强度比较高的脉冲, 而信号光可以是含有很大啁啾的、超宽带和微弱的信号. 这样仍然可以利用和频或四波混频得到比较强的信号. 最近的资料显示, XFROG 甚至可以测量飞焦耳 $(10^{-12}\mathrm{J})$ 的信号光能量的脉冲[14].

对于 XSPIDER 来说, 同样要提高参考光 (chirp) 的强度. 具体地说, 就是保留一束比较强的光作为啁啾信号. 由于放大的光信号一般是毫焦量级, 分出的啁啾用光只要有几十微焦能量即可.

8.5 二维 SPIDER

SPIDER 的精度取决于光谱仪的分辨率和准确度. 一般来说, 光谱仪在短波长的分辨率很高, 可以达到十分之一至百分之一纳米的量级. 然而随着波长的增加, 光谱仪的分辨率降低到纳米量级. 因此在测量长波长脉冲时, 光谱仪的分辨率就成为瓶颈. 还有, SPIDER 装置中, 待测脉冲经过分束板分成两束. 待测脉冲有可能在分束板上获得附加的相位, 导致相位误差. 更重要的缺陷是, SPIDER 对两个脉冲之间的时间延迟非常敏感. 脉冲测量的时间误差 δt 可近似为 $\delta t \approx \delta\tau(\Delta\omega/\Omega)$, 其中 $\Delta\omega$ 是待测脉冲的谱宽, Ω 是光谱侧切, $\delta\tau$ 是两个脉冲之间的时间延迟. 周期量级脉冲 $\Delta\omega/\Omega$ 通常在 100 量级, 因此要求 $\delta\tau$ 的误差在 0.01fs 量级, 才能使 δt 的误差在 1fs 以内.

　　因此, 麻省理工学院的 Kärtner 等提出了二维 SPIDER 的概念[16]. 在 SPIDER
装置中 (图 8.5-1), 不带啁啾的脉冲被复制并加以时间延迟, 频率上转换后形成两个
含时间延迟和光谱侧切的脉冲. 光谱仪记录的是两个脉冲的光谱相干条纹. 而在二
维 SPIDER 中, 被啁啾展宽的脉冲被分光、复制并加以时间延迟, 而待测脉冲不经
过任何色散元件, 只经过高色散玻璃表面反射, 所有反射镜均为低色散的银镜. 啁
啾脉冲对与待测脉冲在非线性晶体中虽然也产生两个频率上转换信号, 但是它们之
间没有时间延迟, 光谱形状也相同, 只有一个频移 (侧切). 因此光谱仪上不能看到
它们之间的区别. 两个有时间延迟的啁啾脉冲在某个时刻与信号光相互作用, 产生
的频率上转换脉冲的相位变为 $\varphi(\omega) - \varphi(\omega - \Omega)$. 测量时, 对每一个展宽脉冲对之
间的时间延迟 τ_{cw}, 光谱仪记录一个频率上转换的光谱

$$
\begin{aligned}
S(\omega, \tau) = &|\tilde{A}(\omega)|^2 + |\tilde{A}(\omega - \Omega)|^2 + 2|\tilde{A}(\omega)||\tilde{A}(\omega - \Omega)| \\
&\times \cos[\varphi(\omega) - \varphi(\omega - \Omega) + \omega_{\mathrm{cw}}\tau_{\mathrm{cw}}]
\end{aligned}
\tag{8.5-1}
$$

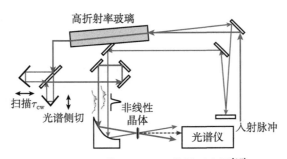

图 8.5-1　二维 SPIDER 装置示意图[15]

其中, ω_{cw} 是相对频率. 这样就形成一系列周期性条纹构成的 "二维" 的光谱相干
图, 如图 8.5-2 所示, 横坐标是波长或者频率, 纵坐标是时间延迟. 对应于每个 ω_{cw}
的断面与实际延迟的周期性变化由式 (8.5-1) 描述. 如果脉冲的光谱相位为零或者
常数, 合成的光谱就会是平直的; 如果光谱相位不为零, 合成的条纹就会有倾斜或
弯曲. 对于一个中心频率, 可以从断面得出一个相位对时间延迟的函数. 对这个函
数进行一维傅里叶变换, 去掉直流项, 就可得到 $\varphi(\omega) - \varphi(\omega - \Omega) - \omega_{\mathrm{cw}}\tau_{\mathrm{cw}}$, 条纹数
目的多少对于傅里叶变换并无太大关系. 用啁啾脉冲零延迟的方法, 可将周期性因
子 $\omega_{\mathrm{cw}}\tau_{\mathrm{cw}}$ 求出并消除. 余下的程序就是用与普通 SPIDER 相同的方法求出光谱相
位. 在一级近似下, $\varphi(\omega) - \varphi(\omega - \Omega) \approx \tau_{\mathrm{g}}\Omega$, 其中 τ_{g} 是群延迟.

　　因为这个程序需要扫描, 受光谱仪采样速率的限制, 就不能达到实时测量的要
求. 不过如果扫描速率控制在几个赫兹, 近似的实时测量还是可以实现的.

图 8.5-2 不同时间延迟合成的二维光谱[15]

8.6 PICASO

FROG 和 SPIDER 都需要较强的非线性方法. 在脉冲比较弱, 仅能测量脉冲相关曲线, 而不能有效测量倍频后的光谱的情况下 (例如, 仅能直接用光电二极管的双光子吸收效应测量相关曲线), 间接测量或拟合法或许可以发挥作用. 因此, Rudoph 等提出了所谓 "仅从互相关和光谱得到的相位和强度法"[17] (phase and intensity from cross correlation and spectrum only, PICASO).

我们知道, 仅仅从自相关是得不到相位信息的, 因为不同的时域电场波形与相位可以得到同样的自相关波形. 但是, 如果两个脉冲中的一个加上已知的相位, 自相关就变成了 "互相关". 互相关中有一个脉冲的相位已知, 另一个脉冲的相位就可以由相位差反算出来.

具体做法是, 在自相关器的某一臂中, 加入一个已知的相位元件, 如一块几毫米厚的石英玻璃, 其相位很容易算出来; 这样, 记录的就是测量的互相关曲线 $A_{\mathrm{m}}(\tau)$. 另外, 将脉冲的光谱记录下来, 作傅里叶变换, 得到脉冲的时域电场; 再做互相关计算, 得到 $A_{\mathrm{calc}}(\tau)$. 计算从光谱到时域电场时, 其中一束光加上石英玻璃的相位, 另一束光加上一个猜测的相位. 设置一个误差 Δ, 将测量的互相关曲线与计算的相关曲线进行比较

$$\Delta = \left\{ \frac{1}{N} \sum_{i=1}^{N} \left[A_{\mathrm{m}}(\tau_i) - A_{\mathrm{calc}}(\tau_i) \right]^2 \right\}^{1/2} \tag{8.6-1}$$

按照优化程序不断改变猜测的相位, 直至这个误差最小, 如 $\Delta = 10^{-4} \sim 10^5$, 猜测的相位就可近似认为是实际的相位.

比起 FROG 和 SPIDER 法, PICASO 法相对简单, 常用在小功率脉冲的场合. 需要注意的是, PICASO 法本质上是一种一维重建程序. 这样得到的相位是猜测或拟合出来的, 与直接测量的相位可能会有一定的差距, 而且在相关曲线不够准确的情况下, 误差就更大. 实际上, FROG 法也是一种猜测和拟合, 只不过维度更高而已.

参 考 文 献

[1] Diels J C M, Fontaine J J, McMicheal I C, et al. Control and measurement of ultrashort pulse shapes (in amplitude and phase) with femtosecond accuracy. Appl. Opt., 1985, 24(9): 1270-1282.

[2] Trebino R. Frequency-Resolved Optical Gating: The Measurement of Ultrashort Laser Pulses. Boston: Kluwer Academic Publishers, 2002.

[3] https://www.ca.sandia.gov/ultrafrog; http://www.physics.gatech.edu/gcuo/subIndex. html.

[4] Ishida Y, Naganuma K, Yajima T. Self-phase modulation in hybridly mode-locked cw dye lasers. IEEE J. Quan. Electron., 1985, QE-21(1): 69-77.

[5] Kane D J, Trebino R. Single-shot measurement of the intensity and phase of an arbitrary ultrashort pulse by using frequency resolved optical gating. Opt. Lett., 1993, 18(10): 823-825.

[6] Delong K W, Trebino R, Hunter J, et al. Frequency-resolved optical gating with the use of second-harmonic generation. J. Opt. Soc. Am. B, 1994, 11(11): 2206-2215.

[7] Froehly C, Lacourt A, Vienot J C. Time impulse response and time frequency response of optical pupils: Experimental confirmations and applications. J. Opt., 1973, 4: 183-196.

[8] Rothenberg J E, Grischkowsky D. Measurement of optical phase with subpicosecond resolution by time-domain Interferometry. Opt. Lett., 1987, 12(2): 99-101.

[9] Iaconis C, Walmsley I A. Self-referencing spectral interferometry for measuring ultrashort optical pulses. IEEE J. Quan. Electron., 1999, QE-35(4): 501-509.

[10] Deng Y, Wu Z, Chai L, et al. Wavelet-transform analysis of spectral shearing interferometry for phase reconstruction of femtosecond optical pulses. Opt. Express, 2005, 13: 2120-2126.

[11] Deng Y, Wu Z, Cao S, et al. Spectral phase extraction from spectral interferogram for structured spectrum of femtosecond optical pulses. Opt. Commun., 2006, 268: 1-6.

[12] Linden S, Giessen H, Kuhl J. XFROG-A new method for amplitude and phase characterization of weak ultrashort pulses. Phys. Status Solidi B, 1998, 206: 119-124.

[13] Zhang J Y, Lee C K, Huang J Y, et al. Sub femto-joule sensitive single-shot OPA-XFROG and its application in study of white-light supercontinuum generation. Opt. Express, 2004, 12(4): 574-581.

[14] Hirasawa M, Nakagawa N, Yamamoto K, et al. Sensitivity improvement of spectral phase interferometry for direct electric-field reconstruction for the characterization of low-intensity femtosecond pulses. Appl. Phys. B, 2002, 74: S225-229.

[15] Yamane K, Tanigawa T, Sekikawa T, et al. Monocycle pulse generation and octave bandwidth amplification. CLEO Pacific Rim, 2009, paper TuF4-1.

[16] Jonathan R B, Richard E, kärtner F X. Two-dimensional spectral shearing interferom-
      etry for few-cycle pulse characterization. Opt. Lett., 1999, 31(13): 2063-2065.
[17] Nicholson J W, Jasapara J, Rudolph W, et al. Full-field characterization of femtosecond
      pulses by spectrum and cross-correlation measurements.   Opt. Lett., 1999, 24(23):
      1774-1776.

第9章 飞秒激光脉冲频率变换技术

第 5 章已经介绍了各种固体飞秒脉冲激光器, 它们的发光范围多在近红外波段, 例如, 钛宝石是 700~900nm, 掺铬镁橄榄石是 1200~1360nm, 掺铬石榴石是 1360~1570nm. 但在实际应用中, 往往需要更广泛的波长. 这就需要对现有的激光波长作频率转换, 例如, 倍频、三倍频、参量发生、振荡和放大以及白光产生等. 这些过程对于连续波或长脉冲来说, 人们已经有相当成熟的了解. 当这些过程应用于飞秒脉冲时, 由于飞秒脉冲具有较高的峰值功率, 转换效率相应提高. 但是因脉冲过短导致其对色散和群速度失配非常敏感, 所以飞秒的频率转换过程相对比较复杂, 且影响参数众多. 另一方面, 为了使频率变换后的脉冲保持入射脉冲的宽度或者变得更短, 必须考虑非线性介质的色散、群速度失配及其补偿. 本章介绍飞秒激光脉冲的倍频、三倍频、参量放大与啁啾参量放大等非线性过程中需要考虑的问题, 最后介绍新型的准相位匹配的周期极化晶体.

9.1 非线性光学过程

假定读者已经学习过非线性光学, 这里我们只简单地回顾一下非线性光学的基本原理. 假设极化矢量可以用电场的展开来描述[1]

$$\boldsymbol{P} = \varepsilon_0 \chi(E) \boldsymbol{E} = \varepsilon_0 \chi^{(1)} \boldsymbol{E} + \varepsilon_0 \chi^{(2)} \boldsymbol{E}^2 + \varepsilon_0 \chi^{(3)} \boldsymbol{E}^3 + \cdots + \varepsilon_0 \chi^{(n)} \boldsymbol{E}^n + \cdots$$
$$= \boldsymbol{P}^{(1)} + \boldsymbol{P}^{(2)} + \boldsymbol{P}^{(3)} + \cdots + \boldsymbol{P}^{(n)} + \cdots \tag{9.1-1}$$

其中, $\chi^{(n)}$ 是第 n 阶非线性极化率, ε_0 是真空介电常数. 两个相邻阶极化矢量的比值可以简单地写为

$$\frac{P^{n+1}}{P^n} = \frac{\chi^{n+1} E}{\chi^n} \approx \frac{E}{E_{\text{mat}}} \tag{9.1-2}$$

其中, E_{mat} 是物质固有的电场强度. 上式中为了简单, 电场强度与极化矢量只用标量表示. 一般来说, $\chi^{(n)}$ 是一个 $(n+1)$ 阶张量, 它把极化矢量与电场的 n 阶乘积联系起来. 在晶体中, 晶体的对称性可以大大简化这个张量. 这里我们还要考虑物质对于电场的响应时间. 事实上, 物质对于入射电场的响应时间是 10^{-14}s 量级. 在只保留二阶色散而忽略高阶色散的情况下, 非线性 Maxwell 方程可以写为

$$\left(\frac{\partial}{\partial z} - \mathrm{i} k'' \frac{\partial^2}{\partial t^2} \right) A \mathrm{e}^{\mathrm{i}\omega t - kz} + \text{c.c.} = \mathrm{i} \frac{\mu_0}{k} \frac{\partial^2}{\partial t^2} P \tag{9.1-3}$$

如果把极化矢量也表示为缓变振幅和振荡项的乘积, 则上式等号右边的项可以写为

$$\frac{\partial^2}{\partial t^2}(Pe^{i\omega t} + \text{c.c.}) = \left(\frac{\partial^2}{\partial t^2}P + 2i\omega\frac{\partial}{\partial t}P - \omega^2 P\right)e^{i\omega t} + \text{c.c.} \qquad (9.1\text{-}4)$$

为了比较上式各项的数量级, 我们把 $\partial P/\partial t$ 近似为 P/τ_p. 这样, 等式右边括号中第二项与第一项之比就是 $\omega\tau_p$. 如果脉冲宽度远大于光学周期, 即 $\omega\tau_p = 2\pi\tau_p/T_c \gg 1$, 我们就可以暂时忽略括号中的前两项, 而更看重 $\omega^2 P$ 项, 这样式 (9.1-3) 就可以大为简化了. 本章把讨论的重点放在与二倍频、参量放大有关的二阶非线性, 以及描述自相位调制的三阶非线性上, 最后两节介绍超连续光的产生.

9.2 倍 频

由于超短脉冲的性质, 必须考虑其与连续光倍频时的不同特性. 一般来说, 对于第一类相位匹配, 基频光与倍频 (SHG) 光之间的群延迟导致转换效率的下降和脉冲的展宽. 而对于第二类相位匹配, 有可能同时获得高转换效率和脉冲压缩.

9.2.1 I 类匹配

当基频光入射到倍频晶体时, 晶体中传播着两个频率的光, 即基频光和倍频光, 分别用下标 1 和 2 表示. 总的电场遵循式 (9.1-3)

$$\left(\frac{\partial}{\partial z} - ik_1''\frac{\partial^2}{\partial t^2}\right)A_1 e^{i\omega_1 t - k_1 z} + \frac{k_2}{k_1}\left(\frac{\partial}{\partial z} - ik_2''\frac{\partial^2}{\partial t^2}\right)A_2 e^{i\omega_2 t - k_2 z} + \text{c.c.} = i\frac{\mu_0}{2k_1}\frac{\partial^2}{\partial t^2}P^{(2)}$$
$$(9.2\text{-}1)$$

其中, 二阶极化矢量为

$$P^{(2)} = \varepsilon_0\chi^{(2)}\left[\frac{1}{4}A_1 e^{i(\omega_1 t - k_1 z)} + A_2 e^{i(\omega_2 t - k_2 z)}\right]^2 + \text{c.c.} \qquad (9.2\text{-}2)$$

在缓变振幅近似下, 含有二阶极化矢量的 Maxwell 方程可以简化为基频和倍频的振幅的方程

$$\left(\frac{\partial}{\partial z} + \frac{1}{v_1}\frac{\partial}{\partial t}\right)A_1 = -i\chi^{(2)}\frac{\omega_1^2}{2c^2 k_1}A_1^* A_2 e^{i\Delta k z} \qquad (9.2\text{-}3)$$

$$\left(\frac{\partial}{\partial z} + \frac{1}{v_2}\frac{\partial}{\partial t}\right)A_2 = -i\chi^{(2)}\frac{\omega_2^2}{2c^2 k_2}A_1^2 e^{-i\Delta k z} \qquad (9.2\text{-}4)$$

其中, $\Delta k = 2k_1 - k_2$ 是波矢失配量. 对于倍频晶体, 总可以找到一个角度, 使 $\Delta k = 0$, 即相位匹配. 然而对于超短脉冲来说, 相位匹配仅仅对于脉冲频带中的某一个频率成立. 式 (9.2-3) 和 (9.2-4) 左边的群速度 v_1 和 v_2 不包括 k 的高阶展开项.

1. Ⅰ 类匹配——小信号解

假设不考虑色散的影响, 在小信号近似情况下 (基频光无损耗), $z = L$ 处的倍频场强可由式 (9.2-4) 直接积分求得

$$A_2\left(t - \frac{L}{v_2}\right) = -\mathrm{i}\chi^{(2)} \frac{\omega_2^2}{4c^2 k_2} \int_0^L A_1^2\left(t - \frac{L}{v_2} + \left(\frac{1}{v_2} - \frac{1}{v_1}\right)z\right) \mathrm{e}^{-\mathrm{i}\Delta k z}\mathrm{d}z \tag{9.2-5}$$

而相应的倍频脉冲的光谱强度为

$$\begin{aligned}
S_2(\omega, L) &= \frac{\varepsilon_0 cn}{4\pi}|A_2(\omega, L)|^2 \\
&= \frac{\varepsilon_0 cn}{4\pi}\left(\frac{\chi^{(2)}\omega_2^2 L}{4c^2 k_2}\right)^2 \mathrm{sinc}^2\{[(v_2^{-1} - v_1^{-1})\omega - \Delta k]L/2\} \\
&\quad \times \left|\int_0^L A_1(\omega - \omega')A_1(\omega')\mathrm{d}\omega'\right|^2 \\
&= R(\omega, L)I_1^2 \tag{9.2-6}
\end{aligned}$$

其中

$$R(\omega) = \frac{\varepsilon_0 cn}{4\pi}\left(\frac{\chi^{(2)}\omega_2^2 L}{4c^2 k_2}\right)^2 \mathrm{sinc}^2\{[(v_2^{-1} - v_1^{-1})\omega - \Delta k]L/2\} \tag{9.2-7}$$

$$I_1 = \left|\int_0^L A_1(\omega - \omega')A_1(\omega')\mathrm{d}\omega'\right|^2 \tag{9.2-8}$$

式 (9.2-6) 表明, 影响倍频脉冲光谱宽度的主要因素有两个: 群速失配 $v_2^{-1} - v_1^{-1}$ 和相位失配 Δk. 如果我们把 sinc 函数看成滤波函数, 那么倍频过程就类似一个滤波器. 由 sinc 函数的性质可知, 这个滤波器的带宽与晶体长度成反比. 下面分别讨论它们的物理意义和影响.

首先, 考虑忽略相位失配的情况 ($\Delta k = 0$). 由于非线性晶体的材料色散, 基频光和倍频光具有不同的群速度, 这使得基频脉冲和倍频脉冲在非线性晶体中传播一段时间后, 在时间上会分离开, 这一现象被称为时间走离效应. 当基频脉冲和倍频脉冲在时间上走离时, 非线性过程就会减弱, 直至脉冲完全分开后, 倍频过程完全终止. 晶体中的时间走离效应可以用群速度失配来描述, 定义为 $\mathrm{GVM} = v_2^{-1} - v_1^{-1}$. 当基频光传播一定长度后, 时间上的走离将大于脉冲宽度, 这样, 脉冲在时间上就明显得分离开. 因此也可以用走离长度来表征群速度失配

$$L_{\mathrm{D}}^{\mathrm{SHG}} = \frac{\tau_{\mathrm{p}1}}{\mathrm{GVM}} = \frac{\tau_{\mathrm{p}1}}{|v_2^{-1} - v_1^{-1}|} \tag{9.2-9}$$

表 9.2-1 列出了几种典型晶体的群速度失配. 因为走离长度和基频脉冲的宽度有关, 所以采用群速度失配 $v_2^{-1} - v_1^{-1}$ 更能表征不同非线性晶体所固有的群速度失配量.

表 9.2-1　根据 Sellmeier 公式算出的几种典型晶体在入射波长为 800nm 时的
相位匹配角与基频和倍频之间的群速失配置

晶体	相位匹配角/(°)	$v_2^{-1} - v_1^{-1}$/(fs/mm)
KDP	45	77
LiIO$_3$	42	513
BBO	30	187

当传播长度大于走离长度后, 倍频脉冲并不是完全得不到增益, 只是得到的增益开始减弱, 而且脉冲的前沿和后沿所得到的增益大小也不一样, 靠近泵浦光的那一边得到的增益强, 远离泵浦光的那一边得到的增益弱, 甚至得不到增益. 这样, 倍频脉冲就会不断展宽, 直到倍频脉冲和基频脉冲完全走离开, 非线性效应最终停止[①]. 如图 9.2-1 所示, 倍频脉冲传播长度大于走离长度后, 脉冲宽度开始明显增宽.

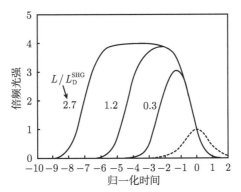

图 9.2-1　根据式 (9.2-5) 算出的对于不同归一化晶体长度的倍频脉冲

虚线是入射脉冲 (双曲正割型)[2]

只有当晶体长度 $L \ll L_D^{SHG}$ 时, 群速失配才可以忽略. 在这种情况下, 倍频光的强度与基频光强度的平方成正比. 因为这个平方效应, 倍频脉冲一定比基频短. 对高斯脉冲来说, 脉冲会缩短为基频的 $1/\sqrt{2}$. 而当晶体长度过长, $L \gg L_D^{SHG}$ 时, 脉冲宽度取决于群速延迟, 并且接近 $L/|v_2^{-1} - v_1^{-1}|$ 的值, 脉冲的峰值功率保持不变, 而能量与晶体长度成正比. 如果要获得短的倍频脉冲, 就应该尽量避免这种情况. 计算结果表明, 当想要得到脉冲宽度小于 20fs 的倍频脉冲时, 所用晶体的厚度不能超过 100μm.

其次, 考虑忽略群速度失配的情况 ($|v_2 - v_1| = 0$). 由于相位只可能在中心频率处严格匹配, 所以脉冲的其他频谱成分都存在不同程度的失配, 且 Δk 是 ω 的函数. 当不满足相位匹配条件时, 由式 (9.2-6) 得到的是一个随晶体长度周期变化的

---

① 非线性过程的终止是在考虑了基频光的损耗后得出的结论, 和下文中在小信号近似下得出的能量与晶体长度成正比的结论并不矛盾.

倍频输出. 这个周期是

$$L_{\mathrm{P}}^{\mathrm{SHG}} = \frac{2\pi}{\Delta k} \tag{9.2-10}$$

　　因为 sinc 函数是随周期递减的, 所以当晶体长度限制在 $L < L_{\mathrm{P}}^{\mathrm{SHG}}$ 时, 才可能得到有效增益. 如图 9.2-2 所示, 一般定义频域中 sinc 函数的 FWHM 宽度为, 特定的非线性晶体长度下倍频脉冲可能包含的最宽频谱, 因此这个宽度也被称为增益带宽 (用频率或波长表征). 这个带宽也决定了理论上所能够得到的最短的倍频脉冲. 让我们估计一下这个带宽. 相位失配 Δk 可以写为

$$\Delta k = \frac{4\pi}{\lambda}[n(\lambda) - n(\lambda/2)] \tag{9.2-11}$$

假定在 λ_0 处是相位匹配的, 让我们看一下在 $\lambda = \lambda_0 + \delta\lambda$ 的情况下相位失配是怎样的. 把 $\lambda = \lambda_0 + \delta\lambda$ 代入式 (9.2-11), 得到

$$\Delta k(\lambda) = \frac{4\pi}{\lambda_0}\left[1 - \frac{\delta\lambda}{\lambda_0}\right]\left[n(\lambda_0) + \delta\lambda\, n'(\lambda_0) - n(\lambda_0/2) - \frac{\delta\lambda}{2}\, n'(\lambda_0/2)\right] \tag{9.2-12}$$

因为相位匹配时, $n(\lambda_0) = n(\lambda_0/2)$, 所以, 在只保留到 $\delta\lambda$ 的一阶项时, 我们有

$$\Delta k(\lambda) = \frac{4\pi\delta\lambda}{\lambda_0}\left[n'(\lambda_0) - \frac{1}{2}\, n'(\lambda_0/2)\right] \tag{9.2-13}$$

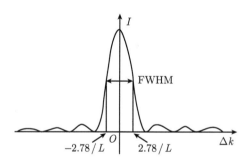

图 9.2-2　一定晶体长度下 sinc 函数的平方决定了增益带宽的大小

　　因为 sinc^2 函数当 $\Delta k L/2 = \pm 1.39$ 时下降到峰值的 $1/2$, 此时 $\Delta k < 2.78/L$, 即

$$-2.78/L < \frac{4\pi\delta\lambda}{\lambda_0}\left[n'(\lambda_0) - \frac{1}{2}n'(\lambda_0/2)\right] < 2.78/L \tag{9.2-14}$$

这样, 用波长表示的带宽就是

$$\delta\lambda_{\mathrm{FWHM}} = \frac{0.44\lambda_0/L}{\left|n'(\lambda_0) - \frac{1}{2}n'(\lambda_0/2)\right|} \tag{9.2-15}$$

式 (9.2-6) 表明, 不同中心波长、不同晶体厚度、不同的相位匹配方式所对应的增益带宽不同. 晶体的滤波带宽与晶体的厚度成反比. 为了更准确地观察倍频滤波函数 $R(\omega)$ 的形式和带宽, 我们画出了 I 类匹配时, 将不同厚度的 BBO 晶体所对应的倍频效率作为波长的函数所得到的波形 (图 9.2-3). 可以看出, 滤波函数带宽随着晶体厚度的减小而变宽, 而且倍频后的中心频率向短波移动.

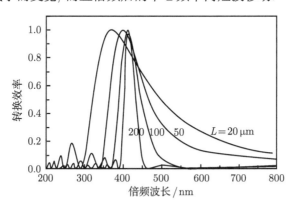

图 9.2-3 I 类匹配 BBO 晶体光谱滤波函数

图 9.2-4 给出了厚度为 20μm 的 I 类匹配的 BBO 晶体光谱滤波函数的波形及其构成因子, 晶体的取向角为 29°. 可以看出, 倍频滤波函数主要由三项可变因子构成: $(2\omega_0)^2$ 因子, 二阶磁化场 $\left|\chi^{(2)}\right|^2$ 及相位匹配曲线 sinc^2. 其中, sinc^2 是光谱滤波器的最重要组成部分, 也是光谱滤波函数带宽的主要调制项, 它决定着滤波函数的基本形状, 而它的形状和带宽则取决于晶体的厚度、放置方向以及相位匹配的类型; $(2\omega_0)^2$ 因子使晶体倍频效率随着波长的增加快速下降, 从而严重影响着倍频效率; 二阶极化项 $\left|\chi^{(2)}\right|^2$ 对滤波函数的影响与 $(2\omega_0)^2$ 因子相似, 只是相对 $(2\omega_0)^2$

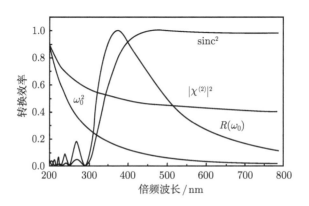

图 9.2-4 20μm I 类匹配 BBO 晶体光谱滤波及其构成因子

来说, $\left|\chi^{(2)}\right|^2$ 下降的趋势比较平缓. 由于非线性晶体的厚度影响着滤波函数的带宽, 且为了满足脉冲宽度极短的飞秒脉冲倍频的条件, 需要倍频晶体具有很宽的滤波带宽, 因此在飞秒脉冲倍频时, 需要选择尽可能薄的晶体.

除了频率转换中要注意这个滤波效应, 与带宽有关的测量 (如自相关、SPIDER、FROG 等) 中, 为了避免由于晶体的滤波效应带来的测量误差, 也需要考虑到这一点, 并尽可能选用薄的晶体. 计算表明, 要满足 20fs 激光脉冲宽度的相关测量的条件, 需要倍频晶体的厚度小于 $50\mu m$. 当然, 薄晶体必然带来低转换效率, 而群速失配补偿技术也许就是提高转换效率的方案之一 (见 9.2.1 节 3.).

2. I 类匹配——强信号解

当转换效率达到百分之十几时, 小信号解就不适用了. 此时必须考虑随倍频信号的增长而造成的基频能量的损耗. 这就需要解联立方程 (9.2-3) 和 (9.2-4).

当相位匹配时, 倍频信号渐进地达到最大值. 脉冲的两翼比尖峰晚达到饱和, 如图 9.2-5 中的插图所示, 倍频脉冲宽度被展宽, 直至接近基频脉冲宽度. 因此, 要达到中等能量转换效率就需要非常高的峰值转换效率. 图 9.2-5 展示了相位匹配时的能量转换效率.

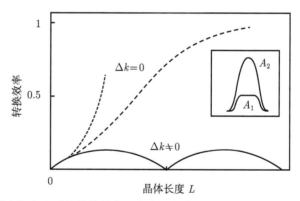

图 9.2-5　相位匹配与失配时的转换效率 (虚线是考虑到泵浦光消耗), 插图是晶体中基频和倍频脉冲的波形

如果考虑到群速和相位的失配, 倍频过程就更加复杂了. 联立方程 (9.2-3) 和 (9.2-4) 的数值解可揭示出, 在一定条件下, 脉冲的变形、分裂和转换效率随脉冲在晶体中传播长度的变化而做周期性的变化. 这个复杂的部分由于基频的相位而变得与转换过程有关, 因此, 原来匹配的相位就变得不匹配了, 这也就导致了不匹配部分的光谱分量的转换效率的急剧下降. 从这个意义上来讲, 倍频过程可以看成是一个和强度有关的滤波器.

3. I 类匹配——角色散匹配

相位匹配不能对全部光谱成分成立, 因此减小相位失配或者增加增益带宽便成为获得超短倍频脉冲的关键.

一般来说不可能既保持群速匹配又保持很宽的增益谱宽. 然而, 因为相位匹配条件经常是靠角度调节来实现的, 所以若对不同的光谱分量采用不同的入射角, 就可以在理论上同时实现对所有光谱的相位匹配. 例如, 在图 9.2-6 所示的实验装置中, 入射光脉冲先经过一个光栅分光, 然后通过一个透镜会聚到倍频晶体上, 同样的透镜和光栅再把倍频光复原成准直光束. 在一阶近似情况下, 为了使每个光谱分量的入射角都达到相位匹配, 第一个透镜的放大率取决于光栅的角色散 $\mathrm{d}\beta/\mathrm{d}\omega$ 和相位匹配角的色散 $\mathrm{d}\theta/\mathrm{d}\omega$, 即

$$M = \frac{\mathrm{d}\theta/\mathrm{d}\omega}{\mathrm{d}\beta/\mathrm{d}\omega} \tag{9.2-16}$$

对于倍频过程, 相位匹配和群速度匹配可以同时获得[1], 原因如下.

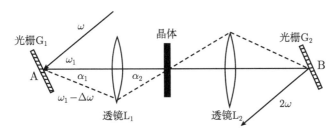

图 9.2-6 宽带脉冲群速失配补偿的倍频装置[3]

如果将 Δk 展开成频率的函数

$$\Delta k = \Delta k_0 + \frac{\mathrm{d}\Delta k}{\mathrm{d}\omega} + \cdots \tag{9.2-17}$$

由于中心频率处总能满足相位匹配条件, $\Delta k = 0$, 所以在一阶近似情况下带宽由 $\mathrm{d}\Delta k/\mathrm{d}\omega$ 决定

$$\frac{\mathrm{d}\Delta k}{\mathrm{d}\omega_1} = 2\frac{\mathrm{d}k_1}{\mathrm{d}\omega_1} - \frac{\mathrm{d}k_2}{\mathrm{d}\omega_1} = 2\frac{\mathrm{d}k_1}{\mathrm{d}\omega_1} - 2\frac{\mathrm{d}k_2}{\mathrm{d}\omega_2} \tag{9.2-18}$$

由于晶体中的群速度可以表示为

$$v = \frac{\mathrm{d}\omega}{\mathrm{d}k} = \frac{1}{\mathrm{d}k/\mathrm{d}\omega} \tag{9.2-19}$$

$$\frac{\mathrm{d}\Delta k}{\mathrm{d}\omega_1} = 2\left(\frac{1}{v_1} - \frac{1}{v_2}\right) \tag{9.2-20}$$

---

① 虽然在倍频过程中相位匹配和群速度匹配可以同时获得, 但是对于许多非线性过程, 如参量过程, 它们并不能同时满足.

从式 (9.2-20) 可以清楚地看出, 对于倍频过程, 在 $\mathrm{d}\Delta k/\mathrm{d}\omega_1 = 0$ 时对应着最大带宽, 此时恰恰是群速度完全匹配的情况. 在群速度完全匹配情况下, 超短脉冲倍频的增益带宽取决于展开式的二次项 $\mathrm{d}^2\Delta k/\mathrm{d}\omega^2$.

9.2.2　II 类匹配

如前所述, 群速度色散并不一定总是导致脉冲展宽. 在相位匹配的条件下, 如果倍频光的群速度大于基频光的群速度, 并且有足以使得基频光倒空的能量以及一个足够长的基频脉冲在晶体中相互作用, 则倍频光的前沿总是 "看" 到没有倒空的基频光, 因而总是比脉冲尾部放大得更多. II 类匹配正是这种情况, 因此才被用来获得 (与基频光比较) 短的倍频脉冲和较高的转换效率.

让我们把振幅耦合方程 (9.2-3) 和 (9.2-4) 扩展到 II 类匹配的情况. 以倍频光的延迟时间作为参考时间. 基频脉冲被分成寻常光 o 和非寻常光 e, 并以波矢 k_o 和 k_e 在晶体中传播, 而倍频光是非寻常光. 这是典型的 II 类匹配 o+e=e 的情况. 系统的微分方程组成为

$$\left(\frac{\partial}{\partial z} + \left(\frac{1}{v_\mathrm{o}} - \frac{1}{v_2}\right)\frac{\partial}{\partial t}\right) A_\mathrm{o} = -\mathrm{i}\chi^{(2)}\frac{\omega_1^2}{2c^2 k_\mathrm{o}} A_\mathrm{e}^* A_2 \mathrm{e}^{\mathrm{i}\Delta k z} \qquad (9.2\text{-}21)$$

$$\left(\frac{\partial}{\partial z} + \left(\frac{1}{v_\mathrm{e}} - \frac{1}{v_2}\right)\frac{\partial}{\partial t}\right) A_\mathrm{e} = -\mathrm{i}\chi^{(2)}\frac{\omega_1^2}{2c^2 k_\mathrm{e}} A_\mathrm{o}^* A_2 \mathrm{e}^{\mathrm{i}\Delta k z} \qquad (9.2\text{-}22)$$

$$\frac{\partial}{\partial z} A_2 = -\mathrm{i}\chi^{(2)}\frac{\omega_2^2}{2c^2 k_2} A_\mathrm{e} A_\mathrm{o} \mathrm{e}^{-\mathrm{i}\Delta k z} \qquad (9.2\text{-}23)$$

其中, $\Delta k = k_\mathrm{o} + k_\mathrm{e} - k_2$ 是波矢失配. 设基频脉冲宽度为 τ_p, 则晶体中基频与倍频之间的走离 (walk-off) 长度分别是 $L_\mathrm{e} = \tau_\mathrm{p}/(v_\mathrm{e}^{-1} - v_2^{-1})$ 和 $L_\mathrm{o} = \tau_\mathrm{p}/(v_\mathrm{o}^{-1} - v_2^{-1})$. 有趣的是, 这两个长度差不多相等, 且符号相反. 为了产生压缩的倍频脉冲, 可以把基频脉冲在空间上分成两束, 并让速度快的非寻常光 e 光比寻常光 o 光晚些射入晶体. 倍频光最初产生于这两束光的部分重叠, 并不断得到放大. 随着这三束光的传播, 重叠部分越来越多. 因为倍频光传播得快, 速度在两个基频脉冲之间, 这样的设计导致实际的相干长度增加, 也就等效于群速失配的减小. 而倍频光的上升沿总是看到基频的未倒空的部分, 因而获得大于尾部的放大. 倍频脉冲的压缩就起源于实际相干长度的增加或等效的群速失配的减小, 以及这对前沿和尾部的不同的放大率. 这个机制仅可获得中等程度的压缩率 ($\sim$5), 这是因为对于短的飞秒脉冲, 群速失配比较大, 相干长度比较短, 而且 II 类的有效非线性系数也比 I 类小许多, 所以这种方法常被用于皮秒脉冲的压缩.

9.3　三　倍　频

直接产生飞秒脉冲的三倍频 (THG) 效率很低, 一般是用基频光与倍频光之间

的和频. 如前所述, 由于群速失配, 倍频以后的基频与倍频脉冲之间会出现一个时间延迟. 在接下来的三倍频晶体中, 基频与倍频脉冲重合得很少或不重合, 三波混频的效率会很低. 技术上的解决办法如图 9.3-1 所示, 先把基频与倍频光分离, 然后将其中某一频率分量, 例如, 基频光通过一个延迟线. 为了获得较高的效率, 三倍频过程也采用 I 类匹配. 因此, 基频光的偏振方向也需旋转 90°, 从而与倍频光相一致.

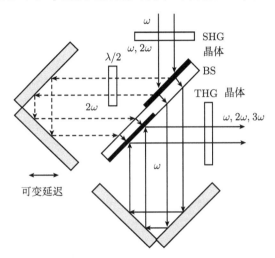

图 9.3-1   群速失配补偿的三倍频装置示意图

BS 表示谐波分束片, 黑色部分表示镀膜面 (reference)

另一种三倍频实验装置如图 9.3-2 所示. 它不是把倍频光分成两束经过补偿后再合并, 而是让倍频后的基频与倍频光再通过一个同样的倍频晶体, 如图所示的装置中, 倍频晶体是 β-BBO, 其后放置一块 α-BBO 晶体作为时间延迟补偿片. α-BBO 也是双折射晶体, 只不过在摆放时, 围绕光的前进方向旋转了 90°. 这样, 基频的 o 光和倍频的 e 光交换了位置, 于是基频光与倍频光在 β-BBO 晶体中产生的群速差

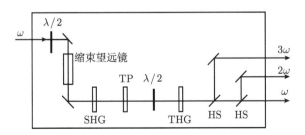

图 9.3-2   无需分光的群速失配补偿三倍频装置示意图

(根据 Spectra Physics 公司产品介绍改画)

λ/2, 半波片; TP, 时间延迟补偿片; HS, 谐波分束片

在 α-BBO 晶体得到了补偿. 若采用 I 类匹配, 则须使基频光与倍频光的偏振方向一致. 为此, 可插入一块对于倍频光是半波长片, 而对于基频光是全波长片的晶体. 若三倍频采用 II 类匹配, 则这块波长片可省略.

9.4 参 量 过 程

我们可以作与前几节相同的考虑, 即利用二阶非线性过程把飞秒脉冲转换成频率范围更加广泛的脉冲. 如图 9.4-1 所示, 这就是频率上转换和下转换, 或称和频和差频, 以及参量过程 (产生, 振荡与放大). 频率上转换是把两个入射光波 ω_1 和 ω_2 加在一起, 使 $\omega_1 + \omega_2 = \omega_3$. 前述的倍频和三倍频是它的特例. 频率下转换是泵浦光 ω_3 产生两个较低的频率分量 ω_1 和 ω_2. 它可看成是倍频或三倍频频率上转换的反过程. 实际中究竟发生的是哪个过程, 就要看三束光所满足的相位匹配条件是什么. 原则上说, 要通过参量过程产生频率变换的飞秒脉冲, 只需要输入一束飞秒脉冲就可以了, 第二束光可以是长脉冲甚至是连续波, 也可以是从量子噪声开始的参量过程 (OPG) 产生的超连续谱 ("白光"). 本节着重考虑频率下转换的情况. 在较低的频率分量 ω_1 和 ω_2 中, 任意一个都可以称为信号频率, 而另一个则称为闲频频率 (idler), 取决于实际需要.

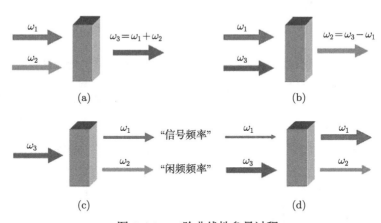

图 9.4-1   二阶非线性参量过程

(a) 频率上转换 (和频); (b) 频率下转换 (差频); (c) 参量产生; (d) 参量放大

与研究倍频过程时所作的缓变振幅近似一样, 我们可以写出参量过程的三波振幅耦合方程.

$$\left(\frac{\partial}{\partial z} + \frac{1}{v_1}\frac{\partial}{\partial t}\right) A_1 = -\mathrm{i}\chi^{(2)}\frac{\omega_1^2}{2c^2 k_1} A_2^* A_3 \mathrm{e}^{\mathrm{i}\Delta k z} \tag{9.4-1}$$

$$\left(\frac{\partial}{\partial z} + \frac{1}{v_2}\frac{\partial}{\partial t}\right)A_2 = -\mathrm{i}\chi^{(2)}\frac{\omega_2^2}{2c^2k_2}A_1^*A_3\mathrm{e}^{\mathrm{i}\Delta kz} \tag{9.4-2}$$

$$\left(\frac{\partial}{\partial z} + \frac{1}{v_3}\frac{\partial}{\partial t}\right)A_3 = -\mathrm{i}\chi^{(2)}\frac{\omega_3^2}{2c^2k_3}A_1A_2\mathrm{e}^{-\mathrm{i}\Delta kz} \tag{9.4-3}$$

其中, $\Delta k = k_1 + k_2 - k_3$. 最有效的耦合即频率转换发生在 $\Delta k = 0$, 相位匹配时. 这组方程可以描述图 9.4-1 所示的四个转换过程, 区别只是初始条件不同.

9.4.1 参量产生与放大

把飞秒脉冲直接射入非线性晶体, 当相位匹配时, 自然会有相应的和频或差频信号产生. 这个信号在空间形成一个个不同颜色的光环, 每个光环所形成的立体角代表着相应波长的相位匹配角. 但是这种直接产生的参量信号非常小, 而且含有各种波长成分, 称为参量超荧光. 若想得到指定波长的飞秒脉冲, 就需要一个种子光及其放大过程, 称为参量放大 (OPA).

以图 9.4-2 所示的典型的可见光飞秒参量放大器为例[4]. 信号脉冲 (种子脉冲) 是直接从 "白光" 中提取的. 入射脉冲先被分出一小部分 (约几个微焦), 这一小部分脉冲被聚焦到一片未掺杂的蓝宝石晶体 (亦称白宝石) 上, 利用自相位调制产生白光 (当然这白光是啁啾的), 而主要能量脉冲则通过一块倍频晶体 (LBO) 产生倍频光. 倍频光作为泵浦光射到非线性晶体 (BBO) 上, 白光作为种子脉冲也同时射到晶体上. 调整晶体角度, 会观察到上述彩色光环 (图 9.4-2). 再调节泵浦光与种子脉冲之间的延迟, 当两个脉冲在时间上重合时, 就会在彩色光环的中心出现一个彩色亮斑, 即参量放大信号. 由于白光是啁啾的, 为了得到不同的波长, 除了调节晶体角度, 还需要调节种子光与泵浦光之间的时间延迟. 透过的泵浦光还可以反射回来再射到晶体上以提高泵浦效率. 信号光可以通过棱镜对与泵浦光分离. 棱镜对

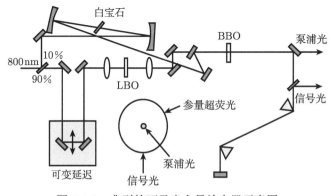

图 9.4-2 典型的可见光参量放大器示意图

圆环内是参量荧光, 当白光产生的信号光与泵浦光在时间与空间重合时, 中心出现亮斑[4]

还有补偿色散的作用, 从而补偿脉冲的啁啾. 输出光中还有一个闲频光, 其具有和信号光同样的谱宽 (以频率为量纲), 且满足能量守恒条件 $\omega_s + \omega_i = \omega_p$, 其中 ω_s, ω_i, ω_p 分别是信号频率、闲频频率和泵浦频率.

参量过程也可分为 I 类匹配和 II 类匹配. II 类匹配的优点是: 信号光与闲频光的偏振方向不同, 因此当频率接近, 即简并时, 仍然可以用偏振片分开. 而 I 类匹配是靠滤波片分光, 当接近简并时, 无法分开信号光与闲频光. 以钛宝石倍频 400nm 为例, 参量放大所覆盖的波长范围可为 460~2500nm.

还有另外一种形式的参量放大器, 即泵浦脉冲不经过倍频而直接送到非线性晶体中去放大白光信号. 这样能产生波长更长的信号光和闲频光. 如果需要, 再进行倍频, 即可得到可见光.

如果所需要的光强不是很大, 也可以不经过放大, 而直接用振荡器发出的光来泵浦一个参量放大器. 当然, 为了获得较大的增益, 振荡器的输出功率应在 1W 以上, 即每个光脉冲的能量应在 10nJ 以上. 即使这样, 输出脉冲的能量仍然太小, 所以多采取以下介绍的参量振荡的方式进行频率转换.

9.4.2　参量振荡

参量放大输出信号的稳定性取决于输入的泵浦脉冲. 如果放大器输出的脉冲稳定性差, 则参量频率容易漂移. 连续光或长脉冲的参量振荡 (OPO) 一般具有优于参量放大的稳定性. 但是如前所述, 脉冲多次经过晶体会造成脉冲展宽和效率下降, 因此腔内色散补偿是非常必要的.

在参量振荡器的设计中, 共焦腔被广泛采用, 特别是对于泵浦光和信号光不同路的非共线泵浦情况, 如图 9.4-3(a) 所示, 此时泵浦光和信号光可以不在一个平面内, 泵浦光和信号光的夹角定义为非共线角, 通过选择非共线角可以得到最宽的相位匹配 (见非共线光参量放大). 对于大多数应用, 飞秒光参量振荡器输出的脉冲能量远远不能满足要求, 因此, 采用腔倒空的光参量振荡器以提高输出脉冲的能量是十分必要的. 目前, 通过腔倒空技术已经可以得到十几纳焦的脉冲输出 (图 9.4-3(b)). 另外, 用啁啾镜补偿腔内色散也是很好的方案. 我们可以以此简化腔结构, 只是此种方案对于啁啾镜的带宽要求很高.

我们也可以使用短腔, 使参量输出脉冲的重复频率为泵浦光的若干倍. 若采用半共焦腔结构, 则腔长可以大大缩短. 例如, 文献中介绍的半共焦腔腔长为 43cm, 脉冲重复频率是泵浦的 4 倍 (344MHz)[7]. 为了获得较高的效率, 必须减小光斑尺寸, 即紧聚焦 (tight focus). 在这种情况下, 高重复频率的脉冲序列呈周期性腔内衰荡 (ring down) 形式.

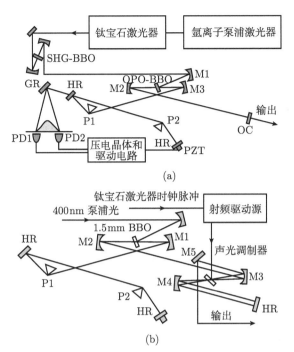

图 9.4-3 棱镜色散补偿参量振荡器示意图

(a) 对称腔 [5]; (b) 腔倒空的 OPO[6]

9.4.3 非共线相位匹配的光参量过程

对于飞秒光参量过程而言, 最重要的参数是晶体本身的光参量放大的增益带宽. 然而, 和倍频过程一样, 对于一般的共线相位匹配, 即泵浦、信号和闲频的波矢在同一方向上时, 由于只有中心频率可以实现完全的相位匹配, 其他频率分量按频率不同有着不同的相位失配量, 所以计算和实验都表明, 共线相位匹配不能够支持太短的飞秒脉冲. 为了获得超宽带的参量脉冲, 除了用类似在倍频过程中的角度色散匹配的方法外 (9.2.1 节), 非共线匹配也是近年来普遍推崇的方案之一. 在非共线相位匹配情况下, 信号光波矢的变化可以通过闲频光波矢角度和长度的双重变化来补偿 (原理如图 9.4-4 所示), 从而在很宽的光谱范围内都使 Δk 保持着很小的绝对值, 以得到可以支持小于 2 个光学周期的增益谱宽. 这种非共线相位匹配参量振荡器称为 NOPA (non-collinear optical parametric amplifier).

从图 9.4-4 中看出, 宽的增益谱宽是以闲频光呈很大的角色散为代价的, 这种相位匹配方式中, 放大后的闲频光需要利用光栅来压缩角色散 (因为角色散相对较大, 利用光栅压缩比较好, 但是这也意味着压缩过程的损耗比较大, 最终能够得到的压缩后的脉冲的能量比较小). 图 9.4-5 是利用球面镜和光栅准直和压缩闲频光脉冲的例子.

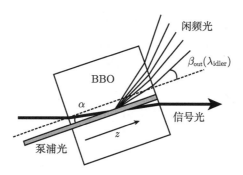

图 9.4-4　非共线匹配 OPA 的原理

信号光波矢的变化可以通过闲频光波矢角度和长度的双重变化来补偿, 因而在很宽的信号光光谱变化范围内相位失配都能够保持很小的绝对值[5]

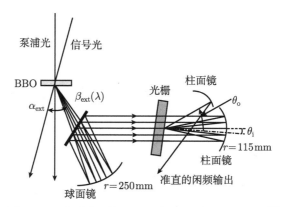

图 9.4-5　利用球面镜和光栅准直压缩闲频光脉冲 [8]

非共线匹配时的角色散的补偿式中　α_{ext} 是信号光波矢与泵浦光波矢之间的夹角, β_{ext} 是闲频光波矢与泵浦光波矢之间的夹角, θ_{i} 是对光栅的入射角, θ_{o} 是 1100nm 波长的光的出射角[7]

分析表明, 当信号光的群速度 v_{s} 和闲频光的群速度 v_{i} 满足式 (9.4-4) 时[8], 非线性晶体的增益带宽最大

$$v_{\text{s}} \approx v_{\text{i}} \cos\left(\alpha + \beta\right) \tag{9.4-4}$$

式中, α 为信号光波矢与泵浦光波矢之间的夹角, 定义为非共线角; β 为闲频光波矢与泵浦光波矢之间的夹角. 信号光与闲频光的群速失配 W_{si} 可以近似表示为 [7]

$$\frac{\mathrm{d}\Delta k}{\mathrm{d}\omega_{\text{s}}} = W_{\text{si}} \approx \frac{1}{v_{\text{s}}} - \frac{1}{v_{\text{i}} \cos\left(\alpha + \beta\right)} \tag{9.4-5}$$

图 9.4-6 显示, 对于 BBO 晶体, 当非共线角为 3.7° 时, 群速失配 W_{si} 在可见光波段信号很大波长范围内为零. 这一特性满足了产生宽带连续可调谐的超短飞秒

脉冲的需要. 从式 (9.4-5) 还可以看出, 当 CPA 用 800nm 光泵浦时, 由于非线性晶体的色散在长波段非常小, 所以满足式 (9.4-5) 的非共线角接近于 0, 即此时相当于共线相位匹配的情况. 另外, 在用 800nm 光泵浦时, 也因为群速度失配比较小, 所以利用 OPG 直接产生宽带短脉冲作为 OPA 的种子源成为常见的设计方案. 采用这一方案是直接将 18fs、800nm 的脉冲分两路, 一路入射到 5mm 的 BBO 晶体中产生种子光, 另外一路通过延迟线作为种子光的泵浦源, 这样, 在 1300nm 附近便得到了最短 14.5fs 的脉冲 (图 9.4-7)[10]. 在这种方案中, 放大后的脉冲宽度由群速度失配决定, 所以这种方案没有非共线相位匹配情况下放大超连续白光并压缩闲频光所得到的脉冲宽度窄, 但是此方案结构相对简单, 同时也避免了超连续白光的不稳定性.

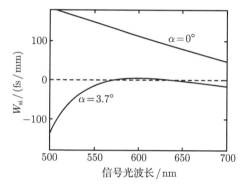

图 9.4-6 共线 ($\alpha = 0$) 时和非共线 ($\alpha = 3.7°$) 时, 在 BBO 晶体 I 类匹配 OPA 过程中的信号光与闲频光脉冲的包络走离[9]

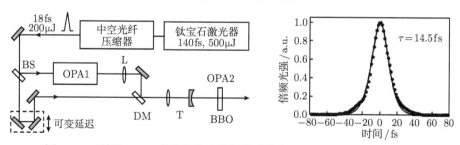

图 9.4-7 利用 OPG 直接产生宽带短脉冲作为 OPA 的种子源设计方案

(a) 实验装置: 泵浦光通过中空光纤光谱展宽后被压缩至 18fs, 分成两束, 一束泵浦光两次经过 5mm 的 BBO 产生种子脉冲, 其宽度为 50fs, 另一束通过延迟线和种子脉冲在第二块 BBO 内重合, 种子脉冲得到放大; (b) 最后得到的最短脉冲为 14.5fs (中心波长 1.5μm). BS: 分束器; DM: 双色镜; T: 望远系统[10]

利用超连续白光做种子的飞秒 OPA 与上述利用 OPG 做种子的 OPA 有本质上的不同. 由于可以预压缩超连续白光, 被放大的光谱成分在整个放大过程中都不离开泵浦光的包络, 因此利用超连续白光做种子的 OPA 更像一个 CPA 放大过程.

虽然在这一过程中群速失配和晶体的材料色散也起了一定的作用, 但是由于采用的泵浦光的时域宽度不是特别窄, 一般大于 100fs, 同时通过预压缩的方法可以使信号白光在非线性晶体内传播时不会明显走离泵浦光, 因此群速度失配的影响就不是很重要了. 另外, 色散的影响也可以通过后面的色散补偿元件来消除. 在这种情况下, 对放大后的脉冲谱宽的影响最大的就是增益谱宽了, 换句话说, 此时可以得到 OPA 过程所能够得到的最大谱宽. 因此, 产生小于 5fs 的脉冲的一个重要手段就是 OPA 放大. 这种手段也是产生小于 10fs 连续可调谐飞秒脉冲的唯一方法.

　　除了以上所讨论的群速度失配, 由于非线性晶体中存在双折射, 非寻常光的波矢方向和能流方向不一致, 所以在经过一段时间的传播后, 信号光脉冲的光斑与泵浦光在空间上就会不再重合, 这个现象就是空间走离效应. 无论是共线相位匹配还是非共线相位匹配, 都存在空间走离效应 (图 9.4-8), 只是在非共线情况下, 信号光和泵浦光的空间走离比较小, 而信号光与闲频光的空间走离比较大.

　　由于非线性晶体中非寻常光的折射率随波长和角度的变化而变化, 角色散的引入将会改变泵浦光的群速度, $v_{\mathrm{p}}^{\mathrm{tilt}} = v_{\mathrm{p}}^{0}\left(1 + \tan\gamma\tan\rho\right)$, 其中 γ 是倾斜角, ρ 是走离角. 通过改变倾斜角可以做到将泵浦光脉冲的群速度调整至信号光和闲频光群速度之间, $v_{\mathrm{p}} = \left(v_{\mathrm{s}} + v_{\mathrm{i}}\right)/2$, 此时群速失配的影响最小.

　　若将非共线和脉冲面倾斜相结合, 则有可能在近红外波段同时获得相位匹配和群速匹配 [11]. 如果非共线角不是很大, 走离角也很小, 且飞秒光参量过程的相互作用长度又比较短, 空间走离效应的不利因素可以通过采用比较大的光斑来弥补, 在这种情况下, 相对时间走离来说, 空间走离的影响不是特别重要.

　　对小于 5fs 的超短脉冲的参量放大, 空间走离效应不仅影响放大效率, 也影响脉冲的压缩. 在这种情况下, 可以通过 "脉冲面倾斜" 来补偿信号光的脉冲面畸变, 称为 "脉冲面匹配" (图 9.4-8), 图中看出, 脉冲面失配加剧了脉冲的空间走离. 而脉冲面匹配后, 泵浦光和信号光相互作用距离加长.

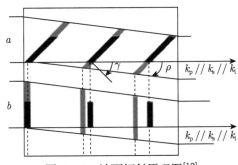

图 9.4-8　波面倾斜原理图[12]

黑色为信号光, 灰色代表泵浦光. 可以看出, 经过脉冲面匹配, 泵浦光和信号光、闲频光的有效互作用长度明显增加

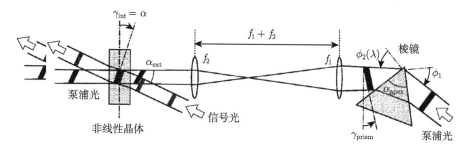

图 9.4-9 波面匹配原理图 [8]

泵浦光通过一块棱镜使得脉冲序列的脉冲面倾斜了一个角度, 通过 f_1 和 f_2 组成的望远系统将脉冲面倾斜角调整到在晶体内为非共线角 α 的大小, 泵浦光和信号光的脉冲面在晶体内完全匹配

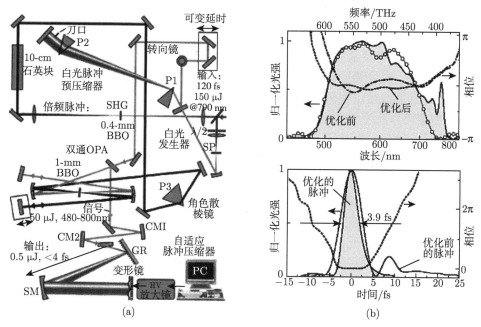

图 9.4-10   (a) 非共线相位匹配、波面补偿和变形镜整形的 NOPA 实验装置: $\lambda/2$:800nm 半波片; SP: 2mm 蓝宝石片; P1, P2: 45° 熔融石英棱镜, P3: 69° 石英棱镜; CM1,CM2: 超宽带啁啾镜; GR: 300 线/mm 的光栅; SM: 球面镜, $R_{oc}=400$mm. SHG: 倍频晶体; HV 放大器: 高压放大器; 围绕 NOPA 晶体的球面镜的曲率半径是 $R_{oc}=200$mm; (b) 测量的光谱相位 (上) 和时域电场和相位 (下)[13]

图 9.4-9 是产生脉冲面倾斜的技术. 泵浦光的脉冲面经过单棱镜发生倾斜, 随后的缩束望远镜将脉冲光斑大小调整至与信号光匹配, 射入非线性晶体中, 使信号光得到有效地放大.

脉冲面倾斜来补偿群速度失配结构简单, 效果明显, 比较适合于做不是特别短的连续可调谐飞秒光源. 这个技术也在高效太赫兹波产生中得到应用 (见 13.2.1 节).

2002 年, 东京大学小林孝嘉小组 [13] 结合了非共线相位匹配、波面补偿和变形镜调整等技术, 在可见光波段得到了当时世界上宽度最短、仅有 4fs 的脉冲, 而光谱对应的带宽受限脉宽为 3.4fs. 实验装置图和实验结果如图 9.4-10 所示. 此方案中使用变形镜技术是为了补偿空间走离及饱和效应带来的波面畸变.

9.5　参量啁啾放大器

由于一般的激光脉冲放大过程是一个能量吸收、储存和转移的过程, 因此噪声和脉冲序列间的子脉冲都有可能被放大, 这不仅使得能量转换效率降低, 更是严重影响了信噪比, 使得放大后的脉冲序列的性能不能够满足强场物理等领域的应用要求.

如上所述的光参量放大过程, 就是一个非线性增益过程. 在此过程中, 光强越高增益也越强, 而且脉冲前后即使存在子脉冲, 由于时间延迟, 也不会与泵浦光发生作用, 并且非线性过程是个瞬时过程, 没有 ASE. 由此, 利用光参量放大来放大飞秒脉冲便可以产生信噪比极高的 "干净" 的飞秒脉冲序列. 如前所述, 利用超连续白光做种子的 OPA 过程类似于 CPA 过程, 只是要求被放大的光谱成分在非线性放大过程中不能走离泵浦光, 但如果采用 CPA 的泵浦源直接泵浦的话, 因为发生作用的脉冲都很宽, 则走离的影响就不是很明显了, 而且还可以采用厚的晶体得到接近饱和的转换效率. 这个结合了 OPA 和 CPA 思想的设计方案就是目前飞秒放大器领域的研究热点——光学参量啁啾放大器 (OPCPA)[14]. 因为非线性作用只发生在泵浦光和信号光脉冲时间 (空间) 有重合的地方, 所以特别重要的是泵浦光与种子光在时间上的同步. 像早先的染料放大器一样, OPCPA 也是把泵浦光分成若干束, 然后再分别泵浦各级放大器的非线性晶体. 一个典型 CPOPA 的实验装置如下.

脉冲放大过程如图 9.5-1 所示, 先将 20fs 的种子脉冲按标准 CPA 方案展宽到 300ps, 然后使之通过非线性晶体, 分三级放大, 前两级都用 LBO 晶体, 最后一级用 KDP 晶体以得到更高的能量输出. 测量到的第一级和第二级 OPA 的增益曲线显示, 增益偏离线性关系 (泵浦光能量取对数), 在高能量泵浦情况下存在抑制增益的因素. 此外, 即使系统并没有特别的优化, 三级放大的转换效率也可以高达 24%.

如图 9.5-2 所示, 放大前的谱宽约为 40nm, 放大后的脉冲谱宽明显减少, 短波长光谱部分和长波长光谱部分分别对应不同泵浦光时间延迟的情况, 这就证明了 OPA 过程的增益谱宽完全可以放大一个谱宽为 40nm 的脉冲, 只是群速失配、非线性增益等因素影响了最后得到的谱宽, 所以实验还需要进一步优化设计. 此外, 种子光的光谱形状对放大后的光谱也有着显著影响.

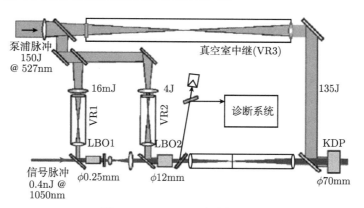

图 9.5-1　OPCPA 实验装置图

为了脉冲的空间均匀性, 每级泵浦光都经过空间滤波, 最后一级放大前被放大脉冲也经过空间滤波;

同时, 为了防止晶体被打坏, 后两级每级放大前都经过扩束[15]

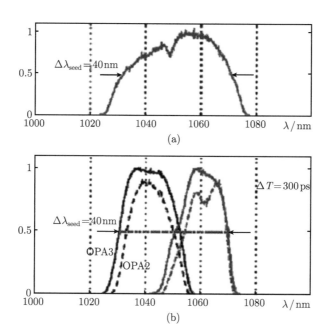

图 9.5-2　种子光谱 (a) 和放大后的光谱 (b)

不同耦合时间对应不同的光谱宽度, 说明群速失配等因素影响放大后的脉冲光谱宽度

OPCPA 在技术上的问题主要有两点: ① 由于非线性晶体没有储能机制, 种子脉冲与泵浦脉冲之间的严格同步是非常重要的. ② 也是由于这个原因, 种子脉冲

和泵浦脉冲在时间宽度上也应该有相同的数量级, 否则脉冲的能量就会被浪费掉. 较好解决这个问题的是我国上海光学精密机械研究所的科研人员. 他们把种子脉冲分出一部分作为泵浦光的种子光, 通过闪光灯泵浦的 YAG 放大器来放大能量, 经倍频后用来泵浦 OPCPA. 由于种子光与泵浦光是同一个激光器输出的, 它们之间的时间关系是确定的, 抖动很小. 图 9.5-3 是这个系统的简化结构示意图[16]. 通过再生放大器的种子光被分束镜分为两个部分, 一部分送到两级 Nd:YAG 放大器放大, 去泵浦 OPAⅠ. 然后通过延迟线送到第三级 Nd:YAG 放大器放大, 来泵浦 OPAⅡ. 最后通过一个 Nd:Glass 放大器放大后泵浦最后一级 OPAⅢ. 这样得到 900mJ 的单脉冲能量, 压缩后脉冲的能量是 570mJ, 脉宽是 155fs.

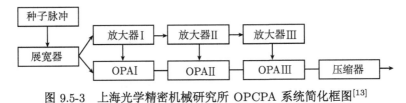

图 9.5-3　上海光学精密机械研究所 OPCPA 系统简化框图[13]

除了闪光灯泵浦, 直接用半导体激光器泵浦放大器效率更高. 卢瑟福实验室的 Bate 等用半导体激光器泵浦 Nd:YLF 产生波长 1047nm、脉宽 40ps、能量可达 120mJ 的放大脉冲作为泵浦源, 用 LBO 作为参量放大介质, 获得了 700~1150nm 的增益带宽, 可支持 5.8fs 的脉冲. 用特殊设计的脉冲展宽器和透射式的脉冲压缩器以及棱镜对组, 将钛宝石激光器输出的 12fs 脉冲经参量放大后压缩, 可能压缩至 5fs 最短脉冲, 压缩后脉冲能量可达 10mJ[17].

9.6　频域参量放大技术

和所有的非线性频率转换过程一样, OPCPA 放大的光谱宽度和效率受限于相位匹配. 为了避免相位匹配带来的光谱带宽限制, 可将光谱分为若干段, 每一段都对应一个相位匹配的非线性晶体, 合成的参量放大光谱就可以覆盖更宽的范围, 这就是所谓频域参量放大 (frequency domain OPA: FOPA) 的概念.

图 9.6-1 是这样一种超宽带参量放大器的概念图 [18]. 这是一个典型的 4f 系统. 入射傅里叶变换受限的脉冲被光栅 1 分光, 在傅里叶平面形成光谱分布. 非线性晶体被分成四个, 每个晶体的取向对应着一段光谱的相位匹配. 泵浦光束从凹面反射镜 1 透过, 与入射信号光共线入射到非线性晶体, 分别发生参量放大. 通过凹面反射镜 2 和光栅 2 将放大的光谱合成为放大后的脉冲输出. 放大后的光谱如图 9.6-2 所示, 每一块晶体对相应的入射光谱都给予了均匀的放大, 输出脉冲的光谱与入射的信号光谱基本上一致. 泵浦脉冲能量为 25mJ 时, 200μJ 的种子光脉冲通过

这样的系统被放大为中心波长为 1.8 μm、脉冲能量为 1.4 mJ、脉宽为两个光学周期的红外脉冲, 脉冲峰值功率达 0.12 TW.

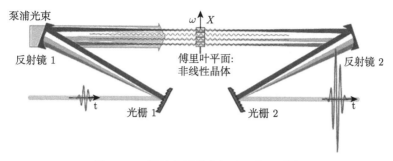

图 9.6-1 频域参量放大概念和装置[18]

在傅里叶平面放置多块相位匹配的非线性晶体 (本例放了四块 I 类匹配的 4mm×15mm BBO 晶体)

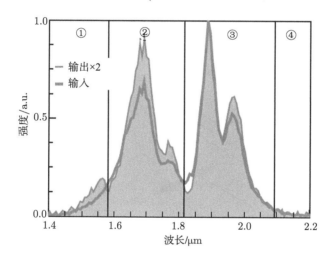

图 9.6-2 频域参量放大结果与种子脉冲光谱的对比

编号对应四块 BBO 晶体

9.7 准相位匹配技术——周期极化结构晶体的应用

在三波混频过程中 (倍频、和频及差频) , 三个频率的波必须保持固定的相位, 才能获得有用的输出信号. 在相位不匹配的情况下, 即 $\Delta k \neq 0$ 时, 由于 $\exp(-i\Delta kz)$ 的存在, 式 (9.2-5) 的积分导致一个周期性的倍频强度变化, 即倍频信号升高到一定程度就会回落到零点, 如此周而复始. 这个周期的一半被称为 "相干长度", L_c. 在这种情况下, 晶体长度不应大于这个长度. 这个长度可用式 (9.2-10) 表示, 一般为

1~50μm. 对铌酸锂 (PPLN) 来说, 当输入和输出光都是非寻常光时, 有最高的非线性系数 d_{33}, 但此时无法实现相位匹配. 若使输入和输出光的偏振方向互相垂直, 可利用双折射实现相位匹配, 但此时的非线性系数 d_{31} 只是 d_{33} 的 1/5. 周期极化结构的铌酸锂 (图 9.7-1) 是每隔一个相干长度就把晶体的主轴反转一次, 以补偿基频与倍频之间的延迟. 其相位匹配条件可以表示为

$$k_{\mathrm{p}} = 2k_{\mathrm{s}} + \frac{1}{\Lambda} \tag{9.7-1}$$

其中, Λ 是极化周期的倒格矢. 这样, 就可以利用 d_{33} 实现高效率倍频了. 对于同样的晶体长度, 应用周期极化结构晶体获得的倍频效率可能是相位匹配法的 20 倍. 这样的晶体已经被应用于倍频和参量振荡器. 但美中不足的是, 该晶体用作参量过程时, 波长的调节依赖于晶体的周期. 不过, 有实验表明, 在晶体周期不变的情况下, 调节腔长也可以达到调节频率的目的. 例如, 腔长变化 30μm 可以使波长在 1.1~2μm 改变.

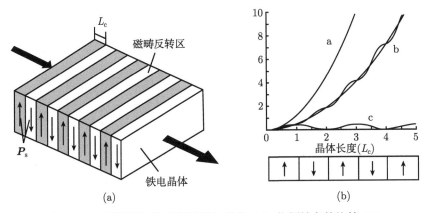

图 9.7-1　周期极化结构铌酸锂的结构 (a); 倍频效率的比较 (b)

图 (b) 中 a. 完全的相位匹配; b. 准相位匹配; c. 完全不匹配

从 9.2 节可知, 群速失配是飞秒脉冲倍频过程中带宽限制的主要因素, 如果能够在倍频过程中引入补偿机制, 及时地补偿群速度失配, 那么就会得到更宽的光谱变换和极短的倍频脉冲. 这一补偿机制可以通过啁啾的周期极化结构来得到, 在这种情况下, 不仅非线性晶体是周期极化的, 而且极化的周期也是不均匀的, 或者说是啁啾的. 设周期 d 为晶体长度方向坐标 z 的函数

$$d(z) = \sum_{-\infty}^{+\infty} d_m(z) = \sum_{-\infty}^{+\infty} |d_m(z)| \exp\left[\mathrm{i}K_{0m}(z) + \mathrm{i}\varphi_m(z)\right] \tag{9.7-2}$$

$$K_m(z) = \frac{\mathrm{d}\Phi_m}{\mathrm{d}z} = K_{0m} + \frac{\mathrm{d}\varphi_m}{\mathrm{d}z} \tag{9.7-3}$$

$$|d_m(z)| = \frac{2}{m\pi}d_{\text{eff}}\sin\left[\pi m\, G(z)\right] \qquad (9.7\text{-}4)$$

小信号近似情况下, 倍频光可以表示为[19]

$$\tilde{A}_2(L,\Omega) = \int_{-\infty}^{+\infty} \tilde{A}_1(\Omega)\,\tilde{A}_1(\Omega - \Omega')\,d\left[\Delta k(\Omega,\Omega')\right]\mathrm{d}\Omega' \qquad (9.7\text{-}5)$$

$$\Delta k(\Omega,\Omega') = \Delta k'(\Omega) + \Delta k''(\Omega,\Omega') \qquad (9.7\text{-}6)$$

$$\Delta k'(\Omega) = \Delta k_0 + \delta v\,\Omega + \frac{1}{2}\delta\beta\,\Omega^2 + \delta k'(\Omega) \qquad (9.7\text{-}7)$$

$$\Delta k''(\Omega,\Omega') = \beta_1\left(\Omega'^2 - \Omega\Omega'\right) + \delta k'(\Omega,\Omega') \qquad (9.7\text{-}8)$$

其中, $\Delta k_0 = 2k_1 - k_2$, $\delta v = 1/v_1 - 1/v_2$, $\delta\beta = \beta_1 - \beta_2$.

从公式可以看出, 倍频光的包络由三部分决定: 一、基频的包络, 二、材料的色散 (也包括群速失配), 三、周期极化的调制, 也就是说可以通过设计周期极化的啁啾来实现对色散 (也包括群速失配) 的补偿. 在这样的晶体中, 不同波长分量转换成倍频的时刻不一样. 例如, 图 9.7-2 所示的啁啾周期极化晶体, 短波长部分先转换, 长波长部分后转换, 可能导致脉冲的压缩或展宽. 如果脉冲含有正啁啾, 即长波长分量在前, 短波长分量在后, 转换后的脉冲可能被压缩.

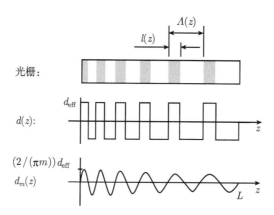

图 9.7-2 啁啾周期极化晶体示意图[19]

目前, 利用这种方法已经可以将 8.7fs 的脉冲倍频并压缩到小于 6fs 的水平, 实验装置见图 9.7-3. 脉冲在 CPPLT 晶体中不但被倍频, 而且同时被相位补偿, 导致脉冲压缩. 补偿后的光谱相位和重建的时域脉冲见图 9.7-4. 可以看出, 倍频后的带宽接近 100nm, 显示用啁啾周期极化晶体倍频, 不受晶体群速失配条件的限制. 图中看出还有一定的负二阶相位, 重建的脉冲也有一定啁啾.

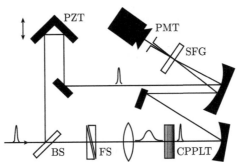

图 9.7-3　利用啁啾周期极化晶体倍频和互相关测量装置[20]

PZT, 压电换能器产生的时间延迟; BS, 分束片; FS, 可调谐熔融石英楔对; CPPLT, 啁啾周期极化的

钽酸锂; SFG, 和频晶体 (互相关用); PMT, 光电倍增管

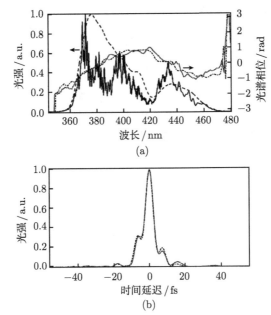

图 9.7-4　脉冲光谱和相位 (a) 及重建后的时域脉冲 (b)[18]

参 考 文 献

[1]　Yariv A. Quantum Electronics. New York: Wiley, 1967.

[2]　Diels J-C, Rudolph W. Ultrashort Laser Pulse Phenomena. San Diego: Academic Press, 1996.

[3]　Szabo G, Bor Z. Broadband frequency doubler for femtosecond pulses. Appl. Phys. B, 1990, 50(1): 51-54.

[4]　Reid G D, Wynne K. Ultrafast Laser Technology and Spectroscopy In Encyclopedia of

Analytical Chemistry. Meyers R A. Chichester: John Wiley & Sons Ltd, 2000.

[5] Potma E O. Intracellular Molecular Diffusion Probed with Nonlinear Optical Microscopy, PhD thesis. Groningen University, 2001.

[6] Potma E O, de Boeij W P, Maxim S, et al. 30-fs, cavity-dumped optical parametric oscillator. Opt. Lett., 23(22): 1763-1765.

[7] Reid D T, McGowan C, Sleat W, et al. Compact, efficient 344-MHz repetition-rate femtosecond optical parametric oscillator. Opt. Lett., 1997, 22(8): 525-527.

[8] Kobayashi T, Shirakawa A. Tunable visible and near-infrared pulse generator in a 5 fs regime. Appl. Phys. B., 2000, 70: S239-246.

[9] Nisoli M, Stagira S, De Silvestri S, et al. Parametric generation of high-energy 14.5-fs light pulses at 1.5μm. Opt. Lett., 1998, 23(8): 630-632.

[10] Cerullo G, De Silvestri S. Ultrafast optical parametric amplifiers. Rev. Sci. Instrum., 2003, 74(1): 1-18.

[11] Smith A V. Group-velocity-matched three-wave mixing in birefringent crystals. Opt. Lett., 2001, 26(10): 719-721.

[12] Danielius R, Piskarskas A., Di Trapani P, et al. Matching of group velocities by spatial walk-off in collinear three-wave interaction with tilted pulses. Opt. Lett., 1996, 21(13): 973-975.

[13] Baltuska A, Fuji T, Kobayashi T. Visible pulse compression to 4 fs by optical parametric amplification and programmable dispersion control. Opt. Lett., 2002, 27(5): 306-308.

[14] Ross I N, Matousek P, Towrie M, et al. The prospects for ultrashort pulse duration and ultrahigh intensity using optical parametric chirped pulse amplifiers. Opt. Comm., 1997, 144(1-3):125-133.

[15] Ross I N, Collier J L, Chekhlov O, et al. Vulcan OPCPA-Results from the first experiment. Central Laser Facility Annual Report 2002/2003, 190-192. http://www.clf.rl.ac.uk/Reports/2002-2003/pdf/76.pdf.

[16] Yang X, Xu Z, Leng Y, et al. Multiterawatt laser system based on optical parametric chirped pulse amplification. Opt. Lett., 2002, 27(13):1135-1137.

[17] Bates P. 5 fs high power OPCPA laser for attosecond pulse production. http://www.attosecond.org/ the%20project/light%20sources/few-cycle%20OPCPA%20source.asp.

[18] Schmidt B E, Thire N, Boivin M, et al. Frequency domain optical parametric amplification, Nature Communications, 2014, 5: 3643.

[19] Imeshev G, Arbore M A, Kasriel S, et al. Pulse shaping and compression by second-harmonic generation with quasi-phase-matching gratings in the presence of arbitrary dispersion. J. Opt. Soc. Am. B, 2000, 17(8): 1420-1437.

[20] Gallmann L, Steinmeyer G, Keller U, et al. Generation of sub-6-fs blue pulses by frequency doubling with quasi-phase-matching gratings. Opt. Lett., 2001, 26(9): 614-616.

第10章　飞秒激光脉冲压缩与整形技术

在飞秒时域内, 很多反应取决于脉冲的形状, 也有很多应用需要把振荡器输出的脉冲修改成特定的形状. 例如, 压缩脉冲可以提高脉冲峰值功率, 而相干多光子激发则需要控制脉冲相位和脉冲空间间隔. 阿秒脉冲的产生, 也依赖于脉冲宽度小于两个光学周期的飞秒激光, 也就是所谓的单周期量级脉冲.

在前几章里已经阐述了飞秒脉冲波形的线性和非线性光学过程. 这一章将着重介绍压缩脉冲及改变脉冲形状和相位的技术. 对于纳秒和皮秒脉冲的形状和相位成形来说, 只需用电驱动的脉冲成形装置即可, 如电光调制器. 但是, 飞秒脉冲成形则必须依赖全光学技术. 和以前讲的 CPA 放大器中的脉冲展宽与压缩不同, 这一章主要讲的是, 对已经是变换受限脉冲的光谱展宽和脉冲压缩. 这里可以通过用非线性效应展宽光谱, 再压缩.

利用 CPA 技术已经可以得到小于 20fs 并有数毫焦能量的脉冲. 但是要得到高能量单周期脉冲, 只用 CPA 就不行, 一是因为放大器的光谱带宽不支持更短的脉冲, 二是展宽器和压缩器的高阶色散也限制脉冲的进一步压缩. 因此需要采用腔外压缩的方法.

腔外压缩的主要步骤是首先将脉冲的光谱展宽到能够支持单周期脉冲, 然后补偿啁啾, 压缩获得傅里叶变换受限脉冲. 在腔外脉冲压缩的各种技术方案中, 最引人注目的是采用 $4f$ 系统的空间调制器 (spatial light modulator, SLM) 技术. 除了压缩脉冲, SLM 还可以对脉冲进行空间和时间的整形以及编码.

光脉冲压缩技术其实是模仿早已成熟的雷达脉冲整形技术, 将该技术转移到光学脉冲的压缩上还是 20 世纪 60 年代后期的事, 当时是用来压缩皮秒脉冲. 光学脉冲的压缩一般是分两步来完成. 第一步, 先假定输入傅里叶变换受限脉冲, 并在此脉冲上加一个相位调制 $\phi(t)$. 这个相位调制 $\phi(t)$ 可以从自相位调制得到. 这样, 这个脉冲在频率域就被展宽了, 而在时间域则是啁啾的. 它的时间域波形 $I(t)$ 一般没有改变, 或改变很少, 只是相位改变了. 正如我们在第 2 章所讲到的, 对于一个纯粹的色散非线性 (即 n_2 是实数, 无双光子吸收), 自相位调制并不改变脉冲形状, 而只是使光谱相位改变了. 第二步, 是通过色散延迟线补偿啁啾, 把脉冲压缩到傅里叶变换受限宽度.

本章着重介绍各种腔外脉冲光谱展宽–压缩的技术, 特别是主动调制和反馈型的脉冲压缩和整形技术.

10.1 普通光纤中的光谱扩展和脉冲压缩

利用光在单模光纤中的非线性作用展宽光谱, 是最早用来压缩脉冲的一种途径[1,2]. 1.2 节中介绍过, 飞秒脉冲在介质中受到非线性相互作用后, 光谱会被展宽, 同时, 光纤的色散作用也会使脉冲展宽或压缩. 因此, 为了获得宽带光谱, 光纤长度并不是越长越好, 而是有一个最佳长度. 第 1 章详细介绍了超短脉冲在介质中的非线性传输过程以及描述这个过程的非线性薛定谔方程. 本节将从这个基本方程出发, 推导出最佳光纤长度.

10.1.1 光纤中的脉冲非线性传播方程

1.3 节中, 我们复习了超短脉冲在透明介质中的各种非线性传播过程, 并引入非线性薛定谔方程. 本节, 我们暂时只考虑其中的自相位调制过程, 并考虑光纤中的色散. 在 $E(t,z)$ 为时间的缓变函数 (相对于光周期) 的近似下, 考虑非线性介质的极化矢量作为微扰项, 非线性薛定谔方程写为[3]

$$\frac{\partial}{\partial z}E - \mathrm{i}\frac{k''}{2}\frac{\partial^2}{\partial t^2}E = -\mathrm{i}\gamma|E|^2 E \tag{10.1-1}$$

其中, 非线性系数 $\gamma = n_2^{\mathrm{eff}}\omega/cA_{\mathrm{eff}}$, k'' 为介质的二阶色散. 与在体介质中传播不同, 此时的非线性折射率写为 n_2^{eff}, 其中 "有效" (eff) 表示:

(1) 有效折射率不仅取决于光纤纤芯材料的色散, 而且还取决于包层与芯的结构, 包括芯的形状和大小;

(2) 非线性折射率的作用应该对芯的面积取平均值;

(3) k'' 也与体介质中的有所不同.

有时比照孤子方程改写一下式 (10.1-1) 是很有用的. 设 $k'' = -t_{\mathrm{c}}^2/z_{\mathrm{c}}$, 并作一下代换, 令 $s = t/t_{\mathrm{c}}$, $\xi = z/z_{\mathrm{c}}$, $\bar{u} = \sqrt{\gamma z_{\mathrm{c}}}E$, 则传播方程变为

$$\frac{\partial}{\partial \xi}\bar{u} + \mathrm{i}\frac{1}{2}\frac{\partial^2}{\partial s^2}\bar{u} = -\mathrm{i}\gamma z_{\mathrm{c}}|\bar{u}|^2\bar{u} \tag{10.1-2}$$

如果把非线性折射率比为势能, 并把时间与位置轴交换的话, 式 (10.1-2) 在形式上类似于薛定谔方程. 因此, 这个方程叫做非线性薛定谔方程[1].

在单模光纤中传播的脉冲受非线性效应的影响非常大. 为了便于分析, 引入色散长度和非线性长度. 它们分别定义为 $L_{\mathrm{D}} = \tau_{\mathrm{p0}}^2/k''$, $L_{\mathrm{NL}} = (\gamma|E_0|^2)^{-1}$. 这两个量都含有介质和脉冲的信息. 在频域, 脉冲在单模光纤中的传播在 $k'' > 0$ 或 $k'' < 0$ 条件下是完全不同的. $k'' > 0$ 的介质中的传播可能导致脉冲压缩; $k'' < 0$ 的介质中的传播可能产生孤子传播效应.

10.1.2   正常色散介质 $k'' > 0$ 中的脉冲压缩

为了了解超短脉冲在介质中的传播, 必须解方程 (10.1-2). 该方程一般来说只能用数值方法求解. 图 10.1-1 是一个典型的解的图示. 这个结果可以解释如下: 群延色散先是展宽了初始脉冲, 因为 $k'' > 0$(正常色散), 长波长分量传播的速度要快一些, 并聚集在脉冲的前沿. 在脉冲前沿, 自相位调制又产生了新的频率, 这些新的频率分量更快地展宽了脉冲. 由于群延色散以及新频率分量易于发生在脉冲前沿, 频率随时间变化的关系逐渐发展成线性关系, 脉冲也演变成方波. 另一方面, 脉冲的展宽又减小了脉冲的强度, 使得自相位调制变得不那么强烈, 并最终达到脉冲光谱不再变化, 光纤就像普通的线性色散介质一样.

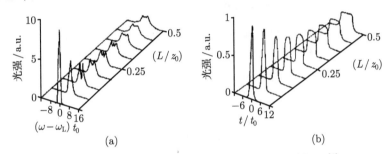

图 10.1-1   脉冲光谱 (a) 和包络在光纤中的传播 (b)[5]

(光纤长度 $z_0 = 0.5L_{\mathrm{D}}$)

在解非线性薛定谔方程之前, 先推导出两个比较简单的方程, 用来处理同时含有色散和介质非线性的问题. 为了简便, 假定脉冲在整个传播过程中都是线性啁啾的高斯型脉冲

$$E(z,t) = E_{\mathrm{m}}(z) \exp\{-[1 + \mathrm{i}a(z)](t/\tau_{\mathrm{G}})^2\} \tag{10.1-3}$$

其中

$$\tau_{\mathrm{G}}(z) = \sqrt{2\ln 2}\,\tau_{\mathrm{p}}(z) \tag{10.1-4}$$

以及

$$\tau_{\mathrm{G}}(z)\Delta\omega(z) = 4\ln 2\sqrt{1 + a^2(z)} \tag{10.1-5}$$

$$E_{\mathrm{m}}^2(z)\tau_{\mathrm{p}}(z) = E_{\mathrm{m}}^2(0)\tau_{\mathrm{p}}(0) \tag{10.1-6}$$

式 (10.1-5) 中的关系实际上是时间带宽积, 式 (10.1-6) 则反映了能量守恒定律. 对式 (10.1-5) 中的 $\tau_{\mathrm{p}}(z)$ 求导, 得到第一个方程

$$\frac{\mathrm{d}}{\mathrm{d}z}\tau_{\mathrm{p}}(z) = \frac{4\ln 2}{\tau_{\mathrm{p}}(z)}k''\sqrt{\frac{\tau_{\mathrm{p}}^2(z)\Delta\omega^2(z)}{(4\ln 2)^2} - 1} + \frac{\Delta\omega^2(z)k''^2}{\tau_{\mathrm{p}}(z)}z \tag{10.1-7}$$

另一个方程是由于自相位调制造成的脉冲谱的方程. 假定啁啾系数是 $a = 0.5\delta\omega\tau_{\mathrm{p}}/(4\ln 2)$, 这里因子 0.5 是考虑到实际的啁啾并不是单调的. 式 (10.1-5) 和 (10.1-6) 加上这个啁啾系数, 导出光谱变化的方程如下

$$\frac{\mathrm{d}}{\mathrm{d}z}\Delta\omega(z) = \frac{\ln 2}{\tau_{\mathrm{p}}^3(z)}\left(\frac{\tau_{\mathrm{p0}}}{L_{\mathrm{NL}}}\right)^2\frac{z}{\sqrt{1+[\tau_{\mathrm{p0}}/4\tau_{\mathrm{p}}(z)]^2(z/L_{\mathrm{NL}})^2}} \tag{10.1-8}$$

此外, 再定义归一化的脉宽 $\alpha = \tau_{\mathrm{p}}(z)/\tau_{\mathrm{p0}}$ 和归一化的谱宽 $\beta = \Delta\omega(z)/\Delta\omega_0$ ($\Delta\omega_0 = 4\ln 2/\tau_{\mathrm{p0}}$), 以及归一化的传播距离 $\xi = z/L_{\mathrm{D}}$. 这样, 以上两个方程就可以重写为

$$\frac{\mathrm{d}\alpha}{\mathrm{d}\xi} = \frac{4\ln 2}{\alpha}\sqrt{\alpha^2\beta^2-1} + (4\ln 2)^2\frac{\beta^2}{\alpha}\xi \xrightarrow{\xi\gg 1} 4\ln 2\beta\left(1+\frac{4\ln 2}{\alpha}\xi\right) \tag{10.1-9}$$

$$\frac{\mathrm{d}\beta}{\mathrm{d}\xi} = \frac{1}{4\alpha^3}\xi\left(\frac{L_{\mathrm{D}}}{L_{\mathrm{NL}}}\right)\left[1+\frac{1}{4}\left(\frac{\xi}{\alpha}\right)^2\left(\frac{L_{\mathrm{D}}}{L_{\mathrm{NL}}}\right)^2\right]^{-1/2} \xrightarrow{\xi\gg 1} \frac{L_{\mathrm{D}}}{L_{\mathrm{NL}}}\frac{1}{\alpha^2} \tag{10.1-10}$$

初始条件是 $\alpha(\xi=0)=1$ 及 $\beta(\xi=0)=1$. 有趣的是, 脉冲和光纤的参数在方程中只表现为 $L_{\mathrm{D}}/L_{\mathrm{NL}}$. 这组常微分方程可以用数值积分做出来. 对于熔融石英光纤来说, $k'' \approx 6 \times 10^4\mathrm{fs}^2/\mathrm{m}$, $n_2 \approx 3.2 \times 10^{-16}\mathrm{cm}^2/\mathrm{W}$, 有效芯面积是 $10\mu\mathrm{m}^2$, 设入射脉冲是 500fs, 波长是 600nm, 峰值功率是 12kW, 则有 $L_{\mathrm{D}}/L_{\mathrm{NL}} = 1600$, 其中 $L_{\mathrm{D}} \approx 4.2\mathrm{m}$, $L_{\mathrm{NL}} \approx 0.0026\mathrm{m}$, 方程 (10.1-9) 和 (10.1-10) 的解由图 10.1-2 表示. 可以看到, 光谱展宽有一个类似饱和的特性, 而脉宽的展宽基本上呈线性. 在这个例子中, 光谱展宽倍数约为 20, 这就限制了可能被压缩的脉冲的宽度.

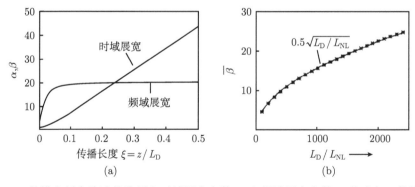

图 10.1-2　单模光纤中脉冲的传播和时域展宽参数 α 和频域展宽参数 β 作为归一化的传播长度 $\xi = z/L_{\mathrm{D}}$ 的函数 (其中 $L_{\mathrm{D}}/L_{\mathrm{NL}} = 1600$)(a), 以及渐近光谱展宽参数 $\bar{\beta}$ 作为 $L_{\mathrm{D}}/L_{\mathrm{NL}}$ 的函数 (b)[5]

　　为了压缩脉冲, 需要极大地展宽脉冲光谱. 但是图 10.1-2 说明并不需要特别长的光纤, 这是因为光谱展宽在一个有限的长度 L_{F} 内已经基本完成. 为了获得最

大的光谱展宽 β_{m} 与 L_{F} 的近似关系式, 可以这样做: 先用微扰法解出式 (10.1-9) 和 (10.1-10) 的渐近解, 然后把 $\beta = \beta_{\mathrm{m}}$ 代入式 (10.1-9), 这样就得到一个时间展宽 $\alpha = 2(\sqrt{5}+1)\ln 2 \times \xi\beta_{\mathrm{m}}$, 之后再将这个解再代入式 (10.1-10), 以 ξ_{F} 和 ∞ 为积分上下限积分式 (10.1-10) 得到

$$\beta_{\mathrm{m}} - \beta(\xi_{\mathrm{F}}) \approx \frac{L_{\mathrm{D}}}{L_{\mathrm{NL}}}\frac{1}{20\beta_{\mathrm{m}}}\frac{1}{\xi_{\mathrm{F}}} \tag{10.1-11}$$

若选择 $\xi_{\mathrm{F}} = L_{\mathrm{F}}/L_{\mathrm{D}}$, 并设此时的 $\beta(\xi_{\mathrm{F}}) = m\beta_{\mathrm{m}}$, m 可以用百分数表示, 则得

$$\beta_{\mathrm{m}}^3 L_{\mathrm{F}}\frac{L_{\mathrm{NL}}}{L_{\mathrm{D}}^2} \approx \frac{1}{20(1-m)} \tag{10.1-12}$$

图 10.1-3 表示的是式 (10.1-11) 和 (10.1-12) 的数值解. 这个解给出 β_{m} 与 L_{D} 和 L_{NL} 的关系

$$K_{\mathrm{c}} = \frac{\Delta\omega_{\mathrm{out}}}{\Delta\omega_{\mathrm{in}}} \approx \beta_{\mathrm{m}} \approx 0.5\sqrt{\frac{L_{\mathrm{D}}}{L_{\mathrm{NL}}}} \tag{10.1-13}$$

为了满足式 (10.1-12), 即 $\beta_{\mathrm{m}}^3 L_{\mathrm{F}}L_{\mathrm{NL}}/L_{\mathrm{D}}^2 = \mathrm{const.}$, 利用式 (10.1-13), L_{F} 应该正比于

$$L_{\mathrm{F}} \propto \sqrt{L_{\mathrm{D}}L_{\mathrm{NL}}} \tag{10.1-14}$$

在这个例子中, 光谱达到最大展宽的 95% 时, $L_{\mathrm{F}} = 2.9\sqrt{L_{\mathrm{D}}L_{\mathrm{NL}}} \approx 43\mathrm{cm}$, 这与图 10.1-2 吻合.

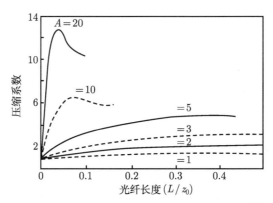

图 10.1-3   最佳压缩系数作为光纤长度的函数[5]

符号 $A \approx 0.6\sqrt{L_{\mathrm{D}}/L_{\mathrm{NL}}}$, $z_0 \approx 0.5L_{\mathrm{D}}$

Meinel[4] 用逆散射法发现了一个近似解析式来描述脉冲通过长度为 L 的光纤后的脉宽

$$E(t) = \begin{cases} E_{\mathrm{m}}e^{ia(t/\tau_{\mathrm{L}})^2}, & |t| \leqslant \tau_{\mathrm{L}}/2 \\ 0, & |t| > 0 \end{cases} \tag{10.1-15}$$

其中

$$a \approx 0.7\frac{\tau_{\mathrm{L}}}{\tau_{\mathrm{p}0}}\sqrt{\frac{L_{\mathrm{D}}}{L_{\mathrm{NL}}}} \tag{10.1-16}$$

$$\tau_{\mathrm{L}} \approx 2.9\frac{L}{\sqrt{L_{\mathrm{D}}L_{\mathrm{NL}}}}\tau_{\mathrm{p}0} \tag{10.1-17}$$

为了用光栅或棱镜压缩这个脉冲, 其线性啁啾系数应该是

$$\frac{\varphi''}{L(p,g)} = \frac{\tau_{\mathrm{L}}^2}{4a(1 + 22.5/\tau_{\mathrm{L}}^2)} \tag{10.1-18}$$

其中, $L(p,g)$ 表示棱镜或光栅间距. 事实上, 获得最短脉冲与获得质量最好的脉冲 (没有基底的脉冲) 的条件不能同时满足, 因此一定有一个最佳的光纤长度. Tomlinson 等[5] 通过数值解的方法求解非线性薛定谔方程发现, 这个最佳长度是

$$L_{\mathrm{opt}} \approx 1.4\sqrt{L_{\mathrm{D}}L_{\mathrm{NL}}} \tag{10.1-19}$$

在这个长度下, 其压缩系数是

$$K_{\mathrm{c}} \approx 0.37\sqrt{\frac{L_{\mathrm{D}}}{L_{\mathrm{NL}}}} \tag{10.1-20}$$

图 10.1-3 表示最佳压缩系数作为光纤长度的函数. 为了获得很大的压缩, 即较大的 $L_{\mathrm{D}}/L_{\mathrm{NL}}$ 值, 入射脉冲必须具有足够的功率. 为了压缩到飞秒量级, 脉冲的峰值功率必须在千瓦以上, 而且峰值功率越高, 所需的光纤就越短. 例如, 对于峰值功率为 100W 的 Nd:YAG 激光脉冲, 把脉冲从 100ps 压缩到 2ps 需要 2km 长的光纤; 而对于峰值功率为 100kW 的激光脉冲, 从 65fs 压缩到 16fs 则只需要 8mm 的光纤. 最初的 6fs 脉冲, 就是 Fork 等在入射脉冲的峰值功率为 300kW, 脉宽为 65fs 的条件下获得的[2]. 荷兰格罗宁根大学的 Wiersma 小组[6] 用类似的方法把脉冲压缩到 < 5fs 的水平. 图 10.1-4 是 Wiersma 等用光纤展宽腔倒空的锁模脉冲光谱, 以及棱镜对和负色散镜压缩脉冲的结构示意图.

以上只考虑到线性啁啾. 对于如此宽的光谱, 除了补偿线性啁啾, 还要补偿三阶色散, 如第 2 章所述. 另外, 还有其他线性和非线性效应也需要考虑, 例如, 拉曼散射、克尔效应等, 详见参考文献 [1]. 以上分析虽然是针对普通光纤的, 但对其他类型的光纤, 例如, 下几节讲到的光子晶体光纤、中空光纤等也适用.

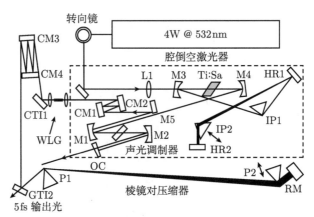

图 10.1-4　应用短光纤展宽光谱, 并用棱镜对和啁啾镜补偿色散的脉冲压缩系统[6]

输入脉冲是从腔倒空的锁模钛宝石激光器发出的, 压缩后的脉冲是 5fs. 图中, M1~M5: 腔镜;

CM1~CM4: 啁啾镜; IP1, IP2: 腔内棱镜; HR1, HR2: 高反镜; RM: 直角反射镜; OC: 输出耦合镜;

GTI1, GTI2: GT 干涉色散补偿镜; WLG: 白光发生装置; L1: 透镜[6]

10.1.3　反常色散介质 $k'' < 0$ 中的孤子脉冲

对于石英光纤, 在大于 1300nm 的光谱区域, 非线性效应和色散具有相反的符号, 脉冲的传播具有完全不同的性质. 此时非线性薛定谔方程的解预言, 脉冲在光纤中保持波形不变, 或周期性重复, 这就是所谓的光孤子. 孤子现象可以解释如下: 非线性折射率造成光谱展宽以及正啁啾, 但是因为光纤中 $k'' < 0$, 在脉冲尾部产生的低频分量比在脉冲前沿产生的高频分量传播得快, 啁啾与色散相互抵消. 当然, 只有对特定脉冲和光纤, 啁啾与色散才能完全抵消.

本书 1.5 节中通过解非线性薛定谔方程, 描述了光孤子在反常色散介质中传播的规律. 下面粗略估算孤子产生的条件. 色散的效果是脉冲展宽和下啁啾. 脉冲的相位对时间的导数的变化可以写为

$$\Delta \frac{\partial^2 \phi(t)}{\partial t^2} = \frac{4k''}{\tau_{\text{G0}}^4} \Delta z \tag{10.1-21}$$

其中, 我们假设了高斯脉冲. 而自相位调制引起的啁啾是

$$\Delta \frac{\partial^2 \phi(t)}{\partial t^2} = -\frac{2\pi}{\lambda} n_2 \frac{\partial^2 I}{\partial t^2} \Delta z \tag{10.1-22}$$

比较上两式得出

$$I_{0\text{m}} \tau_{\text{G0}}^2 = \frac{\lambda k''}{\pi n_2} \tag{10.1-23}$$

其中, $I_{0\text{m}}$ 是脉冲的峰值强度. 只包含反常色散和自相位调制的非线性薛定谔方程

的解析解是双曲正割型, 称为孤子

$$|E(s)| = \frac{N}{\sqrt{z_{c}\gamma}}\mathrm{sech}(s) \tag{10.1-24}$$

其中, N 是整数, 代表孤子的级次; $z_{c} \approx \tau_{p0}^{2}/(1.76k'')^{2} = L_{D}/1.76^{2}$. $N = 1$ 时脉冲以不变的波形在光纤中传播, 称为 "基阶孤子", 此时自相位调制与色散严格抵消. 这个基阶孤子脉冲的波形是

$$E(s) = \frac{1}{\sqrt{z_{c}\gamma}}\mathrm{sech}(s)\mathrm{e}^{-\mathrm{i}\xi/2} \tag{10.1-25}$$

$N \geqslant 2$ 时脉冲周期性地重复其波形. 这个周期是

$$L_{p} = \pi z_{c}/2 \tag{10.1-26}$$

需要说明的是, 一个无啁啾的任意入射脉冲, 只要它的能量足够大, 总会演变成孤子脉冲. 孤子的级次 N 取决于入射脉冲的功率. 孤子的形成过程可以这样描述: 当脉冲传播了一定距离后, 先导致一个很大的压缩, 此后, 不管接下来的行为多么复杂, 只要入射脉冲的强度 $N > 1$, 最终都会演变成孤子脉冲. 脉冲的能量越高, 孤子的级次 N 就越高. 已经观察到脉冲压缩到原来的 1/30 的例子. Guveia-Neto 等[7] 把波长为 1.32μm, 脉宽为 90ps 的 YAG 激光器输出的光脉冲通过一段 200m 长的零色散波长为 1.5μm 的光纤 (对 1.32μm 波长是正色散) 和光栅对压缩到 1.5ps, 再通过一段 20m 长的零色散波长为 1.27μm 的光纤将脉冲压缩到 33fs. 第二段光纤中孤子级次是 $N=12$, 单脉冲能量只有 0.5nJ.

利用反常色散压缩脉冲的缺点是: 由于孤子效应, 入射光脉冲总会演变为孤子, 过高的能量会产生高阶孤子, 即脉冲分裂. 因此, 很少利用反常色散光纤进行光谱展宽. 但是近年来光子晶体光纤的发展给在反常色散或零色散附近展宽光谱提供了新的例证.

10.2 光子晶体光纤中的白光产生与脉冲压缩

虽然超短脉冲在正常色散的单模光纤可以产生超连续光, 但是由于色散作用, 脉冲会不断展宽, 导致非线性效应逐渐减弱, 因此对于一段光纤来说, 有一个最佳长度. 为了在低脉冲能量下获得更宽的超连续光谱, 人们发明了新型光纤——光子晶体光纤和锥形光纤中产生超连续光的技术, 并测试了其压缩脉冲的可能性.

10.2.1 光子晶体光纤中的白光产生

光子晶体光纤 (photonic crystal fiber, PCF), 又叫作微结构光纤 (microstructure fiber, MF)、多孔光纤 (holey fiber, HF)[8,9], 是一种由单一物质构成, 在光纤横截面

向上排列 (通常为规则的六角形) 着波长量级的空气孔阵列构成包层的新型光纤. 包层的这种微结构使得光子晶体光纤能够呈现出在传统光纤中难以实现的特性, 包括在极宽谱带内支持单模传输[8]、强烈的非线性效应[10]、在可见光和近红外波段可以呈现反常色散[11]、极强的双折射效应[12] 等.

在电子扫描显微镜下观察时, 光子晶体光纤的端面如图 10.2-1 所示. 光子晶体光纤又可以分为折射率引导型 (index-guiding) (图 10.2-1(a)) 和带隙波导型 (图 10.2-1(b)), 前者的传输机理是改进的全内反射 (modified total internal reflection), 后者利用的是光子带隙效应 (photonic bandgap effect).

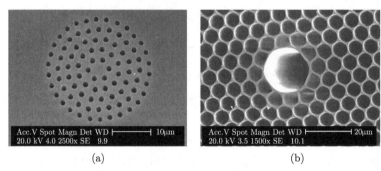

图 10.2-1　折射率引导型光子晶体光纤 (a), 带隙波导型光子晶体光纤 (b)

包层的周期结构不仅能改变单模特性, 而且也能在很大程度上改变光纤的波导色散. 由于光纤的色散是波导色散和材料色散的叠加. 所以, 通过控制和设计光子晶体光纤包层折射率的周期 Λ 和占空比 d/Λ(图 10.2-2), 就可以得到不同的零色散波长, 零色散波长甚至可以蓝移至可见光或近红外波段. 同时, 通过色散的控制, 还可在极宽波段范围内使色散保持很小的绝对值.

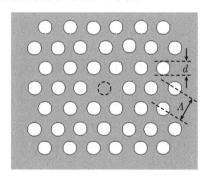

图 10.2-2　计算光子晶体光纤的模型

参数 d 是空气孔的直径, Λ 是空气孔的周期[14]

光子晶体光纤横截面上不同部分折射率不同, 并且在界面上发生突变, 因此矢

量波动方程

$$(\nabla^2 + k_0^2 n^2 - \beta^2) \boldsymbol{E} = -(\nabla - \mathrm{j}\beta z)\boldsymbol{E}\nabla\ln n^2 \tag{10.2-1}$$

可以写成对折射率不同的空气或者介质部分的齐次标量波动方程

$$\left(\nabla_i + k_0^2 n_i^2 - \beta^2\right) E = 0 \tag{10.2-2}$$

式中, 下标为区域编号. 在这一过程中, 折射率的突变并不直接在波动方程中反映出来, 从而给方程求解带来很大的方便. 计算可以得出光纤的模场分布及其基模的有效折射率曲线. 经验证明这是研究各种光子晶体光纤的有效方法. 占空比 d/Λ 作为参数的有效传播常数随归一化频率的关系如图 10.2-3 所示. 光在很宽的频率范围内都保持恒定的传播常数, 而无截止频率. 尤其需要指出, 对于较小的占空比, 光在光子晶体光纤中总是单模传输的, 这就是无截止单模特性.

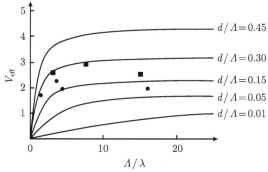

图 10.2-3 有效传播常数和归一化频率的关系

其中圆点是单模传输的实验值, 方点是多模传输的实验值[15], 对于 d/Λ 比较小的参数,
光纤总是单模传输的

光子晶体光纤典型的色散曲线如图 10.2-4 所示. 光子晶体光纤的可设计性能够让其为几乎所有超短脉冲激光提供适当的负色散, 超短脉冲激光在光子晶体光纤内传播时, 形成孤子传输, 峰值功率可以保持较小的变化, 这实际上增强了光纤中的各种非线性效应. 在自相位调制、交叉相位调制、拉曼散射和四波混频等非线性效应作用下, 超短脉冲的光谱不断展宽, 新的光谱成分不断增加, 最后便产生从紫外到红外的超连续白光. 色散曲线的形状和大小决定了超连续白光的产生过程和最终所能够得到的超连续光谱的宽度. 与强飞秒脉冲与固体、气体和液体相互作用产生的超连续白光能量集中于飞秒脉冲原有的中心频率附近不同, 在光子晶体光纤中产生的超连续白光的能量比较均匀地分布在超连续谱的各个分量上, 形成相对均匀且近似方波的谱型, 这种超连续光谱相对来说更具有实用性.

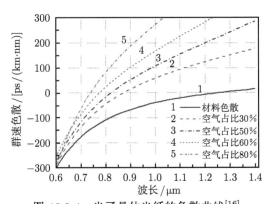

图 10.2-4　光子晶体光纤的色散曲线[16]

光纤参数的变化引起色散的变化和零色散波长的漂移

　　超短激光脉冲在介质中的非线性过程, 常用缓变振幅的非线性薛定谔方程求解. 在光子晶体光纤中, 由于高阶色散的存在, 形成的高阶孤子很容易受到微扰而发生分裂, 每个分裂的孤子都会伴随一个相位匹配的蓝移非孤子辐射, 因为基阶孤子具有不同的中心频率, 相位匹配的辐射也出现在不同的频率并且一直延伸到紫外. 为了描述这个效应, 需要用所谓电场的前向传播一阶方程. 这个电场的前向传播一阶方程不受缓变振幅近似和色散泰勒展开的约束. 缓变振幅近似的麦克斯韦方程可用有限微分的时域方法求解, 但是这种方法需要大量的数值计算, 这就限制了可能计算的传播长度. 忽略后向传播, 且设随频率变化的折射率接近 1, Husakou 等推导出一个较为简单的所谓简化的前向波麦克斯韦方程 (forward Maxwell equation)[17], 其允许得到更长的传播长度的数值解. 光场 $\boldsymbol{E}$ 定义为以下形式:

$$\boldsymbol{E}\left(\boldsymbol{r}, \omega\right) = \int_{-\infty}^{\infty} \boldsymbol{E}\left(\boldsymbol{r}, t\right) \exp\left(\mathrm{i}\omega t\right) \mathrm{d}t \tag{10.2-3}$$

其所遵循的波动方程为

$$\frac{\partial^2 \boldsymbol{E}\left(\boldsymbol{r}, \omega\right)}{\partial z^2} + k^2\left(\omega\right) \boldsymbol{E}\left(\boldsymbol{r}, \omega\right) = -\Delta_{\perp} \boldsymbol{E}\left(\boldsymbol{r}, \omega\right) - \mu_0 \omega^2 \boldsymbol{P}_{\mathrm{NL}}\left(\boldsymbol{r}, \omega\right) \tag{10.2-4}$$

$$\frac{\partial^2}{\partial z^2} + k\left(\omega\right)^2 = \left[\frac{\partial}{\partial z} - \mathrm{i}k\left(\omega\right)\right]\left[\frac{\partial}{\partial z} + \mathrm{i}k\left(\omega\right)\right] \tag{10.2-5}$$

且忽略后向反射, 则有

$$\frac{\partial \boldsymbol{E}\left(\boldsymbol{r}, \omega\right)}{\partial z} \approx -\mathrm{i}k\left(\omega\right) \boldsymbol{E}\left(\boldsymbol{r}, \omega\right) \tag{10.2-6}$$

引入延迟坐标系, $\xi = z$ 和 $\eta = t - z/c$

$$\frac{\partial \boldsymbol{E}\left(\boldsymbol{r}, \omega\right)}{\partial \xi} = \mathrm{i}\frac{\left[n\left(\omega\right) - 1\right]\omega}{c} \boldsymbol{E}\left(\boldsymbol{r}, \omega\right) + \frac{\mathrm{i}}{2k\left(\omega\right)}\Delta_{\perp} \boldsymbol{E}\left(\boldsymbol{r}, \omega\right) + \frac{\mu_0 \omega c}{2n\left(\omega\right)} \boldsymbol{P}_{\mathrm{NL}}\left(\boldsymbol{r}, \omega\right) \tag{10.2-7}$$

电场的形式可以写为 $\boldsymbol{E}(x,y,z,\omega) = \boldsymbol{F}(x,y,\omega)\tilde{E}(z,\omega)$, 其中 $\boldsymbol{F}(x,y,\omega)$ 满足亥姆霍兹方程

$$\Delta_\perp \boldsymbol{F} + k(\omega)^2 \boldsymbol{F} = \beta(\omega)^2 \boldsymbol{F} \tag{10.2-8}$$

β 是光子晶体光纤基模的传播常数.

超短脉冲在光子晶体光纤内传播并产生超连续光谱可以由上述方程 (如用分步傅里叶法) 进行数值分析, 并用高阶孤子理论和高阶孤子演变过程合理解释. 孤子的阶数由下式定义

$$N = \sqrt{n_2 I_0 \omega_0 \tau_{\mathrm{p}}^2 L / |D| c} \tag{10.2-9}$$

式 (10.2-9) 表示, 当入射的飞秒脉冲位于反常色散区时, 脉宽 τ_{p} 较宽的脉冲对应于高阶孤子阶数 N, 相对窄的脉冲对应于低阶孤子, 所以在相同功率下, 较宽脉冲产生的超连续光谱可以比窄脉冲时更宽, 窄脉冲反而不能获得宽的光谱. 数值模拟给出的物理图像如图 10.2-5 所示. 超连续光谱的产生机理被解释为高阶孤子裂变 (fission) 和四波混频. 在脉宽较宽时, 孤子的阶数更大, N 阶孤子裂变为 N 个孤子脉冲. 这些脉冲具有不同的红移中心频率和不同的群速度. 分裂后的每个脉冲都发出与入射脉冲位相匹配的非孤子蓝移辐射, 而同时向红外方向移动, 直到形成稳定状态. 实验结果与模拟 (图 12.2-6) 证实了 100fs 入射脉冲比 30fs 入射脉冲扩谱更宽. 当然, 式 (10.2-9) 还告诉我们, 在短脉冲和高功率时, 利用同样的机制也可以获得较宽的连续光谱 (图 10.2-7).

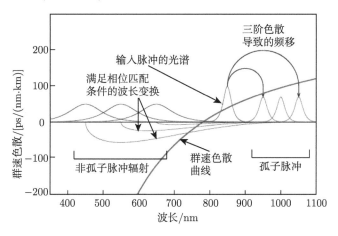

图 10.2-5 光子晶体光纤中超连续谱产生机制示意图 [18]

除了脉冲的功率和脉宽, 数值模拟结果显示, 脉冲的中心频率相对于零色散点的位置也起决定性作用. 模拟结果表明当入射脉冲频率在靠近零色散点的反常色散区时, $\omega = 0.6\omega_{\mathrm{ZD}}$(长波长), 光谱包络的展宽主要由高阶色散决定, 三阶色散和

自相位调制的相互作用决定了光谱短波波段的宽度, 同时限制了长波方向的相对展宽. 而入射脉冲频率在正常色散情况下 ($\omega_0 = 1.37\omega_{ZD}$, 短波长), 只发现 SPM 起作用, 光谱的展宽比高阶孤子状态小了一个数量级, 这个数值结果如图 10.2-8 所示. 以上计算结果已经得到实验验证[18].

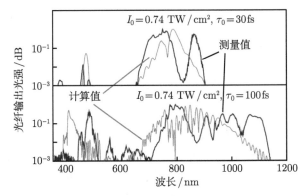

图 10.2-6   两种脉冲宽度下的超连续光谱测量和理论模拟曲线的对比 [18]

脉冲参数如图中标明

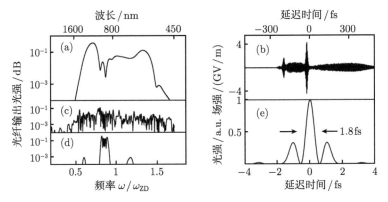

图 10.2-7   高能量和窄脉冲的输出光谱的模拟结果

脉冲强度 $I_0 = 3.3\text{TW}$, 脉宽 $\tau_p = 10\text{fs}$, (a) 光谱; (b) 时域脉冲波形, 显示孤子裂变产生的超宽带光谱; (d) 和 (c) 是 200fs 入射脉冲的光谱演化, 表示四波混频对光谱展宽的作用; (e) 是用 $4f$ 相位补偿系统压缩脉冲的可能的亚周期波形. 图中对应的传播长度 (a) 1.5mm, (b) 15mm, (c) 9mm, (d) 4.5mm, (e) 9mm

10.2.2   锥形光纤中的白光产生

虽然可以利用光子晶体得到能量均匀的超连续光谱, 但是光子晶体光纤的制作工艺相对复杂, 而且由于芯径一般很小, 超短脉冲耦合进入光子晶体光纤的耦合效率往往很低, 且其与普通光纤的连接也不方便. 这些缺点影响了光子晶体光纤超连续白光在实际中的应用. 通过上一节的讨论可知, 在光纤中产生均匀超连续白光的要素主要是: 零色散波长的蓝移和色散绝对值的减小. 如果满足了这些特点, 即使不用光子晶体光纤也可以产生超连续白光. 因此, 有人提出了图 10.2-9 所示的锥形光纤结构[19].

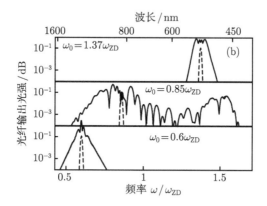

图 10.2-8　输入脉冲的频率对输出光谱的影响

光纤长度 5mm, 输入脉冲功率 $I_0 = 0.6$TW, 脉宽 $\tau_p = 100$fs; 初始频率从上到下依次为 $1.37\omega_{ZD}$, $0.85\omega_{ZD}$ 和 $0.60\omega_{ZD}$

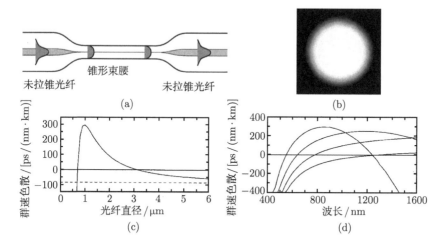

图 10.2-9　光纤锥的结构图 (a); 近场模式 (b); 光纤锥的色散在波长 850nm 处随光纤锥腰直径的变化 (c); 光纤锥的群速色散随波长的变化, 曲线从左至右分别是直径为 1.0μm、1.2μm、2.5μm 和石英材料的群速色散 (d)[18]

锥形光纤中光的传播过程是这样的: 在光纤的起始阶段, 光以纤芯模式传播, 大部分能量都被限制在纤芯内. 随着光纤变细, 包层和芯之间的折射率差不足以把能量限制在纤芯内, 光开始扩散到包层中, 并以包层模式传播. 此时, 光场是被包层和空气界面限制. 结果, 因为相对大的包层光纤直径, 光能量在包层中重新分布, 光脉冲的强度随之减小; 随着光纤进一步变细, 包层内的光强再次逐渐变强, 并且在光纤最细处达到最大. 传播模式从芯模过渡到包层模的位置, 称为芯模截止点. 而在锥形光纤的另一端, 传播过程是进入拉锥区情况的反过程.

理论计算和实验都已验证, 在锥形光纤结构中, 零色散波长具有随光纤锥腰半径变化而变化的特点, 而且色散曲线也和光子晶体光纤的色散曲线类似. 这是因为锥形光纤的锥腰部分相当于空气包层的光纤, 即在光子晶体光纤中的空气占空比无限大的情况. 因此, 超短脉冲的传播显示出与在光子晶体光纤中的同样的传播特性, 即光脉冲的光谱被极大地展宽了, 而且入射激光的平均功率对展宽后的光谱影响很大 (图 10.2-10).

锥形光纤的优点是可以在实验室条件下用标准的单模通信光纤拉制而成. 先将光纤的保护层去掉, 在火焰上一边加热, 一边拉伸, 同时在光纤的另一端监视输出信号. 光纤的加热长度和拉伸力度最好在计算机控制之下进行, 以使锥腰达到预期尺寸. 锥形光纤的另一个优点是输入和输出端芯径与普通单模光纤相同, 耦合效率较光子晶体光纤高, 因此得到广泛的应用.

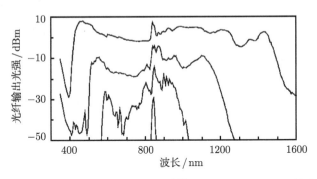

图 10.2-10   超连续光谱随入射脉冲功率的变化[18], 从内到外分别是入射脉冲光谱功率为
60mW、210mW、380mW

10.2.3   白光脉冲压缩

由于光子晶体光纤能获得极宽的光谱展宽, 因此为压缩到单光子周期提供了很大的可能性. 然而理论模拟[20] 和实验[21] 都证明光子晶体光纤产生的超连续中含有的精细结构对输入脉冲的功率抖动和时间抖动都十分敏感. G. Chang 等的压缩模拟说明光子晶体光纤中光谱的展宽过程分为三步: 首先是到达初始展宽的阈值, 然后是到达强烈展宽以及光谱饱和展宽的阈值. 在开始阶段, 精细结构呈指数增长, 而在饱和之后, 则变得缓慢. 这种精细结构会影响压缩之后的脉冲宽度以及稳定性,

为了获得稳定的压缩脉冲, 必须优化传输距离. 更多的实验则只是利用微结构光纤的无截止单模特性, 通过自相位调制展宽光谱, 而入射光的中心波长仍然在光纤的正色散区[22]. T. Sudmeyer 等就是利用大模场面积的光子晶体光纤的自相位展宽光谱, 然后利用棱镜对压缩, 获得了具有很好空间质量的压缩脉冲. 类似的实验 G. McConnell 等以及 S. Lako 等都做了报道[23,24], 但都只利用在光子晶体光纤中的自相位调制产生的光谱展宽, 并将这种线性啁啾通过棱镜对等简单的压缩装置来获得压缩脉冲. 光子晶体光纤在多种非线性效应的共同作用下产生的超宽光谱具有的非线性啁啾是一个很难解决的问题, 利用 SLM 和 4f 相位补偿系统可能补偿比较复杂的色散. 但是 4f 系统的总体透射率较低 (10%~20%), 加上光子晶体光纤的较低的超连续输出功率, 压缩后的脉冲很难测量.

北海道大学山下幹雄领导的小组利用 800mW 输出的钛宝石激光器, 用反射式物镜耦合到 2cm 长的光子晶体光纤, 获得 300mW 的白光输出. 经过 SLM 压缩得到 6.8fs 的脉冲[25]. 尽管脉冲宽度还远未达到带宽受限的程度, 但提高光子晶体光纤的透射率和降低 4f 系统的损耗, 必将使单周期脉冲压缩成为现实.

10.3　充气中空光波导中的光谱展宽与脉冲压缩

在 10.1 节和 10.2 节中已分别介绍了普通玻璃光纤和特殊玻璃光纤 (锥形光纤及光子晶体光纤) 中宽带光谱的产生. 光纤压缩的缺点是, 光纤只允许很小的脉冲能量通过, 对于飞秒脉冲来说, 能量不应超过数十纳焦. 非线性光学和强场光学的应用都需要高能量、单周期量级的脉冲, 因此用实芯光纤来展宽光谱是不太可能的. 2002 年, 东京大学的小林孝嘉研究组运用非线性光学参量放大器得到 4fs 脉冲, 能量达到 500nJ. 但是, 进一步的脉冲压缩却因许多问题受到了限制, 其中包括光谱带宽不够宽, 超宽带脉冲难于做到相位匹配, 高阶空间啁啾难以补偿, SHG-FROG 测量中的非线性晶体存在滤波效应等. 实现单周期脉冲的关键技术在于, 超越一个倍频程的超宽带脉冲的产生, 对它的相位和振幅特性的测量以及对它的精确的相位补偿.

1996 年发展起来的用强激光脉冲通过充有高压惰性气体的中空光纤从而产生超宽带光谱[26] 被证明是唯一的产生高能量单周期脉冲的技术. 这个技术的优点是, 它可以采用大孔径单模波导以及高多光子电离阈值的气体. 中空光纤具有传输效率高, 相互作用长度长和空间模式好的优点. 已经证明, 此种光纤可以处理能量为数百微焦的脉冲[27]. 在中空光纤中充入惰性气体是因为其具有如下优点: ① 电离阈值较高; ② 在不是太高的气压下就有很好的电子三阶非线性效应; ③ 非线性效应可以由气压控制.

10.3.1　惰性气体的折射率

1. 惰性气体的非线性折射率

根据第一章式 (1.4-8), 气体的折射率 n 可以写成如下形式:

$$n = n_0 + n_2 |E|^2 = n_0 + n_2 I \qquad (10.3\text{-}1)$$

其中, n_0 为线性折射率; n_2 为非线性折射率, $n_2 = 3\chi^{(3)}/4\varepsilon_0 c n_0^2$; I 为光场强度.

不同的惰性气体, 具有不同的非线性极化率 $\chi^{(3)}$ 和非线性折射率 n_2, 在标准条件下 (大气压 $p_0 = 1\text{atm}$, 温度 $T_0 = 0°\text{C}$, 设非线性折射率为 $\bar{n}_2$), 数值如表 10.3-1 所示[28].

表 10.3-1　惰性气体的非线性极化率和非线性折射率[28]

气体	$\chi^{(3)}/(10^{-28}\text{m}^2/\text{V}^2)$	$\bar{n}_2/(10^{-24}\text{m}^2/\text{W})$
氖气 (Ne)	6.2	0.74
氩气 (Ar)	80.6	9.8
氪气 (Kr)	220	27.8
氙气 (Xe)	646	81

在非标准条件下, 非线性极化率 $\chi^{(3)}$ 和气体分子数量 N 成正比, 由于气体分子数量

$$N = N_0 \cdot p \cdot T_0/(p_0 \cdot T) = N_0 \cdot \text{DF} \qquad (10.3\text{-}2)$$

式中, N_0 为在标准条件下的气体分子数量; DF 为密度参量, 用来描述梯度气压及梯度温度量, 其数学表达式为

$$\text{DF} = p \cdot T_0/(p_0 \cdot T) \qquad (10.3\text{-}3)$$

所以气体的非线性折射率 n_2 受到气压和温度的共同影响, 本质上受到密度参量的影响

$$n_2 = \bar{n}_2 \times \text{DF} = \bar{n}_2 \times p \cdot T_0/(p_0 \cdot T)$$

在充气中空光纤实验中, 非线性折射率有两个方面的影响: 首先是非线性折射率和非线性系数成正比, 要想获得更高的光谱展宽能力, 得提高非线性折射率. 其次是非线性折射率和自聚焦阈值 P_c 成反比, 当入射脉冲的峰值功率大于 2~3 倍的自聚焦阈值时, 会有不必要的非线性过程发生, 如自聚焦和成丝现象等, 破坏系统的稳定性, 并使光谱变窄.

2. 惰性气体的线性折射率

在标准条件下 (大气压 $p_0 = 1\text{atm}$, 温度 $T_0 = 0°\text{C}$), 不同惰性气体的折射率为 n_0, 其函数 $n_0^2 - 1$ 可通过下式获得[28]

$$\text{He: } 6.927 \times 10^{-5} \left(1 + \frac{2.24 \times 10^5}{\lambda^2} + \frac{5.94 \times 10^{10}}{\lambda^4} + \frac{1.72 \times 10^{16}}{\lambda^6} + \cdots \right)$$

$$\text{Ne: } 1.335 \times 10^{-4} \left(1 + \frac{2.24 \times 10^5}{\lambda^2} + \frac{8.09 \times 10^{10}}{\lambda^4} + \frac{3.56 \times 10^{16}}{\lambda^6} + \cdots \right)$$

$$\text{Ar: } 5.547 \times 10^{-4} \left(1 + \frac{5.15 \times 10^5}{\lambda^2} + \frac{4.19 \times 10^{11}}{\lambda^4} + \frac{4.09 \times 10^{17}}{\lambda^6} \right.$$
$$\left. + \frac{4.32 \times 10^{23}}{\lambda^8} + \cdots \right)$$

$$\text{Kr: } 8.377 \times 10^{-4} \left(1 + \frac{6.70 \times 10^5}{\lambda^2} + \frac{8.84 \times 10^{11}}{\lambda^4} + \frac{1.49 \times 10^{18}}{\lambda^6} \right.$$
$$\left. + \frac{2.74 \times 10^{24}}{\lambda^8} + \frac{5.10 \times 10^{30}}{\lambda^{10}} + \cdots \right)$$

$$\text{Xe: } 1.366 \times 10^{-3} \left(1 + \frac{9.02 \times 10^5}{\lambda^2} + \frac{1.81 \times 10^{12}}{\lambda^4} + \frac{4.89 \times 10^{18}}{\lambda^6} \right.$$
$$\left. + \frac{1.45 \times 10^{25}}{\lambda^8} + \frac{4.34 \times 10^{31}}{\lambda^{10}} + \cdots \right) \tag{10.3-4}$$

其中, 波长的单位是 Å(10^{-10}m).

在非标准条件下, 气体的折射率受到气压和温度的共同影响. 气体的折射率与气压和温度之间的关系可以表示为[28]

$$\frac{n^2 - 1}{n^2 + 2} = \frac{n_0^2 - 1}{n_0^2 + 2} \frac{pT_0}{p_0 T} \tag{10.3-5}$$

式中, n_0 是标准条件下的折射率. 由式 (10.3-5) 可推出

$$n = \left(2 \frac{n_0^2 - 1}{n_0^2 + 2} \frac{pT_0}{p_0 T} + 1 \right)^{1/2} \left(1 - \frac{n_0^2 - 1}{n_0^2 + 2} \frac{pT_0}{p_0 T} \right)^{-1/2} \tag{10.3-6}$$

由于气体的压强和温度在一定程度上影响气体的折射率, 因此可以通过调节气体压强和温度来改变气体的折射率. 设中心波长为 800nm, 以两种常用的惰性气体: Ne 气和 Ar 气为例. 它们的折射率随压强的增加而增大 ($T = 300$K, 如图 10.3-1 所示), 随着温度的升高而降低 ($p = 2$atm, 如图 10.3-2 所示). 由此可以看出, 对于折射率变化的趋势, 气压的升高等价于温度的降低, 两者的本质是一致的, 都改变气体的密度参量. 比较这两种气体, 我们可以看出, 随着气压或者温度的变化, Ar 气的折射率变化要大于 Ne 气的折射率变化, 说明了 Ar 气要比 Ne 气活跃, 结合非线性折射率, 要取得同样的展宽效果, 所需 Ar 气的气压要小于 Ne 气的气压, 适合在低能量情况下使用. 反之, 要操作在高能量区域, Ne 气更加适合, 可以承受更大的能量.

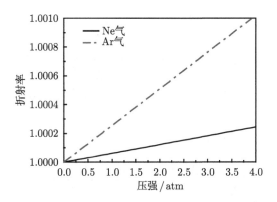

图 10.3-1　惰性气体 (Ne 气和 Ar 气) 线性折射率随压强变化曲线, 其中温度为 300K

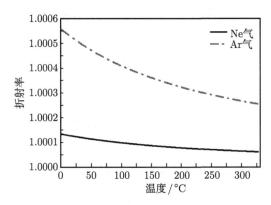

图 10.3-2　惰性气体 (Ne 气和 Ar 气) 线性折射率随温度变化曲线, 其中压强为 2atm

10.3.2　脉冲在中空光纤中的传播

激光脉冲在中空光纤传输时 (图 10.3-3), 是靠其光纤内部电介质表面的掠入射造成的反射而传输, 对于普通的熔石英中空光纤, 如果在其中充入高压惰性气体, 气体的折射率小于波导壁的折射率, 激光脉冲经过多次反射之后, 高阶模式被衰减, 其最低损耗模式为 EH_{11} 混合模.

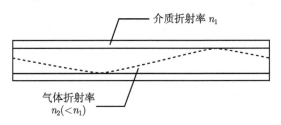

图 10.3-3　充气中空光纤的结构示意图

在中空光纤系统中, 激光脉冲相位常数 (传输常数)β_{nm} 和场衰减常数 (损耗) $\alpha_{nm}/2$ 与传输模式的关系如下式所示[29]

$$\beta_{nm} = \frac{2\pi}{\lambda} \left\{ 1 - \frac{1}{2} \left(\frac{u_{nm}\lambda}{2\pi a} \right)^2 \right\} \qquad (10.3\text{-}7)$$

$$\frac{\alpha_{nm}}{2} = \left(\frac{u_{nm}\lambda}{2\pi} \right)^2 \frac{\lambda^2}{a^3} \begin{cases} \dfrac{v^2}{\sqrt{v^2-1}}, & \text{TE}_{0m} \text{ 模 } (n=0) \\[2em] \dfrac{v^2}{\sqrt{v^2-1}}, & \text{TM}_{0m} \text{ 模 } (n=0) \\[2em] \dfrac{1}{2}\dfrac{v^2+1}{\sqrt{v^2-1}}, & \text{EH}_{nm} \text{ 模 } (n \neq 0) \end{cases} \qquad (10.3\text{-}8)$$

式中, u_{nm} 是模式的本征值, 可以由本征方程来求得, 其中

$$u_{11} = 2.405, \quad u_{21} = 3.862, \quad u_{12} = 5.520, \quad u_{13} = 5.136$$

$v = n_1/n_2$ 为光纤外部包层 (熔石英) 与纤芯介质 (气体) 的折射率之比. 在普通的充惰性气体的中空光纤系统中, $v = n_1/n_2 \approx 1.45$, 传输的模式可以包括基模和高阶模式, 其中基模是 EH_{11} 模式, 这和普通的单模实芯光纤不同 (基模是 TE_{00} 模式). 对于 EH_{11} 模式, 横截面强度为零阶贝塞尔函数

$$I(r) \propto J_0^2(2.405r/a) \qquad (10.3\text{-}9)$$

其中, a 为纤芯的半径. 因此, 激光脉冲在中空光纤系统中 EH_{11} 模相位常数 β 和场衰减常数 $\alpha/2$ 可分别写为

$$\beta = \frac{2\pi}{\lambda} \left[1 - \frac{1}{2} \left(\frac{2.405\lambda}{2\pi a} \right)^2 \right] \qquad (10.3\text{-}10)$$

$$\frac{\alpha}{2} = \left(\frac{2.405\lambda}{2\pi} \right)^2 \frac{\lambda^2}{2a^3} \frac{\nu^2+1}{\sqrt{\nu^2-1}} \qquad (10.3\text{-}11)$$

不同模式的透射率曲线如图 10.3-4 所示 (中心波长 800nm, 中空光纤的芯径 100μm). 从图 10.3-4 可以看出, 损耗最低的模式为 EH_{11} 模式, 并且随着中空光纤长度的增加, 高阶模式的透射率降低得比较大. 在光纤长度为 40cm 时, EH_{11} 模式的传输率为 41%, 而 EH_{21} 模式的传输率为 10%, EH_{21} 和 EH_{31} 模式的传输率则降到 2% 以内, 说明在足够长的中空光纤系统中, 高阶模式在传输过程中可以得到很好的抑制.

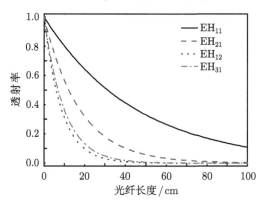

图 10.3-4　各种传输模式的透射率随中空光纤长度的变化曲线, 其中纤芯直径为 100μm

改变中空光纤的芯径到 250μm, 其透射率随着光纤长度的变化曲线如图 10.3-5 所示. 随着中空光纤芯径的增加, 透射率明显增加. 在 250μm 的情况下, EH_{11} 模式的透射率 (在 100cm 处) 是 86.7%, 相比之下, EH_{21} 模式的透射率是 69.7%, 可以看出, 随着光纤芯径的增加, 在相同的光纤长度下, 高阶模式的传输透射率增加, 被抑制能力减弱. 如果需要进一步抑制高阶模式, 需要增加光纤的长度. 在空芯光纤芯径是 500μm 的情况下, 高阶模式的透射率进一步增加到了 90% 左右 (在 100cm), 可见在大芯径情况下, 虽然可以增加脉冲能量承受能力, 但是不能有效抑制高阶模式, 光束输出质量比小芯径情况下要差.

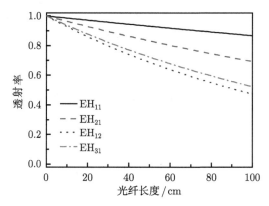

图 10.3-5　各种传输模式的透射率随中空光纤长度的变化曲线, 其中纤芯直径为 250μm

　　由图 10.3-6 可以进一步看出, 光纤的纤芯直径对透射率的影响非常大. 增加纤芯的直径, 明显增加了高阶模式的透射率. 而增加光纤长度, 可以抑制高阶模模式. 因此, 在实际实验中, 为得到优化效果, 应该合理选择中空光纤的纤芯直径和光纤长度, 以及合理选择聚焦透镜的焦距, 使入射光斑的直径和中空光纤的纤芯直径匹配.

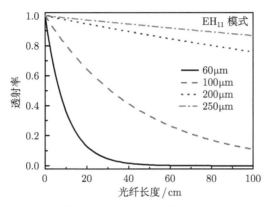

图 10.3-6　EH$_{11}$ 模式下, 中空光纤透射率随光纤长度变化曲线

10.3.3　脉冲在中空光纤中传播的色散和非线性效应

　　在充惰性气体的中空光纤系统中, 除去气体本身的材料色散外, 还需要考虑中空光纤的波导色散. 对于 EH$_{11}$ 模式, 脉冲在中空光纤系统的传输常数 (相位常数) 如下

$$\beta = \frac{2\pi}{\lambda}\left[1 - \frac{1}{2}\left(\frac{2.405\lambda}{2\pi a}\right)^2\right]$$
$$= \frac{\omega n}{c} - B_0\frac{2\pi c}{\omega n} \quad \left(\text{其中 } B_0 = \frac{2.405^2}{4\pi a^2}, \lambda = \frac{2\pi c}{\omega n}\right) \tag{10.3-12}$$

可以看出, 第一项对应的就是气体本身的材料色散 (为正值), 第二项对应的是中空光纤系统的波导色散 (为负值), 所以调节中空光纤的芯径、气体的种类和气压, 可以找到相应的零色散点.

　　如图 10.3-7 所示, 在芯径为 100μm 的中空光纤系统中 (Ar 气, 气压为 2atm, 温度为 300K), 在 400～1000nm 的波长范围内, 气体的二阶材料色散为正, 随着波长的增加而降低; 而二阶波导色散为负, 其绝对值随着波长的增加而增加, 所以总的二阶色散随着波长的增加而减少, 由正色散变化到负色散, 对应的零色散点的中心波长为 729nm. 气体材料的三阶色散在波长增加的过程中几乎保持不变 (正值), 而三阶波导色散随着波长的增加而增加, 故总的三阶色散始终为正值, 且随着波长的增加而增加.

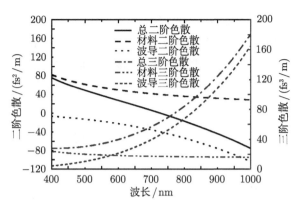

图 10.3-7　EH$_{11}$ 模式下, 中空光纤系统的二阶色散与三阶色散随波长的变化曲线
(Ar 气, 芯径 100μm)

　　保持同样的气压 (2atm) 和温度 (300K), 将中空光纤的芯径改成 250μm, 总的二阶色散和三阶色散的变化如图 10.3-8 所示. 在 400～1000nm 的波长范围内, 总的二阶色散保持正值, 说明随着中空光纤芯径的增加, 二阶波导色散 (负值) 的绝对值减少. 对于三阶色散, 在 250μm 芯径下, 也是随着波长的增加而增加, 但是 1000nm 波长对应的三阶色散是 42fs^3/m, 比同等条件下的 100μm 芯径的三阶色散值 (180fs^3/m) 小, 说明三阶色散同样在减少. 结合二阶和三阶色散的变化趋势, 我们可以看出随着中空光纤芯径的增加, 波导负色散在减少, 其本质是对光脉冲的束缚能力减弱.

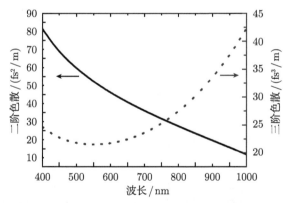

图 10.3-8　EH$_{11}$ 模式下, 中空光纤系统的二阶色散与三阶色散随波长变化曲线
(Ar 气, 芯径 250μm)

　　在中空光纤系统中, 改变温度和气压, 会改变气体的线性折射率, 相应地会改变二阶和三阶色散. 如图 10.3-9 所示, 二阶色散和三阶色散都随着气压的增加而增加, 所以可以通过减少气压来减少气体的群速色散, 从而减弱群速色散对脉冲宽度

的影响. 在气压变化的过程中, 对于二阶色散和三阶色散, Ar 气的变化程度要大于 Ne 气, 说明 Ar 气的活跃程度大于 Ne 气, 可以通过控制温度或者气压的变化来有效减少或增加气体的总色散.

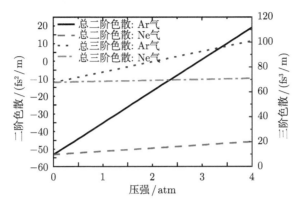

图 10.3-9　EH_{11} 模式下, 中空光纤系统的二阶色散与三阶色散随气压变化曲线

系统状态: Ar 气和 Ne 气, 光纤芯径 100μm, 温度为 300K

如图 10.3-10 所示, 二阶色散和三阶色散都随着温度的增加而减少, 所以可以通过增加温度来减少气体的群速色散, 减弱群速色散对脉冲宽度的影响. 惰性气体中, Ne 气的负色散的绝对值要高于 Ar 气, 在 $-50fs^2/m$ 量级, 但是变化斜率小于 Ar 气所对应的值. 三阶色散为正, Ne 气的三阶色散绝对值也大于相应的 Ar 气对应的数值.

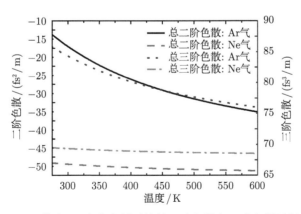

图 10.3-10　EH_{11} 模式下, 中空光纤系统的二阶色散与三阶色散随温度变化曲线

系统状态: Ar 气和 Ne 气, 光纤芯径 100μm, 气压 2atm

脉冲在中空光纤中传播时, 除了色散效应之外, 还包含诸多复杂的线性和非线性过程, 如自聚焦、自相位调制、互相位调制、受激拉曼散射、自陡峭、多光子电离

等. 需要研究这些复杂的过程, 分析各种效应, 以便有效避免各种不必要的非线性效应.

决定产生光谱带宽的参数是光纤的半径、光纤的长度、充入气体的气压以及输入的脉冲. 对高斯型脉冲来说, 无论是高频还是低频部分, 在只考虑自相位调制的情况下, 其极限展宽带宽可由式 (1.4-33) 给出[3]

$$\delta\omega_{\max} = 0.86\Delta\omega_0\phi_{\max}$$

不过在这里变形为

$$\delta\omega_{\max} = 0.86\gamma P_0 z_{\mathrm{eff}}/\tau_{\mathrm{p}} \tag{10.3-13}$$

其中, $z_{\mathrm{eff}} = [1-\exp(-\alpha l)]/\alpha$ 考虑了衰减的作用, P_0 为脉冲峰值功率, τ_{p} 为脉冲的半高半宽 (1/e 脉冲峰值强度处对应脉冲宽度的一半, 此时入射脉冲应为变换受限脉宽, 即无啁啾), l 为光纤的长度. 非线性系数 γ 仍定义为 $\gamma = n_2\omega_0/(cA_{\mathrm{eff}})$, 其中 A_{eff} 为有效模场面积.

根据以上介绍的中空波导和气体的特性, 我们可以选择波导的直径和长度以及气体的种类和气压, 并据此计算出压缩比.

10.3.4　SLM 补偿与周期量级脉冲产生

脉冲的压缩是用棱镜对加上色散反射镜, 来补偿三阶色散. 为了尽量减少棱镜对的材料色散, 棱镜并没有设计为布儒斯特型, 而设计成了楔形, 并且使用时是把两个楔形棱镜并在一起, 以增加负色散, 缩短棱镜间距. 第 2 章已经讲过, 在可见光及近红外区域内, 棱镜对往往留下过多的负三阶色散. 这个色散最好由色散镜来补偿或者由以下介绍的空间相位调制器来补偿. Nisoli 等[27,30] 的典型实验装置如图 10.3-11 所示. 入射到中空波导中的脉冲脉宽为 20fs, 脉冲能量为 300μJ, 中心波长为 780nm. 中空波导是芯径为 160μm, 长度为 60cm 的中空石英光纤. 整个光纤放在一个封闭的腔内, 里面充有高压惰性气体. 腔的两端各有一个 1mm 厚的石英窗口, 整个光纤的透射率约为 65%. 当充入 0.5bar 的氩气, 耦合入峰值功率为 4GW 的脉冲时, 利用氩气的色散参数 $k'' \approx 40\mathrm{fs}^2/\mathrm{m}$, $n_2/p=9.8\times10^{-24}\mathrm{m}^2/(\mathrm{W\cdot bar})$, 由 10.1 节介绍的公式可以算出 $L_D \approx 320\mathrm{cm}$, $L_{\mathrm{NL}} \approx 0.92\mathrm{cm}$, 以及 $L_{\mathrm{opt}} \approx 42\mathrm{cm}$, 这个 L_{opt} 略短于 60cm. 但是若考虑到脉冲的功率随着传播距离的增加而衰减, L_{NL} 趋向于加长, 60cm 的长度是合理的. 由 L_D 和 L_{NL} 算出最大压缩比是 $K_{\mathrm{c}} \approx 6.9$, 即最小可压缩脉宽应该是 3fs. 利用啁啾镜补偿色散, 实际上得到的脉宽是 5fs. 实验得到的脉宽不仅与实际的 L_{NL} 可能大于理论值有关, 也与色散补偿的程度有关.

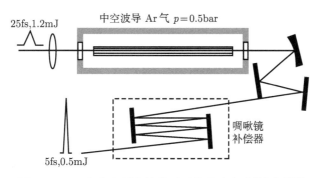

图 10.3-11　中空光纤和棱镜对压缩脉冲实验装置图[27]

通过中空光波导的激光脉冲也可以通过单一的空间相位调制器来压缩[31]. 北海道大学山下幹雄小组已经证明, 使 SLM 相位补偿器, 有可能通过将 SLM 的相位输入含特定色散的相位, 而将脉冲压缩到 4fs 以下[32]. 图 10.3-12 是这个实验装置的框图. 图中钛宝石放大器输出的脉冲是 30fs, 其中 2.4μJ 的能量用做改善灵敏度的相位测量装置 M-SPIDER(实际上是 XSPIDER, 见 9.4 节) 中的啁啾脉冲, 200μJ 的能量的主脉冲输入到直径 100μm、长 35cm 的中空光纤. 当充入的氩气气压为 3.3atm 时, 光谱展宽从 400nm 至 1100nm. 利用直接相位反馈, 可获得 1.56 光学周期, 脉宽 3.4fs 的脉冲[32]. 在这样的实验中, 相位测量的准确性是非常重要的, 不然反馈就不能给出完全的相位补偿. 本实验经过了两次反馈, 图 10.3-13 显示相位反馈

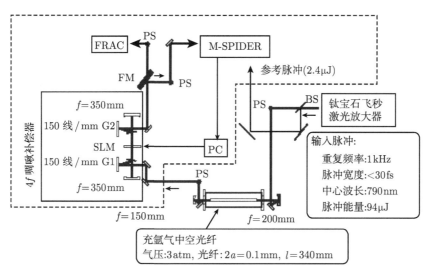

图 10.3-12　充气中空光纤光谱展宽–脉冲压缩–测量系统

FRAC: 条纹分辨的自相关器; M-SPIDER: 测量弱信号相位的 SPIDER[32]

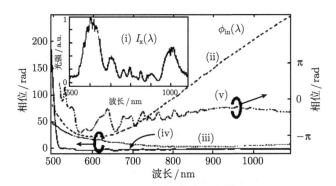

图 10.3-13　通过中空光纤展宽的脉冲光谱, 通过含 SLM 的 4f 系统补偿色散结果

(i) 脉冲功率谱; (ii) 脉冲的相位; (iii) 第一次反馈后的相位; (iv) 第二次反馈后的脉冲相位; (v) 和 (iv) 的

放大图: 相位的微小变化限制在 π 内[32]

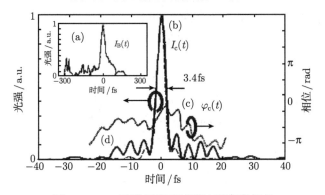

图 10.3-14　压缩后的时域脉冲强度和相位

(a) 相位补偿压缩前的脉冲强度; (b) 压缩后的脉冲强度 (脉宽 =3.4fs); (c) 时域相位;

(d) 傅里叶变换受限脉冲 (脉宽 =3.0fs)[32]

作用前后测量的脉冲相位作为波长的函数. 第一次反馈补偿了大部分的啁啾, 第二次反馈补偿了剩余的相位. 脉冲被压缩到了 3.4fs, 傅里叶变换极限脉冲是 3.0fs (图 10.3-14). 通过小波变换测量相位和自动反馈控制, 这个系统将脉冲压缩至 2.8fs[33].

在此基础上, 将利用自相位调制效应展宽光谱过程进一步扩展成利用互相位调制效应展宽光谱过程, 获得了更宽的输出光谱, 利用自动反馈系统和 SLM 相位补偿器, 将脉冲压缩到了 2.6fs[34].

10.4　中空光波导中的高能量周期量级脉冲产生

10.3 节中我们看到, 虽然在中空光波导中展宽光谱并加脉冲压缩的方式可以得到周期量级的脉冲, 但是能量仍然很小 (μJ 量级). 一方面是由于入射到波导中的脉冲能量不能太高, 另一方面是由于 $4f$ SLM 系统的巨大损耗. 因此, 要获得高能量周期量级脉冲, 还需要改进实验. 入射到波导中的能量的限制在于电离阈值. 如果脉冲能量和峰值功率太高, 波导中的惰性气体发生击穿, 会导致输出脉冲空间模式的劣化. 如果把中空波导分成两段, 一段气压低, 电离阈值高, 适合高峰值功率脉冲; 一段气压高, 电离阈值低, 适合脉冲能量因损耗而降低的低峰值功率的脉冲, 似乎就可以保持两段波导中都保持很强的非线性相互作用. 进一步, 有人提出了气压梯度的想法.

10.4.1　气压梯度

所谓气压梯度是指在中空光波导沿光的传播方向, 气压逐渐增加, 即在脉冲入口处, 气压较小, 而随着脉冲的传播, 气压逐渐增大. 这样做的好处是, 入射脉冲在入口处聚焦, 峰值功率最大, 如果此时的气压较低, 即密度较小, 气体的击穿阈值高, 因此不容易被击穿; 而且, 在入射端所允许耦合的脉冲能量得到很大的提高. 随着脉冲在中空光波导中的传播, 脉冲能量逐渐消耗, 峰值功率降低, 此时逐渐增高的气体密度可以使光与原子继续保持较强的相互作用.

气体的气压随着传输距离 x 的变化可以表示为[35]

$$p(x) = \sqrt{p_0^2 + \frac{x}{L}(p_L^2 + p_0^2)} \tag{10.4-1}$$

其中, p_0 和 p_L 分别为入射端和出射端的压强, L 为中空光波导的长度.

实现气压梯度的实验装置如图 10.4-1 所示[36], 其中声光调制器用来控制光谱的幅度和相位. CM 为啁啾镜, 用以压缩经过中空光波导展宽光谱后的脉冲.

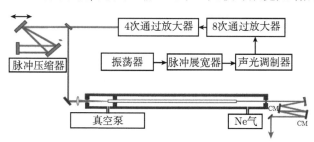

图 10.4-1　利用气压梯度方法展宽–压缩飞秒脉冲方案示意图[36]

如图所示, 中空波导放在一个直径较大的玻璃管子中, 一端进气, 一端抽气; 抽气一端与管子大部分隔离, 只有中空波导与剩余部分相通, 这样, 气体就只能通过中空波导与抽气口相连. 由于不断抽气, 而中空波导的口径很小, 抽气的速率就很慢. 这样就导致抽气口附近的气压很低, 而进气口附近的气压较高, 从而管子从抽气端到进气端形成气压梯度. 而梯度沿着管子的分布可以由式 (10.4-1) 给出.

利用气压梯度方案, J. H. Sung 等在 2006 年获得了 5.5fs, 单脉冲能量 1.1mJ, 重复频率 1kHz 的飞秒脉冲[36]; 绿川克美 (Midorikawa) 研究组在 2005 年获得了小于 10fs, 单脉冲能量 5mJ, 重复频率 10Hz 的飞秒脉冲[35], 而他们的最新实验进展是于 2010 年获得了 5fs, 单脉冲能量 5mJ, 重复频率 1kHz 的飞秒脉冲[37].

10.4.2　温度梯度

让气体保持流动有两个缺点, 一是气体的浪费, 二是气体流动对光束的扰动. 因此作者研究组提出了温度梯度的概念[38]. 梯度温度方案是采用在脉冲入射端加热密闭的中空玻璃管中的气体, 形成较高温度 (较低气体密度), 而在脉冲的出射端冷却 (水冷或者室温空气冷却), 形成较低温度 (较高气体密度), 从而沿密闭玻璃管形成温度梯度 (气体密度), 达到等同于气压梯度的效果. 由于是对密闭玻璃管加热, 所以能够有效地避免气压梯度的上述缺点. 而经过理论分析[38], 温度梯度方案能够在有效地避免梯度气压方案中的上述缺点的同时获得较高能量的周期级飞秒脉冲. 温度梯度的实验装置如图 10.4-2 所示[39].

可以看出, 温度梯度和气压梯度的不同之处是采用加热–冷却 (图中系统采用室温空气冷却) 取代了抽气–充气系统. 利用梯度温度的方案, 作者研究组初步获得了单脉冲能量大于 1mJ, 支持小于 10fs 脉宽的脉冲[39], 进一步的实验正在研究中.

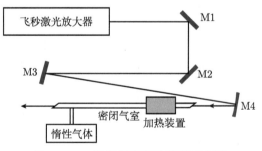

图 10.4-2　温度梯度实验装置示意图

M1~M3: 平面反射镜, M4: 凹面反射镜[39]

使脉冲通过利用温度控制形成温度梯度的惰性气体, 进行光谱展宽进而压缩, 是获得高能量周期级飞秒脉冲的一个崭新的行之有效的方法, 不仅克服了气压梯度中存在的气体流动性对脉冲稳定性的影响, 难以调节以及气体浪费等各个方面的缺点, 而且保留了其高能量输入, 有效展宽光谱等优点. 另一方面, 虽然温度梯度存在上述各方面的优点, 但也存在一定的缺点和局限性, 主要是温度差不可能太高, 所以温度梯度不可能造成与气压梯度同样的密度差. 虽然比气压梯度所容许的脉冲能量小, 但实验中的脉冲能量已经能够达到毫焦量级. 总之, 温度梯度方法提供了控制飞秒脉冲新的维度: 温度.

10.5 体材料中的脉冲压缩

10.5.1 基于三阶非线性的脉冲压缩

在 10.3 节, 我们知道通过充高压惰性气体的中空光波导展宽光谱, 可以把脉冲压缩到周期量级. 但是由于中空波导中传播的不是导波, 光通过时损耗很大. 用实芯普通光纤或者光子晶体光纤展宽光谱并压缩, 脉冲的能量受到很大限制. 人们考虑用体材料直接产生宽带光谱然后压缩脉冲. 早期用体材料做的高能量皮秒脉冲啁啾实验往往因为啁啾的非线性而导致较差的脉冲压缩质量. 在 10.1 节已知, 为了获得线性啁啾, L_D 与 L_{NL} 必须满足一定的比值. 入射脉冲越短, 所需介质长度也越短. 对于飞秒脉冲来说, 这个长度只有几毫米. 从式 (10.1-19) 可知, $L_{opt} \propto \tau_{p0}$, 如果峰值功率不变, 即使很薄的体材料也可以作为光谱展宽介质. 在这样短的距离内, 如果自聚焦效应可以忽略, 高斯光束的直径不会有很大变化. 这可以由改变光束的直径来控制. 由此可得最大的脉冲压缩比

$$K_c \approx 0.3 \sqrt{\frac{n_0 n_2 P_0}{\lambda}} \tag{10.5-1}$$

P_0 是入射脉冲的峰值功率. 图 10.5-1 是当一个 60fs 的脉冲具有不同能量时通过熔融石英时的压缩比. Rolland 等把能量为 0.5mJ, 脉宽为 92fs 的脉冲射入 1.2cm 长的石英晶体, 最后压缩为能量 0.1mJ, 宽度 20fs 的脉冲[40]. 脉冲在石英中的光束直径是 0.7mm.

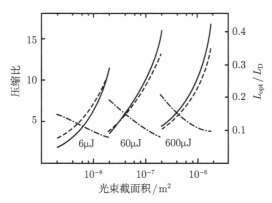

图 10.5-1 不同能量的 60fs 的脉冲通过体熔融石英材料啁啾后的压缩比, 作为入射光束截面的函数

点划线: 压缩比; 实线: 最佳二阶压缩比; 短线: 归一化的最佳样品长度 ($L_D = 3\text{cm}$)[40]

如果把脉冲聚焦到更小的光斑, 那么在石英晶体中可能产生连续谱即白光. 白光发生不只是在晶体中, 飞秒脉冲聚焦在水以及气体中也能发生很强的白光. 如果采用适当的相位补偿技术, 也可能得到非常短的脉冲.

10.5.2　薄片组的白光产生和脉冲压缩

体材料不太容易产生宽带超连续光谱, 大部分光脉冲能量基本上还在基频光, 而超连续谱虽然看起来很白, 但基本上都在 20dB 以下. 和实芯或空芯光纤不同, 因为没有波导的束缚, 光束很难持续与介质相互作用. 如果在体材料中聚焦到太紧, 自聚焦效应会导致多光子吸收和等离子体生成, 或破坏光束质量, 或产生脉冲分裂; 若聚焦不够, 则光束很快发散. 两种情况都不能产生稳定和较强的超连续谱. 为了避免这种情况, 有人提出了用一组非常薄的石英片或蓝宝石片产生超连续光的设想[41]. 这种想法的依据是: 当自聚焦即将发生的时候, 让脉冲光束出射到空气中, 然后再进入下一个薄片, 继续自相位调制的过程. 经历几个薄片后, 脉冲的光谱会被展宽到比较宽. 为了防止表面反射带来的损耗, 这些薄片都以布儒斯特角放置.

图 10.5-2 是这样的装置的一部分. 石英薄片以布儒斯特角对称放置, 薄片之间有一定距离, 防止自聚焦的级联效应. 这个距离可根据入射脉冲的峰值功率调节. 峰值功率越大, 薄片之间的距离越需要大些.

图 10.5-2　多片超连续产生示意图

薄片的厚度是 0.1mm, 但是 0.2mm 不比 0.1mm 产生更宽的光谱. 薄片之间的最佳距离根据入射脉冲能量或峰值功率确定, 为 4~15mm

图 10.5-3 是多片超连续谱产生 (MPC) 的情况. 在入射光脉冲能量为 140μJ, 脉冲峰值功率保持在 $2\times10^{13}\mathrm{W/cm}^2$ 时, 光谱显然是随着片子的增加而展宽. 在 3 片时, 脉冲的光谱在 20dB 的强度下已经达到倍频程, 而转换效率大于 50%.

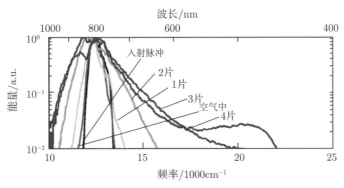

图 10.5-3 入射光脉冲能量为 140μJ, 脉冲峰值功率保持在 2×10^{13}W/cm^2 时, 1∼4 片石英薄片光谱展宽的情况

10.5.3 基于二阶非线性的脉冲压缩

对于高功率的脉冲, 基于三阶非线性固体材料中由自聚焦产生的超连续谱可能会严重影响光束质量并且破坏有效的脉冲压缩. 康奈尔大学 Wise 小组的科研人员[42] 证明, 利用相位失配的 I 类倍频的晶体中的二阶非线性也可能得到有效的脉冲压缩. 与固体中的自聚焦效应相反, 晶体中的自散焦非线性可能会抵消克尔效应的自聚焦.

众所周知, 在二次谐波产生过程中, 在失配条件下, 倍频晶体的 $\chi^{(2)}(\omega;2\omega,-\omega)$ 与 $\chi^{(2)}(2\omega;\omega,\omega)$ 级联 (cascading) 非线性过程导致基频脉冲产生非线性相移 $\Delta\varPhi^{\mathrm{NL}}$. 这个相移可以是正的, 也可以是负的, 取决于相位失配 $\Delta kl(\Delta k = k_{2\omega} - 2k_\omega)$ 的符号. Bakker 等[43] 从理论上研究了三波混频的相移, 并且测量了在 KTP 和周期极化铌酸锂中的级联相移.

一般来说, 脉冲压缩比值正比于 $\Delta\varPhi^{\mathrm{NL}}$. 级联相移可以写为

$$\Delta\varPhi^{\mathrm{NL}} \approx -\frac{\varGamma^2 L^2}{\Delta kl} \qquad (10.5\text{-}2)$$

其中, $\varGamma \approx \omega\,d_{\mathrm{eff}}\,|A_0|\,/cn_{2\omega}n_\omega$, 级联过程产生的非线性频移啁啾, 如果存在群速失配的话. 但是, 在足够大的相位失配条件下, 在基频与倍频脉冲走离之前, 由于群速失配, 产生相移的级联过程会发生转换和逆转换的周期变化. $\Delta\varPhi^{\mathrm{NL}}$ 依赖于脉冲强度, 啁啾在脉冲峰值附近是线性的. 为了定量地描述这一点, 对于晶体长度 $L = NL_{\mathrm{D}}^{\mathrm{SHG}}$(其中 $L_{\mathrm{D}}^{\mathrm{SHG}}$ 是式 (9.2-9) 定义的群速失配长度), 我们要求至少有 $2N$ 个逆转换周期, 于是我们安排 $\Delta kl = 4N\pi$. 自然, 较大的 d_{eff} 和 $L_{\mathrm{D}}^{\mathrm{SHG}}$ 值最好. 例如, 我们要压缩120fs脉冲、800nm波长的脉冲. 选长度为 17mm 长的 BBO 晶体作为非线性介质, 我们有 $d_{\mathrm{eff}} \approx$2pm/V, $L_{\mathrm{D}}^{\mathrm{SHG}}$ =0.6mm, 意味着 $\Delta kl \geqslant 120\pi$. 调整 Δk 可以使 $\Delta kl = 200\pi(\Delta kl$ 的值最好在 $150\pi \sim 300\pi$, 小于 150π 可能产生最短的脉冲,

但是提高了旁瓣能量; 大于这个区间的 Δkl 可能使脉冲变宽). 当入射脉冲强度为 $50\mathrm{GW/cm^2}$ 时, $\Delta kl = 200\pi$ 产生相移 $\Delta\Phi^{\mathrm{NL}} \approx -\pi$, 对应的压缩比约为 4. 选 BBO 晶体作为介质的原因是其具有较小的克尔系数 $n_2 \approx 5 \times 10^{-16}\mathrm{cm^2/W}$, 另一个优点是, BBO 晶体在 400nm 波长处没有单光子吸收, 即在 800nm 处也没有双光子吸收.

由于 $\Delta kl = 200\pi$, 我们期望脉冲的光谱展宽到原来的三倍, 并且具有多峰结构, 且脉冲应该被压缩到 30fs. GDD 的值计算为 $1500\mathrm{fs^2}$. 实验中先用棱镜对压缩脉冲, 测量脉冲光谱、相关曲线和计算得出的相位见图 10.5-4.

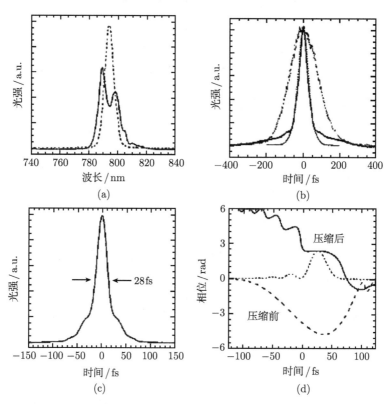

图 10.5-4　测量压缩后的脉冲的 (a) 光谱和 (b) 相关曲线, (c) 是假定零相位时的带宽受限脉冲 (28fs), (a) 和 (b) 中虚线是入射脉冲的光谱和相关曲线以便对比, (d) 是计算得的压缩前和压缩后的时域相位, 压缩后的脉冲波形也显示其中作为参考, 以示脉冲持续时间内相位[42]

利用负的相移的好处是我们可以用适当的体材料来压缩脉冲. 同样重要的是要选择较小的三阶非线性和较大的 GDD, 以防止在压缩阶段的不必要的非线性相移和双光子吸收等效应. 一块 2cm 的方解石可以提供 $-1500\mathrm{fs^2}$ 的相位补偿, 而且把脉冲也压缩到了 30fs. 这个压缩方案的极大好处就是没有特别关键的参数可调节. 由于级联非线性的饱和特性, 脉冲的宽度对于入射脉冲的能量也不十分敏感. 只要增大光束直径并保持脉冲峰值功率在 50GW/cm^2, 就可以压缩很高能量的脉冲 (如 10mJ).

压缩后的能量可能达到输入能量的 85%. 由于相位失配, 有一小部分基频光转换到倍频光, 这给基频光造成了 5% 的损耗. 其余损耗源于没有在晶体或者玻璃表面镀增透膜.

10.6 脉冲的整形——频域调制与解调

如果把一个飞秒脉冲作光学傅里叶变换, 变换到空间频域, 可以在频域对其调制, 再变回到时域, 可能得到多个脉冲输出或不同的时域波形. 光学领域中产生相位和幅度可控的激光脉冲, 对其他许多领域都显得越来越重要. 例如, 激光选择化学反应 (广义上叫 "量子控制")[44]. 理论上已经提出, 经过裁剪的波形能够打开很强的键[45,46], 有选择地激发某个高振动能级[47] 操控原子间的能态曲线[48,49], 并抑制分子内振动能级内的弛豫等[50]. 实验上, 这个技术已经被应用于在多能级系统中产生有选择的粒子数反转[51], 操作双原子分子[52] 和里德伯原子[53] 的波包运动, 以及增强或抑制受激拉曼散射[54]. 所有这些都需要有一个可以编程的, 相位和幅度都可以控制的脉冲光源.

10.6.1 $4f$ 系统相位控制技术

这个控制技术实际上就是 2.4 节和 10.2.4 节介绍的采用 $4f$ 傅里叶变换系统的光学调制技术. 调制分为幅度调制与相位调制. 单纯的幅度调制可能导致输出光强度的急剧减少, 故多选用纯相位调制. 实验装置如第 2 章图 2.4-1 所示. 假定在共焦平面上, 脉冲光谱呈线性排列, 穿过掩模的光谱的变换函数可以写为

$$\tilde{H}(\omega) = R(\omega)e^{-i\Psi(\omega)} \tag{10.6-1}$$

其中, $R(\omega)$ 代表频率为 ω 的光所经历的幅度调制, $\Psi(\omega)$ 代表相位调制. 这个掩模可以由微光刻技术制作而成. 一个纯的相位掩模可以是透明材料制成的, 我们仅调制其厚度. 如果忽略系统有限的分辨率, 则在输出端的场是输出光谱 $\tilde{E}_{out}(\omega)$ 的傅里叶变换

$$E_{out}(t) = F^{-1}\{\tilde{E}_{out}(\omega)\} \tag{10.6-2}$$

其中

$$\tilde{E}_{out}(\omega) = \tilde{E}_{in}(\omega)R(\omega)e^{-i\Psi(\omega)} \tag{10.6-3}$$

$\tilde{E}_{in}(\omega)$ 是输入脉冲的谱. 原则上讲, 为了得到一定的输出电场 $E_{out}(t)$, 必须通过傅里叶变换确定 $\tilde{E}_{out}(\omega)$, 然后除以 $\tilde{E}_{in}(\omega)$. 这个比值就是所需要的掩模的透射率函

数. 这个函数可以是纯相位型, 也可以是纯幅度型. 例如, 在共焦平面 (空间谱平面) 放一个狭缝, 就可以起到光谱窗口的作用, 滤掉不必要的光谱成分. 当然, 输出的最短的时域脉冲, 仍然取决于输入脉冲的光谱. 图 10.6-1 显示用 $4f$ 系统和单纯相位调制多脉冲列编码的例子. 通过相位滤波装置, 脉冲列被整形为方形包络 (图 10.6-1(c)), 并含有 0-1 等数字信息 (图 10.6-1(b)).

脉冲整形技术在化学反应中应用最为广泛. 对分子的化学反应的计算机控制不仅包含相位控制, 还包含振幅、偏振和时序的控制. 有人因此提出口号: "把激光器训练为化学家"[56]. 实际需要的脉冲参数也可能是未知的. 这就诞生了所谓自适应控制技术, 即根据化学反应的产出来反馈给调制器, 优化脉冲参数以获得某个化合物的高产出 (图 10.6-2). 对于超短脉冲整形, 不管采用何种整形系统, 实时确定频域滤波函数都是一项重要的工作. 但是, 知道整形后光脉冲的时域波形, 以及经过实时测量知道整形前脉冲的光谱强度或初始相位, 很难直接计算出强度或相位滤波函数. 通常的方法是采用智能优化算法, 如模拟退火法[57]、遗传算法[58] 等. 以模拟退火法为例, 其解决该问题的基本原理是按一定规律连续地修改相位函数, 若修改能缩小出射脉冲与目标脉冲的差距, 就接受这种修改, 否则拒绝修改, 直到与目标脉冲接近到规定程度为止. 另外, Hacher 等用反复傅里叶变换算法来计算纯相位调制的脉冲整形 (phase-only pulse shaping) 所需最佳的相位函数[59].

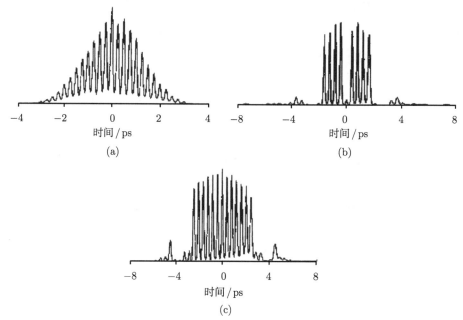

图 10.6-1   用 $4f$ 系统和单纯相位调制对脉冲列编码的结果

(a) 光滑脉冲包络; (b) 和 (c) 方形脉冲包络

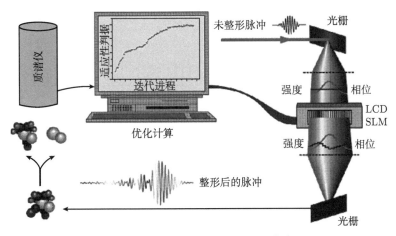

图 10.6-2 自适应脉冲整形装置[55]

10.6.2 逐线控制的脉冲整形

以上控制相位还有一定的缺陷, 即每个 SLM 像素对应的不是一个波长, 而是一段光谱, 如几个纳米. 这样控制波长的相位就不是真正的傅里叶变换. 但是由于所用的激光器的纵模间隔太小, 低密度光栅不能把这些模式在 SLM 上分配到每个像素上.

最近, 超高重复频率, 即超宽频率间隔的激光器和光梳的出现, 使逐线 (逐个波长) 控制相位成为可能, 而使 $4f$ 系统成为真正的傅里叶变换装置. 超高重复频率脉冲, 如重复频率为 25GHz, 波长为 1.55μm 的激光器, 波长的间隔是 0.2nm, 这个分辨率是很容易得到的. 一个像素的大小是 100μm, 计算可得, 30cm 左右焦距的透镜就可以将这个波长间隔投影到每一个像素上, 达到逐线相位和强度控制的目的.

图 10.6-3 显示说明逐线整形与 "群线" 整形的区别[60]. 对于低分辨率的情况, 假如一个像素对应 M 个梳齿, 频率间隔是 f_{rep}, 那么在时域, 最大的脉宽是 $1/(Mf_{\text{rep}})$, 而脉冲之间的时域间隔仍然是 $T = 1/f_{\text{rep}}$, 因此, 脉宽永远小于脉冲之间的间隔, 即群线脉冲整形, 前后两个脉冲无论如何都不会有重叠部分. 因此可以理解, 逐线脉冲整形, 最大脉宽和脉冲间隔都是 $1/f_{\text{rep}}$, 因此前后两个脉冲可以有重叠部分并可相干.

如果掩模是一个 SLM, 可以任意调制, 理论上可以得到任意波形; 但是如果是单一固定的掩模, 可以用相对频移的方法来改变波形, 如图 10.6-4 所示. 梳齿的间隔大于像素的间隔. 将掩模相对频移半个梳齿, 可能获得另外的波形.

逐线脉冲整形的一个重要用途是微波频率的合成和微波信号的整形[61,62].

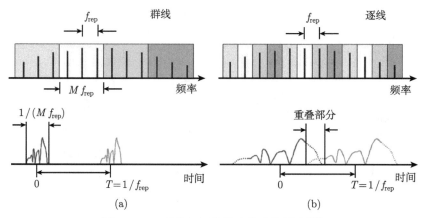

图 10.6-3　群线与逐线脉冲整形的说明[60]

(a) 群线脉冲整形; (b) 逐线脉冲整形

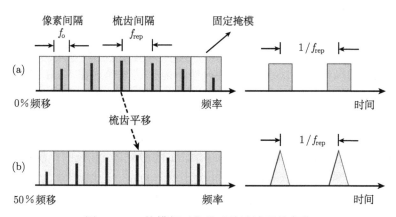

图 10.6-4　掩模相对位移后脉冲波形的变化

(a) 0 频移; (b) 50%频移, 可以看到只用一个掩模可以获得不同的波形[60]

参 考 文 献

[1]　Diels J-C, Rudolph W. Ultrashort Laser Pulse Phenomena. San Diego: Academic Press, 1996.

[2]　Fork R L, Brito Cruz C H, Becker P C, et al. Compression of optical pulses to six femtoseconds by using cubic phase compensation. Opt. Lett., 1987, 12(7): 483-485.

[3]　Agrawal G P, Nonlinear Fiber Optics. 3rd Ed. NewYork: Academic Press, 2002.

[4]　Meinel R. Gneration of chirped pulses in optical fibers suitable for an effective pulse compression. Opt. Commun., 1983, 47: 343-346.

[5]   Tomlinson W J, Stolen R H, Shank C V. Compression of optical pulses chirped by self phase modulation. J. Opt. Soc. Am. B., 1984, 1(2): 139-143.

[6]   Baltuska A, Wei Z, Pschenichnikov M S, et al. Optical pulse compression to 5 fs at 1MHz repetition rate. Opt. Lett., 1997, 22(2): 102-104.

[7]   Gouveia-Neto A S, Gomes A S L, Taylor J R. Generation of 33-fsec pulses at 1.32μm through a high-order soliton effect in a single-mode optical fiber. Opt. Lett., 1987, 12(6): 395-397.

[8]   Knight J C, Birks T A, Russell P St J, et al. All-silica single-mode optical fiber with photonic crystal cladding. Opt. Lett., 1996, 21(19): 1547-1549.

[9]   Birks T A, Knight J C, Russell P St J, et al. Endlessly single-mode photonic crystal fiber. Opt. Lett., 1997, 22(13): 961-963.

[10] Broderick N G R, Monro T M, Bennett P J, et al. Nonlinearity in holeyoptical fibers: Measurement and future opportunities. Opt. Lett., 1999, 24(20): 1395-1397.

[11] Ranka J, Windeler R S, Stentz A J, et al. Visible continuum generation in air silica microstructure optical fibers with anomalous dispersion at 800nm. Opt. Lett., 2000, 25(1): 25-27.

[12] Blanch O, Knight J C, Wadsworth W J, et al. Highly birefringent photonic crystal fibers. Opt. Lett., 2000, 25(18): 1325-1327.

[13] Coen S, Hing A, Chau L, et al. White-light supercontinuum generation with 60-ps pump pulses in a photonic crystal fiber. Opt. Lett., 2001, 26(17): 1356-1358.

[14] Knight J C. Photonic crystal fibres. Nature, 2003, 424: 847-851.

[15] Knight J C, Birks T A, Russell P St J, et al. Properties of photonic crystal fiber and the effective index model. J. Opt. Soc. Am. A, 1998, 15(3), 748-752.

[16] Reeves W H, Knight J C, Russell P St J. Demonstration of ultra-flattened dispersion in photonic crystal fibers. Opt. Express, 2000, 10(14): 609-613.

[17] Husakou A V, Herrmann J. Supercontinuum generation of higher-order solitons by fission in photonic crystal fibers. Phys. Rev. Lett., 2001, 87(20): 203901-1-203901-4.

[18] Herrmann J, Griebner U, Zhavoronkov N, et al. Experimental evidence for supercontinuum generation by fission of higher-order solitons in photonic fibers. Phys. Rev. Lett., 2002, 88(17): 173901-1-173901-4.

[19] Birks T A, Wadsworth W J, Russell P St J. Supercontinuum generation in tapered fibers. Opt. Lett., 2000, 25(19): 1415-1417.

[20] Alexander L G. Nonlinear propagation and continuum generation in microstructured optical fibers. Opt. Lett., 2002, 27(11): 924-926.

[21] Chang G Q, Norris T B, Winful H G. Optimization of supercontinuum generation in photonic crystal fibers for pulse compression. Opt. Lett., 2003, 28(7): 546-548.

[22] Sudmeyer T, Brunner F, Innerhofer E. Nonlinear femtosecond pulse compression at high average power levels by use of a large-mode-area holey fiber. Opt. Lett., 2003, 28(20):

1951-1953.

[23] Lako S, Seres J, Apai P, et al. Pulse compression of nanojoule pulses in the visible using microstructure optical fiber and dispersion compensation. Appl. Phys. B, 2003, 76(3): 267-275.

[24] Mcconnell G, Riis E. Ultra-short pulse compression using photonic crystal fibre. Appl. Phys. B, 2004, 78(5): 557-563.

[25] Adachi M, Yamane K, Morita K, et al. Adaptive pulse compression for photonic crystal fiber by direct feedback of spectral phase//Digest of Conference of Lasers and Electro-optics, CLEO2004. (Optical Society of America, Washington D C 2004) CTuP28.

[26] Nisoli M, De Silvestri S, Svelto O. Generation of high energy 10 fs pulses by a new pulse compression technique. Appl. Phys. Lett., 1996, 68(20): 2793-2795.

[27] Nisoli M, De Silvestri S, Svelto O, et al. Compression of high-energy laser pulses below 5 fs. Opt. Lett., 1997, 22(8): 522-524.

[28] Dalgarno A, Kingston A E. The refractive indices and Verdet constants of the inert gases. Proceedings of the Royal Society of London Series A: Math. and Phys. Sci., 1960, 259: 424-429.

[29] Marcatili E A J, Schmeltzer R A. Hollow metallic and dielectric waveguides for long distance optical transmission and lasers. Bell. Syst. Tech. J., 1964, 43: 1783-1809.

[30] Sartania S, Cheng Z, Lenzner M, et al. Generation of 0.1-TW 5-fs optical pulses at a 1-kHz repetition rate. Opt. Lett., 1997, 22(20): 1562-1564.

[31] Yelin D, Meshulach D, Silberberg Y. Adaptive femtosecond pulse compression. Opt. Lett., 1997, 22(23): 1793-1795.

[32] Yamane K, Zhang Z, Oka K, et al. Optical pulse compression to 3.4fs in the monocycle region by feedback phase compensation. Opt. Lett., 2003, 28(23): 2258-2260.

[33] Hazu K, Narita K, Sekikawa T, et al. Automatic phase compensation for extremely short optical-pulse generation using wavelet transform. IEEE Journal Of Quantum Electronics, 2007, 43(12): 1218-1225.

[34] Matsubara E, Yamane K, Sekikawa T, et al. Generation of 2.6 fs optical pulses using induced-phase modulation in a gas-filled hollow fiber. J. Opt. Soc. Am. B, 2007, 24(4): 985-989.

[35] Suda A, Hatayama M, Nagasaka K, et al. Generation of sub-10-fs, 5-mJ-optical pulses using a hollow fiber with a pressure gradient. Appl. Phys. Lett., 2005, 86(11): 111116.

[36] Sung J H, Park J Y, Imran T, et al. Generation of 0.2-TW 5.5-fs optical pulses at 1 kHz using a differentially pumped hollow-fiber chirped-mirror compressor. Appl. Phys. B, 2006, 82: 5-8.

[37] Bohman S, Suda A, Kanai T, et al. Generation of 5.0 fs, 5.0 mJ pulses at 1 kHz using hollow-fiber pulse compression. Opt. Lett., 2010, 35(11): 1887-1889.

[38] Song Z M, Qin Y, Zhang G X, et al. Femtosecond pulse propagation in temperature controlled gases-filled hollow fiber. Opt. Commun., 2008, 281(15): 4109-4113.

[39] Cao S Y, Kong W P, Wang Z, et al. Filamentation control in the temperature gradient argon gas. Appl. Phys. B, 2009, 94: 265-271.

[40] Rolland C, Corkum P. Compression of high power optical pulses. J. Opt. Soc. Am. B, 1988, 5(3): 641-647.

[41] Lu C H, Tsou Y J, Chen H Y, et al. Generation of intense supercontinuum in condensed media. Optica, 2014, 1(6): 400-406.

[42] Liu X, Qian L, Wise F. High-energy pulse compression by use of negative phase shifts produced by the cascade $\chi^{(2)} : \chi^{(2)}$ nonlinearity. Opt. Lett., 1999, 24(23): 1777-1979.

[43] Bakker H J, Planken P C M, Kuipers L, et al. Phase modulation in second-order nonlinear-optical processes. Phys. Rev. A, 1990, 42(7): 4085-4101.

[44] Warren W S, Rabitz H, Dahleh M. Coherent control of chemical reactions: The dream is alive. Science, 1993, 259: 1581-1589.

[45] Shi S, Rabitz H. Optimal control of selective vibrational excitation of harmonic molecules: Analytic solution and restricted forms for the optimal fields. J. Chem. Phys., 1990, 92: 2927-2937.

[46] Amstrup B, Carlson R J, Matro A, et al. The use of pulse shaping to control the photodissociation of a diatomic molecule: preventing the best from being the enemy of the good. J. Phys. Chem., 1991, 95: 8019-8027.

[47] Chelkowski S, Bandrauk A, Corkum P B. Efficient molecular dissociation by a chirped ultrashort infrared laser pulse. Phys. Rev. Lett., 1990, 65(19): 2355-2358.

[48] Gross P, Neuhauser D, Rabitz H. Optimal control of curve crossing systems. J. Chem. Phys., 1992, 96(4): 2034-2045.

[49] Bandrauk A, Gauthier J M. Infrared multiphoton dissociation of LiF by a coupled equation method. J. Phys. Chem., 1989, 93: 7552-7554.

[50] Goswami D, Warren W S. Control of chemical dynamics by restricting intramolecular viberational redistribution. J. Chem. Phys., 1993, 99: 4509-4517.

[51] Melinger J S, McMorrow D, Hillegas C, et al. Selective excitation of vibrational overtones in an anharmonic potential. Phys. Rev. A, 1995, 51: 3366-3369.

[52] Kohler B, Yakolev V, Che J, et al. Quantum control of wave packet evolution with tailored femtosecond pulses. Phys. Rev. Lett., 1995, 74(17): 3360-3363.

[53] Schumacher D W, Hoogenrad J H, Pinkos D, et al. Programmable cesium Rydberg wavepackets. Phys. Rev. A, 1995, 52(6): 4719-4726.

[54] Weiner A M, Leaired D E, Weiderrecht G P, et al. Femtosecond pulse sequences used for optical control of molecular motion. Science, 1990, 247: 1317-1319.

[55] Assion A, Baumert T, Bergt M, et al. Control of chemical reactions by feedback-optimized phase-shaped femtosecond laser pulses. Science, 1998, 282(5390): 919-922.

[56] Service R F. Training lasers to be chemists. Science, 1998, 279(5358): 1847-1848.

[57] Weiner A M, Oudin S, Leaird D E, et al. Shaping of femtosecond pulses using phase-only: lters designed by simulated annealing. J. Opt. Soc. Am. A, 1993, 10(5): 1112-1120.

[58] Efimov A, Moores M, Mei B, et al. Minimization of dispersion in an ultrafast chirped pulse amplifier using adaptive learning. Appl. Phys. B, 2000, 70: S133-141.

[59] Hacker M, Stobrawa G, Feurer T. Iterative Fourier transform algorithm for phase-only pulse shaping. Opt. Exp., 2001, 9(4): 191-199.

[60] Caraquitena J, Martí J. Dynamic spectral line-by-line pulse shaping by frequency comb shifting. Opt. Lett., 2009, 34(13): 2084-2086.

[61] Torres-Company V, Chen L R. Radio-frequency waveform generator with time- multiplexing capabilities based on multi-wavelength pulse compression. Opt. Express, 2009, 17(25): 22553-22565.

[62] Huang C B, Weiner A M. Analysis of time-multiplexed optical line-by-line pulse shaping: Application for radio-frequency and microwave photonics. Opt. Express, 2010, 18(9): 9366-9377.

第11章　脉冲的相干控制与光学频率合成技术

锁模激光器的本质就是把腔内纵模以固定频率间隔和固定相位锁定在一起. 通常情况下, 我们用光谱仪看不到锁定的各个纵模, 只看得到连续的光谱. 这是因为常规的光谱仪不能分辨锁模激光器的纵模. 一般来说, 纵模间隔在光谱仪分辨率的 3 倍以上, 才能清晰地被分辨. 例如, 分辨率为 $R = \lambda/\Delta\lambda = 30000$ 的光谱仪, 才能分辨 1μm 波长处频率间隔 3GHz 的锁模脉冲的纵模, 才能清楚地看到一个个分立的频率. 由于这些分立的等间隔的频率像一个个梳齿, 锁模的光谱就被称为光学频率梳 (optical frequency comb), 每一个梳齿就代表一个频率. 这个光学频率梳就像一把尺子, 每一个梳齿就是这把尺子上的刻度. 这把尺子上的任何频率刻度都可以表示为纵模间隔的整数倍再加上一个相对于零频率的频移. 在时域, 这个频移表现为载波和包络的相位差. 显见这个频移产生于脉冲在腔内的相速度与群速度的差. 如果这个频移控制及稳定在事先指定的数值上, 就可以稳定脉冲包络对其载波的相对相位. 频率间隔可以用技术法精确测量, 并用微波频率锁定. 人们可以用波长计大致确定光学频率. 如果能这样就把光学频率和微波频率一步到位地联系起来, 就可摒弃传统的复杂的频率合成法. 确定和稳定频率间隔并不难, 但确定和稳定这个频移则需要特殊的技术.

本章将介绍建立在载波包络相位 (或频移) 控制基础上的光频梳、相干控制和合成的概念及关键技术.

11.1　从频率计量学到光学的相位控制

研究显示, 建立在冷原子、离子和分子基础之上的最先进的光学频率标准具有优异的频率稳定性和获得更高的重复性及精度的潜力, 有些可达精度 4×10^{-17}, 不确定度 10^{-18} 的水平 (Sr 原子可到 10^{-20})[1]. 该频率标准在基础物理学、基本常数测量、更精确地测定原子跃迁的频率, 如里德伯常数以及 1S 的蓝姆频移, 检验狭义和广义相对论, 量子电动力学等方面都有着重要作用. 基础物理学常数, 如精细结构常数, 普朗克常数与电子质量的比值, 电子对质子质量的比值等, 都需要用改进的精密激光工具进行更高精度地确定. 光学频率标准在重力波检测、光通信、现代长度和频率计量学等应用中也发挥着非常重要的作用. 比现存的微波频率标准更精确的新一代光学频率钟在不远的将来有望成为国家时间和频率标准.

然而, 光学频率标准作为现实的计量单位, 即时间或者长度, 在测量中却遇到了困难. 这是因为频率的测量必须基于时间单位 "秒", 而秒是以铯原子的精细跃迁的微波频率来定义的. 精确测量光学频率需要一个非常复杂的钟把光学频率和微波频率联系起来. 这里, 根本的困难是, 可见光的频率比铯钟频率高约 5 万倍, 没有直接的电子计数方法来测量光频.

近 40 年来, 测量光学频率的方法差不多与测量微波频率的方法相同, 即用一个已知的频率, 利用非线性效应产生一系列谐波, 把待测的频率与相距最近的谐波频率拍频, 重复上述过程, 直到找到最近的光学频率. 这样的频率链是非常大而且十分昂贵的研究性仪器, 只有少数几个国家级实验室才能拥有; 而且, 这样的频率链也只能覆盖光频范围的几个分立的频率. 事实上, 每个现存的频率链只是为了测量一个目标频率. 即便如此, 这个目标频率与已知频率之间仍然会有若干个太赫兹宽度的频率空白, 因此需要非常复杂的装置来连接这样的空白. 由于这样的困难, 光学频率测量很难成为一般实验室的测量工具.

20 世纪 90 年代以来, 人们提出并尝试了许多简单、可靠、用以克服这个问题的替代方法, 但仍然没能完全解决从微波到可见光光谱中任意波长的测量问题[2].

1999 年, Max-Plank 研究所 T. W. Hänsch 领导的研究组把飞秒钛宝石激光器引入光学频率计量学领域[3]. 他们首次证明[4], 构成飞秒激光光谱的频率梳均匀性的相对不确定度小于 10^{-15}(2004 年马龙生等证明这个不确定性达 10^{-19})[5]. 由此, 利用钛宝石激光器发出周期性的脉冲列在频率域的光谱对应着均匀分布的频率梳, 结合光子晶体光纤扩展光谱的应用, 光学频率的测量开始了一场革命性的进步.

把精密频率计量学和超短脉冲激光物理联系起来的关键参数就是光学频率梳的频率间隔 f_{rep} 和共同的频率偏差 f_{CEO}. 只要确定了这两个参数, 就可以确定一组参考频率, 这些频率就像一把尺子上的刻度. 任何在测量范围之内的未知的光学频率, 都可以很容易地用与之相邻的梳齿频率差拍的方法确定. 这就极大地简化了光学频率的测量, 因为此方法只需要测量三个射频的差拍频率. 这样一来, 锁模激光器就提供了一个相位锁定的时钟, 它架起了射频频率与光学频率梳的太赫兹频率之间的桥梁, 有效地给予光学频率以可数性[6].

11.2　飞秒激光器的相位控制

从频率计量学发端的频率测量技术的革命, 也引发了飞秒激光脉冲的相位控制技术的革命. 飞秒激光器已经进步到了这样一个阶段, 以致缓变振幅近似开始失效. 飞秒振荡器输出的脉冲宽度已经达到 3~5fs, 使脉冲包络下的电场振荡少于 2 个光学周期. 放大后的脉冲经过充气的中空波导扩展频率, 或者通过自量放大, 从而使脉冲宽度接近一个载波的光学周期. 对于这样短的脉冲, 电场强度的最大值极大程度依赖于电场在包络中的严格位置, 即载波–包络相位 (carrier-envelope phase, CEP).

这个相位与 11.1 节介绍的载波包络频率差有内在的联系 (见以下证明). 因为这个相位是由于光脉冲传播的群速度和相速度的差所造成的, 又有人称其为群-相偏差 (group-phase offset, GPO). 在被动锁模激光器中, 这个载波包络相位差是一个自由变量, 因为锁模的稳态条件仅是脉冲包络在腔内循环一周后不变. 因此, 即使其他参数是稳定的, 载波包络相位差也可能表现出很大的起伏. 强度和光束指向性的起伏都可能导致载波包络相位的变化. 控制这个相位的重要性在于, 在飞秒激光脉冲产生高次谐波或者 X 射线的实验中, 实验结果强烈依赖脉冲的 CEP. 如果 CEP 是随机的, 就会导致过多的光谱噪声.

11.2.1 载波包络相位的定义

图 11.2-1 显示的是周期量级的脉冲的载波–包络相位出现偏差的情况, 包络下的载波电场的峰值与包络的峰值不重合, 这个差定义为 ϕ_{CE}, 在数学上, 包含这个相位的脉冲的电场可以表示为

$$E(t) = A(t)\cos(\omega_{\mathrm{c}}t + \phi_{\mathrm{CE}}) \tag{11.2-1}$$

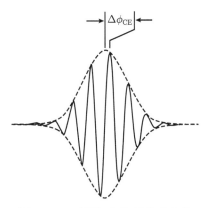

图 11.2-1 载波–包络相位的定义

脉冲强度包络用虚线表示, 载波电场用实线表示, $\Delta\phi$ 是电场峰值与脉冲包络峰值之间的相位

其中, $A(t)$ 是脉冲的包络, ω_{c} 是载波频率, ϕ_{CE} 是载波–包络相位, 依赖于腔内和腔外条件. 为了清楚地了解 ϕ_{CE} 的动力学, 把 ϕ_{CE} 分为两部分

$$\phi_{\mathrm{CE}} = \phi_0 + \Delta\phi_{\mathrm{CE}} \tag{11.2-2}$$

其中, ϕ_0 是 "静态" 相位, $\Delta\phi_{\mathrm{CE}}$ 是腔内脉冲与脉冲之间的相位起伏. 随着脉冲在腔外任何介质中 (除了真空) 的传播, 相速度与群速度之差 (由于色散) 会使 ϕ_0 变化, 因此, ϕ_0 不是真正静态的. 同样的理由, $\Delta\phi_{\mathrm{CE}}$ 的物理起因是腔内光学元件的色散. 测量 $\Delta\phi_{\mathrm{CE}}$ 的时候, 脉冲每一次到达输出镜时取样一次, 而且只有在 2π 之间变化

的相位才是我们关心的. 设 v_g 和 v_p 分别是群速度和相速度, 对腔内光学路径积分, 得到

$$\Delta\phi_\mathrm{CE} = -\omega_\mathrm{c} \int_0^{L_c} \left(\frac{1}{v_\mathrm{g}} - \frac{1}{v_\mathrm{p}} \right) \mathrm{d}x = \left(\frac{1}{v_\mathrm{g}} - \frac{1}{v_\mathrm{p}} \right) L_c \omega_\mathrm{c} \quad \mathrm{mod}\,[2\pi] \tag{11.2-3}$$

其中, L_c 是腔长, $\mathrm{mod}[2\pi]$ 是指取 2π 以内的模量. 如下面要讨论的, 测量和稳定 $\Delta\phi_\mathrm{CE}$ 都有比较成熟的技术. 然而, 式 (11.2-2) 告诉我们, 为了完全确定 ϕ_CE, 必须测量 (和稳定) 静态 ϕ_0, 不过目前这一点还没有完全实现.

11.2.2　脉冲与脉冲之间的载波包络相位差

脉冲与脉冲之间的载波–包络相位 CEP 从频域角度最容易理解. 图 11.2-2(a) 显示了无限长的脉冲列中的三个脉冲, 它们具有常数相位差 $\Delta\phi$. 在频域, 这些脉冲列表示为等间隔的频率梳, 如图 11.2-2(b) 所示. 其间隔频率为脉冲的重复频率 f_rep, 梳齿与零频的频差为 $f_0 = \delta/2\pi$. f_0 与 $\Delta\phi_\mathrm{CE}$ 这两个量是什么关系呢?

如果考虑到变化的载波包络相位, 即假定脉冲不是完全等同的, 而且光谱也不是简单的傅里叶级数, 则脉冲列的电场可写为[7]

$$\begin{aligned} E(t) &= f(t) + f(t - T_\mathrm{R})\exp(\mathrm{i}\Delta\phi) + f(t - 2T_\mathrm{R})\exp(2\mathrm{i}\Delta\phi) + \cdots \\ &= \sum_{m=0}^{\infty} f(t - mT_\mathrm{R})\exp(\mathrm{i}m\Delta\phi) \end{aligned} \tag{11.2-4}$$

其中, m 是整数, $\Delta\phi \neq 2\pi$. 利用傅里叶变换的位移定理, 可得脉冲列电场的频域表达式

$$\begin{aligned} E(\omega) &= \sum_{m=0}^{\infty} F(\omega)\exp(-\mathrm{i}m\omega T_\mathrm{R})\exp(\mathrm{i}m\Delta\phi) \\ &= F(\omega) \sum_{m=0}^{\infty} \exp[-\mathrm{i}m(\omega T_\mathrm{R} - \Delta\phi)] \end{aligned} \tag{11.2-5}$$

其中, $F(\omega)$ 是 $f(x)$ 的傅里叶变换. 如果 $\omega = \omega_N = (2N\pi + \Delta\phi)/T_\mathrm{R}$, 代入式 (11.2-5), 可得

$$\begin{aligned} E(\omega) &= F\left(\frac{2N\pi + \Delta\phi}{T_\mathrm{R}} \right) \sum_{m=0}^{\infty} \exp\left\{ -\mathrm{i}m\left[\left(\frac{2N\pi + \Delta\phi}{T_\mathrm{R}} \right) T_\mathrm{R} - \Delta\phi \right] \right\} \\ &\propto \sum_{m=0}^{\infty} \exp\left(-2\mathrm{i}Nm\pi \right) = \infty \end{aligned} \tag{11.2-6}$$

当 $\omega = (2N\pi + \Delta\phi)/T_{\mathrm{R}} + \varepsilon \neq \omega_N$ 时

$$E(\omega) = F\left(\frac{2N\pi + \Delta\phi}{T_{\mathrm{R}}} + \varepsilon\right) \sum_{m=0}^{\infty} \exp\left\{-\mathrm{i}m\left[\left(\frac{2N\pi + \Delta\phi}{T_{\mathrm{R}}} + \varepsilon\right)T_{\mathrm{R}} - \Delta\phi\right]\right\}$$

$$\propto \sum_{m=0}^{\infty} \exp\left(-\mathrm{i}m\varepsilon T_{\mathrm{R}}\right) = 0 \tag{11.2-7}$$

以上过程证明, 只有当 $\omega = \omega_N = (2N\pi + \Delta\phi)/T_{\mathrm{R}} = (2N\pi + \Delta\phi)f_{\mathrm{rep}}$ 时, 频域电场才不等于 0. 这个条件可以改写为

$$f_N = N f_{\mathrm{rep}} + f_{\mathrm{CEO}} \tag{11.2-8}$$

其中

$$f_{\mathrm{CEO}} = \Delta\phi_{\mathrm{CE}} f_{\mathrm{rep}}/(2\pi) \tag{11.2-9}$$

定义为 "初始频率". 因为其和载波–包络相位的关系, 也称为载波–包络频率偏差 (CEO), 意为这个等间隔的频率梳被整体位移了 f_{CEO}. 或者表示为载波–包络相位差

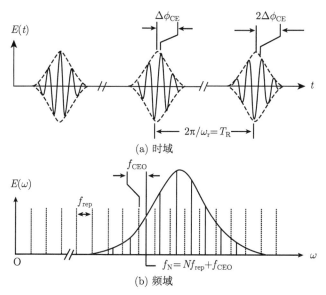

图 11.2-2 $\Delta\phi$ 和 f_{CEO} 在时域与频域的对应关系

(a) 在时域, 由于脉冲在腔内的相速度与群速度的差别, 脉冲之间的载波与包络相对相位差 $\Delta\phi$ 逐个叠加;
(b) 在频域, 锁模激光器的频率梳的齿间隔是脉冲重复频率, 整个频率梳被移动了 f_{rep} 的整数倍加上一个
分数频移 f_{CEO}; 没有主动稳定装置, f_{CEO} 是一个变动的量, 对于激光器的微扰非常敏感; 因此, 在一个
非稳定化的激光器中, 脉冲与脉冲的 $\Delta\phi$ 以非确定方式变化[7]

$$\Delta\phi_{\mathrm{CE}} = 2\pi f_{\mathrm{CEO}}/f_{\mathrm{rep}} \tag{11.2-10}$$

图 11.2-2 画出了脉冲列的光谱, 也就是等间隔的频率梳, 因此, 稳定 $\Delta\phi_{\mathrm{CE}}$ 从频域看就简化为稳定频移 f_{CEO}. 腔内脉冲间不但存在 $\Delta\phi_{\mathrm{CE}}$, 而且每个脉冲的 $\Delta\phi_{\mathrm{CE}}$ 也不一定是相同的, 这是因为脉冲与脉冲的 $\Delta\phi_{\mathrm{CE}}$ 是累加的. 早期的论文证明, CEO 是准周期性的. 例如, 从振荡器输出的脉冲, 如果 $\Delta\phi_{\mathrm{CE}} = 0.5\pi$, 且是稳定的, 则经过 4 次腔内循环, 累积的相位为 2π, 即脉冲列中每 4 个才是载波包络相位完全相同的脉冲.

尽管控制脉冲列的 $\Delta\phi_{\mathrm{CE}}$ 仅仅是非常关键的第一步, 但由于 f_{CEO} 的长期相干性的特点, 将有越来越多的非线性光学实验用 f_{CEO} 作稳定的激光源.

11.2.3　载波包络频率偏差 $f_{\mathbf{CEO}}$ 的测量

因为每个频率梳的梳齿都经历了同样的频移, 所以不可能通过不同的谐波之间的光学差拍来抽取这个频移. 一个直接的方法是, 把红端的频率倍频, 并使之与既存的蓝端的频率重叠并比较, 这样, 这个最简单的差拍程序就须要求脉冲具有一个倍频程的谱宽. 这个方法称为基频–倍频自参考法 (f-to-$2f$ self-referencing)[8,9].

尽管已经有号称一个倍频程谱宽的锁模激光器出现, 多数激光器的光谱两端的能量仍然不足以提供适当信噪比以锁定这个频移 f_{CEO}. 目前大部分测量和锁定实验都是通过放在腔外的光子晶体光纤展宽的连续光谱来实现的.

考虑一个单一的频率梳在长波长的分量的倍频. 根据式 (11.2-8), 第 N 个梳齿的倍频后的频率是:

$$2f_N = 2Nf_{\mathrm{rep}} + 2f_{\mathrm{CEO}} \tag{11.2-11}$$

而相距一个倍频程的高频部分, 第 $2N$ 个梳齿的频率是

$$f_{2N} = 2Nf_{\mathrm{rep}} + f_{\mathrm{CEO}} \tag{11.2-12}$$

这两个频率在探测器检测到的倍频信号与原有的第 $2N$ 个梳齿的光学外差频率具有相干项[6]

$$\Delta f = f_{\mathrm{CEO}} \tag{11.2-13}$$

用一个简单的滤波器, 就可以从这个信号中滤出射频信号 f_{CEO}.

作者研究组所有的测量实验装置如图 11.2-3 所示. 频率梳的光源是 1GHz 的光纤激光器, 未经放大的光, 经过拉锥的光子晶体光纤扩谱后, 经双色镜分光, 将长波长和短波长分量分开再合束, 再用扇形 PPLN 将基频光倍频, 光栅分光或窄带滤波器滤波后入射到雪崩光电二极管 APD 上. 光电二极管接收的是一组梳齿相干信号的贡献, 所以每个梳齿 10nW 的能量就可以提供足够的信噪比用来锁定 f_{CEO}.

这个功率是通过光子晶体光纤展宽光谱后的功率. 射频频谱分析仪在 100kHz 带宽下如有 25~30dB 信噪比, 就可以用来牢固地锁定这个频率.

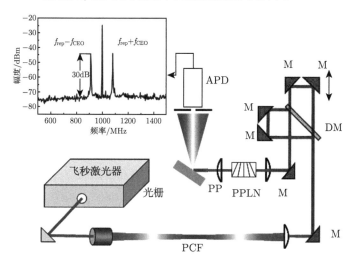

图 11.2-3   作者研究组用 f-to-$2f$ 相干法测量 f_{CEO} 的装置

输入的倍频程展宽的频率梳用双色镜分开, 此例中是把 1300nm 作为 f, 650nm 作为 $2f$. 实际操作时, 调整 f 和 $2f$ 来优化 f_{CEO} 的信噪比. 光谱的红外部分用扇形周期极化 PPLN 倍频, 然后用光栅将光谱在空间散开, 使 $2f$ 信号在雪崩二极管 APD 中混频. 散开的光束通过一个小孔来滤掉非光谱重叠的梳齿分量, 测得的射频拍信号也显示在图中[10]

为了测量到 f-to-$2f$ 相干拍频信号, 还需要注意:

第一, 为了观察到拍频, 两臂的光学长度必须相等, 以使两个信号在时间上重合, 因此需要加上时间延迟补偿装置. 在诸多的方法中, 迈克耳孙干涉仪结构更简单、更便于调节两臂的长度. 此时, 倍频装置可放在两束光合束之后, 最好用 PPLN 晶体, 可避免倍频后两束光偏振不一致的问题.

第二, 为了防止过宽的光谱引入本底噪声过高, 通常只要收集在 f_{2N} 附近约 10nm 以内的光谱, 就可得到足够强的外差拍频信号. 做到这点, 可加窄带滤波器, 或直接用光栅扩谱, 用光电二极管或雪崩光电二极管的集光面积取出一部分光谱.

第三, 当要把 f_{CEO} 锁定为零的时候, 拍频信号为零, 就会淹没在直流信号中. 为了避免这个困难, 可把一个声光调制信号通过声光调制器 AOM 加在干涉仪的一个臂上, 第 $2N$ 个梳齿的频率就有一个频移 f_{AOM}, 因此, 观察到的拍频也会有一个频移 f_{AOM}. 通过频移, 拍频信号就可以避开在直流或者 f_{rep} 频率内处理 f_{CEO} 的麻烦了. 把 f_{CEO} 锁定为零, 强制每个脉冲都具有相同的 CEP, 即使允许 f_{rep} 漂移也能使脉冲列具有稳定的载波包络相位.

第四, 如果脉冲谱宽不够一个倍频程, 为了测量 f_{CEO}, 可用 $2f$-to-$3f$ 法解

决[11], 即把光谱的蓝端倍频, 红端三倍频, 然后作差拍

$$3f_N - 2f_{3N/2} = 3Nf_{\text{rep}} - 2 \times (3N/2)f_{\text{rep}} + 3f_{\text{CEO}} - 2f_{\text{CEO}} = f_{\text{CEO}} \qquad (11.2\text{-}14)$$

这样, 脉冲谱宽只要半个倍频程就可以了, 不用经过光纤展宽. 依此类推, 还可以用 $3f$-to-$4f$ 法. 但是, 三倍频、四倍频需要两级非线性过程, 所得的脉冲能量更小, 所以很难产生足够的信噪比. 有报道, 用 $2f$-to-$3f$ 法在高重复频率的飞秒激光器中获得了 25dB 的信噪比 (100kHz 带宽), 这多半是由于高重复频率激光器中纵模模式数少, 而每个模式的功率提高了的缘故.

第五, 频域上拍频测量 f_{CEO} 并用于锁定实际上不是那么简单. 最直接的问题是, 这个拍频的线宽往往很宽, 在若干 MHz 量级. 这样宽的线宽很难像锁定重复频率一样简单. 除了尽量减小 f_{CEO} 线宽, 通常的方法是将 f_{CEO} 与一个稳定的频率和频, 然后再分频, 以减少线宽. 例如, 将一个 $f_{\text{CEO}}=20\text{MHz}$ 与 1GHz 和频为 1.02GHz, 线宽还是 2MHz. 再分频为 10.2MHz, 线宽就变为 20kHz, 可以用于锁定.

11.2.4　载波包络频率相位 $\Delta\phi_{\text{CE}}$ 的时域测量

载波包络频率差 f_{CEO} 与脉冲和脉冲之间的相位差 $\Delta\phi_{\text{CE}}$ 的演变的关系由式 (11.2-10) 决定, 并可被第 i 个脉冲和第 $i+2$ 个脉冲的二阶互相关所证实. 把 f_{CEO} 锁定在各种 f_{rep} 上, 所得的 $\Delta\phi_{\text{CE}}$ 的变化证实了式 (11.2-10), 如图 11.2-4 所示.

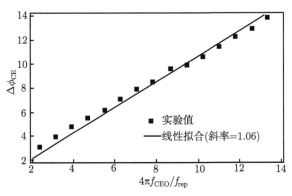

图 11.2-4　实验测量的第 i 和第 $i+2$ 个脉冲之间的 $\Delta\phi_{\text{CE}}$ 作为 $4\pi f_{\text{CEO}}/f_{\text{rep}}$ 的函数
这个函数的斜率应该是 1(多出的倍数 2 来源于每隔 1 个脉冲测量一次), 而线性拟合的斜率是 1.06[8]

根据上述实验, 时域上测量 $\Delta\phi_{\text{CE}}$ 是非常直观的. 我们只要找到脉冲的包络, 再用干涉法找到干涉峰, 计算它们之间的差就可以了.

这种方法不牵扯拍频线宽问题, 用于锁定 f_{CEO} 按说比较容易实现. 但是为什么不普遍呢? 这里有两个实验上的问题: 一个问题是, 干涉仪的两臂要非常稳定, 否则机械振动带来的变化会淹没 $\Delta\phi_{\text{CE}}$ 的变化; 另一个问题是, 如果脉冲的包络比较平缓, 脉冲包络下包含的周期太多, 不容易测量包络的主峰.

韩国科技大学 (KAIST) 和美国国家标准局 (NIST) 的研究人员提出, 如果脉冲包络比较平缓, 可以用平衡互相关的方式确定峰值[12]. 在图 11.2-5 中, 平衡互相关器的平衡探测器中输出在两个脉冲错开相等距离时, 输出的电平是 0, 可据此判断脉冲的峰值. 同时, 扩大 $\Delta\phi_{CE}$, 例如, 将相隔 3 个脉冲间隔的脉冲作相关. 根据定义, 脉冲之间的 $\Delta\phi_{CE}$ 应该是单个的 4 倍. 只要检出这个 CEP 除以 4, 就可以得出载波包络下脉冲的 $\Delta\phi_{CE}$. 此时, 相隔四个脉冲间隔的电场相干图形, 对应的相位是 ϕ_{icor}

$$\phi_{icor} = \omega\tau + 4\phi_{CE} + \theta_d \qquad (11.2\text{-}15)$$

其中, θ_d 是考虑到相关器中两臂不平衡带来的附加色散. 假设 θ_d 不随时间变化, 则

$$\phi_{CE} = (\omega\delta\tau - \delta\phi_{icor})/4 \qquad (11.2\text{-}16)$$

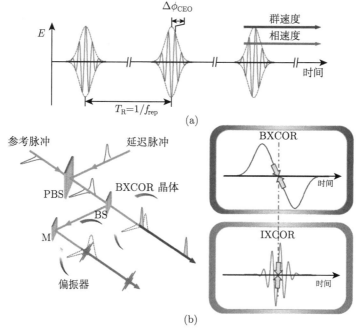

图 11.2-5   时域测量脉冲载波包络相位差的方法示意图 [12]

BXCOR：平衡式强度互相关；IXCOR：相干互相关

这两个信号可以用来同时锁定重复频率 f_{CEO} 和初始相位 $\Delta\phi_{CE}$. 在平衡强度互相关器的输出中, 因为测量的是四个频率间隔的两个脉冲的互相关, 脉冲之间的抖动反映了重复频率的变化. 将偏离信号作为反馈, 控制激光器中的压电晶体, 就可以控制腔长, 从而稳定重复频率; 当重复频率稳定时, 式 (11.2-16) 中的 $\delta\tau = 0$, 因此得到载波包络相位. 这个信号也用来稳定载波包络相位 $\Delta\phi_{CE}$, 或者 f_{CEO}. 这

种在时域测量载波包络相位的方法, 测量的是相对相位, 读不出载波包络相位的绝对值. 但是作为稳定载波包络相位的时域方法, 是非常有效的. 特别是避免了倍频程带宽的扩谱要求, 所需的脉冲能量也极小 (pJ 量级).

11.2.5　飞秒激光器载波包络相位的控制

初始频率 (f_{CEO}) 是一个非常敏感的参数, 对于微小的环境变化引起的激光谐振腔的变化反应都很强烈. 在一个非稳定化的飞秒激光腔中, f_{CEO} 表现出很大的起伏. 控制 f_{CEO} 无论对于频率计量学还是对非线性光学, 特别是对阿秒脉冲产生, 都是非常重要的. 为了更好地稳定 f_{CEO}, 就需要很好地理解 f_{CEO} 起伏的物理原因. 这个原因主要是腔内色散的起伏.

由式 (11.2-3) 可知, 腔内任何线性色散的变化都将影响 f_{CEO}. 根据式 (11.2-10), 腔长的变化也会影响 $\Delta\phi_{CE}$, 因为其和脉冲的重复频率成反比. 然而, 这个效应比色散的影响要小好几个数量级. 需要注意的是, 色散与 f_{CEO} 的联系也把激光器的功率噪声起伏通过非线性光学效应与 f_{CEO} 联系了起来. 因此, 人们也可以利用这个效应来稳定 f_{CEO}. 具体到激光器中, 怎样才能控制 f_{CEO} 呢? 关键是找到一个机制来控制 f_{CEO} 的频率. 以下分别介绍调节谐振腔中棱镜端腔镜的角度和泵浦功率两种常用技术.

1. 含棱镜的钛宝石激光器中的相位控制

最早的控制 f_{CEO} 的实验是在用棱镜补偿色散的钛宝石激光器中实现的[13]. 这种技术的优点是, 它对其他脉冲参数的影响最小. 这正好证明了几何色散对于群速色散的影响[14], 基本实验装置如图 11.2-6 所示. 它是一个重复频率为 100MHz 的

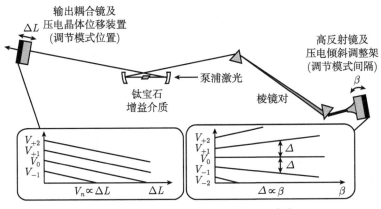

图 11.2-6　稳定 $\Delta\phi_{CE}$ 的实验装置[15]

因为光谱是在第二个棱镜后表面上空间分开的, 转动腔镜很小的角度就可能导致一个线性频率延迟 (群延迟), 第二个 f-to-$2f$ 干涉仪提供了一个环路外测量 f_{CEO} 装置, 这时对于测量 ϕ 的相干时间非常关键[15]

锁模钛宝石激光器. 腔内色散由普通的棱镜对补偿. 控制激光器的腔长, 就可以稳定激光器的重复频率. 重复频率可以锁定到一个稳定的频率源 (的分频) 上.

为了完成稳定环路, 还必须有一个可以看得见摸得着的 "旋钮" 来调节 f_CEO, 这个旋钮必须能够改变腔内的群速和相速之间的差. 其中一个方法是旋转棱镜一端的腔镜. 由于光谱是空间色散的, 很小的旋转就可能产生一个线性的频率相关的相位延迟, 等效于群延迟. 其缺点是, 腔镜的惯性影响响应速率. 此外, 旋转端镜这个方法也不能被用到没有棱镜的激光器中. 另一个方法是调制激光器的泵浦功率, 实验发现, 这也可以改变 f_CEO, 尽管物理机制还不很清楚 (具体讨论见下一小节).

2. 无棱镜的钛宝石激光器中的相位控制

在无棱镜的用啁啾镜补偿色散的飞秒激光器中, 由于没有空间色散, 不可能用倾斜腔镜的方法来调节 CEO. 实验证明, 控制激光器的泵浦功率也能导致载波包络相位差的改变[16]. 这可能和克尔效应有关, 因为腔内脉冲峰值功率的变化影响了增益介质的色散性质[17,18].

图 11.2-7 是测量到的 f_CEO 对钛宝石激光器的泵浦功率的强度的变化 $\mathrm{d}f_\mathrm{CEO}/\mathrm{d}I$ 与调制频率的关系. 这个函数变换关系显示出耦合系数随着调制速率的减小 ($10^{-7} \sim 10^{-8}\,\mathrm{Hz \cdot m^2/W}$) 而变化的关系. 这个效应可以归结为, 腔内峰值功率和 f_CEO 频率与强度感应的增益介质折射率变化之间的耦合. 在低调制速率时, 热诱导的折射率变化也许有贡献, 但在高频调制时, 此变化消失了. 高频调制时, 只有电子对折射率有贡献, 即克尔效应在起作用. 众所周知, 温度变化导致的材料的群折射率与相位折射率的变化是不同的[19], 这就导致一个群-相位漂移, 并作用于测量到的 f_CEO 频率.

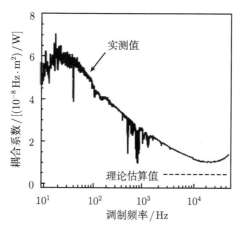

图 11.2-7　测量到的 $\mathrm{d}f_\mathrm{CEO}/\mathrm{d}I$ 与钛宝石激光器的泵浦功率的强度和调制频率的关系[13]

通常, 克尔效应被处理为非色散机制, 这足以分别描述无论是包络还是相位的效应. 然而必须看到, 光强度诱导和温度诱导的电子的群速变化和相位变化是不同的. 这就说明, 克尔效应也依赖于强度的群–相位漂移. 从以前的讨论中可知, 我们必须分别处理群和相位延迟, 或者是克尔效应的线性色散. 非线性折射率相对于波长的关系已经成为实验和理论研究的课题. 根据相位与非线性折射率的关系, 非线性效应对于 CEP 的贡献可以定义为[20]

$$\delta\phi_{\text{CE}} = \frac{L\omega^2}{c} I \frac{\mathrm{d}n_2(\omega)}{\mathrm{d}\omega} \tag{11.2-17}$$

其中, I 是克尔介质中的光强. 这个贡献必须引入到自相位调制诱导的相移中

$$\Delta\phi_{\text{SPM}} = \frac{L\omega^2}{c} n_2 I = \delta\phi_{\text{CE}} \frac{n_2}{\omega \mathrm{d}n_2/\mathrm{d}\omega} \tag{11.2-18}$$

对于工作在 800nm 波长的钛宝石激光器, 假定 $n_2 = 3.6 \times 10^{-16} \text{cm}^2/\text{W}$, $\omega \mathrm{d}n_2/\mathrm{d}\omega = 8 \times 10^{-17} \text{cm}^2/\text{W}$, 这意味着, 克尔非线性效应对于群–相位漂移的影响大约是自相位调制效应的 1/5[21]. 把这个数据加入图 11.2-7 所示的实验条件中, 可以进一步估计出, $\mathrm{d}f_{\text{CEO}}/\mathrm{d}I = 4 \times 10^{-5} \text{Hz} \cdot \text{cm}^2/\text{W}$. 这与图 11.2-7 中的实验测量值 $\mathrm{d}f_{\text{CEO}}/\mathrm{d}I \approx 10^{-4} \text{Hz} \cdot \text{cm}^2/\text{W}$ 非常接近.

11.2.6 绝对载波包络相位

细心推导证明[7], 原则上, 用 $f\text{-to-}2f$ 相干法检测的是 $\Delta\phi_{\text{CE}} = 0$ 时的 ϕ_0. 然而, 从图 11.2-3 看出, f 和 $2f$ 两个臂分别引入任意的相移, 这样测得的就不是真正的 ϕ_0.

因为光谱展宽是由脉冲通过光子晶体光纤获得的, 脉冲中会带有较强的三阶相位. 这就意味着, 基频和倍频光之间会在时间上分离. 三阶相位的多少取决于光纤长度. 如果光纤长度超过 1cm, 就必须把基频和倍频分开, 补偿这个时间差后再合起来. 尽管色散补偿可以使测量精确一些, 倍频过程产生的相移仍然会导致 $f\text{-to-}2f$ 相干法的测量误差, 这是因为倍频晶体的色散使 CEP 按照已知方式演化, 但是具有较大的不确定性. 如第 10 章中论述的, 相位匹配仅仅对有限的波长范围有效. 对于宽带光谱, 即使很小的相位失配都会导致很大的相位误差. 当然, 如果用很薄的晶体可能解决这个问题, 但是那样会使倍频信号小得不能测量到.

在腔外展宽光谱的情况下, 人们最关心的是微结构光纤中由振幅噪声转换得的相位噪声. 当负反馈回路闭合的时候, 光纤中产生的相位噪声会通过反馈转写到激光器上, 因为反馈回路试图纠正腔外相位偏差. 因为这个相位噪声是在腔外产生的, 所以这个噪声就无端地加给了振荡器. 图 11.2-8 是对于没有锁定的和用 PZT 锁定以及用 AOM 锁定的激光器的归一化的功率起伏 $S_{\text{p}}(f)$ 的光谱密度, 左边的纵轴是功率起伏. 可以清楚地看到, 未锁定的和用 PZT 锁定激光器的相对功率起伏几乎

没有区别, 而经 AOM 锁定的激光器的功率噪声却是大大增加了. 图 11.2-8 还显示了对于 PZT 和 AOM 锁定的激光器的累积光纤相位噪声. 对于 PZT 锁定的情况, 幅度起伏几乎对相位噪声没有贡献. 而对 AOM 锁定的情况, 从 $+\infty$ 到 100Hz 的累积噪声已经超过了 2π. 就是说, 在一个棱镜对补偿色散和微结构光纤扩展光谱的激光器中, 在观察了仅仅 $(2\pi \times 100 \text{Hz})^{-1} = 1.6\text{ms}$ 的时间之后, CEP 的相干性就已经消失.

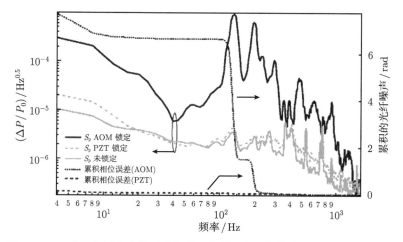

图 11.2-8 对于光谱密度的功率起伏 (左轴) 和累积的光纤相位噪声 (右轴)

图中列举了未锁定、PZT 锁定, 以及 AOM 锁定的激光器的情况. 注意, 对于使用棱镜对的激光器, 用 AOM 锁定的载波包络相位的情况, 仅经过 1.6ms 的观察时间, CEP 的相干性就消失了

相反的是, 在用啁啾镜补偿腔内色散的激光器中和在用 AOM 调制泵浦光来锁定 f_{CEO} 的情况下, 观察到振幅噪声下降. 这种区别指出了这两种激光器设计的噪声过程的变化以及稳定 f_{CEO} 的动力学, 同时也是研究的热点.

我们关心的另外一个问题是微结构光纤中产生的超连续谱的相干的程度. 没有高度相干, $\Delta\phi_{\text{CE}}$ 和 ϕ_0 就不能通过外差法测出的 f_{CEO} 确定. 实验证明, f_{CEO} 和 $\Delta\phi_{\text{CE}}$ 的线性关系维持在误差 6% 范围内. 再者, 如果频率梳缺少相干性, 就会反映为每个梳齿的带宽的不相关的展宽. 如果相干性在光纤展宽的宽带光谱中确实是个限制因素, 我们就会发现测得的 f_{CEO} 具有有限的线宽, 而且不能被反馈手段压缩. 而实际上测得的 f_{CEO} 线宽只有 0.5mHz, 说明相干性对于微结构光纤展宽的光谱不是用 f-to-$2f$ 精确测量 f_{CEO} 的限制因素.

当然, 减少噪声以及相位的不确定性的最好方法是直接从振荡器中产生倍频程带宽的光谱. L. Matos 等[22] 利用超宽带啁啾镜, 从钛宝石激光器中得到了 25dB 水平的 580~1160nm 的倍频程带宽, f-to-$2f$ 的拍频信噪比达 30~40dB.

11.3　激光频率梳

激光频率梳或光学频率梳实际上是载波包络相位稳定的锁模激光器, 其中光载波的相位锁定于其重复频率. 锁定一个标准参考频率时, 这个光源产生一系列在频域有确定频率间隔的光谱. 频率梳已经将频率计量学彻底革命, 并且其应用日益增长. 最近的微腔也证实有能力产生精确频率间隔的频率梳, 代表了另一类精密测量学用光源.

频率梳技术最初用于精密频率测量, 已经取得了飞速进展, 其中有频率梳光源, 各种新型频率梳被发明出来, 应用领域在扩展. 因为频率梳主要应用于实验室测量, 对频率梳的要求是非常苛刻, 且很不一样, 频率精度已经不是唯一的最重要的需求; 但是, 频率梳的功率、光谱的平坦度、波长区间、稳固性、体积、耗电量以及成本已经变得更加重要.

11.3.1　固体激光频率梳

固体激光频率梳的优势是结构简单, 特别是钛宝石激光器, 用低噪声的绿光光源泵浦, 频率梳的稳定性和噪声特性都优于半导体激光器泵浦的激光器和频率梳.

1. 钛宝石激光频率梳

钛宝石激光器是最早做出频率梳的光源. 因为其脉冲比较短, 可达 10fs 以下, 输出功率在几百毫瓦, 所以非常容易在光子晶体光纤中获得倍频程光谱. 第一台激光频率梳就是利用钛宝石激光器做出的. 钛宝石激光器的缺点是不容易放大, 因此尽量提高频率间隔, 即脉冲的重复频率, 可有效提高梳齿的功率. 高掺杂的钛宝石晶体的研制, 使薄晶体能吸收很大的泵浦功率, 使超短腔高重复频率运转成为可能, 在 8W 泵浦下, 能得到最高 900mW 以上的输出功率. 但是用光子晶体光纤作为倍频程扩谱最大的问题是耦合效率. 激光器输出的很大一部分功率给了稳定频率用的扩谱, 真正需要的梳的功率比较低. 麻省理工学院 Kaertner 教授发明的超宽带啁啾镜技术, 加上三角形环形腔有两个输出, 可以直接产生倍频程带宽输出, 增加了作为 "梳" 的有效光功率.

2. Yb 晶体激光频率梳

Yb 掺杂的晶体荧光带宽很宽, 一直是飞秒激光器的优质材料. 做光频梳用的 Yb 固体激光器与其他用途的 Yb 固体激光器没有太大差别. 人们关心的主要是初始频率信号的信噪比和线宽. 因为是半导体激光器直接泵浦, 初始频率信号 f_{CEO} 的稳定性会低于钛宝石激光器的信号. 此外, 腔内净色散也是影响线宽的主要因素.

11.3.2　光纤激光频率梳

第 6 章中介绍的锁模光纤激光器理论上几乎都可以做成光频梳, 实际上, 并不是所有锁模机制都适合做光频梳. 这主要是从初始频率信号 f_{CEO} 的线宽和信噪比来考虑的. 如果初始频率线宽太宽, 或因噪声太大而快速移动, 就无法锁定, 也就无法形成光频梳.

以上问题来源于泵浦激光器的噪声和光纤激光器腔内色散. 泵浦噪声, 即泵浦激光器的电流源的噪声对初始频率线宽的影响. 图 11.3-1 是作者研究组一个实验例证. 当用普通的泵浦激光器电源时, 电源的噪声导致非常宽的初始频率信号, 其实是信号的快速移动, 看起来像非常宽. 当切换成较好的电源流 (本例中是 ILX Lightwave LDC-3900) 时, 初始频率信号显然稳定得多[23].

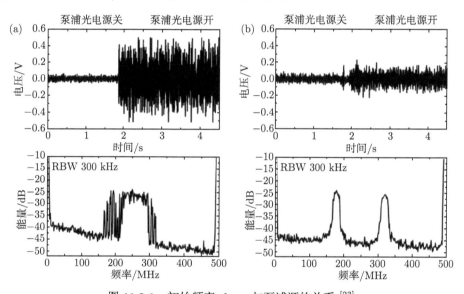

图 11.3-1　初始频率 f_{CEO} 与泵浦源的关系 [23]

上半部分是泵浦光电源 "关" 和 "开" 时光电二极管检测到的信号, 下半部分是检测到的初始频率 f_{CEO} 信号. (a) 用普通的电流源驱动泵浦用半导体激光器; (b) 用较 "安静" 的电流源驱动泵浦用半导体激光器. 显然, 用较 "安静" 的电流源, 检测到的 f_{CEO} 会 "安静" 很多

除了驱动电流源的稳定性对检测到 f_{CEO} 信号的稳定性有影响, 腔内色散也对初始频率 f_{CEO} 的线宽有直接关系. 实验证明 (图 11.3-2), 同样的安静电流源驱动时, 尽管腔内是负色散, 线宽仍然很宽. 调节腔内色散接近零时, 线宽显著变窄.

值得注意的是, 在不改变腔内色散的情况下, 初始频率线宽也可以通过腔内增加光谱滤波器的方式改变. 作者研究组与康奈尔大学 Wise 组合作的结果显示 (图 11.3-3), 首先, 腔内的色散无论正负, 初始线宽都会随着色散的绝对值的增加成倍变宽, 只有在零色散附近线宽最窄. 但是, 如果腔内增加一个光谱滤波器 (此实验中, 光谱滤波带宽是 2nm), 则初始频率线宽有收缩的趋势, 即使对很大的腔内正色散情况[24].

　　实际中常用的光纤激光器频率梳有两种: 掺铒光纤激光频率梳和掺镱光纤激光频率梳. 在掺铒光纤激光频率梳中, 因为石英光纤对 1550nm 波长是负色散, 可做色散补偿; 掺铒光纤飞秒激光器做光频梳就有可做成全光纤的优点, 缺点是掺铒光纤掺杂一般比较低, 增益较低, 很难放大到很大功率.

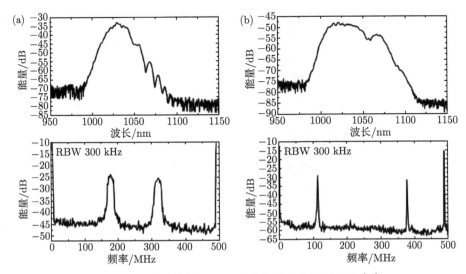

图 11.3-2　初始频率 f_{CEO} 线宽与腔内色散的关系[23]

在用 “安静” 的电流源驱动泵浦用二极管时, (a) 腔内色散比较负的时候 (类孤子), 初始频率 f_{CEO} 线宽较宽; (b) 腔内色散接近 0 时, f_{CEO} 线宽显然大大窄于负色散时的线宽

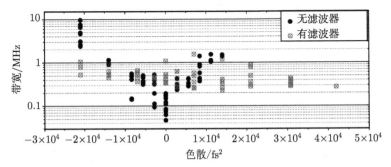

图 11.3-3　腔内光谱滤波器对初始频率线宽的抑制作用[24]

　　掺镱光纤激光器由于掺杂高, 泵浦效率高, 因此输出功率也高, 适合做高功率的光频梳. 另外, 发光波长在 1μm, 接近可见光, 也使其更具有通用性. 缺点是在这个波段缺乏光纤色散补偿元件, 常用光栅对补偿色散, 因此激光器和放大器中都少

不了光栅对这种自由空间元件.

11.3.3 天文光谱定标用光频梳

普通的光谱仪是没有刻度的, 刻度是靠汞灯的特征谱线外推定标. 天文光谱仪显示部分是一个面阵, 定标同样用灯, 主要是钍氩灯. 从图 11.3-4 看出, 与激光频率梳比起来, 钍氩灯无论是在谱线均匀度, 还是在亮度均匀度上, 都相差甚远.

图 11.3-4 激光频率梳与钍氩灯在天文光谱仪上的定标谱线比较
频率梳的谱线密度和光强均匀性显然高于钍氩灯

天文光谱仪精密定标的目的之一是为了测量类地行星的质量. Kepler 等空间天文望远镜用掩星法发现类地行星的轨道周期和行星的大小, 而地面用视向速度法测量行星的质量. 视向速度是行星绕其母星 (恒星) 旋转对其母星产生的扰动, 或者说行星与母星构成一个力学体系, 围绕其质心转动. 恒星朝向观察者运动的速度叫视向速度. 这个速度导致恒星中吸收谱线的红移或蓝移. 测出了这个红移或蓝移, 就可以推算出行星质量. 类地行星对恒星的扰动的视向速度只有 10cm/s 左右, 这个频移在光谱仪上只是一个原子大小, 而光谱仪感光像素的大小则是这个移动的 10^3 倍. 钍氩灯定标的最好视向速度精度是 1m/s.

为了提高定标精度, 首先分析一下给定的光谱仪的极限定标精度. 以国家天文台兴隆站 2.16 米直径天文望远镜所用高分辨率光谱仪 (HRS) 为例, 假定单个定标谱线用高斯型函数拟合, 并光子噪声, 光子噪声受限的天文光谱定标精度 (用频宽 $\Delta\nu_{\mathrm{rms}}$ 表示) 可通过下式计算

$$\Delta\nu_{\mathrm{rms}} = 0.41\frac{\mathrm{FWHM}}{\mathrm{SNR}\times\sqrt{n_{\mathrm{pxl}}}} \tag{11.3-1}$$

其中, FWHM 为每个定标谱线所占的频率宽度, SNR 为定标谱线中每个像素的信噪比, n_{pxl} 为每个谱线所占的 CCD 像素数. 综合兴隆站 2.16 米直径天文望远镜 HRS 的参数, 以视向速度表示的频宽是 FWHM≈5600m/s, SNR≈200, n_{pxl} ≈4, 则单个梳齿光子噪声受限视向速度定标精度是

$$\Delta\nu_{\mathrm{rms}} = 0.41\frac{\mathrm{FWHM}}{\mathrm{SNR}\times\sqrt{n_{\mathrm{pxl}}}} = 0.41\times\frac{5600\mathrm{m/s}}{200\times\sqrt{4}} \approx 5.74\mathrm{m/s} \tag{11.3-2}$$

N 根定标谱线的光谱噪声受限精度约为

$$\sigma_v = \frac{\Delta\nu_{\mathrm{rms}}}{\sqrt{N}} \tag{11.3-3}$$

若希望达到 10cm/s 视向速度定标精度, 定标梳齿根数应为 $N \approx 3295$; 若希望达到 6.5cm/s 的视向速度定标精度, 定标梳齿根数应为 $N \approx 8000$. 根据 2.16 米直径天文望远镜 HRS 的精度, 定标梳齿间隔在 400nm 时应为 37.5GHz, 在 500nm 时应为 30GHz, 在 400~700nm 光谱范围是 322THz, 以频率间隔 35GHz 计算, 梳齿共有 9200 根, 对应光子噪声受限定标精度为 6cm/s.

直接获得这个频率间隔的光频梳是困难的. 为了达到这个频率间隔和梳齿数目, 需要滤波和扩谱. 从先后顺序来说, 无论先滤波后扩谱, 还是先扩谱后滤波, 都有技术难点. 先扩谱后滤波, 放大时需要超宽带滤波用 FP 腔镜; 先滤波后扩谱, 虽然不需要宽带滤波镜, 但扩谱需要的高脉冲能量又需将平均功率提高到几十瓦.

和马克斯-普朗克研究所不同, 作者研究组用先扩谱后滤波的方案. 滤波用的是固定厚度的超低膨胀率玻璃做间隔的 FP 腔. 独特的超宽带零相位反射膜, 可以透过 440~720nm 带宽的梳齿. 在光谱分辨率 $\lambda/\Delta\lambda$ 只有 46000 的情况下, 记录的梳齿仍然可以非常清晰地分开 (图 11.3-5), 具有很高的信噪比 (图 11.3-6).

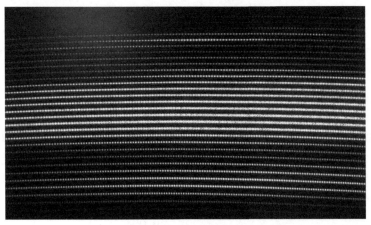

图 11.3-5　国家天文台兴隆基地 2.16 米直径天文望远镜高分辨率光谱仪记录的 300GHz 光频梳
每个点代表一个梳齿

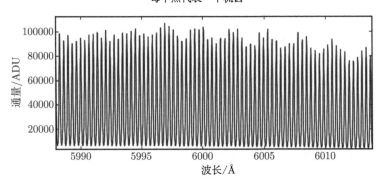

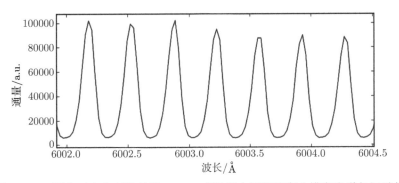

图 11.3-6 国家天文台兴隆基地 2.16m 直径天文望远镜高分辨率光谱仪记录的
第45 衍射级 30GHz 光频梳的梳齿截面图
下面的图是上面图的横坐标放大图

11.4 飞秒脉冲放大器的相位测量和控制

现在我们来看放大后脉冲的相移如何测量和控制[25]. 与振荡器相比, 放大器有三点不同: 第一, 放大器的重复频率减小到 1~10kHz 时, 激光器纵模模式间隔被大大缩小, 准确检测 f_{rep} 和 f_{CEO} 变得复杂; 第二, 较高的脉冲能量会使产生倍频程白光光谱变得容易; 第三, 与 "安静" 的振荡器相比, 放大器存在非常高的峰值强度噪声[26]. 因此, 准单色的 f-to-$2f$ 信号变化并不一定反映出载波包络相位的变化, 也许反映的只是脉冲能量的起伏.

11.4.1 非线性光谱干涉法

目前报道的测量方法, 是利用充足的脉冲能量以及各种单次非线性光谱相干进行测量[27-29]. 采用这样的方法的目的在于, 用光谱仪检测 f-to-$2f$ 的宽带拍频, 而不是像测量振荡器那样利用窄带拍频. 简单地说, 这个方法的本质是, 在产生了足够强的白光光谱之后, 通过倍频晶体把脉冲倍频, 得到的倍频后的电场为

$$E_{\text{SHG}}(\omega) \propto \exp(\mathrm{i}2\varphi) \int \chi^{(2)}(\omega : \omega', \omega - \omega') \sqrt{I_{\text{WL}}(\omega') I_{\text{WL}}(\omega - \omega')}$$
$$\times \exp[\mathrm{i}(\varphi_{\text{WL}}(\omega') + \varphi_{\text{WL}}(\omega - \omega'))]\mathrm{d}\omega'$$
$$= \sqrt{I_{\text{SHG}}(\omega)} \exp[\mathrm{i}(\varphi_{\text{SHG}}(\omega) + 2\varphi)] \tag{11.4-1}$$

其中, $\varphi_{\text{WL}}(\omega)$ 是白光的相位, $\chi^{(2)}$ 是二阶极化矢量. 白光与倍频脉冲相干, 相距一个时间延迟, 可以写为

$$S(\omega) = (1-a)I_{\text{WL}}(\omega) + a I_{\text{SHG}}(\omega)$$

$$+ 2\sqrt{a(1-a)I_{\mathrm{WL}}(\omega)I_{\mathrm{SHG}}(\omega)}$$

$$\times \cos(\varphi_{\mathrm{SHG}}(\omega) - \varphi_{\mathrm{WL}}(\omega) + \omega\tau_0 + \varphi) \tag{11.4-2}$$

其中, 系数 a 代表倍频光通过偏振片的透射率, 对于足够大的脉冲延迟 τ_0, 对应于相干图 $S(\omega)$ 中的很多光谱条纹, 正弦函数中的宗量都可以用傅里叶变换光谱相干法 (FTSI) 的标准算法求出来[30]. 这个程序包括: 先把相干谱通过傅里叶变换变到时域, 然后用数字带通滤波器在 $t = \tau_0$(或者 $t = -\tau_0$) 滤出交变部分, 之后再做一次傅里叶变换变回到频域, 这与用于脉冲相位测量的光谱相位相干法 (SPIDER) 非常类似. 这样得出的新光谱的复函数直接产生两个电场的微分相位

$$\mathrm{mod}_{2\pi}\{\varphi_{\mathrm{SHG}}(\omega) - \varphi_{\mathrm{WL}}(\omega) + \varphi\} \tag{11.4-3}$$

理论上, 这种相干测量法不仅可以确定脉冲与脉冲特性 φ 的变化, 而且也能求出实际的相位 φ. 然而实际中, 这是不可行的. 这是因为, 用目前的方法, $\varphi_{\mathrm{SHG}}(\omega)$ 和 $\varphi_{\mathrm{WL}}(\omega)$ 只能精确到差一个任意常数. 只有全面考虑光谱相位在倍频晶体中的演化 (包括线性和非线性传播), 才有可能用这种方法抽取相位 φ. 因此, 只有在用独立的方法另外定标之后, f-to-$2f$ 拍频法才能用来测量完全的载波包络相位. 否则, 这个方法只能反映第 j 个脉冲与同一个脉冲列中的另一个脉冲 (如早些到来的第 0 个) 之间的相位阶跃, 并把其作为参考. 这就是说, 干涉法只能测量 $\delta\varphi_j = \varphi_j - \varphi_0$.

　　本节叙述的方法与参量方法的 FTSI[21] 的区别是, 后者测量的是倍频后的闲频光和信号光. 本方法的优点是, 入射到参量振荡器中的白光不需要展宽到倍频程宽度, 而且观测的是在信号光的峰值附近的相干条纹, 而不是连续谱边缘处的.

　　这里, 我们选择一个简单的装置, 把光子晶体光纤或者中空光纤换成固体材料, 例如, 2mm 厚的蓝宝石 (图 11.4-1). 因为这个蓝宝石片与 1mm 厚的 BBO 倍频晶体的色散使得白光和倍频光之间的延迟足够长, 所以可以使用 FTSI.

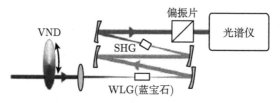

图 11.4-1　测量放大后脉冲 CEO 漂移的非线性光谱干涉仪
VND: 可变中性滤波器; SHG: 和频晶体; WLG: 白光发生器[23]

11.4.2　线性光谱干涉法

　　本节将介绍线性光谱干涉技术[31-33], 这个技术用来测量干涉仪中待测脉冲臂与参考脉冲臂之间的相位差. 把这个测量 CEP 漂移的方法与在测量脉冲包络和

啁啾时的情况相比, 会清楚地看到, 如果功率谱 $I_L(\omega)$ 和相位 $\varphi_L(\omega)$(精确到只差一个常数) 在进入干涉仪前就已经确定, 并且在光谱仪内部累积的相位 $\varphi(\omega)$ 也已用 FTSI 抽取, 则出射脉冲的相位也可知, 其等于 $\varphi_L(\omega) + \varphi(\omega)$. 因此, 一旦我们用其他非线性方法 (如相关仪, 或者 FROG 等) 测得 $\varphi_L(\omega)$, 并假定非线性测量后有一束参考光可用, 那么, 更完整的特性就可以用线性方法测得. 实际上, 我们已经描述了通过用一对光场进行色散的时域分析法 (pulse measurement by temporal analysis by dispersing a pair light E-fields, TADPOLE) 进行脉冲测量的基本原理. 用同样的线性 FTSI 分析 f-to-$2f$ 干涉谱, 通过同样的方法, 也可以进行 CEP 的漂移的研究. 为此, 我们把 f-to-$2f$ 装置中的参考光束分出一小部分, 让其在自由空间 (空气) 中传播. 实际中, 空气密度的起伏是 CEP 抖动的位移因素. 因此, 我们认为 CEP 是稳定的. 待测光束被导入放大器中, 产生与参考光不同的相移. 因为传播中光束指向性的不稳定以及其他线性与非线性色散变化, 待测脉冲可能会附加依赖于频率的相移

$$\delta(\omega) = \delta(\omega_0) + \frac{1}{2}\delta'(\omega_0)(\omega - \omega_0) + \frac{1}{6}\delta''(\omega_0)(\omega - \omega_0)^2 \qquad (11.4\text{-}4)$$

假定 $\delta(\omega)$ 对应于非常微小的相位变化, 而不至于影响到脉冲的包络形状, 否则 CEP 控制就会失效. 确实, 色散介质中小于 $1\mu m$ 的传播长度的变化, 都会导致可测量到的 CEP 的漂移, 我们称其为 $\delta\varphi$. 因此, 暂时忽略高次相位, 只考虑二次相位是合理的. 事实上, $\delta\varphi$ 代表了式 (11.4-4) 中频率相关项的总和. 其次, 比较有意义的是, 式 (11.4-4) 中线性频率部分, 其代表着时间随传播长度的漂移, 与 CEP 漂移的动力学无关. 所以, 在研究脉冲相位特性时, 我们只需把精力放在处理相位阶跃 $\delta\varphi$ 以及待测脉冲与参考脉冲的时间抖动上.

在 11.4.1 节中已经指出, 相干脉冲的时间抖动导致干涉谱 $S(\omega)$ 的重新排列. 这个时间变化不易被察觉, 特别是, 如果参考光在干涉测量学意义上不稳定. 在大的激光系统中, 参考光束可以达几米甚至更长, 其长度起伏可能是几个光学周期. 因此, 无论是采用线性还是非线性 FTSI, 都需要仔细考察其鉴别 $\delta\varphi$ 和时间抖动的能力.

图 11.4-2 给出了 FTSI 性质的轮廓. 其中, 图 (a) 是典型的干涉谱及其傅里叶变换, 图 (b) 是纯时间抖动 $\delta\tau$ 和纯相位跳跃 $\delta\varphi$ 对于干涉谱的影响, 图 (c) 是减去了相位偏置 $\omega\tau_0$ 之后的相位. 可以看到, 这两个机制存在基本的差别, 即时间抖动 $\delta\tau$ 可以很明显地改变条纹间隔, 而 $\delta\varphi$ 则表现为围绕一个均值的浮动. 因此, 只要 FTSI 满足对噪声的要求, 就可能把这两个机制分开.

邓玉强等针对这个干涉谱, 提出用小波变换解析载波包络相位的理论[34]. 图 11.4-3 是欠端雅之 (M. Kakehata) 等测得的放大脉冲载波–包络相位的光谱干涉和从光谱干涉还原的载波–包络相位差[27]. 图中细实线和虚线分别为测得的相邻两放大脉冲的基频与倍频的光谱干涉, 粗实线为根据测得的两次光谱干涉用傅里叶

变换方法还原的载波–包络相对相位差.

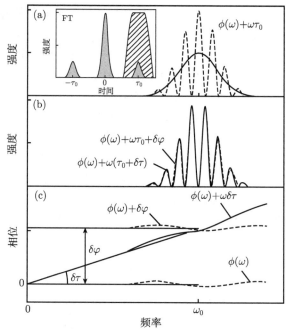

图 11.4-2　计算的傅里叶变换光谱干涉仪中的时间抖动和相位漂移的鉴别 [33]

(a) 强度谱 (实线) 和干涉图 (点线); (b) 时间漂移改变的光谱干涉图 (实线) 和频率相关的相移 (短线),
注意, 时间漂移使条纹周期改变; (c) 除去偏置相位的微分光谱相位, 点线、实线和短线分别对应于 (a) 和
(b). (a) 中的插图是功率谱的傅里叶变换, 阴影部分代表围绕 τ_0 的滤波器, 以把交流分量与直流分量分开

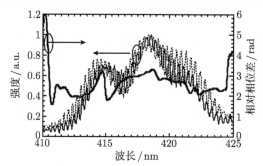

图 11.4-3　欠端雅之等测得的放大脉冲载波–包络相位的光谱干涉和从光谱干涉还原的
载波–包络相位差[27]

　　用传统的傅里叶变换, 需要对两次光谱干涉分别作傅里叶变换, 然后选择滤波
窗口, 从中取出合适的交流分量, 再进行反傅里叶变换, 得到各自的相位信息; 然后
将两个相位相减, 得到相对的载波–包络相位差. 图 11.4-4(a) 画出了光谱干涉傅里
叶变换的结果和选择的几个不同宽度的滤波窗口, 图 11.4-4(b) 是从这几个滤波窗

口中还原的相位得到的载波–包络相位差. 可以看出, 傅里叶变换对不同的滤波窗口得到了不同的载波–包络相位差结果. 为了更精确地还原载波–包络相位, 邓玉强等提出了小波变换解析光谱干涉的理论[34].

与 SPIDER 的相位求解类似, 对光谱干涉作小波变换, 就可以在小波变换的强度图的脊处, 从小波编号的相位图中取出光谱干涉的信息. 经过简单的相位去包裹处理, 可以得到连续的相位, 对两个光谱干涉得到的相位相减, 即是载波–包络相位差. 图 11.4-5(a) 是光谱干涉的小波变换强度, 图 11.4-5(b) 是光谱干涉小波变换的相位, 图中的曲线标示出了脊的位置. 用小波变换得到的相位差示于图 11.4-4(b), 可以看出, 小波变换因为从确定的小波变换的脊处选取相位而得到了确定的载波–包络相位, 消除了傅里叶变换中滤波窗口的影响, 且减小了相位的抖动.

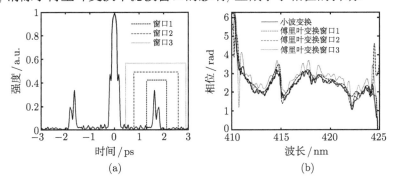

图 11.4-4 光谱拍频的傅里叶变换的结果及滤波窗口 (a), 还原的载波–包络相位差 (b)

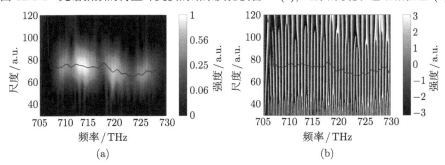

图 11.4-5 光谱拍频干涉小波变换的结果

(a) 小波变换的强度图; (b) 小波变换的相位图, 图中的曲线标出了小波变换的脊的位置[34]

11.5 参量放大器中的相位控制

控制飞秒振荡器的 CEP 技术已经比较成熟, 而控制放大器的 CEP 目前还没有特别好的方案, 那么, 如果能够利用 CEP 随机变化的飞秒脉冲源产生 CEP 稳定的脉冲序列, 并且在保持 CEP 稳定的情况下将之放大, 就可能得到高能量且 CEP

恒定的飞秒脉冲. 在参量过程中, 除了满足能量守恒和动量守恒, 脉冲的初始相位
还要满足下面的关系

$$\varphi_i = -\pi/2 + \varphi_p - \varphi_s \tag{11.5-1}$$

其中, φ_p, φ_s 和 φ_i 依次为泵浦、信号和闲频光的相位. 倍频光的相位应该为

$$\varphi_{SH} = \pi/2 + 2\varphi \tag{11.5-2}$$

而 SPM 效应产生的新的光谱分量的相位和初始脉冲的相位一致. 如果选择合适的
泵浦光和信号光, 就可以使得闲频光的相位是一个常数, 没有变化, 具体的例子见
表 11.5-1.

表 11.5-1 中条件 A 和 C 可以产生相位恒定不变的闲频光, 而条件 B 对应
着钛宝石倍频泵浦宽带非共线相位匹配的情况, 条件 B 中信号光 (可见)、闲频
光 (近红外) 和基频光 (800nm 附近) 的相位相同, 可以合成为白光光谱. 实验已经
证明, 条件 C 情况下, 可以得到相位恒定的闲频光[35]. 实验装置如图 11.5-1(a) 所示,

表 11.5-1   各种 OPA 结构的相位特性

OPA 构型	A	B	C
泵浦频率 ω_p	ω_0	$2\omega_0$	$2\omega_0$
白光中心频率 ω_0	ω_0	ω_0	$2\omega_0$
泵浦光的相位偏差 φ_p	φ	$2\varphi + \pi/2$	$2\varphi + \pi/2$
信号光的相位偏差 φ_s	$2\varphi + \pi/2$	$\varphi + \pi/2$	$2\varphi + \pi$
闲频光的相位偏差 φ_i	$-\pi$	$\varphi - \pi/2$	$-\pi$
φ_i 自稳定?	Yes	No	Yes

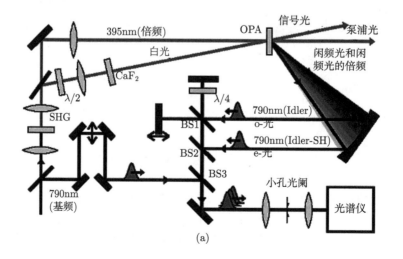

(a)

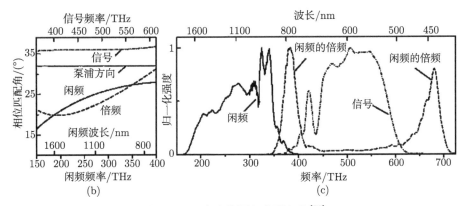

图 11.5-1   实验装置与光谱相位[30]

(a) 非共线参量放大器以及闲频与其倍频的共线干涉, 其中, BS1-3: 分束片; $\lambda/2$: 半波片; $\lambda/2$: 800nm 四分之一波片; OPA 超连续白光种子光是在 2 mm 厚的 CaF_2 薄片中产生的; (b) 对于 31.5°I 类匹配的 BBO 晶体中的相位匹配的布局, 显示晶体内各个参量波的方向; (c) 参量放大器的输出光谱, 注意闲频光与其倍频光在 790nm 附近重合

钛宝石激光器倍频后分为两路, 一路作为泵浦源, 一路入射到 CaF_2 介质内形成超连续白光, 白光光谱中可见光的成分非共线地入射到 BBO 晶体中被放大, 随之产生的闲频光经过倍频后 (利用同一块 BBO 晶体) 和闲频光一同进入检测装置. 实验证明, 闲频光的相位被稳定在 $\pm\pi/10$ 范围内.

11.6   激光器的光学频率合成

　　超宽带光谱不仅是频率标准的需要, 也是获得单周期脉冲的必要条件. 为了得到超宽带激光光谱, 激光器的光谱必须进一步展宽. 因为, 单个激光器输出的光谱很难在很高的水平上达到倍频程以上的宽度, 所以, 两个甚至多个不同波段的激光光谱的合成就成为研究的课题. 最初的提案是利用单频激光的倍频以及高次谐波合成宽带光谱. 但是由于光谱的间隔太远, 合成的脉冲的时间间隔就太小, 以至于很难在时域分开. 飞秒激光器的出现使得宽频带激光光谱的相干合成成为可能. 两个独立的激光器、两个不同波长的激光器、参量放大器的信号光、闲频光以及闲频光的倍频光等各个光谱分量的相干合成都成为研究的热点.

　　表 11.6-1 归纳了几种常见的固体和光纤激光器的同步和合成. 固体激光器和光纤激光器各取两个典型激光器, 合成方式分为主动和被动. 目前已经进行的有: 钛宝石与钛宝石飞秒激光器的主动[36]与被动合成[37]、钛宝石与镁橄榄石的主动[38,39]与被动[40]同步、镁橄榄石与掺铒光纤激光器的被动同步[41]、掺镱光纤激光器与掺铒光纤激光器的被动同步[42,43], 以及掺铒光纤与掺铒光纤激光器的同步[44] 等. 当然, 这里列举的工作多数不是合成, 而是同步, 同步是合成的基础. 2010 年最有意

义的工作是单周期脉冲的合成. 研究者把掺铒光纤激光器分成两束光, 分别放大、不同非线性光纤扩谱、压缩后合成为一个单周期脉冲[45].

表 11.6-1   常见飞秒固体和光纤激光器的合成

激光器种类	钛宝石激光器	掺镱光纤激光器	镁橄榄石激光器	掺铒光纤激光器
钛宝石激光器	▲	▲	▲	—
掺镱光纤激光器		—	—	▲
镁橄榄石激光器			—	▲
掺铒光纤激光器				▲

注: ▲ 表示已经被实验证实.

11.6.1   两个独立激光器的相干合成

两个不同波长的独立的激光器相干合成, 就是把两个激光器的光谱合成为一个光谱. 对于飞秒激光器来说, 就是把两个相互独立的频率梳合成为一个. 光谱的相干合成要求: ① 每个频率梳的梳齿间隔必须相等, 即脉冲的重复频率相同; ② 两个频率梳的载波包络偏差必须相等, 即梳齿重叠部分要完全重合. 一个非常有意义的实验是两个钛宝石激光器的合成[46]. 这两个激光器的中心波长稍有差异 (分别是 760nm 和 810nm), 把两个激光器发出的脉冲通过双色镜合在一起, 并送入自相关器. 两个激光器有两个不同时间分辨率的相位锁定回路 (phase locking loop, PPL), 其中一个 PPL 比较和锁定重复频率 100MHz, 并控制锁定第二个激光器的重复频率. 一个射频相移器用来控制 (粗调) 两个激光脉冲列的时间偏差. 第二个高时间分辨率的 PPL 比较两个重复频率的第 140 级谐波频率 (14GHz). 这第二个回路辅助并且最终取代第一个回路, 提供增强的重复频率的相位稳定性. 控制第二个激光器的伺服机构是两个快慢不等的压电陶瓷换能器. 快速换能器上安装小型反射腔镜, 而慢换能器上安装普通反射腔镜. 两个激光器之间的时间抖动在 2MHz 带宽内是 1.75fs 和在 160Hz 带宽内是 0.58fs. 大于 2MHz 带宽时间的抖动并不增加, 这个稳定的时间特性可以维持数秒, 而频率同步可以维持数小时.

两个独立激光器的 CEP 的相干锁定远远超出对两个脉冲列同步的要求. 除了重复频率相等, 它要求两个频率梳在它们重叠的部分要完全重合 (图 11.6-1(b)), 即 $f_{CEO12} = f_{CEO1} - f_{CEO2} = 0$. f_{CEO12} 可以很容易地从两个脉冲列重叠部分的拍频检出. 把 f_{CEO12} 锁定为 0, 意味着两个激光器的 CEP 完全相等.

锁定 f_{CEO12} 是由一个声光调制器 (AOM) 完成的. 两个激光器之一的输出光束经过一个 AOM, 通过声光调制产生的相移来移动整个频率梳.

为了实验证明能把两个频率梳 "粘" 在一起, 选用两个重复频率 100MHz 的钛宝石激光器, 其中心波长稍有不同 (760nm 和 810nm). 每个激光器的带宽都能支持

20fs 的脉冲. 当两个激光器重复频率锁定时, 拍频的信噪比可达 10dB(100kHz 带宽下). 当 f_{CEO12} 锁定时, f_{CEO12} 1s 内的标准偏差是 0.15Hz.

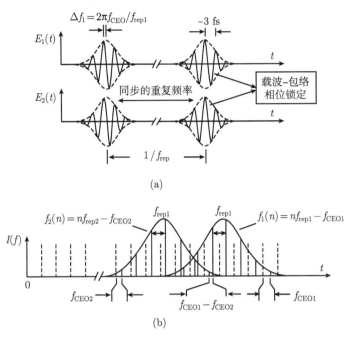

(a)

(b)

图 11.6-1 为了建立两个独立的飞秒激光器之间的相位相干性需要的脉冲同步和 f_{CEO} 锁定时域 (a) 和频域 (b) 条件的示意图[41]

检查相干合成的最有效的手段是测量合成脉冲的自相关. 作者研究组分析了两个不同钛宝石激光器的载波包络相位差的变化对相关图形的影响[47]. 由图 11.6-2 可以看出, 两个激光器载波包络相位接近 π 时, 会导致相关图形的很大变化, 类似啁啾. 因此两个激光器合成时, 严格控制载波包络相位, 并使其锁定在零是非常必要的.

Shelton 等将两个钛宝石脉冲合成的实验结果如下[46]: 两个钛宝石激光器各自的自相关曲线显示在图 11.6-3(a) 和 (b) 中. 图 11.6-3 (c) 是两个激光器的各自光谱和合成的光谱. 两个脉冲没有同步时, 自相关曲线显示出无规的干涉 (图 11.6-3(d)). 当两个激光器完全同步时, 即梳齿间隔是完全相等的, 自相关图形强度增加, 并且显示出干涉效果, 但是这样的相干图形仍然是随机的. 图 11.6-3(f) 显示, 当两个激光器完全同步, 并且是完全相位锁定时, 相关强度呈现 20% 以上的提高, 并且宽度缩短 40%. 这个实验的意义在于, 它显示了相位锁定和随机相位的光谱合成的区别, 其重要性远远大于脉冲缩短本身.

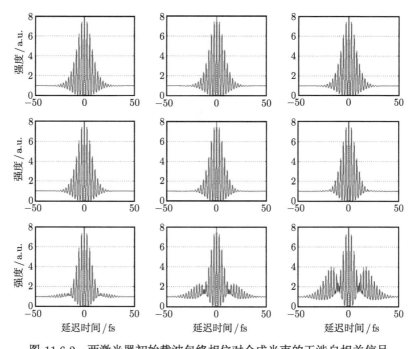

图 11.6-2　两激光器初始载波包络相位对合成光束的干涉自相关信号

两原始脉冲中心波长分别为 790nm, 820nm 时, 脉宽均为 10fs, 无初始啁啾. 从左至右, 从上至下, 九幅图
分别为 0, 0.6π, 0.7π, 0.75π, 0.8π, 0.85π, 0.9π, 0.95π, π

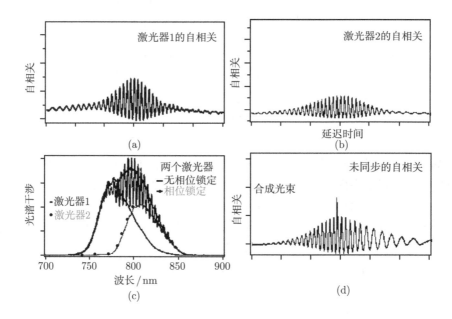

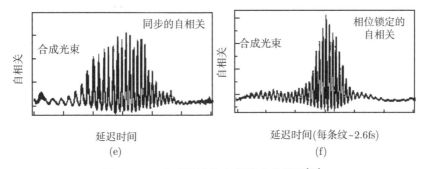

图 11.6-3　合成脉冲的自相关曲线测量[46]

(a) 和 (b) 两个脉冲分别的自相关曲线; (c) 两个脉冲分别的光谱和合成的光谱, 并且重叠部分有干涉条纹;
(d) 两个脉冲共线送入自相关器中得到的 "互相关" 曲线, 此时两个激光器是没有同步, 也没有相位锁定的;
(e) 两个激光器同步, 但不是相位锁定的; (f) 相位锁定的两个激光器的脉冲合成的自相关曲线

11.6.2　两个不同增益介质的固体激光器的相干合成

　　除了波长相近的两个钛宝石激光器的合成, 两个波长相距较远的不同增益介质的飞秒激光器的合成也是非常有意义的. 钛宝石激光器和掺铬镁橄榄石激光器的合成就是个典型例子[48]. 这两个激光器的波长基本上没有重叠. 和上述两个独立的钛宝石激光器的合成不同, 掺铬镁橄榄石激光器的谐振腔与钛宝石激光器的谐振腔在钛宝石晶体中重叠, 掺铬镁橄榄石激光腔内振荡的 $1.26\mu m$ 的激光也在钛宝石激光器中传播, 并与 800nm 中心的激光相互作用 (图 11.6-4). 当腔长匹配的时候, 两个脉冲就 "粘合" 在一起. 奇怪的是, 这个同步对于腔长的变化有约 $0.6\ \mu m$ 的容许量, 即当腔长在这个范围内变化时, 两个激光脉冲的同步不被破坏 (图 11.6-5). 经过改进, 这个容许量被延长到约 $3\mu m$[49]. 仔细观察发现, 当其中一个腔长变化的时候, 两个激光器的波长都会漂移, 这说明为了补偿腔长的变化, 波长自动漂移导致的棱镜的色散可以补偿这个腔长漂移的距离, 从而使得重复频率自己锁定. 对于这样的激光合成, 除了重复频率的锁定, 两个激光器之间梳齿也应该连接在一起, 因为它意味着两个激光器是否相干合成.

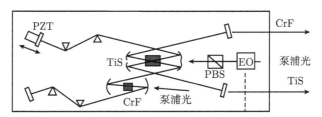

图 11.6-4　钛宝石激光器和镁橄榄石激光器的同步和合成装置[43]

两个激光器内的振荡光束在钛宝石晶体中重合. CrF: 镁橄榄石激光器; TiS: 钛宝石激光器;
PBS: 偏振分光棱镜; PZT: 压电陶瓷; EO: 电光调制器

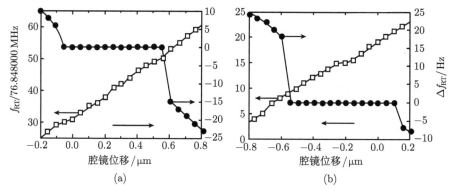

图 11.6-5　当减少 (a) 或者增加 (b) 钛宝石激光器腔长时, 两个激光器重复
频率仍然保持锁定[43]

　　因为这两个激光器的光谱之间没有重叠, 不容易测量到它们之间的拍频, 所以也就不知道它们之间的光谱间隔是否是梳齿间隔的整倍数. 而为了测量它们之间的载波包络频率偏差 f_{CEO}, 其带宽又不够倍频程, 魏志义等[50] 首先用光子晶体光纤把钛宝石激光脉冲的光谱扩展到 1250nm, 并与掺铬镁橄榄石激光脉冲的 1250nm 波长拍频. 由此测量出了相对的 f_{CEO}. 随后, 他们又采用 $2f$-to-$3f$ 拍频法, 即测量掺铬镁橄榄石激光器的波长 1245nm 的三倍频 (415nm) 与钛宝石激光器波长 830nm 的二倍频 (也是 415nm) 之间的拍频信号[51]. 当拍频信号被锁定时, 两个激光器被认为是相位锁定的. 这个实验的意义在于, 没有光谱重叠的两个激光器的 CEP 也能锁定.

11.6.3　飞秒光纤激光器的同步

　　除了两台固体激光器的同步外, 两台不同增益介质的光纤激光器之间更容易实现同步脉冲输出. 作者研究组进行了掺镱和掺铒光纤飞秒激光器的被动同步工作[38], 利用注入锁定的方法, 在实验上获得飞秒掺镱和掺铒光纤激光器被动同步脉冲输出. 掺铒光纤激光器为主激光器, 将锁模脉冲注入作为子激光器的掺镱光纤激光器中, 通过调节腔长和利用非线性偏振旋转技术获得重复频率为 40.2MHz 的同步脉冲. 掺铒和掺镱激光器皆输出飞秒脉冲, 腔长容忍度为 160μm, 对应频域上偏移 1267Hz. 一秒钟的方均根时间抖动为 14.7fs(5kHz 带宽).

　　实验装置示意图如图 11.6-6 所示, 掺铒光纤激光器和掺镱光纤激光器都被设计成典型的环形腔结构, 可以独立获得锁模脉冲. 在掺铒光纤激光器中, 通过 NPE 技术, 在 PBS1 处输出脉冲, 光谱形式为典型的孤子型. 在泵浦功率为 429mW 时, 输出脉冲功率为 46mW, 脉冲宽度为 301fs, 重复频率为 40.2MHz. 光束通过一个分束片之后, 部分脉冲耦合到光耦合器 3 中, 经过约 2m 的单模光纤传输后, 通过一个 1035/1560nm 的 WDM 入射到掺镱光纤激光器中. 在掺镱光纤激光器中, 通过光栅对补偿色散. 增益光纤为 40cm 长的高掺杂型掺镱光纤, 通过放置在光耦合器 5 下的一个平移台来调节激光器的腔长, 保持两台激光重复频率一致.

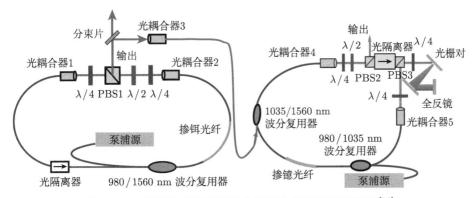

图 11.6-6　掺铒和掺镱光纤激光器同步实验装置示意图 [38]

λ/4: 四分之一波片; λ/2: 二分之一波片; PBS: 偏振分光棱镜

　　将掺镱激光器调节在稍负色散区域 (腔内净色散约为 −0.008ps²). 首先精细调节腔长, 当两台激光器通过 NPE 独立锁模时, 可以观察到同步脉冲产生, 但此同步状态对腔长容忍度非常敏感 (小于 5μm), 持续时间较短. 此时将掺镱光纤激光器调离自锁模, 通过调节波片, 可以观察到一种新的锁模方式: 注入锁模. 当阻挡入射 1560nm 脉冲时, 掺镱激光器锁模随之终止, 当重新注入 1560nm 脉冲时, 锁模立刻启动 (无需再调节任何器件). 这种注入锁定的同步状态可以持续几个小时, 而且第二天可以复现.

　　在此同步状态, 掺镱光纤激光器泵浦功率为 363mW 时, 输出脉冲功率为 127mW, 直接输出脉冲半高全宽为 268fs, 但带有较大的基底. 光谱类似高斯型, 中心为 1027nm. 利用频谱仪测量的基频频率和利用示波器测量的同步脉冲串示意图如图 11.6-7 所示. 当腔长的容忍度为 160μm 时, 两束脉冲光依然保持同步状态, 但其强度减少. 中心频率为 40.280781MHz, 中心点对应的最高强度为 −30dB, 超过 160μm 后, 同步脉冲开始变得很不稳定.

　　通过互相关方法, 测量在半高处和频信号的强度变化, 可以标定两束脉冲光的同步精度, 测量装置如图 11.6-8 (a) 所示. 将掺镱激光器的输出脉冲通过一个滤波器 (Filter1, 滤掉残余的 1560nm 光) 和延迟线后, 和掺铒激光器的输出脉冲重合. 通过一个聚焦透镜聚焦到 BBO 晶体上, 再通过另一个滤波器 (Filter2, 滤掉 1027nm 和 1560nm 光), 利用光电探测器或者光谱仪监测和频光的信号. 如图 11.6-8(b) 所示, 在同步状态, 可以观察到 1560nm 和 1027nm 的和频光的产生, 其中心波长为 620nm.

在 1s 内, 取 10000 个点, 因此 Nyquist 频率为 5kHz, 此时测量到的两束脉冲光的相对时间抖动如图 11.6-9 (a) 和 (b) 所示. 方均根抖动为 14.7fs(5kHz 带宽) 和 10.7fs(500Hz 带宽). 图 11.6-9(c) 表示的是功率谱密度 (power spectral density, PSD) 和时间抖动随着傅里叶频率的变化. 可以看出, 在 1Hz~1kHz, 时间抖动为 11.6fs, 到 5 kHz 时间抖动为 14.7fs, 说明时间抖动主要来源于低频噪声.

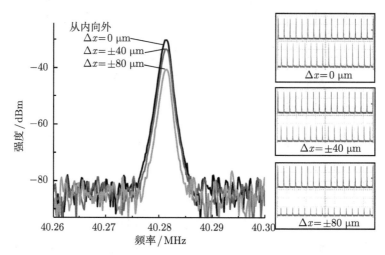

图 11.6-7   在不同的腔长容忍度下, 利用频谱仪测量到的掺镱光纤激光器的基频频率和利用示波器观测的同步脉冲示意图 [38]

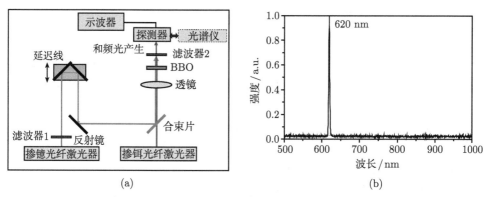

(a)   (b)

图 11.6-8   同步精度测量装置 (a), 和频光的光谱 (b), 中心波长为 620nm[38]

通过注入锁定的方法, 同步的状态可以维持几个小时, 两束同步脉冲光在 1s 内的相对时间抖动为 14.7fs(5kHz 带宽). 由于整套系统放置在普通的光学平台上, 其同步精度受到环境的影响, 如温度的变化、振动的扰动和泵浦功率的变化等. 可以将系统放置在隔离的环境中, 尽量减少以上扰动, 并通过添加电子设备来控制掺铒光纤激光的重复频率, 进一步提高同步精度; 并需要控制两束脉冲光的初始频率, 实现相干合成.

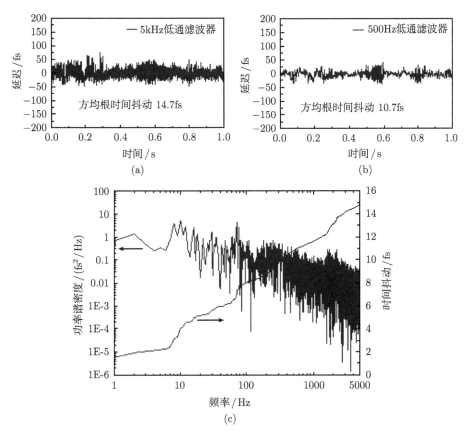

图 11.6-9　在互相关信号的半高处, 同步脉冲信号在一秒 1s 内的时间抖动[38]
(a) 当低通滤波器的带宽为 5kHz 时, 1s 内的方均根时间抖动为 14.7fs; (b) 当低通滤波器的带宽为 500Hz
时, 1s 内的方均根时间抖动为 10.7fs; (c) 在 1Hz 到 5kHz 范围内的功率谱密度和时间抖动. 从 1 Hz 到
1 kHz 的时间抖动为 11.6fs

11.6.4　飞秒光纤激光器的相干合成: 获得单周期脉冲

相比于两台固体激光器的同步和合成, 两台不同增益光纤的光纤激光振荡器的同步过程虽然相对简单, 但一方面现阶段其同步精度要差于固体激光器, 另一方面直接输出光谱较窄且没有重合. 因此, 若利用光纤激光振荡器直接进行频率合成, 不能获得单周期脉冲. 而要获得单周期脉冲, 需要重点解决这两个问题, 将同步精度控制在阿秒量级, 同时获得宽带光谱输出. 德国 Konstanz 大学的研究人员巧妙地解决了这两个问题[44], 利用同一台光纤振荡器作为种子源, 经过两台放大器系统

后, 通过不同的高非线性光纤分别展宽光谱和压缩脉冲, 再进行相干合成, 最终获得了 4.3fs 的单周期脉冲, 实验装置如图 11.6-10 所示.

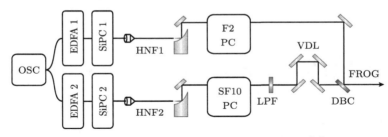

图 11.6-10　合成单周期脉冲实验装置示意图 [44]

OSC: 飞秒掺铒光纤激光器; EDFA: 掺铒光纤放大器; Si PC: 硅棱镜压缩对; HNF: 高非线性光纤;
F2/SF10 PC: F2/SF10 棱镜压缩器; LPF: 低通滤波器; VDL: 可变延迟线; DBC: 双色合束器[45]

40MHz 的飞秒脉冲从同一台种子源输出, 经过参数一样的放大器系统, 两束脉冲光都被放大到 330mW, 但经过不同的高非线性光纤, 光谱展宽情况不同, 利用不同的棱镜对压缩脉冲之后, 再通过宽带合束片合成后, 获得单周期脉冲.

由于两束脉冲来自同一个种子源, 经过类似的放大压缩系统, 通过控制重复频率和初始频率, 其同步精度很高, 在 1Hz~20MHz 的范围内同步精度为 50as. 基于此, 不仅解决了不同的增益介质下光纤激光器同步精度相对高的问题, 同时可顺利用于后续的相干合成工作. 两段不同高非线性光纤的选取是研究者工作的关键技术之一, 光路分支 1(脉冲 1) 使用一段 4mm 长的高非线性光纤 (零色散波长在 1357nm), 获得的宽带光谱的中心波长是 1125nm; 而光路分支 2(脉冲 2) 使用 10mm 长的高非线性光纤 (零色散波长在 1431nm), 获得的宽带光谱的中心波长是 1770nm, 如图 11.6-11(a) 所示. 其中, 光谱相位通过共线 FROG 进行测量. 两束脉冲的电场强度和时域相位如图 11.6-11(b) 和 (c) 所示, 通过高非线性光纤 1 形成的脉冲 1 的半高宽为 7.8fs, 而对应的脉冲 2 为 31fs.

通过调节光路分支 2 上的可变延迟线, 让两束脉冲的相对延迟为零, 获得 4.3fs 的相干合成脉冲, 如图 11.6-12 所示. 合成脉冲的二阶干涉相关图如图 11.6-12(a) 所示, 利用光谱和光谱相位计算后的电场强度如图 11.6-12(b) 所示, 脉冲的半高全宽为 4.3fs. 除中心主峰外, 脉冲两翼同时存在一些子峰, 但相比中心主峰而言, 最大强度均低于 20%, 约占总脉冲能量的 50%. 脉冲的时域相位是不规则的形状, 但在中心主峰的时间范围内几乎呈线性关系, 说明此时二阶色散几乎为零, 都是残留的高阶和非线性色散.

德国 Konstanz 大学研究人员的这项工作展示了其应用在阿秒科学和极端非线性光学的潜力. 通过优化实验系统, 增加泵浦功率, 有望获得更好的实验结果.

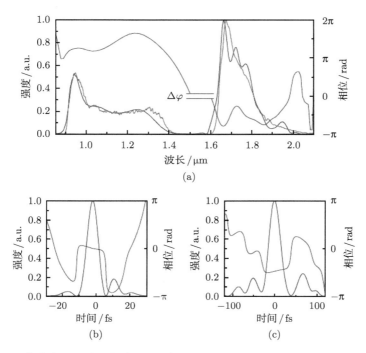

图 11.6-11　两束脉冲的光谱和光谱相位示意图 (a); 脉冲一 (b) 和脉冲二 (c) 的电场强度与时域相位图, 半高宽分别为 7.8fs 和 31fs[45]

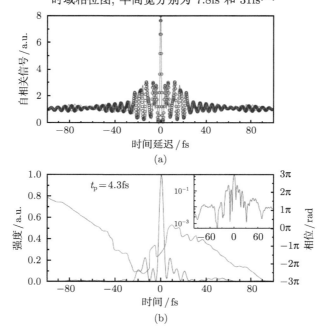

图 11.6-12　(a) 合成脉冲的二阶干涉相关图, (b) 合成脉冲的电场强度和光谱相位 [45]

11.7 光学频率综合器

光学频率合成器的主要功能是提供所需要的任何光学波长, 但是光学频率梳的单个梳齿所能提供的功率太小, 很多情况下不能满足应用需求. 更实用的方法是将一个可调谐连续光激光器与频率梳的梳齿锁定, 频率梳的梳齿功率因此被放大, 并可在梳齿间隔范围内调谐.

通常的方法是将连续光激光器与某个梳齿拍频, 用这个拍频信号作为误差信号来调谐连续光的波长. 如 11.2 节所提及, 梳齿的功率只有纳瓦量级, 与重复频率信号不同, 只有一个梳齿与连续光拍频, 拍频信号的信噪比因此较低. 加上光谱滤波器不可能只滤出一个梳齿, 其他梳齿就成为噪声, 因此实际测得的信噪比很难到 30dB. 提高梳齿间隔可以增加梳齿功率, 并减少滤波带内的梳齿数目, 但是常规方法提高梳齿间隔也有限度. 因此, 寻找新的连续光与梳齿锁定方法成为课题.

干涉法是光学鉴相的基本技术, 它如何应用在连续激光器与频率梳的检测和锁定上呢?

马赫–曾德尔 (Mach-Zehnder) 干涉仪 (MZI) 是干涉仪的一种. 如果 MZI 两臂是平衡的 (两臂光程相等), 如图 11.7-1 所示, MZI 在输出镜上, 只有一个方向有输出, 另一方向无输出. 将频率梳 (comb 光) 和连续激光 (CW 光) 同时射入 MZI, 只要两臂光程相等, comb 光和 CW 光都表现出同样的特性, 即只有 O_L 有输出, 另一臂 O_R 无输出.

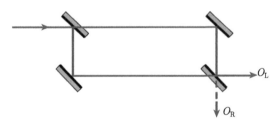

图 11.7-1 平衡式马赫–曾德尔干涉仪 (MZI) 示意图, 只有一端有输出光

但当两臂不相等时 (图 11.7-2), 特别是一臂比另一臂多出脉冲时域间隔的整数倍, 若 comb 光在一臂输出是极大, CW 光不一定是最大. 设顺时针传播的光的光程与逆时针传播的光的光程, 相差脉冲重复频率的 M 倍, 即

$$L_R = L_L + M\frac{c}{f_{rep}} \tag{11.7-1}$$

则在 MZI 出口 O_L 处的相位为

$$\varphi = \varphi_R - \varphi_L = \frac{2\pi f_{comb}}{c}L_R - \frac{2\pi f_{comb}}{c}L_L = \frac{2\pi f_{comb}}{c}\left(L_L + M\frac{c}{f_{rep}} - L_L\right)$$

$$= \frac{2\pi f_{\mathrm{comb}}}{c} M \frac{c}{f_{\mathrm{rep}}} = 2\pi M \frac{f_{\mathrm{CEO}} + N f_{\mathrm{rep}}}{f_{\mathrm{rep}}} = 2\pi M \left(\frac{f_{\mathrm{ceo}}}{f_{\mathrm{rep}}} + N \right) \quad (11.7\text{-}2)$$

其中, 忽略了相位 $2N\pi$, 只留下分数部分, 即第 M 个脉冲与第一个脉冲之间载波包络相位的累积, 相当于互相关的结果

$$\varphi = 2\pi M \frac{f_{\mathrm{CEO}}}{f_{\mathrm{rep}}} \quad (11.7\text{-}3)$$

这个相位不会自然地等于 0. 当 $f_{\mathrm{CEO}} = 0$ 时, 这个相位为零, 与 M 的大小无关, 因此输出只有极大或极小, 与对称的 MZI 一样; 而当 $M \neq 0$, $f_{\mathrm{CEO}} \neq 0$ 时, 这个相位不等于零, 因此 MZI 两端都有输出, 且输出功率取决于这个相位, 与 11.2.4 节中测量 f_{CEO} 的方法类似 (图 11.7-2). 因此只要将 f_{CEO} 调到 0, 或 f_{rep} 的整数倍, 就可以得到极大或极小输出. 此时按说是不能再调 MZI 的任何一臂长度的, 因为已经假设了一臂的光程只比另一臂多出脉冲周期的整数倍. 否则这个相位就不仅和 f_{CEO} 有关, 也和重复频率 f_{rep} 有关了. 若想将 f_{CEO} 锁定到指定的频率上, 可在另一臂上加一个 AOM 或 EOM 调制器[52], 即将调制器的频率与想要锁定的 f_{CEO} 的频率相等, 此时 MZI 的输出就和 $f_{\mathrm{CEO}} = 0$ 的情形一样.

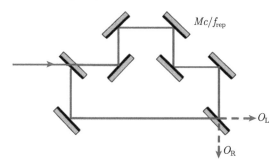

图 11.7-2 非平衡式 MZI 示意图: 两端均可能有输出光

对于连续激光, 输入同样一个 MZI, 输出光的相位就是简单的光程差

$$\varphi = \frac{2\pi f_{\mathrm{CW}}}{c} \left(L_{\mathrm{L}} + M \frac{c}{f_{\mathrm{rep}}} - L_{\mathrm{L}} \right) = \frac{2\pi f_{\mathrm{CW}}}{c} M \frac{c}{f_{\mathrm{rep}}}$$

$$= 2\pi M \frac{f_{\mathrm{CW}}}{f_{\mathrm{rep}}} \quad (11.7\text{-}4)$$

与式 (11.7-3) 比较, 如果 f_{CW} 不与某根梳齿 f_{comb} 相等, 从 MZI 输出的光强就与 comb 光的光强不相等, 特别是, 当引入一个相位补偿时, 当 f_{CW} 与某根梳齿 f_{comb} 相等, 或等于重复频率的整数倍时, 可得到最大或最低输出. 偏离最大或最小输出的信号, 就可以作为误差信号, 通过调谐连续光的波长, 或 comb 光的波长, 使两种

光的输出都达到最大. 此时, 就将 CW 光锁在了某个梳齿上. 图 11.7-3 是这样的装置的示意图, 图中入射的 CW 光与 comb 光偏振互相垂直. 两束光的各自干涉极大值可通过反馈电路锁定 CW 光与梳齿.

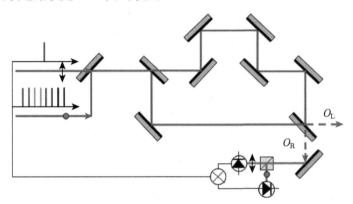

图 11.7-3　单频 CW 光与任意梳齿锁定装置

如果需将单频光锁定到梳的任意波长而不是锁定在一个梳齿上, 可在图 11.7-3 装置中的 CW 光或 comb 光的光路上插入一个 EOM 或 AOM, 将 CW 光或 comb 光进行频率或相位调制, 使连续激光的频率 f'_{CW} 等于重复频率的整数倍

$$f'_{CW} = f_{CW} + f_{EOM} = N' f_{rep}$$

就可以将 f_{CW} 锁在任意频率上, 而无频率在梳齿间的跳跃. 德国物理技术研究院的科研人员证实了这种技术的可行性 [52]. 锁定后 60s 内频率残余频差为 10^{-9}. 虽然这个指标仍然需要大幅提高, 但这种技术可以扩展到两个以上频率源的锁定, 或锁定两个以上的光频梳, 或者反过来用于锁定 f_{CEO}.

参 考 文 献

[1] Bloom B J, Nicholson T L, Williams J R, et al. An optical lattice clock with accuracy and stability at the 10^{-18} level. Nature, 2014, 506: 71-75.

[2] Xu L, Spielmann C, Poppe A, et al. Route to phase control of ultrashort light pulses. Opt. Lett., 1996, 21 (24): 2008-2010.

[3] Udem T, Reichert J, Holzwarth R, et al. Accurate measurement of large optical frequency differences with a mode-locked laser. Opt. Lett., 1999, 24(13): 881-883.

[4] Udem T, Reichert J, Holzwarth R, et al. Absolute optical frequency measurement of the cesium D_1 line with a mode-locked laser. Phys. Rev. Lett., 1999, 82(18): 3568-3571.

[5] Ma L S, Bi ZY, Bartels A, et al. Optical frequency synthesis and comparison with uncertainty at the 10^{-19} level. Science, 2004, 303(5665): 1843-1845.

[6] Reichert J, Holzwarth R, Udem T, et al. Measuring the frequency of light with mode-locked lasers. Opt. Commun., 1999, 172(1-3): 59-68.

[7] Cundiff S T. Phase stabilization of ultrashort optical pulses. Phys. D., 2002, 35: R43-R59.

[8] Ranka J, Windeler R, Stentz A. Visible continuum generation in air silica microstructure optical fibers with anomalous dispersion at 800nm. Opt. Lett., 2000, 25(1): 25-27.

[9] Jones D J, Cundiff S T, Fortier T M, et al. Carrier-envelope phase stabilization of single and multiple femtosecond lasers//Few-Cycle Laser Pulse Generation and Its Applications. Topics in Applied Physics, Kaertner F X. Springer, 2004, 95: 317-343.

[10] Li C, Ma Y, Gao X, et al. 1 GHz repetition rate femtosecond Yb:fiber laser for direct generation of carrier-envelope frequency offset beating signals. Appl. Opt., 2015, 54(28): 8350-8353.

[11] Morgner U, Ell R, Metzler G, et al. Nonlinear optics with phase-controlled pulses in the sub-two-cycle regime. Phys. Rev. Lett., 2001, 86(24): 5462-5465.

[12] Kim Y J, Coddington I, Swann W C, et al. Time-domain stabilization of carrier-envelope phase in femtosecond light pulses. Opt. Express, 2014, 22(10):11788-11796.

[13] Ye J, Hall J L, Diddams S A. Precision phase control of an ultrawide-bandwidth femtosecond laser: A network of ultrastable frequency marks across the visible spectrum. Opt. Lett., 2000, 25(22): 1675-1677.

[14] Kwong K F, Yankelevich D, Chu, K C, et al. 400-Hz mechanical scanning optical delay line. Opt. Lett., 1993, 18(7): 558-560.

[15] Fortier T M, Jones D J, Cundiff S T. Phase stabilization of an octave-spanning Ti sapphire laser. Opt. Lett., 2003, 28(22): 2198-2200.

[16] Helbing F W, Steinmeyer G, Keller U. Carrier-envelope offset phase-locking with attosecond timing jitter. IEEE J. Select. Top. in Quantum Electron., 2003, 9(4): 1030-1040.

[17] Helbing F W, Steinmeyer G, Keller U, et al. Carrier-envelope offset dynamics of mode-locked lasers. Opt. Lett., 2001, 27(3): 194-196.

[18] Helbing F W, Steinmeyer G, Stenger J, et al. Carrier-envelope-offset dynamics and stabilization of femtosecond pulses. Appl. Phys. B, 2002, 74: S35-S42.

[19] Thomas M E, Anderson S K, Sova R M, et al. Frequency and temperature dependence of the refractive index of sapphire. Infrared Phys. Technol., 1998, 39(4): 235-249.

[20] Sheik-Bahae M, Hutchings D C, Hagan D J, et al. Dispersion of bound electronic nonlinear refraction in solids. IEEE J. Quantum Electron., 1991, 27(6): 1296-1309.

[21] Agrawal G P. Nonlinear Fiber Optics. 2rd ed. San Diego: Academic Press, 1995.

[22] Matos L, Kuzucu O, Schibli T R, et al. Direct frequency comb generation from an octave-spanning, prismless Ti:sapphire laser. Opt. Lett., 2004, 29(14): 1683-1685.

[23] Li P, Wang G, Li C, et al. Characterization of the carrier envelope offset frequency from a 490 MHz Yb-fiber-ring laser. Opt. Express, 2012, 20(14): 16017-16022.

[24] Li P, Renninger W H, Zhao Z, et al. Frequency noise of amplifier similariton fiber laser. Conference on Lasers and Electro-Optics (CLEO), San Jose, June 9-14, 2013, paper CTuII.6.

[25] Baltuska A, Uiberacker M, Goulielmakis E, et al. Generation of 0.1-TW 5-fs optical pulses at a 1-kHz repetition rate. IEEE J. Select. Top. in Quantum Electron., 2003, 9(4): 972-989.

[26] Sartania S, Cheng Z, Lenzner M, et al. Generation of 0.1-TW5-fs optical pulses at a 1-kHz repetition rate. Opt. Lett., 1997, 22(20): 1562-1564.

[27] Kakehata M, Takada H, Kobayashi Y, et al. Single-shot measurement of carrier-envelope phase changes by spectral interferometry. Opt. Lett., 2001, 26 (18): 1436-1438.

[28] Baltuska A, Fuji T, Kobayashi T. Self-referencing of the carrier-envelope slip in a 6-fs visible parametric amplifier. Opt. Lett., 2002, 27(14): 1241-1243.

[29] Baltuska A, Udem T, Uiberacker M, et al. Attosecond control of electronic processes by intense light fields. Nature, 2003, 421: 611-615.

[30] Takeda M, Ina H, Kobayashi S. Fourier-transform method of fringe-pattern analysis for computer-based topography and Interferometry. J. Opt. Soc. Am., 1982, 72(1): 156-160.

[31] Dorrer C, Salin F. Characterization of spectral phase modulation by classical and polarization spectral interferometry. J. Opt. Soc. Am. B, 1998, 15(8): 2331-2337.

[32] Dorrer C. Influence of the calibration of the detector on spectral interferometry. J. Opt. Soc. Am. B, 1999, 16(7): 1160-1168.

[33] Dorrer C, Belabas N, Likforman J P, et al. Experimental implementation of Fourier-transform spectral interferometry and its application to the study of spectrometers. Appl. Phys. B, 2000, 70: S99-S107.

[34] Deng Y, Cao S, Yu J, et al. Wavelet-transform analysis for carrier-envelope phase extraction of amplified ultrashort optical pulses. Optics and Lasers in Engineering, 2009, 47(12): 1362-1365.

[35] Baltuska A, Fuji T, Kobayashi T. Controlling the carrier-envelope phase of ultrashort light pulses with optical parametric amplifiers. Phys. Rev. Lett., 2002, 88(13): 133901-133904.

[36] Shelton R K, Foreman S M, Ma L S, et al. Subfemtosecond timing jitter between two independent, actively synchronized, mode-locked lasers. Opt. Lett., 2002, 27(5): 312-314.

[37] Leitenstorfer A, Fürst C, Laubereau A. Widely tunable two-color mode-locked Ti:sapphire laser with pulse jitter of less than 2 fs. Opt. Lett., 1995, 20(8): 916-918.

[38] Schibli T R, Kim J, Kuzucu O, et al. Attosecond active synchronization of passively mode-locked lasers by balanced cross correlation. Opt. Lett., 2003, 28(11): 947-949.

[39] Bartels A, Newbury N R, Thomann I. Broadband phase-coherent optical frequency synthesis with actively linked Ti:sapphire and Cr:forsterite femtosecond lasers. Opt. Lett., 2004, 29(4): 403-405.

[40] Yoshitomi D, Kobayashi Y, Takada H, et al. 100-attosecond timing jitter between two-color mode-locked lasers by active-passive hybrid synchronization. Opt. Lett., 2005, 30(11): 1408-1410.

[41] Yoshitomi D, Kobayashi Y, Kakehata M, et al. Ultralow-jitter passive timing stabilization of a mode-locked Er-doped fiber laser by injection of an optical pulse train. Opt. Lett., 2006, 31(22): 3243-3245.

[42] Rusu M, Herda R, Okhotnikov O. Passively synchronized two-color mode-locked fiber system based on master-slave lasers geometry. Opt. Express, 2004, 12(20): 4719-4724.

[43] Zhou C, Cai Y, Ren L, et al. Passive synchronization of femtosecond Er- and Yb-fiber lasers by injection locking. Appl. Phys. B, 2009, 97: 445-449.

[44] Margalit M, Orenstein M, Eisenstein G. Synchronized two-color operation of a passively mode-locked erbium-doped fiber laser by dual injection locking. Opt. Lett., 1996, 21(19): 1585-1587.

[45] Krauss G, Lohss S, Hanke T, et al. Synthesis of a single cycle of light with compact erbium- doped fibre technology. Nat. Photon., 2010, 4(1): 33-36.

[46] Shelton R K, Ma L-S, Kapteyn H C, et al. Phase-coherent optical pulse synthesis from separate femtosecond lasers. Science, 2001, 293: 1286-1289.

[47] 黄文捷. 飞秒激光相干合成和位相测量的研究. 天津大学硕士学位论文, 2007 年.

[48] Wei Z, Kobayashi Y, Zhang Z, et al. Generation of two-color femtosecond pulses by self-synchronizing Ti:sapphire and Cr:forsterite lasers. Opt. Lett., 2001, 26(22): 1806-1808.

[49] Wei Z, Kobayashi Y, Torizuka K. Passive synchronization between femtosecond Ti:sapphire and Cr:forsterite lasers. Appl. Phys. B, 2002, 74: S171-S176.

[50] Wei Z, Kobayashi Y, Torizuka K. Relative carrier-envelope phase dynamics between passively synchronized Ti:sapphire and Cr:forsterite lasers. Opt. Lett., 2002, 27(23): 2121-2123.

[51] Kobayashi Y, Torizuka K, Wei Z. Control of relative carrier-envelope phase slip in femtosecond Ti:sapphire and Cr:forsterite lasers. Opt. Lett., 2003, 28 (9): 746-748.

[52] Benkler E, Rohde F, Telle H R. Robust interferometric frequency lock between CW lasers and optical frequency combs. Opt. Lett., 2013, 38(4): 555-557.

第12章　高次谐波与阿秒脉冲产生技术

比飞秒脉冲更短的是阿秒 (attosecond, $1as=10^{-18}s$) 脉冲. 1as 时间内, 光在空间中只走了 3Å, 大约是一个小分子的尺度. 这样小的尺度构成分子键之间任何通信的物理极限. 阿秒脉冲的重要性之一是化学反应中的电子也以这样的时间尺度运动. 分子中价电子的束缚能是几个电子伏特. 根据量子力学中的位力定理 (virial theorem, 带电粒子在势场中的束缚势能等于两倍动能), 电子运动的速度是光速的千分之几, 电子运动跨越原子核之间间隙的时间是几百个阿秒. 因此很多化学反应动力学研究必须涉及阿秒时间尺度.

阿秒比飞秒在时间上小三个数量级, 根据时间带宽积, 光谱带宽必须大三个数量级才能支持这样的脉冲. 同时还隐含着阿秒脉冲必须在短波长 (UV 或 X 射线波段), 因为电磁波脉冲不能短于载波的半个周期. 一个三个周期、50as 的脉冲的中心波长必须在 50nm, 对应的光子能量约为 25eV. 目前测量到的最短的阿秒脉冲是 67as[1], 中心波长 50nm, 带宽支持 30as.

阿秒脉冲的产生, 主要有三种方法, 一是众所周知的高次谐波法; 二是自由电子加速器; 三是等离子体反射镜. 本章主要关注第一种方法, 即原子在飞秒光场作用下高次谐波和单个阿秒脉冲的产生原理及测量技术.

12.1　高次谐波和阿秒脉冲的产生

12.1.1　束缚态电子的非线性光学

原子中的电子被束缚在势阱中. 虽然可见光波长的单光子能量 (几个 eV) 不能电离惰性气体原子 (十几 eV), 但在强光场作用下, 会发生多光子吸收和电离, 使电子脱离原子核的束缚. 这种电离根据光场的强弱, 可分为多光子电离 (multiphoton ionization) 或阈值上电离 (above threshold ionization, 也简称为阈上电离)、隧道电离 (tunneling ionization) 和势垒上电离 (above barrier ionization) 或势垒抑制电离 (barrier suppressed ionization). 图 12.1-1 是这三种情况的简单图像, 图中 E_I 是电子的电离能, E_L 是光场振幅, 本质上都是多光子电离. 阈值上电离是多光子电离中, 原子吸收的光子数多于原子的第一电离能的电离 (图 12.1-1(a)). 发生隧道电离时, 光场的强度已经使原子势垒倾斜变窄, 使电子更容易穿越 (图 12.1-1(b)). 势垒上电离中, 瞬时电场已经将原子的势垒压到电离能以下, 使电子可轻易脱离原子的

束缚 (图 12.1-1(c)).

若干多光子电离 (阈值上电离) 的实验与理论的比较证明: 功率大于 $10^{13}\mathrm{W/cm^2}$ 的多光子吸收已经无法用常规的微扰理论来描述. 这种非微扰行为起源于这样的事实, 即激光的场强造成的自由电子的库仑场和有质动力势 U_p 已接近甚至超过电子的束缚能. 尽管这种非微扰现象有很多应用, 但这里我们只集中讨论由高次谐波产生极紫外 (XUV) 及软 X 射线问题.

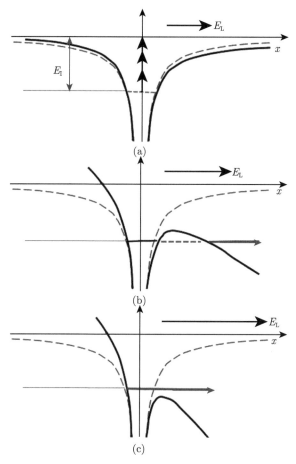

图 12.1-1 原子电离的三种类型

强电场会改变原子的势能, 新的势能是原子的库仑势能和光脉冲的时间相关的有效势能的合成. (a) 中等强度的光场, 与原子的库仑场合成的势能与未被扰动的势能很接近, 只有同时吸收 N 个电子, 才能使电子电离, 多光子电离速率与光脉冲场的 N 次方成正比; (b) 在足够高的光脉冲电场作用下, 原子的库仑场变窄, 使隧道电离发生, 导致隧道电流; (c) 在非常高的光脉冲电场强度下, 库仑电场被压到基态势垒以下, 开辟了势垒上电离的通道

12.1.2 电离能和有质动力势

简单的图像可以帮助我们定性地理解高次谐波的发射机制, 这个发射机制可以与爱因斯坦发现的光电效应类比. 光电效应公式是

$$h\nu = W_e + E_k \tag{12.1-1}$$

其中, E_k 是电子的 (最大) 动能, W_e 是电子对所述材料的脱出功. 这个公式除了告诉我们光子能量是量子化的, 也告诉我们光电子从光子中获得的最大动能是光子能量减去那种材料的脱出功. 反过来说, 光子的能量等于材料的脱出功加上电子的最大动能. 在激光时代, 爱因斯坦的光电效应公式需要修改. 多个高强度红外或可见光光子同时注入原子或分子的能量可以是光子能量的 m 倍: $m h\nu$, 这个能量能够克服功函数 W_e. 实验证明多光子确实能够克服金属的脱出功, 不太常用的原因是多个红外光子比单个紫外光子激发效率低, 以及多光子需要的高脉冲功率容易损伤金属表面. 另一方面, 峰值功率极高的激光脉冲电场强度可达 $1\,V/\text{Å}$, 以至于将束缚电子的库仑场倾斜 (图 12.1-2), 使电子更容易脱离其束缚.

一旦脱离了库仑场的束缚, 电子将随激光场的振荡而 "摆动"(wiggling), 这个 "摆动" 能, 现称为 "有质动力势"(ponderomotive potential), 就是高次谐波的源. 这也是爱因斯坦没有考虑到的. 这些摆动的电子, 多数情况下就 "摆动" 掉了. 但是有时候, 一部分电子可能被光场带回到母核附近, 与其母核碰撞和复合, 此时就会发出高频光子 —— VUV 或 X 线. 光场的每半个周期就可能使部分电子复合而发出高次谐波.

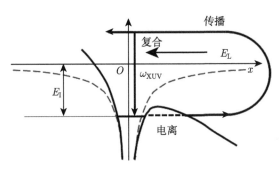

图 12.1-2　高次谐波产生机理

高强度脉冲的光场作用在原子上, 与原子核库仑势垒叠加, 压迫库仑势垒, 使外层电子从原子核的势垒中溢出 (或者通过隧道电离效应被拉出来). 电子在激光场中运动, 并获得最大势能 $3.17U_p$, 当激光场反转时, 最高能量部分的电子波包在靠近电场零点附近与离子再度碰撞复合, 导致一个高能光子的发射 (软 X 线)

从以上分析可知, 高次谐波发生的最高光子能量 (截止频率) 由两个能量组成, 一个是电子的库仑束缚能 (电离能), 一个是电子在强光场作用下的有质动力势能. 人们起初猜想, 根据位力定理, 电子的最大动能应该是 $2(E_I + U_p)$, 并试图用这个公

式解释观察到的高次谐波[2]. 后来有人指出, 高次谐波最大频率应该是类似光电效应的公式[3]

$$E_{\text{cut-off}} = E_{\text{I}} + \alpha_{\text{p}} U_{\text{p}} \tag{12.1-2}$$

其中, E_{I} 是电离能, α_{p} 是常数. 和光电效应公式不同的是, 电子的摆动能要乘以一个常数. Corkum 进一步证明[4], 这个常数是 3.17. 但是实验中, 这个常数常在 2 和 3 之间. 这是因为高次谐波的能量不仅取决于个别原子对光场的响应, 也取决于 XUV 光子的相干建立时间, 这个机制减少了宏观截止区的能量.

有质动力势 U_{p} 很容易从经典理论得出. 考虑一维自由电子在外场作用下的运动, 电子受力为

$$F = eE \exp(-\mathrm{i}\omega t) \tag{12.1-3}$$

根据牛顿定律, 电子的加速度是

$$a = \frac{F}{m_{\text{e}}} = \frac{eE}{m_{\text{e}}} \exp(-\mathrm{i}\omega t) \tag{12.1-4}$$

因为电子在外场作用下谐振, 电子的位置 x 是

$$x = \frac{-a}{\omega^2} = \frac{-eE}{m_{\text{e}}\omega^2} \exp(-\mathrm{i}\omega t) = \frac{-e}{m_{\text{e}}\omega^2}\sqrt{\frac{2I_0}{c\varepsilon_0}} \exp(-\mathrm{i}\omega t) \tag{12.1-5}$$

谐振粒子的时间平均能量就是

$$U = U_{\text{p}} = \frac{1}{2}\omega^2 \left\langle x^2 \right\rangle = \frac{e^2 E^2}{4m_{\text{e}}\omega^2} \tag{12.1-6}$$

将电子电量和质量代入式 (12.1-6), 并将光场圆频率换算为波长, 有质动力势可写成

$$U_{\text{p}} = e^2 E_{\text{L}}^2/4m_{\text{e}}\omega^2 = 9.33 \times 10^{-14} I\lambda^2 \tag{12.1-7}$$

对于波长为 800nm, 光强为 10^{14}W/cm^2 的脉冲, 由式 (12.1-7) 可得 $U_{\text{p}} \sim 6$eV. 一般来说, 对中小分子, 隧道电离的几率与具有同样电离能的原子相当. 式 (12.1-7) 表明, 因为电子的有质动力势与 λ^2 成正比, 长波长激光脉冲会产生更短波长的谐波, 但是效率会更低. 用 800nm 钛宝石激光器泵浦的 OPA 调谐波长, 测量产生的高次谐波, 发现在 0.80μm、1.22μm、1.37μm 和 1.51μm 这几个波长激发下, 1.51μm 产生的高次谐波的介质频率更高 (图 12.1-3), 证实了有质动力势与 λ^2 成正比[5].

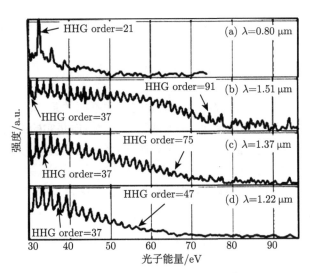

图 12.1-3　高次谐波截止频率与泵浦波长的关系 (取材于文献 [4])

12.1.3　平台与截止频率

12.1.1 节描述了把高能量飞秒激光脉冲聚焦到气体靶上, 在激发光的方向上可以观察到高次谐波的现象. 高次谐波可以看成是一种自由电子与离子碰撞产生的轫致辐射. 与常规的随机碰撞产生的连续轫致辐射谱不同, 这种轫致辐射是分立谱线. 这是因为, 在电离过程中, 电子只在激光场振荡周期内非常有限的时间穿过原子的势垒被电离. 因此, 与原子核碰撞时机不是随机的. 这个电子与原子核的再碰撞在激光场的作用下是周期性的, 因此所产生的轫致辐射也是周期性的. 用多周期脉冲激发时, 这个过程重复了多次, 导致频域内一连串等间隔的发射谱线, 对应着激光驱动频率的高阶奇次谐波和时域内的一系列亚飞秒脉冲.

高次谐波有两个特征 (图 12.1-4): ① 谐波转换效率先是随着谐波次数增加而

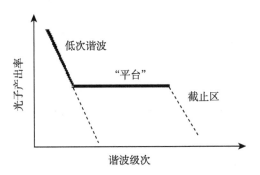

图 12.1-4　高次谐波的平台和截止区示意图

急剧下降, 但是到 7~11 次, 下降变得平缓, 形成一个很宽的平台, 然后又有一个快速下降的截止区 (cut-off), 最后在能量等于 $E_I + 3.17U_p$ 附近消失. ② 这些高次谐波只有奇数次, 因为激励激光场的相反激光周期中产生的偶数高次谐波都干涉相消了. 这个过程把飞秒激光光谱从可见光移到 X 射线波段.

12.1.4 高次谐波产生技术

常用的高次谐波发生装置有空芯波导和喷气两种[6]. 空芯波导是为了增加激光与气体相互作用距离 (图 12.1-5(b)), 但是由于色散, 即激发光波长和产生的高次谐波在气体中的速度差, 这个作用可能会周期性逆转. 喷气是为了制造很薄、密度又大的气体介质, 而在激光到达气流的路径中没有气体吸收, 例如, 在图 12.1-5(a) 中, 气室中的气压小于 1mbar. 除了气体, 固体靶特别是金属靶材被超短脉冲汽化产生的等离子体, 也可作为高次谐波产生的介质[7].

高次谐波产生的主要方向是提高效率和 X 射线的光子通量. 这两个指标强烈依赖于累积效应, 如传输和相位匹配[8].

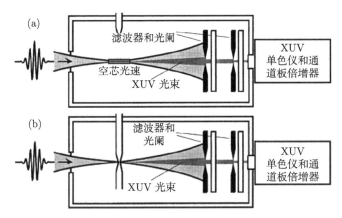

图 12.1-5　激光脉冲在空芯光纤 (a) 和射流中的惰性气体相互作用产生高次谐波和 X 射线 (b)(部分取材于文献 [6])

在紧聚焦和长脉冲情况下, 高次谐波产生效率受限于基频光的几何相移 (Gouy shift, $\varphi_g(z) = -\arctan(2z/b)$, b 是共焦长度, z 是沿光传播方向的坐标), 或高密度自由电子导致的自散焦.

在 "松" 聚焦的情况下, 如在空芯波导中, 几何相移减少 (因 b 增大), 气体的色散和对高次谐波的再吸收变得重要起来. 在正色散气体中, 色散可以与几何相移抵消, 而吸收长度 L_{abs} 则与气体的密度 ρ 和分子的吸收截面 σ 有关: $L_{abs} = 1/(\sigma\rho)$. 同一气压下, 不同的高次谐波波长吸收也不同. 短波长会有更小的吸收界面, 但是为了产生更高次谐波所需的高密度会让吸收长度更长.

　　由于气体分子密度较低, 与激光作用的距离和时间都太短, 可见光向高次谐波转换效率很低, 一般在 10^{-6}.

　　100fs 左右的脉冲在空芯波导中产生高次谐波[9]. 例如, 用功率为 $10^{11}\mathrm{W/cm}^2$ 的激光脉冲产生奇数次第 11 次谐波. 进一步缩短脉冲, 脉冲的峰值功率提高到 $10^{14}\mathrm{W/cm}^2$ 以上, 在氖气中获得 805nm 的第 135 次谐波[10], 以及在氦气中获得 1053nm 的第 143 次谐波[11]. 较重的惰性气体电离阈值较低, 能激发的高次谐波级次就比较少, 尽管转换效率高些. 例如, L'Huillier 等用 1054nm 波长 1ps 的激光脉冲, 分别在氩气和氙气中观察到 55 次和 27 次谐波.

　　对大于 100fs 的脉冲, 实验证明 $E_{\mathrm{I}}+3.17U_{\mathrm{p}}$ 律是有效的. 但是当脉冲缩短到几十飞秒, 如小于 25fs 时, 这个规律就不成立了, 因为在这样短的脉冲内, 光场变化约 10 个周期 (中心波长 800nm). 在每个个别的高次谐波产生中, 电场的变化非常快, 因此有质动力势中的电场强度不能严格确定.

　　模拟计算表明, 在较长脉冲 (如 25fs) 激发和电离情况下, 高次谐波在激发光场的很多振荡周期内发生. 用半经典理论图像来解释, 就是电子与原子核碰撞多次, 导致观察到相对宽的, 但是仍然是分立的谐波. 对于长于 30fs 的脉冲, 接下来的再次碰撞干扰了不同时间发生的不同谐波部分的相位关系, 这就降低了谐波之间的相干性. 而用 5fs 脉宽、780nm 波长的激光脉冲, 在 He 气流中产生的高次谐波延伸到 4.37nm, 且是超连续的 (图 12.1-6), 而不是分立的谐波[12].

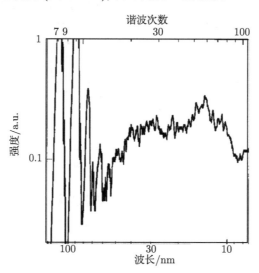

图 12.1-6　He 气流中产生的宽带空间相干 XUV 输出 (对数坐标)

光谱仪的入射光阑是 10μm 对应 10nm 波长时的 0.02nm 带宽和 100nm 波长时的 0.06nm 带宽. 由于激发脉冲包络内的载波只有两个周期, 导致 X 射线输出是连续谱. 观察到的 X 射线延伸到水窗波长, 且具有很好的准直性[12]

12.2 孤立阿秒脉冲的产生

高次谐波中每个谐波都对应着亚飞秒或阿秒脉冲, 但是因为时间上叠加在一起, 无法分离, 也就无法测量和利用, 因此产生孤立 (单个) 阿秒脉冲就变得十分重要. 产生孤立 (单个) 阿秒脉冲一般有两种方法. 一种是靠载波相位控制的单周期脉冲, 另一种是靠高速旋转的偏振态脉冲来激发.

12.2.1 载波包络相位控制

12.1 节已经指出, 在多周期激光脉冲中, 阿秒脉冲在每半个光频周期产生一次. 如果选择电子与原子核在激光脉冲时间内只能碰撞一次, 则可产生出孤立的、单个阿秒脉冲. 当脉冲接近单个光学周期时, 激发脉冲驱动高次谐波的每个谐波的宽度扩展到邻近的谐波, 高次谐波之间相互作用, 使谐波之间的时间相干特性得到非常显著的改善, 甚至产生超连续谱, 即独立的脉宽在 100as 左右的 X 射线脉冲[13].

对于周期量级的脉冲, 脉冲包络与脉冲电场峰值的相对位置, 即脉冲的载波包络相位 ($\Delta\phi_{CE}$, 详见第 11 章) 极大地影响着脉冲电场的瞬时振幅, 由此产生的 U_p 变化很大, 不能简单地用脉冲包络的电场来确定; 而且, 电子与其母核复合的时刻和次数也由电场的相对位置决定. 由此产生的截止频率附近的高次谐波的特性也因此而非常不同. 如果把激发脉冲缩短到周期量级, 在 $\Delta\phi_{CE} = 0$ 脉冲包络下只有一个周期的电场振荡, 因此电子仅在脉冲电场的中间部分作用下与原子核碰撞, 在脉冲中心附近发射出高级次的谐波波包 (如图 12.2-1(a) 中灰色箭头指出那些在重新复合中具有最高动能的波包和最高能量 (即截止频率) 的 X 射线光子). 而当相位为 $\Delta\phi_{CE} = \pi/2$ 时, 则可能产生两次接近截止频率的谐波发射. 这个特性可以由图 12.2-1(b) 表示, 当载波包络相位 $\Delta\phi_{CE} = 0$ 时, 电子与其母核复合时发射的是截止频率附近的超连续波, 在时域对应的是单个的亚飞秒 X 射线脉冲; 而当相位为 $\Delta\phi_{CE} = \pi/2$ 时, 这个谐波脉冲在谱域会恢复为分立的谐波, 在时域是若干脉冲组成的脉冲列[14]. 用短脉冲激发高次谐波的另一个优点是, 电离在相对高的电场值饱和, 因此谐波光谱扩展到更高的频率.

12.2.2 偏振控制

虽然载波包络相位控制的单周期脉冲可产生孤立的阿秒脉冲, 但是单周期脉冲的产生本身就需要非常高的技术. 如果我们懂得, 孤立的阿秒脉冲产生的关键是, 在脉冲时间内, 电子与其母核只有一次碰撞和复合, 就可以想出其他办法. 模拟证明, 电子再碰撞几率随偏振的椭圆度增加而下降[15]. 如能制造这样一种脉冲, 其偏振状态在脉冲的上升沿和下降沿都是圆偏振的, 而在脉冲的峰值处是线偏振的, 则可保证电子与原子核只碰撞一次. 只有在脉冲中间部分能有效产生阿秒脉冲, 这种方法称为偏振快门或偏振门 (polarization gating).

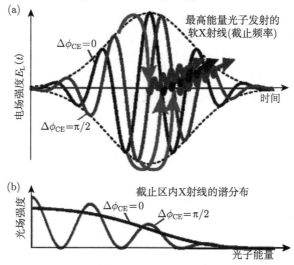

图 12.2-1　周期量级脉冲的载波包络相位控制着截止区内光子的光谱分布

(a) 当 $\Delta\phi_{CE} = 0$ 时, 被激发的电子在接近激光电场强度为零时发射出最高能量的 X 射线光子; 而当 $\Delta\phi_{CE} = \pi/2$, 产生两个具有相似的幅度, 间隔为半个周期的 X 射线突发脉冲; (b) 结果, 光谱分布发出的截止区 X 射线根据上述两种情况是连续或者准周期的

　　制作这样的快门很容易: 将一个脉冲在空间分成两部分 (图 12.2-2), 用两个快轴和慢轴垂直的靠在一起的半波片, 将两束光分别给予 $\pm\pi/2(\lambda/4)$ 相位延迟, 上下两束光就具有相反方向的圆偏振态. 在焦点处, 两束光重合之处, 相反的偏振光重合形成偏振光. 控制两个脉冲之间的时间延迟 Δ, 可控制偏振的方向[16].

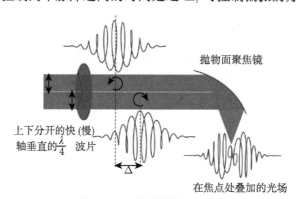

图 12.2-2　偏振快门示意图

空间分成两片的四分之一波片, 其快轴互相垂直, 使空间分束的两束线偏振光有相反的旋转方向. 在聚焦处两束光重合, 重新合成线偏振光

如果将上述两种方法综合起来, 即将单周期脉冲与偏振控制结合, 则有可能得到更短的阿秒脉冲.

12.3 高次谐波增强技术

激光脉冲与喷气流相互作用区域太短, 人们想到用充惰性气体的空心光纤. 理由是不仅作用距离长, 而且可以保证很好的模式. 然而, 尽管这个过程可以产生高能光子, 高效率的高次谐波生成仍然只证明在 $50\sim90\text{eV}$ 光子能量之内有效. 气体的光电离妨碍了基频光与 XUV 以同一速度传播, 限制了转换效率. 于是有人提出准相位匹配技术, 就是在空心光纤上沿纵向做上一些周期结构. 输出的高次谐波谱被位移到更高的光子能量, 即使在高度电离存在的情况下, 也能高效产生高次谐波, 甚至产生独立的阿秒脉冲. 由非线性光学我们知道, 激光波长可以高效地转换为另一波长, 条件就是相位匹配或准相位匹配. 随着泵浦光在介质中传播, 非线性效应导致另一波长的生成. 如果两个波长的光以同一相速度传播, 非线性相应相干地增加信号强度, 会导致高亮度相位匹配的输出信号. 如果这个过程不是相位匹配的, 非线性响应就会逐渐达到 π, 而导致干涉相消, 信号光的能量就会返回到泵浦光. 空心光纤中光波的传播波矢可以由下式表示

$$k = \frac{2\pi}{\lambda} + \frac{2\pi P\delta(\lambda)}{\lambda} - \frac{u_{nm}^2\lambda}{4\pi a^2} \tag{12.3-1}$$

式中, P 是气压, u_{nm} 是模式常数, 见 10.2.1 节. 对于 EH_{11} 模, $u_{11} = 2.405$, $\delta(\lambda) \propto [n_{nm}(\lambda) - 1]$. 式 (12.3-1) 中第一项是真空中的波矢, 第二项是气体有关的传播常数, 第三项是空心光纤中的传播常数 (见式 (10.3-7)). 可以看出, 调节气压 P, 光纤直径 a, 或者空间模式, 就可以调节波矢. 波导色散的负号正好可以帮助得到相位匹配. 对于 $\omega_3 = \omega_2 + \omega_2 - \omega_1$, 我们有 $\Delta k = k_2 + k_2 - k_1 - k_3$, 即

$$\Delta k = 2\pi P\left[\frac{\delta(\lambda_3)}{\lambda_3} - \frac{2\delta(\lambda_2)}{\lambda_2} + \frac{\delta(\lambda_1)}{\lambda_1}\right] - \frac{u_{11}^2}{4\pi a^2}(\lambda_3 - 2\lambda_2 + \lambda_1) \tag{12.3-2}$$

谐波级次越高, 电离度就越高. 在高度电离的情况下, 电子密度带来的色散就不能忽略. 式 (12.3-1) 还应该加上一项

$$k_e = -N_e r_e \lambda \tag{12.3-3}$$

其中, N_e 是电子密度, $r_e = e^2/4\pi m_e \varepsilon_0 c^2$. 由电离导致的对于 q 次谐波的相位失配就是

$$\Delta k = q N_e r_e \lambda \tag{12.3-4}$$

和在固体介质中一样, 信号光为零到发生干涉相消的长度就定义为相干长度 l_c: $l_c = \pi/\Delta k$. 但是仅靠气压和波导色散的平衡只能使 50~90eV 以下的光子做到相位匹配. 为了获得更高能量光子的光强, 需要新的相位匹配技术.

12.3.1　准相位匹配: 周期结构空心光纤

为了实现高能量光子的相位匹配, 有人提出了周期调制的空心光纤结构[17], 即光纤的芯径沿长度方向是周期性调制 (膨胀) 的 (图 12.3-1). 这个周期是由计算的相干长度决定的. 这种结构实现相位匹配的原理可以这样理解: 高次谐波对于光强非常敏感, 调制光纤芯径就是调制光强. 光纤的膨胀, 即光纤截面的增大, 减少了激光脉冲的功率密度, 这样就 "关闭" 了最高次谐波的产生, 也就防止了 XUV 的反向转换过程. 如果这个芯径的调制周期与两倍相干长度相等, 泵浦光与信号光就可以看成 "准相位匹配" 的.

例如, 当气压为 1torr 的氩气完全电离时, 对于基频光的第 29 次谐波, 电子密度为 $3.3 \times 10^{16} \mathrm{cm}^{-3}$, 计算得到失配 Δk 是 $23 \mathrm{cm}^{-1}$, 相干长度 $l_c = \pi/\Delta k$ 是 1.4mm. 图 12.3-2 是在这样的周期调制光纤中获得的不同氩气压下的高次谐波与直光纤得到的谐波强度的比较. 其中光纤的调制周期约为 1.4mm, 芯径膨胀的部分约为 $10\mu m (13\%$ 的调制深度). 显然, 通过周期调制光纤获得的高次谐波的强度显著增强了, 而较低气压 (25torr) 下的效果更显著. 这个增强效应也与调制部分放在光纤中的轴向位置有关. 把调制部分放在中段似乎更好, 所获得的谐波更宽 (图 12.3-3), 其傅里叶变换极限脉冲可达 210as!

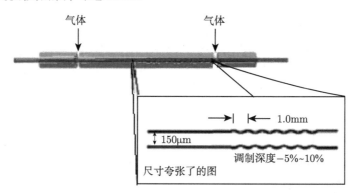

图 12.3-1　周期调制的空心光纤结构, 调制部分放在光纤的尾部[17]

实验表明, 在 25torr 气压下, 同样对第 29 次谐波, 电离度比用没有调制的光纤多出约 4%. 这就意味着, 与没有调制的光纤相比, 有调制的光纤 (调制周期 1mm) 允许一倍以上的电离度. 对于高电离阈值的气体, 高次谐波可以在更低的电离度下有效产生. 例如, 对于氦的第 61 次谐波, 电离度小于 0.6%. 因此, 很小的允许电离度的变化可导致最大的相位匹配的谐波能量的很大改变. 最后, 把调制周期从 1mm 减至 0.5mm, 可补偿的电离度也相应提高, 允许更高级次的谐波达到相位匹配. 进一步增加光纤的调制长度, 并降低气压, 可在非常高的电离度下产生非常高级次的谐波. 同时, 由于光子能量提高, 在气体中的透明度也增加, 使高能光子的能流密度大幅提高.

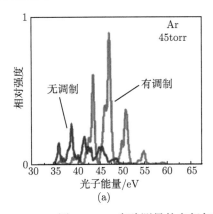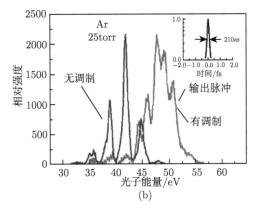

图 12.3-2　实验测量的充氩气的直光纤和调制光纤中得到的高次谐波

(a) 气压 45torr, 光纤芯径 150μm, 调制部分约 1cm 长, 1mm 周期, 布置在光纤的尾部; (b) 气压 25torr, 此时, 调制部分安排在中段, 插图显示傅里叶变换极限脉冲 210as[17]

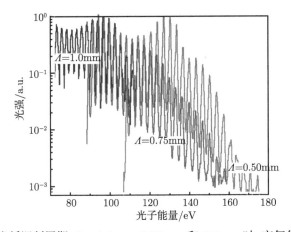

图 12.3-3　三种光纤调制周期 $\Lambda = 1.0$mm, 0.75mm 和 0.5mm 时, 充氩气光纤中截止频率附近的高次谐波强度[11]

入射脉冲强度 5×10^{14}W/cm^2, 中心波长 760nm, 光纤芯径 150μm

图 12.3-3 表示了氩气中高次谐波对于三种调制周期 $\Lambda = 1$mm, 0.75mm 和 0.5mm 的情况. 气压是 111torr, 激光脉冲强度是 5×10^{14}W/cm^2. 实验观察到调制周期短的对应更高的截止频率 (由于被 CCD 同时抓拍到的光谱区间有限, 这个截

止频率在低端不是太准) 和更高的光强. 可以预见, 采用更长的调制光纤, 更低的气压, 更短的脉冲 (或者更高的光强), 截止频率和截止频率附近的光强会有更大的提高.

12.3.2　准相位匹配: 多级喷气射流

参照上一节空芯光纤的做法, 喷气也可以做成周期性准相位匹配[18]. 例如, 做一系列喷气孔, 喷气孔的距离按准相位匹配的要求排列, 以使某个级次的高次谐波增强. 但在数个喷气中传播, 激光必须保持尽可能小的强度, 因为强激光导致的电离会产生自散焦效应, 使激光发散并使波长蓝移. 为了获得更高的谐波能量, 此时长波长激光就显出优势. 在同样的光强下, 2.1μm 波长的脉冲产生的高次谐波光子能量是 0.8μm 波长的脉冲产生的 7 倍.

一般来说, 被电离的电子会沿不同轨道回到母核, 在与母核碰撞的时刻, 发出谐波光子. 从这电子发射到与母核复合的时间, 可以判断出电子的长程 (L) 和短程 (S) 轨迹. 在激光脉冲内不同时刻发出的光子, 在多喷气结构的传播过程中经历了不同的相位匹配条件, 因为相位匹配条件取决于电子密度, 而电子密度在脉冲的前沿和后沿一直是增长的.

图 12.3-4 中显示了模拟的多级喷气周期下高次谐波强度在 2mm 喷气总长度内随长度的变化. L7 和 L3 代表长程电子的轨迹编号. 图中画出了针对长程电子 L7 和 L3 不同的喷气周期 (对 L7 的喷气周期比 L3 短, 且周期都有一定变化). L7 电子和 L3 电子在各自的喷气周期中发出近似与 z^2 成正比增长的谐波光强, 说明是准相位匹配的. 而它们在对方的喷气周期中, 却只得到和单次喷气类似的光强, 即经历了最初的 "自相位匹配" 的增长, 就不再增长了, 说明喷气匹配周期的重要性.

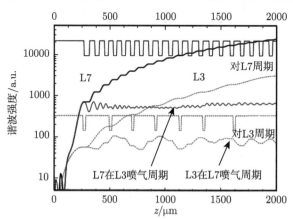

图 12.3-4　高次谐波 $|E_H^{L7}|^2$ 和 $|E_H^{L3}|^2$ 作为传播距离的函数 [18]

喷气气压是: 高压 200torr, 低压 20torr, 实线对应的是 L7 的喷气周期和谐波强度, 虚线对应的是 L3 的喷气周期和谐波强度.

图 12.3-5 证明周期喷气对某次谐波的增强作用. 例如, L7 轨迹中的第 301 次谐波和第 451 次谐波. 对比在 1mm 长的连续喷气中, 这些谐波和通常观测到的平台一样, 每次谐波之间都有很强的调制深度, 没有明显增强效果. 而在周期喷气实验中, 谐波得到增强, 而且调制深度变小. 说明其中一个突发脉冲比别的都强, 因此连带谐波周围的几十个谐波都增强. 傅里叶反变换算出, 这些脉冲的宽度是 185as, 或者 L7 对应 0.025 个驱动光周期, L3 对应 0.028 个驱动光周期 (对应 2.1μm 波长一个周期等于 7fs).

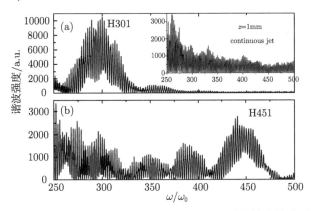

图 12.3-5 在 1mm 长、两个不同的多级喷气系统轴上的谐波谱
设计都是让长程电子 L7 的谐波增强, 光谱的窗口中心在第 301 次谐波 H301(a) 或第 451 次谐波
H451(b). (a) 中插图是 1mm 连续喷气时得到的谐波谱 [21]

在金属靶材气化等离子体中, 为了满足准相位匹配, 可制作空间周期用于气化的模板, 将脉冲投影到靶材上, 制成空间周期的等离子体.

12.4 阿秒脉冲的测量

阿秒脉冲直到 2000 年以后才有报道, 是因为阿秒脉冲测量困难. 界定一个阿秒脉冲没有可见光和近红外那样容易. 主要困难是阿秒脉冲的波长在深紫外和 X 射线波段, 极短的脉宽和伴之而来的超宽光谱, 加上缺乏相应的非线性晶体, 不能用常规的测量脉宽的方法. 最初有很多方法提出来解决这些问题, 最终证实比较可靠并已经广泛应用的是所谓 FROG-CRAB (FROG for complete reconstruction of attosecond burst, FROG-CRAB). FROG-CRAB 利用原子在光场下的光电离效应和高速电场的扫描. 和第 8 章对应, 另外一种方法是 SEA-SPIDER.

12.4.1 FROG-CRAB

设原子的电力势是 E_I, 原子被 XUV 电场 $E_X(t)$ 电离, 同时还存在一个低频激光电场 $E_L(t)$($E_L(t) = -\partial A(t)/\partial t$, $A(t)$ 是激光场的矢势). 这个低频电场位移了可

变延迟 τ 后跃迁到最终的连续态的幅度 $|v\rangle|$ (最终动量为 v). 在强场近似下, 跃迁几率振幅可写为

$$a(v, \tau) = -\mathrm{i} \int_{-\infty}^{+\infty} \mathrm{e}^{\mathrm{i}\phi(t)} \boldsymbol{d}_{p(t)} \cdot \boldsymbol{E}_{\mathrm{X}}(t - \tau) \mathrm{e}^{\mathrm{i}(W + E_{\mathrm{I}})t} \mathrm{d}t \qquad (12.4\text{-}1)$$

$$\phi(t) = -\int_{t}^{+\infty} [\boldsymbol{v} \cdot \boldsymbol{A}(t') + \boldsymbol{A}(t')^2 / 2] \mathrm{d}t' \qquad (12.4\text{-}2)$$

式 (12.4-1) 与第 8 章中式 (8.2-3) 非常相似 (如果加上绝对值的平方), 因此也可以看成是阿秒脉冲的 FROG, 其中 $\mathrm{e}^{\mathrm{i}\phi(t)}$ 是门函数. $\boldsymbol{p}(t) = \boldsymbol{v} + \boldsymbol{A}(t)$ 是自由电子在激光场中的瞬时动量. $\boldsymbol{d}_p$ 是偶极子从基态到连续态 $|\boldsymbol{p}\rangle$ 的跃迁矩阵元, W 是用频率表示的电子的最终动能 $(\boldsymbol{v}^2 / 2)$, E_{I} 是以频率表示的电离势. 式 (12.4-1) 和 (12.4-2) 表明, 激光场的主要作用是诱导一种作用于 XUV 光场激发的电子波包 $\boldsymbol{d}_p \cdot \boldsymbol{E}_{\mathrm{X}}(t)$ 产生的连续波上的时域相位调制 $\phi(t)$.

定性地说, 从母离子发出的电子到光谱仪的轨迹依赖于激光场光学周期中的电离时间. 在这个轨迹中电子积累的相位也被激光场调制. 因为式 (12.4-2) 中的标量积 $\boldsymbol{v} \cdot \boldsymbol{A}$, 光电子必须有一个给定的方向分布.

图 12.4-1 是亚飞秒高速扫描相机 (条纹相机) 示意图. 亚飞秒脉冲与低频光场共线射入并聚焦到原子气体靶上. XUV 脉冲电离原子, 低频光脉冲电场按照电子电离时刻的初始动量偏转电子. 记录电子速度或能量的分布, 可得到 XUV 脉冲的形状.

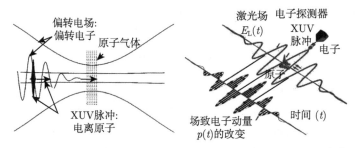

图 12.4-1 测量高次谐波产生的电子波包形状的方法示意图[19]

图 12.4-2 是测量阿秒脉冲的原理图. 一个周期量级激光脉冲和一个亚飞秒的 XUV 脉冲, 一起入射聚焦到原子气体靶上. XUV 脉冲通过光电离将电子从原子中释放, 激光电场作用在电子上, 改变电子的动量, 这个动量的改变反映了电子脱离原子时瞬时光场矢势的大小. 电子探测器收集沿着线偏振电场方向的电子, 测量这个动量的改变 $E_{\mathrm{L}}(r, t)$.

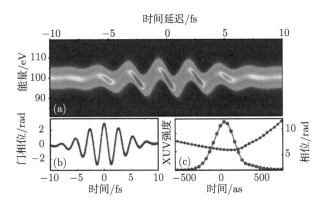

图 12.4-2 (a) CRAB 单个 315as 脉冲的行迹; 含有二阶和三阶光谱相位 (傅里叶受限脉宽为 250as), 门脉冲是波长 800nm、6fs 的傅里叶变换受限脉冲, 峰值功率为 0.5TW/cm², 电子收集于 $\theta = 0$ 和接收角为 $\pm30°$. (b) 和 (c) 是通过 PCGPA 程序[20]100 次迭代后计算出的重建的 800nm 波长的门脉冲光场和阿秒脉冲的光场和相位

12.4.2 SEA-SPIDER

FROG-CRAB 可有效地测量阿秒脉冲的波形和相位, 弱点是靠光加速电子这种方法, 噪声背景比较强, 信噪比较差, 需要多次平均. 而脉冲与脉冲之间的强度起伏会让测量不准确. 第 8 章中介绍的 SPIDER 方法能否用于高次谐波中的阿秒脉冲测量呢? 仔细分析看出, 主要困难在于如何产生光谱侧切的脉冲对. Walmsley 等提出了一种方案[21]: 事先做出两个光谱侧切、时间有一定延迟的飞秒脉冲, 用它们产生两个高次谐波脉冲, 而不是产生高次谐波后再侧切 (图 12.4-3). 这两个系列脉冲中的同级次的谐波就有了一定的频率侧切和时间延迟, 入射到光谱仪中, 就会有可见光 SPIDER 类似的光谱干涉 (图 12.4-4).

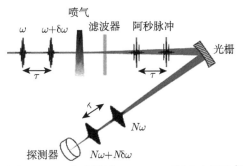

图 12.4-3 高次谐波 SPIDER 装置示意图 [21]

被测脉冲事先被分成两束同样的光, 并有一定时间延迟和一定光谱侧切. 这样产生的谐波就有光谱侧切, 在喷气中得到高次谐波脉冲对, 高次谐波对也就有同样的时间延迟和 N 倍的光谱侧切

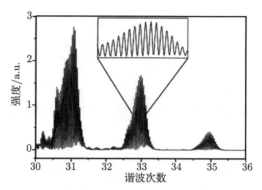

图 12.4-4　高次谐波对产生的光谱干涉图

每次 (奇数次) 谐波都有干涉图样, 可用通常的 SPIDER 方法计算出对应谐波的脉宽

　　这个方法的缺点是, 在前面的脉冲不能太强, 因为先到的脉冲的电离会导致第二个脉冲看到与第一个不同的气体介质, 产生的高次谐波就与第一个不同, 光谱相干就失效了. 而不用强脉冲, 就限制了产生高次谐波的能量. Walmsley 等的解决方法是, 将两个脉冲在空间分开, 而不是在时间分开, 如平行传播, 之间距离为 x, 聚焦在喷气的不同位置. 产生的高次谐波通过环面光栅衍射后在探测器上重叠形成光谱干涉条纹. 条纹的间距是两束激光的空间间隔 x 的函数, 因此称为空间编码的 SPIDER(spatially encoded arrangement SPIDER, SEA-SPIDER). 图 12.4-5 是这种装置的示意图, 光谱干涉图形可用于傅里叶变换和复原某次谐波的相位.

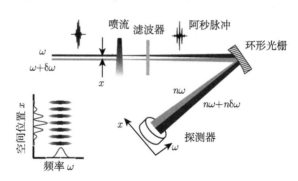

图 12.4-5　SEA-SPDER 装置示意图 [21]

入射的频率侧切的光脉冲在空间以 x 的距离入射到喷气流上. 通过环面光栅衍射后在探测器上重叠形成光谱干涉条纹, 条纹的间距是两束激光的空间间隔 x 的函数, 因此称为空间编码的 SPIDER

参 考 文 献

[1]　Zhao K, Zhang Q, Chini M, et al. Tailoring a 67 attosecond pulse through advantageous phase-mismatch. Opt. Lett., 2012, 37(18): 3891-3893.

[2] Becker W, Long S, Mclver J K. Higher-harmonic production in a model atom with short-range potential. Phys. Rev., 1990, A 41(7): 4112-4115.

[3] Lewenstein M, Balcou P, Ivanov M Y, et al. Theory of high-harmonic generation by low-frequency laser fields. Phys. Rev. A, 1994, 49(3): 2117-2132.

[4] Corkum P. Plasma perspective on strong-field multiphoton ionization. Phys. Rev. Lett., 1993, 71(13): 1994-1997.

[5] Shan B, Chang Z. Dramatic extension of the high-order harmonic cut-off by using a long-wavelength pump. Phys. Rev., 2001, A 65 (01): 011804(R).

[6] Brabec T, Krausz F. Intense few-cycle laser fields: Frontiers of nonlinear optics. Rev. Mod. Phys., 2000, 72(2): 545-590.

[7] Ganeev R A. Why plasma harmonics? Quantum Electron., 2015, 45(9): 785-796.

[8] Constant E, Garzella D, Breger P, et al. Optimizing high harmonic generation in absorbing gases: Model and experiment. Phys. Rev. Lett., 1999, 82(8): 1668-1671.

[9] Joshi C J, Corkum P B. Interactions of ultra-intense laser light with matter. Physics Today, 1995, 48(1): 36-43.

[10] Zhou J, Peatross J, Murnane M M, et al. Enhanced high-harmonic generation using 25fs laser pulses. Phys. Rev. Lett., 1996, 76(5): 752-755.

[11] Krause J L, Schafer K J, Kulander K C. High-order harmonic generation from atoms and ions in the high intensity regime. Phys. Rev. Lett., 1992, 68(24): 3535-3538.

[12] Spielmann C, Burnett N H, Sartania S, et al. Generation of coherent X-rays in the water window using 5-femtosecond laser pulses. Science, 1997, 278: 661-664.

[13] Christov I P, Murnane M M, Kapteyn H C. High-harmonic generation of attosecond pulses in the "single-cycle" regime, Phys. Rev. Lett., 1997, 8(7): 1251-1254.

[14] Baltuska A, Udem T, Uiberacker M, et al. Attosecond control of electronic processes by intense light fields. Nature, 2003, 421: 611-615.

[15] Corkum P B, Burnett N H, Ivanov M Y. Subfemtosecond pulses. Opt. Lett., 1994, 19(22): 1870-1872.

[16] Yeung M, Bierbach J, Eckner E, et al. Noncollinear polarization gating of attosecond pulse trains in the relativistic regime. Phys. Rev. Lett., 2015, 115(19): 193903-1-5.

[17] Paul A, Bartels R A, Tobey R, et al. Quasi-phase-matched generation of coherent extreme- ultraviolet light. Nature, 2003, 421: 51-54.

[18] Tosa V, Yakovlev V S, Krausz F. Generation of tunable isolated attosecond pulses in multi-jet systems. New J. Phys., 2008, 10(02): 025016-1-11.

[19] Constant E, Taranukhin V D, Albert Stolow, at al. Methods for the measurement of the duration of high-harmonic pulses. Phys. Rev. A, 1997, 56(5): 3870-3878.

[20] Kane D J. Recent progress toward real-time measurement of ultrashort laser pulses. IEEE J. Quantum Electron., 1999, QE-35(4): 421-431.

[21] Cormier E, Walmsley I A, Kosik E M, et al. Self-referencing, spectrally or spatially encoded spectral interferometry for the complete characterization of attosecond electromagnetic pulses. Phys. Rev. Lett., 2005, 94(03): 033905-1-4.

第13章 飞秒激光太赫兹波技术

1960 年激光器的发明, 把相干辐射微波激射器的频率一下子从 GHz 波段提高到几百 THz 的光频阶段, 而这之间的波段, 则长期被人们遗忘. 这个中间波段就是现在称为太赫兹的波段 (THz=10^{12}Hz), 通常指频率在 0.1~10THz (波长在 3mm~30μm) 之间的电磁波, 其波段在微波和红外线之间 (图 13.1-1), 被称为太赫兹空白. 在 20 世纪 80 年代中期以前, 由于缺乏有效的产生方法和检测手段, 科学家对于该波段电磁波性质的了解非常有限. 近十几年来, 超快激光技术的迅速发展和飞秒激光脉冲的出现, 为太赫兹脉冲的产生提供了稳定、可靠的激发手段, 太赫兹辐射的产生和应用得到了蓬勃发展. 有人甚至把它的出现与 1960 年激光器的发明相提并论. 太赫兹电磁辐射在基础研究、工业应用以及国防领域中有非常重要的应用. 因此, 世界上很多研究机构相继在该领域开展了深入的研究, 并已取得了很多重要成果. 本章主要介绍利用飞秒激光技术产生太赫兹波、检测技术及其在光谱学和成像学方面的应用.

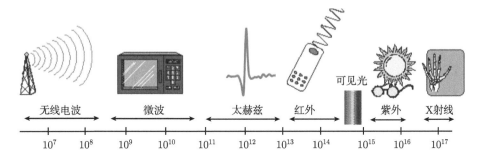

图 13.1-1 太赫兹波段在电磁波谱中的位置示意图

13.1 太赫兹波的产生

基于飞秒激光技术通过光电导天线、光整流和空气等离子体等发射机制可产生出太赫兹波, 它们是最常见的三种产生宽频带太赫兹波的方法[1]. 其中, 光电导天线机制是基于天线中光生载流子的加速, 光整流机制是基于电光晶体中的二阶非线性效应, 空气等离子体机制是基于光学三阶非线性效应而产生的太赫兹波脉冲. 然而, 这些产生机制的能量转换效率都很低, 所产生的太赫兹波脉冲的平均功率只有纳瓦到微瓦量级, 而作为激发源的飞秒激光源的平均功率却在瓦的功率量级.

13.1.1   光电导天线产生太赫兹波

光电导天线 (photoconductive antenna, PCA) 是常用的太赫兹波源之一, 其具体产生机理是利用超短飞秒激光脉冲激励金属电极间的光电导材料 (如 GaAs、InP 和 Si 等半导体), 由于飞秒激光的光子能量高于光电导材料的能隙值, 则在激光激励的材料区域表面附近会产生载流子. 这些载流子在电极上所施加的外置偏压作用下加速运动, 从而在沿电场方向会形成瞬变的光电流, 最终向外辐射太赫兹脉冲, 如图 13.1-2 所示. 其傅里叶变换谱是太赫兹范围.

光电导天线的性能取决于以下三个因素: 光电导天线结构 (包括光电导材料及其几何结构)、飞秒泵浦激光脉冲和外置偏压. 光电导材料是产生太赫兹波的关键部件, 性能良好的光导体应该具有尽可能短的载流子寿命、高的载流子迁移率和高的耐击穿强度. 目前在太赫兹光电导天线中用的最多是 Si 和 LT-GaAs 材料; 天线的结构通常有赫兹偶极天线、共振偶极天线、锥形天线以及大孔径天线等. 由于偶极天线结构简单, 所以在实验中多采用; 适当地提高泵浦激光的光强及适当调节其脉宽可以在一定程度上提高所产生的太赫兹脉冲电场强度, 但是太赫兹电场提高到一定程度后会达到饱和; 另外, 适度增加外置偏压也可增大所产生的太赫兹脉冲电场, 但是需要注意防止光电导材料被电击穿.

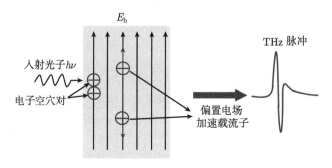

图 13.1-2   光电导天线受激示意图

光电导天线分为小孔径光电导天线和大孔径光电导天线, 前文所介绍的为小孔径光电导天线. 大孔径光电导天线是指泵浦光所激励的区域尺寸远大于辐射所输出的太赫兹脉冲中心波长的光电导天线 (电极间的间距通常在几个毫米至几个厘米范围). 相对于小孔径光电导天线, 大孔径光电导天线可以获得更高功率、更高效率和更大孔径的太赫兹脉冲. 另外, 利用大孔径光电导天线可以定向产生和相干探测太赫兹脉冲.

大孔径光电导天线产生太赫兹脉冲的机理同小孔径光电导天线的一样, 如图 13.1-3 所示. 由于光电导材料的光电流的时间分布是由飞秒脉冲到达光电导体表面上的时间所决定的, 所以通过改变入射角度可以有效控制辐射输出的方向. 大孔径光电导天线的近场太赫兹场正比于表面光电流, 而远场太赫兹场则反比于表面对时间的一阶导数. 另外, 在入射激励飞秒脉冲功率较低的情况下, 太赫兹电场强度正比于入射光强, 其辐射场的方向则与所施加偏压场方向相反. 但是当激励脉冲功率过强时, 由于电荷的屏蔽效应会出现太赫兹功率饱和现象, 而该现象只是一个近场现象.

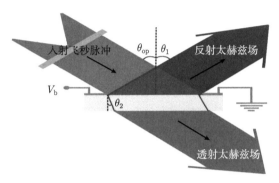

图 13.1-3　大孔径光导天线

13.1.2　光整流产生太赫兹波

光整流是产生太赫兹波的另一种常见机制, 它是基于电光效应的逆过程. 光整流机制最终所产生的太赫兹波的能量直接来源于飞秒激光, 而该过程的能量转换效率则主要依赖于材料的非线性系数和相位匹配条件.

超短激光脉冲的发展为光学整流效应的研究和应用开辟了新的途径. 根据傅里叶变换理论, 一个脉冲光束可以分解成一系列单色光束的叠加, 其频谱决定于该脉冲的中心频率和脉冲宽度. 在非线性介质中, 这些单色分量不再独立传播, 它们之间将发生混频. 和频效应产生出频率接近于二次谐波的光波, 而差频效应则产生一个低频振荡的电极化场. 该低频的电极化场可以辐射出太赫兹波段的低频电磁波. 用非线性极化矢量表示, 即[2]

$$P_{2\omega} = \varepsilon_0 \chi^{(2)} E^2(t) \cos^2[\omega t + \varphi(t)]$$
$$= \frac{1}{2}\varepsilon_0 \chi^{(2)} E^2(t)\{\cos 2[\omega t + \varphi(t)] + 1\}$$
$$= \frac{1}{2}\varepsilon_0 \chi^{(2)} E^2(t) + \frac{1}{2}\varepsilon_0 \chi^{(2)} E^2(t) \cos 2[\omega t + \varphi(t)] \tag{13.1-1}$$

式中, 第一项为一直流分量, 它表示低频太赫兹脉冲的包络, 由此可以将太赫兹脉冲看成单周期脉冲, 其频率与泵浦光脉宽的倒数 τ_p^{-1} 成正比. 显然, 如果脉宽 $\tau_p \approx$

$10^{-12} \sim 10^{-13}$s, 其频率就是若干个太赫兹. 如图 13.1-4(a) 所示的太赫兹脉冲电场, 其傅里叶变换谱 (图 13.1-4(b)) 包含 0~2THz 的频谱.

光学整流基本上是一个随光的群速而运动的电偶极子场. 在沿飞秒光传播路径上的晶体某一点, 这个偶极子所辐射的电场按其群速 v_{THz} 传播. 对于钽酸锂, $v_{\mathrm{THz}} \approx 0.153c(c$ 是光速), 而光脉冲的群速 $v_{\mathrm{g}} \approx 0.433c$. 于是就出现了一个有趣的现象: 源的速度大于它所发出的辐射的速度, 形成所谓切连科夫辐射 (Cherenkov radiation), 并以圆锥表面的形式传播. 这个锥形的特征角, 即圆锥表面与其对称轴之间的夹角, 定义为

$$\cos \theta_{\mathrm{c}} = \frac{v_{\mathrm{THz}}}{v_{\mathrm{g}}} \tag{13.1-2}$$

在钽酸锂晶体中, 由以上数据得知, 这个角度是 69°, 如果晶体的表面切成与圆锥表面平行, 即太赫兹电磁波的传播方向与晶体的表面垂直, 则太赫兹电磁波会从晶体表面发出, 此时晶体就是一个太赫兹波源[3].

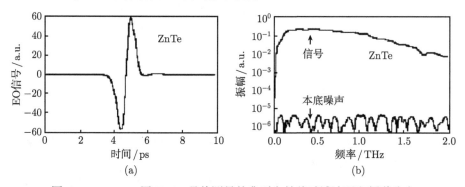

图 13.1-4　1mm 厚 ZnTe 晶体测量的典型太赫兹时域波形和频谱分布

在不同的晶体中, 太赫兹波的折射率和对可见光或近红外的光波的折射率是不同的, 导致不同的群速度. 表 13.1-1 列举了常用的光整流晶体的主要参数, 如群折

表 13.1-1　常用光整流晶体的性质[7]

材料	$d_{\mathrm{eff}}/(\mathrm{pm/V})$	$n_{800\mathrm{nm}}^{\mathrm{gr}}$	n_{THz}	$n_{1550\mathrm{nm}}^{\mathrm{gr}}$	$\alpha_{\mathrm{THz}}/\mathrm{cm}^{-1}$	FOM/$(\mathrm{pm^2 \cdot cm^2/V^2})$
CdTe	81.8	—	3.24	2.81	4.8	11.0
GaAs	65.6	4.18	3.59	3.56	0.5	4.21
GaP	24.8	3.67	3.34	3.16	0.2	0.72
ZnTe	68.5	3.13	3.17	2.81	1.3	7.27
GaSe	28.0	3.13	3.27	2.82	0.5	1.18
sLN	168	2.25	4.96	2.18	17	18.2
sLN @100K	—	—	—	—	4.8	48.6
DAST	615	3.39	2.58	2.25	50	41.5
DSTMS	214		1.64	2.07		

射率、吸收系数和有效非线性系数等. 需注意的是近化学计量比的铌酸锂在低温 (100K) 时, 吸收系数大大减小, FOM 成倍提高. 另外一个最近特别受关注的有机晶体 DAST [4,5] (4'-dimethylamino-N-methyl-4-stilbazolium tosylate), 其有效非线性光学系数 d_{eff} 远大于其他晶体, 但吸收系数也较大, 破坏阈值较低. DSTMS (4-N,N-dimethylamino-4'- N'-methyl-stilbazolium 2,4, 6-trimethyl benzenesulfonate)) 是另外一种有机晶体, 其转换效率可达 3%, 用其可以产生 mJ 量级的太赫兹波脉冲[6].

13.1.3 空气等离子体产生太赫兹波

最早, Cook 和 Hochstrasser[8] 发现将频率为 ω 的飞秒脉冲和频率为 2ω 的倍频光聚焦在空气中将空气电离可产生太赫兹波. 该方法与之前的在晶体中进行光整流产生太赫兹相比, 不存在损伤阈值的问题, 即对激光的强度没有限制.

空气中产生太赫兹波有三种结构, 如图 13.1-5 所示. 其中, 图 (a) 是将波长为 800nm 或 400nm、脉宽为 100fs 的激光脉冲直接聚焦到空气中产生等离子体从而辐射太赫兹波; 而图 (b) 较之于图 (a) 则是在聚焦透镜后添加一块 BBO 晶体用于倍频; 图 (c) 是将波长为 800nm 和 400nm(基频波与二次谐波) 的两束光分别传输以控制两者的相位差, 最终混合在一起, 提高太赫兹辐射强度.

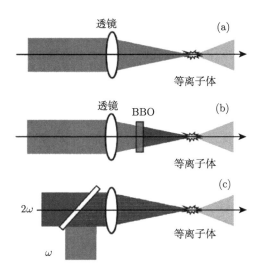

图 13.1-5　单波长和双波长在空气中产生的太赫兹结构图[5]

张希成等[9] 证明空气等离子体产生太赫兹波是基于空气中所发生的三阶非线性效应, 即在空气中发生了 $(2\omega + \Omega_{\text{THz}}) - \omega - \omega = \Omega_{\text{THz}}$ 四波混频过程, 其机理可用 $E_{\text{THz}} \propto \chi^{(3)} E_{2\omega}(t) E_\omega^*(t) E_\omega^*(t) \cos(\varphi)$ 来表达; 并且认为三阶极化率张量只与 χ_{xxxx} 分量有关, 产生的太赫兹电场只在 x 方向有分量, 为线偏振光. 之后一些关注空气

产生太赫兹波的研究者重复产生太赫兹波的实验过程时, 发现产生的太赫兹波在两个正交的方向有几乎相等的分量, 并对其作了解释和证明, 2008 年 6 月 Houard[10]等提出在空气产生太赫兹波的实验过程中, 由于强激光会在 BBO 晶体中发生双折射, 且作者认为空气等离子体各向异性会使基频波有偏转, 产生的太赫兹波在与基频倍频垂直的 y 方向上也会产生较大的太赫兹波分量, 它实际上来自于三阶极化率张量 $\chi_{xyxy}^{(3)} + \chi_{xyyx}^{(3)}$ 项的贡献.

13.2　高能量太赫兹波产生技术

太赫兹波的产生效率, 如果单纯从光子能量的角度看, 光子的频率是 200∼300THz, 如果转换为 10THz 的太赫兹波, 转换效率可达 5%∼3.3%. 实际上常常达不到这个效率.

13.2.1　脉冲阵面匹配

光整流方法产生太赫兹波也是一种差频方法. 与在可见光和近红外波的差频类似, 产生效率取决于相位匹配的程度. 表 13.1-1 中我们查到, 对于铌酸锂晶体来说, 太赫兹波的折射率几乎是近红外光的群折射率的一半. 根据式 (13.1-2), 太赫兹波发射最强的方向应该是和光脉冲传播方向有个角度 θ_c, 在铌酸锂晶体中, 这个角度接近 45°. 如果将脉冲面倾斜 θ_c, 先到产生的太赫兹波就会与后到的脉冲面产生的太赫兹波叠加, 起到太赫兹波增强的作用.

图 13.2-1 中, 铌酸锂晶体切成三角形棱镜, 泵浦光从一个侧面垂直入射到晶体中. 泵浦光的脉冲阵面倾斜 θ_c, 而传播方向仍然是 $z' = z/\cos\theta_c$, 这样在 z 方向的太赫兹波得到加强而从斜面垂直方向出射.

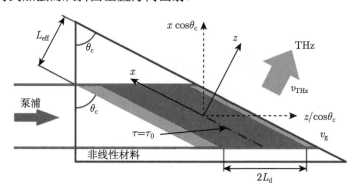

图 13.2-1　非共线辐射传播产生太赫兹波的几何构型

坐标原点表示在此点是最短泵浦脉冲的中心 $(\tau = \tau_0)$. 非线性晶体切割成棱镜状[11], 飞秒脉冲沿 $z' = z/\cos\theta_c$ 轴以倾斜的波面以速率 v_g 传播, 而产生的宽带太赫兹脉冲信号沿 z 轴以速率 v_{THz} 传播[12]

13.2.2 差频

飞秒激光产生的太赫兹波, 是宽谱. 在很多应用场合, 需要光谱带宽很窄, 可调谐的脉冲. 此时, 用飞秒脉冲来产生就不适合了. 差频 (DFG) 是一种效率较高的单频太赫兹波产生方法. 从非线性光学我们知道, 在相位匹配的情况下, 三波混频的转换效率是

$$\eta_{\mathrm{p}} = \eta_{\max} \sin^2\left[(\pi/2)\sqrt{P_{\mathrm{in}}/P_{\mathrm{opt}}}\right] \tag{13.2-1}$$

为了提高效率, 应该提高脉冲的峰值功率, 所以差频方法还是要用脉冲, 不过脉冲可以是窄带的纳秒或亚纳秒脉冲. 图 13.2-2 是一个用差频方法获得太赫兹脉冲的装置[13]. 光源是微片皮秒激光器和一个连续可调的外腔半导体激光器 (ECDL). 波长调谐范围是 1068~1075nm. 两个激光器角度满足相位匹配条件: $k_{\mathrm{p}} = k_{\mathrm{i}} + k_{\mathrm{T}}$. 其中, k_{p} 是泵浦激光器的波矢, k_{T} 是太赫兹波的波矢, k_{i} 是闲频光的波矢. 在掺氧化镁的铌酸锂中产生太赫兹波, 并被硅棱镜阵列导出.

所得到的可调谐太赫兹谱如图 13.2-3 所示. 太赫兹波长可在 1~3THz 范围内调谐.

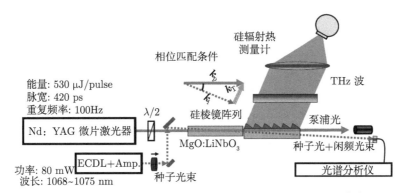

图 13.2-2 差频法产生可调谐太赫兹脉冲的典型实验装置[13]

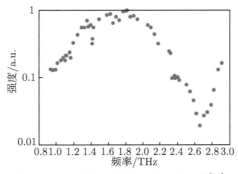

图 13.2-3 宽带可调谐太赫兹波波谱[13]

13.2.3　UTC-PD

　　非线性晶体的太赫兹转换效率仍然很低, 因此日本 NTT 公司发明了一种半导体器件, 大大提高了转换效率. 这种器件很像 PIN 光电二极管, 但是又有一个重要细节不同. 图 13.2-4(a) 是普通的 PIN 二极管的能带结构图. 在 p 型和 n 型半导体材料之间, 有一层绝缘层 i. 在光的照射下, 半导体 p 和 n 层中生成的电子和空穴在绝缘层中相向迁移. 但是这两种载流子迁移速率不同, 电子迁移速率高, 而空穴迁移速率低. 低速率的空穴导致整个器件的响应速率变慢.

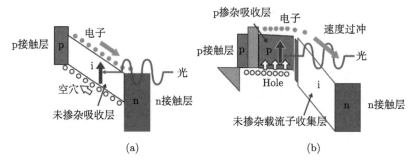

(a)   (b)

图 13.2-4　普通 PIN 二极管 (a) 和 UTC-PD 管 (b) 的能带结构比较[14]

　　UTC-PD 的原理是: 既然空穴的速率低, 就不要空穴通过绝缘层向 p 端迁移了. 在 p 和 n 之间加一层 p 掺杂的吸收层, 这样空穴就被 p 掺杂吸收层吸收, 不再越过绝缘层向 p 极迁移, 而只剩下电子快速向 n 型半导体迁移. 这样光电二极管的响应速率就大大提高. 这种光电二极管就叫单行载流子光电二极管. 目前市售的 UTC-PD 的响应频率范围在 110GHz~3THz. 这种光电二极管的转换效率很高, 空间输出平均功率可达微瓦.

　　图 13.2-5 展示一种产生宽带可调谐太赫兹波的装置. 两个高功率连续光激光器分别锁定在两个光频梳的梳齿上, 当梳齿间隔调谐时, 连续光激光器的频率间隔随之调谐, 在 UTC-PD 中差频产生单频太赫兹波.

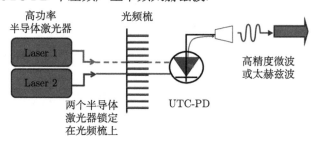

图 13.2-5　用 UTC-PD 生成单频可调谐太赫兹波的实验

两个高功率单波长半导体激光器 Laser 1 和 Laser 2 的波长锁定在光频梳上, 如果光频梳的间隔可以调, 两个激光器的波长间隔就可以随之调, 所产生的太赫兹波就是可调谐的[15]

13.3　太赫兹波的探测

由于太赫兹源的低发射功率与相对较高的热背景耦合, 需要高灵敏度的探测手段才能探测太赫兹信号. 现有的一些基于热吸收的红外探测器可以对太赫兹波进行有效的宽波段非相干探测, 但是大多需要在低温情况下才能实现. 另外, 利用一些半导体二极管或混频器也能实现对太赫兹波的探测.

基于飞秒激光的光电导取样和电光取样技术是最常见的太赫兹波相干测量方式, 而空气探测是近几年出现的一种新的基于飞秒激光的太赫兹相干探测方式. 这三种相干测量方式不仅可测得太赫兹信号的振幅和相位, 而且可以有效地克服背景噪声的影响, 从而获得很高的信噪比的测量结果.

13.3.1　光电导取样探测太赫兹波

光电导取样是基于光导天线发射太赫兹波机理的逆过程发展起来的一种探测太赫兹脉冲信号的技术, 它是根据光电导天线中所产生的光电流与驱动该电流的太赫兹电场成正比关系的原理来间接测量太赫兹电场. 该方法适用于低频太赫兹脉冲的探测, 具有很好的信噪比和灵敏度, 但是探测带宽相对于其他相干探测方法而言比较窄.

光电导探测器与光电导天线产生太赫兹脉冲的装置大体相同, 不同之处只是后者在两电极间施加偏置电压, 而前者则被更替为电流计之类的器件, 如图 13.3-1 所示.

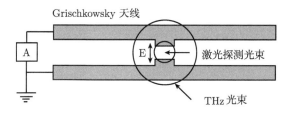

图 13.3-1　光电导取样探测技术

图是一光电导偶极天线, 具有自由空间电场、持续时间为皮秒大小的太赫兹波光斑给电极加上偏压. 飞秒探测脉冲控制电极产生瞬态光载流子, 形成电流, 被电流计探测. 电流正比于所加的太赫兹波场

利用光电导取样探测太赫兹脉冲, 首先将连有电流计的光导天线置于太赫兹光路之中. 在泵浦光通过光电导天线产生太赫兹脉冲之后, 再利用探测光在光电导探测器上探测太赫兹脉冲, 如图 13.3-2 所示. 由于泵浦脉冲和探测脉冲同出于一个飞秒激光束, 因此, 它们之间具有固定的时间关系. 当探测脉冲照射到探测器金属电极间的半导体时, 则半导体内部会激发出自由载流子, 从而使该区域处于导通状态. 如果此时有与探测光同步且共线的太赫兹脉冲被聚焦在该区域, 则太赫兹脉冲

此时作为加载在光电导天线上的偏置电场, 来驱动那些光生载流子, 在半导体、金属电极和电流计所形成的回路中产生瞬时光电流. 由于探测光脉冲和太赫兹脉冲具有固定的时间关系, 并且探测脉冲所激发的自由载流子寿命远小于太赫兹脉冲的周期, 那么可以近似地认为由该探测脉冲激发的自由载流子受到的是一个恒定电场的作用, 从而可以测量所产生的光电流 (亚纳安培量级)

$$I(\tau) \propto \int_{-\infty}^{\infty} E(t)n(t-\tau)\mathrm{d}t \tag{13.3-1}$$

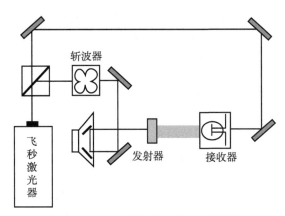

图 13.3-2   太赫兹波的探测实验装置

最早的光电导太赫兹探测器是制作在 LT-GaA 上, 其探测带宽最大可达到约 2THz. 近来利用持续时间为 15fs 的超快门控脉冲可将探测带宽扩大到 40THz.

13.3.2   自由空间电光取样探测太赫兹波

自由空间电光取样 (FS-EOS) 测量太赫兹脉冲技术是光整流产生太赫兹波的逆过程, 是基于线性电光效应的非线性光学过程.

当太赫兹脉冲通过电光晶体时, 其瞬间电场将会导致电光晶体的折射率发生各向异性的变化, 如双折射现象. 当探测脉冲和太赫兹脉冲同步共线通过电光晶体时, 太赫兹脉冲电场所导致的电光晶体折射率的改变将使探测脉冲的偏振态发生变化, 即线性偏振的探测光通过电光晶体后会变成椭圆偏振光. 通过测量探测光的椭偏度即能获得太赫兹辐射的电场强度. 由于太赫兹辐射和探测光都具有脉冲的形式, 而且探测光的脉宽远小于太赫兹脉冲的振荡周期, 所以改变探测脉冲和太赫兹脉冲之间的时间关系就可以利用探测脉冲的偏振变化将太赫兹辐射的时域波形描述出来, 图 13.3-3 为自由空间电光取样测量装置.

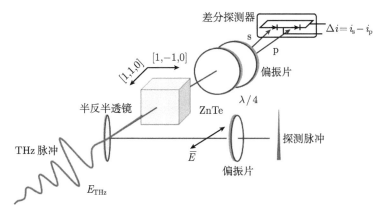

图 13.3-3　自由空间电光取样常用装置

电光取样原理可参见图 13.3-4. 假设探测光束沿 z 方向传播, x 和 y 是电光晶体的结晶轴. 当电光晶体上施加有电场, 电感应双折射轴 x' 和 y' 相对于 x 和 y 会成 45° 角 (图 13.3-4). 如果入射光束是 x 偏振, 那么输出光束可由下式得到

$$
\begin{pmatrix} E_x \\ E_y \end{pmatrix} = \begin{pmatrix} \cos\dfrac{\pi}{4} & -\sin\dfrac{\pi}{4} \\ \sin\dfrac{\pi}{4} & \cos\dfrac{\pi}{4} \end{pmatrix} \begin{pmatrix} \exp(\mathrm{i}\delta) & 0 \\ 0 & 1 \end{pmatrix} \begin{pmatrix} \cos\dfrac{\pi}{4} & \sin\dfrac{\pi}{4} \\ -\sin\dfrac{\pi}{4} & \cos\dfrac{\pi}{4} \end{pmatrix} \begin{pmatrix} E_0 \\ 0 \end{pmatrix}
$$

(13.3-2)

其中, $\delta = \varGamma_0 + \varGamma$ 是 x' 和 y' 偏振的相位差, 包括动态 ($\varGamma$, 太赫兹感生) 和静态 ($\varGamma_0$, 来自电光晶体和补偿器的固有或剩余双折射) 相位差. 方程 (13.3-2) 中, x 和 y 方向的偏振光强度为

$$
\begin{cases} I_x = |E_x|^2 = I_0 \cos^2 \dfrac{\varGamma_0 + \varGamma}{2} \\[2mm] I_y = |E_y|^2 = I_0 \sin^2 \dfrac{\varGamma_0 + \varGamma}{2} \end{cases}
$$

(13.3-3)

其中, $I_0 = E_0^2$ 为入射强度. 可以看出, I_x 和 I_y 是有关系的, 即 $I_x + I_y = I_0$, 能量守恒. 为分别提取 x 和 y 偏振的光, 通常使用 Wollaston 棱镜. 静态相位项 $\varGamma_0$ 也称作光学偏置, 常被设置为 $\pi/2$ 来平衡探测. 对于没有固有双折射的电光晶体 (如 ZnTe), 通常用半波片来提供此光学偏置. 因为电光取样的大多数情况下, $\varGamma \ll 1$, 因此

$$
\begin{cases} I_x = \dfrac{I_0}{2}(1 - \varGamma) \\[2mm] I_y = \dfrac{I_0}{2}(1 + \varGamma) \end{cases}
$$

(13.3-4)

两束光束, 信号具有相同的大小但是符号相反. 对于平衡探测, 测量到 I_x 和 I_y 的差别, 给出信号

$$
I_{\mathrm{s}} = I_x - I_y = I_0 \varGamma
$$

(13.3-5)

信号正比于太赫兹感应的相位改变 Γ, 并且 Γ 反过来与太赫兹脉冲的电场成比例. 对于 $\langle 110 \rangle$ZnTe 晶体, 有下面的关系

$$\Gamma = \frac{\pi d n^3 \gamma_{41}}{\lambda} E \qquad (13.3\text{-}6)$$

其中, d 是晶体厚度, n 是探测光束的折射率, λ 是波长, γ_{41} 是电光系数, E 是太赫兹波脉冲的电场.

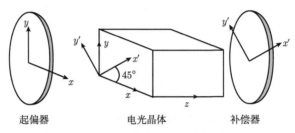

图 13.3-4　电光取样的坐标系

13.1 节图 13.1-4 给出了自由传播的太赫兹脉冲的典型时域波形及其频谱分布, 它们是利用大孔径光导天线做发射器, 1mm 厚 $\langle 110 \rangle$ ZnTe 晶体做感应器通过自由空间电光取样测量得到的. 可以看出, 自由空间电光取样技术具有良好的信噪比和测量谱宽.

需要强调的是, 前面关于电光取样的讨论建立在稳定电场假设的基础上. 对于太赫兹脉冲这样的瞬态电场, 需要考虑相位匹配. 当探测脉冲相对于太赫兹脉冲具有不同的群速度时 (会出现群速度失配现象, 见第 9 章), 常常不是对太赫兹脉冲的相同位置取样而是扫描了太赫兹脉冲, 导致了测量波形的展宽. 群速度失配可在时域讨论[16], 也可在频域讨论[9]. 频域处理较精确, 因为可以知道介电常数 (折射率) 在太赫兹范围内的色散. 探测的频率响应函数与产生相同. 图 13.3-5 (a) 描绘了

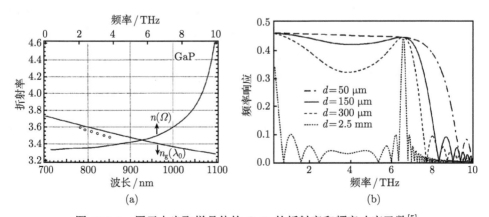

图 13.3-5　用于电光取样晶体的 GaP 的折射率和频率响应函数[5]

GaP 材料对探测光束的群折射率色散. 图 13.3-5 (b) 描绘了几种厚度的 GaP 感应器的频率响应函数. 电光晶体越薄, 频率响应函数越宽. 因此一旦材料给定, 就尽量使用薄晶体来得到宽频带. 然而, 厚度小意味着相互作用的距离短, 灵敏度差, 可根据实际要求选择.

13.3.3 空气等离子体探测太赫兹波

空气作为地球上最普遍存在的物质, 不仅可以用来产生宽带太赫兹脉冲, 同时根据三阶非线性光学过程, 也可利用空气等离子体作为探测介质实现对太赫兹脉冲的探测[17,18].

空气等离子体探测太赫兹辐射与在电光晶体中通过二阶非线性探测太赫兹波的过程相类似, 通过产生太赫兹波的三阶非线性过程的逆过程来测量太赫兹辐射. 利用空气等离子体可对太赫兹脉冲选择进行非相干探测或相干探测. 当探测脉冲功率较小时 (低于 $1.8 \times 10^{14} \mathrm{W/cm}^2$), 对太赫兹的探测为纯非相干探测; 而当探测脉冲功率增大一定程度后 (高于 $5.5 \times 10^{14} \mathrm{W/cm}^2$), 对太赫兹的探测为纯相干探测. 对应的空气电离也由多光子电离变为隧穿电离.

如图 13.3-6 所示, 基频泵浦光 ω 及其二次谐波 2ω(基频光通过 I 类 BBO 晶体产生) 被聚焦在同一点产生第一个等离子体 (右边), 在此产生太赫兹波. 而太赫兹波与基频光共同作用产生第二个等离子体 (左边), 利用光电倍增管或光电二极管可探测到太赫兹场致二次谐波信号, 从而间接探测太赫兹.

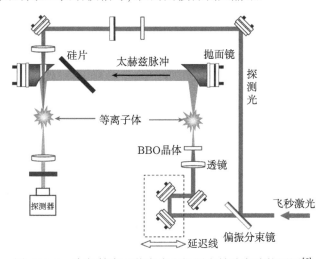

图 13.3-6 空气等离子体产生和探测太赫兹实验装置图[6]

太赫兹场致二次谐波的三阶非线性过程可表示为 $E_{2\omega}^{\mathrm{s}} \propto \chi^{(3)} E_\omega E_\omega E_{\mathrm{THz}}$. 其中, $\chi^{(3)}$ 为空气的三阶磁化率, E 表示基频光或太赫兹波的电场分量. 由于 $E_{2\omega}^{\mathrm{s}} \propto E_{\mathrm{THz}}$,

所以测得的二次谐波的强度也正比于太赫兹波的强度, 即 $I_{2\omega}^s \propto I_{THz}$, 但并不能提供被测太赫兹脉冲的相位信息, 则此时为非相干探测太赫兹. 如果增大探测光强, 利用背景中同频存在的二次谐波为本振源 $E_{2\omega}^L$, 基于外差探测方式就可实现太赫兹脉冲的相干探测, 而最终所探得的二次谐波信号强度正比于太赫兹波的场强. 因此利用空气作为探测器, 通过测量二次谐波信号就可以实现对太赫兹波的相干探测.

13.4　太赫兹波光谱学

利用太赫兹脉冲可以有效分析材料的性质, 其中太赫兹时域光谱是一种非常有效的测试手段. 和红外光谱仪一样, 太赫兹光谱仪受限于光栅和探测器. 因此, 探测红外光谱的扫描迈克耳孙干涉仪形成的傅里叶变换光谱仪也可以用于测量太赫兹的光谱, 称为太赫兹时域光谱仪.

典型的太赫兹时域光谱系统如图 13.4-1 所示, 主要由飞秒激光器、太赫兹波源、太赫兹波探测装置和时间延迟控制系统组成. 飞秒激光器产生的激光脉冲经过分束镜后被分为两束, 一束激光脉冲 (激发脉冲) 经过时间延迟系统后入射到非线性晶体上产生太赫兹脉冲, 另一束激光脉冲 (探测脉冲) 和太赫兹脉冲一同入射到太赫兹探测器件上, 通过扫描探测脉冲和太赫兹脉冲之间的时间延迟探测太赫兹脉冲的整个波形. 太赫兹时域光谱能够同时获得太赫兹脉冲的振幅信息和相位信息, 通过对时间波形进行傅里叶变换能直接得到样品的吸收系数和折射率等光学参数, 有很高的探测信噪比和较宽的探测带宽.

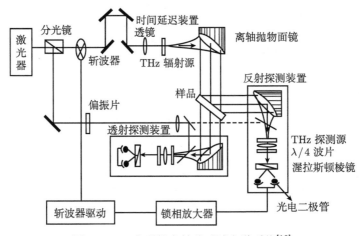

图 13.4-1　典型的太赫兹时域光谱系统[19]

太赫兹时域光谱系统分为透射型[20] 和反射型[21], 还可以利用泵浦–探测方式研究样品的动力学性质. 根据不同的样品、不同的测试要求可以采用不同的探测装置. 例如, 材料的光学常数 (实折射率和消光系数) 是用来表征材料宏观光学性质的物理量, 而一般材料在太赫兹波段范围内的光学常数的数据比较少. 利用太赫兹时域光谱技术可以很方便地提取出材料在太赫兹波段范围内的光学常数. 一般地, 反射谱用于测量高吸收的样品, 如一些高掺杂的半导体样品等. 这时, 由于样品的强吸收, 反射型太赫兹时域光谱系统对于实验技术上的要求比较高. 这是因为扫描参考信号时, 样品架的位置应该放上一个与样品的表面结构基本一样的金属反射镜, 而且要求反射镜的位置和样品的位置严格复位. 这就加大了样品、样品架及用作参考的金属反射镜的制作难度.

图 13.4-1 所示的时域太赫兹光谱仪, 需要机械延迟来扫描取样, 时间较长, 如果机械装置不稳定, 还会带来光谱定标的误差. 因此一种新型的时域光谱仪 —— 异步扫描时域光谱仪就被提出和应用.

异步扫描时域光谱仪需用两个飞秒激光器, 一个作为太赫兹产生的光源, 另一个作为探测光源. 两个激光器之间有一个微小的重复频率差. 图 13.4-2 是异步扫描取样的原理图. 脉冲列 1 和脉冲列 2 之间有微小时间差或 Δt, 对应于机械扫描时的步长. 这个时间差随时间依次变为 $2\Delta t, 3\Delta t, \cdots$ 直到一个循环周期 T_{scan}. 将每次以固定的时间, 如 T_2 取样, 将每次获得取样信号强度连起来, 就得出一个时域光谱信号. 这可以看作是一种光频梳光谱学仪器[22].

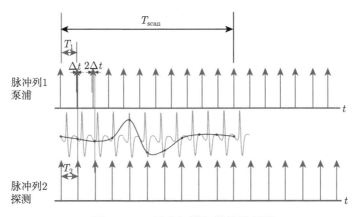

图 13.4-2　异步扫描取样的原理图

两个激光器或光频梳之间的时间 Δt 差不能任意取, 与脉冲列的周期有关. 设两个激光器的重复频率分别为 $f_1 = 1/T_1$, $f_2 = 1/T_2$, 则两个重复频率的差为

$$\Delta f = f_2 - f_1 = \frac{1}{T_2} - \frac{1}{T_1} = \frac{T_2 - T_1}{T_2 T_1} \approx \frac{\Delta t}{T^2} = f^2 \Delta t = \frac{1}{T_{\text{scan}}} \tag{13.4-1}$$

其中, 用到了 $f_1 \approx f_2 = f$ 和 $T_1 \approx T_2 = T$. 式 (13.4-1) 指出, 在确定的时间分辨率 (步长)Δt 情况下, 扫描速度 Δf 与脉冲的重复频率的平方成正比. 越高的脉冲重

复频率, 扫描速率可大幅增加. 例如, 设步长为 10fs, 在重复频率为 100MHz 时, 扫描速率最高为 100Hz; 而当脉冲重复频率升到 1GHz 时, 扫描速率可以达到 10kHz. 高扫描速率对提高 13.5 节中介绍的成像速率更加重要.

13.5　太赫兹波成像技术

太赫兹辐射作为一种光源和其他辐射 (如可见光、X 射线、中近远红外、超声波等) 一样, 可以作为物体成像的信号源. 自从 Hu 和 Nuss 等在 1995 年首次建立起第一套太赫兹成像装置以来, 许多科学家相继开展并实现了电光取样成像、层析成像、太赫兹单脉冲时域场成像、近场成像等[23,24].

13.5.1　太赫兹波成像的基本原理

太赫兹波成像的基本原理是: 利用太赫兹成像系统把成像样品的透射谱或反射谱所记录的信息 (包括振幅和相位的二维信息) 进行处理和分析, 得到样品的太赫兹图像. 太赫兹成像系统的基本构成与太赫兹时域光谱相比, 多了图像处理装置和扫描控制装置. 利用反射扫描或透射扫描都可以成像, 主要取决于成像样品及成像系统的性质. 根据不同的需要, 应用不同的成像方法.

13.5.2　太赫兹时域扫描成像

太赫兹时域扫描成像的实验装置在太赫兹时域光谱系统的基础上, 增加了一对同轴抛物面镜, 装置如图 13.5-1 所示.

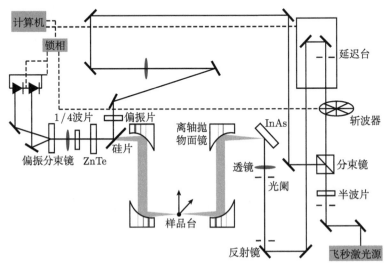

图 13.5-1　太赫兹时域扫描成像装置[25]

此装置通过一个 xy 二维平移台来改变样品的方位, 从而使太赫兹波通过样品的不同点, 记录样品不同位置的透射和反射信息, 可以是振幅信息, 也可以是相位信息, 或是两者同时记录. 此方法适用于要求比较精确的测量, 但又不严格要求实时的样品. 此法不仅测量的结果分辨率比较高, 而且信号强度较大, 受背景噪声的干扰小, 信噪比高 (最高可达 10000). 但同时也存在问题, 如它的扫描时间过长, 不适合大样品, 不能对动态变化的信息进行测量和监控.

13.5.3 太赫兹实时成像

太赫兹实时成像技术可以克服成像时间过长的缺点. 样品被放在一个 $4f$ 成像系统中, 利用 CCD 作为数据记录装置, 如图 13.5-2 所示.

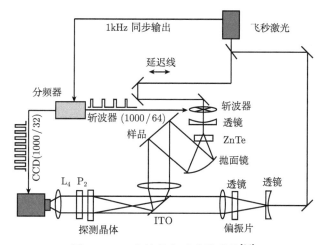

图 13.5-2 太赫兹实时成像系统[26]

此系统可以对样品进行一次成像, 而且可以对样品进行实时监控, 没有数据采集上的限制. 虽然在理论上可以实时采集, 但是由于 CCD 的响应速度的限制, 高灵敏度的 CCD 的响应速度最高只有 70 帧/秒. 尽管此法的信噪比较小, 但如果与单脉冲太赫兹成像相结合, 将非常有前景. 有人已经做了这方面的工作. 实时二维太赫兹成像技术是真正意义上的成像, 利用 CCD 相机读出太赫兹信号, 获得对样品的成像. 利用太赫兹波束进行实时二维成像的基本原理是: 钛宝石激光器经分束镜后一束光通过 GaAs 半导体产生太赫兹辐射, 另一束作为读出光束同步泵浦 ZnTe 晶体. 太赫兹辐射信号作用在 ZnTe 电光晶体上后相当于在其上施加了瞬时偏置电压, 由此产生的线性电光效应使晶体瞬时极化, 这种极化又引起双折射. 正是这种双折射对同步泵浦电光晶体的激光束产生调制. 幅度调制的输出激光被相机 CCD 探测. 实验中将太赫兹辐射用抛物面镜聚焦到厚 0.9mm, 尺寸为 6mm×8mm 的 ZnTe 晶体上, 光束直径比太赫兹辐射直径大的读出光束探测作为传感器的电光晶体中的电场分布. 当读出光束透过一对相互垂直的起偏、检偏器后, 电光晶体中的远红外二维电场分布就转化为二维光强分布, 于是光图像就被 CCD 相机记录. 在电光晶体与 CCD 相机之间再无聚焦光学元件. 这种自由空间光电太赫兹成像技术的重要应用之一是对运动物体或活体成像. 在太赫兹焦平面上运动物体的图像可按视觉速率 (38 帧/秒) 观察.

13.5.4　太赫兹层析成像

太赫兹波计算机辅助层析成像 (terahertz computer tomography, T-CT) 是一种新型层析成像形式, 利用了太赫兹脉冲和新的重构计算方法. 这种技术使太赫兹成像能够描绘被测物体的三维结构[27]. T-CT 系统从多个投影角度直接测量宽波带太赫兹脉冲的振幅和相位. 过滤逆向投影算法可以从被测样品中提取大量的信息, 包括它的三维结构和与频率有关的远红外光学性质. T-CT 的基本原理源于 X-CT, 其装置仅是现代透射模式太赫兹成像系统的简单扩展. 图 13.5-3 是 T-CT 的原理示意图. 待测样品被放置在旋转平台上, 平台能使其绕轴旋转, 并在每一个投影角度获得二维 (2D) 太赫兹图像. 应用过滤逆向投影算法处理数据, 通过逆 Radon 变换可以重构出样品内部每一点的折射率和吸收系数, 写成数学表达式

$$P(\theta, t) = \int_{L(\theta, t)} f(x, y) \mathrm{d}l = \Re(f(x, y)) \tag{13.5-1}$$

Radon 变换假设了一种理想模型, 即不考虑 T-CT 系统中的衍射效应和与传播方向有关的菲涅耳损耗. 在式 (13.5-1) 中, P 是测量到的投影数据, θ 是投影角, t 是投影距旋转轴的水平偏移, $f(x, y)$ 是需要被重现的待成像物体的空间分布函数. 假设测量数据是简单的线积分. 这种重构计算方法可以根据需要从测量数据中获得样品的许多特性参数. 太赫兹脉冲的振幅和脉冲峰值的时间延迟是最重要的参数. 重现的振幅图像反映了样品在远红外波段的吸收 (包括菲涅耳损耗) 的三维情况, 而重现的时间图像则描绘了样品折射率的三维分布. 然后, 重构计算再利用对测量数据的傅里叶变换得到样品在三维空间上每一点的折射率和吸收系数随频率的变化. 太赫兹脉冲由超短脉冲激光器产生, 激光器输出波长 800nm(近红外)、脉宽 100fs 的脉冲. 激光脉冲激发 GaAs 光导天线产生光电流, 形成宽波带的太赫兹脉冲辐射. 太赫兹波被聚焦并穿透待测样品. 透过的光线经抛物面镜会聚并聚焦到 ZnTe 电光晶体探测器上. 数据的获取速度是所有太赫兹成像系统最关心的因素, 而由于 T-CT 系统需要获得样品大量的二维截面图像, 成像速度显得更为重要. 基于此问题考虑, 在太赫兹脉冲电光探测时使用啁啾展宽的探测光束. 利用这种技术, 整个太赫兹波形可以同步探测, 大大加快了成像速度; 然后对样品在 x 和 y 方向进行光栅扫描构成二维图像, 但这种方法还是很消耗时间: 18 个投影角成 100×100

像素的图像需要一个小时. 不过, 还有其他几种方法来提高成像速度. 使用高速的 CCD 相机 (1825 个图像/秒) 可以使二维图像的获得时间缩短到几秒钟.

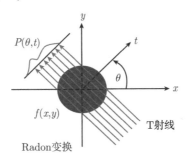

图 13.5-3　太赫兹计算机辅助层析成像原理示意图

待成像物体被沿 t 方向扫描, 并以确定步长旋转. 所测得的信号是样品复阻抗 (衰减和相位) 的线积分. 这样, 以空间坐标 (x, y) 为变量的分布函数 $f(x, y)$ 被转化为以 (θ, t) 为变量的空间分布函数 $P(\theta, t)$[25]

通过对测量数据的逆向计算来实现三维样品的重构, T-CT 借用已经很完善的 X-CT 领域的计算方法. 过滤逆向投影算法在 X-CT 中一直占有重要位置. 它利用 Radon 逆变换得到物体三维层析像. 对于 T-CT, 探测的太赫兹信号近似是一线积分, 即

$$P_{\mathrm{d}}(\theta, t) = P_{\mathrm{t}} \exp \left[\int_{L(\theta, t)} \frac{\mathrm{i}\omega n(x)\mathrm{d}x}{c} \right] \tag{13.5-2}$$

其中, $P_{\mathrm{d}}(\theta, t)$ 是在投影角 θ, 距旋转轴水平偏移为 t 时探测的太赫兹信号; P_{t} 是入射的太赫兹信号; L 是光源和探测器之间的直线; ω 是太赫兹的频率, $n(x)$ 是样品的待求的复折射率. 通过对测量数据进行过滤逆向投影计算可以求解出 n. 这种方法包含了一些理想的假设, 求得的只是近似解, 但它对简单样品的重现是相当精确的, 并且能够证明这种成像技术的应用价值. 为了证明三维重构的可行性, 已经对一中空的电介质球进行了试验, 它的平移步长为 1mm, 旋转步长为 10°(图 13.5-4). 如图 13.5-5 所示, 利用每一投影角的太赫兹脉冲的振幅来重构介质球[28], 球体的基本形状及附着的塑料棒可以清楚看到.

13.5.5　太赫兹近场成像

远场成像受电磁波衍射极限的限制, 瑞利斑大约是 $0.61\lambda/(n\sin\theta)$, 因此要想获得更加细微的分辨率就要突破波长的限制, 人们利用倏逝波的原理发展出了近场成像的理论.

近场成像是提高太赫兹成像空间分辨率的有效方法[29,30]. 很显然利用传统几何结构实现近场成像是不可能的, 因为物体会挡住探测光束. 因此可将系统改为反射结构. 如图 13.5-6 所示, 太赫兹光束来自于 EO 晶体的左面, 而探测光束来自右面并被 EO 晶体的左表面反射. 实验和理论证明, 反射结构测量的太赫兹波形与透射结构的相同, 原因是逆向传播部分的贡献可以忽略. 现在物体可以放在 EO 晶体的右部, 实现近场测量. 利用带有三个字母 "THz" 的屏, 金属字母的宽度是 0.5mm, 单词的尺寸是 1cm×0.5cm.

图 13.5-4　利用 T-CT 对一中空的电介质球成像

小球粘在一塑料棒上, 旋转平台使塑料棒旋转. 以 1mm 的二维平移步长扫描样品, 在 18 个不同的投影角获得太赫兹图像[25]

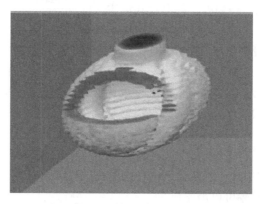

图 13.5-5　球体每一像素上太赫兹脉冲的强度作为过滤逆向投影算法的原数据. 重现球体的每一水平切面的图像, 组合这些切面图构成三维层析立体像, 为了重现内部结构需要舍掉一些数据[25]

图 13.5-7 给出了成像结果. 相对于 $4f$ 成像系统空间分辨率至少提高了 5 倍, 图形可以实时在计算机屏幕上显示. 这个结果也表明可以对运动或活的物体成像[31].

近场成像和 "动态孔径" 的原理, 如图 13.5-8 所示[32], 可使太赫兹显微成像的分辨率达到几十微米, 如图 13.5-9 所示. 同时, 太赫兹光谱技术的信噪比很高, 就振幅而言, 已经达到 10^5. 但是, 总体看来, 太赫兹成像技术研究仍然处于初级阶段, 尤其是在生物医学方面的应用仍有很大困难, 存在许多亟待解决的问题.

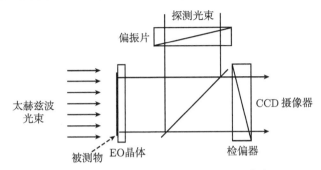

图 13.5-6　二维近场太赫兹成像系统[28]

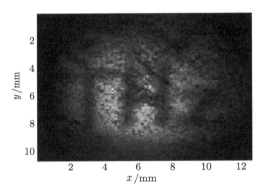

图 13.5-7　由图 13.5-6 的近场结构对具有三个字母 "THz" 的掩模太赫兹成像图[25]

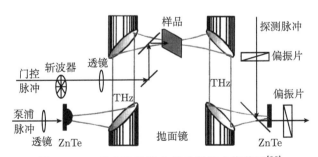

图 13.5-8　动态孔径的太赫兹近场成像装置[29]

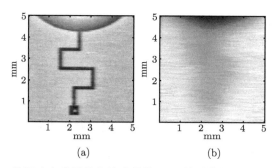

图 13.5-9　使用动态孔径的方法成的像 (a), 使用传统方法成的像 (b)[28]

13.5.6　太赫兹成像技术的应用

　　太赫兹波作为一种光源和其他辐射 (如可见光、X 射线、中近远红外、超声波等) 一样可以作为物体成像的信号源, 目前已经开展了如下的成像应用研究[33]. 太赫兹波的光子能量比 X 射线低 (只有 4.1meV), 基本上不存在安全问题, 可以用来对人体或物品进行无损成像. 太赫兹产生所需光能量很低, 尤其是通过光纤将飞秒激光射向光导开关时就更安全. 太赫兹波对水分的吸收极其敏感, 对诸如塑料、纸箱等非极性材料有很强的穿透力, 这些特性可用来对已包装的货物 (如用塑料膜包装的食品) 进行成像检测, 特别是通过测量其水分含量以确定其新鲜程度. 当然, 测量物体水分含量的方法很多, 但测量塑料和纸箱包装起来的物体的水分就不太容易了, 而太赫兹辐射正好可以发挥其特殊作用. 肉制品中, 瘦肉吸收太赫兹波, 而脂肪对太赫兹波几乎是透明的, 利用这种特性可对肉制品进行脂肪含量的检测.

　　太赫兹辐射能否同微波一样, 也用来制成 "雷达" 呢? 能否利用来自目标各层次界面反射的太赫兹电磁波的波形和时间差信息, 探知目标或探测其内部形貌呢? 答案是肯定的. 从技术特点上看, 由于太赫兹辐射具有比微波更短的波长以及更为精确的时间检测装置, 太赫兹 "雷达" 技术可以探测比微波雷达更小的目标和实现更精确的定位, 因而太赫兹 "雷达" 技术有望在军事装备的实验室模拟研制、安全监测和医学检验上发挥其潜力. 人造卫星上搭载的太赫兹探测器已成功地绘制了地球上海洋的温度分布图. 太赫兹成像技术也可以用在大气污染检测中.

　　太赫兹成像技术的发展将对生物分子的进一步发展起推动作用. 生物分子对太赫兹辐射的响应主要来自于由大分子的构型和构象决定的集体振动模式 (collective vibrational mode), 这种集体振动模式主要反映分子的整体结构信息, 而不是光学方法通常测量的相对定域的电子结构, 或与单个化学键相关的振动模式. 同时, 由于大分子的结构对环境非常敏感, 集体振动模式的分布和强度也包含了环境的影响. 因此, 太赫兹成像技术对于研究生物大分子的结构、分子之间的反应、分子与环境的相互作用等具有独特的优势. 太赫兹波段的生物样品分析和成像已经成为太赫兹辐射领域最重要的研究方向之一. 例如, 完全确立的功能性成像方法、生物分子在实现其生理功能时可能发生的构型和构象变化的探测、实现细胞分辨水平的太赫兹成像等.

太赫兹成像在生物医学样品中的应用也已经得到了广泛的关注. 目前, 太赫兹成像技术已用于医学组织诊断和生物医学研究中, 例如, 在皮肤癌诊断中, 病变组织中的水分含量肯定与正常组织不同, 太赫兹显微成像的分辨率可以达到几十微米, 能清晰地看到皮肤中的肿瘤, 可能用于对皮肤癌进行诊断.

在今后较长的时间内, 太赫兹应用技术研究仍将处于初级阶段. 太赫兹成像技术应用的障碍之一在于设备复杂昂贵, 对图像信息的分析和处理技术也有待进一步实用化. 尤其是在生物医学方面的应用仍有很大困难, 存在许多亟待解决的问题. 目前, 太赫兹系统已经实现了小型化, 而连续太赫兹辐射的产生技术也将使太赫兹技术不再依赖于昂贵的飞秒激光器. 可以乐观地预期, 随着技术的发展, 太赫兹成像的应用前景将非常广阔.

参 考 文 献

[1] Ferguson B, Zhang X C. 太赫兹科学与技术研究回顾. 物理, 2003, 32(5): 286-293.
[2] Auston D H, Cheung K P, Valdmanis J A, et al. Cherenkov radiation from femtosecond optical pulses in electro-optic media. Phys. Rev. Lett., 1984, 35(16): 1555-1558.
[3] Kleinman D A, Auston D H. Theory of electrooptic shock radiation in nonlinear optical media. IEEE J. Quantum Electron., 1984, QE-20(8): 964-970.
[4] Jazbinsek M, Mutter L, Gunter P. Photonic applications with the organic nonlinear optical crystal DAST. IEEE J. Sel. Top. Quantum Electron, 2008, 14 (5): 1298-1311.
[5] Schneider A, Neis M, Stillhart M, et al. Generation of terahertz pulses through optical rectification in organic DAST crystals: Theory and experiment. J. Opt. Soc. Am. B, 2006, 23 (9): 1822-1835.
[6] Mutter L, Bruner F, Yang Z, et al. Linear and nonlinear optical properties of the organic crystal DSTMS. J. Opt. Soc. Am. B, 2007, 24: 2556-2560.
[7] Hebling J, Yeh K L, Hoffmann M C, et al. Generation of high-power terahertz pulses by tilted-pulse-front excitation and their application possibilities. J. Opt. Soc. Am. B, 2008, 25: B6-B19.
[8] Cook D J, Hochstrasser R M. Intense terahertz pulses by four-wave rectification in air. Opt. Lett., 2000, 25(16): 1210-1212.
[9] Wu Q, Zhang X C. 7 terahertz broadband GaP electro-optic sensor. Appl. Phys. Lett., 1997, 70(14): 1784-1787.
[10] Houard A, Liu Y, Prade B. Polarization analysis of terahertz radiation generated by four-wave mixing in air. Opt. Lett, 2008, 33(11): 1195-1197.

[11] Fulop J A, Palfalvi L, Almasi G, et al. Design of high-energy terahertz sources based on optical rectification. Opt. Express, 2010, 18(12): 12311-27.

[12] Bugay A N, Sazonov S V, Shashkov A Yu. A self-consistent regime of generation of terahertz radiation by an optical pulse with a tilted intensity front. Quantum Electronics, 2012, 42 (11): 1027-1033.

[13] Hayashi S, Shibuya T, Sakai H. Palmtop Terahertz-wave Parametric Generator with Wide Tunability. Conference on Lasers and Electro-Optics 2008, San Jose, California, United States, 4–9 May 2008, paper CTuHH7.

[14] http://www.ntt-electronics.com/cn/products/photonics/utc-pd.html.

[15] Yasui T, Takahashi H, Kawamoto, K, et al. Widely and continuously tunable terahertz synthesizer traceable to a microwave frequency standard. Opt. Express, 2011, 19(5): 4428-4437.

[16] Winnewisser C, Jepsen P U, Schall M, et al. Electro-optic detection of THz radiation in LiTaO$_3$, LiNbO$_3$ and ZnTe. Appl. Phys. Lett, 1997, 70(23): 3069-3071.

[17] Dai J , Xie X, Zhang X C. Detection of broadband terahertz waves with a laser-induced plasma in gases. Phys. Rev. Lett., 2006, 97(10): 103903-1-4.

[18] Dai J, Lu X F, Liu J, et al. Remote THz wave sensing in ambient atmosphere. Terahertz Science and Technology, 2009, 12(4): 140-152.

[19] 张存林, 等. 太赫兹感测与成像. 北京: 国防工业出版社, 2008.

[20] Dorney T D, Baraniuk R G, Mittleman D M. Material parameter estimation with terahertz time-domain spectroscopy. J. Opt .Soc. Am. A, 2001, 18(7): 1562-1571.

[21] Jeon T I Grischkowsky D. Characterization of optically dense, doped semiconductors by reflection THz time domain spectroscopy. Appl. Phys. Lett., 1998, 72(23): 3032-3034.

[22] Good J T. Holland D B, Finneran I A, et al. A decade-spanning high-resolution asynchronous optical sampling terahertz time-domain and frequency comb spectrometer. Rev. Sci. Instrum, 2015, 86(10): 103107-1-10.

[23] Mittleman D M, Jacobsen R H, Nuss M C. T-ray imaging. IEEE J. of Sel. Top. in Quantum Electron, 1996, 2(3): 679-692.

[24] 王少宏, Ferguson B, 张存林, et al. Terahertz 波计算机辅助三维层析成像技术. 物理学报, 2003, 52(1): 120-124.

[25] 张存林，牧凯军. 太赫兹波谱与成像. 激光与光电子学进展, 2010, 47(02): 023001-1-13.

[26] Zhang L, Karpowicz N, Zhang C, et al. Terahertz real time imaging for nondestructive detection. Opt. Commun, 2008, 281: 1473-1475.

[27] Mittleman D. Sensing with terahertz radiation. Springer Series in Optical Sciences, Heildelberg: Springer, 2003.

[28] Wang S H, Ferguson B, Zhong H, et al. Tomographic imaging with pulsed terahertz radiation. J. Phys. D: Appl. Phys., 2004, 37(4): R1-236.

[29] Hunsche S, Koch M, Brener I, et al. THz near-field imaging. Opt. Commun, 1998, 150 (1-6): 22-26

[30] Wynne K, Jaroszynski D A. Superluminal terahertz pulses. Opt. Lett., 1999, 24(1): 25-27.

[31] Jiang Z P, Zhang X C. Improvement of terahertz imaging with a dynamic subtraction technique. Appl. Opt., 2000, 39(17): 2982-2987.

[32] Chen Q Jiang Z, Xu G X, et al. Near-field terahertz imaging with a dynamic aperture. Opt. Lett., 2000, 25(16): 1122-1124.

[33] Xu J, Zhang C L, Zhang X C. Recent progress in terahertz science and technology. Progress in Natural Science, 2002, 12: 729-736.

第14章 飞秒激光微加工技术

利用激光的热效应对金属材料进行的激光加工, 如切割、打孔、热处理等早已在工业上获得了广泛的应用. 这种加工方法切割的固体表面, 尽管比用一般气体切割技术的表面要光洁得多, 但因为本质上是热效应, 加工的对象的熔点对于加工的速度、质量有相当大的影响. 对于一般金属的切割, 已经可以满足要求了. 然而对于微米甚至是纳米尺度的精密加工, 例如, 在金属薄板、玻璃和半导体衬底上打直径微米量级的孔, 热效应加工法就不适用了. 飞秒激光加工是利用雪崩电离或多光子电离等非线性效应, 使金属、有机物甚至使透明材料瞬间蒸发, 而不通过熔化的过程, 这个过程称为烧蚀 (ablation).

除了除去局部材料这样传统的激光加工, 利用飞秒激光制造微米甚至是纳米尺度的机械零件也是飞秒激光应用的重要领域. 例如, 利用飞秒激光脉冲在紫外硬化树脂中制作微米尺度的机械零件. 更重要的是, 飞秒激光可能对纳米科学有非常重要的意义.

飞秒激光对于纳米光子学的重要性论述如下. 纳米光子学是企图利用光子来开拓纳米世界. 如果成功, 可以期待用光子来操作原子、微细加工, 或者制造出可以逐一地观察、分析单个分子的显微镜, 甚至利用光子对 DNA 的碱基逐一解读、逐一操作, 细胞内的蛋白质分子操作等. 也可以期待用于对量子线、量子点的评价或者超高密度记录的光存储器、纳米集成电路的制作等产业的提升. 更进一步, 纳米特征的量子效应、介观效应、尺度效应等, 也需要发挥光子的作用. 而飞秒激光引入纳米光子学, 就产生了飞秒纳米光子学, 即非线性纳米光子学.

光子的能量比其他量子的能量低, 对生物体组织、细胞以及各种有机材料的损伤小, 应用范围广. 但是, 能量低, 波长就长, 即使通过透镜聚焦, 由于光的波动性, 光会衍射, 聚焦点也会有波长程度即数百纳米的大小. 因此, 根据经典光学原理, 用可见光来观察和加工比波长小的结构是不可能的. 可见光的光子能量在电子伏特上下. 而对应纳米波长的光子能量可达上千电子伏特, 相当于 X 射线的能量. 用可见光的光子来控制纳米结构, 好比用电子伏特能量的光子越过千电子伏特能量的"高山". 越过这个高山的方法考虑有三个: 第一, "开凿" 隧道. 如果山不太厚的话, 由于隧道效应, 可见光的光子有一定几率通过隧道到达纳米世界, 这个方法称作近场光学[1]. 第二, 光子叠罗汉一样一个个摞起来, 翻越高山, 也就是利用多光子过程以及各种非线性光学方法[2]. 第三, 利用特别的装置, 如直升机, 把光子直接 "吊"

过高山. 这个特别的方法, 就是数学方法. 由光强不能是负值, 浓度和密度也不能是负值, 物体的大小有限等物理定律的约束条件, 求解测量系统的逆问题, 从而实现超高分辨率[3,4].

飞秒激光脉冲具有较高的峰值功率, 是利用非线性方法实现纳米尺度加工和操作的最佳光源. 把激光脉冲用透镜 (反射镜) 聚焦到物质上, 若聚焦点上发生双光子吸收效应, 光子被吸收的效率与光强的平方成正比, 光响应的区域比高斯分布以及衍射极限光斑都要小. 如果光响应有阈值, 阈值以下没有反应, 光的响应范围就可以达到波长以下. 利用此效应, 可以对金属、聚合物、透明介质等材料进行微米甚至纳米尺度的加工和制造.

本章利用飞秒激光脉冲的高峰值功率特性对金属和聚合物进行微结构加工和制造的理论和技术做简要介绍. 本章中, 我们分别给出激光脉冲与金属材料、透明介质材料和有机材料相互作用的物理模型, 并展示一些有意义的实验结果.

14.1 超短脉冲激光与金属材料相互作用模型

利用激光的热效应对金属进行的激光加工, 如打孔, 切割, 热处理等早已在工业上获得了应用. 这种技术的物理基础是, 连续或长脉冲激光把能量传给固体中的电子, 电子把能量转化为固体的晶格的加速振动, 造成局部温度升高, 经过液化 (熔化), 蒸发, 而达到除去这部分固体的目的. 飞秒脉冲加工的机制与长脉冲或连续激光加工的机制不同之处是, 飞秒加工不需要经过熔化阶段而直接蒸发, 而且这种加工与固体的熔点无关. 超短脉冲激光加工的理论基础是 Chichkov 等提出的双温模型[5], 即分别考虑短脉冲和长脉冲与金属材料的相互作用. 图 14.1-1 是长脉冲和

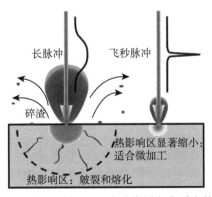

图 14.1-1 飞秒脉冲和长脉冲作用在介质上的比较

长脉冲可能会有较大的热影响区, 引起材料的皲裂; 飞秒脉冲与介质作用时间极短, 热影响区显著缩小, 适合微细加工

飞秒脉冲与金属作用的原理图, 长脉冲可能会有较大的热影响区, 引起材料的皱裂.
飞秒脉冲与介质作用时间极短, 热影响区显著缩小, 适合微细加工.

14.1.1　理论基础

低能激光短脉冲与金属靶相互作用时, 激光的能量被自由电子吸收, 并演变为
电子的亚系统的加热过程. 图 14.1-2 是典型的激光与电子、晶格相互作用模型[5],
分长脉冲 (a) 和短脉冲 (b) 两种情形.

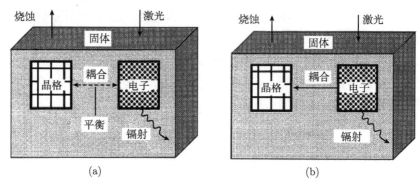

图 14.1-2　激光与电子、晶格相互作用模型

(a) 纳秒作用区; (b) 飞秒作用区

假设电子和晶格的亚系统的加热过程非常快, 则能量转换过程可用一维的两个
特征温度的扩散方程来描述:

$$C_e \frac{\partial T_e}{\partial t} = -\frac{\partial Q_z}{\partial z} - \gamma(T_e - T_i) + S \tag{14.1-1}$$

$$C_i \frac{\partial T_i}{\partial t} = \gamma(T_e - T_i) \tag{14.1-2}$$

$$Q_z = -k_e \frac{\partial T_e}{\partial z}, \quad S = I(t)A\alpha \exp(-\alpha z) \tag{14.1-3}$$

这里, z 是与靶表面垂直的热传播方向, $Q_z(z)$ 是热流量, $I(t)$ 是激光强度, $A = 1 - R$
是表面透射率, α 是材料吸收系数, C_e 和 C_i 分别是电子与离子的单位体积热容量,
γ 是描述电子–晶格耦合的量, k_e 是电子的热传导率, T_e 和 T_i 分别是电子和离子的
温度.

在以上方程中, 晶格亚系统 (声子分量) 的热容量已经被忽略. 电子热容量远远
小于晶格的热容量, 因此, 电子可以很快被加热到很高温度. 当电子温度保持在小于
费米温度时, 电子热容量及非平衡态电子的热传导率表示为 $C_e = C_e' T_e$ (C_e' 是一个
常数), $k_e = k_0(T_i)T_e/T_i$ ($k_0(T_i)$ 是金属常规平衡态热传导率). 从式 (14.1-1)~(14.1-3)
可以定义三个特征时间 τ_e, τ_i 和 τ_p, 其中 $\tau_e = C_e/\gamma$ 是电子的冷却时间, $\tau_i = C_e\gamma$ 是

晶格的加热时间, τ_p 是脉冲宽度 $(\tau_e \ll \tau_i)$. 这三个时间定义了三个不同的激光–金属相互作用区域, 即飞秒作用区、皮秒作用区及纳秒作用区.

1. 飞秒作用区

首先考虑激光脉冲宽度短于电子冷却时间的情况, $\tau_p \ll \tau_e$. 此时可不考虑电子与晶格的耦合, 式 (14.1-1) 的解是

$$T_e(t) = \sqrt{T_0^2 + \frac{2I_\alpha \alpha}{C_e} \exp\{-\alpha z\}} \tag{14.1-4}$$

当激光脉冲结束时, 电子的温度是

$$T_e(\tau_p) \approx \sqrt{\frac{2F_\alpha \alpha}{C_e} \exp\{-z\delta\}} \tag{14.1-5}$$

上式假定了 $T_e(\tau_p) \gg T_0$, $F_\alpha = I_\alpha \tau_p$ 是金属吸收的激光能量, $\delta = 2\alpha$ 是趋肤深度.

接下来电子和晶格的温度演变则由式 (14.1-1) 和 (14.1-2) 描述, 并假定 $S = 0$. 电子的初始温度由式 (14.1-4)~(14.1-5) 决定, 晶格的初始温度是 $T_i = T_0$. 激光脉冲作用之后, 电子通过把能量传给晶格从而使自己迅速冷却. 因为冷却时间非常之短, 式 (14.1-2) 可以写为 $T_i(\tau_p) \approx T_e(\tau_p)t/\tau_i$ (这里已经忽略了晶格的初始温度). 最后晶格的温度取决于平均电子冷却时间 $\tau_e^a = C_e' T_e(\tau_p)/2\gamma$, 晶格的最后温度是

$$T_i \approx T_e^2(\tau_p)\frac{C_e'}{2C_i} \approx \frac{F_\alpha \alpha}{C_i} \exp(-\alpha z) \tag{14.1-6}$$

研究证明, 电子的平均冷却时间以及电子把能量传输给晶格的时间约为 1ps.

当 $C_i T_i$ 大于 $\rho \Omega$ 时 (ρ 是金属的密度, Ω 是单位体积蒸发的能量), 金属就会蒸发. 发生强烈蒸发的条件可以写为

$$F_\alpha \geqslant F_{th} \exp(\alpha z) \tag{14.1-7}$$

其中, $F_{th} \approx \rho \Omega/\alpha$ 是飞秒脉冲蒸发的阈值通量. 每个激光脉冲的蒸发深度 d_n 就是

$$d_n \approx \alpha^{-1} \ln(F_\alpha/F_{th}) \tag{14.1-8}$$

因为飞秒脉冲蒸发的时间非常短, 这个过程可以认为是从固体到气体的直接转化. 在这个过程中, 晶格在皮秒量级之内被迅速加热, 变成蒸汽或等离子体状态, 并且在真空中迅速膨胀. 在这个过程中, 热传导基本上可以忽略. 这个优点对于精密加工是非常有用的.

2. 皮秒作用区

皮秒作用的条件是 $\tau_e \ll \tau_p \ll \tau_i$. 当 $t \gg \tau_e$ 时, 相当于 $C_e T_e / t \ll \gamma T_e$, 式 (14.1-1) 变成准稳态方程, 式 (14.1-1)~(14.1-3) 简化为

$$\frac{\partial}{\partial z}\left(k_e \frac{\partial T_e}{\partial z}\right) - \gamma(T_e - T_i) + I_\alpha \alpha \exp(-\alpha z) = 0 \qquad (14.1\text{-}9)$$

$$T_i = \frac{1}{\tau_i} \int_0^t \exp\left(-\frac{t-\theta}{\tau_i}\right) T_e(\theta)\mathrm{d}\theta + T_0 \qquad (14.1\text{-}10)$$

又当条件 $\tau_L \ll \tau_i$ 满足时, 式 (14.1-10) 可以简化为

$$T_i \approx T_e[1 - \exp(-t/\tau_i)] \approx (t/\tau_i)T_e \qquad (14.1\text{-}11)$$

可见, 在皮秒作用区, 晶格温度仍然大大低于电子温度. 这样就可以在式 (14.1-9) 中忽略晶格温度. 于是, 电子与晶格的温度分别表示为

$$T_e \approx \frac{I_\alpha \alpha}{\gamma} \exp(-\alpha z), \quad T_i \approx \frac{F_\alpha \alpha}{C_i} \exp(-\alpha z) \qquad (14.1\text{-}12)$$

注意, 这里晶格的最后温度仍然取决于电子冷却时间. 因为 $\tau_e \ll \tau_p$, 晶格可能达到的温度与脉冲过后的温度基本上相等. 这样无论激光脉冲是飞秒还是皮秒, 晶格的温度表达式 (14.1-7) 和 (14.1-12) 是一样的. 因此, 阈值通量以及蒸发深度的表达式也可视为相等. 当然, 这种估计是很粗略的. 在皮秒相互作用中, 蒸发过程伴随着一定量的金属的熔化. 总的来说, 皮秒脉冲的蒸发也基本上可视为固体-气态的直接转化. 少量液相的存在会降低加工的精密程度.

3. 纳秒作用区

纳秒激光脉冲一般满足条件 $\tau_p \gg \tau_i$, 此时 $T_e = T_i = T$, 式 (14.1-1)~(14.1-3) 简化为

$$C_e \frac{\partial T}{\partial t} = \frac{\partial}{\partial z}(k_0 \partial T/\partial z) + I_\alpha \alpha \exp(-\alpha z) \qquad (14.1\text{-}13)$$

在这个过程中, 激光脉冲先把金属加热到熔点, 然后再加热到沸点. 注意金属的蒸发比熔化需要更多的能量. 主要的能量损失是热传导. 热穿透深度可估算为 $l \approx (Dt)^{1/2}$, 其中 D 是热扩散系数, $D = k_0/C_i$. 注意, 长脉冲一般满足条件 $D\tau_p \alpha^2 \gg 1$. 注入靶内的能量可以写为 $E_m \approx I_\alpha t / \rho l$. 当某一时刻 $t = t_{th}$, 激光能量大于蒸发能 Ω 时, 大量蒸发就会发生. 从 $E_m \sim \Omega$, 我们得到 $t_{th} \sim D(\Omega\rho/I)^2$, 因此, 对于非常大的激光强度和通量, 大量蒸发发生的条件 $E_m > \Omega$ (或 $\tau_p > t_{th}$) 可以分别写成

$$I > I_{th} \sim \frac{\rho \Omega D^{1/2}}{\tau_p^{1/2}}, \quad F > F_{th} \sim \rho\, \Omega D^{1/2} \tau_p^{1/2} \qquad (14.1\text{-}14)$$

式 (14.1-14) 告诉我们, 蒸发通量的阈值随着 $\tau_{\mathrm{p}}^{1/2}$ 的增加而增加. 在长脉冲的情况下, 热量有足够的时间在靶内传播, 并熔化相当大的一层金属. 蒸发是从液态开始的, 这样就使精密加工变得复杂和困难.

根据以上分析, 可以得出以下结论:

(1) 微加工所用激光脉冲的持续时间必须短于材料的电子与晶格的耦合时间, 即电子与声子弛豫时间. 表 14.1-1 列出三种典型的金属材料的弛豫时间. 和通常的认识有一定差距, 铁 (钢) 的弛豫时间是最短的, 而铜相对最长. 因此, 加工钢铁材料可能需要数百飞秒量级脉宽的脉冲. 一般的材料, 也需要 1~10ps, 或更短的脉冲.

(2) 因为热扩散和蒸发之间存在时间延迟, 总会有剩余热量, 即使是最短脉冲. 冷加工必须定义为最小热量扩散的加工, 这个时间也是 1~10ps 或更短.

表 14.1-1 三种典型金属材料的电子–晶格耦合时间

材料	电子–晶格耦合时间/ps
铁	0.5
铝	0.7~50
铜	50

微加工中, 仅是脉宽小于电子–晶格耦合时间还不够, 还需要达到一定的能量, 或通量阈值. 表 14.1-2 总结了光纤激光器和钛宝石激光器两种波长对几种材料的蒸发通量阈值. 一般金属的蒸发通量阈值都远小于 $1\mathrm{J/cm^2}$, 而透明介质的蒸发通量阈值要显著高于金属和半导体材料.

表 14.1-2 不同材料对飞秒激光波长的蒸发通量阈值[6]

材料	阈值 $F_{\mathrm{th}}/(\mathrm{J/cm^2})$		阈值波长比
	1.04 μm	0.78 μm	(1.04/0.78)
铜 (110)	0.47	0.37	1.3
铝 (5052)	0.071	0.085	0.8
钛 (二级)	0.12	0.1	1.2
锡	0.058	0.05	1.0
不锈钢 (304)	0.087	0.063	1.4
InP	0.05	0.038	1.6
GaP	0.053	0.04	1.6
Ge	0.08	0.075	1.1
Si	0.12	0.1	1.2
蓝宝石	1.9	1.9	1.0
熔融石英	2.9	3.6	0.8

注: 对应的 1.04mm 和 0.78μm 波长的脉宽分别为 350fs 和 150fs, 输出光斑直径分别为 2.5mm 和 3.5mm.

　　反过来, 如果脉冲通量过高, 从而电子被过度加热, 热影响仍然可见, 冷加工就变成了热加工. 作为经验规律, 脉冲通量在 1J/cm^2 是比较合适的. 这种通量下, 无论皮秒还是飞秒脉冲入射, 都没有明显的热效应, 即低热穿透深度.

　　除了上述的热穿透, 还有一个光穿透深度, 即决定光有多大比例在多大深度被材料吸收. 对于 "柔性" 烧蚀, 光学穿透深度应该在 $1\mu\text{m}$ 左右或更少. 这至少有三个原因:

　　(1) 光学穿透深度决定了烧蚀深度. 太高的深度意味着烧蚀不再 "柔性", 表面和边缘不光滑, 对于硬脆材料, 会有微裂纹.

　　(2) 加工效率降低, 因为多余的脉冲能量不会被吸收而浪费了.

　　(3) 对于选择烧蚀, 例如太阳能电池多层薄膜中的透明金属电极的图形, 太高的脉冲能量会伤害下面的薄膜或衬底.

　　线性吸收在飞秒和皮秒加工中经常被忽略. 理由是, 脉冲的峰值功率如此之高, 加工过程中多光子吸收与线性吸收占主导. 对于不透明材料, 上述脉宽和通量边界条件, 这个说法经常起误导作用.

　　为了直观看到这一点, 我们引用图 14.1-3 说明. 这是在 1J/cm^2 通量下, 硅材料的线性和非线性吸收曲线. 在脉宽 6ps 时, 线性吸收率绝对在非线性吸收之上; 即使将脉宽降低到 500fs, 也不能改变这个状况, 非线性吸收仍然太低, 不能达到需要的 $1\mu\text{m}$ 光学穿透深度. 所以对硅材料来说, 紫外线可能给出最好的结果, 绿光也可能给出较好的结果, 而红外光效果较差.

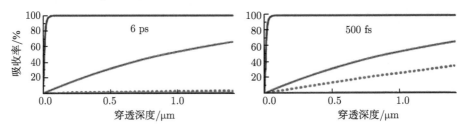

图 14.1-3　脉冲通量 1J/cm^2 照射硅材料的线性和非线性吸收曲线

从上到下依次为紫外线性、可见光线性、近红外非线性、近红外线性吸收. 对于 6ps 脉冲, 线性吸收占主要部分, 但即使是 500fs 脉冲, 非线性吸收也太低, 难于达到 $1\mu\text{m}$ 穿透深度

14.1.2　飞秒微加工的典型实验结果

　　德国汉诺威激光中心实验室[7] 以及美国密西根大学[8] 最早做了一些基础实验. 以汉诺威激光中心的实验为例, 所用激光器是典型的钛宝石啁啾脉冲放大器, 激光脉冲的宽度可在 200fs～400ps 调节. 纳秒脉冲是在没有种子脉冲注入的情况下直接从放大器获得的. 单脉冲的最高能量是 100mJ. 实验在低真空状态 (10^{-4}mbar) 下进行.

图 14.1-4 是传播得非常广泛的在 100μm 厚的薄钢片上打孔的比较照片, 虽然有人对此照片有质疑, 认为纳秒脉冲没那么差. 图 14.1-4(a) 是飞秒脉冲加工的孔的显微照片. 脉宽为 200fs, 能量控制在 120μJ, 通量为 0.5J/cm². 由图可见, 飞秒脉冲加工的孔没有熔化的痕迹, 只有环形蒸汽的痕迹. 图 14.1-4 (b) 是脉宽为 3.3ns, 能量为 1mJ、通量为 4.2J/cm² 的脉冲打的孔. 很明显, 纳秒脉冲入射时, 因为有液化存在, 打孔的过程很不稳定. 当液化与气化同时发生时, 气体对液体有一个反向压力, 液体受到气体反弹压力而溅射到孔周围的痕迹清晰可见. 降低纳秒脉冲的能量则不能使材料气化.

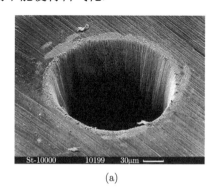 

(a)   (b)

图 14.1-4 飞秒脉冲与纳秒脉冲在 100μm 厚的钢箔打孔比较[6]

脉冲的参数分别是 (a) 飞秒脉冲: 200fs, 120μJ, 0.5J/cm²; (b) 纳秒脉冲: 3.3ns, 1mJ, 4.2J/cm²;

脉冲的中心波长都是 780nm

根据表 14.1-1, 很多应用不一定非要是飞秒脉冲. 脉宽在 1~10ps 也能在金属和非金属材料上加工微细结构. 图 14.1-5(a) 是 250μJ 的皮秒脉冲在不锈钢箔上打的具有一定梢度的喷油嘴孔. 半导体材料弛豫时间比金属长, 更适合皮秒脉冲加工. 图 14.1-5(b) 是皮秒脉冲切割硅材料的样品照片, 切割的边缘非常锋利.

 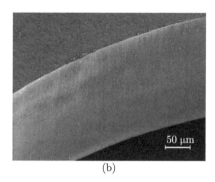

(a)   (b)

图 14.1-5 高功率皮秒激光脉冲打的喷油嘴孔, 螺旋钻孔光学技术使孔具有尖锐的边缘和光滑的内壁 (a); 皮秒激光脉冲切割硅半导体基片, 切割的边缘非常锋利 (b)

血管支架常用金属材料做, 一般的激光切割可以制作, 但是需要高成本的后处理. 飞秒激光可以做到一次性完成 (图 14.1-6(a)). 最近, 血管支架有用聚合物材料代替金属材料的趋势, 飞秒或皮秒激光加工就更显优势 (图 14.1-6(b)).

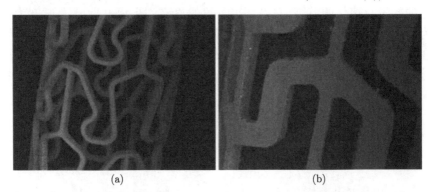

(a)   (b)

图 14.1-6   合适的波长、光学系统和旋转台, 使皮秒激光脉冲在快速和高质量切割金属 (a) 和聚合物材料的心脏血管支架和其他医疗器材上具有竞争力 (b)

14.2   飞秒脉冲在透明材料中的多光子吸收模型

激光与聚合物的相互作用机制与金属的烧蚀不同, 聚合物中没有自由电子. 因此激光与聚合物作用通常用烧蚀性光分解 (ablative photodecomposition, APD) 来解释 (如准分子激光与有机材料相互作用过程). 试图描述这种烧蚀机理的理论模型一直在进行着[9−11], 较一致的观点是对于短波长 (λ <200nm) 的激光, 与聚合材料作用时, 光化学键的断裂在激光烧蚀过程中起着非常重要的作用. 对于单光子吸收的光解来讲, 吸收的能量直接使固体材料内的化学键断裂, 导致材料分解为高速的类似爆炸的分子碎片. 这种模式对干净的烧蚀裂缝、确定的烧蚀阈值[12−14] 以及观察到的声信号等现象给出了较好的解释. 但是, 同样的现象在较长波长 (λ >248nm) 的脉冲情形下也观察到了. 研究表明, 多光子效应在光解过程中起主要作用, 特别是对于波长大于 300nm 的脉冲激光[12].

14.2.1   单光子吸收模型

图 14.2-1 给出了单光子吸收模式图解. $I(z,t)$ 代表 t 时刻, 激光穿透 z 距离时的通量 (单位时间、单位面积上通过的光子数). 初始状态时, 材料内所有的发色团 (亦作"生色团") 均处在 0 级基态. 被激光激发后, 发色团被激发到 1 级激发态 (假定发色团无吸收). 发色团最终要通过辐射激发或非辐射衰减而返回到基态. 非辐射衰减的弛豫时间为 τ, $\rho_0(z,t)$ 和 $\rho_1(z,t)$ 分别代表在表层下 z 处、t 时刻的基

态和激发态发色团密度. 时域内两个量的关系为[15]

$$\frac{\partial \rho_1(z,t)}{\partial t} = -\frac{\partial \rho_0(z,t)}{\partial t}$$

$$= \sigma_1 \left[\rho_0(z,t) - \rho_1(z,t)\right] I(z,t) - \frac{\rho_1(z,t)}{\tau} \tag{14.2-1}$$

初始时刻基态发色团的密度与发色团总数 ρ_0 相等, 而 $\rho_1(z,t)$ 等于零. 光子通量的空间衰减表示为

$$\frac{\partial I(z,t)}{\partial z} = -\sigma_1 \left[\rho_0(z,t) - \rho_1(z,t)\right] I(z,t) \tag{14.2-2}$$

光子通量作用材料表面时初始条件为 $I(0,t) = I(t)$.

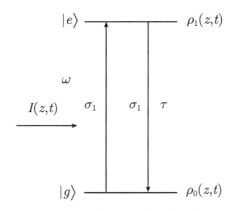

图 14.2-1 单光子吸收理论图解

如果衰减的弛豫时间 τ 比脉冲宽度大得多, $\tau \gg \tau_{\mathrm{p}}$, 式 (14.2-1) 中的右侧最后一项衰减项可以忽略, 也就是说, 忽略非辐射衰减, 式 (14.2-1) 与 (14.2-2) 联立后可以得到

$$\frac{\partial \rho_1(z,t)}{\partial t} = -\frac{\partial I(z,t)}{\partial z} \tag{14.2-3}$$

式 (14.3-1) 也说明了吸收过程中能量是守恒的. 将约化后的式 (14.2-1) 积分后得到

$$\rho_1(z,t) = \frac{1}{2}\rho_0 \left\{ 1 - \exp\left[-\int_0^t 2\sigma_1 I(z,t')\mathrm{d}t' \right] \right\} \tag{14.2-4}$$

将式 (14.2-4) 代入式 (14.2-3) 得

$$\frac{\partial I}{\partial z} = -\rho_0 \sigma_1 I(z,t) \exp\left[-\int_0^t 2\sigma_1 I(z,t')\mathrm{d}t' \right] \tag{14.2-5}$$

对于重复频率为 1kHz 的脉冲激光, 脉冲时间间隔为毫秒量级, 对于飞秒、皮秒甚至是纳秒的脉冲, 可以将式 (14.2-5) 的积分区域从 0 积到无穷而获得总光子密

度的衰减定律

$$S(z) = \int_0^\infty I(z, t') \mathrm{d}t' \tag{14.2-6}$$

$S(z)$ 为光子能量的整数倍, 代表在材料内穿透深度为 z 时的能流密度. 其空间衰减表示为

$$\frac{\mathrm{d}S}{\mathrm{d}z} = \frac{1}{2}\rho_0 \int_0^\infty -2\sigma_1 I(z, t) \exp\left[-\int_0^t 2\sigma_1 I(z, t') \mathrm{d}t' \right] \mathrm{d}t \tag{14.2-7}$$

利用前面的公式, 可以得到

$$\frac{\mathrm{d}S}{\mathrm{d}z} = -\frac{\rho_0}{2}(1 - \mathrm{e}^{-2\sigma_1 S}) \tag{14.2-8}$$

式 (14.2-8) 是单光子情形的主要吸收定律.

对于小的激光能流密度, 例如, $2\sigma_1 S \ll 1$, 式 (14.2-8) 可转化为 Beer 吸收定律

$$\frac{\mathrm{d}S}{\mathrm{d}z} \approx -\rho_0 \sigma_1 S \tag{14.2-9}$$

其中, 吸收系数定义为 $\alpha = \rho_0 \sigma_1$.

当能流密度增加时, 式 (14.2-8) 中指数项变得不再重要, 光能很大时, $2\sigma_1 S \gg 1$, 式 (14.2-8) 简化为

$$\frac{\mathrm{d}S}{\mathrm{d}z} \approx -\frac{\rho_0}{2} \tag{14.2-10}$$

式 (14.2-10) 描述的是饱和态, 此时材料的发色团在基态与激发态等量分配. 传输光子等效被基态发色团吸收同时, 激发态发色团又发射一个光子. 因此, 纯的吸收现象不再出现.

式 (14.2-10) 说明光子数密度相对纵向深度的最大衰减率, 与吸收截面 σ_1 无关, 该微小区域内

$$S(z) \approx S_0 - \frac{\rho_0}{2}z \tag{14.2-11}$$

S_0 代表激光脉冲与材料表面作用的总的光子数密度, 将式 (14.2-8) 从 S_0 积分到材料损伤时的临界光子密度 S_{th}, 可以获得单光子吸收时单脉冲的烧蚀深度表达式[15]

$$d_1 = \frac{2}{\rho_0}(S_0 - S_{\mathrm{th}}) + \frac{2}{\rho_0 \sigma_1} \ln\left(\frac{1 - \exp(-2\sigma_1 S_0)}{1 - \exp(-2\sigma_1 S_{\mathrm{th}})} \right) \tag{14.2-12}$$

式中的常数是基于对材料进行物理测量获得的: 发色团密度 ρ_0 可以通过材料密度以及化合键的组成来估计; 吸收界面 σ_1 的值可以通过吸收系数 α 与发色团密度 ρ_0 的偏移量来确定 ($\sigma_1 = \alpha/\rho_0$). 临界光子密度 S_{th} 通过阈值能量 F_{th} 与光子能量 $h\nu$ 的比值获得.

14.2.2　多光子吸收模型

在一定条件下, 聚合物的发色团可以同时吸收多个光子. 聚四氟乙烯 (Teflon) 的烧蚀就是多光子吸收的一个很好实例, 与传统烧蚀不同之处是, 用 (10~20ns)KrF 准分子激光不能产生干净的烧蚀区域[15], 能流密度高达几个 J/cm^2 时, 表层只是出现粗糙的裂痕, 从聚四氟乙烯的分子结构考虑 (—CF_2—), 对 248nm 波段产生吸收的发色团数很少, 也就是说, 聚四氟乙烯对该波段的吸收系数非常小. 然而, 当脉冲宽度缩短时, 300fs 的 KrF 准分子激光以及 170~200fs 的钛宝石激光器的近红外光都可以对聚四氟乙烯进行规则加工[16−18]. 如此短的脉冲宽度产生了高于纳秒激光几个量级的光子通量 ($> 10^{30} cm^{-2} \cdot s^{-1}$), 多光子吸收占有统治地位[12,14]. 尽管多光子过程持续的时间相对脉冲宽度来讲很长, 但在多光子吸收过程中, 过渡能级的弛豫时间短到仍可以忽略不计. 通过多光子吸收达到烧蚀现象的出现, 激发态的形成使得聚合材料直接分解或由于化合键的断裂而产生高速碎片.

参照图 14.2-2, 式 (14.3-5) 可以扩展到多光子吸收时的光子通量衰减[15]

$$\frac{\partial I(z,t)}{\partial z} = -\sum_{n=1}^{\infty} n\sigma_n \left[\rho_0(z,t) - \rho_1(z,t)\right] I^n(z,t) \tag{14.2-13}$$

其中, σ_n 代表 n 光子吸收截面, $\rho_0(z,t)$ 和 $\rho_1(z,t)$ 仍然代表在表层下 z 处、t 时刻的基态和激发态发色团数密度. 乘积 $\sigma_n(\rho_0 - \rho_1)I^n$ 代表 n 光子吸收率, 因子 n 代表 n 个光子中, 每一次吸收都带来了激光能流密度的减少.

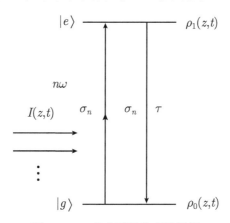

图 14.2-2　多光子吸收理论图解

由于不同的材料, 多光子吸收的数目不同, 因而采用式 (14.2-13) 进行数学处理显得较复杂. 但是, 对于某一确定的材料, 确定数目的 "n" 个光子吸收 (如 5 光子吸收) 占支配地位, 而其他类型的吸收可以忽略. 这样, 就获得了激光辐射传输的数

学表述, 式 (14.2-13) 变为

$$\frac{\partial I(z,t)}{\partial z} = -n\sigma_n \left[\rho_0(z,t) - \rho_1(z,t)\right] I^n(z,t) \tag{14.2-14}$$

类似于式 (14.2-1), 同样可以得到描述发色团密度随时间变化的表达式

$$\frac{\partial \rho_1(z,t)}{\partial t} = -\frac{\partial \rho_0(z,t)}{\partial t}$$

$$= \sigma_n \left[\rho_0(z,t) - \rho_1(z,t)\right] I^n(z,t) - \frac{\rho_1(z,t)}{\tau} \tag{14.2-15}$$

与式 (14.2-13) 类似的联立方程为

$$\frac{\partial I(z,t)}{\partial z} = -n\frac{\partial \rho_1(z,t)}{\partial t} \tag{14.2-16}$$

三维情形的辐射传输方程为

$$\nabla \cdot I + n\frac{\partial \rho_1(z,t)}{\partial t} = 0 \tag{14.2-17}$$

式 (14.2-15) 中对 $\rho_0(z,t)$ 积分并代入式 (14.2-14) 得到

$$\frac{\partial I}{\partial z} = -n\rho_0 \sigma_n I^n(z,t) \exp\left[-\int_0^t 2\sigma_n I^n(z,t')\mathrm{d}t'\right] \tag{14.2-18}$$

对时间求积分就可以获得光子数密度随空间变化的表达式:

$$\frac{\mathrm{d}S(z)}{\mathrm{d}z} = \frac{1}{2}n\rho_0 \int_0^\infty -2\sigma_n I^n(z,t) \exp\left[-\int_0^t 2\sigma_n I^n(z,t')\mathrm{d}t'\right]\mathrm{d}t \tag{14.2-19}$$

若定义 $F(t) = \displaystyle\int_0^t -2\sigma_n I^n(z,t')\mathrm{d}t'$, 那么, 式 (14.2-19) 转化为

$$\frac{\mathrm{d}S(z)}{\mathrm{d}z} = \frac{1}{2}n\rho_0 \int_0^\infty \exp\left[F(t)\right] \frac{\mathrm{d}F}{\mathrm{d}t}\mathrm{d}t$$

$$= \frac{1}{2}n\rho_0 \left\{1 - \exp\left[\int_0^\infty -2\sigma_n I^n(z,t)\mathrm{d}t\right]\right\} \tag{14.2-20}$$

对于普通激光脉冲形状, 下面的表达式成立[15]

$$\int_0^\infty I^n(z,t)\mathrm{d}t = K_n \left[\int_0^\infty I(z,t)\mathrm{d}t\right]^n = K_n S^n(z) \tag{14.2-21}$$

其中, $K_1 = 1$, $K_n = A_n/\tau_\mathrm{p}^{n-1}$, A_n 是与脉冲形状有关的常数, τ_p 为激光脉冲的特征时间[15]. 因此, 式 (14.2-20) 变为

$$\frac{\mathrm{d}S}{\mathrm{d}z} = \frac{1}{2}n\rho_0 \left[1 - \exp(-2\sigma_n K_n S^n)\right] \tag{14.2-22}$$

对单光子吸收来讲, $n = 1$, 上式演变为式 (14.2-8). 最后, 积分式 (14.2-22) 可以得到对于某一 n 值的多光子吸收过程所产生的烧蚀深度表达式

$$d_n = \frac{2}{n\rho_0} \int_{S_{\text{th}}}^{S_0} \frac{\mathrm{d}S}{1 - \exp(-2\sigma_n K_n S^n)} \tag{14.2-23}$$

S_{th} 代表 n 个光子吸收式的临界光子密度.

方程 (14.2-22) 的解析解并不容易求得. 对于高能流密度 ($\sigma_n K_n S^n \gg 1$), 积分表达式 (14.2-23) 简化为

$$d_n = \frac{2(S - S_{\text{th}})}{n\rho_0} \tag{14.2-24}$$

或

$$\frac{n\rho_0}{2} \approx \frac{(S - S_{\text{th}})}{d_n} \tag{14.2-25}$$

这些方程所描述的是发色团饱和吸收的过程. 高能流密度时, 被材料吸收的能量达到最大值, 饱和材料内的每一个发色团都从激光脉冲中吸收 n 个光子. 在饱和条件下, 单个脉冲的烧蚀深度随着脉冲能流密度的增加而增加 (式 (14.2-24)), 并且单位体积储存的能量为一常数.

这种多光子吸收模型描述近红外激光与有机材料的作用过程同样得到了验证[15,16]. 图 14.2-3 和图 14.2-4 分别给出了飞秒激光与聚四氟乙烯[9]、四氟乙烯与六氟环丙烷的混合体 (FEP)[15,16] 和合成树脂 (PI)[15] 作用的理论与实验结果比较图.

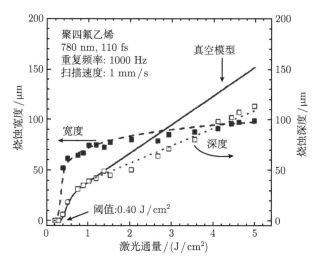

图 14.2-3　激光能流密度 (通量) 与聚四氟乙烯膜烧蚀宽度及深度的理论计算与实验值比较[18]

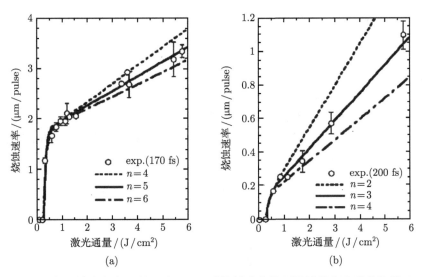

图 14.2-4　(a) 激光能流密度 (通量) 与 FEP 膜烧蚀速率的理论计算与实验值比较 (a); 激光
能流密度 (通量) 与 PI 膜烧蚀速率的理论计算与实验值比较 (b)[15]

14.3　飞秒脉冲与透明介质相互作用的动力学方程

此模型的基础是考虑到多光子电离、焦耳热效应以及离子雪崩等机制, 从电子
分布函数的动力学方程出发, 用以描述介质中电子雪崩的变化情形.

对于电介质材料, 存在一个远远大于光子能量的带隙 $U_{\mathrm{I}}(U_{\mathrm{I}} \gg \hbar\omega)$, t 时刻, 能
量处于 ε 和 $\varepsilon + \mathrm{d}\varepsilon$ 之间的电子数密度可以用福克–普朗克 (Fokker-Planck) 动力学
方程给出[20]

$$\frac{\partial f(\varepsilon,t)}{\partial t} + \frac{\partial}{\partial \varepsilon}\left[V(\varepsilon)f(\varepsilon,t) - D(\varepsilon)\frac{\partial f(\varepsilon,t)}{\partial t}\right]$$

$$\equiv \frac{\partial f(\varepsilon,t)}{\partial t} + \frac{\partial J(\varepsilon,t)}{\partial \varepsilon} = S(\varepsilon,t) \tag{14.3-1}$$

$$V(\varepsilon) = R_J(\varepsilon,t) - U_{\mathrm{photon}}\gamma(\varepsilon) = \frac{\sigma(\varepsilon)E^2(t)}{3} - U_{\mathrm{photon}}\gamma(\varepsilon) \tag{14.3-2}$$

通量 $J(\varepsilon,t)$ 代表直接加热与损失的部分, 能量辐射系数为 $D(\varepsilon)$, 其正比于传导率
与激光强度

$$D(\varepsilon) = \frac{2\sigma(\varepsilon)E^2\varepsilon}{3} \tag{14.3-3}$$

其中, ε 为电子能量, E 为振荡频率为 ω 的电场, U_{photon} 为光子特征能量, R_J 代表

传导率为 $\sigma(\varepsilon)$ 的电子焦耳热.

$$\sigma(\varepsilon) = \frac{\varepsilon^2 \tau_m(\varepsilon)}{m^*[1 + \omega^2 \tau_m^2(\varepsilon)]}, \quad \gamma(\varepsilon) = \frac{1}{\tau_m(\varepsilon)} \tag{14.3-4}$$

$\gamma(\varepsilon)$ 为电子能量到晶格的传导率, $1/\tau_m$ 为传输散射率, 两数值大小与能量成平方关系[21]. 式 (14.3-1) 最后一项代表源项, 包括碰撞电离 R_{imp} 以及多光子电离 R_{pi}

$$S(\varepsilon,t) = R_{\text{imp}}(\varepsilon,t) + R_{\text{pi}}(\varepsilon,t) \tag{14.3-5}$$

$$R_{\text{imp}}(\varepsilon,t) = -\nu_i(\varepsilon)f(\varepsilon) + 4\nu_i(2\varepsilon + U_{\text{I}})f(2\varepsilon + U_{\text{I}}) \tag{14.3-6}$$

由于碰撞电离速率在脉冲能量高于带隙时增长迅速, 一些研究者将碰撞电离中部分项用边界条件来替换:

$$f(U_{\text{I}},t) = 0, \quad J(0,t) = 2J(U_{\text{I}},t) \tag{14.3-7}$$

这些条件说明每个电子能量达到 U_{I} 后通过碰撞电离就产生另外一个电子, 但两个电子能量均为零; 第二个式子就是所谓的 "双通量" 条件[22], 如果假定电子数呈指数增长 $(\exp(\beta t))$ 并且将 $\partial f/\partial t$ 用 $\beta f(\varepsilon)$ 代替, 那么动力学方程就可以转化为以 β 为本征值的本征方程. 对该本征方程在 "双通量" 条件下求解, 就可以得到电子雪崩速率 β 的表达式[23]

$$\beta = \frac{PE^2}{\int_0^{U_I} \frac{\mathrm{d}\varepsilon}{\sigma(\varepsilon)}} = \alpha I \tag{14.3-8}$$

其中, P 为 0.5~1 的数值因子, I 正比于激光强度. 对于高斯型脉冲, β 与 I 在整个脉冲间隔内基本上保持着线性关系.

因为假定电子数呈指数增长, β 与 I 又成正比关系, 所以电子密度可以描述为

$$\frac{\mathrm{d}n}{\mathrm{d}t} = \beta n = \alpha I n \tag{14.3-9}$$

再看式 (14.3-5), 源项中的多光子电离项 $R_{\text{pi}}(\varepsilon,t)$. 该项由 $P(I)F(\varepsilon)$ 组成, 其中 $P(I)$ 是多光子电离率, $F(\varepsilon)$ 代表光电子的归一化分布函数, 亦即 $\int F(\varepsilon) = 1$. 光子电离过程对 Keldysh 参数[24] 比较敏感 $(z = \omega(2mU_{\text{I}})^{1/2}/eE)$. 对于多光子电离过程, $z \gg 1$, 电子要经过许多次振荡, 才能摆脱束缚能而被电离.

例如, 对于 532nm 的 (Nd:YAG 倍频) 激光与 NaCl 作用, 该过程为四光子吸收

$$P(I) = \sigma_4 \left(\frac{I}{\hbar\omega}\right)^4 N_{\text{s}} \tag{14.3-10}$$

其中, N_s 代表固体原子数密度. 由于多光子电离过程较碰撞电离过程在时间上短很多, 因此, 速率方程可以写成简单的形式

$$\frac{\mathrm{d}n}{\mathrm{d}t} = \beta(I)n + P(I) \tag{14.3-11}$$

对于很高的光子电离速率, 如果认为光子电离过程主要发生在脉冲峰值强度到来时刻, 而在脉冲峰值过后, 光子电离过程消失, 那么上述速率方程仍然成立.

图 14.3-1 给出了动力学方程与上述速率方程的模拟结果[22], 两种解非常接近.

假定多光子电离和离子雪崩两过程可以分开来考虑. 由于多光子电离过程主要发生在脉冲峰值功率到来时, 对于 FWHM 脉宽为 τ_p 的高斯型脉冲, 光子通量表示为

$$I(t) = I_0 \exp\{-(4\ln 2)t^2/\tau_p^2\} \tag{14.3-12}$$

产生的总的电子数为

$$n = n_0 \exp\left[\int_0^\infty \beta \mathrm{d}t\right] = n_0 \exp\left[\frac{\alpha I_0 \tau}{4}\left(\frac{\pi}{\ln 2}\right)^{1/2}\right] \tag{14.3-13}$$

$n_0 = \int_{-\infty}^\infty P(I)\mathrm{d}t$ 为多光子电离过程产生的总电子数, 对于四光子吸收情形

$$n_0 = N_s \int_{-\infty}^\infty \sigma_4 \left(\frac{I(t)^4}{\hbar\omega}\right)\mathrm{d}t = \sigma_4 N_s \left(\frac{I_0}{\hbar\omega}\right)^4 \left(\frac{\pi}{\ln 2}\right)^{1/2}\frac{\tau}{4} \tag{14.3-14}$$

相应地, 可以得出临界通量 F_{cr} 与临界光子数密度 n_{cr} 之间的关系

$$F_{cr} = \frac{I_0\tau}{2}\left(\frac{\pi}{\ln 2}\right)^{1/2} = \frac{2}{\alpha}\ln\left(\frac{n_{cr}}{n_0}\right) \tag{14.3-15}$$

从式 (14.3-15) 可以得出: 如果种子电子数与光强无关, 临界通量与脉冲间隔也无关. 超短光脉冲入射时, 多光子电离占主导地位, 总光子数 n_0 随着光强的增加而迅速增加, 临界通量随着脉宽的减小而迅速降低, 临界通量表达式与纯多光子电离过程 (式 (14.3-15)) 接近:

$$\Phi_{cr} = \tau^{3/4}\left(\frac{n_{cr}}{\sigma_4 N_s}\right)^{1/4}\left(\frac{\pi}{\ln 2}\right)^{3/8}\frac{\hbar\omega}{\sqrt{2}} \tag{14.3-16}$$

该临界通量理论计算与实验结果的比较已经得到了实验验证[22].

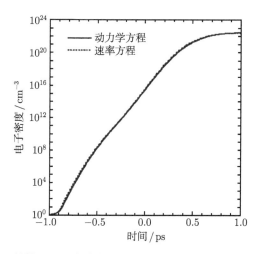

图 14.3-1 无种子电子的情况下，脉冲为 1ps 时，动力学方程与速率方程模拟等离子体临界
通量的结果比较[22]

14.4 飞秒脉冲在透明介质中的加工实例

14.4.1 在透明介质中刻写微结构

正是由于飞秒脉冲烧蚀阈值的确定性，飞秒激光微精细加工过程变得可以精确控制. 相信随着飞秒激光加工技术的成熟以及应用领域的扩大，采用飞秒激光微精细加工技术，可以实现任何材料的打标、钻孔、切割、刻划等目的，也可实现微机械仪表及机器人中的微器件加工，甚至精密器件电阻、平衡的微调. 利用飞秒激光高功率密度产生的非线性效应，可直接在透明材料体内加工出可实用光学器件，甚至实现透明材料内的数据存储; 另外, IBM 公司已将飞秒激光加工技术应用于电子线路模板的修复. 医疗上, 用飞秒激光微细加工技术可加工出性能优良的心脏起搏器、心血管固定支架，以及进行无接触眼睑手术等. 总之, 在微机械、微电子、微光学、微结构、微生物、微医学等领域，飞秒激光可以直接应用于微米甚至纳米尺寸的微精细加工，具有广泛的应用前景.

多光子电离等非线性效果的应用之一就是在透明介质上的微加工. 图 14.4-1(a) 展示在玻璃上打出的凹槽 (烧蚀效果), 其宽度只有 100μm. 图 14.4-1(b) 是在玻璃上打出的 400μm 直径的圆孔.

特别需要指出, 飞秒激光对于透明材料的破坏的部位可以作为光波导使用. 因为这个破坏导致了局部折射率的增加, 就像光纤或者波导一样, 光可以束缚在里面. 以前的多数波导是靠镀膜或者溅射或者离子注入方法在玻璃或者晶体衬底上制作.

而用飞秒激光脉冲, 则可以直接在玻璃里面利用 "光子诱导的折射率变化" (photo induced refractive index change) 刻写光波导; 除了制作光通信器件, 还可以做非常紧凑的激光器[25].

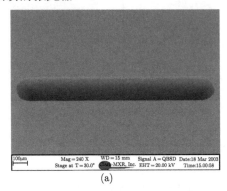 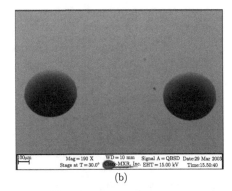

(a)　　　　　　　　　　　　　　　　(b)

图 14.4-1　飞秒激光在玻璃上刻出的凹槽和圆孔 (Clark-MXR 公司提供)

图 14.4-2 是飞秒激光脉冲在石英玻璃内部形成的破坏点. 由于这些点没有连在一起, 所以还不是波导. 如果像图 14.4-3 那样, 把聚焦点在玻璃内部从下到上慢慢扫描一遍, 就可以形成图中的光波导. 这种方法不适于很长的光波导, 因为显微物镜一般焦距很短. 当然也可以横向写光波导, 但是波导的截面是椭圆形. 为了避免图 14.4-2 的珠链效果, 应该用高重复频率激光器, 写的时候要尽量慢, 而且要多次扫描才能写好.

图 14.4-2　飞秒激光脉冲在石英玻璃内部形成的可见的破坏点[25]

三浦等[26] 认为, 光波导的形成过程中, 不同的玻璃有不同的激光诱导破坏阈值, 多光子吸收系数, 禁带宽度, 键分解能, 热性质如热导率、热膨胀系数、熔化温度等都是不同的. 我们可以把激光诱导的破坏阈值解释为多光子电离、焦耳加热多光子迁移或者等离子体形成等. 图 14.4-4 是玻璃波导端面的原子力显微镜图像. 这个图像显示, 在激光照射过的地方, 端面凹陷下去 (~ 45nm), 表明玻璃内部发生了密度变化. 折射率的变化可以归结为局部密度增加, 尽管开始的时候光波导的形成可能伴随各种现象, 例如, 色心或者晶格缺陷的形成, 或局部熔化等. 实验表明, 可以用改变激光脉冲的条件 (脉冲能量和脉宽) 控制波导的折射率的改变和芯径的大小. 图 14.4-5 展示了在透明塑料中刻划环状光波导的样品.

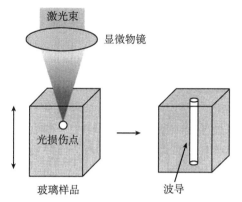

图 14.4-3　用高重复频率飞秒激光器刻写光波导的过程示意图[25]

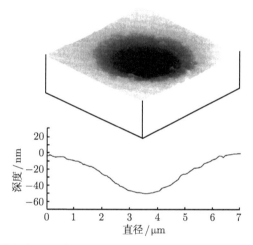

图 14.4-4　飞秒激光在石英玻璃内部写入光波导后的端面的原子力显微镜图像[25]

图 14.4-5　飞秒激光在透明塑料内部刻出的环状光波导 (Clark-MXR 公司提供)

14.4.2   在紫外硬化树脂中产生三维纳米结构

飞秒激光脉冲对于金属的加工, 由于金属的不透明性, 仍然是二维的. 对透明物体的加工, 如石英玻璃材料的变性而构成光波导等, 虽然可以认为是三维结构, 但是仍然是在物体内部. 独立成形的三维光制造技术由于紫外硬化树脂的利用而逐渐成为现实. 紫外硬化树脂[27] 是一种吸收紫外线发生聚合反应而硬化的聚合物. 如果不用紫外线而利用双光子吸收效应, 就需要 1kW 的连续红外线来硬化. 但是如果用 1kW 的连续激光照射, 不仅产生光聚合反应, 也产生大量的热量, 树脂就会被破坏. 此时飞秒激光脉冲就显示出优势. 飞秒激光与其相互作用不是烧蚀, 而是使其硬化. 不仅如此, 飞秒激光由于非线性光学效应, 局部光聚合效应的意义更大, 即可以制作纳米尺度的结构. 实验表明, 光照时间不同, 光斑的尺寸也不同. 曝光时间从微秒到毫秒量级. 最小直径可达 120nm, 趋向于 500nm. 如果看尖端的大小, 可达约 50nm 程度的分辨率. 这说明, 考虑到激光脉冲的波长是 780nm, 双光子吸收法可得到接近衍射极限 10 倍的分辨率.

紫外硬化树脂含有光启动剂和聚氨酯丙烯酸酯单体及聚氨酯丙烯酸酯低聚物. 图 14.4-6 显示了双光子吸收的光聚合化学反应过程, 其中 I, R, M, M_n 和 R—M_n 分别表示光引发剂、自由基、单体低聚物、多聚物, 以及链基.

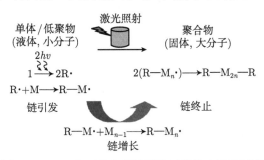

图 14.4-6   双光子吸收紫外硬化树脂的光聚合过程

当脉冲近红外光聚焦到树脂内部, 光子的空间密度在焦点变得很高. 每个引发剂分子, 通常吸收紫外光子, 也可以同时吸收两个红外光子, 且变成一个基团. 这个基团切断了在单体中和低聚物中的双键, 并且在单体和低聚物的端点创造了新的基, 这个基与另一个基结合在一起. 于是, 这个过程变成了一个链式反应, 直到连在一起的链遇到另一个链为止. 这个双光子吸收激发反应的速度正比于树脂中每一点的光子密度的平方. 双光子吸收树脂硬化的点扩展函数是单光子吸收树脂硬化的平方. 这就意味着, 如果我们用 790nm 波长的激光脉冲照射, 焦点处固化的横向尺寸应该是用 395nm 波长激光照射的衍射极限脉冲的同样大小, 而纵向尺寸则小于 395nm 激光照射时的尺寸.

紫外硬化树脂中对红外光的双光子吸收, 仅仅发生在焦点. 因为光源是红外光, 焦点以外的树脂对其是透明的; 而且, 和紫外光比, 红外光的波长较长, 散射光较少, 可以深入到树脂内部. 因此, 激光在树脂内扫描并控制焦点位置, 根据焦点的轨迹, 树脂硬化为三维结构. 之后, 用溶剂把未硬化的部分洗掉, 就可取出制作成功的微小结构. 此加工技术的优点是高分辨率、无需掩模、热效应小, 而且是真三维制造.

图 14.4-7 是双光子微加工系统示意图. 图 14.4-8 是用这样的系统制作成的三维立体微型牛的形象[28]. 牛全长 8μm, 高 5μm, 和红细胞大小差不多. 这个牛虽然是用光制作的, 但是牛蹄、角等微小部分, 用光是看不出来的, 需用场发射型扫描电子显微镜才能观察到.

微型牛的制作过程如下: 钛宝石激光振荡器输出 100fs 的脉冲, 通过一个光阀, 遮挡或者开启光, 用扩束器扩束后, 用两个伽伐尼反射镜做二维扫描. 不仅微型牛, 大量的机械零件, 包括弹簧、齿轮, 以及光子晶体器件等都可用这种方法制作出来. 有的还可以用光来驱动, 显示出这种微制造技术的无穷魅力.

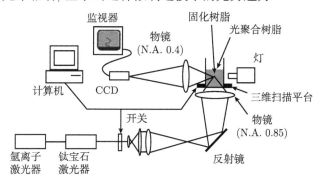

图 14.4-7 双光子微加工系统示意图

图 14.4-8 双光子吸收树脂硬化法制作的微型牛的显微镜照片[28]

紫外硬化树脂制造技术的应用之一是光子晶体的制作. 图 14.4-9 所示的复杂的

光子晶体结构是用飞秒激光脉冲一气呵成的[28]. 比起半导体材料的生长–腐蚀–生
长的方式, 紫外硬化树脂的方法要简单得多.

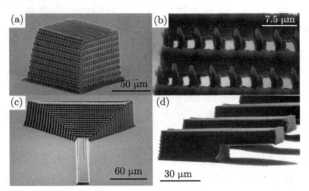

图 14.4-9   双光子吸收引发的树脂硬化法三维微结构[29]

(a) 光子晶体堆垒; (b) 放大的 (a) 中结构的俯视图; (c) 锥形波导结构; (d) 悬臂结构

14.5   飞秒激光微加工展望

在工业 4.0 时代, 飞秒微加工在高端制造中占有越来越重要的位置. 世界各国
激光器厂商也推出实用的激光器. 但是, 飞秒激光加工取得突破性应用还需要解决
至少两个问题:

(1) 加工效率. 飞秒激光加工热效应低, 由于脉冲能量低, 每个脉冲的蒸发量较
小, 必然导致低效率.

(2) 激光器成本. 飞秒激光器, 特别是高能量的飞秒激光器, 需要啁啾脉冲放大
技术, 系统庞大和高成本, 影响其在工业界普及.

目前有如下解决方案:

(1) 高重复频率. 有实验表明, 当脉冲间隔小于弛豫时间时, 对材料有蒸发冷却
作用. 因此分割模式 (burst) 的高重复频率脉冲列 (上百兆赫兹), 有可能解决蒸发
量问题, 又不会增加热影响 [30]. 此外, 平均功率放大到 50W 以上也是必要的.

(2) 适当使用皮秒激光器. 皮秒脉冲的产生特别是放大在技术上可能更简单,
因为系统不需要展宽再压缩脉冲, 从而更加简化, 因而从成本的角度说更适合工业
市场需求. 半导体材料和非金属材料, 因为热弛豫时间较长, 更适合用皮秒脉冲加
工.

参 考 文 献

[1] Kawata S, Ohtsu M, Irie M. Nano-Optics. Heidelberg: Springer, 2002.

[2] 河田聪. 超解像光学. 东京: 学会出版センター, 1999.

[3] 河田聡. 物理計測における最近の信号回復論. 応用物理, 1986, 55: 2.

[4] 南茂夫, 河田聡. 科学計測数据处理入门. 东京: CQ 出版, 2002.

[5] Chichkov B N, Momma C, Nolte S, et al. Femtosecond, picosecond and nanosecond laser ablation of solids. Appl. Phys. A, 1996, 63(2): 109-115.

[6] www.imra.com: micro-machining application note.

[7] Momma C, Notle S, Chichkov B N, et al. Precise laser ablation with ultrashort pulses. Applied Surface Science, 1997, 109/110: 15-19.

[8] Liu X, Du D, Mourou G. Laser ablation and micromachining with ultrashort laser pulses. IEEE J. Quantum Electron. QE-33, 1997, 33(10): 1706-1716.

[9] Srinivasan R. Ablation of polymers and biological tissue by ultaviolet lasers. Science, 1986, 234: 559-565.

[10] Sutcliffe E, Srinivasan R. Dynamics of UV laser ablation of organic polymer surfaces. J. Appl. Phys, 1986, 60(9): 3315-3322.

[11] Küper S, Stuke M. Femtosecond uv excimer laser ablation. Appl. Phys. B, 1987, 44(2): 199-204.

[12] Gorodetsky G, Kazyaka T G, Melcher R L, et al. Calorimetric and acoustic study of ultraviolet laser ablation of polymers. Appl. Phys. Lett., 1985, 46(9): 828-830.

[13] Srinivasan R, Braren B, Dreyfus R W. Ultraviolet laser ablation of polyimide films. J. Appl. Phys., 1987, 61(1): 372-376.

[14] Cole H S, Liu H S, Philipp H R. Dependence of photoetching rates of polymers at 193 nm on optical absorption depth. Appl. Phys. Lett, 1986, 48(1): 76-77.

[15] Küper S, Stuke M. Ablation of polytetrafluoroethylene (Teflon) with femtosecond UV excimer laser pulses. Appl. Phys. Lett., 1989, 54(1): 4-6.

[16] Pettit G H, Sauerbrey R. Pulsed ultraviolet laser ablation. Appl. Phys. A, 1993, 56(1): 51-63.

[17] Kumagai H, Midorikawa K, Toyoda K. Ablation of polymer films by a femtosecond high-peak-power Ti:sapphire laser at 798 nm. Appl. Phys. Lett., 1994, 65(14): 1850-1852.

[18] Nakamura S, Midorikawa K, Kumagai H, et al. Effect of pulse duration on ablation char-acteristics of Tetrafluoroe thylene-hexafluoropropylene copolymer film using Ti: sapphire laser. Jpn. J. Appl. Phys., 1996, 35(1A): 101-106.

[19] Wang Z B, Hong M H, Lu Y F. Femtosecond laser ablation of polytetrafluoroethylene. Teflon in ambient air. J. of Appl. Phys., 2003, 93(101): 6375-6380.

[20] Spark D L, Mills R, Holstein W T, et al. Theory of electron-avalanche breakdown in solids. Phys. Rev. B, 1981, 24(6): 3519-3536.

[21] Arnold D, Cartier E, DiMaria D J. Acoustic-phonon runaway and impact ionization by hot electrons in silicon dioxide. Phys. Rev. B, 1991, 45(3): 1477-1480.

[22] Bityurin N, Kuznetsov A. Use of harmonics for femtosecond micromachining in pure dielectrics. J. of Appl. Phys., 2003, 93(3): 1567-1576.

[23] Stuart B C, Feit M D, Herman S, et al. Nanosecond-to-femtosecond laser-induced breakdown in dielectrics. Phys. Rev. B, 1996, 53: 1749-1761.

[24] Keldysh L V, Eksp Z, Fiz T. Ionization in the filed of a strong electromagnetic wave. Sov. Phys. JETP, 1965, 20(5): 1307-1314.

[25] Sikorski Y, Said A A, Bado P, et al. Optical waveguide amplifier in nd- doped glass written with near-IR femtosecond laser pulses. Electron Lett，2000, 36(3): 226-227.

[26] Miura K, Qiu J, Inouye H，et al. Photowritten optical waveguides in various glasses with ultrashort pulse laser. Appl. Phys. Lett，1997, 71(23): 3329-3331.

[27] Maruo S, Nakamura O, Kawata S. Three-dimensional microfabrication with two-photon-absorbed photopolymerization. Opt. Lett, 1997, 22(2): 132-134.

[28] Kawata S, Sun H B, Tanaka T, et al. Finer feature for functional microdevices. Nature, 2001, 412: 697-698.

[29] Cumpston B H, Ananthavel S P, Barlow S, et al. Two-photon polymerization initiators for three-dimensional optical data storage and microfabrication. Nature, 1999, 398: 51-54.

[30] Kerse C, Kalaycloğlu H, Elahi P, et al, Ablation-cooled material removal with ultra fast bursts of pulses. Nature, 2016, 537: 84-89.